Tiere auf Wohnungssuche

Ratgeber für mehr Natur am Haus

„Sagen Sie nicht, Sie können nichts tun!“

Deutsche Umwelthilfe e.V.

Tiere auf Wohnungssuche

Ratgeber für mehr Natur am Haus

Herausgegeben von Rudolf L. Schreiber
Mit einem Vorwort von Horst Stern

Die Autoren:

Jürgen Dahl
Harald Gebhardt
Willfried Janßen
Claus-Peter Lieckfeld
Herbert W. Ludwig
Mario Ludwig
Rudolf L. Schreiber
Veronika Straaß
Frank Wittchow

Ein PRO NATUR-Buch
im Deutschen Landwirtschaftsverlag

Partnerschaft für mehr Natur

Menschen und Tiere leben seit jeher unter einem Dach. Unsere heutigen Wohn- und Lebensverhältnisse machen es den wildlebenden Tieren allerdings immer schwerer, mit den Menschen gemeinsam Häuser, Gärten und Städte zu bewohnen. In gleichem Maße, wie sich unser Leben von der Natur entfernt, finden Tiere in unserer Nähe immer weniger Unterschlupf, Nahrung und Duldung.

Dieses Buch will bei uns Überlegungen auslösen, wie wir diese Distanz zur Natur wieder verringern und wie wir in unserer unmittelbaren Umgebung die mögliche Vielfalt an Tieren und Pflanzen neu verwirklichen können. Denn etwa 50 Prozent der Arten in Baden-Württemberg sind gefährdet oder in ihrer Existenz bedroht. Dieser Trend muß umgekehrt werden.

An Idee und finanzieller Verwirklichung des Werkes hat sich die Stiftung „Tiere in Not" aktiv beteiligt. Ich danke an dieser Stelle ihrem Vorsitzenden, Herrn Horst Bülow, für sein Engagement. Die Zusammenarbeit der Stiftung „Tiere in Not" mit dem Umweltministerium ist ein nachahmenswertes Beispiel für gemeinsame Initiativen der öffentlichen Hand und privater Förderer.

Harald B. Schäfer
Umweltminister

Umweltministerium
Baden-Württemberg

Lieber Leser, dies ist ein Buch der Herausforderung, die vorgeschlagenen Möglichkeiten am eigenen Haus umzusetzen. Es geht zwar um das große Ganze – die Erhaltung der Natur und um ein Stück Natur in unseren Gärten, aber was den einzelnen angeht, geht es um konkrete, kleine Schritte: um mehr Pflanzen auf Ihrem Balkon, um die Begrünung Ihrer Hausfassade, um die Wiese in Ihrem Garten.

Nur wenn mit jedem Leser die Zahl der Quadratmeter steigt, auf denen neuer Lebensraum für Tiere in unseren Stadtlandschaften zurückerobert wird, werden wir sagen können: Es war nicht umsonst.

Horst Bülow
Bülow-Stiftung „Tiere in Not"

bülow STIFTUNG
Tiere in Not

„Tiere auf Wohnungssuche" wurde vom Umweltministerium Baden-Württemberg und der Bülow-Stiftung „Tiere in Not" initiiert und gefördert.

Mit der Herausgabe des Buches startet PRO NATUR in Partnerschaft mit den Förderern eine breite Naturschutzaktion, die sich vorwiegend an Haus- und Wohnungsbesitzer wendet. Ihre wichtigsten Ziele sind praktischer Naturschutz für mehr Natur am Haus und damit eine höhere Lebensqualität für seine Bewohner.

Herausgeber und Autoren danken allen Beteiligten für ihre Unterstützung.

pro natur

Gesellschaft zur
Förderung des Naturschutzes m.b.H.
Geleitsstraße 14
60599 Frankfurt/M.

Deutscher
Landwirtschaftsverlag
Berlin GmbH
Thulestraße 7
13189 Berlin

CIP-Kurztitelaufnahme der Deutschen Bibliothek
Tiere auf Wohnungssuche: Ratgeber für mehr Natur am Haus / hrsg. von Rudolf L. Schreiber. Mit einem Vorw. von Horst Stern. Die Autoren: Jürgen Dahl ... – Berlin: Dt. Landwirtschaftsverl., 1993
(Ein Pro-Natur-Buch) ISBN 3-331-00660-2
NE: Schreiber, Rudolf L. (Hrsg.); Dahl, Jürgen

Herausgeber
Rudolf L. Schreiber

Mitherausgeber
Umweltministerium Baden-Württemberg
Bülow-Stiftung „Tiere in Not", Stuttgart

Wissenschaftliche Grundlagenstudie
Kommunalentwicklung
Baden-Württemberg GmbH, Stuttgart,
im Auftrag des Umweltministeriums
Baden-Württemberg

Wissenschaftliche Beratung
Willfried Janßen

Konzeption
Rudolf L. Schreiber

Vorwort
Horst Stern

Autoren
Jürgen Dahl, Harald Gebhardt,
Willfried Janßen, Claus-Peter Lieckfeld,
Herbert W. Ludwig, Mario Ludwig,
Rudolf L. Schreiber, Veronika Straaß,
Frank Wittchow

Redaktion
Claus-Peter Lieckfeld,
Helga Schaer, Veronika Straaß

Fachberatung
Klaus Richarz

Lektorat
Corinna Fiedler, Ulla Schuler

Layout und Gestaltung
Silke Bittermann,
Uli Jacob, Stefan Werner

Titelfoto
Bernd Wagner

Bildredaktion/Bildbeschaffung
PRO NATUR GmbH, Frankfurt/M.
SILVESTRIS GmbH, Kastl/Obb.

Konzeption Illustrationen
Willfried Janßen, Rudolf L. Schreiber

Illustrationen
Marianne Golte-Bechtle,
Reinhild Hofmann,
Erhard Poßin, Anina Westphalen

Satz
P.W. Fotosatz, Frankfurt/M.

Druck
Neue Presse Druckservice GmbH, Passau

Papier
135 g Euro Art matt, 100% chlorfrei

Produktion
PRO NATUR GmbH, Frankfurt/M.
McL McLaughlin GmbH, Wiesbaden

Bestell-Nummer
ISBN 3-331-00-660-2

Impressum

Inhalt

Kapitel 1

Kapitel 2

Kapitel 3

Kapitel 4

Tiere beobachten und bestimmen 194-285

Kapitel 5

Horst Stern: Ein Wort auf den Weg

Dies ist ein Buch der Beschämung. Indem es den Leser dazu anhält, Wildtieren Asyl zu geben, im Dunstkreis des Menschen, enthüllt es unausgesprochen, daß wir allzu viele von ihnen aus ihren angestammten Lebensräumen vertrieben oder diese so zugerichtet haben, daß sie zum Überleben auf Dauer nicht mehr taugen.

Das Wort *Asyl* steht hier nicht unbedacht. Es gibt bedrückende Parallelen zwischen dem Problem der menschlichen Asylanten, das alle Industrienationen in steigendem Maße erregt, und dem gleichfalls anschwellenden Elendszug vieler Wildtiere in den Abfallreichtum unserer Wohngebiete. Und hier wie dort sind uns diejenigen willkommen, die uns von Nutzen sind, und bekämpfen wir jene, die wir als Schmarotzer an unserem Wohlstand ansehen und denen wir mit Abscheu, ja mit Haß bis hin zu mörderischer Gewalt begegnen. Der Türke, der uns von Müll „entsorgt", er ist uns lieb; dem Sinto dagegen, der bettelnd an unsere Tür klopft, schlagen wir sie vor der Nase zu.

Einer solchen, rein am Nutzen orientierten Differenzierung entspricht unsere Unterscheidung der Tiere in solche, denen unsere Zuneigung, man ist versucht zu sagen: aus seelischer Gewinnsucht gilt, und andere, die Gefühle der Angst oder gar des Ekels wecken. Den Singvögeln decken wir, wie den herzigen Bambis auch, den Tisch; den Tauben und Krähen streuen wir Gift auf die Wege – von Ratten und anderem „Ungeziefer" nicht zu reden. Den Hirsch hegten wir bis zum Fraßtod ganzer Wälder heran, ist es doch reine Freude, ihn zu schauen, ihn zu jagen große Lust; dem Luchs dagegen, wenn er von Osten her zu uns herüberwechselt, stellen wir mit der Kugel nach, denn er erdreistet sich, teilhaben zu wollen an menschlicher Jagdbeute. Dem Storch bauen wir das Nest, er frißt ja nur Ekles wie Frösche, Mäuse und Schlangen; dem Graureiher aber gilt das nie endende Bemühen der Teichwirte und Fischer, ihn als Mitbewerber um geldbringende Beute zu dezimieren.

Ich könnte noch lange fortfahren mit solchen humananalogen, anthropozentrischen Tierwertungen, aber man weiß nun wohl, was ich sagen will: die Herzhand, die linke, die füttert und streichelt, und die rechte, die rechthaberische Hand, die Gift streut und Fallen stellt oder die an den Hebeln der Bagger und Raupenschlepper die Lebensräume der Wildtiere vernichtet – sie gehören beide zu einem Leib und werden gelenkt von ein und demselben Kopf. Der Industrielle, der an den Wochenenden in seinem Jagdrevier die Natur genießt, trifft in den Tagen davor und danach Entscheidungen, die anderswo, außerhalb seines Spaßbereichs, Natur beeinträchtigen, wo nicht gar zerstören. Das Großmütterchen, das dem Rotkehlchen Futter streut, schlägt jede Spinne, die ihm zu Gesicht kommt, auf der Stelle tot; sie streichelt das Meerschweinchen der Enkelin und fängt in listig, mordlistig beköderter Falle einer Mäusebrut die Mutter weg. *Bambi*, das Reh, und *Pfui Spinne, König der Wälder* und *Raubzeug Marder, Iltis* und *Luchs* sind zu Sprache gewordene Wertungen, die in vielen von uns widerspruchsfrei angelegt sind. Dabei halten sie keiner ökologischen Prüfung stand, nicht einmal einer Abwägung des Nutzens, denn die massenhaft Insekten vertilgenden Spinnen sind, so betrachtet, dem naschhaften, den Jungwald verbeißenden Reh eindeutig überlegen, ebenso der das kranke Rehwild aussondernde Gesundheitspolizist Luchs dem großen braunen Rindenfresser Hirsch.

Es ist also der Versuch nicht abwegig, Parallelen aufzuzeigen zwischen von Not und Elend bedrohten Menschen und Wildtieren sowie zwischen den Nützlichkeitserwägungen, die unser Verhalten beiden gegenüber bestimmen.

Es trägt der Vergleich sogar bis in das neue Wort *Wirtschaftsflüchtling* hinein. Beim Menschen wie beim Wildtier ist es, nächst den ethnischen Kriegen, die rücksichtslose, raffgierige Ausbeutung der natürlichen Ressourcen und die daraus folgende Verelendung ganzer Landschaften, was ein auskömmliches Leben in ihnen unmöglich macht. Die Bewohner sterben an Krankheiten und Hunger und an der Unwirtlichkeit ihrer Behausungen, und die Überlebenden formieren sich zu Flüchtlingstrecks in die Richtung derer, die an ihrem Elend reich wurden. Dem Neokolonialismus der Industrienationen, die durch ausbeuterische Preisdiktate auf den Rohstoffmärkten an der Armut und durch Waffenlieferungen an korrupte Machthaber noch am Tod der Unterentwickelten verdienen, entspricht in der Natur die flächendeckende Begiftung sogenannter Schädlinge, pflanzlicher wie tierischer, von deren Ausrottung Industrie und industrialisierte Landwirtschaft unter gebetsmühlenhaften Unschuldsbeteuerungen lange Zeit, viel zu lange Zeit, kräftig profitierten.

Graureiher in Amsterdam. Aus arbeitslosen Fischern werden Stadtstreicher.

Und so streunen nun die Flüchtlinge aller Arten und Rassen durch unsere Straßen. Florenz und Rom, Bologna und Genua, Lissabon und Marseille sind längst schwarz meliert, und die Flut der Hoffnungslosen schwappt über die Alpen, bis an die nördlichen Meere. Unter diese Menschen mischen sich zunehmend die verelendeten, ihrer Lebensräume weitgehend verlustig gegangenen Tiere. In Amsterdam fliegen die einst so scheuen Graureiher in den Straßen links und rechts der Grachten umher, landen auf Autodächern und stolzieren zwischen den Passanten auf den Geh-

Anpasser haben bessere Chancen: Möwen, neben den Ratten die Charaktertiere unserer Wegwerfgesellschaft.

wegen herum, um mit dem Lanzenschnabel an Türen zu klopfen und die ihnen daraufhin vor die Füße geworfenen Fischköpfe zu verschlingen. Seevögel, denen wir die Meere verschmutzen und leerfischen, bevölkern in Massen unsere Mülldeponien. Höhlenbrüter, denen wir die hochstämmigen, astlochreichen Obstbäume nahmen und diese durch profitablere, bequemer zu begiftende und abzuerntende Spalierobstplantagen ersetzten, halten Einzug in die leeren Fensteraugen von Slumruinen. Der Marder, dem freilaufende Hühner so unbekannt geworden sind wie dem Stadtkind die lebende Kuh, pervertiert zum Schlauchbeißer in der Stallwärme unserer Motorhauben, und Öl verschmiert ihm das Maul statt Blut. Das Reh frißt dort, wo man ihm den Wald zum Wirtschaftsforst verfichtete und die nahrungsreichen Strauchhecken rodete, auf Friedhöfen den Blumenschmuck von den Gräbern. Der Dachs, dessen Baue man wiederholt vergaste, um aus Gründen der Tollwut die Fuchsfamilien zu vernichten, mit denen er die Baue teilte, unterwühlt schließlich Schuppen und Scheunen im Feld.

Gewiß, es ist auch Bequemlichkeit im Spiel: Der Tiger wird zum Menschenfresser, weil der Mensch die am leichtesten zu greifende Beute ist. Der Reiher lernt, daß der tägliche Fisch leichter dem Menschen abzubetteln als der Natur abzujagen ist. Aber immer steht am Anfang solcher Pervertierungen der Instinkte Verfolgung und Verdrängung und die Denaturierung des natürlichen, artgemäßen Lebensraums. Man hat für diese, dem Menschen folgende Tiere einst, als wir Kultur noch hatten, das Wort „Kulturfolger“ geprägt. Storch und Turmfalke, auch die Schwalbe, waren die Protagonisten. Heute wäre das Wort „Müllfolger“ wohl besser am Platz.

Der industrialisierte Mensch ist den Wildtieren Zuckerbrot und Peitsche zugleich, das kleinere und das größere Übel in einem, und so wählen sie, wo sie die Wahl noch haben, das Zuckerbrot und das kleinere Übel.

Das ist die Botschaft dieses Buches. Es gibt nicht vor, durch Hilfe bei der Wohnungssuche ganze Tierarten retten zu können; das kann ein Buch nicht leisten. Es weiß, daß die Hilfe, die es propagiert, nur Tierindividuen zuteil werden kann, wie ja auch die Aufnahme menschlicher Asylanten nur Einzelnen hilft, aber die politischen und ökonomischen Probleme in ihren Herkunftsländern nicht zu lösen vermag.

Immerhin geht dieses Buch ein paar Schritte über die Individualhilfe hinaus, indem es dem Leser nicht nur die detailliertesten praktischen Handreichungen für den wissenschaftlich begründbaren, der Natur nachempfundenen Wohnungsbau vermittelt, sondern ihm auch den Blick schärft für die ökologischen Notwendigkeiten intakter Tierhabitate. Es zeigt Abhängigkeiten zwischen Pflanzen und Tieren auf und rät dort zu aktiver ökologischer Hilfe, wo sie dem lernwilligen Menschen in seinem persönlichen Lebensumfeld noch möglich ist. Es verliert sich weder in der Utopie des Alles noch akzeptiert es die Resignation vor dem Nichts, das vielen Tierarten ausweislich der immer länger werdenden Roten Listen droht. Es ist, im Bewußtsein seiner Grenzen, ein Mutmacherbuch.

Vor allem aber macht es keinen Unterschied mehr zwischen, sagen wir: Gemütstieren und Ekeltieren; in ihrer Not sind sie ihm gleich wichtig. Und so steht die übel beleumdete Hornisse im Rang nicht unter dem putzigen Igel, der bunte Sommerfalter nicht über der Kot verkleckernden Schwalbe. Auch Liebesexzesse finden nicht statt. Die Meisenmastanstalten, die viele unserer Vogelfutterhäuser in Wahrheit nur sind, verweichlichen die Tiere bloß und machen sie träge bis zur Lustlosigkeit in Brutpflege und Futtersuche in freier Natur. Das Ziel ist Nothilfe für Tiere, nicht Erbauung für Menschen.

Was immer dieses Buch bewirken mag, soviel ist allen sicher, die es lesen: Es kommt bei der bloßen Lektüre schon zu einer intensiven gedanklichen Beschäftigung mit der Not der Wildtiere und nolens volens auch mit der Not der sie behausenden und ernährenden Natur. Es schärft den Blick für ökologische Zusammenhänge und macht das Ohr empfindlich für solche falschtönenden Politikphrasen wie jener von der „Bewahrung der Schöpfung".

Auf der Suche nach Unterschlupf kommt der Steinkauz auch zu denen, die ihn vertrieben haben.

Ich wünsche diesem Buch die weiteste Verbreitung.

Ordnung gegen die Natur

Jürgen Dahl

Sind Häuser mit bewachsenen Fassaden, sind ungerechtes Laub und bunte Wiesen im Vorgarten unordentlich? Nein, sie sind es nicht. Sie sind die notwendigen Verstöße gegen eine übertriebene und lebensfeindliche Ordnung – eine Ordnung wider die Natur.

Immer lebte der Mensch in enger Nachbarschaft zu Pflanzen und Tieren. Unserem Jahrhundert blieb es vorbehalten, durch intensive Land- und Gartenbewirtschaftung, durch wuchernde Siedlungs- und Verkehrsflächen, die Natur auf minimale Reste zurückzudrängen.

Mit etwas mehr Toleranz für das Lebende können wir die Natur wieder als Nachbar einziehen lassen. Je näher wir den grünen Mantel wieder um unser Haus ziehen, desto mehr „Wohnungen" bieten wir den Tieren, die uns Menschen in unsere Wohngebiete folgen. Und wir werden erleben, daß wir selbst nur ein Teil der großen Ordnung der Natur sind. Geben wir der Natur wieder mehr Freiheit!

Spinnen am Fenster

In beinahe jedem Geviert des alten Sprossenfensters hat sich – von außen – eine Spinne einquartiert, elf sind es insgesamt. Sie wohnen jede für sich in einer Ecke, haben ihr Netz über das kleine Sprossenfeld gespannt – und warten. Und ich warte drinnen, um dann zusehen zu können, wie sich eine herbstlich träge Fliege oder gar ein Weberknecht im Netz verfängt, verzweifelt zu entkommen sucht, gefesselt bleibt, während die Spinne herbeischießt, die Beute mit vielen Fäden einwickelt, dann aus dem Netz schneidet und zur Mahlzeit in ihre Ecke schleppt. Manchmal ist es auch nur ein Blatt, das an den Fangfäden klebt; dann versucht die Spinne, es durch ruckartiges Zerren an einem Speichenfaden zu lösen, und wenn das nicht gelingt, trennt sie, sehr mühselig, jeden einzelnen Faden durch, der das Blatt hält.

Spinnen (das Foto zeigt eine Herbstspinne) zählt der Mensch so gut wie nie zu den Hausfreunden.

Solche Schauspiele, so einfach sie sind, können den Beobachter lange fesseln – und sind doch nur möglich, wenn das Haus nicht abweisend ist gegen die Tiere, sondern sie zum Bleiben einlädt. Was jeder dazu tun kann, davon ist in diesem Buch die Rede, von den vielfältigen und ganz unterschiedlichen Angeboten also, die wir den Tieren machen können, und von den Gästen, die wir dann erwarten dürfen. Sie können von Gästen zu Begleitern werden, jedenfalls aber ist es für uns eine Bereicherung, ihr Leben zu begleiten, vielleicht einen ganzen Lebenslauf, vielleicht nur einen Ausschnitt daraus, vielleicht ganz von nahem, vielleicht mehr aus der Ferne.

Wenn sich Leere in Leere spiegelt, weiß der Kenner, daß es sich um moderne Architektur handeln muß.

Das Sprossenfenster ist nur ein Beispiel für solche Möglichkeiten, freilich ein besonders eindrucksvolles: Es zeigt, wie schon jene kleine bautechnische Veränderung, der Verzicht auf Sprossen, den Spinnen eine Chance des Lebens und den Menschen eine Chance des Mit-Erlebens nimmt. Die ganz modernen Isolierfenster taugen geradezu zum Symbol für das, was da vor sich geht: Ihre Konstruktionszeichnungen, wie man sie manchmal in Werbeprospekten abgebildet sieht, erinnern an die Grundrissse von Festungsanlagen, mit Wehrgängen und Kasematten und Hohltraversen. Und wirklich sind ja die Häuser immer mehr zu Festungen geworden: Doppelglasfenster wehren Lärm und Kälte ab, die Mauern werden in einen Pelz aus Mineralwolle eingehüllt und die Dächer mit Folien und Dämmplatten unterfüttert.

Die zwei Aspekte der Isolierung

Angesichts einer Welt, die an den Exzessen einer ungezügelten Energieerzeugung zugrundezugehen droht, ist das keine technische Spielerei, sondern bittere Notwendigkeit, um jede Vergeudung von Energie zu vermeiden. Die „Isolierung" des Hauses spielt im großen Zusammenhang der Welt-Ökologie eine wichtige Rolle, und es gibt sogar Zuschüsse für energiebewußtes Handeln am und im Haus.

Aber „Isolierung" hat auch eine andere Seite. Sie bedeutet nicht nur Schutz, sondern auch, in einem weniger anheimelnden Sinne: Abkapselung, Abschottung, Vereinzelung. Gelegentlich hört man von Erstickungsfällen; wer sich perfekt isoliert, dem wird mit der Verbindung nach draußen auch die Luft zum Atmen abgeschnitten. Mehr noch: Wo es nicht durch die Ritzen zieht, wo jeder Laut verschluckt wird, da wird das Draußen gleichgültiger und fremder. Und mit den undichten Fenstern, den löcherigen Fugen, den luftig-zugigen Dächern verschwinden all jene Lücken, durch die sich früher das Leben von außen ins Haus stahl, jene Nischen im wörtlichen und im ökologischen Sinn, in denen es sich dann einrichtete.

Außer Lärm und Kälte werden also auch jene Tiere und Tierchen ferngehalten, die man früher ganz ungeniert „Ungeziefer" nannte, auch heute wohl noch so nennt, aber eher hinter vorgehaltener Hand. „Lästlinge" ist das neue Wort dafür; es deutet immerhin noch an, daß sie unerbeten sind und lästig fallen können, im übrigen aber als Lebewesen eigenen Rechts respektiert und, wo immer möglich, denn doch geschont werden sollten.

Beispielhaft offenbart sich hier einer der Zielkonflikte, die uns beim weiteren Nachdenken über die „Renaturierung" von Haus und Garten immer wieder begegnen: Wenn denn die weitere Erwärmung der Atmosphäre bei Strafe des Untergangs vermieden werden muß – wie dürfte man es wagen, auch nur den kleinsten Schritt in diese Richtung mit dem Hinweis zu kritisieren, daß Energiesparfenster keine Fugen für Spinnen und Insekten mehr bieten und daß diese an unseren so vorzüglich isolierten Häusern auch sonst kein Unterkommen mehr finden? Es steht da eine ökologische Forderung gegen die andere, und es erweist sich als schwierig, die Öleinsparung gegen das Überleben der Florfliegen abzuwägen.

Immerhin gibt es in diesem Fall die Möglichkeit, für Fugen und Ritzen Alternativen zu finden, Ersatzbiotope zu schaffen, um den Mangel auszugleichen.

Fenster sind die Augen der Häuser, heißt es. Ein schönes Sprachbild! Heute starren die Hausaugen oder sind blind verspiegelt.

Häuser, die im Jahreslauf ihre Farbe wechseln, tragen Kleider aus wildem Wein.

Das Haus als Biotop des Menschen

Doch damit ist die Sache nicht abgetan, wir sind ihr nur noch einmal mit einem Trick ausgewichen. An den Kern kommen wir, wenn es um die „Lästlinge“ geht, und da mag uns nun ebenfalls das Wort „Biotop“ einfallen: Was ist das Haus anderes als der Biotop des Menschen, in dem er sich so wohl fühlen möchte, wie er es der Heuschrecke in ihrem Biotop auch gönnt?

Dieses Haus nun war von jeher ein Bereich, den der Mensch aus der ihn umgebenden Natur ausgrenzte – und sei es nur mit einem Zelt oder einer dürftigen Hütte. Das war Notwendigkeit der Vorsorge fürs Überleben in dieser Natur, Abwehr von Frost und Regen und Sonne und Tieren. Es war und ist immer eine selbstgeschaffene Welt mit selbstbestimmter Atmosphäre, mit möglichster Unabhängigkeit. Das Haus hat den Zweck des Schutzes und dazu den Anspruch der Selbstdarstellung seiner Bewohner, und es hatte zumindest auch eine überhöhte, dem Heiligen nahe Bedeutung: Mit Dach und Schwelle, Tür und Fenster, Giebel und Balken hatte es oft und vielfältig eine magische oder fromme Bewandtnis, und so bildete sich um die menschlichen Bewohner herum ein Gespinst von bergendem Zauber, gegen die Gewalten des Draußen.

Biotope des Menschen – ein Blick genügt, um zu verstehen, daß Tiere hier kein Mitwohnrecht haben.

Das Loch im Dach oder im Giebel zum Beispiel war ursprünglich keineswegs für Eulen und Fledermäuse gedacht, sondern für die Geister, die sich mit Vorliebe im Dachgebälk aufhalten und denen man Ein- und Ausgang offenhalten muß, damit sie nicht das Dach abdecken. Auch die Seelen der Sterbenden entweichen durchs Dach, weshalb man spätestens beim Nahen des Todes eine Luke öffnen mußte. Die Praktiken und Regeln, die sich mit dem Haus befassen, mögen abergläubisch genannt werden, aber ganz sicher bezeugen sie ein sehr tiefes inneres Verhältnis zum Gehäuse, in dem sich ein so großer Teil des Lebens abspielt, und ein dringliches Bemühen, dieses Gehäuse in jedem denkbaren Sinne abzusichern, gegen Sturm und Regen, gegen Dämonen und Geister, gegen Feuer und Schicksal.

Mühsam war das und blieb oft genug Stückwerk, nicht nur wegen der bescheideneren technischen Möglichkeiten früherer Zeiten, sondern auch aus blanker Armut. Wir denken ja, verklärend, gern an stattliche Gehöfte und vergessen (oder wissen einfach nicht mehr), wie ärmlich die viel zahlreicheren Katen der Landarbeiter waren oder die Hütten der Besenbinder oder die überdachten Höhlen der Bergleute. Wieder stoßen wir hier auf die schlichte Wahrheit, daß jedes Ding zwei Seiten hat.

Tiere als Mitbewohner

Das nur beschränkte Vermögen, sich gegen draußen abzugrenzen, machte das Leben mit der Natur - auch mit der unerwünscht eindringenden - zu einer Selbstverständlichkeit. Man kannte die Mitbewohner und arrangierte sich mit ihnen, so gut es ging. Manchmal ging es gut, manchmal gab es Schwierigkeiten. Jedenfalls war vieles, was wir heute als unerträglich ansehen, ein hinzunehmender Teil des Lebens, das immer mit anderem Leben zusammenhing.

Gerade die Unvollkommenheit der Abschottung hat mit dazu beigetragen, daß viele Tiere sich als „Menschenfolger" verbreiteten. Sie nutzten die von den siedelnden Menschen mehr oder weniger unfreiwillig gebotenen Chancen, stellten ihre Lebensweise darauf ab, auch ihre Ernährungsgewohnheiten, und manche wurden schließlich geradezu abhängig vom Menschen, wie erst neuerdings manche Singvögel, die gar nicht mehr in der ihnen gemäßen Weise auf Nahrungssuche gehen und nur noch vom Siedlungsabfall leben.

Es ergab sich, auf weite Strecken, eine Art von Koexistenz, die keineswegs immer friedlich war, aber doch die Tiere in das gemeinsame Leben mit hineinnahm und ihnen Tod und Vertreibung nur androhte, wenn die menschliche Existenz ernstlich beeinträchtigt schien. Auch dieses Ding hat seine zwei Seiten: Ich kenne die eine wie die andere aus dem täglichen (und nächtlichen) Erleben.

Schleiereulen ist mit Nisthilfen durchaus gedient. Einschlüpfe in Kirchentürme oder hohe Zweckbauten sind häufig akzeptierte Angebote.

Zwiespalt der Koexistenz

Etliche Vogelarten siedeln in unserer Nähe. Aber der Star unter den Untermietern ist seit alters her der Star.

Ich lebe auf einem alten Bauernhof. Im früheren Kuhstall wohnt eine Schleiereule, und wenn die Dämmerung einbricht, kommen von irgendwoher die Fledermäuse. Es gibt aber auch den Fuchs, der sich von Zeit zu Zeit eine Gans oder ein Huhn holt, wenn wir vergessen haben, zur Nacht den Stall zu verrammeln. Im alten Bullenstall brüten die Schwalben und in der Scheune die Bachstelzen. Es gibt aber auch: Ratten (von den Mäusen gar nicht zu reden), Hühnerflöhe, die Menschenblut nicht verschmähen, und Kaninchen, die im Gemüsegarten vor sich hin mümmeln, als hätten wir den Kohl für sie gepflanzt. Am und im Teich leben Frösche, Kröten, Molche und Libellen, und überall begegnen einem Spinnen, Schmetterlinge und Käfer. Es gibt aber auch: Ameisen, die den Weg in die Küche finden; Silberfischchen, die nächtens aus ihren Verstecken kommen; den Holzwurm, die Made des Holzkäfers, die so unangreifbar wie unentwegt bemüht ist, alle Balken und Bohlen des Hauses in weißes Holzmehl umzuwandeln, bis nur noch ein wenig tragfähiges Skelett übrigbleibt. Das Dach ist auf alte Art mit Strohdocken gedeckt und so durchlässig, daß auf dem Dachboden immer die schönen Nester der Solitärwespe *Dolichovespula* hängen. Es gibt aber auch: Spatzen, die in den Docken nisten und sie allmählich zu Mulm aufarbeiten. Und es gibt Rehe, die frühmorgens übers Feld gezogen kommen und bisher noch jeden Versuch, eine dichte Hecke anzupflanzen, zunichte gemacht haben, weil sie die jungen Setzlinge gnadenlos abschälen.

Mit all dem mag es seine ökologische Richtigkeit haben. Aber es kommen Momente des hilflosen Zorns, in denen wir froh sind, daß wir nur *auf* unserem Hof, aber nicht *von* ihm leben. In früheren Zeiten war es ja oft so, daß die Schäden in einer Größenordnung lagen, die weit über das hinausging, was man vielleicht noch als eine Art Tribut an die Mitgeschöpfe hätte hinnehmen können. Es waren lebensbedrohende, ganze Ernten und große Vorräte vernichtende Schädigungen. Man braucht nur an den Mehlkäfer zu denken, oder an den Hausbock, der ganze Häuser unbewohnbar machen konnte: Da dämmert uns, daß manches, was wir heute vielleicht als abergläubische Empfindlichkeit ansehen, die berechtigte Angst vor dem großen Ungemach war, verbunden mit einer Machtlosigkeit, die dieses Gefühl noch bedrückender machte.

Der unvermeidliche Zwiespalt solcher Koexistenz spiegelt sich anschaulich im Volksglauben. Die Spinne ist ein schönes Beispiel dafür: Einerseits war der Glaube verbreitet, die Spinnen seien giftig, ja, man müsse sogar das Wasser, in das eine Spinne gefallen sei, wegschütten, – andererseits schätzte man ihre Fähigkeit, alles Gift im Hause an sich zu ziehen und aufzusaugen. Und wenn die Spinne Menschengestalt annimmt, dann kann es sein, daß sie zur wohltätigen Elfin wird, während umgekehrt die böse Großmutter, die ihre Enkelkinder ums Leben bringen will, zu diesem Zweck Spinnengestalt annimmt.

Ähnlich die Kröte: Unheimlich und rätselhaft erschien sie dem Menschen, galt als guter Hausgeist, den man hüten und nähren muß, aber auch als Hexentier, das Gift spritzt oder den Kühen die Milch absaugt.

Ob Fledermaus oder Grille, Eule oder Schmetterling – fast überall finden wir die Ambivalenz, die unterschiedliche Wertung der Tiere, die am Lebensraum der Menschen teilhaben, viel seltener eine eindeutig positive oder eindeutig negative Einschätzung. Noch bei der innigsten Verwünschung (wie sie etwa dem Marder zuteil wird) kommen freilich auch Zeichen der Vertrautheit zum Vorschein: Das Tier als Hausgenosse wird je nach seinem Betragen geliebt, verehrt, gefürchtet, gehaßt, aber stets bleibt es zugehörig zur Welt des Hauses – und des Gartens.

Libellen in Hausnähe: flirrende Nutznießer der Gartenteiche.

Tiere im Garten

Mit dem Garten verhielt es sich ähnlich wie mit dem Haus: Auch der Garten war ein ausgegrenzter Bereich, in dem nicht „die Natur", sondern der Mensch das Sagen haben sollte. Durch Zäune, Hecken oder gar Mauern wurde er geschützt gegen den Wind und gegen das Wild.

Noch mehr haperte es freilich mit dem Schutz gegen Raupen und Schnecken. Die Vorstellung, daß in der guten alten Zeit die Raupen von den Vögeln und die Schnecken von den Igeln gefressen wurden, ist nur teilweise richtig. Der Igel frißt viel lieber kleine Frösche als Schnecken, und was die Vögel an Raupen verzehren, reicht nie und nimmer,

Smaragdeidechse als Gartengast? Wohl nur ausnahmsweise in sonnigsten, süddeutschen Gärten, dagegen …

… haben Igel vergleichsweise wenig Ansprüche. Etwas unaufgeräumt sollte es für sie sein.

Der Garten war nicht Freizeitspaß, sondern er war notwendig für die Ernährung der Familie, auch für die medizinische Versorgung. Das waren Schätze und Ernten, deren Gefährdung durch Tiere nicht hingenommen werden konnte. Aber wenn es noch vergleichsweise leicht möglich war, Rehe und Kaninchen auszusperren, so doch schon schwieriger, die Vögel fernzuhalten, von denen manche ja nicht nur Raupen vertilgen und wunderschön singen, sondern sich auch über Saat und Frucht hermachen. Vogelscheuchen und Flatterbänder blieben eher Zeichen der Ohnmacht, als daß sie die Vögel verscheucht hätten.

um den Kohl vor den Weißlingen zu retten.

Die Klage über Raupen und Schnecken ist uralt. In den Mitteln zu ihrer Vernichtung war man nicht wählerisch, mußte sich freilich oft genug auf den Versuch beschränken, sie durch zauberische Mittel zu bannen: Eine nackte Frau, die zur Mitternacht um den Garten schreitet, sollte die Raupen vertreiben; der Pfarrer wurde bemüht, sie zu bannen, indem er sie mit Weihwasser besprengte; geweihter Wein sollte helfen, auch Stücke eines ausgegrabenen Sarges; und wenn alles nichts half, wurden sie von der Kanzel verurteilt oder gar exkommuniziert. (Ähnlich erging es übrigens den Ratten, die der Bischof von Autun eines Tages kurzerhand verurteilte, innerhalb von vier Tagen das Bistum zu verlassen.)

Fortschritt und Entfremdung

Seit hundert Jahren, am allermeisten aber in den letzten Jahrzehnten, hat sich an all dem vieles geändert. Der technische Fortschritt (zu dem auch der chemische gehört) erreichte auch das letzte Dorf, die Höfe wurden modernisiert, die Häuser wurden, wenn die Mittel es eben erlaubten, Jahr für Jahr auf den neuesten Stand der Bautechnik gebracht. Das Verkehrsnetz wurde immer dichter, durchschnitt nicht nur die Landschaften, sondern wirkte mit Dreck und Lärm bis in den letzten Winkel; die Städte wuchsen, in die Höhe und in die Breite, und immer kleiner wurden die Räume, in denen, wenn schon keine „unberührte" Natur, so wenigstens eine naturfreundliche Kulturlandschaft überleben konnte. Die Mittel der modernen Agrarchemie taten ein übriges, um die Reste der wildlebenden Tierwelt zu vertreiben und teilweise sogar in ihrem Bestand zu bedrohen.

Das war mit wachsender Entfremdung zwischen Tieren und Menschen verbunden. Entfremdung hieß zunächst einmal: daß jene gewohnte Koexistenz ihr Ende fand, weil es „endlich" wirkungsvolle Mittel zur „Schädlingsbekämpfung" gab. Es hieß ferner, daß die Veränderungen in Hausbau und Landtechnik auch viele von den anderen Tieren vertrieb, die keineswegs störend gewesen waren. Wer versucht (und mit Erfolg versucht), die Kleidermotte aus den Häusern fernzuhalten, der verhindert natürlich zugleich, daß Florfliege und Marienkäfer den Weg ins Haus zur Überwinterung finden. Und so fort. Das langsame Verschwinden zahlreicher Singvögel, die Abnahme der Artenvielfalt bei den Insekten, der dramatische Rückgang bei den Amphibien – all diese miteinander eng zusammenhängenden Ereignisse sind Ergebnis einer „Modernisierung", die Haus und Garten, Landschaft und Landwirtschaft gleichermaßen erfaßte und veränderte.

Fast jeder Tag brachte eine verblüffende Erfindung, eine verbesserte Apparatur, einen bislang unbekannten Stoff; alles wurde bequemer, leichter, schneller. Jedermann freute sich der neuen Möglichkeiten – und mit den Nachteilen, so dachte man, werde man zu gegebener Zeit schon zurechtkommen. Erst sehr langsam entstand ein Bewußtsein dafür, daß mit dem Fortschritt auch herbe Verluste verbunden waren.

Manchmal ist das Grauen grau: Wie diese Wohnsärge, irgendwo zwischen Lissabon und Wladiwostok.

Die zwei Seiten von Sauberkeit und Ordnung

Und wieder treffen wir hier auf das Ding mit den zwei Seiten. Es wäre ja ganz falsch, wenn wir die Fortschritte etwa im Bauwesen in Bausch und Bogen verdammen wollten: Sie ermöglichen eine legitime menschendienliche Zweckmäßigkeit und haben viel Leid und Krankheit verhüten geholfen.

Was die Sache so problematisch macht, sind vor allem die nicht beabsichtigten Nebenfolgen, die im Laufe der „Modernisierung" eingetreten sind und die wir mit Recht als eine Art von Denaturierung des menschlichen Lebens und als eine Zurückdrängung der Natur beklagen.

Die Sauberkeit zum Beispiel ist eines der Ziele menschlichen Haushaltens, das den striktesten Gegensatz zur unbefangenen Koexistenz mit Tieren darstellt. Wir dürfen aber nicht übersehen, daß die Hygiene, die gegen Ende des vorigen Jahrhunderts ihren Siegeszug begann, für die Humanökologie, also für das Wohlergehen des Menschen in seiner Umgebung, von fundamentaler und wohltätiger Bedeutung gewesen ist – Grund genug, um mit wohlfeilem Spott zurückhaltend zu sein. Die Sauberkeit hat ihre Meriten.

Freilich hat sie auch ihre Kehrseite. Zum einen kann die Hygiene, indem sie die zahllosen Banalinfektionen des Alltags weitgehend unterbindet, damit zugleich auch die Immunisierung verhindern, also kontraproduktiv genau dasjenige begünstigen, was sie zu vermeiden trachtet.

Zum anderen kann das Streben nach Sauberkeit in einen quälenden Zwang ausarten, in einen leidenschaftlichen, verbissenen Kampf gegen jedes Staubkorn. Man mag das lächerlich finden. Es verhält sich aber so, daß in solchen Zwängen tiefe Ängste der Menschen nach außen drängen und sich in banalen Alltagsverrichtungen bemerkbar machen. Die Tiefenpsychologen sagen uns, daß dem zwanghaften Drang nach Sauberkeit der angsterfüllte Wunsch zugrundeliegt, es möge alles unverändert bleiben, es möge keine Überraschung eintreten, weil sie die Sicherheit ge-

Blumenwiese vorm Haus. Erfreulich viele Häuslebauer planen die Natur mit ein, doch …

fährdet - eine Vorstellung, die von der Werbung für Wasch- und Reinigungsmittel nach Kräften gefördert wird: Nur diejenige Hausfrau kann ruhig schlafen und ihrer selbst sicher sein, die - bis hin zur verantwortungsvollen Wahl ihrer Putzmittel - alles getan hat, um ihr Heim sauber und ordentlich zu machen. Es steckt eine Lebensangst dahinter, die Angst vor dem Leben als einer großen Unberechenbarkeit, die niemals „staubfrei" bewältigt werden kann.

Diese Angst mag damit zu tun haben, daß an die Stelle der alten Gefahren von Blitz und Donner, Pestilenz und Hungersnot andere Gefahren getreten sind, die sich nicht so leicht benennen und noch weniger mit den alten Bannsprüchen abwehren lassen. Die Macht der Apparate und Ordnungssysteme einer immer technischer werdenden Zivilisation ist unheimlich, undurchschaubar, und der Drang nach Ordnung und Sauberkeit ist auch die versuchte Bewältigung der daraus entstehenden Ängste: Wer nicht funktioniert, dem kann es übel ergehen.

Es macht die Sache nicht einfacher, wenn wir dazu noch bedenken, daß die Reinheit eine tiefe, weitgehend verschüttete religiöse Bedeutung hat. Daß sie verschüttet sei, bedeutet aber nicht, daß sie wirklich verlorenging, vielmehr drängt sie in verwandelter Form nach Beachtung. Die äußere Reinheit als Ausweis der inneren, als Gewähr für Schuldlosigkeit - das sind Urbilder, die sich nicht einfach von der Vernunft auslöschen lassen.

... die Brutalität des rechten Winkels ist noch ungebrochen. Hier ist Todeszone für fast jegliche Kreatur.

Naturschutz und die Bedürfnisse des Menschen

Dem Ziel „Renaturierung" der menschlichen Lebenswelt kommen wir nicht näher, wenn wir nur die Auswüchse des zivilisatorischen Eingreifens verpönen und verspotten und nicht auch die Hintergründe bedenken, aus denen dieses Verhalten kommt:

Das Haus ist vor allem anderen der Biotop des Menschen, als bergendes Gehäuse, vervollkommnet entsprechend den technischen Möglichkeiten der Zeit, auch als Ausdruck tiefer Lebensängste. Der Garten, genau entsprechend: als ein vergleichsweise winziges Stück der Erde, das möglichst gefeit sein soll gegen die Unberechenbarkeit des ungezähmten Lebens. Das sind legitime Absichten und, zunächst einmal, sehr „natürliche" Bedürfnisse, von denen der Tiere nur unterschieden durch die zusätzlichen Möglichkeiten von Vernunft und Verstand, Technik und Chemie.

Industrie-Ruine: Wo Sanierer zögern, wurzelt sich pionierhaft ein Farn ein.

Hier stoßen wir ganz unmittelbar auf die Frage, wie denn der Naturschutz mit dem Menschenschutz – oder: mit den existentiellen Bedürfnissen der Menschen in Einklang zu bringen sei. Es läßt sich ja nicht abstreiten, daß der Mensch, um zu existieren, vielfältige Eingriffe in die Natur vornehmen muß – wie übrigens jedes andere Lebewesen auch. Er nutzt sie für seine Zwecke. Wo hätte die Grenze dieser Nutzung zu liegen, wie läßt sie sich bestimmen, und wie läßt sich Einigkeit darüber erzielen?

Man hat jahrzehntelang den Naturschutz im Sinne der Erhaltung von Natur- und Kulturlandschaft und der Erhaltung vorgefundener Artenvielfalt betrieben und dabei gewissermaßen über den Daumen gepeilt, was erhaltenswert sei und wo andererseits den Interessen des menschlichen Fortschritts der Vorrang eingeräumt werden müsse. Das hat die Verwüstung an manchen Stellen verzögert, aber ihr Fortschreiten schließlich nicht aufhalten können. Neuerdings spricht man gern von einem „Eigenrecht" der Natur, das man ihr zuerkennen will. Man übersieht freilich, daß dies ein menschliches Postulat ist und den Menschen, der doch ein Teil dieser Natur ist, in ganz ungerechtfertigter Weise zu einem Herren macht, der das Recht hat, die Natur zu einem juristischen Subjekt zu ernennen (und damit logischerweise auch das Recht behielte, die Ernennung wieder rückgängig zu machen). Das ist gleichsam Amtsanmaßung – und bringt den Naturschutz kaum weiter. Schon der Begriff „Naturschutz" enthält ja einen Anklang dieser Anmaßung, weil „Schutz" in der Regel etwas ist, was der Stärkere dem Schwächeren großmütig gewährt, aber auch wieder entziehen kann.

Noch riskanter erscheint es, den Naturschutz aus der Ökologie (scheinbar) wissenschaftlich zu begründen: Was das ökologisch „Richtige" sei, läßt sich kaum jemals in wissenschaftlicher Diskussion zweifelsfrei ermitteln, erstens, weil unsere ökologischen Kenntnisse dazu gar nicht tief und weit genug reichen, und zweitens, weil sich die Legitimität menschlicher Interessen und Bedürfnisse nicht in ökologische Begriffe fassen läßt. Außerdem ist eine oft aus der Ökologie abgeleitete Betrachtungsweise immer in der Gefahr, das jeweils Bestehende als das „Richtige“ und Erhaltenswerte auszugeben und dabei zu vergessen, daß das Bestehende in Wahrheit bereits etwas von Menschen Gemachtes ist: Die Lüneburger Heide war ein dichter Wald, bevor die Salzsieder ihn mit Stumpf und Stiel abholzten. Aus der Ökologie läßt sich nicht herleiten, was besser ist: die Heide zu schützen oder den Wald zu renaturieren.

Für unser Thema, Tiere im und am Haus, heißt das: Die Ökologie gibt uns keinen verbildlichen Maßstab für das, was wir tun oder unterlassen sollen. Auch der Mensch mit seinen Bedürfnissen ist ein ökologischer Faktor mit natürlichen (und einigen darüber noch hinausgehenden) Bedürfnissen. Wo seine Rechte enden, vermag die Ökologie nicht zu sagen, höchstens: wo es für den Menschen selbstgefährdend wird, sich die Rechte zu nehmen.

Also werden wir, was den Naturschutz angeht, aufs angestrengte eigene Nachdenken verwiesen. Die Ökologie kann uns dabei viel helfen, indem sie uns (freilich nicht in allen Fällen und niemals vollständig) mitteilen kann, welche Rolle ein Tier oder ein Teich oder eine Straße im Gesamtzusammenhang des Lebendigen spielt. Es kommen aber hinzu: unsere legitimen Bedürfnisse, unsere Vorlieben, unsere Erinnerungen, unser Wunsch nach Begegnung mit Landschaft und lebenden Wesen, unsere Freude an einer Vielfalt der Arten, unser Schönheitsbedürfnis, unser Sinn für das Besondere dessen, was selten oder gar einmalig ist – lauter Kriterien also, deren Wertung nicht aus Tabellen ablesbar ist, und als letzter Beweggrund schließlich dieser: die Einsicht, daß die Natur, zu der wir selbst gehören, größer ist als wir und nicht von uns gemacht.

Es mag also scheinen, als vernebele solches Denken eher den Blick auf das, was konkret zu tun sei. Daran ist wohl so viel richtig, daß ein auf solche Weise begründeter Naturschutz keine sicheren Rezepturen zu liefern vermag, sondern daß er viel eher eine Haltung bezeichnet, also ein weites Feld des Nachdenkens, des Empfindens. Aktivität (oder Inaktivität!) erwächst dann aus einer geistigen Vorbereitung, in welcher der einzelne Mensch sich Rechenschaft zu geben hat, wie er sich sieht, wo er sich im Zusammenhang alles Lebendigen sieht und was die je einzelne Handlung in diesem Zusammenhang bewirkt.

Diese Erweiterung des Naturschutzdenkens erscheint auch noch aus einem anderen Grunde ganz entscheidend für den Erfolg solcher Bemühungen: Alle Einzelaktionen – und ganz besonders die im begrenzten Bereich des eigenen Hauses und seines Gartens – müssen ja wirkungslos bleiben, wenn nicht auch in der näheren und weiteren Umgebung dieses Hauses die Vielfalt des Lebendigen erhalten bleibt. Es geht ja nicht darum, das eigene Haus zu retten, sondern, falls dies noch möglich ist: die Erde. „Naturschutz“ kann da nur wirksam werden in einem umfassenden Zusammenhang aller, aber auch aller zivilisatorischen Aktivitäten auf der ganzen Welt. Ein Naturschutz, das gilt auch für den weiteren Begriff „Umweltschutz“, der befangen bliebe in ökologischer Rechtfertigung, könnte nie zum Kern vordringen – denn der aus eigener Haltung heraus geleistete Verzicht (und auf diesen kommt es an) ist keine ökologische Schuldigkeit, sondern eine menschliche Entscheidung, die errungen werden muß.

Vielleicht das Kostbarste am Haus: ein alter, artenreicher Baumbestand.

Gegendenken: Unordnung und Offenheit

Was bedeutet nun alles bisher Gesagte für unser Bemühen, den Tieren wieder „Wohnmöglichkeiten“ zu schaffen, sie wieder mit hineinzunehmen in ein Zusammen-Sein, in dem die Lebenskreise einander berühren und manchmal überschneiden?

Wenn wir die Stichworte Ordnung und Isolierung (beide im allerweitesten Sinne) für dasjenige setzen, was die Umwelt des Hauses und des Gartens verändert, den menschlichen Biotop für Tiere aller Art unwirtlich gemacht hat, dann wären umgekehrt Unordnung und Offenheit Stichworte für die Richtung, in der wir neu zu denken hätten, wenn wir den Tieren wieder Refugien und Lebensräume bieten wollen.

Amseln sind Überlebenskünstler. Eine Efeuwand reicht schon als Wohnraumangebot.

Und hätten dabei eingedenk zu bleiben, daß jede Form der Ordnung und Isolierung keineswegs an sich etwas Destruktives ist, sondern eine dem Menschen legitimerweise dienliche Funktion haben kann.

Es wäre also nicht sinnvoll, ein Dogma durch ein anderes zu ersetzen, vielmehr wäre das Dogmatische aufzulösen im Nachdenken. Man könnte sagen, es müsse der „Mittelweg“ gesucht werden zwischen dem, was der Mensch für sich selbst als zweckmäßig erachtet, und dem, was den Tieren frommen würde. Aber der „Mittelweg“ hat etwas Unentschiedenes, er bezeichnet einen Kompromiß, bei dem man nie recht weiß, ob nicht doch etwas Faules daran ist.

Statt den Mittelweg anzupeilen und dabei wieder bei Rezepten und Tabellen zu enden (ökologische Irrtümer ausgeschlossen), wäre es fürs erste wohl förderlicher, die innere Einstellung in einem umfassenden Sinne zu ändern und im Denken wie im Erleben der Unordnung und der Offenheit eine größere Bedeutung einzuräumen, sie als Werte zu betrachten und nicht die eine als mißratene Ordnung und die andere als versäumte Isolierung.

Es ist wichtig, Nistkästen aufzuhängen, Eulenlöcher zu schaffen, Teiche anzulegen und die Pestizide aus dem Garten zu verbannen. Wichtiger noch wäre: alle Verhaltensweisen zu lockern, zum Lässigen hin, das ja oft genug den Vorzug hat, auch das Bequemere zu sein.

Nicht von ungefähr hat das Wort „aufräumen“ zwei Bedeutungen. Es meint einerseits das Ordnen und Wegräumen, andererseits das Vernichten – so wie der Fuchs unter unseren Hühnern „aufräumt“.

Vor einiger Zeit sah ich ein Zaunkönig-Nest – es war gebaut in der Achterschlaufe einer Hanfkordel, die jemand lose aufgewickelt und dann an einen Mauerhaken gehängt hatte: Die zufällige Unordnung, das einfach unterlassene Aufräumen bewirkt oft, was mit genauestem Nachdenken nicht zu erlangen gewesen wäre. Wer im Herbst seine Arbeitsjacke im Garten vergißt, der wird im Frühjahr sehen, wie vielen Tieren er damit über den Winter geholfen hat. Und so fort.

Wo derart – jenseits des geplanten Handelns – eine grundsätzlich veränderte Einstellung alle Tätigkeit beeinflußt und leitet, darf damit gerechnet werden, daß das Unvermutete geschieht, daß es Überraschungen gibt.

Ordnung ist das halbe Leben – aber eben nur das halbe. Die andere Hälfte ist Unordnung, und wer die Unordnung zuläßt, gibt dem Leben die Chance, sich ihrer anzunehmen, auf unvorhergesehene und unvorhersehbare Weise. Wieviel er davon zulassen kann, muß freilich jeder für sich entscheiden.

Und Offenheit anstelle der vielfältigen Methoden der Isolierung würde heißen: grundsätzlich (und nicht nur an sorgsam ausgewählten Punkten) den Gedanken an ein Ausschließen, Vertreiben, Vernichten zu verwerfen, dafür mit Neugier erst einmal wahrzunehmen, was alles uns, wenn wir offen bleiben, entgegenkommt. Es müssen nicht alle Fugen abgedichtet, alle Ritzen verschmiert, alle Flächen eingeebnet und lackiert werden. Nicht jede Kellerluke muß hermetisch verschlossen sein – wenn sie es nicht ist, kann es geschehen, daß Molch und Kröte zum Überwintern kommen.

Auch dies gehört zur Offenheit: daß wir nicht die Grenzen schließen und, wie das so oft geschieht, in Bausch und Bogen jene Pflanzen verdammen, die von außerhalb kommen. Manche hat es früher hierzulande schon gegeben, nur wurden sie von der Eiszeit vertrieben und haben bis heute die Rückkehr aus eigener Kraft noch nicht geschafft (wie die Forsythie zum Beispiel). Andere kommen tatsächlich aus China oder Mexiko oder Neuseeland – aber warum sollen sie sich nicht in unseren Gärten wohlfühlen und die Vielfalt vermehren, für uns Menschen (da es ja unser Garten ist) und für die Tiere auch; denn zahllose dieser Fremdlinge blühen und fruchten zu anderen Zeiten als unsere heimischen Gehölze und Stauden und sind den Tieren des Gartens hochwillkommene Futterspender oder Nistgehölze. Die Scheinquitte (Chaenomeles), die Apfelbeere (Aronia), der Tausendblütenstrauch (Evodia) – um nur diese drei zu nennen: Die Vögel und Schmetterlinge und Hautflügler wissen wohl zu schätzen, was ihnen da geboten wird – wenn wir es ihnen bieten.

Seerosen auf dem Gartenteich – Bereicherung der Blütenpracht im Garten. Ob sich allerdings …

… erwünschte Zuzügler (wie der Teichfrosch) einstellen, hängt von vielen Bedingungen ab.

Unordnung und Offenheit lassen die Vielfalt unplanbarer Möglichkeiten für die Freiheit der Entfaltung wirksam werden. Sie erweitern den Naturschutz, der feste Ziele und kluge Strategien hat, um das Element des Zufälligen, der offenen Chancen. Und erweitern zugleich unsere Chancen des Erlebens um das Unvermutete.

Netzwerk des Lebens

Prof. Dr. Willfried Janßen
Rudolf L. Schreiber

Viele Tiere haben den Menschen im Laufe seiner Entwicklung begleitet, seine Siedlungen als Lebensraum, seine Häuser als Behausung angenommen. Wie der Weißstorch auf dem Dach, die Rauchschwalben im Stall, der Marder im Dachstuhl.

Statt die Gemeinschaft mit der Natur zu suchen, haben wir im Zeitalter der Technisierung den ungeschriebenen Mietvertrag aufgekündigt. Es liegt jetzt an uns: Wohngemeinschaften mit Pflanzen und Tieren sind nur geringe Investitionen für eine Wiedereingliederung des Menschen in die Natur.

Durch passiven Transport landen mikroskopisch kleine Lebewesen auf unserem Dach, durch Wanderungen kommen Insekten und Zugvögel über Tausende von Kilometern zu uns und suchen Unterkunft. Das alles sind Belege, daß der „Wohnungsmarkt" in globaler Vernetzung steht. Wenn Tiere auf Wohnungssuche keine Heimstatt mehr an unserem Haus finden, müssen wir uns fragen, ob diese Häuser noch Lebensraum für uns selbst sind.

Die Erde: Unsere Wohnung

Die Satellitenaufnahme zeigt Wüstenwind über der Sahara und Regenwolken über den Britischen Inseln. Sie sind Teil der dünnen Lebenshülle unserer Erde – Luft, die wir atmen.

Ein blauer Planet im schwarzen Weltall – so haben die ersten Astronauten von ihrem Raumschiff aus die Erde beschrieben, jenen vergleichsweise kleinen Planeten in unserem Sonnensystem, dessen Geheimnisse wir trotz Weltraum- und Satellitentechnik immer noch nicht voll entdeckt und erforscht haben. Aber wir beginnen zu begreifen, daß die vor 4,6 Milliarden Jahren aus kosmischem Staub entstandene Erde wohl einzigartig im Weltraum ist.

Nur die Erde ist von einer Lebenshülle, der Biosphäre, umgeben, die vergleichsweise so dünn ist wie die Wachsschicht auf einem Apfel. Nur hier herrschen ausgeglichene Oberflächentemperaturen, nur hier schwankt die Luftfeuchtigkeit in bestimmten Grenzen, und nur hier schützt die Atmosphäre das Leben vor dem Eindringen kosmischer Partikel oder vor tödlicher Ultraviolett-Strahlung. Nur hier können die Pflanzen als grüner Mantel der Erde die Energie des Sonnenlichts durch Photosynthese nutzen, können sie aus Kohlendioxidgas und Wasser Pflanzengewebe aufbauen. Allein das pflanzliche Plankton der Ozeane liefert 70 Prozent des lebensnotwendigen Sauerstoffs. Und Sauerstoff wiederum bildet eine schützende Ozonschicht in der oberen Atmosphäre. Gleichzeitig binden die Ozeane Kohlendioxid aus der Luft.

Milliarden von Jahren sind die Veränderungen der Oberflächentemperatur, der Wasserdampfkonzentration, des Sauerstoff- und Kohlendioxid-Anteils so gering geblieben, daß das Leben, seit es sich vor 3,6 Milliarden Jahren zu entwickeln begann, bis heute bestehen konnte. Ein Klima, das sich Milliarden von Jahren fast nicht verändert hat? Der Weltraumforscher James Lovelock konnte sich dieses Phänomen nur so erklären: Die Atmosphäre der Erde muß vom Leben selbst beeinflußt werden, sie ist nicht einfach nur ein Produkt, sondern wahrscheinlich ein „Konstrukt" des Lebens:
„Zwar nicht lebendig, doch wie das Fell einer Katze, die Feder eines Vogels oder die papierartige Wand eines Wespennestes dazu bestimmt, eine passende Umwelt aufrechtzuerhalten." In seiner ganzen Tragweite bedeutet dies, daß das Leben auf der Erde nicht nur von den Umweltbedingungen beeinflußt wird, sondern selbst einen entscheidenden Einfluß auf die Umwelt ausübt und sich mit ihr gemeinsam entwickelt. Lovelock hat seine Hypothese vom lebenden Planeten nach der griechischen Göttin der Erde „Gaia" genannt.

Man schätzt, daß vielleicht fünf bis zehn Millionen Arten an Pflanzen und Tieren auf der Erde leben. Die Wissenschaft hat bisher erst einen Bruchteil davon – etwa 1,7 Millionen Tierarten und 300 000 Pflanzenarten – erfaßt und beschrieben. Eine unübersehbare

Vielfalt von Lebensformen ist entstanden, und dennoch finden sich in fast jeder Zelle als gemeinsame Kennzeichen des Lebendigen die Nukleinsäuren, verschlüsselte Erbanlagen. Das Gesetz des Fressens und Gefressenwerdens verknüpft die Tiere und Pflanzen eines Ökosystems zu einem komplizierten Netzwerk, in dem jeder von jedem abhängt; das größte Ökosystem der Erde bedeckt 70 Prozent ihrer Oberfläche: es sind die Ozeane.

Aber auch Ökosysteme sind keine isolierten Einheiten. Wale legen Tausende von Kilometern zwischen Nahrungsgründen und Fortpflanzungsgebieten zurück, Vögel ziehen vom hohen Norden zur Überwinterung auf die Südhalbkugel, Insekten überqueren die Alpen auf ihrem Flug von Afrika nach Mitteleuropa. Winzige Organismen können durch passive Drift mit der Luft in alle Teile der Welt gelangen. Über Kontinente hinweg ist Leben miteinander verbunden. Das System Erde hat riesige Reservoire, aus denen die globalen Kreisläufe „beliefert" werden. Die bedeutendsten sind der Wasserkreislauf und die Kreisläufe der wichtigsten biologischen Elemente – Kohlenstoff, Stickstoff, Schwefel und Phosphor.

Meeresströmungen und Winde halten die Kreisläufe in Gang und machen Leben erst möglich, denn vom „Angebot" der lebenswichtigen Elemente hängt ab, wie viele Exemplare von wie vielen Arten an einem Ort leben können.

Immer schon sind im Laufe der Erdgeschichte Arten entstanden und wieder verschwunden, sei es wegen Klimaveränderungen, Überlegenheit der Konkurrenten oder Nahrungsmangel. Natürliche Ursachen hatten natürliche Folgen. Erst als der Mensch begann, die Geschehnisse auf dem Globus zu bestimmen, nahm das Aussterben von Tieren und Pflanzen bedrohliche Dimensionen an. Die Flora und Fauna verarmte mit einer Geschwindigkeit, die das natürliche Maß um ein Vielfaches übertraf.
Allein zwischen 1600 und 1969 wurden weltweit 115 Säugetierarten und 171 Vogelarten augerottet.

Die Zeitspanne, die der Mensch brauchte, um sich von den ersten Anfängen bis heute auf eine Erdbevölkerung von über 5 Milliarden zu vermehren, ist, gemessen an der Gesamtdauer des Lebens auf der Erde, verhältnismäßig kurz. Aber in nur etwa 30 bis 40 Jahren wird sich diese Anzahl verdoppelt haben. Selbst notorische Optimisten zweifeln nicht mehr daran, daß die Bevölkerungsexplosion und die Ausdünstungen der Industriegesellschaft (etwa Kohlendioxid oder Fluorchlorkohlenwasserstoffe, FCKWs) eine große Gefahr für die gesamte Biosphäre bedeuten.

Neuere Forschungsergebnisse haben einen Verdacht bestätigt: Fluorchlorkohlenwasserstoffe tragen zum Entstehen des Ozonlochs bei, und Kohlendioxid, das pausenlos in Industrie und Landwirtschaft sowie durch Waldbrände freigesetzt wird, begünstigt den Treibhauseffekt, also die weltweite Erwärmung der Erde mit ihren katastrophalen Folgen.

Mit Blick auf derart große Probleme mag der Aufruf zu mehr Naturschutz rund ums Haus von nachgeordneter Bedeutung sein. Aber braucht nicht jeder einzelne von uns, braucht nicht jedes Haus, wo immer es steht, ein kleines Stückchen Erde – Erde, die dem Leben eine Chance geben könnte? Natur braucht nicht nur die großen Reservate, sie verwirklicht sich auch im Balkonkasten oder in Mauernischen. Und wenn wir wildes Leben am Haus zulassen und fördern, nutzen wir nicht nur Distelfalter und Florfliege, sondern mindestens ebenso sehr uns selbst: Der Mensch braucht Natur hautnah, um seine Sensibilität für die Mitwelt wiederzufinden. Viele kleine Ansätze können den großen Naturschutz zwar nicht ersetzen. Aber sie sind eine wichtige Ergänzung. Und das beste daran: Wir müssen nicht auf bahnbrechende politische Entscheidungen warten, um Lebensgrundlagen zu schaffen für Pflanzen und Tiere auf Wohnungssuche.

Wind und Wolken halten den großen Kreislauf des Wassers in Gang – Wasser, das wir trinken.

Natur als Kulturaufgabe

Im Vergleich zur Geschichte der Menschheit sind Städte junge Gebilde. Die Oasensiedlung Jericho in Jordanien ist eine der ältesten Städte der Welt. Ausgrabungen nahe der schon in der Bibel (2. Buch von den Königen 2, 19) erwähnten Elisaquelle förderten Reste ältester Stadtkultur zutage, die auf die Zeit um 7000 v. Chr. datiert werden. Von hier aus breitete sich der Städtebau um 5000 v. Chr. nach Mesopotamien, um 3500 v. Chr. nach Ägypten. Indien und Südeuropa und um 2000 v. Chr. nach Griechenland aus. Im 1. Jahrhundert n. Chr. erreichte der römische Städtebau den Rhein: Städte wie Trier, Mainz und Köln (Colonia) wurden gegründet. Gegen Ende des Mittelalters hatten nur 25 Städte in Mitteleuropa über 10000 Einwohner und galten damit als Großstädte. In jener Zeit unterschieden sich die Lebensbedingungen in der Stadt nicht wesentlich von denen des Umlandes, wenngleich hygienische Probleme in den Städten die Ausbreitung von Seuchen begünstigten.

Seit etwa 200 Jahren konzentriert sich die Menschheit zunehmend in den Städten, aber erst in diesem Jahrhundert hat sich das Tempo der Landflucht (und damit auch der Verstädterung) außerordentlich gesteigert. Um 1900 lebte erst ein Siebtel der Weltbevölkerung in Städten, heute ist es bereits gut die Hälfte, in Westeuropa sind es sogar drei Viertel, wovon ein Viertel in den Millionenmetropolen zuhause ist. Städte sind gefräßig. Die wuchernden Häusermeere verschlangen allmählich Kleinstädte und Dörfer, aus

Städte sind Zentren der Kultur. Aber im Laufe ihrer rasanten Ausdehnung während der letzten hundert Jahre wurde meistens vergessen, daß auch Natur im Siedlungsraum eine Kulturaufgabe ist.

selbständigen Siedlungen wurde Siedlungsbrei. Ballungszentren entstanden, und Straßen zerschnitten die verbleibende freie Landschaft. Zwölf Prozent des Gebietes der Bundesrepublik Deutschland sind heute Siedlungs- oder Verkehrsflächen. Aus der Vogelperspektive läßt sich leicht erkennen, wieweit die Städte und Dörfer oder sogar einzelne Häuser in ihren vielfältigen Formen im wahrsten Sinne des Wortes noch „naturverbunden“ sind, wo sich Siedlungsraum und grünes Umland noch verzahnen, wo Pflanzen das Auge beruhigen, wo Tiere noch Unterschlupf finden können. Viele Städte, vor allem die Zentren der Großstädte, sind zu „Steinwüsten“ geworden, der Boden ist versiegelt, verdichtet und vergiftet, die Bewohner werden von Hitze und Lärm gequält, von Staub und Abgasen gepeinigt, von Smog bedroht.

Städte sind Zentren der Wirtschaft, der Macht und nicht zuletzt der Kultur. Wenn vom Kulturleben einer Stadt die Rede ist, denken wir meist an Kunst, Musik und Theater. Ursprünglich aber bedeutete Kultur – vom lateinischen „colere“ abgeleitet – etwas ganz anderes: das Hegen und Pflegen des Bodens, um ihn den Bedürfnissen des Menschen anzupassen und dienstbar zu machen. Kultur im besten Sinne meint also auch den schonenden Umgang mit Natur. Höchste Zeit, daß wir diese vergessene Seite der Kultur wiederentdecken und Natur in unsere Planung miteinbeziehen!

Der Präsident der Deutschen Forschungsgemeinschaft, Hubert Markl, spricht von der Natur als Kulturaufgabe:

„Da der Mensch ... nicht nur das Produkt der Natur ist, sondern auch ihr Nutzer und ihr Beherrscher, wird sie ihm unausweichlich immer mehr zum Auftrag, für dessen Erfüllung er Verantwortung trägt, und da alles Wirken des Menschen Ausdruck seiner Kulturfähigkeit ist – die sein eigentliches Wesen ausmacht – wird ihm die Natur zur Kulturaufgabe“.

Dies gilt auch für die Natur in Dorf und Stadt. Und das wiederum bedeutet für jeden von uns, bereit zu sein, den Siedlungsraum des Menschen, das einzelne Haus und den Lebensraum rund ums Haus so naturnah wie möglich zu gestalten. Damit können wir vielen Pflanzen- und Tierarten, von denen wir einige sogar als „Kulturfolger“ bezeichnen, eine Lebenschance bieten.

Einzel- und Reihenhäuser bieten die größte Chance für unseren Nachbar Natur. Terrassenhäuser können Felslandschaften mit grünen Stehkrägen werden.

Mit zunehmender Hausgröße schwinden die Möglichkeiten für mehr Natur am Haus. Aber selbst ein Hochhaus kann man auf dem Dach oder am Balkon begrünen.

Ein Einfamilienhaus: So oder so?

Das „Allerorts-Haus“: Gepflegte Einöde für anspruchslose Gäste wie Marienkäfer, Kohlmeise und Deutsche Wespe.

Ein gepflegtes Einfamilienhaus irgendwo in Deutschland. Terrasse und Auffahrt sind fugenfrei und trennscharf zum Garten abgegrenzt. Eine Blumenschale vor der Veranda betont die freie Fläche vor dem Haus. Die Goldlack-Beete an der Hauswand und am Maschendrahtzaun zur Grundstücksgrenze hin sind unkrautfrei. Den Eingang schmückt ein Kübel mit Hochstaudenmargariten und den Balkon ein Kasten mit Geranien. Der gleichmäßig grüne Rasen ist kurzgeschoren. In der jungen Fichte brütet die Amsel. Haustauben fliegen vorüber. An der Grenze zum Nachbarn wächst ein Ahornbäumchen heran.

Alles ist zwar sauber und „in Ordnung“, aber für mehr Leben rund ums Haus bleiben viele Möglichkeiten ungenutzt. Der Rasen könnte in eine bunte Wiese umgewandelt werden. Ein kleiner Gartenteich mit Flachwasserzone und einem Steinhaufen am Ufer, eine Trockenmauer am Weg, eine lückig gepflasterte Auffahrt, Nisthilfen für Insekten und Vögel und viele weitere Starthilfen könnten zahlreichen Tierarten mehr Lebenschancen geben.

Und auch das Haus selbst kann ein Teillebensraum des Ganzen werden, wenn es hier und dort ein grüner Mantel schmückt, wenn auf dem Dach von Veranda und Garage Steingartenpflanzen wachsen und angeflogene Samen keimen dürfen – ein kleiner Ausgleich für die vielen Quadratmeter überbauten Bodens. Mehr Lebensvielfalt rund ums Haus heißt auch für uns selbst mehr Lebensqualität. Ein jeder kann etwas tun, was vielen hilft.

Wenn erst einmal Starthilfen geschaffen sind, dann braucht man Geduld, zunächst mit sich selbst, um nicht zu stark einzugreifen, und auch mit der Natur, um ihr Zeit für Entwicklung und Entfaltung zu lassen.

Schon nach wenigen Jahren hat sich viel verändert. Aus dem Ahornbäumchen ist ein Baum geworden, Nistplatz für Star und Buchfink. Vom Nachbargrundstück aus macht das Gartenrotschwänzchen über der bunten Hecke Jagd auf Insekten, die auf den blühenden Stauden und Sträuchern, an Steinbrech und Mauerpfeffer auf dem Garagen- und Verandadach Nektar und Pollen finden. Eine Grabwespe sucht nach Fliegen, und die Gartenhummel hat ihren Sommerstaat in einem Hohlraum der Trockenmauer neben der Auffahrt gegründet.

An der Terrasse blühen Blauregen und Waldrebe. Der Hausrotschwanz bewohnt die Halbhöhle unter dem Giebel. Einige Dachziegel wurden durch Lüftungsziegel ersetzt, so daß Florfliege, Kleiner Fuchs und Tagpfauenauge zur Überwinterung unters Dach schlüpfen können. Vielleicht können eines Tages auch Fledermäuse hier ein Sommerquartier finden, denn auch Nachtfalter sind wieder häufiger geworden …

Eine Idylle? Doch wohl nur deshalb, weil uns bescheidene Erfolge bei der „Renaturierung" schon erstaunlich erscheinen, angesichts ausgeräumter Gärten und schütterer Katalog-Einfalt. Was hindert uns, der Natur am Haus mehr Raum zu geben? Häufig ist es ganz einfach Unwissenheit über die vielen kleinen Möglichkeiten der „Wohnungshilfe". Manchmal sind es auch Vorurteile oder gar Ängste gegenüber Wespen und Spinnen, die ins Haus eindringen könnten, gegenüber den Fledermäusen unter dem Dach oder dem Efeu an der Wand.

Mehr Vielfalt ums Haus – mehr Lebensqualität für uns. Ein Lebensraum aus zweiter Hand für (v.l.n.r.): Breitflügelfledermaus, Grasfrosch, Haussperling, Admiral, Gartenhummel, Mauerbiene und Goldlaufkäfer.

Mehr Grün am Haus für Spatz und Seele

Kahle Wohnblocks sind lebensarme Wohnstätten. Doch Spatz, Amsel und Kohlweißling finden überall ein Auskommen.

Mehr Natur ums Haus ist nicht nur eine Aufgabe für Bewohner von Einfamilienhäusern, sondern auch eine Herausforderung für die Besitzer von größeren Wohnanlagen. Gerade in einer Umwelt, in der Monotonie in Beton, Stahl und Glas dominiert, muß die Wildnis im Kleinen für Ausgleich sorgen.

Pflanzen am Haus machen sogar aus einem anonymen Bau ein individuelles Zuhause. Wildpflanzen und Tiere als Mitbewohner faszinieren. Oder ist es vielleicht nicht spannend, abzuwarten, ob das Geißblatt auch wirklich Nachtschmetterlinge anlockt, oder ob sich in dem heugefüllten Blumentopf tatsächlich ein paar Ohrwürmer einquartieren? Erst die wilden Untermieter machen in der Eintönigkeit vieler Städte den Wechsel der Jahreszeiten wieder bewußt. Wenn die Blumen auf den Balkons und in den Gärten verblüht, wenn Mehlschwalben und Fliegenschnäpper in den Süden gezogen sind, wenn das Tagpfauenauge sich zur Überwinterung unters Dach verkrochen hat, dann überzieht der wilde Wein noch wochenlang das Haus mit einer purpurroten Hülle, die nicht nur schön aussieht, sondern auch noch den Seßhaften unter den Vögeln schützende Unterschlüpfe bietet.

Was kümmert mich der Platz für den Spatz – so wird vielleicht mancher Hausbesitzer zu bedenken geben – wenn der Preis dafür ist, daß Haftwurzeln den Putz zerstören, daß Feuchtigkeit und Spinnen in das Haus eindringen? Solche Sorgen sind zwar verbreitet, aber völlig unbegründet. Die Haftwurzel des Efeus und die kleinen Haftscheiben des Wilden Weins zerstören die Wand nicht, sie bohren keine Fugen oder Spalten. Denn sie wurzeln nicht an der Wand, sie klettern nur darauf. Haftwurzeln entziehen dem Verputz sogar Feuchtigkeit und schützen ihn damit vor Frostrissen, die gefrierendes Wasser verursachen kann. Außerdem mildert ein dichter Pflanzenmantel an der Hauswand den Aufprall von Schlagregen; Anstrich, Verputz und Mauerwerk leben länger. Von Dächern oder Fenstern aber kann man die Ranken ja schließlich fernhalten.

Wer in einem rundum bewachsenen Haus lebt, besitzt eine ganzjährige Klimaanlage. Im Winter funktioniert das dichte Rankwerk wie ein Pullover: Die kalten Winde können gar nicht erst bis zur Hausmauer vordringen, und die Luftpolster im Pflanzenmantel geben nur wenig Wärme nach außen ab. Schätzungen gehen davon aus, daß bewachsene Häuser bis zu 30 Prozent weniger Wärme verlieren als „nackte" – eine gewaltige Ersparnis an Heizkosten!

Im Sommer wirkt der grüne Pelz am Haus als Energieumwandler, denn Pflanzen verdunsten Wasser; sie schützen sich damit vor Überhitzung und kühlen gleichzeitig die darunterliegende Hauswand. Da die Blätter um so mehr Wasser verdunsten, je höher die Temperaturen steigen, arbeiten Efeu, Wein und Knöterich an der Hausmauer wie eine stufenlos gesteuerte Klimaanlage. Sie verhindern, daß Häuser tags zum Brutofen werden, und arbeiten andererseits nachts der Abkühlung entgegen.

Ein weiterer Vorteil des grünen Hausanzugs: Pflanzen verbessern die Atemluft. Sie verarbeiten Wasser und Kohlendioxid, um daraus ihr Körpergewebe aufzubauen. Und gerade Kohlendioxid, das Verbrennungsgas aus Industrie, Verkehr und Heizanlagen, wird weltweit und besonders in Städten zum Problem. Dem arbeiten Pflanzen meßbar entgegen, wenn sie das Gas für ihre Zwecke verbrauchen und Sauerstoff abgeben. Überdies „kämmen" die Blätter Staub- und Schmutzpartikel aus der Luft und absorbieren schädliche Gase .

Pflanzen am Haus scheinen auch noch wie Schalldämpfer zu funktionieren. Oder wirkt nur das sanfte Rascheln und Rauschen der Blätter im Wind so beruhigend, daß andere Geräusche nicht mehr stören können?

Kletterpflanzen mögen als Isoliermatte und Schalldämpfer, als Sauerstoffdusche und Staubfilter überzeugen, letztendlich aber holen wir uns das Grün deshalb ans Haus, weil es einfach schön ist, weil es Geist und Seele wohltut.

Unter den zahlreichen Schlingpflanzen, die für eine Hausbegrünung verwendet werden können, gibt es Selbstklimmer wie Efeu, Wilden Wein und kletternde Hortensie, während Geißblatt, Wald- und Weinrebe, Hopfen- und Pfeifenwinde, Schlingender Knöterich und Glyzinie (Blauregen) Kletterhilfen benötigen. Die Beschaffenheit der Wand – ihre Größe, ihr Anteil am Sonnenlicht und einiges mehr – wird darüber entscheiden, was hier sinnvoll angepflanzt werden kann.

Das Dickicht der Ranken und Klimmer bietet für Dompfaff, Bluthänfling, Fliegenschnäpper, Grünfink und Amsel Nist- und Schlafplätze, und am Fuß der grünen Wand findet der Igel sein Sommerquartier.

Jede Maßnahme am Haus, die die lebendige Vielfalt bereichert, jedes Stück Fassadengrün ist Ersatz für aus der Stadt vertriebene Natur und zugleich ein Beitrag zu mehr Lebensqualität.

Erst Pflanzen machen aus einem kahlen Bau ein lebensfreundliches Zuhause für Weberknecht, Grauschnäpper, Kleinen Fuchs, Hausspinne, Mehlschwalbe u.a.

Ein Hochhaus für den Falken

Hochhäuser sind Steinwüsten mit kargem Angebot. Haustaube und Schwebfliege können damit leben.

Erst spät hat man erkannt, daß die Städte nicht allein Siedlungsräume für Menschen sind, sondern gleichzeitig auch Wohnraum für zahlreiche Pflanzen- und Tierarten. Mehr noch: Wer von den besseren Seiten seiner Stadt redet, wird auch deren grüne Seite meinen. Die Schönheit der menschengeschaffenen kulturellen Umgebung und die Schönheit der Natur sind offensichtlich beide nötig, um den Menschen geistig und seelisch gesund zu erhalten, so betonte der Verhaltensforscher und Nobelpreisträger Konrad Lorenz. Daher wird es in Zukunft bei der Weiterentwicklung der Städte verstärkt darauf ankommen, der lebendigen Natur von vornherein einen festen Platz einzuräumen. Dies gilt um so mehr, als die Verstädterung weltweit unaufhaltsam voranschreitet. Bis zum Jahr 2000 wird die Hälfte der Weltbevölkerung in Ballungsgebieten leben.

In den Städten herrschen oft ganz besondere Bedingungen, die nur bestimmte Pflanzen und Tiere überleben lassen. Asphaltierte Böden und dichte Bebauung können im Stadtzentrum zu Temperaturen führen, die an warmen Sommertagen bis zu 10 Grad Celsius höher liegen als im Umland. Dann wirken die Städte wie Wärmeinseln. Im Vergleich mit dem Umland ist die relative Luftfeuchtigkeit bis zu 10 Prozent geringer, und die Zahl der frostfreien Tage liegt deutlich höher. Die Konzentration an Schadstoffen kann problematische Werte erreichen – der berüchtigte Smog ist nur das bekannteste Beispiel.

Veränderte Lebensbedingungen in den Städten haben besonders in den letzten Jahrzehnten die Zusammensetzung der Pflanzen- und Tierwelt erheblich verändert. Alteingebürgerte Pflanzen- und Tierarten gingen zurück, wärmeliebende sowie absichtlich oder versehentlich eingeführte Arten kamen als Neubürger zu uns. Tausende von Blütenpflanzen sind im Laufe der Jahrhunderte nach Mitteleuropa gebracht worden, und die Zentren der großen Städte erwiesen sich für viele von ihnen als idealer Lebensraum. In dem Maße, wie sich die Flora veränderte, wandelte sich auch die Fauna.

Heute sind vor allem Igel und Maulwurf, Wildkaninchen und Steinmarder zu echten Städtern geworden. Auch zahlreiche Vogelarten folgten den Menschen in die Städte, zum Beispiel Mauersegler, Haustaube, Haussperling, Dohle und Türkentaube, Amsel und Turmfalke, Elster und Saatkrähe, Ringeltaube und Star, Grünfink und Haubenlerche, ja sogar Nachtigall, Schleiereule und Waldkauz. Der Turmfalke, ursprünglich wenigstens teilweise Felsenbrüter, trägt seine Anpassungsfähigkeit sogar im Namen: Von 38 Turmfalkenhorsten in Berlin im Jahre 1983 befanden sich 16 auf Wohnhäusern, 11 auf Türmen und Kirchen und 11 weitere auf Industrieanlagen. Die meisten Horste waren in 15 bis 20 Metern Höhe angelegt. Turmfalken, aber auch Dohlen und Mauersegler als weitere Charakterarten fast aller Städte nehmen künstliche Nisthilfen gerne an.

Nicht nur bewachsene Fassaden bieten in den Häuserschluchten Lebensräume für Tiere. Auch auf begrünten

Flachdächern können besonders wertvolle Biotope entstehen und den Bodenraub durch Asphalt und Stein ein wenig wettmachen.

Wer bereit ist, Zeit und Geld in die Vorbereitung zu investieren, dem stehen fast alle Möglichkeiten offen, vom Flachdachgebüsch bis zur Blumenwiese im 16. Stock. Leichter anzulegen und nicht minder reizvoll sind niedrigwachsende Pflanzengesellschaften auf wurzelsicheren Folien. Am besten pflanzt man in die dünne Erdschicht Moose und an Trockenheit angepaßte Gewächse (Sukkulenten), die mit dem Wechselbad aus extrem heißen Tagen und kühlen Nächten, aus feucht und trocken gut zurechtkommen. Damit ist die Arbeit auch schon erledigt, und man kann sich davon überraschen lassen, was der Wind noch an Samen heranträgt.

Solche Dächer sind zwar nicht ständig grün oder blühend, aber gerade wegen des Wechsels sind sie Lebensraum einiger Arten, die sonst in der Stadt kaum vorkommen und auch in der offenen Landschaft selten werden.

Aber bewachsene Flachdächer sind nicht nur etwas fürs Auge, sie verbessern auch das Stadtklima: Ein unbepflanztes Flachdach kann sich in Mitteleuropa an einem heißen Sommertag im Extremfall bis auf 80 Grad Celsius aufheizen. Die aufsteigende Heißluftsäule wirbelt den Staub selbst von tieferliegenden Straßen, Plätzen und Höfen auf und trägt die Schmutzfracht in höhere Luftschichten. Dunst- und Schmutzglocken entstehen über den Städten. – Bewachsene Dächer mildern den Stadtmief: Sie heizen sich nicht so stark auf, kühlen die Luft und feuchten sie an. Und nebenbei verbessern sie auch noch die Isolierung des Hauses und bieten all jene Vorteile, die auch für Fassadengrün gelten. Das Wichtigste aber: Die kleinen grünen Inseln im Häusermeer bringen Leben in die Steinwüste und sorgen dafür, daß Natur wenigstens im Kleinen auch in der Stadt zum Alltag gehört.

Oben: Nisthilfen für felsgeprägte Arten wie Turmfalken, Mauersegler, Hausrotschwanz und Dohle haben auch am Hochhaus Platz.

Die Wüste lebt: Begrünte Dächer, Fassaden und Balkone haben neue Lebensräume geschaffen. Der Mauerpfeffer bildet gelbe Teppiche, Honigbienen und Grashüpfer stellen sich ein.

Eine Welt für sich

Selbst an einem ungewöhnlichen Standort wie einem scheinbar kahlen Dach können sich spezialisierte Pflanzen- und Tierarten einen Lebensraum erobern, obwohl hier die Lebensbedingungen von einem Extrem zum anderen wechseln, von wochenlanger Trockenheit zu triefender Nässe, von sengender Hitze zu Reifnächten, von Wind und Sturm zu lastender Schwüle. In den flachen Kuppen der Moos- und Flechtenpolster entsteht eine eigene kleine Welt für sich, nicht von heute auf morgen, sondern oft erst im Laufe von Jahren, nicht nur auf Strohdächern, sondern auch auf rauhen Dachziegeln und in Mauerfugen. Fast alles, was hier oben siedelt, wird zunächst (oft Hunderte von Kilometern weit) mit dem Wind herantransportiert. Ursprüngliche Felsenbewohner der Gebirge finden auf dem Dach einen Ersatzlebensraum. So sind zum Beispiel das Polster-Kissenmoos und das Mauer-Drehzahnmoos weit verbreitete Pioniere (Erstbesiedler) auf Felsen, Dächern und Mauern. Wenn die winzigen Sporen dieser Moose nach ihrer Verdriftung durch die Luft dort landen, wo sich auf dem Dach ein bißchen Staub gesammelt hat, wächst aus den Sporen zunächst ein niedriges Geflecht heran, aus dem sich die nur 1–2 Zentimeter hohen Moospölsterchen entwickeln. Sie speichern Wasser wie ein Schwamm. Nach längerer Hitze können sie zwar staubtrocken werden, doch schon beim nächsten Regen erwachen sie zu neuem Leben.

Bei Flechten geht die Erstbesiedlung ganz anders vor sich. Flechten sind eine Lebensgemeinschaft, eine Symbiose zwischen Pilzen und Algen. Zwei ganz verschiedene Organismen leben zum beiderseitigen Nutzen zusammen. Der Pilz bieten den einzelligen, kugeligen Algen Wohnraum und Feuchtigkeit. Die grünen Algen erzeugen Kohlenhydrate durch Photosynthese, Nahrung auch für den Pilz.

Wie kommen nun die Flechten aufs Dach? Ausgetrocknete und brüchige Flechtenstückchen werden vom Wind erfaßt und verdriftet. Wenn sie an einer günstigen Stelle auf dem Dach landen, setzen sie sich fest und wachsen weiter. Viele Flechten bilden besondere Verbreitungskörperchen, mit Pilzfäden fein umsponnene Algenzellen. Auch diese staubfeinen Teilchen werden vom Wind weitergetragen und wachsen an geeigneten Stellen zu neuen Flechten aus. Flechten sind hart im Nehmen. Es gibt Arten, die in der Antarktis nur wenige hundert Kilometer vom Südpol entfernt leben, andere Anpassungskünstler besiedeln die heißesten Wüsten. Und dennoch ertragen die widerstandsfähigen Flechten nicht alles. Auf Luftverschmutzungen reagieren sie sehr empfindlich. Daher fehlen Flechten in Industrie- und Ballungsgebieten. Sie gelten als „Bioindikatoren“, als lebende Meßstationen, deren Tod eine sehr deutliche Warnung sein sollte.

Moose sind anspruchslose Felsbewohner der Gebirge; auf kargen Dächern finden sie neuen Lebensraum.

Rechts: Moose und Flechten gehören zu den Erstbesiedlern auf dem Dach.

Flaches Rispengras ist dem kargen Leben auf Mauern und Felsen besonders angepaßt.

Das Drehzahnmoos gedeiht selbst in Mauerfugen in der City.

Flechten und Moose sind Pioniergewächse auf dem Dach. Sie sammeln Staub und winzige Pflanzensamen um sich herum und bereiten schließlich den Boden für anspruchslose Blütenpflanzen wie Fetthenne oder Dachwurz. Auf Strohdächern und in lockeren Mauerfugen können selbst die Flugsamen von Birken Fuß fassen. Im Inneren der Moos- und Flechtenpolster existiert eine Mini-Tierwelt, die den besonderen Lebensbedingungen angepaßt ist: Ur-Insekten wie zum Beispiel Springschwänze (siehe Kap. Monografien), Fadenwürmer, Horn- und Samtmilben, Rädertierchen, Insektenlarven und nicht zu vergessen: die Bärtierchen, nur etwa ein Millimeter große Vertreter eines eigenen Tierstammes. Die Wohndichte des Bärtierchens Macrobiotus hufelandi zum Beispiel ist manchmal so groß, daß man in einem Gramm luftgetrockneten Mooses nicht selten 500, in Extremfällen sogar über 20000 Tiere gefunden hat.. Die Winzlinge klettern im Dickicht der Polster umher und saugen Pflanzenzellen aus. Lebensgefährdende Zeiten der Trockenheit, Hitze und Kälte überstehen die Bärtierchen problemlos, indem sie zu sogenannten Tönnchen zusammenschrumpfen. Sie verlieren dabei den größten Teil ihres Wassergehalts. Dann können die Körpersäfte nicht gefrieren. Versuche zeigten, daß Bärtierchen in diesem trockenstarren Zustand bei 15 Grad Celsius sechs Jahre lang am Leben blieben und selbst einen monatelangen Aufenthalt in flüssiger Luft bei nahezu minus 200 Grad Celsius oder auch ein einstündiges Verweilen bei plus 92 Grad Celsius ohne Schaden überstanden. Die winzigen Tönnchen werden wie Staub in alle Winde verweht. Bärtierchen leben tatsächlich in allen Klimazonen der Erde, in Arktis und Antarktis und im Gebirge bis 6600 Meter hoch.

Im Mikrokosmos der Dachpolster auf unserem Haus hausen also weltweit verbreitete Organismen, echte Kosmopoliten, ein Zeichen globaler Vernetzung allen Lebens.

Flechten sind eine Lebensgemeinschaft zwischen Pilzen und Algen. Von Pilzfäden umsponnene Algenfäden werden durch den Wind verbreitet.

Oben: Bärtierchen in Großansicht. Sie leben zu Tausenden in Moospolstern und überstehen hier große Trockenheit, Hitze und Kälte.

Birken sind Pionierpflanzen. Sie wachsen fast überall und erobern sogar größere Mauerritzen in luftiger Höhe.

Wohnen in Deutschland und Afrika

Der rußschwarze Hausrotschwanz mit seinem rostroten Schwanz ist ein echter Europäer mit einem deutlichen Hang zum Süden. Möglich, daß der Sommergast vom Dach unseres Hauses die andere Hälfte seines Vogellebens in Marokko oder Tunesien, auf Gibraltar oder auf Malta verbringt. Den weiten Weg dorthin hat er erstmals in einem Alter von sechs bis acht Wochen auch bei Nacht mit unbeirrter Sicherheit gefunden. Einige Zugvögel verfügen nämlich über ein angeborenes Flugprogramm, das es den Jungvögeln ermöglicht, sich ohne jede Erfahrung auf dem langen Weg in die Winterquartiere zurechtzufinden.

Dieses Hausrotschwanzmännchen hat gerade einen Schmetterling gefangen. Der rußschwarze Gast ist nur zur Brutzeit bei uns.

Die andere Hälfte seines Vogellebens verbringt der Hausrotschwanz in Marokko, Tunesien oder Kairo, der Stadt der Moscheen.

Schon Millionen Jahre, bevor der Mensch auf der Erde existierte, flogen Zugvögel über Meer und Land, über Gebirge und Wüsten, legten jedes Jahr Tausende von Kilometern zwischen ihren Brutgebieten auf der Nordhalbkugel der Erde und ihren Überwinterungsgebieten im Süden zurück.

Vögel ziehen, weil sie so zwei Vorteile verbinden können, die sonst räumlich getrennt sind: das sichere Nahrungsangebot der gemäßigten Breiten und das frostfreie Klima der Tropen und Subtropen.

Eine Flucht indes scheint der Abflug in den Süden für die jungen Hausrotschwänze eigentlich nicht zu sein, denn sie verlassen uns schon, wenn der Sommer sich erst einzustellen beginnt und Nahrung noch in Fülle zu finden ist. Es gäbe also gute Gründe zu bleiben. Aber der innere Antrieb, den weiten Weg zu beginnen, ist stärker. Während die Altvögel eine zweite Brut vorbereiten, starten die ersten gerade flügge gewordenen Jungvögel schon Mitte Juni von ihren Geburtsorten aus zu ihrem Flug in die Überwinterungsgebiete.

Die Beringungsstationen im Schweizer Jura verzeichnen Mitte Juli einen ersten Ansturm junger Hausrotschwänze. Erst viel später folgen die Altvögel nach.

Zugvögel orientieren sich mit Hilfe von Kompaßsystemen, die je nach Art unterschiedlich sind. Manche Arten lassen sich von der Sonne, andere von dem Stand der Sterne oder dem Magnetfeld der Erde leiten. Doch nicht nur die Information über die große Richtung nimmt ein Vogel als angeborenes Programm mit auf die Reise. An Dorngrasmücken ließ sich nachweisen, daß selbst die überlebenswichtige Kurskorrektur, etwa in Höhe der Pyrenäen, Signalen folgt, die „von innen" kommen, die angeboren sind. Zudem ist festgelegt, ob die Tiere in schmaler oder breiter Front, in kurzen oder langen Etappen, bei Tag oder bei Nacht ziehen. Hausrotschwänze wandern vor allem nachts. Tagsüber rasten sie und suchen nach Nahrung.

Immer wieder ein Phänomen, welch' enorme Leistung ein junger Hausrotschwanz aufbringt. Er schafft die 2000 Kilometer von Deutschland nach Afrika in zwei Monaten.

Zur Vorbereitung auf den Flug in die Überwinterungsgebiete werden die jungen Hausrotschwänze von den Altvögeln noch mit Insekten vollgestopft.

Den größten Teil ihres Weges nach Süden legen die Hausrotschwänze in breiter Front zurück; nur das Jura-Gebirge in der Schweiz lenkt den Strom der ziehenden Vögel ein wenig ab. Während der Weißstorch auf seinem 10 000 Kilometer langen Zug von Mitteleuropa in die afrikanischen Überwinterungsgebiete das Mittelmeer meidet und über Gibraltar oder Ägypten den Schwarzen Kontinent erreicht, überfliegt der Hausrotschwanz das Meer offenbar in der ganzen Breite: Beringte Hausrotschwänze wurden auf den Inseln des Mittelmeeres ebenso wie im nordafrikanischen Küstengebiet gefunden. Die flüggen Jungvögel der ersten Brut treffen bereits im September in den Winterquartieren am Mittelmeer ein, aber erst Anfang November sind auch die letzten Nachzügler angekommen.

Wo man als Hausrotschwanz den Winter verbringt, richtet sich nach dem Geburtsort: Westlich des 13. Längengrades – also etwa entlang der Linie Stralsund–Salzburg ziehen die Tiere fast nur in südwestlicher Richtung, östlich davon orientieren sie sich nach Südosten. Mitten durch Deutschland verläuft also eine Zugscheide, die Hausrotschwänze mit verschiedenen Reisezielen voneinander trennt.

Wo auch immer sie hinfliegen, die Südgrenze ihres Reisegebietes liegt auf Höhe des südlichen Marokko. Nur vereinzelte Ausreißer dringen auch tiefer in die Sahara ein oder überqueren sie sogar.

Nur wenige Monate bleiben die Hausrotschwänze in Nordafrika, denn schon im Januar beginnt der Heimflug. Anfang Mai sind dann auch die letzten Wanderer an ihren Brutplätzen nördlich der Alpen angekommen.

Wonach ein Hausrotschwanz wohl sein Brutrevier auswählt? Ein in Hildesheim beringter Nestling wurde drei Jahre später im englischen Yorkshire gefunden. Eigentlich sind Hausrotschwänze in den Hochtälern der Gebirge zu Hause, wo sie oft in der Nachbarschaft von Murmeltieren brüten. Manche Paare nisten selbst noch in den Geröllfeldern jenseits der Baumgrenze, bis zu 3000 Meter hoch.

Irgendwann muß es einige Rotschwänze wohl aus den Felsen ihrer Gebirgsheimat in die Kunstfelsen der Städte verschlagen haben. Die ersten Pioniere blieben, überlebten und brüteten. Aus dem Gebirgsvogel wurde der „Haus“-Rotschwanz, der wie kaum eine andere Vogelart die Siedlungen des Menschen zu seiner Zweitheimat gemacht hat. Damit war er unabhängig von den Gebirgen geworden und konnte sich überall dorthin ausbreiten, wo er Ersatz für seinen ursprünglichen Lebensraum fand.

Erst im 19. Jahrhundert ist der Hausrotschwanz in das nördliche Mitteleuropa vorgedrungen. Er besetzte Stadt für Stadt, fand in Mauerritzen und Dächern Halbhöhlen als Brutplätze, erreichte Oldenburg im norddeutschen Tiefland 1820 und Flensburg 1858. Heute besiedelt der Hausrotschwanz auch den Süden von Schweden, Norwegen und England.

Als nach dem Zweiten Weltkrieg viele Städte zu Ruinenfeldern zerbombt waren, vermehrten sich die Hausrotschwänze reichlich: Sie hatten im Stadtschutt erstklassigen Ersatz für die Geröllfelder der Hochgebirge gefunden. In modernen, schmucklosen Dörfern und Städten, deren Häuser kaum Brutnischen bieten, ist der Vogel mit dem eigenartig zischenden Gesang wieder seltener geworden. Wie seine Zukunft aussieht, hängt auch davon ab, ob wir ihm einen Winkel unter unserem Hausdach freihalten.

Wenn unser standorttreuer Sommergast als „fliegender Botschafter“ zwischen Deutschland und Afrika jeweils seine Wohnung wechselt, dann drohen ihm ohnehin viele Gefahren, ganz natürliche, wie in den Fängen des Sperbers zu enden, aber auch ganz andere, wie Singvogelmord (vor allem in Ägypten und Italien) und pestizidverseuchte Nahrung.

Berlin – Paris: Auch Fledermäuse wechseln die Wohnung

Jahrhundertelang galten Fledermäuse als Drachen und Fabelwesen, Gesellen des Teufels, Symbole des Bösen und Unheimlichen. Magische Kräfte schrieb man den Flattertieren zu, zahlreiche Rezepte in der mittelalterlichen Volksmedizin verarbeiteten Teile von Fledermäusen, in der Hoffnung, das Gebräu möge Liebe herbeizaubern oder Krankheiten heilen. Die nächtliche Lebensweise und der gespensterhaft lautlose Flug haben immer wieder zu Aberglauben angeregt und die Phantasie beflügelt.

Auch wenn manches Geheimnis um die Flattertiere inzwischen gelüftet ist, so bestehen noch immer tiefverwurzelte Vorurteile gegenüber den Jägern der Nacht, Ängste vor dem Unreinen oder gar vor blutsaugenden Vampiren. Aber je mehr wir dank der Forschung über die Lebensweise unserer Fledermäuse erfahren, je intensiver wir uns mit ihrer Rolle im Naturhaushalt befasssen, desto sympathischer wirken diese kleinen, nachtaktiven Säugetiere. Ihre geradezu verblüffenden Fähigkeiten verdienen unsere Bewunderung. Überleben können die hochgradig gefährdeten Tiere wohl nur noch, wenn wir sie endlich konsequent schützen.

Fledermäuse sind die einzigen Säugetiere, die aktiv fliegen können. Ihre Vorderbeine sind zu Flügeln geworden. Die enorm verlängerten Unterarme, Mittelhand- und Fingerknochen, die nach außen gedrehten Hinterbeine und der dünne Schwanz verspannen wie Stützstreben die dünne Flughaut. Nur der Daumen bleibt kurz und hat als einziger Finger eine Kralle, Halteorgan beim Klettern und Hängen (s.a. Kap. Monografien).

Die meisten der weltweit über 900 Fledermausarten leben in den tropischen und subtropischen Klimazonen, wo sie sich alle erdenklichen Nahrungsquellen erschlossen haben: Einige Arten fressen Früchte, andere saugen Nektar, wieder andere jagen Fische, Frösche oder Reptilien. Die 22 bei uns heimischen Arten ernähren sich allerdings fast nur von Insekten, vor allem Nachtinsekten, die sie mit Hilfe der Ultraschall-Echoortung ausmachen (s.a. Kap. Monografien), im Fangkorb ihrer Flughäute ergreifen und mit ihrem kräftigen Gebiß aus nadelspitzen Zähnen zerkleinern.

Fledermäuse haben Hörbilder ihrer Umgebung im Kopf: Sie rufen pausenlos Signale in die Nacht, und Bäume, Häuserwände oder Untergrund werfen ihr Echo zurück. Das Echo ihrer Rufe informiert die fliegenden Jäger auch über die Entfernung und Richtung, über Größe, Form und Bewegungen ihrer Beutetiere. Für unsere

Fledermäuse ziehen große Strecken. Abendsegler und Rauhhautfledermäuse aus Deutschland wurden 1000 Kilometer entfernt in französischen und schweizerischen Winterquartieren entdeckt.

Notre Dame in Paris – Winterquartier für Fledermäuse aus Deutschland?

Wochenstube im Vogelnistkasten. In dieser Ersatzhöhle zieht der Kleine Abendsegler seine Jungen auf.

Nach ihrem Tagesschlaf im Dachstuhl startet die Langohrfledermaus zur nächtlichen Insektenjagd.

Ohren ist diese Geräuschkulisse allerdings nicht wahrnehmbar, denn Fledermäuse rufen im Ultraschallbereich von 20 bis 120 Kilohertz, weit über der obersten Hörschwelle des Menschen von 18 Kilohertz (ein Kilohertz entspricht 1000 Schwingungen pro Sekunde). An ihren Rufen, die in Dauer und Höhe von Art zu Art verschieden sind, lassen sich Fledermäuse auch am leichtesten unterscheiden – natürlich nur mit Hilfe von Spezialgeräten, sogenannten Fledermaus-Detektoren.

Der Abendsegler gehört mit einer Flügelspannweite von 36 Zentimetern und einem Gewicht bis 40 Gramm zu den größeren heimischen Arten. Abwechslungsreiche Landschaften sind ihm am liebsten, gerade dann, wenn er solche Landschaften im Umfeld menschlicher Siedlungen findet. Als ausgesprochene „Stadtfledermäuse" suchen Abendsegler ihre Tagesunterschlüpfe nicht nur in Baumhöhlen, sondern auch in Mauerritzen von Schulhäusern, Fabriken, Kirchen oder Hochhäusern. Anders als die meisten Fledermäuse streifen Abendsegler manchmal schon in der Dämmerung umher und jagen dann zwischen Mauerseglern und Schwalben nach Insekten. Die weit kleinere Rauhhautfledermaus – sie wird nur knapp ein Drittel so schwer wie der Abendsegler – sucht sich ihre Verstecke und Wochenstuben hinter Wandverschalungen und Jalousien, unter niedrigeren Dächern und in Holzstapeln.

Abendsegler und Rauhhautfledermaus gehören zu den Fledermausarten, die erstaunlich weite Strecken zurücklegen, um in ihre Winterquartiere – Baumhöhlen und Mauerspalten – zu gelangen. Im Herbst wandern sie von Nordosten nach Südwesten. Abendsegler aus Polen und Litauen wurden in ihren Winterquartieren in Mauerspalten der Dresdner Frauenkirche aufgefunden. Einzelne markierte Abendsegler aus Mecklenburg-Vorpommern flogen sogar 1500 Kilometer weit in ihre Winterquartiere in Frankreich und in der Schweiz. Eine im russischen Woronesch-Reservat beringte Rauhhautfledermaus wurde 1600 Kilometer entfernt im griechischen Mazedonien entdeckt, und andere markierte Tiere aus Berlin oder Waren an der Müritz fanden sich kaum zwei Monate später 1000 Kilometer entfernt in Frankreich oder in der Schweiz wieder. Im Frühjahr ziehen Abendsegler und Rauhhautfledermaus die gleiche Strecke zurück. Wandernde Fledermäuse halten sich weder an Staatsgrenzen, noch nehmen sie auf Regimes oder politische Prioritäten Rücksicht. Wer ihnen helfen will, muß länderübergreifend planen. Keine leichte Aufgabe, denn länderübergreifend sind vorerst nicht die Schutzprojekte, sondern nur die Gefahren für die Flattertiere: Insektizide vergiften ihre Lebensräume und töten ihre Beutetiere, Holzschutzmittel machen ganze Dachböden unbewohnbar, Sommerschlupfwinkel werden zugemauert, Winterquartiere in alten Bäumen haben längst Seltenheitswert, vielfältige Landschaften mit reicher Insektenfauna verwandeln sich in eintönige Produktionssteppen. Was tun? Viele Fledermausarten akzeptieren auch Behelfsunterkünfte (s. Kap. Lebensraum, Ratgeber) oder benutzen bereitwillig den Eingang auf den Dachboden per Fledermausziegel. Am meisten aber hat man oft geholfen, wenn man einiges unterläßt: wenn man alte Bäume nicht fällt, einheimische Pflanzen nicht gegen sterile Zuchtgewächse austauscht und die Giftspritze einfach in einem finsteren Winkel verstauben läßt. Fest steht, daß Fledermäuse keine unheimlichen Untermieter , sondern liebenswerte Hausgenossen in unserer Kulturlandschaft sind.

Alte Baumhöhlen sind die ursprünglichen Sommerquartiere für Abendsegler und Langohr, sommerwarme Felsenhöhlen (im Süden) für das Mausohr; Dachstühle können ein Ersatz sein.

Ein großes Mausohr in seinem Winterversteck.

Abendsegler fliegen häufig schon in der Dämmerung. Ihre Tagesverstecke finden sie in offenen Dachstühlen und Mauerritzen von Schulhäusern, Fabriken, Kirchen und Hochhäusern.

Einwanderer aus Afrika: Der Distelfalter

Eine Oase in Marokko. Sie kann Startplatz für den anstrengenden Flug eines Distelfalters nach Deutschland sein. In 2000 Metern Paßhöhe werden die Alpen überquert.

Man muß schon genau auf einzelne Merkmale achten, um den Distelfalter nicht mit anderen Tagschmetterlingen aus der Gruppe der Edelfalter zu verwechseln. Vor allem die weißen Flecken auf den schwarzen Spitzen der Vorderflügel unterscheiden den Distelfalter mit einer Flügelspannweite von 5–6 Zentimetern vom ähnlich aussehenden Kleinen und Großen Fuchs. Wenn in Süddeutschland im Mai und weiter im Norden im Juni die ersten Distelfalter durch Gärten, Parkanlagen oder Wiesen flattern, dann vermuten die wenigsten Menschen, daß es sich ausnahmslos um Wanderfalter handelt, die aus Nordafrika und dem Mittelmeerraum in wenigen Wochen zu uns geflogen sind.

Auf ihrem bis zu 2000 Kilometer langen Zug im Frühjahr halten die Distelfalter unbeirrt eine polwärts gerichtete Flugroute ein. Sie orientieren sich wie tagsüber ziehende Vögel am Stand der Sonne, überqueren die Alpen noch in Paßhöhen von 2000 Metern, lassen sich an windstillen Tagen oder bei leichtem Rückenwind mit der erwärmten und aufsteigenden Luft kreisend in Höhen bis über 2000 Metern tragen und setzen dann ihren Geradeausflug fort. Bei starkem Wind fliegen die Distelfalter nahe am Boden und nutzen jeden Windschatten, was natürlich Richtungsschwankungen unvermeidlich macht. Sie nehmen aber so bald wie möglich ihren Nordkurs wieder auf. Sobald die Distelfalter einen geeigneten Lebensraum gefunden haben, beginnen sie mit der Paarung. Die Weibchen legen ihre Eier einzeln an Disteln, vor allem Kratzdisteln, seltener an Kletten, Brennesseln und Huflattich ab und sterben bald danach. Doch schon nach wenigen Wochen ist die nächste Generation, die Sommergeneration, herangewachsen. Wenn die schwarzgrauen, borstig bedornten Raupen knapp daumenlang geworden sind, verpuppen sie sich und verwandeln sich in 14 Tagen Ruhezeit in fertige Schmetterlinge. Die geschlüpften Falter aber treibt die Unruhe weiter nach Norden. Einige erreichen schon im Juli England und Skandinavien. Auch diese Falter pflanzen sich fort und sterben bald darauf nach einem nur wenige Wochen dauernden Schmetterlingsleben, während ihre Kinder als Raupen heranwachsen und sich mit der Verpuppung etwa um die Augustmitte in fertige Distelfalter der Herbstgeneration verwandeln.

Es gehört zu den großen Rätseln der Tierwanderungen, daß diese Schmetterlinge der dritten Distelfaltergeneration eines Sommers nun nicht weiter nach Norden und damit in den Kältetod fliegen, sondern genau entgegengesetzt nach Süden. In manchen Jahren wandern auch schon die Falter der zweiten Generation südwärts. Woher wissen die Schmetterlinge, ob sie nach Norden oder nach Süden ziehen müssen? Vermutlich geben die sinkenden Temperaturen und kürzer werdenden Tage im Herbst das entscheidende Signal, nach dem die Tiere ihre Wanderrichtung umkehren.

Wie vielen Zugvögeln, so ist auch Distelfaltern ihr Flugprogramm angeboren, denn sie finden den bis zu 3000 Kilometer weiten Weg nach Südeuropa und Afrika, ohne ihn je zuvor in ihrem kurzen Leben geflogen zu sein. Nach ihrer Ankunft in den warmen Ländern rund um das Mittelmeer sorgen sie wieder für Nachwuchs, während in Mitteleuropa schon der Winter Einzug gehalten hat. Ihre Kinder wandern im nächsten Frühjahr wieder Richtung Norden...

Auch der Admiral, der Große und der Kleine Kohlweißling, der Postillon und das Große Ochsenauge gehören zu den Wanderschmetterlingen; sie überbrücken wie der Distelfalter weite Strecken zwischen Winterquartier und Sommergebiet.

Die meisten Schmetterlinge sind als Raupen Nahrungsspezialisten, die auf ganz bestimmte Futterpflanzen angewiesen sind: Die Raupen von Tagpfauenauge, Kleinem Fuchs und Landkärtchen fressen Brennesseln, die Raupen des Distelfalters brauchen Disteln.

Wer weiß schon, daß Schmetterlinge wandern? Über 2000 Kilometer lang kann die Strecke sein, die sie im Frühjahr unbeirrt polwärts nach Norden führt. Distelfalter und Admiral sind Wanderer auf gleicher Strecke.

Langstreckenflieger aus der Insektenwelt

Den ganzen Sommer über bis weit in den Herbst hinein sind Schwebfliegen an vielen Blumen im Garten und selbst auf dem Balkon gut zu beobachten. Schwirrend scheinen sie sekundenlang über einer Blüte in der Luft zu „stehen", wechseln dann urplötzlich im reißenden Flug zu einer anderen Blume, über der sie wieder schwirrend Stellung beziehen. Zur umfangreichen Familie der Schwebfliegen gehören viele auffällig bunte Fliegen, die wegen ihrer gelbschwarzen oder bräunlichen Zeichnung eine gewisse Ähnlichkeit mit Wespen oder Bienen haben. Eine der häufigsten Arten ist Episyrphus balteatus, die etwa einen Zentimeter große Gelbbindige Schwebfliege. Sie sieht mit ihrem gelbschwarz gebänderten Hinterleib einer kleinen Wespe verblüffend ähnlich – eine Täuschung, die durchaus ihre Vorteile für das harmlose Insekt hat und unter dem Namen Mimikry bekannt ist. Anders als bei der Wespe sind allerdings ihre roten Facettenaugen so groß, daß sie in der Kopfmitte zusammenstoßen. Gelbbindige Schwebfliegen leben von Nektar und Pflanzensäften, die sie sich am liebsten aus den leicht zugänglichen Blüten von Korb- und Doldenblütlern holen.

Erst in den letzten Jahrzehnten wurde entdeckt, daß viele Schwebfliegen zu den Wanderinsekten gehören, allen voran Episyrphus. Eine der erfolgreichsten Stationen zur Erforschung des Wanderverhaltens von Schwebfliegen liegt im Südwesten der Bundesrepublik Deutschland am Nordrand der Schwäbischen Alb. Der nach Norden geöffnete runde Kessel des Randecker Maars kerbt sich tief in den 400 Meter hohen Rand der Alb ein. Diesen Einschnitt nutzen die aus Nordosten heranziehenden Insekten und Vögel, um mit möglichst geringem Kraftaufwand die Albhochfläche zu erreichen. Hier am südlichsten Rand des Maars haben Wulf Gatter und seine Mitarbeiter von der Station Randecker Maars mit Hilfe einer nach Nordosten geöffneten fünf Meter breiten Insektenreuse in zwölf Jahren über 90 000 Schwebfliegen gefangen, nach Art und Geschlecht bestimmt und wieder freigelassen.

Der Petersplatz in Rom – kein Pilgerort für Schwebfliegen, aber im Herbst lockt sie der warme Süden.

Schwebfliegen im Blütenrausch. Die Larven (rechts) sind Blattlausvertilger. Sie spießen die Beute auf und saugen sie aus.

Im oberen Winkel der trichterförmig zusammenlaufenden Reuse befand sich ein durchsichtiger Plastikbeutel, in den die Fliegen geleitet wurden und aus dem sie ohne Schaden entnommen werden konnten.

Über 25 verschiedene wandernde Schwebfliegenarten konnten die Wissenschaftler bestimmen. Von der Gelbbindigen Schwebfliege Episyrphus balteatus wurden allein 29 546 Exemplare gezählt; sie war mit fast einem Drittel aller gefangenen Schwebfliegen die mit großem Abstand häufigste Art.

Auch am Col de Bretolet in den Walliser Alpen, einem in 1923 Meter Höhe gelegenen Schweizer Paß, wurde von einer Forschergruppe die Wanderung der Schwebfliegen untersucht. Auch hier war Episyrphus mit über 50 Prozent der mehr als zwei Millionen gefangenen Schwebfliegen die weitaus häufigste Art.

Die Züge dieser kleinen Schwebfliege gehören zu den eindrucksvollsten Beispielen für Insektenwanderungen in Europa. Episyrphus und viele aus ihrer Verwandtschaft würden den Winter in ihrem nördlichen Verbreitungsgebiet nicht überstehen. So ziehen sie im Herbst in den wärmeren Süden, aber nachfolgende Generationen kehren im Frühjahr in den Norden zurück, denn im Sommer gibt es für Schwebfliegen in Mitteleuropa nördlich der Alpen optimale Entwicklungs- und Ernährungsbedingungen.

Auch die unscheinbaren Schwebfliegen sind Kettenglieder eines großen Ganzen, ob als blattlausvertilgende Larven, als nektarschlürfende und bestäubende Fliegen oder als Beute für andere Tiere.

Der nach Norden geöffnete runde Kessel des Randecker Maars kerbt sich tief in den hohen Rand der Schwäbischen Alb. Durch diesen Einschnitt ziehen Millionen von Schwebfliegen jährlich in den Süden.

Symbolvogel Weißstorch

Kaum eine andere Wildvogelart ist so tief im Bewußtsein der Menschen in weiten Teilen Europas und des Nahen und Mittleren Ostens verankert wie der Weißstorch. Das ist kein Wunder, denn mit Ausnahme der Mehl- und Rauchschwalben hat sich keine andere Vogelart so eng an den Menschen gebunden und mit ihm jahrhundertelang in den Dörfern und Siedlungen gelebt. Die über viele Generationen gewachsene Nähe und Vertrautheit hat Mythos und Image dieses herrlichen Schreitvogels geprägt. Wir betrachten ihn als fliegenden Botschafter für neues Leben und Lebensglück.

Weißstörche schlucken fast alles, was kriecht, hüpft, schwimmt und ihnen in passender Größe vor den Schnabel kommt.

Störche gelten als fürsorglich, häuslich, zuverlässig und heimattreu. Sie wecken unser Fernweh nach fremden Ländern und unsere Reiselust. Selbst für uns Stadtmenschen bleibt jener Tag im Frühling ein wichtiges Datum, an dem die Medien von der Ankunft des Storchs am Nest im nächsten Dorf berichten. Dennoch nehmen wir sein dramatisches Verschwinden offenbar nur bedauernd zur Kenntnis.

Der Weißstorch ist ein echter Kulturfolger. Wo der Mensch entlang der Flußläufe siedelte und in den Flußniederungen und -auen Weidewirtschaft betrieb, fand er idealen Lebensraum und ein optimales Nahrungsangebot. Mit der bäuerlichen Erschließung der Landschaft wechselte der Weißstorch allmählich von Nistplätzen auf Bäumen hinüber auf die Dächer der Gehöfte, die Schornsteine der Bäckereien oder Hufschmieden. Die Storchenwelt war in Ordnung. Um die Gehöfte und Siedlungen lagen die Hausgärten und Obstwiesen, voller Vielfalt an Pflanzen und Blüten. Hecken aus Wildsträuchern und Stauden grenzten den bäuerlichen Hof gegen die freie Landschaft ab. Auf den Wiesen vor dem Dorf standen Kühe, in Gräben und Teichen paddelten Enten und Gänse. Noch drohten keine großen Entwässerungsmaßnahmen, kein maschinengesteuertes Landschafts-Styling, keine Flurbereinigungen. Die Kulturlandschaft war ein vitales Mosaik aus naturnahen Lebensräumen, sie beherbergte unzählige Tiere und Pflanzen in einer nie mehr gekannten Artenvielfalt. Feldmaus und Hausmaus, Kröten, Grasfrosch und Wasserfrosch, Molche und Blindschleichen, Heuschrecken und Käfer hatten beste Lebensbedingungen und lieferten den futtersuchenden Störchen ein erstklassiges Menü, denn Weißstörche sind Opportunisten, die fast alles schlucken, was kriecht, hüpft, schwimmt und ihnen in passender Größe vor den Schnabel kommt.

Aber so mußte es auch sein, denn noch vor 100 Jahren saßen oft 3–4 Junge im Storchennest, deren Appetit grenzenlos ist. Immerhin braucht ein Jungvogel im Alter von drei bis acht Wochen täglich zwischen 1200 und 1600 Gramm Nahrung. Wenn dann drei Jungvögel im Horst zu versorgen sind, müssen die Altvögel einschließlich Eigenbedarf bis zu 6 Kilogramm Nahrung beschaffen. Das setzt zum Beispiel den Fang von täglich 90 Feldmäusen voraus.

Die guten Zeiten für den Storch sind längst vorbei. Über unseren Anstrengungen, jeden Winkel der Landschaft maschinengerecht nutzbar zu machen, Wasser möglichst schnell aus der Landschaft abzuleiten, Feuchtgrünland zu entwässern und Wiesen in Acker umzuwandeln, haben wir den Storch vergessen. Schlimmer noch, wir vergiften seine Nahrungstiere und krempeln die Natur um mit dem Ergebnis, noch mehr Fleisch und noch mehr Butter auf Halde legen zu müssen.

Da aber zum Dorf der nette Storch gehört, bauen wir ihm Kunsthorste, verlegen ein paar Meter storchenbedrohende Stromleitungen unter die Erde und stellen ihm im Garten eine Badewanne mit halbtoten Fischen hin. Fällt ein Storchenjunges aus dem Nest, bringt die Freiwillige Feuerwehr dieses eben dorthin wieder zurück, obwohl ein schneller Storchentod gnädiger wäre als ein langes, hungerndes Siechtum in ausgeräumter Landschaft.

Wir können Ursache und Wirkung längst nicht mehr unterscheiden; unser Umweltbewußtsein ist gespalten, unsere Betrachtung der Natur vermenschlicht. Um den Weißstorch zu schützen, machen wir uns nicht etwa daran, unseren Umgang mit der Natur zu überdenken. Nein, wir würden dem Storch lieber die Strapazen des Storchenzugs über mehr als 5000 Kilometer Entfernung ersparen und ihn im Winter im Zoo durchfüttern. Dann hätte er im Frühjahr mehr Saft und Kraft, viele Junge mit gespendeten Eintagsküken großzuziehen.

Mit dem Niedergang der landschaftlichen Vielgestaltigkeit geht der Verlust an Artenvielfalt einher. Der Weißstorch-Bestand hat in West-Europa einen dramatischen Tiefstand erreicht. In Holland, Frankreich und der Schweiz ist die Wildtierart Storch längst ausgestorben, überlebt haben sogenannte Gehege-Störche, die in ihrem Verhalten vom Menschen abhängig sind. Solche Tiere können nicht mehr ohne menschliche Hilfe Nahrung suchen oder Junge aufziehen und sind außerstande, auf der Flugroute ihrer Ahnen in die Winterquartiere zu fliegen.

Die aktuelle Bestandszahl schönt den wahren Trend: Von 3225 Brutpaaren in der Bundesrepublik leben nur 585 in den alten Bundesländern.

Der Weißstorch steht heute auf der „Roten Liste und hat mit der Einstufung in die Kategorie 1 – vom Aussterben bedroht – traurige Berühmtheit erlangt.

3225 Storchen-Brutpaare in ganz Deutschland, das klingt nur für Nichteingeweihte ganz annehmbar. Doch der Trend ist existenzbedrohend. Denn 1965 waren es noch 5000 Brutpaare, und 1934, also vor knapp 60 Jahren, brüteten noch 9000 Paare.

Der Langstreckenzugvogel Weißstorch ist auch zum Symbol für die globale Umweltzerstörung geworden. Bestimmte Agrarchemikalien, bei uns längst verboten, werden in Afrika weiter verwendet. Insekten- und Nagetiervernichtungsmittel werden in Afrika großflächig eingesetzt.

Die Zerstörung der Steppen und Savannen durch allzu viele Haustiere, die Rodung der Baum- und Strauchvegetation und damit einhergehend das Absinken des Wasserspiegels und die Erosion der Flußtäler haben den Überlebenskampf nicht nur für unsere ziehenden Störche verschärft. Längst

Ein seltenes Bild mitten im Dorf: Ein Weißstorchpaar bei der Begattung auf dem Horst.

Szene in Deutschland: 14 Weißstörche auf der Suche nach Regenwürmern.

Storchentod am Hochspannungsmast – Opfer der Verdrahtung.

ist in Teilen Afrikas die Existenz der Menschen akut gefährdet.

Die globale Zerstörung natürlicher Lebensräume bedeutet für unzählige Arten zwangsläufig das Ende der Evolution. Die von uns Menschen verursachten Landschaftsveränderungen wie Vergiftung der Lebenselemente Wasser, Boden und Luft haben die Fähigkeiten zur Anpassung und Fortentwicklung vieler Tier- und Pflanzenarten überfordert und das Aussterben beschleunigt.

Es gibt kaum eine Zugvogelart zwischen Europa und Afrika, die nicht unter der globalen Umweltzerstörung leidet. Langstreckenzugvögeln ist angeboren, welchen Routen sie folgen und wo sie rasten müssen. Verändert sich die Landschaft, dann verhindert das angeborene Flugprogramm, daß sie sich den neuen Verhältnissen anpassen und neue Rastplätze suchen. Die Wanderer sind bald unterernährt und erschöpft, viele kommen am Bestimmungsort nicht mehr an. Überdies wird der Organismus durch Insektizide belastet, die Störche zum Beispiel mit vergifteten Nahrungstieren aufnehmen.

Junge Störche sind Nimmersatte. Bis zu drei Pfund Nahrung brauchen sie täglich.

Zwischen Zebras und Streifengnus in Kenia – Weißstörche im afrikanischen Winterquartier.

Viele Einbußen an Lebensqualität schwächen die Art und löschen sie früher oder später aus.

Es gibt fast nichts, was die Wissenschaft über den Storch nicht weiß. Systematisches Beringen, Horstbeobachtung, genaues Aufzeichnen der Nahrungsaufnahme und Struktur des Futterangebots an Storchenjunge, das Überwachen des Storchenzuges per Flugzeug und jetzt aktuell per Minisender über Satellit haben den Weißstorch wohl zum besterforschten Wildvogel gemacht.

Wir wissen genau, welche Lebensraumbedürfnisse unsere Störche haben. Aber gerade diesen Bedürfnissen steht das Konzept einer maschinengerechten, intensiv genutzten Landschaft entgegen.

Es sind nicht die Industrie und nicht die Wirtschaft, die unserem Storch Streß bereiten, sondern die Landschaftsplanung und eine längst überholte „Flurbereinigungsstrategie" im Bereich der Flußtäler, Auen und Niederungsgebiete. Alle in Nord- und Nordwest-Deutschland verlorengegangenen Storchen-Brutgebiete sind unmittelbar auf Wasserbaumaßnahmen und Flurbereinigungen zurückzuführen.

Wir müssen schnellstens die Weichen neu stellen. Wozu Flußbegradigungen, wozu Trockenlegung von Altwasserarmen, wenn wir doch längst wissen, daß wir Wasser nicht ableiten, sondern in der Landschaft halten sollten, um die Grundwasservorräte zu regenerieren?

Die bereits begonnenen regionalen Storchenschutz-Maßnahmen an Weser, Aller und Elbe benötigen Unterstützung, damit den letzten Störchen ihr Lebensraum erhalten bleibt.

Lobby für Störche

Im März 1992 wurde von der August Storck KG, Berlin, die Stiftung „THE STORK FOUNDATION – Störche für unsere Kinder" gegründet. Mit der Stiftung will das Unternehmen ein Zeichen dafür setzen, daß sich heute Firmen im Spannungsfeld von Wirtschaft und Natur über ihren eigentlichen Unternehmenszweck hinaus für ökologische Belange engagieren sollten. Das Ziel der Stiftung ist es:

- Lebensräume des Storches im In- und Ausland zu schützen, zu verbessern und verlorengegangene Lebensräume zu renaturieren;
- Einzelmaßnahmen zur Erhaltung des Storches zu fördern, und, wo noch nötig, Forschung zu betreiben;
- den Storchenschutz-Gedanken in der Öffentlichkeit zu verbreiten.

Übergeordnet soll die Stiftung dazu beitragen, das wachsende Harmoniebedürfnis unserer Gesellschaft nach mehr Leben im Einklang mit der Natur zu fördern.

Das erste Großprojekt der Stiftung wird im Naturraum Drömling, östlich von Wolfsburg auf dem Gebiet des Landes Sachsen-Anhalt, realisiert. Der Drömling ist ein circa 320 Quadratkilometer großes Niederungsgebiet mit hohem Grundwasserstand. Vor den großen Entwässerungsmaßnahmen waren weite Flächen im Frühjahr überschwemmt. Trotz der Eingriffe in den Wasserhaushalt zählt das Gebiet heute noch zu den wertvollen Feuchtgebieten Deutschlands. Auf den noch intakten Feucht- und Mähwiesen finden die brütenden Weißstörche ein ausgezeichnetes Nahrungsangebot.

Zusätzlich zu den laufenden und geplanten Arten- und Biotopschutzmaßnahmen der Bundesrepublik Deutschland, des Landes Sachsen-Anhalt und des Landes Niedersachsen kauft die Stiftung für im Naturraum Drömling wertvolle Weißstorch-Nahrungsflächen und optimiert diese Flächen auf die Bedürfnisse der Störche. Dazu gehören folgende Maßnahmen:

- Auf feuchtem Grünland wird der Wasserstand weiter angehoben.
- Extensive Weidennutzung wird das Nahrungsangebot für die Störche verbessern.
- Acker wird in – möglichst feuchtes – Grünland umgewandelt.
- Feuchte Senken und Flutmulden werden angelegt, so daß sich bei hohem Grundwasserstand Tümpel bilden können.
- Vorhandene Gräben werden aufgestaut und erweitert.

Wenn es gelingt, den Drömling als Weißstorch-Lebensraum langfristig zu sichern, werden auch für andere seltene Vogelarten wie Großer Brachvogel, Bekassine, Kiebitz, Nachtigall und Pirol die Zukunftschancen verbessert. Storchenschutz bedeutet auch, die Vielfalt in der Natur und die natürlichen Lebensgrundlagen zu erhalten und damit eine lebenswerte Zukunft für uns und unsere Kinder zu sichern.

Niederungsgebiet Drömling, östlich von Wolfsburg – Schutzgebiet für den Weißstorch.

Zukunft ohne Störche? Unvorstellbar für uns und unzumutbar für unsere Kinder.

Ersatzwohnungen für Siedlungsfolger

Als der Mensch damit begann, die unberührte Landschaft zu verändern, zu bewirtschaften und zu besiedeln, verschwanden zwar die Lebensgrundlagen für etliche Pflanzen und Tiere, andererseits konnten sich viele Arten in der abwechslungsreichen Kulturlandschaft sogar besser entfalten als in ihrem ursprünglichen Lebensraum. Sie wurden zu Siedlungsfolgern. Amsel und Singdrossel waren ursprünglich scheue Waldvögel. Heute finden sie ihr Auskommen in nächster Nähe des Menschen. Auch Türkentaube, Klappergrasmücke und Girlitz binden sich eng an die Siedlungen des Menschen.

Zahlreichen Vogel- und anderen Tierarten brachte die Nachbarschaft des Menschen Vorteile: mehr Nahrung, günstige, bessere Nistplätze und Verstecke, weniger Feinde und Gefahren. Aber mit der Beseitigung alter Gebäude, mit einer technisch immer perfekteren Renovierung und Isolierung der Häuser, mit der Versiegelung der Böden und der Verarmung der Gärten wurde so manche Siedlungsgemeinschaft wieder aufgekündigt.

Hohe, nischenreiche Mauern sind trocken-warme Ersatzfelswände für Turmfalke, Dohle und Mauersegler. Dachböden bieten im Sommer Wohnraum für Schleiereule, Langohrfledermaus und Hornisse, ursprünglich Baumhöhlenbrüter. Im Winter finden hier Kleiner Fuchs, Tagpfauenauge und Florfliege geschützte Quartiere. Selbst wenn wir solchen Tierarten nur kleinste abgegrenzte Unterschlüpfe unter dem Dach zugänglich machen können, leisten wir einen wichtigen Beitrag zum Artenschutz. Lockerfugen im Mauerwerk am Haus, lückige Steinwälle und ungefugte Trockenmauern sind Ersatzlebensraum für die vielen Tierarten, die ihre Nester und Gänge sonst an den senkrechten Erdwänden der Hohlwege und Kiesgruben anlegen. Hier finden Springspinnen, Mauer-, Seiden- und Pelzbienen, Falten- und Wegwespen Unterschlupf. Andere Wespen- und Bienenarten, die ihre Eier normalerweise in Schilfhalmen ablegen und die Röhrichte der Seen und Sümpfe bewohnen, beziehen als Ersatz Strohdächer oder deponieren ihre Gelege in den Windschutz-Schilfmatten auf Terrassen. Insekten wie Holzwespen und Maskenbienen, die ihre Gänge ursprünglich in abgestorbene Baumstämme gebohrt haben, können ebensogut altes Bauholz, Baumstümpfe und Zaunpfähle besiedeln – vorausgesetzt, diese sind nicht mit giftigen Holzschutzmitteln getränkt. Jeder kann sein privates ökologisches Lehrstück inszenieren. Er braucht nur einen stehengebliebenen Baumstumpf oder einige Holzscheite im Garten sich selbst zu überlassen und kann beobachten, welche Lebensgemeinschaften das morsche Holz im Laufe der Jahre besiedeln.

Der Zaunkönig ist anspruchslos. Schon ein Reisighaufen in Hausnähe ist für ihn ein idealer Brutplatz.

Ein Steinhaufen, so unscheinbar und einfach; für die Zauneidechse ist er Sonnenterrasse und Ersatzwohnung.

Sandwege am Haus und die breiten Fugen zwischen den Platten des Weges oder einer Terrasse können Ersatzwohnungen für Grab- und Wegwespen sein, denn ihre ursprünglichen Lebensräume, offene Sandflächen und trockene Hänge, sind im Asphaltbiotop Stadt selten geworden. Der Steinhaufen am sonnigen Platz ist Zweitwohnung für Zauneidechse, Blindschleiche und Steinläufer. Ein alter Reisighaufen wird zum Nistplatz für Zaunkönig und Heckenbraunelle. In Bodennähe unter den Sträuchern hausen Mauswiesel und Igel. Kröten und Frösche schätzen überwachsene Haufen aufgeschichteter Zweige nicht zuletzt deshalb, weil sie hier reichlich Insekten und Schnecken finden.

Im Netzwerk der Kleinlebensräume sind strukturreiche Hecken (als Waldrandersatz) und Wildblumenwiesen die wichtigsten Elemente: Sie liefern die Basisnahrung für Insekten, und Insekten wiederum sind die Basisnahrung für die meisten Mitbewohner ums Haus.

Für viele Tierarten als Siedlungsfolger können wir heute am Haus, in Städten und Dörfern Wohnungen und Lebensräume schaffen. Auf Dauer wird unser privater Artenschutz allerdings nur Erfolg haben, wenn auch im weiteren Umfeld der Siedlungen, auf Äckern und Grünland der Trend zur Monotonie gestoppt wird und wenn verbliebene naturnahe Reste strikt geschützt werden. Nur Zusammenarbeit kann zum Ziel führen, denn jede einzelne Hilfe ist nur eine Masche in einem großen Netz.

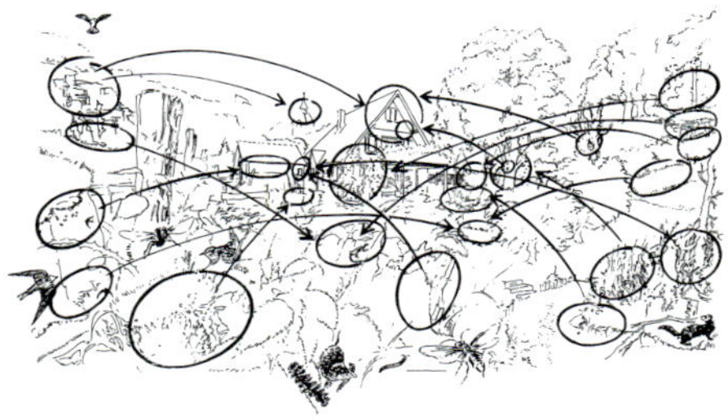

Das Haus als Lebensraum – ein Netz von Beziehungen und Abhängigkeiten: Der Turmfalke kommt vom Felsen an den Kirchturm, der Hausrotschwanz vom Felsen in die Halbhöhle, die Fledermaus aus der Baumhöhle oder der sommerwarmen Felshöhle unters Dach, die Mauerbiene von der Steil- an die Hauswand, die Grabwespe von der Düne an den Sandweg …

Nicht nur die halbe Miete...

Manche Tiere haben ihr ursprüngliches Verbreitungsgebiet erheblich vergrößert, da sie sich den vielseitigen Siedlungsraum des Menschen zunutze machen konnten. Aber nur, wenn alle Lebensansprüche der einzelnen Arten erfüllt sind, bleibt es bei dieser Wohngemeinschaft. Die Mehlschwalben brauchen nicht nur geeignete Hauswände, sondern auch offene Lehmpfützen für den Nestbau. Mauerbienen und Grabwespen benötigen nicht nur die richtigen Plätze für ihre Bauten, sondern auch genügend Nahrungsvorrat für den Nachwuchs. Und die Schleiereule ist nur dann ein Mitbewohner der Dörfer und Stadtrandgebiete, wenn sie offene Scheunen und Dachböden findet und das ganze Jahr über Mäuse erbeuten kann.

Wenn aus dem Rasen eine Wiese geworden ist, hat sich auch die Feldmaus eingefunden. Sie ist beliebtes Beutetier für Störche, Mäusebussarde, Turmfalken und Schleiereulen.

Jeder einzelne von uns kann etwas tun für mehr Natur rund ums Haus, aber alle Einzelbemühungen sind solange ohne Erfolg, eben nur die halbe Miete, wie das „Drumherum“ nicht stimmt.

Jeder möchte gerne seinen Gartenteich haben, ein Biotop für Frösche und Kröten wird dieser aber nur dann, wenn keine Insektenvernichtungsmittel versprüht werden, wenn genügend Insekten als Nahrung vorkommen, Insekten, die in der hausnahen Wiese mit der Feldmaus eben häufiger sind als im einförmigen Rasen, wenn Versteckmöglichkeiten unter Sträuchern und Büschen, unter Stauden und Steinen da sind.

Jeder möchte gerne die Schleiereule im Dorf und den Turmfalken in der Stadt zuhause wissen, aber beide brauchen Jagdreviere im Umland, weniger steril gepflegte Parks, mehr Brachflächen, mehr Wiesen, mehr grüne Wegränder – und eben Mäuse.

Jeder erfreut sich an Schmetterlingen auf den Sommerblumen, aber duldet, nein fördert jeder auch die Nahrungspflanzen der Raupen, Wegerich und Hornklee, Wiesenschaumkraut und Sauerampfer? Jeder einzelne kann auch auf die politisch Verantwortlichen in Kommunen und Behörden einwirken. Was tut die Gemeinde für mehr Natur im Dorf, was tut das Umwelt- und Grünamt für mehr Natur in der Stadt?

Jede Einzelmaßnahme ist ein Baustein, aber erst in der Vernetzung wird aus den Steinchen ein Haus, eine Wohnung für Tiere auf Wohnungssuche. Viele Initiativen machen ein Ganzes. Denn alles hängt mit allem zusammen. Natur ist ein Netzwerk des Lebens.

Schleiereulen sind nächtliche Mäusejäger.

Ursprüngliche Nistplätze waren dicke, alte Bäume.

Dachgiebel und Scheunen werden zum Ersatz.

Grabwespen brauchen sandigen Boden für ihre Brut.

Offene Flugsanddünen sind seltene Biotope.

Zwischen in Sand verlegten Steinen finden sie Ersatz.

Mauerbienen nisten auch in Schneckenhäusern.

Im Kalksteinbruch finden sich ideale Nistplätze.

Ersatz bieten locker gestapelte Trockenmauern.

Mehlschwalben brauchen offene Lehmpfützen für Nistmaterial.

Ursprüngliches Nest von Felsschwalben unter einem Felsen.

Mehlschwalben nisten heute unter dem Dach an der Hauswand.

Lebensadern der Landschaft

Hecken sind nicht nur Windschutzstreifen, sondern sie wirken mit ihrer artenreichen Tierwelt weit in die offene Landschaft hinein.

Vereinzelte Erlen am Bach sind nur noch Reste des früheren Auwaldes. Aber zahlreiche Mäander kennzeichnen noch einen natürlichen Verlauf.

Ohne Einwirkung des Menschen wäre Mitteleuropa fast ganz von Mischwald mit beherrschendem Rotbuchen-Anteil bedeckt. Im Laufe der Jahrtausende aber hat der Mensch aus dem ursprünglichen Waldland eine abwechslungsreiche Kulturlandschaft mit Äckern, Wiesen und Weiden geschaffen. Viele der sommergrünen Mischwälder mit ihrer vielseitigen Lebensgemeinschaft von Pflanzen und Tieren wurden seit etwa 200 Jahren durch die Forstwirtschaft allmählich in artenarme Fichten- und Kiefernwälder umgewandelt.

Je mehr der Wald durch die wachsenden Städte und Dörfer, durch Industrie und Landwirtschaft, durch Straßen- und Wegebau zurückgedrängt wurde, desto wichtiger wurden die Feldhecken als Lebensadern der Landschaft. Hecken verbinden die Siedlungen mit der Feldflur. Sie beherbergen eine artenreiche Tier- und Pflanzenwelt und wirken durch ihre große Vielfalt weit in die offene Landschaft hinein.

Aber Vielfalt schien noch vor kurzem nicht gefragt zu sein: Von den ursprünglich rund 75 000 Kilometer Wallhecken in Schleswig-Holstein, den typischen Knicks, wurden in den letzten 40 Jahren über 60 Prozent vernichtet, bevor sie schließlich zu besonders geschützten Landschaftsbestandteilen erklärt wurden.

Deshalb darf die Aktion „Mehr Natur in Dorf und Stadt" nicht beim Naturschutz in den Ortschaften stehenbleiben, sie muß auch die Natur in der offenen Landschaft schützen, muß verbliebene Hecken bewahren, Bäche aus ihren Betonkorsetts befreien und in einst trockengelegten Niederungen neue Tümpel anlegen.

Es gibt nur noch wenige Fließgewässer in unserer Landschaft, deren Verlauf man schon von weitem am Saum von Erlen oder Auwäldern erkennen kann und die noch die Freiheit haben, ihren Lauf selbst zu bestimmen. Weite Teile der Bachläufe sind verbaut, begradigt, verrohrt und durch Abwasser stark belastet. Unzählige Kleingewässer mußten in den letzten 40 Jahren dem

Hunger der Landwirtschaft weichen. Aber schon seit langem wissen wir, daß die inzwischen geschützten Tümpel, Teiche und Weiher zu den lebendigsten und artenreichsten Lebensräumen unserer Landschaft, zu den wichtigsten Rückzugsräumen der vom Aussterben bedrohten Amphibien gehören.

Rauchschwalben brauchen nicht nur das Nest an der Hauswand (oben); artenreiche Mischwälder sind mit ihrem frischen Grün im Frühling die Voraussetzung für das Überleben vieler Arten.

Mitbewohner Hausrotschwanz

Kein anderer Vogel beginnt seinen Reviergesang so früh am Morgen wie der Hausrotschwanz. Schon eine Stunde vor Sonnenaufgang sind die ersten Strophen zu hören, und zwischen sechs und acht Uhr bringt das Männchen den größten Einsatz mit manchmal über 500 Strophen pro Stunde. Für seine Darbietungen wählt es immer einen möglichst hochgelegenen Sitzplatz und zischelt dort seine Vier-Sekunden-Kurzstrophen herunter, die jeweils mit mühsam gepreßten Lauten beginnen. Jedes Männchen findet mit der Zeit seine Stammplätze, ob auf Schornsteinen, Dachfirsten, Antennen oder einzeln stehenden Bäumen. Der Gesang funktioniert wie ein akustisches Warnschild mit dem Inhalt „Achtung, besetzt!" Wagt sich ein Rivale dennoch ins Revier, hat er mit Repressalien zu rechnen.

Vom Reviergesang der Männchen werden die Weibchen angelockt. Sie treffen in aller Regel später als die Männchen im Revier ein, und erst hier am Brutplatz können sich die Paare umwerben und finden. Das Weibchen sucht einen geeigneten Nistplatz aus, es kontrolliert Spalten, Nischen und Gesimse am Mauerwerk oder unter dem Dach, schaut in Löcher unter den Schindeln und inspiziert alte Schwalbennester oder Halbhöhlenkästen. Meistens wählt es den Nistplatz mindestens zwei bis sechs Meter über dem Boden, an Hochhäusern sogar bis zwanzig Meter hoch. Wichtig ist, daß die halboffene Höhle leicht von der Seite anfliegbar ist und der Abstand vom Nestrand zum Höhlendach wenigstens einige Zentimeter beträgt.

Nur das Weibchen baut das Nest. Vor allem in den Morgenstunden sucht es in der nächsten Umgebung nach Nistmaterial, nach trockenem Gras, Moos, kleinen Wurzeln und Blättern für den Unterbau, nach Haaren, Federn, Flechten, Kokosfasern und Wollfäden für die Nestmulde. Die vier bis sechs weißen, spitzovalen Eier werden in vierzehn Tagen ausgebrütet. In den ersten Tagen der Nestlinge übergibt das Männchen dem Weibchen die Beute, die es an die Jungen verfüttert. Danach verfüttern sie beide.

Hausrotschwänze sind vor allem Wartenjäger: Von einem Zaunpfosten oder einem dürren Ast aus beobachten sie die Umgebung und fangen in wendiger Flugjagd Insekten aus der Luft. Bei kühlerem Wetter suchen sie Blattläuse und Raupen von Blüten und Blättern, oder sie picken Spinnen von Fenstersimsen und aus Mauerritzen. Auch am Boden und auf freien Rasenflächen finden sie Insekten, Spinnen, Asseln, Tausendfüßler und kleine Regenwürmer. Hier schnappen sie die Beute in kleinen Flattersprüngen.

Ohne Nahrung ums Haus kein Nistplatz am Haus. Hausrotschwanzweibchen mit Insekten, Futter für die Jungen im Nest.

Bunte Tupfer im Garten: Kleiner Fuchs und Tagpfauenauge stellen sich ein, wenn sie Nektar aus Distelblüten saugen können.

Taucht eine Katze oder ein anderer Bodenfeind auf, so warnen die Altvögel mit kurzen Lauten, die sich wie „id-tek-tek-tek“ anhören. Solche Rufe verstehen auch andere Singvogelarten aus dem gleichen Lebensraum als Warnrufe. Kohl- und Blaumeisen, Rotkehlchen, Gartengrasmücken, Zaunkönige und Buchfinken fliegen dann herbei und stimmen mit sehr ähnlich klingenden lauten Staccato-Warnrufen in den Alarm ein. Vor Sperbern, Turmfalken und anderen Flugfeinden dagegen warnen viele Singvögel mit langgezogenen und hohen Luftalarmlauten, die ebenfalls „international“ verstanden werden, dem Luftfeind aber die Ortung der Rufe erschweren. Hausrotschwänze dagegen gehen bei Gefahr aus der Luft ohne Warnruf in Deckung und verharren dort stumm und regungslos, bis die Gefahr vorüber ist. Im Alter von 15 bis 17 Tagen verlassen die jungen Hausrotschwänze das Nest, werden aber noch etwa eine Woche lang von den Altvögeln gefüttert.

Damit sich der Hausrotschwanz wohlfühlen kann, braucht er gut versteckte Nistplätze am Haus, hohe Singplätze und bodennahe Fangwarten, Rasen- und Wiesenflächen, blütenreiche Stauden, deckungsreiches Gebüsch und geschützte Unterschlupfe.

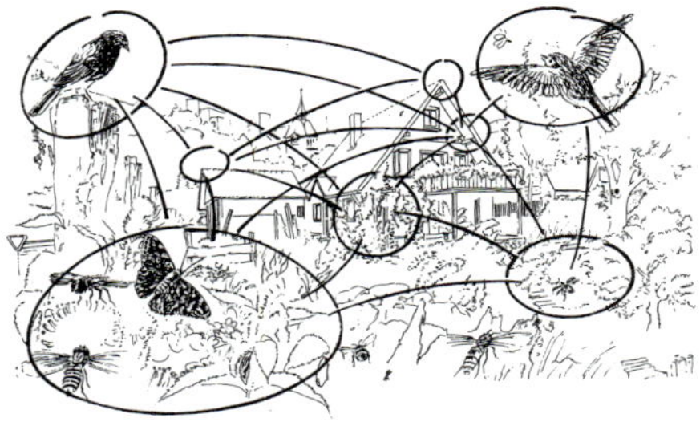

Alles, was ein Hausrotschwanz braucht: Hohe Sing- und niedrige Fangwarten (Dach, Pfahl), blütenreiche Stauden, offene Flächen und dichtes Gebüsch zum Jagen (Insekten, Schmetterlinge), das Nest unterm Dach (Halbhöhle) … alle Teile bilden ein System.

Ein Platz für Disteln und Frösche

Wo Brennesseln sind, stellt sich der Kleine Fuchs ein. Seine Raupen leben fast ausschließlich von Brennesselblättern.

Unten: Wenn das Umfeld stimmt, läßt ein Tümpel im Garten auch auf den Grasfrosch hoffen.

Es gibt kaum Pflanzen, die am Haus und im Garten so wenig geduldet werden wie Disteln. Nicht die als Zierpflanzen gehätschelten Importe der Kugel-, Esels- und Mariendisteln oder die seltenen Gold- und Silberdisteln sind hier gemeint. Verfemt ist die ganz gewöhnliche Kratzdistel, die als lästiges Unkraut noch immer mit allen Mitteln bekämpft wird. Ihr schlechter Ruf steht in krassem Gegensatz zu ihrer ökologischen Bedeutung, denn kaum eine andere Pflanze bietet eine derart große Fülle an Kleinstlebensräumen und Nahrungsbeziehungen vor allem für Hunderte von Insektenarten, die sich auf diese Pflanze und ihren Lebensrhythmus geradezu spezialisiert haben. Da gibt es Blattfresser und -minierer, Stengel- und Wurzelbohrer, Saftsauger und Gallenbildner, Nektarschlürfer und Pollensammler, Knospen- und Samenfresser.

An den Blättern der Kratzdistel fressen die Raupen des Distelfalters sowie mehrere Blattkäferarten und deren Larven. Im Inneren der Blätter, zwischen Ober- und Unterhaut, leben kleine Fliegenlarven vom Blattgewebe. Schlupf- und Brackwespen stellen ihnen nach. Blattläuse, Blattwanzen und Zikaden sind Saftsauger an Disteln und selbst Nahrung für die Larven von Marienkäfer, Schweb- und Florfliege, die wiederum Wirtstiere sind für Schlupf- und Erzwespen. Im Stengel der Distel und im Blütenboden bohren die Larven verschiedener Kleinschmetterlinge.

Da Kratzdisteln vom späten Frühjahr bis in den Herbst hinein blühen, können in den Blüten unzählige Insekten Nektar und Pollen finden. An einem warmen Sommertag kann die Beobachtung einer einzigen Distel in nur einer halben Stunde schon einen Eindruck von der großen Vielfalt der Blütenbesucher vermitteln. Tagpfauenauge, Kleiner Fuchs und Admiral, wenn man Glück hat, auch Distel- und Zitronenfalter saugen Nektar an den Blüten. Hummeln und Schwebfliegen, Rüssel- und Gartenlaubkäfer finden sich ein, und die räuberischen Krabben- und Jagdspinnen lauern auf Beute. Im Herbst und Winter holen sich die Distelfinken die Samen. Auch für die ähnlich unbeliebte Brennessel gilt: Um sie herum entspinnt sich ein feinmaschiges Netz aus Jägern, die selbst Gejagte sind, aus vielerlei Leben, das sich wechselseitig stützt.

Auch im hausnahen Garten „verdienen" beide einen Platz. Sie sind zwei Beispiele dafür, daß wir rings ums Haus die Voraussetzungen schaffen müssen, damit viele Tierarten wieder in unserer unmittelbaren Nachbarschaft heimisch werden können.

Was für die Wildblumenwiese am Haus, für den Sträucher- und Steinhaufen oder für den Kompostplatz oberstes Gebot ist, das gilt erst recht für ein natürliches oder auch künstlich angelegtes Kleingewässer im Garten: wenig eingreifen, viel zulassen, heißt die Devise!

So ein Gewässer läßt alle Optionen offen: Es läßt sich als tieferer und damit frostfreier Folienteich, als flacher Lehmtümpel oder auch als kleiner Bachlauf anlegen, der das Regenwasser vom Haus in ein kleines Sumpfgebiet leitet. In jedem Fall sollten naturbelassene Randzonen als le-

bendige Säume die Wasserfläche umgeben. Für den standortgemäßen Bewuchs sorgt die Natur meistens von selber. Hier und dort kann man nachhelfen und einzelne Pflanzen einsetzen. Im Uferbereich der Gewässer wachsen Zungen-Hahnenfuß und die Wasserschwertlilie mit ihren gelben Blüten, Sumpf-Vergißmeinnicht und Gilbweiderich. Im Dickicht der Uferpflanzen finden die kleinen Grasfrösche, die nach ihrer Verwandlung von der Kaulquappe zum Frosch schon im Frühsommer das Gewässer verlassen, Fliegen, Mücken und Spinnen genug und gleichzeitig Schutz vor Feinden, wenn auch die Wasserspitzmaus so manchen Jungfrosch verzehrt.

Kleingewässer im Garten sind allerdings nur dann ein Beitrag zum Artenschutz für Frösche, wenn auch außerhalb des Gewässers kleine „Schutzgebiete", Nahrungsgründe, Verstecke und Überwinterungsplätze vorhanden sind.

In den Blumen- und Gemüsebeeten, im Steingarten und am Kompostplatz, am Sträucherhaufen, unter den Disteln und Brennesseln oder im hohen Gras der einmal im Jahr gemähten Wiese stellen Kröten und Grasfrösche ungestört Insekten, Spinnen und Schnecken nach, in der Dämmerung gehen sie auf die freiere Rasenfläche zur „Jagd" auf Regenwürmer.

Wer da fürchtet, daß der Gartenteich zur Brutstätte von Stechmücken verkommen könnte, der kann sich selbst davon überzeugen, daß dies schon durch die große Vielfalt der Wassertiere verhindert wird, die in einem pflanzenreichen Tümpel leben. Denn viele Insektenlarven, auch die Brut von Büschel-, Zuck- und Stechmücken, sind Beute der räuberischen Larven von Libellen oder Gelbrandkäfer. In einem schattigen und pflanzenarmen Tümpel oder auch in der Regenwassertonne an der Hausecke haben die Stechmückenlarven viel weniger Feinde, denn anders als ihre Verfolger kommen sie bestens mit dem Sauerstoffmangel zurecht: Sie müssen sich zum Atmen nur an die Wasseroberfläche hängen und können dabei gleichzeitig Freßbares aus dem Wasser filtern.

Oben: Der Distelfink macht seinem Namen alle Ehre; Distelsamen sind seine bevorzugte Nahrung.

Disteln bieten Distelfaltern und ihren Raupen alles, was sie brauchen.

Artenvielfalt rund ums Haus

Auch die nächste Umgebung eines Hauses kann für viele Tiere Wohnungs- oder Nahrungsraum sein oder beides zugleich, je nach ihren Lebensansprüchen. Bisweilen finden auch Tiere am Haus Unterschlupf, die wenig willkommen sind: Die Blattläuse auf der Brombeerranke gedeihen im Schutz der Hauswand ausgezeichnet. Sie benötigen zum Leben nicht mehr als ein saftiges Blatt, denn als Pflanzensaftsauger brauchen sie nur die Leitungsbahnen des Blattgewebes anzustechen, um an Nahrung zu gelangen. Erst wenn geflügelte Blattläuse herangewachsen sind, können diese auf anderen Blättern ihrer Wirtspflanze neue Kolonien gründen. Aber wo so viele Tiere „weiden", ist der „Wolf" nicht fern: die Schwebfliegenlarve. Sie muß schon sehr beweglich auf der ganzen Pflanze umherkriechen, um in ihrem nur wenige Wochen dauernden Larvenleben einige hundert Blattläuse erbeuten zu können, ehe sie ausgewachsen ist und sich verpuppen kann. Die aus der Puppe geschlüpfte Schwebfliege kann auf zahlreichen Blüten im ganzen Garten und auf den Balkonblumen Nektar finden und wird, wenn sie der Art Episyrphus balteatus angehört, schließlich sogar Hunderte von Kilometern in den Süden ziehen.

Die Zauneidechse am sonnenbeschienenen Steinhaufen bleibt das ganze Jahr über seßhaft, während die Zebraspringspinne, die auch zu den Beutetieren der Eidechse gehört, mal hier oder mal an der warmen Hauswand Jagd auf Fliegen macht. Das Lehmwespenweibchen mit der schlanken Taille trägt fliegend die raupenähnliche, mit einem Stich gelähmte Käferlarve als Nahrung für den Nachwuchs über hundert Meter weit zum alten Hohlweg, an dessen Steilwand sie vorher einen Gang gegraben und ein Ei an die Decke geheftet hat. Für die gelbschwarz gezeichnete Sandknotenwespe, die auf Blüten und Blättern nach Rüsselkäfern sucht und sie als Nahrung für den Nachwuchs mit einem

Igel treten bei der Nahrungssuche nicht auf der Stelle. Sie wandern Nacht für Nacht weite Strecken. Zäune mit Durchschlupf ermöglichen auch den Besuch bei Nachbarn.

Eine Hecke hat zwei gute Seiten: sie bietet Nahrung und Schutz.

Stich lähmt und einträgt, ist der Weg zum Erdbau zwischen den Steinplatten am Haus nicht ganz so weit.

Auf dem Dachfirst markiert das singende Männchen des Hausrotschwanzes sein Revier, das sicherlich den ganzen Garten umfaßt, während das Weibchen gerade zur Halbhöhle unter dem Giebel fliegt, um die Jungen zu füttern. Der tagsüber unter dem Sträucherhaufen schlafende Igel wandert in der Dämmerung auf der Suche nach Nahrung auch durch die Nachbargärten. Er braucht Löcher im Zaun als „Igeltore", um von hier nach dort zu kommen, denn er ist viel beweglicher, als manche meinen. So kann er sich zum Beispiel auf seinen Streifzügen von seinem Versteck in einer Feldhecke bis 250 Meter weit entfernen. Ähnlich weite Strecken legen sogar Spitzmäuse und Erdkröten zurück.

Eines der größten Territorien aber hat der nachtaktive Steinmarder. In seinem oft über 100 Hektar großen Wohngebiet nutzt er mehrere Schlaf- und Ruheplätze. Das kann vielleicht auch einmal ein sonniger Platz auf einem Bretterstapel am Gartenhaus sein. Als nächtlicher Poltergeist wird er manchmal unbequem. Aber es gibt heute schonungsvolle Möglichkeiten, um ihn vom Dachboden zu vertreiben (s. Kap. Monografien, Ratgeber)!

„Verkehrswege" rund ums Haus: die Flugbahnen der Fledermäuse, der Gang des Igels, ein Weg der Eidechse, ein Beuteflug der Grabwespe, Flugstrecken anderer Insekten … ein Kommen und Gehen.

Ökologie an der Hausecke

Asseln leben von Abfallstoffen der Pflanzen und Tiere. Sie sind die Müllabfuhr an der Hausecke, doch gleichzeitig auch die Beute des Steinläufers.

Unter Steinen und Wegplatten lebt die Königin der Wegameisen, Stammutter ihres kleinen Volkes.

Alles Leben auf der Erde, auch das bunte Treiben hier an der Hausecke, ist abhängig vom Energiestrom der Sonnenstrahlung. Ob Efeu, Glockenblume oder die Rudbeckia mit den schönen gelben Korbblüten, nur die rund 500 000 Pflanzenarten, die die Lebensräume der Erde bevölkern, können mit Hilfe des Sonnenlichts aus dem Kohlendioxid der Luft und aus Wasser organische, also lebende und energiereiche Substanz aufbauen. Dieser Vorgang, die Photosynthese, ist Voraussetzung für alles weitere Leben auf der Erde. Alle Tiere, auch Menschen, sind davon abhängig, ebenso wie vom Sauerstoff, der gewissermaßen als Nebenprodukt bei der Photosynthese entsteht. Ein großer Teil der Sonnenenergie kommt dem Wärmehaushalt auf der Erde zugute. Nur weniger als ein Prozent der auf die Erde eingestrahlten Sonnenenergie wird durch Photosynthese gebunden. Das aber genügt, um alles Leben auf unserem Planeten mit Energie aus dem großen Kraftwerk Sonne zu versorgen.

Da die Pflanzen also die Fähigkeit haben, organische Substanz zu erzeugen, werden sie im ökologischen Kreislauf auch als „Erzeuger" oder „Produzenten" bezeichnet. Sie sind stets der Ausgangspunkt aller Nahrungsketten.

Die Weinbergschnecke, die Gartenschnirkelschnecke und die Rote Wegschnecke schaben mit ihrer Raspelzunge kleine Stücke von lebenden oder verrottenden Pflanzen als Nahrung ab. Die Raupen des Kleinen Fuchses fressen Brennesselblätter, die Schwebfliege saugt Nektar auf, und die Hummellarven fressen Pollen. Alle diese Tiere werden als Verbraucher oder Konsumenten erster Ordnung bezeichnet und zwar deshalb, weil sie direkt das pflanzliche Nahrungsangebot nutzen. Indirekt nutzen es die Jäger, die Pflanzenfresser erbeuten; eine Florfliege, die eine Blattlaus vertilgt, agiert folglich als Konsument zweiter Ordnung. Die Kette läßt sich fortsetzen. Um beim Beispiel zu bleiben: Der Gartenrotschwanz, der besagte Florfliege fängt, wäre mithin ein Konsument dritter Ordnung.

Und wie ist die hinter dem Regenfaß lauernde Katze in das Nahrungsnetz einzuordnen, wenn sie den Gartenrotschwanz, und wie ein Sperber, wenn er die Blaumeise ergreift?

Auf jeder Stufe einer Nahrungskette werden nur etwa zehn Prozent der aufgenommenen Energiemenge genutzt, um Körpergewebe aufzubauen. Der größte Teil wird vom Organismus als „Treibstoff" verbraucht. Auf die Nahrungskette Blatt-Raupe-Meise-Sperber übertragen hieße das, daß von der Blattnahrung, die eine Raupe ver-

zehrt hat, etwa ein Zehntel auf die Raupe selbst, ein Hundertstel auf die Meise und ein Tausendstel auf den Sperber übergeht. Die fleischfressenden Säugetiere wie Steinmarder und Iltis und die Greifvögel wie Sperber und Habicht stehen meistens am Ende von vier- oder fünfgliedrigen Nahrungsketten, die äußerst komplex miteinander zu einem Netz verwoben sind. Vom Kraftwerk Sonne erreicht sie – eben wegen der vielen energiezehrenden Zwischenstufen – letzten Endes nur wenig nutzbare Energie. Sie brauchen ein großes Revier, um genügend Nahrung zu finden, und sie sind viel seltener als ihre Hauptbeutetiere. Alle Organismen und ihre Abfallstoffe werden schließlich in den großen Kreislauf zurückgeführt, in dem Bakterien und Pilze als Zersetzer (auch Reduzenten genannt) die tote organische Substanz wieder in Nährstoffe für die lebenden Pflanzen verwandeln.

Unser Wissen um ökologische Zusammenhänge sollte uns veranlassen, verschiedene, auch kleinste Biotope im Garten und am Haus einzurichten, um die Entwicklung einer artenreichen Pflanzen- und Tierwelt zu fördern, selbst an der kleinen Hausecke.

Auch an einer Hausecke ist die komplette Nahrungskette vorzufinden: Spinne frißt Fliege, Meise frißt Spinne, Katze fängt Meise; Hausrotschwanz fängt Käfer, Katze fängt Hausrotschwanz; Brandmaus frißt Regenwurm, Katze frißt Brandmaus; Spitzmaus frißt Käfer, Katze frißt Spitzmaus. Der Grasfrosch frißt den Weberknecht; die Hummel findet Blütenpollen.

Rasen: Die grüne Einfalt

Die Trittfestigkeit ist wohl sein einziger Vorteil, und um diese Eigenschaft zu behalten, muß ein Rasen mindestens zwanzigmal im Jahr gemäht, bei Trockenheit bewässert, vor Krankheit und „Unkraut" bewahrt, gedüngt, belüftet und von Moos befreit werden. Nur Gräser überleben diese Tortur, indem sie dicht am Boden Seitentriebe bilden. Blüten und Samen aber wird hier keine Pflanze bilden. Ausnahmen sind vielleicht Einjähriges Rispengras, Gänseblümchen und Faden-Ehrenpreis. Nur Amsel und Star stochern im Rasen nach Würmern, und Bachstelzen jagen Insekten.

Bilanz: Artenarmut und hohe Lärmbelästigung, Wasservergeudung und hohe Verdunstungsverluste, geringe Kohlendioxid-Bindung (da wenig Biomasse), hohe Kohlendioxid-Abgabe durch Verbrauch von Treibstoff und indirekt durch Einsatz von Düngemitteln und Pestiziden. Alles für ein Ziel: die Trittfestigkeit.

Viel Arbeit und wenig los – Allerweltsarten auf grünem Teppich:

Pflanzen:
Gänseblümchen,
Rispengras.

Tiere:
Amsel,
Asseln,
Regenwurm,
Tausendfüßer.

Wiese: Die bunte Vielfalt

In einer Wiese tut sich was. Immer. Wer sich mit etwas Geduld und Beobachtungsgabe für eine halbe Stunde auf den Bauch in seine Hauswiese legt, wird Zeuge von Raubüberfällen, Existenzkrisen und Liebesgeschichten. Je später im Jahr mit der Sense gemäht wird, desto mehr Pflanzenarten können blühen und schließlich Samen tragen. Selbst auf einer kleinen Gartenwiese können 50 verschiedene Pflanzenarten leben, bis zu zehnmal so viel wie in einem Rasen. Die tiefe Durchwurzelung des Bodens, der stockwerkartige Aufbau der Pflanzen und die gestaffelte Entfaltung der Blüten im Jahreslauf bieten Hunderten von Tierarten Lebensraum und Nahrung.

Bilanz: große Artenvielfalt, kein Bewässern und Düngen, kaum Lärm und höhere Kohlendioxid-Bindung, da größere Biomasse, geringere Kosten – und vor allem viel mehr Zeit für Naturerlebnisse vor der Haustür.

Viel los und wenig Arbeit – eine Blumenwiese voller Leben:

Pflanzen: Ehrenpreis, Frauenmantel, Fuchsschwanz, Honiggras, Hornkraut, Kammgras, Kriechender Günsel, Löwenzahn, Margerite, Rispengras, Rote Lichtnelke, Ruchgras, Sauerampfer, Scharfer Hahnenfuß, Weißklee, Wiesenkerbel, Wiesenschwingel.

Tiere: Asseln, Blattläuse, Blindschleiche, Feldmaus, Feldspitzmaus, Gartenschnirkelschnecke, Gartenlaufkäfer, Gartenrotschwanz, Grasfrosch, Grauschnäpper, Hausmutter, Hummel, Kohlschnake, Kohlweißling, Mauswiesel, Ohrwurm, Raupen, Regenwurm, Rote Wegschnecke, Schwarze Wegameise, Siebenpunkt-Marienkäfer, Tausendfüßer.

Natur erleben im Jahreslauf

Wer die verwirrende Vielfalt der Formen und Farben, der Düfte und Gerüche, der Geräusche und Laute, der Stimmen und Spuren im Jahreslauf entdecken will, muß alle Sinne öffnen. Natur erleben ist Nähe und Gegenwart, Natur wahrnehmen bedeutet Distanz und Zuordnung. Aber wir brauchen beides, Herz und Kopf, um Erlebtes zu bewahren und Wahrgenommenes zu deuten. Und wer so beobachten lernt, wird zugleich verstehen, daß Leben zu seiner Entfaltung Raum und Zeit braucht, daß sich Lebensgemeinschaften und Artenviel-

Frühjahr:
Die Natur erwacht. Jetzt sind Tiere auf Wohnungssuche. Amselmännchen grenzen ihre Reviere ab, Zaunkönig, Blaumeise und Singdrossel sind mit der Brut beschäftigt, die Hummelkönigin gründet einen neuen Sommerstaat, die Erdkröte hat schon abgelaicht und geht auf Nahrungssuche …

Sommer:
Der Frühjahrsrausch ist vorbei. Der Hausrotschwanz hat flügge Junge, der Distelfalter ist aus Afrika eingetroffen, Schwebfliegen schwirren über den Blüten, die Raupen vom Kleinen Fuchs fressen an Brennesselblättern, Libellen sind geschlüpft, die Singdrossel knackt eine Schneckenschale …

falt nicht konstruieren lassen. Immanuel Kant sprach von der „Gunst der Natur“. Eine Gunst in der Tat, denn Natur erleben heißt auch, sich befreien aus dem Käfig des Schaden-Nutzen-Denkens und aus der Manie, immer und überall eingreifen, verändern und ordnen zu wollen. Denn die vom Menschen geschaffene Ordnung ist nur Anordnung, die durch Natur gewachsene ist innere Ordnung, die große Ordnung.

Herbst:
Es wird ruhig ums Haus. Der Distelfink erntet die Disteln ab, das Mauswiesel jagt Mäuse, Igel suchen sich ein Winterlager, Zitronenfalter und Tagpfauenauge haben sich hinter dem Bretterstapel am Haus versteckt, die Frösche haben sich verkrochen …

Winter:
Stille Tage im Garten. Der Dompfaff frißt von den Hagebutten am Rosenstrauch, Krähen suchen Freßbares am Kompostplatz, eine Spinne überwintert im hohlen Distelstengel, eine Kohlmeise pickt am Futtering, am Sträucherhaufen ist die Spur des Mauswiesels zu sehen …

Zwischen Entfaltung und Gestaltung

Es gibt unzählige Möglichkeiten, wieder mehr Natur in unsere Nachbarschaft zu holen und sich entfalten zu lassen. Je mehr und je abwechslungsreichere Lebensräume wir am Haus, im Garten und in Grünanlagen schaffen, desto mehr Arten werden sich schließlich ansiedeln. Die (fast) wichtigsten „Werkzeuge" dabei: Toleranz, Geduld und Zurückhaltung, wenn es um gestaltende Eingriffe geht. Natur liefert keine reproduzierbaren Abziehbilder, Überraschungen müssen und sollen sein. Denn die Balance zwischen natürlicher Entfaltung und menschlicher Gestaltung sollte nicht gegen die Natur, sondern im Einklang mit ihr gefunden werden.

„Man soll wachsen lassen, was wächst, und menschliche Eingriffe auf das Allernotwendigste beschränken – die Natur ordnet sich schon selbst." Louis G. LeRoy

Der Aurorafalter liebt blühendes Wiesenschaumkraut.

Läßt man den Schnittlauch wachsen, so wird er zur dekorativen Blume (unten).

Keine Angst vor Wespen! Sie zu beobachten, ist spannend.

Ein Garten auf dem Dach: Energieeinsparung, Staubreduktion, Schalldämpfung, Sauerstoffproduktion, Kohlendioxid-Verwertung, psychischer Nutzen – und hier sogar Spielplatz und Weide.

Selbst im kleinen Steingarten können zahlreiche Küchenkräuter gedeihen oder Pflanzen der Geröllfelder, des Steinbruchs und der Bergwiese.

Mehr Natur am Haus – mehr Lebensqualität

Sicher wäre es die falsche Strategie, die Botschaft „Mehr Natur ums Haus" über das schlechte Gewissen „verkaufen" zu wollen. Wichtig und richtig ist: Wer Steinläufer, Zitronenfalter und Fledermaus eine Chance gibt, tut sich selbst einen Gefallen. Es ist vielfach bewiesen worden, daß Natur in Riech- und Reichweite Balsam für unsere Seelen ist, da wir uns in der Überfülle von Beton und Kunststoff aufreiben. Was für ein Gewinn an Lebensqualität, wenn mitten in einer Welt aus Menschengeplantem wenigstens ums Haus andere Gesetze regieren, wenn in einer Kette allzu geordneter Reihenhausgärten hier und dort ein Garten seine eigene Ordnung entwickeln darf!

Rotkehlchen sind kleine Opernsänger auf der Bühne im Garten. Wer sie wünscht, muß sie (sich) engagieren.

Naturgärten sind spannende Lebensobjekte vor der Haustür, Erlebnisraum für Kinder und Erwachsene.

Alles im Eimer? Nein! Für die Kohlmeise ist der liegengebliebene Eimer mit Stein das Appartement für einen Sommer.

Herbstliches Weinlaub (oben) und andere Kletterpflanzen am Haus sind schön, anheimelnd und – Heimstatt für viele Tiere und Pflanzen am Haus.

Lebensraum Haus

Dr. Harald Gebhardt
Prof. Dr. Herbert W. Ludwig
Dr. Mario Ludwig

Das Haus als Lebensraum für Mensch und Tier – wohlgemerkt Wildtiere und Haustiere – ist das überhaupt möglich? Ein Raum, der so vielfältige Ansprüche so unterschiedlicher Bewohner erfüllen kann?

Häuser sind Lebensräume aus zweiter Hand. Durch die Gestaltung unserer Umwelt bestimmen wir die Zusammensetzung der Lebensgemeinschaften, die in unserem Milieu ihr Auskommen finden. So spiegelt die Tier- und Pflanzenwelt unser Verhältnis zur Natur wider.

Ein Haus in grünem Pflanzenkleid bietet jedoch nicht nur Lebensraum für Tiere, es spart auch Energiekosten, sorgt für frische Luft und besseres Klima. Das Grün erhöht den ökologischen Wert und die Lebensqualität des Hauses.

Seien wir zu unserem eigenen Vorteil faire Makler für Tiere auf Wohnungssuche und helfen wir ihnen durch praktischen Naturschutz im und um das Haus.

Wohnungsnot im Wohngebiet

In modernen Citys, wie in Frankfurt am Main, dominieren Beton und Glas den Lebenraum.

Tag für Tag werden in Deutschland über 1,3 Quadratkilometer Landfläche überbaut, und der Landhunger ist noch nicht gestillt. Würde man alle Straßen Deutschlands aneinanderreihen, ergäbe sich eine Asphaltschlange, die fast 16mal die Erde umrunden würde. Gut 16.000 Quadratkilometer sind allein in den alten Bundesländern von Gebäuden und deren Freiflächen bedeckt. Insgesamt etwa zehn Prozent der Fläche Deutschlands – ein Gebiet von der Größe des Landes Baden-Württemberg – sind überbaut, asphaltiert oder zubetoniert. Hier wurde die Natur gründlich vertrieben, finden Pflanzen und Tiere kaum noch Lebensraum. Kaum besser sind die Überlebenschancen für viele Wildpflanzen und -tiere auf den intensiv genutzten Äckern und Feldern der Landwirtschaft. Sie machen über die Hälfte unserer Landesfläche aus.

Diese Zahlen machen klar, daß bei immer knapper werdendem Lebensraum, bei fortschreitender Ausbreitung von Gebäuden und Straßen für viele Tierarten jeder Quadratmeter Natur, jede Überlebenshilfe in unseren Wohngebieten an Bedeutung gewinnt. In Deutschland gibt es rund 16 Millionen Wohnhäuser mit über 33 Millionen Wohnungen, wovon nicht wenige einen Balkon haben. Welche Chancen bieten sich allein schon hier, um Tieren in Wohnungsnot zu helfen und einen Ausgleich für verlorenen Lebensraum zu schaffen! Zu 17,2 Millionen Wohnungen in Deutschland gehört ein Garten. Würde jeder Gartenbesitzer von diesen Flächen nur einen einzigen Quadratmeter an die Natur abtreten, hätten einheimische Pflanzen- und Tierarten ein Terrain von 17,2 Quadratkilometern oder der doppelten Fläche des Tegernsees an Lebensraum hinzugewonnen. Zugegeben, ein einzelner Quadratmeter ist nicht viel, aber wer sagt, daß es bei einem Quadratmeter bleiben muß?

Der Kölner Dom beherbergt eine Attraktivität aus der Vogelwelt. Hier brütet der vom Aussterben bedrohte Wanderfalke, und von hier erbeutet er auch Stadttauben.

Und wer sagt, daß Ihre Nachbarn nicht ähnliche Änderungen vorhaben? Ein Netz von wilden Winkeln in einer Neubausiedlung könnte schon einiges bewirken. Von diesem Ziel sind wir aber noch weit entfernt. Warum sonst würden so viele Tiere bei ihrer Suche nach Unterschlupf auf die kuriosesten Notquartiere ausweichen? Wenn viele Vogelarten heute im Stadtzentrum brüten, wenn sie auf den schmalen Simsen von Hochhäusern, an Lagerhallen und auf verkehrsumtosten Grüninseln ihre Nester bauen, sollte uns das keine Beruhigung sein; optimale Brutplätze sehen anders aus.

Hausrotschwänze scheinen – notgedrungen – bei der Wahl von alternativen Nistplätzen besonders risikofreudig zu sein, denn ihr Brutplatzideal, die Halbhöhle in Mauerspalten, Nischen und Vorsprüngen, ist auch bei Rotkehlchen, Grauschnäppern und Bachstelzen außerordentlich begehrt. Im Städtchen Haßloch entschied sich ein Hausrotschwanz, sein Nest in einem hohlen Unterlegkeil zu bauen, der an einem Lastkraftwagen befestigt war – und das, obwohl der Lastkraftwagen täglich im Einsatz war. Nicht einmal das lärmende Be- und Entladen konnte den Vogel verscheuchen. Fuhr der Lastwagen seine Touren im Ortsbereich, so reiste der Rotschwanz mit. Brach der Laster allerdings zu größeren Fahrten auf, wartete das Vogelweibchen auf der Begrenzungsmauer des Anwesens auf seine rollende Brut. Zwei Junge wurden in diesem vielgereisten Nest groß. Ein anderes Hausrotschwanzpärchen suchte und fand einen Brutplatz im überdachten Parkdeck des PRO NATUR-Büros in Frankfurt-Sachsenhausen. Dort brütete es in einer offenen Betonröhre und zog vier Junge auf, ohne sich vom Lärm ein- und ausfahrender Autos und dem Ein- und Aussteigen der Menschen stören zu lassen.

Im Einöd-Forsthaus Langhardt in der Eifel benutzte ein Waldkauzpaar einen recht ungewöhnlichen Brut-

Eine fast unglaubliche Geschichte: In Haßloch nistete ein Hausrotschwanz …

… im Unterlegkeil eines Lastkraftwagens und zog trotz täglicher Fahrten seine Jungen darin groß.

Ein extremer Brutplatz und ein Streckenrekord. Vom Schornstein bis zur Eiablage im Kamin überwand das Waldkauzweibchen zwölf Meter.

Unter dem Bürohaus im Betonträger das Nest des Hausrotschwanzes mit vier Jungen.

Oben: Eine Verkehrsampel als Brutplatz. Auch die Gelbphase konnte die Stadttaube nicht beim Brüten stören.

Unten: Turmfalken nutzen Hochhäuser als Brutplatzersatz für Felswände. Ein Nest auf der Fensterbank ist jedoch nicht alltäglich.

platz: den Kamin der in Betrieb befindlichen Ölheizung. Oft saßen die Tiere oben auf dem Schornstein in der Abwärme und damit in den Abgasen der Heizung. Noch kurioser war, daß es dem Waldkauz-Weibchen keine Schwierigkeiten machte, in den 12 Meter tiefen Kamin hinabzuklettern, dort auf den Boden im Frühjahr acht, wie sich später herausstellte, unbefruchtete Eier zu legen und sie, zumindest zeitweise, zu bebrüten.

Tauben nisten in Verkehrsampeln, Zaunkönige bauen ihre Nester in der Spiralfederung von Fahrradsätteln, und in Briefkästen sitzt der Nachwuchs von Kohlmeisen. Einige wenige Tierarten haben sich offensichtlich mit der menschengemachten Kunstwelt arrangiert und lassen uns glauben, die Stadt sei ein Lebensraum wie jeder andere. Die Mehrzahl der Tierarten aber kapituliert vor einer Welt in Beton und Glas.

Viele Tiere sind auf Wohnungssuche. Helfen wir ihnen! Die soziale Wohnungsbaugesellschaft sind wir, die Balkongärtner und Garteneigentümer. Der unverschalte Dachboden könnte ein Séparée für Fledermäuse werden, begrünte Hauswände Etagenwohnungen für Insekten, eine Nische oder ein Nistkasten am Mauerwerk die Penthouse-Wohnung für Hausrotschwänze und ein blühener Schlehenbusch die Snackbar für bis zu 137 Insektenarten.

Es gibt viele Möglichkeiten, Tierarten Wohnung vom Dach bis zum Keller zu gewähren. Indirekt, indem wir Dächer, Fassaden, Balkone begrünen, und direkt, indem wir Nistplätze am Haus schaffen. Schon eine Erdaufschüttung am Haussockel oder eine Trockenmauer im Garten kann Ersatz für verlorene Lebensräume in der freien Landschaft sein. Die meisten unserer Häuser stecken voll ungenutzter Möglichkeiten für die schwirrenden, flatternden, krabbelnden Mitgeschöpfe. Nutzen wir sie! Keiner muß sich dabei einschränken – nur ein paar Schranken abbauen und bereit sein, selbst aktiv zu werden.

Wohnungsangebot:
Mehr Tiere in der Stadt

Wohnungsmangel für Tiere in Stadtlandschaften ist unter anderem eine Folge moderner Architektur, die im Laufe der Zeit zur Austreibung unserer lebendigen Mitwelt geführt hat. Das muß nicht so bleiben. Bei Neubauten kann auf vielfältige Weise Lebensraum für Tiere und Pflanzen geschaffen werden; Altbauten lassen sich begrünen, Gärten naturnah gestalten.

Mehr Natur am Haus ist keine Utopie, sondern eine reale Chance. Es geht darum, möglichst viele, kleine Biotope zu schaffen, die Pflanzen und Tieren wieder Lebensraum in unserer unmittelbaren Nachbarschaft bieten. Es geht um neugeschaffene Lebensräume aus Menschenhand, wie Gründächer, bepflanzte Hausfassaden, Nisthilfen und Nistkästen am Haus, Blumenwiesen und Feuchtbiotope im Garten.

Auch wenn einige Maßnahmen, isoliert gesehen, fragwürdig erscheinen, so sind sie in ihrer Gesamtheit durchaus als praktischer Naturschutz in Siedlungsgebieten zu bezeichnen. Die Chancen für die Wiederansiedlung von Wildtieren sind groß: In Großstädten brüten über 100 Vogelarten, es wurden in Stadtzentren schon über 120 und in Parkanlagen über 330 Schmetterlingsarten (Tag- und Nachtfalter) gezählt, und es ist kein Geheimnis, daß sogar einige gefährdete Arten in Ballungsgebieten Lebensraum finden.

Summiert man die Daten für Flora und Fauna, so kommt man auf eine erstaunliche Bilanz. Die Stadt als Lebensraum bietet rund 1000 Wildpflanzen, das sind 40 Prozent der heimischen Arten, und über 2500 Tierarten ein Überlebenspotential. Folglich gilt: Natur in der Stadt hat so schlechte Chancen nicht. Die Bebauung schafft zwar ein eigenes Umfeld, bietet aber auch eine Chance für die Rückkehr vieler Wildpflanzen und Tiere. Wir müssen es nur wollen.

Kontrastbild: Häuser müssen nicht naturabweisend sein. Begrünte Fassaden bieten Nahrung und Lebensraum für zahlreiche Arten.

Hartnäckige Vorurteile

Haus- und Wohnungsbesitzer haben oft eine unbewußte und uneingestandene Scheu vor jeder Art von Grün, das ihren Hauswänden zu nahe kommt. Zum einen fürchten sie, daß Pflanzen dem Haus schaden könnten, zum anderen sind ihnen Tiere nicht geheuer, die von Pflanzen angelockt werden. Wir wollen uns mit den häufigsten Vorurteilen etwas näher befassen und einige wichtige Argumentationshilfen bieten.

Bauschäden:
Zerstören Pflanzen die Hauswand?

Dieses Vorurteil ist weit verbreitet. Schließlich weiß jeder, welche Kraft schon kleine Schößlinge entfalten können – sie bohren sich ja sogar durch Asphalt! Kletterpflanzen aber wachsen nicht in die Mauer hinein, sondern benutzen sie nur als Stütze. Sie halten sich mit Haftscheiben oder Wurzelhaaren an der Wand fest oder ranken an Klettergerüsten in die Höhe. Dennoch paßt nicht jede Kletterpflanze zu jeder Wand. Kletterer mit Haftorganen, wie Efeu, Wilder Wein oder Kletterhortensie, sollte man nicht an Wände pflanzen, deren Verputz kunstharzhaltig, sehr dünn oder schon rissig ist. Auch poröse, wenig tragfähige Wärmedämmputze oder stark

Die selbstkletternde Jungfernrebe bietet eine schützende, klimaausgleichende Hülle um die Hauswand sowie Unterschlupf für Tiere.

ausgewittertes Mauerwerk mit Fugenschäden eignen sich nicht als Kletterunterlage. Ein Gerüst für Schling- und Rankpflanzen aber kann an jeder Hauswand stehen.

Grün an Fassaden ist nicht nur schön, sondern auch nützlich, denn bewachsene Wände leben länger. Ein Paradebeispiel dafür ist das Kloster Arnsburg in der Nähe der hessischen Stadt Lich, das 1174 erbaut wurde. Eigentlich müßte der Kalkverputz auf den massiven Basaltmauern längst durch die jahrhundertelang wechselnde Witterung abgenagt sein, doch der Efeumantel hat ihn bis heute erhalten. Nach den über armdicken Ästen zu schließen, steht der Efeu schon seit mehreren hundert Jahren an seinem Platz – eine kleine Ewigkeit, in der er weder die Mauer gesprengt noch den Putz zerstört noch mit seinen ebenfalls armdicken Wurzeln die Fundamente beschädigt hat. Schaden hat das Bauwerk zwar erlitten, aber dort, wo kein Efeu die Mauern bedeckte.

Etwas problematischer verhält es sich mit bepflanzten Dächern. Zwar hält auch ein Flachdach länger dicht, wenn ein Pflanzenmantel die Dichtungsfolie vor extremen Temperaturen schützt, aber selbst die Pflanzendecke kann Schäden nicht ganz verhindern. Wenn sich ein Leck zeigt, hängt dies meist weniger von der Qualität der Folie ab als davon, wie sorgfältig sie verlegt wurde.

Nässeschäden:
Machen Pflanzen Häuser feucht?

Das Gegenteil ist der Fall: Pflanzen schützen eine Wand vor dem Aufprall des Regens, nehmen mit ihren Wurzeln Wasser auf und verdunsten es. Dadurch entziehen sie dem Boden an der Hauswand und der Erd- und Kiesschicht auf dem Dach eine ganze Menge Wasser und geben diese Feuchtigkeit an die viel zu trockene Stadtluft weiter. Und schließlich kühlt die stickige Luft bei diesem Verdunstungsvorgang ab.

Bei den Renovierungsarbeiten im Kloster Arnsburg zeigte es sich: Fassadengrün wirkt isolierend, schirmt gegen Wind und Wetter ab.

Oben: Mit winzigen Haftscheiben hält sich die Jungfernrebe an der Hauswand fest. Wenn man die Pflanze entfernt, bleiben sie haften, ohne den Putz zu beschädigen.

Wo Efeu in Arnsburg Gemäuer bedeckte, blieb dieses dank des Pflanzen-Schutzschildes standfest und – infolge der entwässernden Wirkung der Haftwurzeln – auch trocken.

Die Springspinne ist ein erfolgreicher Fliegenvertilger. Sie lebt im grünen Blattwerk der Fassade und verirrt sich nur selten ins Haus.

Ungeziefer:
Locken Pflanzen Tiere ins Haus?

Pflanzen locken Tiere ans Haus und nicht ins Haus. Wir wollen jedoch nicht bestreiten, daß die Pflanzen am Haus Nahrung und Unterkunft für viele Tierarten bieten. Es ist ja unsere erklärte Absicht, den Tieren Wohnmöglichkeiten am und im Haus zu schaffen. Aber dies sind in aller Regel weder Haus- noch Haushaltsschädlinge, die im Haus leben, sondern Lebewesen, die sich höchstens einmal ins Haus verirren.

Über begrünte Hauswände, Balkongärten oder das Grasdach gelangen kaum mehr Tiere ins Haus als ohne Hausbegrünung. Falls dies doch geschieht, lassen sich die ver(w)irrten, garantiert harmlosen Besucher unschwer wieder hinausbugsieren.

Baukosten:
Das kann ich mir nicht leisten

Mehr Natur am Haus muß nicht teuer sein. In diesem Buch werden Sie viele Beispiele dafür finden, wie man Tieren auch dann „Wohnung" verschaffen kann, wenn man nicht viel ausgeben möchte. Vieles können Sie selbst basteln. Fangen Sie zunächst mit einfachen Maßnahmen an. Es muß ja nicht gleich ein großer Dachgarten mit Bäumen sein, wie ihn die Königin Semiramis der Sage nach hatte. Vergessen Sie bitte auch nicht, daß mit Hausbegrünung bares Geld gespart werden kann – auch dafür finden Sie in diesem Buch genügend Beispiele.

Machbarkeit:
Im Prinzip ja – aber nicht bei mir

Das ist eine Behauptung, die sehr schwer und nur vor Ort widerlegt werden kann. Meist ist sie nichts anderes als die Summe der schon genannten Vorurteile. Vielleicht sollten Sie, falls Sie selbst dieses Vorurteil haben, sich zuerst einmal darüber informieren, was mit welchem Aufwand möglich ist. Nicht selten heißt „Ich kann nicht" nur einfach „Ich will nicht!"

Unordnung:
Von Nachbarn nicht gewünscht

„Ich möchte ja schon ganz gerne etwas machen, aber meine Nachbarn sind so penibel und ordentlich. Sie würde es stören, wenn Unkrautsamen und Laub von meinem Grundstück fliegt." So und ähnlich lauten die Vorurteile.

Reden Sie doch einfach mit Ihrem Nachbarn. Vielleicht besteht er gar nicht auf der vordergründigen Ordnung im Garten. Wer ständig seinen Garten aufräumt und gegen die natürlichen Kräfte ankämpft, hält nur scheinbar Ordnung im Garten. Ein wöchentlich gemähter Rasen, das Streuen von Kunstdünger und das Abrechen des Laubes im Herbst sind vielmehr bedenkliche Eingriffe in den Naturhaushalt. Fallaub ist kein Abfall, sondern natürlicher Dünger, der verrottet und im Winter Tieren Nahrung bietet.

Also, keine Angst vor Vorurteilen, sondern Mut zur Kooperation! Gewinnen Sie Ihren Nachbarn für das gemeinsame Abenteuer von mehr Natur vor der Tür.

Klettertechnik:
Wie wachsen
Pflanzen die Wand hoch?

Kletterpflanzen lassen sich, vereinfacht, in zwei Kategorien einteilen. Die einen, Selbstkletterer genannt, benötigen keine Kletterhilfen. Hier unterscheiden wir Haftkletterer und Wurzelkletterer.

Haftkletterer, wie zum Beispiel die Jungfernrebe, ranken sich mit Trieben an der Wand hoch, an deren Enden Haftscheiben ausgebildet sind, die auch an glatten Wänden halten können. Sie zerstören die Hauswand nicht, sondern schützen sie eher. Wenn man sie abreißt, bleiben auf intaktem Putz höchstens einige Haftscheiben als kleine dunkle Punkte hängen.

Wurzelkletterer, zu ihnen gehört der Efeu, klettern mit Haftwurzeln die Wände hoch. Sie haften selbst in mikroskopisch kleinen Fugen und finden so Halt. In der Regel zerstört Efeu keine intakten Hauswände. Wenn Bedenken bestehen, sollte ein Gerüst angebracht werden.

Die anderen Kletterpflanzen – Ranker, Schlinger und Spreizklimmer genannt – benötigen Kletterhilfen und sind an jeder Hauswand, glatt oder brüchig, vollkommen unbedenklich. Hier unterscheiden wir drei verschiedene Typen:
Erstens: die Spreizklimmer. Zu ihnen gehören Winterjasmin, Kletterrosen und Brombeeren. Sie schieben sich mit Seitensprossen, Klimmhaaren, Stacheln oder Dornen am Gerüst hoch.
Zweitens: die Ranker. Bekannte Vertreter sind Clematis, Kapuzinerkresse und Weinrebe. Sie halten sich mit speziell ausgebildeten Blättern, Blattstielen und verschiedenen Sproßtypen am Gerüst fest und wachsen daran empor.
Drittens: die Schlinger, auch Winder genannt. Die bekanntesten sind Geißblatt, Blauregen, Knöterich und Hopfen. Sie drehen sich mit ihren jungen Trieben an senkrechten Rankhilfen nach oben. Finden die Sprossen keinen Halt mehr, biegen sie sich nach unten und suchen erneut nach geeigneten Klettermöglichkeiten.

Konfliktfälle lassen sich auf jeden Fall vermeiden, wenn Sie den Ratschlägen der Experten folgen und beachten:

Keine Selbstklimmer (wie Wilder Wein, Efeu, Kletterhortensie) an: kunststoffhaltige Wandputze; Kunstharzputze; Wärmedämmverbundsysteme; luftporenhaltige Wärmedämmputze mit begrenzter Tragfähigkeit; sanierte Putze mit nur dünnem Überputz; ausgewittertes Mauerwerk mit Fugenschäden und rissigen Putzoberflächen. Wer diese Ausnahmeregeln beachtet, braucht keine Schäden zu befürchten. Doch selbst in Problemfällen muß nicht automatisch auf Begrünung verzichtet werden.

Schlinger, Ranker und Spreizklimmer beschädigen die Wände grundsätzlich nicht. So kann zusammenfassend festgestellt werden:

Begrünung schadet nicht der Hauswand; das allgemeine Vorurteil trifft nicht zu. Alle Pflanzenarten, die nicht selbst klettern, sondern Kletterhilfen benötigen, können Sie ohne Bedenken ranken lassen.

Bei den Selbstkletterern sind alle Arten unbedenklich, bis auf kleine Einschränkungen beim Efeu.

Die Kletterrose ist ein Spreizklimmer und benötigt Kletterhilfen.

Die Weinrebe ist ein Ranker. Zur erfolgreichen Hausbegrünung benötigt sie ein Klettergerüst.

Hochstrebende Schlinger, wie der vielblütige Blauregen, brauchen senkrechte Kletterhilfen.

Ein Dutzend Vorteile

Egal von welcher Warte man es betrachtet, von der ökologischen, der ökonomischen, der medizinischen oder psychologischen, eine Hausbegrünung ist für die Bewohner immer von Vorteil. Im folgenden ist gleich ein Dutzend guter Gründe aufgeführt, warum ein Haus einen grünen Mantel haben sollte.

Ein Haus im grünen Kleid ist nicht nur schön, es wird auch vor Kälte, Wärme und Regen geschützt.

Kälteschutz: Im Winter warm ...

Gut begrünte Fassaden und Dächer können die Wärmeverluste eines Hauses im Winter erheblich mildern. Zahlreiche Vergleichsstudien haben ergeben, daß Fassadenbegrünungen schlechte Eigendämmungen von Hauswänden sogar ausgleichen. Eine 35 Zentimeter dicke Efeubegrünung kann die Wärmedämmung einer 30 Zentimeter dicken Natursteinmauer sogar um 18 Prozent verbessern. Durch eine fachgerechte Fassadenbegrünung können Heizenergieeinsparungen zwischen 6 und 36 Prozent erzielt werden.

Dachbegrünungen isolieren zwar weniger gut als Pflanzendecken an Fassaden, aber es wirkt neben den Pflanzen auch die Dicke der Isolationsschicht. Je nach Schichtdicke und Bewuchs kann ein Grasdach die Isolation der Dachkonstruktion um 10 bis 30 Prozent verbessern. Während die Temperatur eines nackten Asphaltdaches an einem kalten Wintertag bis auf 28 Minusgrade absinken kann, kühlt sich ein bewachsenes Dach nur auf rund neun Grad unter Null ab. Dieser Effekt läßt sich mit einer zusätzlichen Wärmedämmschicht noch verstärken.

Wärmeschutz: ... und im Sommer kühl

Eine grüne Fassade hält nicht nur im Winter das Haus warm, sondern im Sommer auch kühl. Unbewachsene Fassaden heizen sich an heißen Sommertagen wie Backöfen bis zu 60 Grad Celsius auf. Pflanzengrün an der Hauswand dagegen beschattet die Mauer, absorbiert den größten Teil der Sonnenstrahlen und senkt damit die Temperatur um bis zu 30 Grad. Während sich unbewachsene Dächer bei direkter Sonneneinstrahlung auf 60 bis 80 Grad aufheizen können, wird es unter der Dachbegrünung kaum wärmer als 30 Grad.

Wetterschutz: Trocken zu jeder Jahreszeit

Eine dichte, flächendeckende Fassadenbegrünung hat für das Haus den gleichen Effekt wie ein guter Wintermantel für den Menschen. Die wie Dachziegel übereinanderliegenden Blätter schützen vor Wind, weisen selbst starken Regen ab und halten so die Fassade und das Mauerwerk trocken. Schon eine Begrünung von nur sieben Zentimetern Dicke kann den Niederschlag der Sommermonate zurückhalten und verdunsten.

Luft- und Haftwurzeln können darüber hinaus der Fassadenoberfläche Wasser entziehen. In einigen Fällen wurden sogar bisher feuchte Wände durch eine intensive Efeubegrünung trockengelegt.

Lärmschutz: Der Verkehrslärm wird gedämpft

Eine gute Fassadenbegrünung wirkt wie die gepolsterte Tür eines Chefzimmers: geräuschdämpfend. Die dichte Blattmasse schluckt einen Teil des Verkehrslärms, dämpft den Nachhall und senkt so den Lärmpegel, in günstigen Fällen um immerhin 2 bis 3 Dezibel. Der objektive Lärmschutz durch Grünwände wird durch positiv erlebte Naturgeräusche (Blätterrascheln, Vogelstimmen) noch weiter erhöht.

Luftreinhaltung: Staub wird herausgefiltert

Die Luft in unseren Städten ist durch Abgase aus Industrie, Haushalten und Verkehr mit Schmutzpartikeln und Schadstoffen überlastet. Bei ungünstiger Wetterlage droht Smog.

Untersuchungen in Frankfurt/Main zeigten, daß die Luft in einer Baumallee bis zu 70 Prozent weniger Staub enthielt als die Luft in einer baumlosen Straße. Der gleiche Effekt kann auch durch Fassadenbegrünung erreicht werden. Eine dichte Begrünung schützt sogar Dach und Fassade zusätzlich vor aggressiven Luftschadstoffen.

Klimaverbesserung: Witterungsextreme werden ausgeglichen

Stadtklima ist wenig lebensfreundlich. An heißen Sommertagen heizen sich Asphalt und Beton in der Sonnenwärme auf. Hinzu kommt die Belastung durch Verkehr und Industrie. Die Luft ist zudem sehr trocken, so daß oft unerträgliche Lebensbedingungen herrschen. Aufgrund dieser Bedingungen ist es wünschenswert, daß möglichst viele Häuser begrünt werden.

Die lebendige Vegetation dagegen speichert Sonnenenergie nicht in Form von Wärme, sondern um pflanzliche Gewebe aufzubauen. Außerdem verdunsten Pflanzen über ihre Blätter erhebliche Mengen Wasser – ein Prozeß, der ebenfalls Wärmeenergie verbraucht.

Eine einzige Buche zum Beispiel entzieht ihrer Umgebung pro Tag etwa eineinhalb Millionen Kilojoule (das sind umgerechnet 300 000 Kilokalorien) an Wärmeenergie und verdunstet dabei rund 500 Liter Wasser. Und ein bewachsenes Dach kann bis zu einem Viertel der jährlichen Niederschlagsmenge speichern und allmählich verdunsten. Dach- und Fassadengrün könnten also die ungesunde trockene und heiße Stadtluft kühlen und anfeuchten. Experten haben errechnet, daß eine Begrünung von nur fünf Prozent der Gebäude in einer Stadt das städtische Klima nachhaltig verbessern würde.

Zwei Fenster an vergleichbaren Häusern in einer Straße. Das Haus im Grün ist nicht nur attraktiver, es bietet auch vielen Tieren Unterschlupf und Nahrung.

Efeu bildet im Laufe der Jahre dicke Polster und schützt so wirkungsvoll Wände vor Witterungseinflüssen.

Kalksteinfiguren am Braunschweiger Münster: unter anderem durch sauren Regen, der auch Fassaden angreift, erheblich geschädigt. Grüner Bewuchs an Hauswänden schützt diese auch vor saurem Regen.

Sauerstoffproduktion: Bessere Luft in der Stadt

Verbrennungsprozesse in Fabriken, Autos und Heizungen entziehen der Luft Sauerstoff und setzen gleichzeitig Kohlendioxid frei. Pflanzen aber arbeiten „umgekehrt“: Sie geben Sauerstoff ab und verbrauchen Kohlendioxid. Zwar berechtigt das noch nicht zur Hoffnung, begrünte Häuser könnten den Treibhauseffekt verhindern, aber ein klein wenig kompensieren all die Dachgärten und Efeuwände doch.

Wissenschaftler haben errechnet, daß schon 1,5 Quadratmeter eines ungemähten Grasdaches ausreichen, um den Jahresbedarf eines Menschen an Sauerstoff zu decken. Natürlich bleibt die sauerstoffreiche Luft nicht im Stadtgebiet stehen, denn Luft strömt ständig. Aber bei ungünstiger Inversionswetterlage können Pflanzen die Luftqualität in der Stadt merklich verbessern.

Kostensenkung: Grün am Haus spart Geld

Hausbegrünung ist nicht kostenneutral, sondern zahlt sich letztlich auch noch in klingender Münze aus. So schützt eine begrünte Fassade die Hauswand nicht nur vor Witterungseinflüssen wie Wind, Feuchtigkeit und starker Sonneneinstrahlung, sondern auch vor Schadstoffeinwirkung. Saurer Regen schädigt zum Beispiel besonders Kalkwände sehr schnell und aggressiv. Eine durch Bewuchs geschützte Wand muß viel seltener repariert werden. Eine Fassade, dicht mit Efeu begrünt, verhindert im Winter eine Auskühlung des Hauses und hilft, die Heizkosten im Jahr um rund ein Drittel zu senken. Zu diesem Ergebnis kam eine Studie mit dem Titel: „Einfluß von Fassadenbegrünung auf den Energieverbrauch von Gebäuden“, erstellt von der Würzburger Firma ME-Consultant im Auftrag des Bayerischen Wirtschaftsministeriums.

Die Architekten und Ingenieure der auf ökologische Fragestellungen spezialisierten Firma wählten ein einstöckiges Bürohaus und einen 20 Meter hohen Wohnblock als Versuchsobjekte. Das Bürohaus wurde vom Erdboden aus, der Wohnblock durch sieben über die Wandfläche verteilte Pflanzenbehälter berankt. Alle Pflanzen wurden automatisch bewässert und gedüngt. Mit Temperatur- und Feuchtigkeitsmessern wurden im Winter das begrünte im Vergleich zum unbegrünten Gebäude gemessen und folgende Unterschiede festgestellt:

- Die Oberflächentemperatur der mit Efeu begrünten Wand war um 2,0 bis 6,7 Grad höher als die der unbegrünten.
- Zwischen Wand und Blätterkleid waren die Temperaturen etwa um 2,5 bis 5,0 Grad höher als die der Außenluft.

Damit ist bewiesen, daß Fassadengrün wie eine zusätzliche Wärmedämmschicht wirkt. Die Ingenieure der ME-Consultant errechneten aus diesen Einzelergebnissen dann auch die tatsächliche Energieeinsparung im Haus und kamen zu dem Ergebnis, daß bis zu 36 Prozent der Heizkosten durch eine intensive Efeubegrünung eingespart werden können. Der grüne Pelz entlastet nicht nur spürbar den Geldbeutel der Hausbesitzer, sondern senkt auch den Verbrauch fossiler Brennstoffe wie Öl, Gas und Kohle. Eine Fassadenbegrünung leistet auch auf diese Weise einen interessanten Beitrag zur Entlastung der Umwelt.

**Artenschutz:
Neuer Wohnraum
für Pflanzen und Tiere**

Beton, Asphalt und Zement haben das Stadtgrün und mit ihm auch viele Tierarten verdrängt. „Moderne" Stadtplanung vernichtete ihre Nahrungsplätze, zerstörte ihre Nistnischen und beseitigte ihre Verstecke. Ein mit heimischen Pflanzen begrüntes Haus könnte einigen Tieren wieder Nahrung und Unterschlupf bieten. Zwar ist eine mit Geißblatt berankte Hauswand kaum ein Tropfen auf den heißen Stein, aber wenn viele Tropfen zusammenkommen ... Experten schätzen, daß bei einem geeigneten Lebensraumangebot in Wohngebieten rund 2500 Wildtierarten leben könnten.

**Lebensqualität:
Eine Wohltat für Leib und Seele**

Immer mehr Menschen vermissen in unseren oft trostlosen Städten belebendes Grün. Psychologen sind überzeugt, daß Grün eine positive Wirkung auf den Menschen hat. Blattgrün, duftende Blüten, lebhaftes Vogelgezwitscher und summende Insekten wirken beruhigend und anregend zugleich auf unsere Sinne.

Ein begrüntes Haus in einer sonst öden Wohnlandschaft ist nicht nur ein optischer Gewinn, sondern zugleich Ausdruck von Individualität und erhöht das Wohlbefinden seiner Bewohner.

**Angewandte Naturkunde:
Lernen am grünen Haus**

Vor dem Wort „lernen" schrecken sicher viele Leser zurück, – es erinnert an Auswendiglernen von Geschichtszahlen, von mehr oder weniger langen Gedichten. Doch wir wollen uns hier für das Lernen mit und von der Natur einsetzen; für ein Lernen durch Beobachten der Natur am Haus, ganz gleich, ob wir am Stadtrand oder in einem Hinterhof in der City wohnen. Drei Dinge brauchen wir dazu: Interesse, Geduld und Sorgfalt. Als ersten Versuch „wagen" wir die Beobachtung der Tiere, die einen mit Blumen bepflanzten Balkonkasten besuchen: Wir brauchen uns nur auf einen bequemen Stuhl neben den Kasten zu setzen.

Ein trister Hinterhof ohne Grün in Berlin-Kreuzberg. Mit Engagement und noch vertretbarem Aufwand kann er mehr an Lebensraum und mehr Lebensqualität bieten.

Vielleicht sehen wir gleich zu Beginn ein Insekt, das wir zunächst wegen der gelbschwarzen Färbung für eine Wespe halten. Weil das Tier aber in der Lage ist, wie ein kleiner Hubschrauber auf der Stelle oder sogar rückwärts zu fliegen und dann blitzartig davonzuschießen, erkennen wir dieses Insekt als Schwebfliege. Die Larven vieler Schwebfliegenarten sind Feinde der Blattläuse und fressen pro Tag bis zu 100 davon. Die ausgewachsenen Fluginsekten ernähren sich von

Nektar und Pollen und spielen eine wichtige Rolle als Bestäuber von Pflanzen, wobei manche Arten sehr deutlich gelbe Blüten bevorzugen.

Vielleicht interessiert sich der Leser auch für die Blattläuse. Schon mit dem bloßen Auge, besser aber mit einer Lupe sehen wir, daß die mit den Wanzen verwandten Blattläuse wie diese einen Saugrüssel besitzen, mit dem sie aus den haarfeinen Siebröhren der Pflanzen den Zuckersaft saugen. Bei genauem Hinsehen können Sie kleinere und größere Blattläuse erkennen, die sich sonst kaum voneinander unterscheiden – es sind die Larven und die ausgewachsenen Fluginsekten. Mit Hinweisen auf solche und ähnliche Beobachtungsmöglichkeiten ließe sich ein Buch füllen.

Gut getarntes Amselnest im Fassadengrün. Ein Nistplatz für die Amsel und zum Dank Vogelgesang für die Hausbewohner.

Begrünte Hinterhöfe sind Oasen in der Innenstadt – nicht nur für Tiere, sondern auch für den Menschen.

Nicht unbedingt um ehrgeizige Naturfreunde zu Höchstleistungen anzuspornen, sondern einfach deshalb, weil sie so schön ist, sei folgende wahre Geschichte erzählt:

An einer Nebenbahnlinie in Österreich war ein Schrankenwärter angestellt, der zwischen den wenigen Zügen, die seinen Posten täglich passierten, sehr viel Zeit hatte. Er fing mit Beobachtungen an Insekten an, kaufte oder lieh sich die nötigen Bücher, weil es ja keinen Zweck hat, das, was andere schon früher entdeckt haben, nochmals zu entdecken. Doch schon bald fand er Dinge, die noch niemand entdeckt hatte. Inzwischen ließ er sich seine Bücher schon von der Universitätsbibliothek in Wien schicken. Später veröffentlichte er seine Befunde in Fachzeitschriften, und schließlich wurde ihm von der Universität Wien die Würde eines Ehrendoktors verliehen. Er aber blieb Schrankenwärter an der Nebenbahn, weil ihm nur dieser Posten genügend Zeit ließ, seine Studien fortzusetzen.

Erlebniswert:
Hautnah am Puls der Natur

Ein grünes Haus kann uns Menschen der Natur wieder ein ganzes Stück näherbringen. Wir erleben nicht nur den Wandel der Jahreszeiten und seine Auswirkungen auf die Natur bewußter, sondern sind auch „hautnah" bei der Nahrungssuche und Brutpflege der verschiedensten Tiere dabei. So werden uns Einsichten in ökologische Abläufe und Zusammenhänge gewährt, die in unseren Städten oft in Vergessenheit geraten sind.

Begrünte Dächer

Die sagenumwobene babylonische Königin Semiramis ließ sich, so wird berichtet, vor rund 2800 Jahren die weltbekannten „hängenden Gärten" anlegen. Neueste Ausgrabungen scheinen zu bestätigen, daß es in Babylon tatsächlich die frühesten nachweisbaren begrünten Dächer gab. Vor etwa zweitausend Jahren entstanden Dachbegrünungen auf Patriziervillen im 79 n. Chr. beim Ausbruch des Vesuv zerstörten Pompeji. In Mitteleuropa wurden Dachgärten erst aus neuerer Zeit bekannt. Hier sei an die Dachgärten der Fürstbischöflichen Residenz in Passau (um 1705) erinnert, an den aufsehenerregenden Dachgarten des Maurermeisters Carl Rabitz in Berlin (präsentiert anläßlich der Weltausstellung 1868) oder an den im Jahr 1928 mit 4000 Quadratmetern größten Dachgarten Europas auf dem Warenhaus Karstadt in Berlin.

Dachbegrünung ist keine neue Methode; in Island hat sie sich seit Jahrhunderten bewährt.

Dachbegrünung: Das Alte hat Konjunktur

Solche Dachlandschaften waren pflegeaufwendige Prachtanlagen mit Gebüsch und Bäumen – in einigen waren sogar Teiche angelegt. Recht unkompliziert dagegen waren die Grasdächer, die um 1000 n. Chr. in Skandinavien und Island und wenig später auch in Nordamerika, Ostafrika und Sibirien entstanden. Und völlig ohne Pflege kommen einige bewachsene Dächer in Berlin aus, die eher „aus Versehen" entstanden sind: Viele der um 1900 errichteten Berliner Häuser wurden auf dem Dach mit Teerpappe abgedichtet und zusätzlich mit einer Sand-Kiesschicht bedeckt, um die Teerpappe gegen Feuer zu sichern. Aus angeflogenen Samen bildete sich im Laufe der Zeit eine Pflanzendecke, die noch heute die Teerpappe vor Verwitterung schützt. Gerade das Berliner Beispiel zeigt: Dachgärten müssen weder teuer noch arbeitsaufwendig sein. Zu Zeiten des alten Babylon mögen bepflanzte Dächer Renom-

Wo immer möglich, sollten Dächer begrünt werden. Sie bieten Tieren wertvollen Lebensraum in der Stadt.

Begehbare Dachgärten sind besonders attraktiv. Sie erfordern jedoch mehr Pflege und sind teurer als einfache Alternativen.

Im Häusermeer der Innenstädte ist jeder Quadratmeter Grün ein Gewinn. Auch Dächer von Verwaltungsgebäuden lassen sich in grüne Inseln verwandeln.

mierobjekte gewesen sein – heute ist angesichts des wachsenden Landschaftshungers jeder grüne Winkel wichtig. Auch und gerade auf unseren Dächern, als Trittsteine der Natur.

Die Vorbilder der Dachbegrünung kommen sowohl aus dem kalten Klima Skandinaviens wie aus der Gluthitze Afrikas. Aus gutem Grund. In beiden Extremen bietet die Pflanzendecke in Verbindung mit der Erde, auf der sie wächst, eine hervorragende Wärmespeicherung und Wärmedämmung. Bei heißem Klima kühlt das Pflanzendach, und bei Kälte hält es die Innenwärme zurück. Während die Temperaturen auf einem normalen Dach um 100 Grad schwanken können, betragen die Temperaturunterschiede auf einem begrünten Dach maximal 30 Grad. Außerdem schützt der grüne Schirm vor Erosion. Das macht Pflanzendächer wirtschaftlich und lange haltbar. Aber nicht nur für den, der darunter wohnt, ist das Pflanzendach eine gute Sache. Nackte Dächer heizen sich auf, und ihre Thermik wirbelt Schmutz und Staub durch die Luft. Grüne Dächer erzeugen keine warme Luft, sondern sie binden den Staub und halten ihn fest. Sie verbessern auch das Kleinklima der Städte. Je nach Dicke der Erdschicht können sie bis zu zwei Dritteln der Niederschlagsmenge speichern und befeuchten nach dem Regen durch stetige Verdunstung die trockene Stadtluft. Obendrein produzieren sie Sauerstoff. Stadtluft läßt sich wieder freier atmen.

**Erstbesiedler:
Pioniere erobern das Dach**

Aus der Sicht des Ökologen sind unbegrünte Dächer Extremstandorte. Sie sind fast immer trocken, werden aber gelegentlich von Wasser überschwemmt. Von den Temperaturunterschieden berichteten wir bereits. Dächer sind darüber hinaus wesentlich stärker dem Wind ausgesetzt als Fassaden oder Gärten. Es fehlt ferner das Substrat, der Boden. Ohne Boden können die wenigsten Pflanzen Wurzeln bilden, die ihnen den notwendigen Halt geben und Wasser sowie Nährstoffe aufnehmen. Deshalb können auf dem Normaldach zumindest in den ersten Jahrzehnten nach seiner Errichtung keine höheren Pflanzen wachsen. Flechten, Grünalgen und bestenfalls Moosarten sind die einzigen Pflanzen, die unter derartigen Bedingungen existieren können. Diese Erstbesiedler nennt man Pioniere. Die robusteren unter ihnen wachsen neuerdings sogar besser als früher, weil ihnen durch gas- und staubförmige Luftverunreinigungen Pflanzennährstoffe, vor allem Nitrate zugeführt werden. Andererseits werden diese Pflanzengruppen jedoch durch Schadstoffe in der Luft, vor allem durch Schwefeldioxid, stark geschädigt. Sie eignen sich deshalb als Indikatoren für Luftverunreinigungen. Erst nach Jahren und Jahrzehnten, wenn sich in Ritzen oder Vertiefungen Staub und Sand angesammelt haben und leichte Samen vom Wind oder im Vogelkot dorthin verfrachtet werden, kann sich ein – meist kümmerliches – Leben von solchen Pflanzen entwickeln, die den extremen Bedingungen auf dem Dach angepaßt sind.

Wir können die grüne Besiedelung erheblich beschleunigen, wenn wir das Dach etwas „wohnlicher“ für Pflanzen gestalten, das heißt, wenn wir ihnen Nährstoffe und ein Substrat zum Verankern anbieten. Davor steht aber die Überlegung, welche Art von Dachbegrünung wir haben wollen. Ein Dachgarten à la Semiramis hat sicher seine Reize – die man allerdings nur auskosten kann, wenn man sehr viel Zeit und noch mehr Geld für die Anlage und für die laufende Pflege hat und über ein riesengroßes, flaches, oder besser: ein leicht geneigtes Dach verfügt, das den Garten auch trägt.

Für den Anfang eignet sich das Dach einer Fertiggarage bestens. Seine Begrünung ist einfach und nicht teuer. Die einfachste, aber wohl auch schlechteste Lösung ist die Dachbegrünung mit „Rollrasen“, der als Meterware angeboten und fast wie ein Teppichboden verlegt wird. Der Norm-Rollrasen ist zwar hübsch grün, sein ökologischer Wert aber liegt, wie bei jedem Rasen, wegen seiner Monotonie nur wenig über dem einer grün gestrichenen Betonfläche. Zur Erhaltung des Grüns ist darüber hinaus intensive Pflege – Düngung, Wässerung und wöchentlicher Schnitt – notwendig.

Rollrasen ist allerdings angebracht, wenn ein schräges Dach für's erste mit einer Pflanzendecke versehen werden soll, die verhindert, daß der nächste Regen das Substrat wegschwemmt. Eine artenreiche Grasgesellschaft ist jedoch dem trittfesten Einheitsrasen vorzuziehen.

Anzustreben ist also eine Begrünung mit möglichst vielen unterschiedlichen Pflanzenarten, die aber alle dem Extrembiotop Dach angepaßt sein müssen und deshalb, abgesehen von der Erstanlage, mit einem Minimum an Pflege auskommen und ein ökologisch wertvolles Mosaik bilden.

Die Qualität des Ökosystems beurteilen wir zunächst danach, wie verschiedenartig seine unbelebten Strukturen sind. Denn gerade in reich gegliederten Lebensräumen werden viele Arten von Organismen ihre jeweilige ökologische Nische finden. Faustregel ist, daß von einer Pflanzenart durchschnittlich zehn verschiedene Tierarten leben. Es gilt fast immer das Prinzip, daß ein System umso stabiler ist, je vielfältiger seine Elemente sind – oder wissenschaftlich ausgedrückt: je höher seine Diversität ist. Als stabil gilt ein System dann, wenn es imstande ist, Veränderungen der Umwelt abzupuffern oder nach einer Störung wieder zum Ausgangszustand zurückzukehren. Bei Pflanzendächern sind wir aber auch deshalb an einem hohen Maß an Stabilität interessiert, weil dies ein Minimum an Pflege mit sich bringt.

Oben: Dachbegrünung mit trockenheitsresistenten Pflanzenarten: kostengünstig, pflegeleicht und ökologisch wertvoll.

Zwergschwertlilie, Liebhaberin feuchter Standorte, auch auf dem Naßdach.

Gründächer werden immer beliebter. Sie bieten echte Vorteile: von Wärmedämmung über Klimaverbesserung bis hin zu mehr Natur in der Stadt.

Ein Gründach bietet vielen Tierarten Nahrung. Auch die Sandbiene profitiert vom Nektarangebot der Pflanzen auf dem Gründach.

Dachneigung: Den Erdrutsch vermeiden

Selbst sehr steile Dächer lassen sich durch Kletterpflanzen begrünen, die einfach von der Fassade aus weiterklettern. Fast alle Pflanzen, die zur Fassadenbegrünung verwendet werden, eignen sich auch für diese Art der „Dachbegrünung" – sie benötigen höchstens eine Kletterhilfe. Eine „echte" Dachbegrünung wäre das allerdings nicht, da die Kletterpflanzen in aller Regel im Boden wurzeln. Dagegen steht den auf dem Dach wachsenden Pflanzen nur ein mageres Substrat zur Verfügung – ein Substrat, auf dem ein buntes und abwechslungsreiches Mosaik von Arten entstehen soll, die dem extremen Klima auf dem Dach angepaßt sind.

Die günstigste Dachneigung liegt im weiten Bereich zwischen fünf und zwanzig Grad – darüber und darunter ergeben sich Probleme, deren Lösung einigen technischen Aufwand erfordert. Winkel über zwanzig Grad verlangen nach quer zur Dachneigung verlaufenden Schubschwellen – auch Schubsicherungen genannt – die ein Abrutschen der Begrünung einschließlich der Folien, Vliese und des Substrats verhindern. So gesichert, sind Neigungswinkel bis zu 45 Grad möglich. Das ist jedoch Arbeit für den versierten Heimwerker oder, noch besser, für den spezialisierten Handwerker.

Bei Flachdächern ohne ausreichende Neigung ist für den Abfluß von überschüssigem Regenwasser zu sorgen oder eine Dränage einzubauen. Gewöhnlich reicht dazu eine zwei bis vier Zentimeter starke Blähtonschicht, die den Überfluß aufsaugen kann. Das Flachdach einer Fertiggarage ist, wie schon erwähnt, ein ideales Experimentierfeld, um Erfahrungen mit der Dachbegrünung zu sammeln.

Dachlast: Gewichtige Überlegungen

Zuallererst muß festgestellt werden, ob das Dach eine Pflanzendecke überhaupt tragen kann. Der Architekt oder der Statiker kann über die Belastbarkeit eines Daches Auskunft geben. Sicherheitshalber sollten Sie sich diese Auskunft schriftlich geben oder ein Gutachten erstellen lassen.

Bei einem Neubau mit einer Dachneigung bis zu dreißig Grad wird gewöhnlich für Begrünung mit einer „Auflast" von mindestens 150 bis 200 Kilogramm pro Quadratmeter zuzüglich zur winterlichen Schneelast, die normalerweise bei bis zu 70 Kilogramm pro Quadratmeter liegt, gerechnet. Falls mit der Dachbegrünung noch eine zusätzliche Wärmedämmung verbunden werden soll, ist diese je nach Ausführung zusätzlich mit etwa 10 Kilogramm pro Quadratmeter anzusetzen. Als gesamte Auflast sind folglich etwa 230 bis 280 Kilogramm je Quadratmeter vorzusehen. Dieser Wert erscheint zunächst sehr hoch. Doch es ist zu bedenken, daß Regenwasser vom bewachsenen Dach nicht vollständig abfließen kann, sondern von Pflanzendecke, Erde und Blähton wie von einem Schwamm aufgesaugt wird. An Regentagen hat ein begrüntes Dach bis zum Doppelten des Gewichts an trockenen Tagen zu tragen. Das ist mehr, als einem durchschnittlichen Dach zugemutet werden kann: Die meisten Dächer sind nur für eine Auflast von 50 bis 100 Kilogramm pro Quadratmeter konstruiert. Aber auch solchen Dächern kann eine grüne Mütze verpaßt werden, indem die Substratschicht entsprechend dünner – 50 bis 100 Kilogramm je Quadratmeter – gehalten und bei Beginn der Bauarbeiten die übliche fünf Zentimeter dicke Kieselschicht abgetragen wird. Das entlastet das Dach zunächst je Quadratmeter um runde 100 Kilogramm. Bei exakter Information und geschickter Wahl des Materials für die Dachbegrünung müßte eigentlich jede einfachere und kleinflächige Bepflanzung auszuführen sein. Auf dem Dach einer Fertiggarage kann jedermann damit zurechtkommen. Für großflächige Anlagen auf Wohnhäusern benötigen Sie dagegen Erfahrung oder den Fachmann! Einige Tabellen sollen Ihnen grobe Anhaltswerte über das Flächengewicht verschiedener Folien, Pflanzsubstrate und Bepflanzungen geben:

Der Vergleich verdeutlicht: Auch Garagendächer gewinnen durch grünen Kopfputz.

Gewichte einiger Folien

Material	Flächengewicht (kg/qm)
Dichtungsfolie	1–1,5
Schutzvlies	0,3–1
Drän-Matte	1,5–2

Erfolg im Verbund: Reihenhaussiedlung mit durchgehender Dachbegrünung und naturnaher Bepflanzung.

Oben: Übliche Dachdeckung von Wohnblocks: unbegrünt und lebensfeindlich. Darüber hinaus ungünstig für Stadtklima und Energieeinsparung.

Sinnvolle Alternative: Eine Begrünung mit vertretbarem Aufwand in luftiger Höhe. Beitrag zur Klimaverbesserung und zu mehr Natur.

Gewichte gebräuchlicher Substrate

Material bei 1 cm Schichtdicke und voller Wassersättigung	Flächengewicht (kg/qm)
Oberboden	16–20
Sand	20–22
Kies	16–20
Rindenkompost	11–12
Lava-Bruch	10–13
Blähton	3,2–7,5
Einheitserde	6–10
Vegetationsmatten	4–10
Ziegelsplitt	14–16

Gewichte einiger Bepflanzungen

Bepflanzung wassergesättigt, aber ohne Substrat	Flächengewicht (kg/qm)
Trockenrasen	5
Bodenbedeckende Wildstauden	5
Stauden und Sträucher	
bis 30 cm Höhe	10
bis 150 cm Höhe	20

Aus diesen Zahlen lassen sich auch die Flächengewichte von Substrat-Mischungen ermitteln. Zum Beispiel: 50 Prozent Einheitserde + 50 Prozent Sand = 13–16 kg/qm.

Durch Addition der Flächenwerte aller verwendeten Materialien und Pflanzen wird die Gesamtbelastung pro Flächeneinheit (kg/qm) ermittelt. Setzen Sie die Werte eher etwas höher als zu niedrig an. In jedem Fall sollten Sie das Gewicht der verwendeten Materialien beim Kauf genau erfragen, da es erhebliche Unterschiede zwischen den verschiedenen Produkten geben kann.

Abdichtung: Das grüne Dach muß dicht sein

Die folgende Bauanleitung gilt für die einfache, extensive Begrünung kleiner und gering geneigter Dächer, die schon ein handwerklich einigermaßen geschickter Heimwerker durchführen kann, ohne hinterher unliebsame Überraschungen zu erleben. Das erste und zugleich wichtigste Problem jeder Dachbegrünung ist die Abdichtung. Beim Neubau sollte der Architekt schon von vornherein eine Dachbegrünung einplanen und dabei die Dichtung besonders beachten. Beim Umbau ist genauestens zu prüfen, ob die bisherige Dachdichtung intakt ist. Kritische Stellen sind alle Dachdurchdringungen, also Dachluken, Schornsteine, Lüftungsrohre etc. Sie sind besonders sorgfältig abzudichten.

Zunächst wird das Dach von Sand und Staub gesäubert. Falls es noch mit einer alten Isolierung aus Bitumen abgedichtet ist, muß zuerst ein Vlies (etwa 250 bis 400 Gramm pro Quadratmeter) aufgelegt werden, da sonst die Bitumenlage unweigerlich mit dem PVC der Wurzelschutzfolie chemisch reagieren würde. Darüber hinaus schützt eine Vlies-Lage die Dachisolierung vor Kratzern und Löchern und sichert die darüber liegende Wurzelschutzfolie gegen ein Abrutschen.

Neuerdings werden Wurzelschutzfolien aus Polyethylen und aus anderen Substanzen (zum Beispiel Kautschuk) angeboten. Diese sind umweltfreundlicher als das früher ausschließlich verwendete Polyvinylchlorid (PVC), bei dessen Herstellung krebserzeugende Substanzen und bei dessen Verbrennung schädliche Gase freigesetzt werden können.

Die Wurzelschutzfolie (Stärke etwa 1,2 bis 1,5 Millimeter) hat die Aufgabe, das Eindringen von Wurzeln in die bauseitige Isolationsschicht zu verhindern. Sie wird zunächst überlappend verlegt und später sehr sorgfältig verklebt oder verschweißt – dabei ist die Gebrauchsanleitung genauestens zu beachten! Manche Lieferfirmen übernehmen auf Wunsch auch die Verlegung und das Verschweißen der Folien. Diese zusätzlichen Kosten zahlen sich möglicherweise aus, wenn Sie unsicher sind und keine Erfahrung mit solchen Arbeiten haben. Es dürfen auf keinen Fall fehlerhafte Stellen entstehen, an denen später Wurzeln eindringen können. Ungeeignete oder unsauber verlegte Wurzelschutzfolien geben immer wieder Anlaß zu Ärger und unerwarteten Kosten. Auf die Wurzelschutzfolie wird eine weitere Vlies-Lage (250 bis 400 Gramm pro Quadratmeter) aufgebracht. Ihre Aufgabe ist es, die Folie beim Einfüllen des Substrats vor mechanischen Beschädigungen zu schützen und ein Abrutschen des Substrats auf der glatten Folie zu verhindern. Sollte eine zusätzliche Wärmedämmung erforderlich sein, sind weitere Schichten einzubauen, die natürlich auch das Gewicht wieder erhöhen. Diese Arbeiten sollten besser dem Fachmann überlassen bleiben.

Selbst Feuchtbiotope sind auf Flachdächern möglich. Sie bringen Lebensvielfalt aufs Dach. Ein Nachteil: Sie sind teurer und pflegebedürftiger.

Attraktive Dachbegrünung der Kantine von Ciba-Geigy in Basel. Ein gelungenes Beispiel für mehr Natur an Verwaltungsgebäuden.

Trockendach: Besonders strukturreich und schön gestaltet. Sand- und Kiesflächen, Geröllhaufen, standortgerechte Bepflanzung und Totholz sind Biotopelemente für zahlreiche Tiere auf Wohnungssuche.

Substrat: Der Boden des Gründachs

Der Boden, auf dem Dach als Substrat bezeichnet, dient den Pflanzen als Durchwurzelungsraum und als Speicher für Nährstoffe und Wasser.

Wir wollen in diesem Fall keinen üppigen und pflegeintensiven Garten auf dem Dach anlegen, sondern eine pflegeleichte und eher „kümmerlich" aussehende Pflanzengesellschaft ermöglichen; also eine Pflanzengemeinschaft, die den extremen Witterungsbedingungen auf dem Dach angepaßt ist.

Diese Pflanzen brauchen einen kargen, mageren Boden mit wenig Humus und nur geringen Nährstoffreserven. Als Substrat kommen daher vorzugsweise Mischungen aus Lavabruch, Sand, Kies, Blähton mit wenig Einheitserde in Frage. Je nachdem, wie nährstoffreich die Einheitserde ist, kann ihr Anteil am Substratgemisch zwischen 50 Prozent und nur 30 Prozent schwanken.

Der Heidelberger Biologe Jörg Riedmiller verwendete bei der Begrünung eines 380 Quadratmeter großen Daches auf einem Institut eine Mischung aus 32 Volumen-Teilen Lavabruch (Körnung 8–16 Millimeter), zwei Teilen Rindenkompost, zwei Teilen ungewaschenem Sand und einem Teil Gärtnerei-Erde. Dieses Substrat wurde in unterschiedlicher Dicke auf dem Flachdach verteilt. Mit dieser Substratmischung entstand ein pflegefreies Pflanzendach, dessen Flächenlast nicht mehr als 20 bis 60 Kilogramm pro Quadratmeter beträgt.

Weniger empfehlenswert ist die Verwendung von Torf, da jeder Ballen den Abbau unserer letzten Moore beschleunigt und der Torf den pH-Wert des Bodens senkt, also zur Versauerung beiträgt. Darüber hinaus entzieht er dem Boden viel Wasser, gibt aber nur wenig wieder ab. Komposterde oder Rindenmulch sind weit zweckmäßiger.

Querschnitt Stauden- und Kräuterdach: Die aufwendigste Methode der Dachbegrünung bietet fast vollen Ersatz für einen Dachgarten.

Grundbepflanzung: So wird das Dach grün

Als natürliches Vorbild für unsere extensive Dachbegrünung können uns Halbtrockenrasen und Geröllfluren dienen. Pflanzen, die ein Dach dauerhaft besiedeln sollen, müssen trockenen und oft heißen sowie nährstoffarmen Standorten angepaßt sein. Sie können unter diesen Bedingungen überleben, weil dicke Schutzschichten auf Blättern und Stengeln die Verdunstung senken und ein robustes Gerüst im Inneren dafür sorgt, daß die Blätter auch bei Wassermangel „Haltung bewahren". Derart an Trockenstandorte angepaßte Pflanzen werden xeromorph genannt; besonders Gräser gehören in diese Gruppe. Andere Pflanzen haben sich darauf spezialisiert, in günstigen Zeiten Wasser in ihren dicken, fleischigen Blättern oder Sprossen zu speichern. Kakteen sind die wohl bekanntesten Beispiele aus dieser Gruppe der Sukkulenten, aber auch die heimischen Hauswurzarten gehören dazu.

Ist das Substrat auf dem schrägen Dach bereits verteilt, sollte es möglichst schnell und flächendeckend begrünt werden, denn schon der nächste

Regen könnte sonst die ganze Arbeit zunichte machen.

Es wäre also nicht sinnvoll zu warten, bis sich durch Samenflug und Samen in Vogelkot oder durch andere Arten der Samenverschleppung in Gefieder und Fell von Tieren Pflanzen von selbst ansiedeln. Obgleich diese Methode Gewähr böte, daß sich die „richtigen" Pflanzen ansiedeln – wenn man bereit ist, Jahrzehnte zu warten. Naheliegender wäre, sich Pflanzen zu besorgen und diese auf dem Dach einzusetzen. Aber auch in diesem Fall blieben große Teile des Substrats zu lange unbedeckt und daher den Witterungseinflüssen ausgesetzt.

Eine andere Methode ist schließlich die Verwendung von sogenannten „Vegetations-Matten". Dies sind meist Kunststoff-Vliese mit vorkultivierten Pflanzen, die ähnlich wie der schon früher angesprochene Rollrasen einfach auf dem Dach ausgelegt werden. Zusätzliches Substrat ist meist nicht erforderlich. Gleiches gilt für die Pflanzpaletten, die auch auf dem Dach ausgesetzt werden können. Beide Methoden bieten allerdings keine Gewähr, daß die verlegte Pflanzenmischung sich auch wirklich für das vorgesehene Dach eignet (Dachneigung, Himmelsrichtung).

Vernünftig ist es, das Dach unmittelbar nach Ausbringen des Substrats mit Grassamen einzusäen – vorzugsweise im Frühjahr oder Sommer. Nach Aussaat empfiehlt es sich, die Samen mit etwas Wasser in das Substrat einzuschwemmen, das schützt ein wenig vor hungrigen Vögeln.

Derzeit gibt es offenbar noch keine speziellen Grassamen-Gemische für extensive Dachbegrünungen. Deshalb sollten Sie sich eine Mischung beschaffen, in der wenigstens drei oder vier Arten aus der folgenden Liste mit hohen Anteilen vertreten sind. (Neben den deutschen Pflanzennamen, die nicht einheitlich verwendet werden, ist in den folgenden Tabellen zur eindeutigen Kennzeichnung der lateinische Namen angegeben.) Die ausgesäten Samen werden schnell keimen

Querschnitt Grasdach: Weniger aufwendig, jedoch geeignet für die Entwicklung sowohl von Fett- als auch von Magerrasen.

Querschnitt Kiesdach: anspruchslos, dennoch Lebensraum für viele Arten.

Querschnitt Gerölldach: kaum Aufwand, aber geeignet für Magerrasen und Geröllflora.

Mauerpfeffer „mit (Spinnen-)Netz und ohne doppelten Boden“: Erstbesiedler von Trockendächern.

Hauswurz, ein Spezialist für karge Standorte auf Dächern.

Zwergschwertlilien benötigen besonders feuchte Dachstandorte.

und das Substrat durchwurzeln, so daß es in kurzer Zeit stabil wird und nicht mehr erosionsgefährdet ist. Nicht alle Grasarten werden sich am speziellen Standort der Aussaat halten können. Es setzt, wie in der Natur, sehr schnell eine strenge Auswahl ein: Wer seinem Standort nicht angepaßt ist, der stirbt, und seinen Platz nimmt eine besser angepaßte Pflanze ein. In diesem Stadium kann der Mensch wieder eingreifen und weitere Pflanzen auf dem Dach ansiedeln.

Zunächst können Sukkulenten, zum Beispiel Hauswurz, eingepflanzt werden. Einfacher ist es – das gilt besonders für Fetthenne und Mauerpfeffer –, abgeblühte Triebe zwischen den Fingern zu zerreiben und so Samen und Sproßteile, die wieder austreiben, auf dem Substrat zu verteilen.

Für die Dachbegrünung geeignet sind auch Pflanzen, die ihre Reservestoffe in Zwiebeln oder Wurzelstöcken speichern und dadurch ungünstige Klimaperioden überstehen können.

Schließlich eignen sich auch krautige Pflanzen für unser extensiv begrüntes Dach.

Diese Pflanzen sind, teils als besondere Zuchtsorten, im Pflanzen-Großhandel oder in Wildstauden-Gärtnereien erhältlich. Doch sollten Sie wegen ihrer größeren Anpassungsfähigkeit Wildarten oder -sorten vorziehen. Eine so zusammengesetzte Dachvegetation hat auch Ähnlichkeit mit der Pflanzengesellschaft auf Ruderalflächen. Das sind „unkultivierte“ Stellen wie Schuttplätze, frischgeschaffene Wegränder oder Brachflächen, Erdaushub an Baugruben und Flächen in Kies- oder Sandgruben.

An solchen flachgründigen Stellen können wir – mit Genehmigung des Besitzers – geeignete Pflanzen mit ihren Wurzelballen entnehmen und möglichst schnell auf das Dach setzen.

Pflanzenarten (Gräser) für Gründächer mit einer Substratschicht von 10–15 Zentimetern

Pflanzenname	Bedeutung für Tiere
Rotes Straußgras *Agrostis tenuis* Zittergras *Briza media* Aufrechte Trespe *Bromus erectus* Dachtrespe *Bromus tectorum* Fingersegge *Carex digitata* Blaugrüne Segge *Carex flacca* Erdsegge *Carex humilis* Schafschwingel *Festuca ovina* Roter Schwingel *Festuca rubra* Blaugrünes Schillergras *Koeleria glauca* Wimper-Perlgras *Melica ciliata* Flaches Rispengras *Poa compressa* Wiesenrispe *Poa pratensis* Blaugras *Sesleria coerulea* Feder-Pfriemengras *Stipa pennata*	Gräser sind Nahrungspflanzen für die Raupen verschiedener Augen- und Dickkopffalter

Pflanzenarten (Sukkulenten) für Gründächer mit einer Substratschicht von mindestens 6 Zentimetern

Pflanzenname	Bedeutung für Tiere
Krusten-Steinbrech *Saxifraga incrustata* Immergrünchen *Sedum hybr.* Scharfer Mauerpfeffer *Sedum acre* Weiße Fetthenne *Sedum album* Felsen-Fetthenne *Sedum reflexum* Ellacomb-Sedum *Sedum ellacombianum* Milder Mauerpfeffer *Sedum sexangulare* Spinnwebenhauswurz *Sempervivum arachnoideum* Dach-Hauswurz *Sempervivum tectorum*	Raupenfutterpflanzen für Apollofalter; Wildbienen-Nahrungspflanzen

Scharfer Mauerpfeffer: Willkommene Nahrungsquelle für Wildbienen und Schmetterlingsraupen. Zur Blütezeit bildet er auch attraktive Blütenteppiche.

Pflanzenarten (Zwiebelgewächse, Rhizompflanzen) für eine Substratschicht von mindestens 8 Zentimetern

Pflanzenname	Bedeutung für Tiere
Kugellauch *Allium sphaerocephalon* Gelber Lauch *Allium luteum* Goldlauch *Allium moly* Schnittlauch *Allium schoenoprasum* Florentiner Iris *Iris florentina* Deutsche Schwertlilie *Iris germanica* Zwerg-Schwertlilie *Iris pumila* Dachiris *Iris tectorum*	Wildbienen-Nahrungspflanzen

Pflanzenarten (krautige Pflanzen) für Gründächer mit einer Substratschicht von mindestens 6 Zentimetern

Pflanzenname	Bedeutung für Tiere
Färberkamille *Anthemis tinctoria* Bergsteinkraut *Alyssum montanum* Rundblättrige Glockenblume *Campanula rotundifolia*	Wildbienen-Nahrungspflanzen
Große Flockenblume *Centaurea scabiosa* Kleines Habichtskraut *Hieracium pilosella* Rotes Habichtskraut *Hieracium rubrum* Wiesenhabichtskraut *Hieracium caespitosum*	Raupenfutterpflanzen für Schneckenfalter und Wildbienen-Nahrungspflanzen
Frühlingsfingerkraut *Potentilla tabernaemontani* Silberfingerkraut *Potentilla argentea* Natternkopf *Echium vulgare* Kuhschelle *Pulsatilla vulgaris*	Wildbienen-Nahrungspflanzen

Glashaus, Gewächshaus, Nutzgarten und Grasdach – ein Beispiel für die vielfältigen Möglichkeiten der Dachnutzung und -begrünung.

Die beste Empfehlung ist, sich vor einer Dachbegrünung den Rat von Fachleuten einzuholen oder diese mit der Begrünung zu beauftragen.

Pflege:
Mit wenig Aufwand zum Ziel

Je besser die Vegetation auf dem Dach an die dort herrschenden Verhältnisse angepaßt ist, umso weniger Pflege ist erforderlich. Und je weniger mit Pflege nachgeholfen wird, umso besser paßt sich die Vegetation an das Dachleben an! Wichtiger als die Pflege ist die Beobachtung dessen, was sich auf dem Dach tut. Sollte sich herausstellen, daß während sehr langer Trockenheit im Sommer viele Pflanzen auf dem Gründach sehr leiden, dann ist eine kurze Dusche mit dem Gartenschlauch sicher eine Wohltat.

Hüten sollte man sich vor allem vor dem Wahn, jedes Pflänzchen, das man nicht kennt, ausrupfen zu müssen. Alles, was auf dem Dach dauerhaft wächst, hat dort Lebensrecht. Unnötig ist es, Baumsämlinge, die angeflogen oder verschlepptem Samen entkeimt sind, sofort auszureißen. Ist die Wurzelschutzfolie stabil und dicht, wird dieses Bäumchen ohnehin keine großen Wachstumschancen haben.

Ein extensiv begrüntes Dach, wie hier beschrieben, benötigt auch weder Schnitt noch Düngung. Die wenigen Nährstoffe, die es braucht, kommen mit staub- und gasförmigen Luftverunreinigungen in ausreichender Menge an. Immergrüne Pflanzen brauchen keinen Schnitt, und abgestorbene Pflanzen gehen ohnehin wieder in den Nährstoffkreislauf ein.

Allerdings ist es ratsam, auf dem Pflanzendach eine Trittspur mit flachen Steinen anzulegen. Sie sollte in erster Linie der Beobachtung der Pflanzen und später der Tiere dienen, denen Sie auf dem Pflanzendach einen Lebensraum bieten. Außerdem heizen sich Steine in der Sonne stark auf und geben ihre Wärme in der Nacht nur langsam ab. Jeder Stein verändert so das Mikroklima und schafft damit mehr Vielfalt und neue Lebensmöglichkeiten für Tiere auf dem Dach.

Aber für welche Tiere? Wer hält es auf einem mal heiß-trockenen, mal staunassen Fleckchen Erde aus, das oft noch mitten in einer Betonwüste liegt?

Grüne Dächer: Inseln im Häusermeer

Ganz schnell sollten wir uns von der zwar gut gemeinten, aber dennoch falschen Vorstellung trennen, mit einer einzigen Dachbegrünung hätten wir vollwertigen Ersatz für den verbauten Platz geschaffen, den das Bauwerk einnimmt. Ganz gleich, ob wir ein extensives Pflanzendach mit Gras und Sukkulenten auf dünnem Substrat angelegt haben oder einen üppigen, großflächigen Dachgarten – in jedem Fall bleibt unser Gründach eine ökologische „Insel", deren Bewohner meist von denen benachbarter Inseln isoliert leben. Lebt eine Gruppe einer Tierart völlig getrennt von anderen Gruppen, sehen ihre Überlebenschancen wenig hoffnungsvoll aus; in der Regel ist in einer solchen isolierten Population nur noch ein Teil der Erbeigenschaften vorhanden. Nehmen wir an, eine Schneckenart hat ihre ursprünglich hohe Temperaturtoleranz im Prozeß der genetischen Verarmung verloren und kann nur noch maximal 25 Grad ertragen. Die Tiere werden unbehelligt weiterleben, solange ein kühler Sommer dem anderen folgt: Erst im Jahrhundertsommer mit 31 Grad im Schatten wird die unflexible Schneckenpopulation ihrem Mangel an Genreserven erliegen, während in einer größeren Population noch genügend Tiere über das entscheidende Gen für Hitzetoleranz verfügen und überleben.

Kleine isolierte Populationen leben gefährlich – aber viele Tierarten sind durchaus ausreichend beweglich, der Isolation fliegend oder laufend zu entkommen und gelegentlich in die Nachbarpopulation überzuwechseln. Andere, die wir durchaus für marschtüchtig halten, wandern kaum. Oft ist es nicht einmal der weite Weg, der sie am Wandern hindert. Es sind vielmehr die Reisebedingungen: Trockenheit oder Feuchte, zu hohe oder zu niedrige Temperaturen, zuviel Licht oder zu wenig, vielleicht ist einfach auch der Weg zu glatt oder zu rauh!

Besiedelung: Wie kommen die Tiere aufs Dach?

Wie kommen die weniger mobilen Tiere überhaupt aufs Dach? Viele Tiere werden schon mit der Substratmischung als Eier beziehungsweise Eikokons oder als Jungtiere auf das Dach geschmuggelt. Dies gilt sicher für Asseln, Milben, Regenwürmer, manche Schnecken, Hundert- und Tausendfüßer sowie für viele andere Kleintiere. Zu erwähnen sind besonders die Springschwänze, eine Gruppe sehr altertümlicher und flügelloser, ein bis zwei Millimeter großer Insekten, die oft in großer Zahl – bis zu mehreren Hunderttausend pro Quadratmeter – den Boden bewohnen. Bodenbiologisch sind sie von großer Bedeutung, da sie an Zersetzungsprozessen und an der Humusbildung beteiligt sind.

Andere Tiere können ganz gut klettern und das Dach „zu Fuß" erreichen, sofern es nicht gerade im fünften Stockwerk oder noch höher liegt. Zu

Oben: Heideschnecken stellen sich auf Gründächern ein. Während Hitze- und Trockenperioden bilden sie Schlafgemeinschaften, um kritische Zeiten zu überdauern.

Die Blauflügelige Ödlandschrecke liebt hauptsächlich Geröll, egal, ob auf dem Boden oder dem Dach.

Mit vollem Schnabel läßt sich's gut leben. Wo Stare auf Gründächern Nahrung finden, unterhalten uns die Frühlingssänger selbst mitten in der Stadt.

dieser Gruppe gehören einige Spinnen und Weberknechte. Auch Asseln und größere Hundertfüßer können es schaffen. Sicher werden wir auch häufig Ameisen finden, die auf der Suche nach Nahrung leicht auf das Dach kommen können. Eine weitere Besiedlungsmöglichkeit haben die geflügelten Geschlechtstiere der Ameisen, die im Frühsommer in großer Zahl unterwegs sind und auf der Suche nach geeignetem Platz für eine Staatsgründung weit umherfliegen können.

Bei dieser Gelegenheit muß erneut darauf hingewiesen werden, daß keine Tier- oder Pflanzenart für sich allein existieren kann. Jede Art ist ein Teil einer Lebensgemeinschaft und mit jeder anderen Art durch viele Beziehungen und Wechselwirkungen verknüpft. Die einfachste dieser Beziehungen ist die des Fressens und Gefressenwerdens. Andere Wechselwirkungen betreffen das Zusammenleben zum gegenseitigen Nutzen oder die Konkurrenz um Nahrung und Lebensräume. Wir werden also auf unserem begrünten Dach nicht einzelne Arten, sondern ein Spektrum von Tier- und Pflanzenarten finden, die eine Lebensgemeinschaft bilden und miteinander durch mannigfaltige Wechselbeziehungen verbunden sind.

Für Säugetiere bietet das Pflanzendach kaum Lebensmöglichkeiten. Vögel können ein Gründach voll nutzen, sofern ihre Lebensansprüche (Nest, Versteck, Sitzplatz, Nahrung) dort erfüllt werden. Von den übrigen Wirbeltieren fallen Fische und Lurche natürlich völlig aus, Reptilien können in seltenen Fällen durch Zaun- und Mauereidechse vertreten sein. Unter den vielen wirbellosen Tieren sind es besonders die sehr artenreichen Gruppen der Insekten und Spinnentiere, die das begrünte Dach intensiv besiedeln und nutzen können. Schnecken, besonders die trockenheitsangepaßten Arten wie Heideschnecken, Schließmundschnecken und Steinpicker können langfristig auf dem Dach leben.

Besonders interessante Zuzügler kann man auf dem Gründach erwarten, wenn es dort blühende Pflanzen mit üppigem Nektarangebot gibt. Nicht nur Honigbienen stellen sich dann auf dem Dach ein, sondern auch solitäre, also nicht staatenbildende Bienen, Hummeln und andere Insekten. Jörg Riedmiller fand auf dem Gründach eines Heidelberger Universitätsinstitutes häufig die in ihrem Bestand gefährdete Wollbiene (Anthidium oblongatum), die besonders gern Pollen auf Hauswurz, Fetthenne und Mauerpfeffer sammelt. Auch Steinhummeln, Wiesenhummeln, Sandbienen und Faltenwespen konnte er schon beobachten, als das Dach gerade erst vier Monate fertiggestellt war; ferner Schlupfwespen und Erzwespen, deren Larven in anderen Insekten, zum Beispiel in Blattläusen, parasitisch leben. Er wies 20 Käferarten aus acht Familien, vier Arten von Schwebfliegen, Kugelasseln sowie 19 verschiedene Spinnenarten aus sieben Familien nach. Jede Aufzählung muß lückenhaft und unvollständig bleiben. Viele Tiere werden Sie wegen ihrer versteckten Lebensweise nicht bemerken, andere wiederum sind möglicherweise nur kurzfristig auf dem Pflanzendach.

Ein einzelnes Gründach mag ein Trostpflaster in der Betonwüste sein, viele Gründächer können dagegen gemeinsam als Trittsteine wirken und so viele Kleinpopulationen der mobileren Tierarten zu einer stabilen Großpopulation vereinen. Solche Trittsteine können außerdem als kurzfristige Aufenthaltsorte für Tiere dienen, die auf dem Weg von einem Lebensraum zum nächsten sind. Begrünte Dächer können so der Isolation entgegenwirken.

Nicht zuletzt soll uns das Tier- und Pflanzenleben auf unserem Dach erfreuen und zu weiterer Beobachtung anregen. Genaue Beobachtung führt zum Kennenlernen – und nur das, was man kennt, wird man auch schützen.

Schließmundschnecken, die bevorzugt auf Felsen und Mauern leben, finden auch den Weg auf begrünte Dächer.

Übersicht: Verschiedene Dachbegrünungen und ihre Bedeutung für Tiere

Art der Begrünung (Pflege)	Standort	Substrat	Pflanzen	Geförderte Tiere
Kiesdach oder Naturdach (pflegefrei)	sonnig, windgeschützt	Kies, wenig Erde, Steine, Holzstücke	Flechten, Moose, Gräser, Trockenstauden	Spinnen, Asseln, Ameisen, Vögel
Moosdach (pflegefrei)	schattig, hohe Luftfeuchte	Wenig Erde, Strohmatten, Rindenstücke	Feuchtigkeitsliebende Moose	Asseln, Tausendfüßer, Springschwänze, Käfer, Zweiflügler
Heidedach (pflegeleicht)	sonnig, warm	Nährstoffarmer Sand, eventuell Torfzusatz	Besenheide, Glockenheide, Moose, Gräser, Ginster, Wacholder	Bienen, Hummeln, Wespen, Ameisen, Zweiflügler, Heideschnecken, Spinnen, Vögel
Steppendach (pflegeleicht)	sonnig, trocken	Nährstoffarmer Boden, flachgründig	Trockenheitsliebende Gräser, Sonnenröschen, Lavendel, Kamille, Thymian, Krokus, Blaustern	Spinnen, Weberknechte, Bienen, Hummeln, Wespen, Ameisen, Schmetterlinge, Laufkäfer, Heuschrecken, Eidechsen, Vögel
Wiesendach – trocken (pflegeleicht)	sonnig, trocken	Nährstoffarmer Boden	Trockenheitsliebende Gräser	Käfer, Ameisen, Tausendfüßer, Heideschnecken, Spinnen
Wiesendach – feucht (zweimal pro Jahr mähen)	warm, feucht	Nährstoffreicher Boden, Mähgut liegen lassen!	Wiesengräser, Wiesenblumen, Klee	Bienen, Hummeln, Ameisen, Schmetterlinge, Heuschrecken, Blattkäfer, Vögel
Sumpfdach (pflegeintensiv)	feucht, kühl	Sehr feuchter und kalkarmer Sand oder Lehm, mit freien Wasserflächen	Binsen, Seggen, Iris, Seerosen, Hornblatt, Tausendblatt	Libellen, Wasserkäfer, Wasserschnecken, wasserbewohnende Kleintiere
Nutzdach (sehr pflegeintensiv)	sonnig, warm	Nährstoffreicher Boden mit guter Wasserversorgung	Alle Nutzpflanzen incl. Stauden, Sträucher und Bäume	Erwünscht sind meist nur Schmetterlinge, alle übrigen Tiere gelten als „Schädlinge“

Dachstuhl und Dachdeckung

Drei Dachgiebel im Überblick: im Vordergrund versiegelt, im Hintergrund verbaut. Das Scheunendach in der Mitte bietet Einflugmöglichkeiten für kleinere Vogelarten, Fledermäuse und Insekten.

In Heidelberg wurde vor 30 Jahren der Dachstuhl einer großen Kirche saniert. Gleichzeitig bestand die Absicht, etwas gegen die verwilderten Tauben zu tun, die sich auf dem Dachboden und an der Giebelwand sehr zahlreich angesiedelt und daher sehr unbeliebt gemacht hatten. Um sie fernzuhalten, wurden alle Öffnungen zum Dachboden zugemauert. Als ein Zoologe Monate später nachschaute, fand er einige hundert vertrocknete Mumien von Fledermäusen, die man bei lebendigem Leib eingemauert und damit dem Hungertod ausgeliefert hatte! Ähnliches geschieht leider immer wieder; natürlich nicht absichtlich, sondern aus Unwissenheit.

Wer heute ein modernes Haus mit Flachdach bewohnt, hat keine Vorstellung, wie interessant ein Dachstuhl sein kann. Dachstühle oder Speicher sind begehrte Brut- und Schlafplätze oder Überwinterungsorte für viele Tiere – vorausgesetzt natürlich, der Raum unterm Dach ist nicht als „Studio“ ausgebaut und damit völlig von der Außenwelt isoliert.

Aber auch viele, prinzipiell für Tiere geeignete Dachböden können diese Aufgabe nicht mehr erfüllen, weil alle Öffnungen dichtgemacht wurden, damit weder Tauben noch andere Wildtiere dort wohnen oder übernachten können. Nicht nur verschiedene Mäuse- und Rattenarten fanden sich früher auf dem Speicher, sondern auch Eulen (zum Beispiel Schleiereulen, Waldkauz oder Steinkauz). Außerdem hatten dort Fledermäuse ihre Sommerquartiere. Von den 22 ursprünglich in Mitteleuropa vorkommenden Fledermausarten sind viele sehr eng an menschliche Siedlungen gebunden. Sie benötigen Gebäude als Sommerquartiere und als Wochenstuben zur Aufzucht ihrer Jungen sowie teilweise auch als Winterquartiere. Natürlich gab es schon Fledermäuse, lange bevor der Mensch Häuser baute. Aber seine Behausungen erinnerten sie wohl an ihre ursprünglichen Unter-

Die Schleiereule ist Stammgast in Scheunen. Wo ihr Einschlupf gewährt wird, zieht sie ihre Jungen auf und kann die Mäuse jagen.

schlüpfe in Höhlen, Baumspalten und Felsklüften. Nachdem diese natürlichen Schlupfwinkel in den letzten Jahrzehnten durch intensive Forstwirtschaft und Verbauung immer seltener wurden, gewannen die Ersatzwohnsitze auf Dachböden und in Kellern immer mehr Bedeutung. In Deutschland sind derzeit 19 von insgesamt 22 Fledermausarten aktuell gefährdet. In Baden-Württemberg sind vier Arten ausgestorben oder verschollen, zehn vom Aussterben bedroht und fünf stark gefährdet.

Obwohl heute hoffentlich niemand mehr eine Fledermaus tötet, weil er sie für ein blutsaugendes Ungeheuer à la Dracula hält, sind diese harmlosen Tiere bedroht. Selbst ihr Ersatzwohnraum, alte Dachstühle, wurde zunehmend ausgebaut oder mit für Fledermäuse giftigen Holzschutzmitteln präpariert. Ein weiteres Problem ist der Rückgang ihrer Nahrung. Nachts fliegende Insekten werden durch den intensiven Einsatz von Insektiziden spürbar dezimiert. So leiden Fledermäuse heute unter Wohnungsnot und Nahrungsknappheit. Dabei hilft ihnen wenig, daß alle Arten unter Naturschutz stehen. Wenn wir nicht umdenken und Hilfsmaßnahmen einleiten, wird ihre Zukunft weiterhin düster bleiben.

Hilfsprogramm für Fledermäuse: Was können wir tun?

Besonders wichtig ist es, den harmlosen Flattertieren wieder Wohnung zu schaffen, indem wir geeignete Quartiere erhalten und durch schmale Ein- und Ausflugschlitze von 40 bis 50 Zentimetern Breite und vier bis acht Zentimetern Höhe unter Dachvorsprüngen sichern. Als Einschlupföffnungen am Giebel genügen schon Schlitze von nur sechs Zentimetern Breite und zwei bis drei Zentimetern Höhe. Weitere geeignete Fledermausöffnungen sind Lüftungsziegel (ohne Sieb!), unvermörtelte Firstziegel und Fensteröffnungen, die mit Holzlamellen nur teilverschlossen sind. Ferner sollten Sie an geeigneten Stellen am Haus Fledermauskästen anbringen (s. Kap. Ratgeber, S. 315).

Wochenstuben müssen von März bis September, Winterquartiere von Oktober bis April absolut ungestört sein. Jede Störung kann für Fledermäuse tödliche Folgen haben. Auf keinen Fall dürfen in Sommerquartieren von Fledermäusen mit Wochenstuben Dachstuhlreparaturen, Holzkonservierungen oder sonstige Baumaßnahmen durchgeführt werden. Die Arbeiten müssen im Winter erfolgen und sollten bis zum April abgeschlossen sein.

Bei Neubauten können Sie Fledermaushilfen von vorneherein anbringen. Dabei ist jedoch darauf zu achten, daß kein Holz verarbeitet wird, das mit

Breitflügelfledermaus beim Ausschlupf aus einem Ziegeldach. Als Sommerquartier reicht dem harmlosen und nützlichen Insektenjäger bereits der Hohlraum unter Firstziegeln.

Oben links: Ungestörte, warme Dachräume mit geeignetem Einflug oder Einschlupf dienen Mausohren als Wochenstuben.

Oben rechts: Ein neu gedecktes Dach mit Einschlupfmöglichkeiten für Fledermäuse unterhalb der Lüftungsziegel.

Kotspuren am Kirchturmdach: Hier brüten Turmfalken oder Schleiereulen.

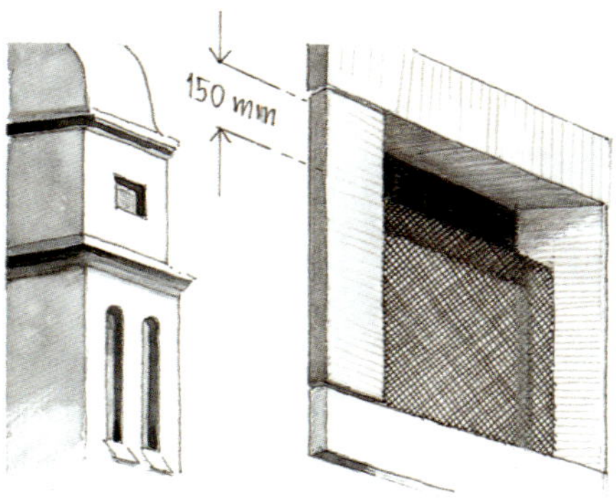

Einfache Mittel für „beschränktes Betretungsrecht“: Durch Einbau eines Drahtgitters …

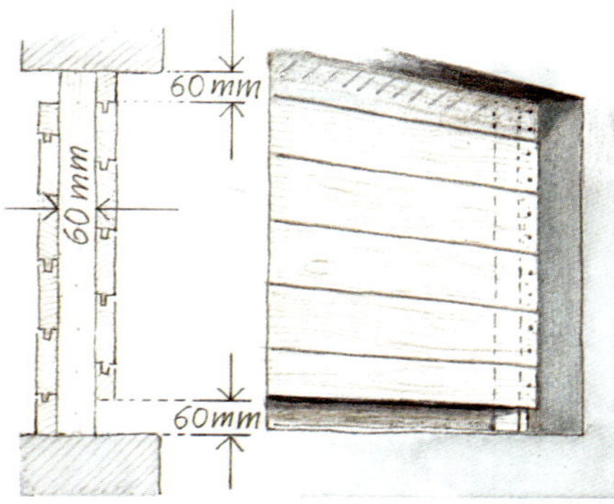

… oder eine versetzte Holzverschalung gewährt man wohnungssuchenden Fledermäusen Zutritt in Türme und läßt lästige Stadttauben außen vor.

giftigen Holzschutzmitteln behandelt wurde (s. Kap. Ratgeber, S. 329). Die meisten dieser Mittel sind für Fledermäuse tödlich! Als ungefährlich sind bis jetzt nur die Mittel auf Permethrin-Basis bekannt. Vielleicht fällt Ihnen der Verzicht auf fledermausschädliche Mittel leichter, wenn Sie wissen, daß einige dieser Mittel auch für den Menschen sehr giftig sind.

Viele Häuser werden heute mit Flachdach oder nur wenig geneigtem Dach gebaut. Beide Dachtypen eignen sich hervorragend zur Dachbegrünung, aber – wenn man von Nistkästen absieht – kaum als Fledermausquartiere. Deshalb ist es besonders wichtig, alte Gebäude (Kirchen, Burgen, Schlösser, Feldscheunen und dergleichen) mit ihren möglichen Fledermausunterkünften zu erhalten.

Neben dem Wohnungsangebot ist auch entscheidend, den Fledermäusen mehr Nahrung im Umfeld des Hauses anzubieten. Helfen Sie, indem Sie statt eines gepflegten Rasens eine artenreiche Wiese wachsen lassen. Sie zieht nachts fliegende Insekten an und erhöht damit die Jagdchancen der Fledermäuse.

Vögel und Insekten: Leben unter einem Dach

Nicht ausgebaute Dachböden sind, wie anfangs schon erwähnt, wichtige Lebensräume für viele Tierarten. In ländlichen Gebieten gibt es an älteren landwirtschaftlichen Gebäuden noch häufig die sogenannten Eulenlöcher im Dachgiebel. Sie sind ideale Einflugöffnungen für Schleiereulen, Stein- und Waldkauz, die sich auf Dachböden und in Scheunen als Mäusejäger nützlich machen.

Moderne Bauweisen haben das Eulenloch verdrängt. Sollten Sie an Ihrem Haus oder einem geeigneten Nebengebäude die Chance für ein Eulenloch sehen, nutzen Sie diese. Sie bieten damit einer Reihe von Tieren eine ideale Unterkunft. Neben den Eulen bevorzugen weitere Vögel, besonders im Winter, den

Dachboden: Rotkehlchen, Amseln, Meisen und sogar Zaunkönige. Andere Arten, zum Beispiel Hausrotschwanz und Grauschnäpper, können im Frühling und Sommer im Dachgebälk brüten. Während Fledermäuse mit ihrer Ultraschallorientierung jedes Hindernis umfliegen, haben es Vögel und Insekten schwerer: Sie stoßen oft gegen verglaste Fensteröffnungen, verletzen sich dabei oder versuchen stundenlang, den Dachboden zu verlassen, und sterben schließlich an Erschöpfung.

Auch deshalb also: Wenn möglich, einige Fenster nicht verglasen, sondern mit Holzlamellen versehen. An der Innenseite jeder Dachöffnung sollte ein Sims angebracht werden, der Vögeln als Sitzplatz dient, wenn sie den Dachboden anfliegen oder verlassen. Für Schleiereulen, die Sie auf dem Dachboden ansiedeln wollen, gibt es Nisthilfen, die Sie kaufen oder selbst bauen können (s. Kap. Ratgeber, S. 313).

Nicht zu vergessen sind die vielen Insekten, die zumindest zeitweise auf dem Dachboden Wohnung suchen. Als Überwinterungsgäste finden wir nicht selten Schmetterlinge, die starr und scheinbar leblos an einem Balken hängen. Besonders das Tagpfauenauge und der Kleine Fuchs bevorzugen solche Winterquartiere. Aber auch Fliegen, Marienkäfer, Florfliegen und Wespen können hier überwintern. Sogar die sehr zu Unrecht gefürchteten und verfolgten Hornissen können im Dachstuhl überwintern und hier im Sommer ihre riesigen Nester bauen. Die größten können fast einen Meter Durchmesser erreichen.

Der Hornissenstaat überlebt übrigens den Winter nicht. Nur befruchtete Weibchen überwintern und können im nächsten Jahr als Königin einen neuen Staat gründen. Dabei kommen sie oft zum alten Platz zurück, bauen aber immer ein neues Nest – das alte wird nicht mehr verwendet. Übrigens: Hornissen sind nützliche Tiere. Sie sind für den Menschen ungefährlich, wenn man sie in Ruhe läßt.

Überwinterungsspezialist auf Dachböden: Ein Tagpfauenauge in der Winterstarre am Dachbalken.

Hornissennest in einem Dachboden. Mangels natürlicher Nisthöhlen errichten heute Wespen und Hornissen häufig ihren Wabenbau auf Dachböden oder unter überstehenden Dächern.

Oben links: Alter Scheunengiebel mit Einflugloch – eine Einladung für Eulen.

Oben rechts: Unvermörtelte Firstziegel ermöglichen Insekten, Kleinvögeln und Fledermäusen den Ein- und Ausstieg.

Mitte links: Ungenutzte Dachgiebel alter Fachwerkhäuser mit offenen Fenstern sind nicht nur von außen attraktiv. Sie bieten Tieren Einlaß und Wohnraum.

Mitte rechts: Auch moderne Scheunen können mit Einflugmöglichkeiten für Fledermäuse versehen werden.

Königin der Sächsischen Wespe beim Nestbau auf einem Dachboden (oben). Ursprünglich nisteten Wespen in alten Bäumen (unten).

Rechts: Strangfalzziegel mit ihren Einschlupfmöglichkeiten bieten Wildbienen und vielen anderen Insekten ideale Brutplätze.

Dachdeckung: Alles gut bedacht?

Neben Dachtraufe und Dachgiebel kann auch die Dachdeckung Einschlupfmöglichkeiten für Fledermäuse, Schmetterlinge und Insekten liefern. Bei Neubauten oder Reparaturen nicht ausgebauter Dachböden können Lüftungsziegel ohne Siebeinsatz oder spezielle Fledermausziegel von der Arbeitsgemeinschaft Ziegeldach (s. Kap. Ratgeber, S. 326) im unteren Viertel der Dachfläche eingesetzt werden.

Ein spezieller Ziegel, der Strangfalzziegel, enthält Hohlräume, die Mauer- und Blattschneiderbienen geeignete Nistmöglichkeiten bieten. Beide Arten legen ihre Eier mit Nahrungsvorrat in die röhrenförmigen Hohlräume der Strangfalzziegel und verschließen diese mit Lehm, Steinchen, Harz und anderem Material.

Strangfalzziegel sind vor allem für landwirtschaftliche Gebäude, Schuppen und Gartenlauben geeignet. Ideale Brutplätze für Wildbienen und viele Insektenarten bieten die Stengelhohlräume von Reet- und Strohdächern, die es jedoch nur in bestimmten Regionen gibt. Mit Holzschindeln gedeckte Dächer ohne Einschlupfmöglichkeiten sehen zwar ansprechend aus, tragen aber wenig zum Wohnangebot für Tiere bei.

Wichtig als Ein- und Ausflugöffnung sind weiterhin unvermörtelte Firstziegel, die den Dachgrat bedecken. Sie sollten auf der Giebelseite offen gehalten werden, so daß Fledermäuse, Kleinvögel und Insekten ungehindert passieren können.

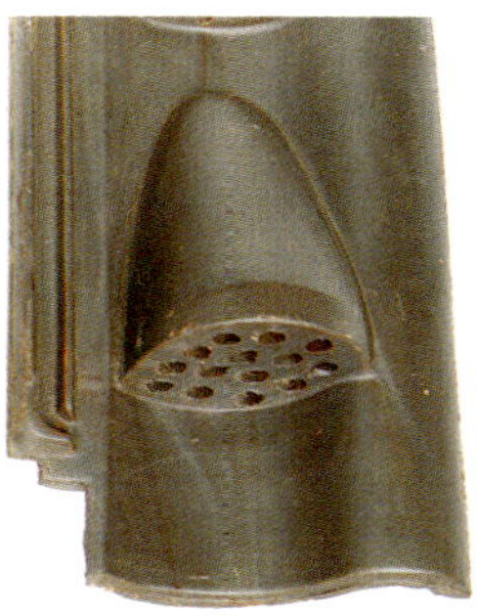

Lüftungsziegel für Ziegeldächer, wie er im Handel erhältlich ist.

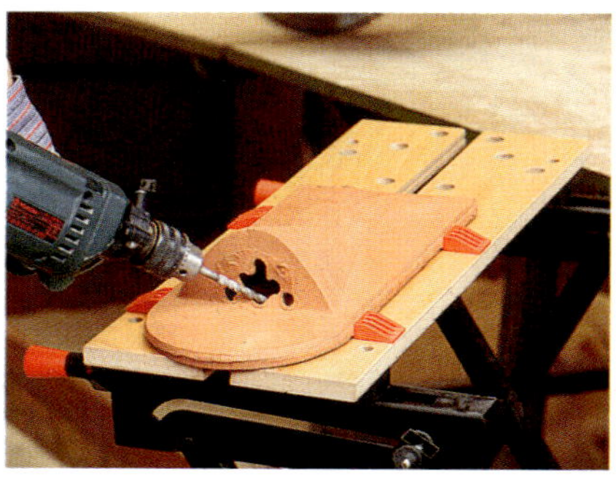

Mit wenig Aufwand können sie durch das Aufbohren der Lüftungslöcher in fledermausfreundliche Eingänge verwandelt werden.

Krach unterm Dach: Problematische Untermieter

Waldkauz: Sein Name ist irreführend. Er brütet auch in Stadtparks und nicht selten unter dem Dachstuhl, wenn ihm Unterschlupf gewährt wird.

Bewohner von Häusern am Stadtrand oder in der Nähe von Gärten oder Parks werden in Sommernächten von sehr merkwürdigen Lauten erschreckt, die vom Dachboden, aber auch aus Schuppen, Vogelkästen und anderen Verstecken dringen. Das Poltern, Quieken, Schreien, Schnarchen und Knurren ist nicht nur ruhestörend, sondern es klingt – nicht nur für ängstliche Gemüter – auch sehr besorgniserregend.

Des Rätsels Lösung ist recht beruhigend: Es handelt sich um Siebenschläfer und Gartenschläfer – Nagetiere mit langem Schwanz, der beim Siebenschläfer in ganzer Länge buschig behaart ist, beim Gartenschläfer dagegen nur eine behaarte Endquaste trägt (s. Kap. Monografien).

Natürlich veranstalten diese Tiere, die zur Gruppe der Bilche gehören, ihren Lärm nicht, um die Bewohner des Hauses um den wohlverdienten Schlaf zu bringen.

Vielmehr geht es meistens um Revierkämpfe und um Geschlechtspartner, doch manchmal haben die Schläfer einfach auch „nur“ Krach miteinander, ohne daß richtig klar wird, worum es geht. Beide Arten finden sich auch oft unerwartet in Vogelnistkästen, verlassenen Eichhörnchenkobeln und Baumhöhlen. Beide Schläferarten kommen bei uns häufiger vor; das soll aber kein Anlaß sein, diese Nachtgeister zu verfolgen. Gönnen wir ihnen Unterkunft und Nahrung auch in engerer Nachbarschaft. Aufgrund der Tatsache, daß die Bestände von Siebenschläfer und Gartenschläfer in den letzten Jahrzehnten deutlich zurückgegangen sind, stehen heute beide Arten unter Naturschutz.

Ein weiterer recht geräuschvoller Gast auf dem Dachboden ist der Hausmarder, der sich als Maus- und Rattenfänger schon seit Urzeiten unter dem Dach nützlich machte. Seine natürlichen Lager sind selbstgegrabene

Reetdächer sind Wohnparadiese für Insekten. Die Reethalme sind Röhren für die Eiablage.

Steinmarder, auch Hausmarder genannt, sind problematische Untermieter. Durch ihr nächtliches Getöse haben sie schon manchen Hausbesitzer verärgert.

Höhlen, hohle Bäume, Felsspalten und Steinhaufen. In menschlichen Siedlungen bewohnt er neben Dachstühlen auch Schuppen, Ställe und Scheunen. Berühmt – oder besser gesagt berüchtigt – geworden sind die Hausmarder (auch Steinmarder genannt) durch ihre merkwürdige Vorliebe für Autos, insbesondere für deren Bremsschläuche. Gegen dieses für den Autobesitzer unter Umständen lebensgefährliche Verhalten gibt es neue Abwehrstrategien, über die im Kap. Ratgeber, S. 289, berichtet wird.

Übersicht: Mögliche Förderungsmaßnahmen für Tiere im Dachbereich

Bereich	Maßnahmen	Geförderte Tiere
Dachfläche	Extensive oder wenig intensive Begrünung	Hummeln, Bienen, Wildbienen, Ameisen, Schwebfliegen, Käfer, Schmetterlinge, Springschwänze, Hundertfüßer, Tausendfüßer, Asseln, Schnecken, Spinnen, Weberknechte, Vögel
Dachdeckung	Offene Firstziegel	Fledermäuse, Siebenschläfer, Gartenschläfer, Kleinvögel, Hornissen, Wespen, Schmetterlinge
	Strangfalz-Ziegel;	Wildbienen
	Reetdach/Strohdach	Wildbienen, Kleinschmetterlinge
Dachluken und Dachfenster	Öffnungen für Fledermäuse;	Fledermäuse, Siebenschläfer, Gartenschläfer
	Öffnungen für Vögel;	Vögel, auch kleine Singvögel
	Innere Simse als Ausstiegshilfe;	Vögel, Insekten
	Verzicht auf Verglasung	Vögel, Insekten
Dachboden	Schlupfloch vorsehen; Nisthilfen einbauen;	Schleiereule, Waldkauz, Fledermäuse, Steinmarder
	Verzicht auf giftige Holzschutzmittel	Wespen, Hornissen, Schmetterlinge, Florfliegen, Siebenschläfer, Gartenschläfer
Dachgebälk	Holzoberfläche rauh lassen	Fledermäuse

Begrünte Fassaden

Mitten in der Stadt: Ein bunter Schmetterling gaukelt am Fenster vorbei, direkt vor der Tür ertönt Vogelgezwitscher, und Wildbienen brummen auf Nahrungssuche geschäftig ums Haus. Eine Utopie? Nein, ganz sicher nicht, denn die beschriebene Szene spielte sich an einem Haus mit begrünten Fassaden ab. Bewachsene Hauswände bieten einer ganz erstaunlichen Zahl unserer heimischen Tiere Unterkunft, Brutplätze und vor allem Nahrung. Da wären zunächst einmal die Vögel. Ein dichter grüner Pelz an der Hauswand, der von einem starken Geäst getragen wird, kann verschiedenen Vogelarten, besonders aber Amseln und Spatzen, als Nistplatz dienen. So wurden an nur einer einzigen, zirka acht Meter hohen Efeuwand über 20 Nester gezählt. Ein weiterer Vorteil dieser Kletterpflanze: Sie bietet auch noch vielen Vögeln Nahrung. Immerhin 14 Arten haben es auf ihre blauschwarzen Beeren abgesehen. Noch mehr Arten lieben den Wilden Wein. Neben Rotkehlchen und Grauschnäpper fressen noch rund 19 Vogelarten die kleinen Beeren der Kletterpflanze. Wenn Sie zusätzliche Nisthilfen (s. Kap. Ratgeber, S. 308) anbringen, können Sie an begrünten Fassaden vielen Vogelarten Unterkunft und Nahrung bieten.

Aber nicht nur der Vogelwelt wird mit einer grünen Fassade geholfen, sondern auch den heute bedrohten Mauereidechsen. Durch Flurbereinigung und Pestizideinsatz wurde diese Charakterart der Weinberge aus ihrem angestammten Lebensraum stark zurückgedrängt. Eine begrünte, sonnige Hauswand mit einigen Nischen als Wohnmöglichkeit und Platz für die Eiablage bietet den scheuen, wärmeliebenden Tieren und ihren weiter nördlich vorkommenden Vettern, den Zauneidechsen, nicht nur ideale Verstecke, sondern auch reiche Beute an Kleintieren, die ebenfalls in der für sie interessanten „grünen Fassade“ leben. Womit wir schon bei den vielen Insektenarten wären, die von einer begrünten Wand angelockt werden. Bis

Mit seinem langen Saugrüssel holt das Taubenschwänzchen kolibrigleich den Nektar aus tiefsten Blütenkelchen.

Ein „grünes Haus“ im Häusermeer der Stadt. Wohltuend für den Betrachter, attraktiv für wohnungs- und nahrungssuchende Tierarten.

Kletterpflanzen haben ein Haus erobert. Wer möchte hier nicht wohnen?

Schwebfliegen sind wichtige Bestäuber. Ihre Larven sind eifrige Blattlausverzehrer.

zu 200 verschiedene Arten können an einer bewachsenen Wand beobachtet werden. Neben Hummeln, Bienen, Schmetterlingen und Schwebfliegen, die auf Nektar- und Pollensuche gerne die Blüten der Kletterpflanzen anfliegen, findet man im Grün am Haus auch eine Vielfalt von Käferarten, die für den Menschen völlig harmlosen Blattwanzen und sogar einige Heuschreckenarten. Sogar die eher unscheinbaren Blüten des Efeus locken unter anderem Admiral und Zitronenfalter an. Im botanischen Garten Karlsruhe wurde sogar beobachtet, daß das Tagpfauenauge Efeublüten attraktiven Nektarpflanzen wie der Studentenblume oder dem Wandelröschen vorzieht! Auch die anderen Kletterer wie Knöterich (sechs Schmetterlingsarten) oder Waldrebe (fünf Arten) sind ausgezeichnete Nektarpflanzen für Schmetterlinge.

Doch auch „ungebetene" Gäste wie Spinnen und Weberknechte wohnen gern in der grünen Wand. Natürlich wird sich das eine oder andere dieser Tiere auch mal ins Haus verirren, aber das ist sicherlich kein Grund zur Panik. Spinnen und Weberknechte sind völlig harmlos und vertilgen zudem noch eine Menge Schadinsekten. Grüne Fassaden können verlorengegangene natürliche Biotope zwar nicht oder zumindest nicht vollständig ersetzen; sie können aber doch interessanten wichtigen und bedrohten tierischen Lebensgemeinschaften eine neue Heimat bieten.

Rankspaliere bieten Kletterpflanzen Aufstiegsmöglichkeiten und machen Häuser attraktiver.

Begrünung: Gewußt wie und wo?

Sie haben sich für eine grüne Fassade entschieden? Sie wollen Tierleben rund ums Haus aktiv miterleben? Sie sind von den ökonomischen, ökologischen und anderen Vorteilen einer Fassadenbegrünung überzeugt? Und Sie wollen schon morgen beginnen? Gut – aber Fassadenbegrünung bedarf einer wohlüberlegten Planung. Der nachfolgende Fragenkatalog soll die wichtigsten Kriterien aufzeigen und gleichzeitig einen ersten Einstieg in die verschiedenen Begrünungsmöglichkeiten vermitteln.

Begrünte Hauswände ergänzen kleine Vorgärten wirkungsvoll.

Do it yourself: Ja oder nein?

Einfache Begrünungen kleinerer Objekte, wie zum Beispiel von Bungalows, Einfamilienhäusern, Reihenhäusern, Nebengebäuden, Garagen, oder die Bepflanzung von Balkonen lassen sich sicherlich gut in Eigenregie bewältigen. Soll jedoch ein mehrgeschossiges Wohnhaus begrünt werden, so ist es empfehlenswert, einen Fachmann hinzuzuziehen und die entsprechende Fachliteratur gründlich zu studieren (s. Kap. Ratgeber).

Pflanzenwahl: Einjährige oder mehrjährige?

Mehrjährige Kletterpflanzen sind bei großen Fassadenflächen von Vorteil. Sie überziehen mit der Zeit die ganze Fassade mit einem dichten Blätterpelz. Für eine Balkon- oder Pergolabegrünung sind dagegen einjährige Kletterer zu bevorzugen. Sie wachsen zwar nur einen Sommer, sind dafür aber beim Klettern sehr schnell. Binnen weniger Wochen entwickeln sie ein üppiges Blattwerk mit herrlicher Blütenpracht. Dies sind aber nur Empfehlungen und keine festen Regeln. So kann ein Balkon auch mit mehrjährigen oder die Südwand eines Wohnhauses mit einjährigen Pflanzen begrünt werden.

Wilder Wein (Jungfernrebe) wechselt im Herbst seine Farbe und kleidet das Haus passend zur Saison in prächtige Rottöne.

Bäume, Hecken, Büsche, Wilder Wein und Knöterich haben Garten- und Wohnhaus erobert und bieten eine Oase in der Stadt.

Herbststimmung im Garten: Natursteintreppe mit Fallaub.

Grundsatzfrage: Immergrün oder mit Laubabwurf?

Nahezu alle mehrjährigen Pflanzen werfen im Winter ihr Laub ab. Ausnahmen sind der Efeu und die immergrüne Form des Geißblattes.

Wollen Sie im Winter Heizkosten sparen, sollten Sie Efeu wählen. Nachteil: Für eine Efeubegrünung brauchen Sie Geduld, denn er wächst nur sehr langsam. Eine hohe Fassade ist oft nach einem Jahrzehnt noch nicht vollständig bewachsen.

Wem das zu lange dauert, der sollte auf Knöterich, Pfeifenwinde oder Waldrebe zurückgreifen, die oft schon im ersten Jahr bis zu fünf Meter Höhe erreichen. Im Herbst allerdings werfen sie ihre Blätter ab und fallen damit als Energiesparer aus.

Bodenqualität:
Grundlagen
schaffen für gutes Wachstum

Das Erdreich rund ums Haus ist nur in den wenigsten Fällen für Kletterpflanzen geeignet, denn sie benötigen einen relativ hochwertigen und tiefgründigen Boden. Es ist deshalb empfehlenswert, das vorhandene Erdreich so tief wie möglich auszuwechseln. Je nach den Lebensansprüchen der Pflanzen verwendet man dann Ton-, Sand-, Lehm- oder Kalkböden, die selbst gemischt oder im Fachhandel bezogen werden können.

Pflanztechnik:
So gelingt der Start am besten

Die Pflanzlöcher am Fuße der Hauswand beziehungsweise im Balkonkübel oder -kasten sollten etwa doppelt so breit wie der Wurzelballen sein. Vor dem Einsetzen muß der Ballen gut gewässert werden, damit die Wurzeln schnell Kontakt zur Erde bekommen. Nach dem Pflanzen wird die Pflanzstelle „gemulcht", das heißt, mit Blättern oder Stroh abgedeckt. Eine Schichtdicke von etwa fünf Zentimetern hält die Wurzeln kühl und feucht. Um die Triebe auch wirklich zur endgültigen Rankhilfe hinzulenken, wird zur Unterstützung eine Bambusstange schräg an die Wand gestellt. Üblicherweise wird im Frühjahr oder Herbst gepflanzt. Über die richtige Pflanzzeit der verschiedenen Arten sollten Sie sich in der weiterführenden Literatur oder im Fachhandel informieren.

Oben: Wenn schöne Fenster wie Augen von Häusern wirken, wird das Fassadengrün zum Lidschatten.

Links: Rosenkelch, ein typischer Ranker, klettert am Stahlgitter hoch.

Kletterrose an Garagenwand mit dekorativ gestaltetem Holzgerüst.

Pflegeaufwand:
Kaum der Rede wert

Sind Kletterpflanzen erst einmal am Hause gepflanzt und wachsen an der Hauswand hoch, brauchen sie kaum noch Pflege. Sinnvollerweise sollten Sie darauf achten, daß Regenwasser die Pflanzgruben bewässert. Ansonsten sind die Pflanzen lediglich in trockenen Zeiten, je nach Bedarf, gründlich zu wässern und einmal im Jahr zu düngen. Ein Beschneiden der Triebe ist bei den meisten Arten nicht nötig. Abgefallenes Laub sollte gesammelt und kompostiert werden. Insgesamt benötigen Sie für alle Arbeiten nur einige Stunden im Jahr.

Unversiegelter Parkplatz mit Rasengittersteinen vor Hauswand mit Rankhilfe aus Holz. Ein Bambusstab lenkt das Pflänzchen zur Rankhilfe.

Phantasie ist angesagt. Für die Fassadenbegrünung gibt es unbegrenzte Möglichkeiten, passend für jeden Haustyp mit unterschiedlichen Pflanzenarten und Rankgerüsten.

Rechts: Ein unscheinbares Haus, dessen optischen Reiz die schnellwachsende Trompetenblume ausmacht.

Kosten:
So günstig können Sie begrünen

Ein ganzes Haus läßt sich theoretisch schon für unter 10 DM begrünen. Soviel kostet nämlich ein 30 bis 40 Zentimeter hoher Efeustock. Diese Variante würde allerdings bei der geringen Wachstumsgeschwindigkeit des Efeus die Geduld des Hausbesitzers arg strapazieren. Fassadenbegrünungen mit Kletterhilfen sind nicht so preiswert. Der Quadratmeterpreis liegt hier zwischen 10 DM (einfache Baustahlmatte) und 50 DM (imprägniertes Holzgerüst). Über den Einsatz von Kletterhilfen und die Wahl des richtigen Standortes informieren die beiden folgenden Abschnitte.

Kletterhilfen:
So viel wie
nötig und so wenig wie möglich

Efeu, Wilder Wein, Kletterhortensie und Trompetenwinde machen es dem Fassadenbegrüner besonders leicht. Sie brauchen nämlich als sogenannte „Selbstkletterer“ keine natürlichen oder künstlichen Rankhilfen, da sie von der Natur bestens mit Haftschei-

ben oder Saugwurzeln ausgestattet sind. Der weitaus größere Teil der Kletterpflanzen besitzt jedoch keine Haftorgane und ist beim Klettern auf unsere Hilfe angewiesen.

Schlingende Arten wie Knöterich, Blauregen und Geißblatt brauchen vor allem senkrecht angeordete Hilfen (Latten, Drähte, Schnüre). Ein Abstand von etwa 20 bis 30 Zentimetern zur Wand ist ausreichend. Querverstrebungen verhelfen dem Gerüst zu mehr Stabilität.

Spreizklimmer wie die Kletterrose oder der Winterjasmin sind dagegen auf horizontale Kletterhilfen angewiesen, um sich mit Dornen und Trieben in diese zu verhaken und sich so regelrecht Schritt für Schritt nach oben ziehen zu können. Der Abstand der Hilfen sollte 40 Zentimeter nicht überschreiten.

Die meisten Kletterpflanzen gehören zum Typ „Ranker“, der sich mit speziell ausgebildeten Blättern, Blütenstielen und Ranken am Gerüst festhält.

Bekannte Ranker sind Weinrebe, Kapuzinerkresse und Duftwicke. Ihnen hilft man am besten mit Geflechten und Gittern aus waagrechten und senkrechten oder auch diagonal verlaufenden Drähten und Latten.

Auch vorgefertigte Metallgitter eignen sich bestens. Einjährige, schwachwüchsige Pflanzen kommen mit einem leichten Gerüst aus, das man zudem im Winter entfernen kann.

Kletterhilfen für mehrjährige und besonders starkwüchsige Pflanzen wie zum Beispiel den Blauregen sollten jedoch aus stabilem, wetterfestem Material bestehen und solide an der Hauswand verankert sein, denn schon manche schlecht befestigte Kletterhilfe fiel entweder dem ersten kräftigen Wind oder dem zu hohen Eigengewicht der Pflanzen zum Opfer.

Energiesparer bieten auch dem selbstkletternden Efeu ein Gerüst an. Der Efeu dankt es mit stärkerem und dichterem Wuchs, was wiederum der Wärmedämmung zugute kommt.

Sockelbepflanzung und Rankhilfen aus senkrecht und waagrecht gespannten Stahldrähten.

Von oben nach unten: Rankgitter aus Holz, verdübeltes Drahtgitter, verdübelte Spanndrähte und die Verankerung der Drahtkonstruktion in der Erde.

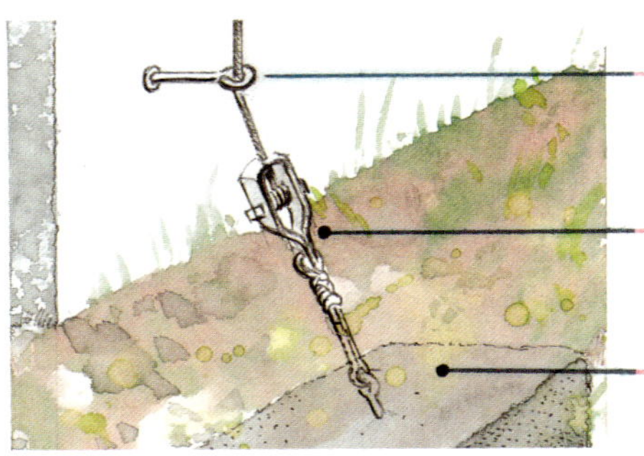

Ein prachtvolles Birnbaumspalier bedeckt die Giebelseite eines Hauses, die im Frühjahr in voller Blüte steht.

Standort: Wichtig für die Pflanzenauswahl

Die meisten Fehler bei der Fassadenbegrünung werden bei der Pflanzen- und Standortwahl gemacht. Unterschiedliche Pflanzen haben oft auch völlig unterschiedliche Lebensansprüche. Was für die eine Art lebensnotwendig ist, kann der anderen schweren Schaden zufügen. Ob eine Pflanze gedeiht, hängt davon ab, ob ihre Ansprüche an Licht, Wärme, Wasser und Nährstoffe erfüllt sind. Wer nicht die „richtige“ Pflanze für die jeweilige Bodenzusammensetzung, Sonneneinstrahlung und Wasserzufuhr auswählt, wird leider nur Kümmerlinge erzielen. Pflanzen lassen sich nicht beliebig gegen ihre Ansprüche großziehen.

Die Südseite eines Hauses ist der Sonne am stärksten ausgesetzt und wird im Sommer stark aufgeheizt. Nicht alle Kletterpflanzen gedeihen unter diesen Bedingungen. Andererseits ist eine schattige, kühlende Pflanzendecke an der Südseite besonders wichtig. Am besten eignen sich hier sommergrüne, früchtetragende Arten wie Wilder Wein, Akebie oder diverse Kletterrosen, denn nach dem Blattfall im Herbst kann die Sonne die Hauswand noch erwärmen. Bringt man die Kletterhilfen einige Zentimeter von der Wand entfernt an, verbessert sich der sommerliche Kühleffekt noch, da die Luft hinter der Pflanzenwand zirkulieren kann. Südwände eignen sich auch bestens, um wärmebedürftiges Spalierobst wie Aprikose, Pfirsich, Birne oder Wein zu ziehen.

In milden, sonnigen Lagen lassen sich auch an West- und Ostwänden sonnenhungrige Pflanzen setzen. In rauherem Klima dagegen sind dort immergrüne Kletterpflanzen besser am Platz: Die ganzjährige Blätterwand verpaßt dem Haus eine zusätzliche Isolierschicht. Geeignete Pflanzen sind Pfeifenwinde, Japan-Hopfen, eventuell mit Efeu kombiniert, und bei stärkerer Sonnenexposition auch Wein. Für die schattige Nordseite eines Hauses ist die Pflanzenauswahl klein: Die wenigsten Pflanzen kommen mit derartig wenig Sonne aus. Nur Efeu, das Waldgewächs, gedeiht selbst noch im Dämmerlicht und wirkt mit seinen immergrünen Blättern sogar noch als ganzjährige Wärmedämmung. Wer nicht sicher ist, sollte bei der Vielfalt der Pflanzen und offenen Fragen, wie häufig empfohlen, auch hier einen Fachmann hinzuziehen. Hier macht sich guter Rat bezahlt.

Oben links: Klassisches Birnbaumspalier an einer Stallwand mit an Spanndrähten waagrecht gezogenen Ästen.

Spalierobst ist an Südwänden zu pflanzen. Hier prägt ein Birnbaum den Charakter eines alten Bauernhauses.

Spalierobst: Senkrechte Nutzgärten

Fortgeschrittene Fassadenbegrüner können an einer oder mehreren Hauswänden Spalierobst ziehen. Zum einen sind Spalierbäume attraktiv am Haus, und zum anderen lassen sich in dem platzsparenden Nutzgarten auch reichlich selbstgezogene Früchte ernten. Schon ein kleines Haus kann mit Spalieren den Speisezettel einer Familie durch frisches Obst ergänzen. Nur zehn Quadratmeter bewachsene Wandfläche liefern durchschnittlich etwa 20 Kilogramm Obst. Die Früchte sind aromatisch und von erster Qualität, denn günstigere Wachstumsbedingungen als an einer wärmespeichernden Hauswand kann ein Obstbaum kaum finden. Bis auf die Nordseite können Sie an jeder Hauswand Spalierobst ziehen.

Bevorzugte Lage sollte jedoch die sonnige und daher warme Südseite sein. Geeignete Arten sind Birne, Apfel, Pfirsich, Pflaume und Sauerkirsche, die alle zu den Rosengewächsen gehören, obwohl ihre Früchte vollkommen verschieden aussehen. Aber nicht nur dem Hausbesitzer, sondern auch vielen Insekten dienen Obst-

Vom überreifen Fallobst profitieren auch die Insekten.

spaliere als hochwillkommene Nahrungsquelle. Alle Sorten werden von den verschiedensten Wildbienenarten nach Nektar und Pollen abgesucht. Neben den Wildbienen sind auch viele Hummelarten wichtige Bestäuber. Bunte Blütenbockkäfer und Blatthornkäfer stellen sich besonders im Mai und Juni als eifrige Blütenbesucher ein. Im Frühjahr kann der Große Fuchs, ein Verwandter des Tagpfauenauges, an den Obstblüten beobachtet werden. Am Ende des Sommers konzentrieren sich die Falter auf die reifen Früchte. Der Admiral, dessen Larven auf Brennesseln leben, und der C-Falter fliegen dann gerne abgefallene Birnen und Pflaumen an und lecken den süßen Saft auf. Tagpfauenauge und Trauermantel halten sich im Herbst gern an Falläpfel. Auch vielen

Spalierobstbäume bringen aufgrund des günstigen Standorts mit Wärmeabstrahlung der Hauswand besonders aromatische Früchte hervor.

Zeichenerklärungen:
so = sommergrün
wi = wintergrün
– = Gießen unnötig
(+) = Gießen bedingt nötig
+ = Gießen nötig
S = sonniger Standort
H = Halbschatten
Sch = Schatten

Vogelarten bietet ein Obstspalier nicht nur Nahrung, sondern auch günstige Nistmöglichkeiten. Es darf allerdings nicht verschwiegen werden, daß Obstbau am Spalier größere Kenntnisse und einen höheren Pflegeaufwand erfordert als die Fassadenbegrünung mit Kletterpflanzen. Sie sollten sich daher bei Experten oder in der einschlägigen Fachliteratur eingehend informieren. Nach der ersten hauseigenen Ernte entschädigen die schmackhaften Früchte aber reichlich für den Mehraufwand.

Übersicht: Verschiedene Kletter- und Schlingpflanzen und ihre Bedeutung für Tiere

Art	Höhe	Wuchs	Kletterhilfe	Laub	Gießen	Standort	Bedeutung für Tiere
Zierpflanzen							
Anemonenwaldrebe *Clematis montana*	bis 8 m	schnell	nötig	so	–	S–H	Insektenweide
Efeu *Hedera helix*	bis 25 m	langsam	unnötig	wi	+	S–Sch	Insektenweide, Vogelfutter, Vogelnester
Hopfen *Humulus lupulus*	bis 6 m	schnell	nötig	so	+	H	Bienenweide, wichtige Futterpflanze für Hopfenspinner und C-Falter
Kletterhortensie *Hydrangea petiolaris*	bis 8 m	mittel	sinnvoll	so	+	S–H	Insektenweide, Vogelfutter, Vogelnester
Kletterrosen *Rosa spec.*	bis 5 m	mittel	nötig	so	+	S–H	Hummel- und Bienenweide, (Vogelnester)
Knöterich *Polygonum aubertii*	bis 15 m	schnell	nötig	so	–	S–Sch	Insektenweide, Vogelfutter, Vogelnester
Waldgeißblatt *Lonicera periclymenum*	bis 5 m	mittel	nötig	so	(+)	S–H	Schwebfliegen- und Hummelweide, Vogelfutter, wichtige Nektarquelle für Nachtfalter
Waldrebe *Clematis vitalba*	bis 12 m	schnell	nötig	so	–	S–H	Insektenweide, Vogelfutter, Vogelnester, Futter für Spannerraupen
Weinrebe *Vitis vinifera*	bis 10 m	mittel	nötig	so	(+)	S–H	Weinbeeren im Herbst Nahrung für Amsel, Drossel, Star und Rotkehlchen
Wilder Wein *Parthenocissus tricuspidata*	bis 15 m	schnell	unnötig	so	(+)	S–H	Bienenweide, Wespen, Laubheuschrecken
Spalierobst							
Apfel *Malus domestica*	bis 5 m	mittel	nötig	so	+	S	Insektenweide, Vogelnester
Birne *Pyrus communis*	bis 5 m	mittel	nötig	so	+	S	Insektenweide, Vogelnester, Fallobst (Nahrung)
Sauerkirsche *Prunus cerasus*	bis 5 m	mittel	nötig	so	+	S	Insektenweide, Vogelnester, Vogelfutter

Balkone und Fenstersimse

Nicht jeder besitzt ein Haus oder hat die Gelegenheit, eine Fassade zu begrünen. Aber auch das Bepflanzen von Balkonen und Fenstersimsen bietet die Möglichkeit, etwas für die Tierwelt zu tun. In den Städten und vor allem in Großstädten ist oft in ganzen Häuserzeilen kein einziger Balkon bepflanzt und kein einziger Fenstersims mit einem Blumenkasten bestückt. Dabei könnten mit einfachen Mitteln so leicht grüne und bunte Tupfer in unsere grauen Städte gebracht werden. Nahezu jeder Balkon eignet sich als Kleinstgarten – ob es sich um die große Sonnenterrasse eines Einfamilienhauses oder um eine zwei Quadratmeter große Loggia im 20. Stock eines Hochhauses handelt. Es bieten sich je nach Anspruch zahlreiche Möglichkeiten gärtnerischer Betätigung an, vom Blumenschmuck an der Brüstung über Pflanzkästen mit Kräutern bis hin zur vollständigen Begrünung mit Kletterpflanzen.

Pflanzenwahl: Es müssen nicht immer Geranien sein

Zugegeben, sie sind schön für das Auge und auch noch pflegeleicht, unsere „klassischen" Balkonpflanzen: Geranien und Petunien. Für Schmetterlinge, Bienen und andere Insekten sind sie aber völlig uninteressant. Einzig das zur Schmetterlingsgruppe der Schwärmer zählende Taubenschwänzchen macht hier eine Ausnahme. Wollen Sie aber etwas für unsere zahlreichen Wildbienenarten und Schmetterlinge tun, sollten Sie auf solche Züchtungen mit gefüllten Blüten verzichten, die keinen Pollen mehr zu bieten haben. Was man wo pflanzt, richtet sich vor allem danach, wie lange die Sonne auf den Balkon scheint. An Nord- und Nordostbalkonen bekommen die meisten Blütenpflanzen nicht ausreichend Licht und Wärme. Farne und Gräser gedeihen hier jedoch ganz ausgezeichnet. Der West- und Nordwestbalkon liegt auf der sogenannten Wetterseite, zu hohe Sträucher werden hier vom Wind oft einfach umgeknickt. Empfehlenswert sind daher stabile, kleinwüchsige Pflanzen.

Die günstigsten klimatischen Verhältnisse herrschen auf den gut besonnten und warmen Süd- oder Südostbalkonen. Diese Balkone bieten

Miniaturlebensräume in der Innenstadt. Artenreich bepflanzte Balkone bieten vielen Insekten Nahrung.

Hummeln sind willkommene Balkonbesucher und unentbehrliche Pflanzenbestäuber.

Oben: Attraktiv bepflanzte Blumenkästen an Fenstern. Nicht nur optischer Blickfang – auch eine willkommene Nektarweide für Insekten.

Intensiv begrünte Balkone sind Oasen für Insekten in der Stadt.

daher die meisten gärtnerischen Möglichkeiten. So kann man zum Beispiel verschiedene Kastentypen anlegen. Hier einige Anregungen:

Frühjahrskasten
Im Herbst bereits Frühblüher wie Märzbecher, Schneeglöckchen und Krokusse pflanzen.

Borretsch vor dem Fenster ist nicht nur greifbar nahe für die Küche, sondern auch bei Hummeln beliebt.

Sommerkasten
Hier gibt es unzählige Kombinationen, zum Beispiel: Lobelie, Strauchmargerite, Kapuzinerkresse, Sandnelke.

Herbstkasten
Verschiedene Asternarten blühen in dieser Jahreszeit. Und viele Schmetterlinge bevorzugen Astern.

Duftkasten
Die Blüten von Schleifenblumen, Hornveilchen und Levkojen verströmen angenehme Düfte. Positiver Nebeneffekt: Auch die Schmetterlinge werden von ihrem ausgezeichneten Geruchssinn zu Duftpflanzen gelockt.

Pflegeleichter Kasten
Dieser Kasten braucht kaum Pflege. Einmaliges Gießen pro Woche reicht völlig aus. Zudem muß nicht jedes Jahr neu gepflanzt werden, da die Pflanzen immer wieder austreiben.
Geeignete Pflanzen sind Fetthenne, Hauswurz, Sonnenröschen und verschiedene Gräser. Auch diese Pflanzen sind wichtig für viele Insekten. Der pflegeleichte Kasten eignet sich besonders für Alleinstehende, die häufig verreisen und wenig Zeit zur Pflege aufbringen können.

Wildblumenkasten

Viele Wildblumen sind aus unserem Stadtbild verschwunden. Legt man einen Wildblumenkasten zum Beispiel mit Glockenblumenarten, Flockenblume und Reseda an, werden sich bald auch Wildbienen, Hummeln, Schmetterlinge, Käfer und Schwebfliegen einstellen, um sich Nektar und Pollen zu holen. Zur Bepflanzung dürfen jedoch auf keinen Fall Wildpflanzen der Natur entnommen werden. Samen können (auch als Mischung) im Fachhandel bezogen werden. Fünf Gramm reichen etwa für einen Kasten.

Schmetterlingskasten

Um speziell Schmetterlingen Nahrungsquellen zu erschließen, sollten Sie sogenannte „Falterblumen" mit langen Blütenröhren anpflanzen. Geeignet sind Blaukissen, Judastaler, Astern und Disteln. Achten Sie darauf, nur heimische Arten zu verwenden, da vor allem sie den Schmetterlingen Nahrung bieten. Ausnahmen sind der Schmetterlingsflieder Buddleia und das Wandelröschen Lantana, deren schöne Blüten viel Nektar enthalten.

Bienenkasten

Bei den Bienen spielt die Blütenfarbe eine große Rolle. Bienen sind rot-grünblind, die bevorzugten Blütenfarben sind daher blau (Glockenblumen, Bienenfreund), gelb (Leinkraut) und weiß (Löwenmäulchen). Generell sind für Bienen und Hummeln Lippen- und Rachenblütler gute Nahrungspflanzen. Die Fähigkeit der Hummeln, Nektar auch aus tiefen Röhrenblüten zu saugen – sie haben einen sehr viel längeren Rüssel als Honigbienen –, macht sie zu unersetzlichen Bestäubern.

Kräuterkasten

Küchen-, Gewürz- und Heilkräuter lassen sich sehr gut in Kübeln auf dem Balkon oder in Kästen am Fenstersims ziehen. Praktisch alle Pflanzen dieser Gruppe sind gleichzeitig gute Nahrungsquellen für pollen- und nektarsuchende Bienen, Hummeln und Schmetterlinge. So wird Salbei von vielen Bienenarten besucht, Borretsch dient Hummeln als Nahrungsquelle, der Thymian wiederum dem Kleinen Fuchs, Wollbienen dagegen bevorzugen den Mauerpfeffer. Die „Bienenfreundlichkeit" der Zitronenmelisse ist schon seit langem bekannt: Ihr wissenschaftlicher Name läßt sich aus dem altgriechischen melissa = Honigbiene ableiten. Eine „Allround-Futterpflanze" für Schmetterlinge ist der Wilde Majoran oder Oregano. Schmetterlingsforscher fanden heraus, daß das wohlschmeckende Kraut in Baden-Württemberg mehr als 60 Schmetterlingsarten als Nahrungsquelle dient. Für den Braunen Waldvogel, einen typischen Falter der Auen und lichten Wälder, ist er als Futterquelle sogar von überragender Bedeutung. Lavendel wird nicht nur gern von Großem und Kleinem Kohlweißling, Kleinem Fuchs und Distelfalter besucht, sein Duft hält im Sommer auf dem Balkon auch lästige Stechmücken fern. Bei der Ernte der Kräuter sollte nur ein Teil des ersten blattreichen Aufwuchses entfernt werden, denn nur wenn die Pflanzen auch zur Blüte kommen, werden Schmetterlinge und

Schnittlauch für den Frühstücksquark, als Augenweide und Insektennahrung.

Balkone und Terrassen lassen sich auch interessant mit Gemüsepflanzen gestalten.

Oben links: Ein Kräuterkasten vor dem Fenster: So unscheinbar wie nützlich für Feinschmecker drinnen und draußen.

Oben rechts: Ein Blumenkasten mit breitem Pflanzenangebot lockt viele Insekten an.

Besonders üppige Balkonbepflanzung mit angrenzender Fassadenbegrünung: Ein Gewinn für jede Hausfront in der Stadt.

Geländer sind Rankhilfen für Balkonpflanzen.

Hautflügler, also Bienen und Hummeln, angelockt.

Ein Balkon eignet sich auch vorzüglich für eine Begrünung mit Kletterpflanzen. Man verwendet am besten keine oder die gleichen Kletterhilfen wie bei der Fassadenbegrünung und läßt so zum Beispiel Knöterich, Feuerbohne oder Winden klettern (Efeu auf dem Nordbalkon). Wollen Sie etwas für Schmetterlinge tun, sollten Sie Geißblatt pflanzen, eine hervorragende Nahrungspflanze für Nachtfalter und für die Raupen des Kleinen Eisvogels.

Auf einem begrünten Balkon werden sich natürlich auch Schädlinge einstellen. Sie sind in angemessenem Rahmen zu bekämpfen, am besten sammeln Sie die Insekten einfach ab oder setzen entsprechende biologische Schädlingsbekämpfungsmittel ein. Auf jeden Fall sollten Sie auf Pestizide verzichten.

Pflanzgefäße: Was taugt für Balkon und Fensterbank?

Pflanzgefäße sind im Handel in allen Größen, Formen und Preislagen erhältlich. Der „Klassiker“ unter ihnen ist der 80er Normkasten (80 mal 15 mal 15 Zentimeter). Er besteht meist aus Holz, Faserbeton oder Hartplastik und kann bequem an jeder Balkonbrüstung oder am Fensterbrett angebracht werden – normalerweise an der Außenseite der Brüstung. An Hochhäusern dagegen sollten die Kästen aus Sicherheitsgründen (ein bepflanzter Kasten wiegt zwischen 20 und 30 Kilogramm!) an der Innenseite befestigt werden. Wollen Sie Ihren Balkon jedoch üppig und vielseitig begrünen, vielleicht mit Efeu oder mit Johannisbeersträuchern und anderen mehrjährigen Kleingehölzen, dann benötigen Sie weitaus größere Gefäße (mindestens 50 Zentimeter breit und tief). Es gilt die Faustregel: je größer, desto besser, denn je größer das Gefäß, desto weiter können sich die Wurzeln ausbreiten und desto besser werden auch die Pflanzen gedeihen. Auch trocknet in einem großen Pflanzenkasten die Erde nicht so schnell aus und muß daher auch nicht so häufig gegossen werden.

Balkon- und Fensterbrettkästen lassen sich gut im Eigenbau herstellen. Als Material kommen Fichten- und Kiefernbretter von etwa zwei Zentimetern Stärke in Frage. Mit ein wenig Geschick lassen sich solche Bretter leicht zu jeder nur denkbaren Kastenform und -größe zurechtschneiden und zusammenschrauben. Wichtig: nicht die Abflußlöcher im Bodenbrett vergessen. Eine Imprägnierung mit Naturharzölen beziehungsweise Schell- oder Bootslack schützt die Kästen vor der Verwitterung. Eine Imprägnierung mit Holzschutzmitteln, die meist Lindan oder Pentachlorphenol enthalten, ist dagegen nicht zu empfehlen: Die Dämpfe dieser giftigen Stoffe schädigen nicht nur Leber und Nieren des Menschen, sondern werden auch in Spuren von den Pflanzen aufgenommen und gelangen so über die Nahrungskette in Vögel und Insekten. Wem der Eigenbau von Pflanzgefäßen zu aufwendig ist, der kann auch aus alten Töpfen, Kesseln, Badewannen oder Mörtelzubern ausgezeichnete Blumentöpfe herstellen. Der Phantasie sind hier keine Grenzen gesetzt.

Blumenerde:
Am besten aus Kompost

Die Erde hat bei der Pflanzenkultur vielfältige Aufgaben. Zum einen gibt sie den Pflanzen Halt, zum anderen dient sie als Wasser- und Nährstoffspeicher. Pflanzenwurzeln nehmen Wasser und Nährstoffe auf und leiten sie an alle anderen Pflanzenteile weiter. Gute Blumenerde ist krümelig, humos und locker: So kann genügend Luft durch die Bodenporen eindringen, und es können ausreichend Wasser und Nährstoffe gespeichert werden. Eine zu feine, tonreiche Erde mit zu wenig Humusanteil verschlämmt bald und erstickt die Wurzeln; eine zu sandige Erde trocknet schnell aus.

Blumenerden, die den genannten Anforderungen entsprechen, sind im Fachhandel erhältlich. Doch aufgepaßt: Die meisten Erden enthalten hohe Torfanteile! Der Abbau des begrenzten Rohstoffs Torf trägt zur Zerstörung unserer letzten Hochmoorlandschaften bei. Besser sind torffreie Erdmischungen, Kompost

Marienkäfer, Florfliege und deren Larve sind willkommene Besucher auf dem Balkon. Als unermüdliche Blattlausvertilger tragen sie zur natürlichen Schädlingsbekämpfung bei.

Bei Blumenkästen auf Fenstergesimsen ist immer auf eine sturmsichere Befestigung zu achten.

Auch mit einzelnen Blumentöpfen lassen sich Balkone immer wieder neu arrangieren.

Intensive Balkonbegrünung bringt Leben ans Haus und macht das Wohnen attraktiver.

oder Komposterde. Kompost entsteht aus Grün- und organischen Küchenabfällen, wenn Mikroorganismen, Regenwürmer und andere Bodenlebewesen sie einige Monate bearbeitet – oder genauer: verdaut haben. Komposterde setzt sich aus reinen kompostierten Grünabfällen, mechanisch aufbereiteten Holzfasern, Dauerhumus und Spezialnährstoffdünger zusammen.

Bewässerung:
Es geht auch automatisch

Der Wasserbedarf von Balkonpflanzen wird oft gewaltig unterschätzt. So braucht ein einziger Blumenkasten von 100 Zentimetern Länge und 20 Zentimetern Breite und Höhe täglich etwa vier Liter Wasser. An sehr heißen Tagen kann sich diese Menge leicht verdoppeln. An trüben Tagen ist der Verbrauch natürlich längst nicht so hoch, und bei Regenwetter wird sogar Wasser zugeführt.

Das beste Gießwasser ist und bleibt Regenwasser. Leitungswasser ist oft sehr hart – die darin gelösten Kalziumsalze können Pflanzen, die normalerweise saure Böden bevorzugen, schaden. Viele Balkongärtner stehen im Sommer vor einem großen Problem: Wie werden die sorgsam gepflegten Balkonpflanzen während einer oft mehrwöchigen Urlaubsreise mit Wasser versorgt? Nicht immer können freundliche Hausbewohner oder Nachbarn hier mit der Gießkanne für Hilfe sorgen. Die komfortabelste Lösung für dieses Problem bietet eine automatische Bewässerung von Balkonkästen und Pflanzenkübeln, mit der Pflanzen über einen sehr langen Zeitraum mit Wasser versorgt werden können. Im Fachhandel sind verschiedene, meist sehr teure, automatische Bewässerungssysteme erhältlich.

Fast genausogut geeignet sind einfache Selbstbewässerungsanlagen für Balkonpflanzen. Aus einem Wasserreservoir, das nur von Zeit zu Zeit aufgefüllt werden muß, steigt das Wasser über einen Docht in das Pflanzgefäß. Eine solche Anlage kann man leicht mit Hilfe eines Petroleumdochtes und eines wasserdichten Tankbehälters selbst bauen. Wichtig ist nur, daß der Wasserspiegel im Tank immer tiefer liegt als der Kastenboden.

Pflanzenkästen mit eingebautem Wasserspeicher sind natürlich die elegantere Lösung: Auf den Boden des Kastens kommt eine sogenannte Dränschicht, die aus wasserspeichernden Blähtonkügelchen besteht. Über die etwa drei bis sechs Zentimeter dicke Schicht legt man eine wasserdurchlässige Filtermatte aus verrottungsfestem Glasfaservlies, die verhindert, daß Erde oder Humus in die Dränschicht gelangen. Ein eingebauter Wasserstandsanzeiger oder Feuchtigkeitsmesser gibt jederzeit über den Pegelstand Auskunft. Bastler können einen „normalen“ Blumenkasten nach diesem Schema natürlich auch leicht zu einem „Wasserspeicherkasten“ umbauen.

Eine relativ kurze wasserlose Zeit (Wochendurlaub) läßt sich zur Not auch mit kopfüber in die Erde gesteckten Wasserflaschen überbrücken.

Nisthilfen für Vögel, Fledermäuse und Insekten

Viele Vogel- und Fledermausarten können mit sogenannten Nisthilfen an den Fassaden unserer Häuser angesiedelt werden. Vor allem Arten, die ursprünglich nur an Felsen und in Höhleneingängen vorkamen, wie Mauersegler, Hausrotschwanz, Rauch- und Mehlschwalbe (s. Kap. Monografien), akzeptieren eine geeignete Hausfassade gern als Steilwand-Ersatz. In früheren Zeiten fanden die Stadtfolger unter den Vögeln genügend Nistplätze auf Simsen, in Gebäudenischen und in Fugen alter Mauern.

Inzwischen wurden, bedingt durch Restaurierungen und den modernen Baustil, die „Wohnungsangebote" in unseren Wohngebieten knapp. Für mehr Vogelleben in der Stadt ist es deswegen sinnvoll und nützlich, an geeigneten Stellen der Häuser Nisthilfen als Ersatzquartiere anzubieten. Im folgenden und im Kap. Ratgeber, S. 308, erfahren Sie hierzu wichtige Einzelheiten. Darüber hinaus sind einige grundsätzliche Gesichtspunkte zu beachten:

- Nisthilfen sind nur dann sinnvoll, wenn die nistende Vogelart in der Umgebung auch die ihr gemäße Nahrung vorfindet.
- Nisthilfen müssen „passend" sein: eine Mehlschwalbe benötigt eine andere Nisthilfe als ein Hausrotschwanz.
- Nisthilfen gibt es nicht nur für Stare und Meisen, sondern auch für seltene Vogelarten, Fledermäuse und Insekten.
- Nisthilfen sind so aufzuhängen, daß Marder und Katzen keinen Zugriff haben.
- Wer Nistkästen aufhängt, will natürlich auch wissen, ob sie genutzt werden. Am besten ist, Sie beobachten den Kasten aus der Distanz, um Störungen zu vermeiden. Kontrollen sollten höchstens einmal pro Woche und mit größter Vorsicht erfolgen. Sind schon befiederte Nestlinge vorhanden, so sollten bis zum Ausfliegen der Jungvögel keine weiteren Kontrollen erfolgen.
- Im Herbst sind Nistkästen gründlich zu reinigen. Meist sind sie mit Flöhen, Milben und Zecken besetzt, die der nächsten Brut im Frühjahr das Leben schwer machen würden. Altes Nistmaterial kann auf den Kompost gegeben werden. Haben Wespen oder Hornissen den Nistkasten als Sommerquartier ausgewählt, können die Wabenbaue ab November beden-

Natursteinmauer mit eingebautem Niststein. Wohnraum nach Blaumeisengeschmack.

Oben: Turmfalken fallen durch ihren Rüttelflug beim Beutemachen auf. Sie nisten in der Stadt und jagen über Freiflächen.

Im Handel erhältlicher Turmfalkenkasten an einem Hochhaus mit jungem Turmfalken.

kenlos entfernt werden. Bis dahin sind die Völker abgestorben. Die allein überlebenden Königinnen haben dann schon andere Überwinterungsplätze bezogen.

☐ Sollten Probleme bei der Nisthilfen-Pflege auftreten, so wenden Sie sich am besten an einen Experten der örtlichen Naturschutzgruppe eines Vereins.

Weitere Einzelheiten über Nisthilfen, detaillierte Anleitungen zum Basteln sowie Adressen von Lieferanten finden Sie im Kapitel Ratgeber. Wir empfehlen Ihnen, in jedem Fall Nisthilfen an Ihrem Haus oder im Garten einzusetzen. Darüber hinaus sollte jedoch nicht vergessen werden, daß Nistkästen nur Ersatz für natürliche Brutplätze wie Baumhöhlen oder Mauernischen sind. Wenn Sie alte Obstbäume im Garten haben, an denen eines Tages ausgedorrte Äste abbrechen, so lassen Sie den Dingen ihren Lauf und beobachten Sie, wie ein Astloch als natürlicher Brutplatz sehr schnell entdeckt und genutzt wird. Ein alter Baum mit Astlöchern ist für einige Tierarten ein ideales Wohnungsangebot.

Turmfalken: Hochhaus gesucht

Der Turmfalke ist bei der Wahl seines Nistplatzes nicht sonderlich wählerisch. Im freien Gelände horstet der kleine Greif in Steinbrüchen, Felsen und Bäumen. Gelegentlich brütet er auch in Baumhöhlen oder übernimmt verlassene Krähennester als „second hand“-Brutplätze. In den Nordseedünen wurden sogar Turmfalkenbruten direkt am Boden entdeckt.

Nicht selten ist der Turmfalke auch in Städten und Dörfern zu beobachten, wo er auf Kirchtürmen oder anderen höheren Gebäuden Brutplätze findet. Selbst in den Schluchten der Großstadt zwischen Hochhäusern und Schornsteinen fühlt sich der Turmfalke wohl. So haben sich etwa 60 Turmfalkenpaare die Münchener City als Jagdrevier aufgeteilt.

Auch in anderen europäischen Großstädten wurden schon zahlreiche Exemplare gesichtet. Eine gut funktionierende Müllabfuhr ist ein Problem für den Turmfalken; durch die moderne Abfallbeseitigung wird seine Hauptbeute, die Hausmaus, infolge mangelnden Nahrungsangebotes aus den Städten verdrängt. Die anpassungsfähigen Greife haben sich aber sehr schnell auf Singvögel als Beute umgestellt.

Nistmöglichkeiten für den Turmfalken kann es nie genug geben. Untersuchungen zeigen, daß ein zusätzliches Angebot von Nistkästen (s. Kap. Ratgeber, S. 312) den Bestand schnell ansteigen läßt. Ein Nistkasten für Turmfalken sollte in mindestens vier bis fünf Metern Höhe an der Hauswand aufgehängt werden. Hier sind vor allem die Bewohner oberer Stockwerke von Hochhäusern angesprochen, denn es gilt die Devise „je höher, desto besser". Als Einstreu eignen sich am besten feine Hobelspäne in einer Schichtdicke von drei bis fünf Zentimetern. Die Einstreu sollte alle zwei Jahre ausgwechselt werden. Bei der Nistkastenkontrolle ist aber Vorsicht geboten, denn die Jungen sind äußerst schreckhaft und fallen leicht aus dem Kasten.

Der seltenere Verwandte des Turmfalken, der Wanderfalke, ist in den letzten 30 Jahren erschreckend rar geworden – aus mehreren Gründen: Zum einen wurden schon immer illegal Horste ausgeplündert, zum anderen nahm die Fruchtbarkeit der Tiere ab, oder brüchige Eierschalen machten die Brut zunichte. Die Ursache dieser krankhaften Störungen: Die Falken hatten mit ihren Beutetieren – insektenfressenden Vögeln – auch Insektizide aufgenommen und sich so langsam vergiftet.

Wanderfalken sind, im Gegensatz zum Turmfalken, nur selten ins Innere der Städte vorgedrungen. Immerhin ist es in Berlin, Köln und Göttingen gelungen, Wanderfalken künstlich anzusiedeln. Bekannt ist besonders die Population am Kölner Dom, wo die schnellen Vogeljäger reichlich Stadttauben erbeuten können.

Dohlen: Anstelle von Tauben

An mangelnder Nahrung kann es nicht liegen, daß die Dohlenbestände gebietsweise rückläufig, in Siedlungen sogar gefährdet sind, denn der Rabenvogel ist kein Nahrungsspezialist, sondern ein Allesfresser. Was man seinen Verwandten, den Elstern, Krähen und Eichelhähern übelnimmt, nämlich bisweilen Eier und Jungtiere anderer Vogelarten zu verspeisen, trägt man der Dohle offensichtlich weit weniger nach: Sie wurde unter Schutz gestellt.

Der Lebensraum der Dohlen ist eine Kulturlandschaft mit alten Bäumen und Altholzbeständen, Felsen und Steinbrüchen. Aber auch Städte und Dörfer sind ihr Zuhause. Die Tiere brüten gern in Spalten, Baumhöhlen und Mauernischen – alles Nistplätze, die in modernen Siedlungen knapp werden.

Wo renoviert und umgebaut wird, verschwinden Spalten und Löcher unter Putz. Wo ein Haus neu entsteht, dominieren meist glatte Wände. Und Bäume werden heute gefällt, lange bevor sie erwachsen, geschweige denn alt geworden sind. Aber: Dohlen nehmen Nistkästen bereitwillig an. Die Kästen können im Fachhandel bezogen oder leicht selbst gebaut werden (s. Kap. Ratgeber, S. 311).
Es genügt auch ein leicht veränderter Turmfalkenkasten (s. S. 312), dessen Vorderfront, bis auf eine Öffnung von acht Zentimetern Breite im oberen Bereich, geschlossen wurde. Man kann den Höhlenbrütern auch eine verschlossene Mauernische (250 mal 250 mal 250 Millimeter) mit Einschlupfloch als Quartier anbieten. An der Vorderfront der Nische sollte Rauhputz aufgetragen werden, damit die Dohlen beim Einstieg Halt finden.

Die Nisthilfen müssen in mindestens vier Metern Höhe angebracht werden. Mehrere Nisthilfen nebeneinander sind von Vorteil, da Dohlen gern gesellig leben und brüten. Übrigens: Sind Dohlen erst einmal erfolgreich angesiedelt, wagen sich Stadttauben nicht mehr in die Nähe.

Turmfalken nisten bevorzugt in luftiger Höhe. Bei der Anbringung von Nisthilfen ist deshalb Vorsicht geboten und darauf zu achten, daß sie für die Reinigung zugänglich sind.

Selbstgebauter Nistkasten für die höhlenbrütende Dohle. Der Eigenbau ist einfach, die Anbringung oft schwierig.

Für Turmfalken, Dohlen, Mauersegler und Tauben sind Hochhäuser Felswandersatz. Arttypische Nisthilfen in luftiger Höhe bieten ihnen geeignete Brutplätze.

Oben: Mauersegler leben als Flugkünstler vorwiegend in der Luft. Usprünglich Felsenbewohner, brüten sie heute in den Häuserschluchten der Großstädte.

Im Handel erhältlicher Nistkasten für Mauersegler.

Links: Selbstgebaute Nisthilfen für Mauersegler unter der Dachtraufe. Die unterschiedlichen Einschlüpfe sind für sie ihre „Hausnummern".

Rechts: Die Beine des Mauerseglers sind verkümmert. Doch vier kleine Zehen ermöglichen ihm das Hängen an senkrechten Wandflächen. Zum Abflug läßt er sich einfach fallen.

Mauersegler: Startraum benötigt

Wenn der Mauersegler Anfang Mai aus seinem afrikanischen Winterquartier in sein Brutgebiet zurückkehrt, kann er eine böse Überraschung erleben. Oft haben Sperlinge oder Stare das Nest des ortstreuen Vogels bereits besetzt. Der Mauersegler greift dann zur Selbsthilfe und bemächtigt sich seinerseits fremder Nester. Er wirft oft Eier oder Nestlinge hinaus oder speichelt sie ein und benutzt sie sogar als Baumaterial. Der Kampf um Nistraum in der Stadt wird mit harten Bandagen geführt. Längst hat der ehemalige Felsenbewohner die „Kunstfelsen" unserer Städte angenommen und sich auf diesen neuartigen Lebensraum eingestellt. Seine Nester legt der elegante Flieger vor allem an hohen Häusern und Türmen in Nischen, Mauerspalten oder unter der Dachtraufe an. Nutzt der Mauersegler wieder sein Nest vom Vorjahr, wird meistens nur die Polsterung erneuert. Für einen „Neubau" sammeln die Tiere im Flug Federn, trockene Gräser und Papierstückchen auf und verkleben sie mit Speichel zu einer zähen Masse, die an der Luft schnell erhärtet. „Kunstfelsen" – hohe Hauswände – gäbe es noch genug, aber an den strukturlosen und glatten Wänden vieler Neubauten bleibt der Spezialkitt des Mauerseglers nicht haften. Ein tauglicher Ersatz für das selbstgemörtelte Nest sind deswegen Mauerseglerkästen, entweder aus dem Fachhandel oder selbstgebaut (s. Kap. Ratgeber, S. 312). Die Nistkästen sollten möglichst hoch, am besten unter der Dachtraufe, angebracht werden. Die Präzisionsflieger brauchen nämlich ausreichend Raum unter dem Nest, da sie sich zum Starten mehrere Meter tief fallen lassen, um so die nötige Geschwindigkeit für ihren schräg gerichteten Aufwärtsflug zu erreichen. Auch die schlitzförmige Nistkastenöffnung müssen sie fliegend erreichen können, da sie unmittelbar am Schlitz landen und vom Schlitz aus starten. Mauersegler brüten oft in Kolonien von meist zehn, aber auch bis zu 30 Paaren, deshalb sollten unbedingt mehrere Kästen nebeneinander angebracht werden.

Und noch etwas: Auf der Suche nach einem geeigneten dunklen Nistplatz verirren sich Mauersegler bisweilen auf Dachböden. Dort flattern sie dann mehrere Tage hilflos umher, ohne den Rückweg zu finden, und gehen schließlich zugrunde. In diesen Fällen müssen geeignete Ausflugmöglichkeiten geschaffen werden: Zum Beispiel Glasfenster durch Holzlamellen ersetzen oder die Nistplätze zum Dachboden hin verschließen.

Mehlschwalben: Wohnen an Gebäuden

Lehmpfützen sind für Mehlschwalben unverzichtbar; sie benötigen den feuchten Lehm zum Bau ihrer Nester. Die geschlossenen Viertelkugeln kleben an rauhen Außenwänden von Gebäuden unter Vorsprüngen und Dachtraufen. Auch unter Brücken finden sich häufig Mehlschwalbennester. Aber in asphaltierten und betonierten Städten gibt es keine Lehmpfützen mehr; und mit ihnen sind auch die Mehlschwalben aus unseren Städten verschwunden. Noch vor einem Jahrhundert war die Mehlschwalbe einer der häufigsten Singvögel im besiedelten Raum. Heute droht aus dem Kulturfolger ein Kulturverfolgter zu werden. Dabei wäre es gar nicht so schwierig, unsere Städte wieder für Mehlschwalben attraktiv zu machen. Für eine Lehmpfütze zum Beispiel ist auch im kleinsten Garten Platz. Sie sollte einen Durchmesser von einem halben bis einem Meter haben und ständig feucht gehalten werden. Gartenteiche mit lehmigen Ufern liefern ebenfalls gutes Nistmaterial. Ist der Gartenboden nicht lehmig, können Sie eine Plastikplane auslegen, in die Lehm gefüllt wird. Gehäckseltes Stroh und auch Kuhdung, sofern verfügbar, ergänzen das Baumaterial. Die Pfützen sind im offenen Gelände abseits von Gebüschen oder Hausecken anzulegen, damit die Schwalben vor Überraschungsangriffen durch Katzen sicher sind. Aber auch wer keinen Garten hat, kann Mehlschwalben helfen: Ein flacher Behälter auf größeren Balkonen oder auf dem Dach, randvoll mit feuchtem Lehm gefüllt, sorgt für den nötigen Mörtel. Jedoch auch der Baugrund muß stimmen: An Glattputzwänden, die mit wasserabweisenden Kunststoffarben gestrichen sind, hält kein Schwalbennest. Und selbst wenn den Vögeln ihr Nestbau fürs erste gelingen sollte, genügt oft schon die Erschütterung eines vorbeifahrenden Lasters, um das Nest wieder zu Boden fallen zu lassen. Sicher wird niemand von einem Hausbesitzer erwarten, daß er den Schwalben zuliebe sein Haus neu verputzen läßt, aber ein Rauhputzstreifen von 15 Zentimetern Breite, direkt unter dem Dachvorsprung, sollte machbar sein und genügt den wohnungssuchenden Vögeln vollkommen. Ebenso hilfreich sind herausragende Nägel oder ein angenageltes Maschendrahtgeflecht.

Damit der herabrieselnde Kot nicht auf Fensterbretter oder Hauseingänge fällt, empfiehlt es sich, ein 20 bis 25 Zentimeter breites „Kotbrett“, mindestens 30 cm unter den Nestern, anzubringen. Der Fachhandel bietet auch Kunstnester, meist sogar mit Kotbrett an, die ohne großen Aufwand unter der Dachtraufe befestigt werden können. Da Mehlschwalben gesellige Tiere sind, sollten Sie gleich mehrere Nester nebeneinander anbringen. Damit Kunstnester schneller angenommen werden, empfiehlt es sich, wenn vorhanden, diese neben bereits besetzten Naturnestern anzubringen.

Oben: Mehlschwalben nisten am Haus und bauen ihre Nester unter Vorsprüngen und Dachtraufen.

Mitte: Selbstgebaute und künstliche Mehlschwalbennester an der Hauswand.

Unten: Lehmwanne als Hilfe zum Aufsammeln des Baumaterials Lehm.

Oben: Rauchschwalben nisten in Gebäuden, besonders gern in Ställen.

Mitte: Hausrotschwanzweibchen in einer Halbhöhle am Nest.

Nisthilfen für Halbhöhlen- und Nischenbrüter unter dem Dachvorsprung. Der Pfeil zeigt Unterschlupfmöglichkeiten für Fledermäuse unter der Holzverschalung des Hauses.

Rauchschwalben: Wohnen in Gebäuden

Wie die Mehlschwalben haben auch die Rauchschwalben schon vor langer Zeit entdeckt, daß sich an und in Gebäuden ebensogut brüten läßt wie an Felswänden oder in Höhlen. Viele Gebiete haben sie erst als Kulturfolger des Menschen besiedelt. Heute indessen ist der Luftraum über unseren Dörfern fliegenarm, und die Straßen sind vorwiegend asphaltiert, so daß Rauchschwalben ein mühseliges Leben haben, denn sowohl ihre Jagdbeute als auch ihr Baumaterial wurde erheblich reduziert.

Im Gegensatz zu den Mehlschwalben brüten Rauchschwalben meist im Inneren von Gebäuden, vor allem in Ställen, Torbögen oder Hauseingängen. Aber auch ausgefallenere Nistplätze sind bekannt. So berichtet Arnold Freiherr von Vietinghoff-Busch, ein Sammler seltsamer Nistplätze: „In der Wirtsstube in Bornheim bei Moers schmückten sie das Bild Kaiser Friedrichs II. mit ihrem Nest und was damit zusammenhing in wenig königstreuer Weise". Rauch und Lärm im Wirtshaus beeinträchtigten den Bruterfolg der Rauchschwalben in keiner Weise. Wer ihnen helfen will, kann ihnen spezielle Nisthilfen anbieten (s. S. 140/141).

Hausrotschwanz: Dankbarer Untermieter

Der Hausrotschwanz, im Kapitel „Netzwerk des Lebens" bereits ausführlich beschrieben, ist ein typischer Kulturfolger, der nahezu in jedem Dorf und jeder Stadt vorkommt. Hier findet er jedoch immer weniger geeignete Nistplätze und wird deshalb zunehmend zum wohnungssuchenden Untermieter. Mit einer selbst gebastelten oder fertig gekauften Halbhöhle beziehungsweise einem Niststein können Sie ihm leicht eine Wohnung am Haus bieten. Voraussetzung für eine erfolgreiche Ansiedlung und Aufzucht seiner Brut ist jedoch, daß er in hausnahen Gärten oder Grünanlagen ein ausreichendes Nahrungsangebot an Insekten vorfindet.

Wenn alles stimmt und sich der Hausrotschwanz an Ihrem Haus einstellt, wird er Ihre Bemühungen mit seinem reizvollen Morgenlied, das er als Frühaufsteher meist in Hausnähe vorträgt, belohnen.

Niststeine: Fertighäuser in der Mauer

In den meisten Häusern jüngerer Baujahres fehlt eine ganz wichtige Brutmöglichkeit für die vielen Felsbrüter: die Mauernische. Bei Neubau oder Fassadenrenovierung kann dieser Mangel jedoch leicht behoben werden. Der Fachhandel bietet sogenannte Nischensteine an, die bequem in jede Mauer eingebaut werden können.

Die sechs bis acht Kilogramm schweren Steine bestehen aus Holzbeton und sind in drei verschiedenen Ausführungen erhältlich:

- Niststein für Höhlenbrüter. Der Stein ist hochformatig und hat eine charakteristische, kleine kreisförmige Einflugöffnung. Hier fühlen sich vor allem Blau- und Kohlmeise wohl.
- Niststein für Halbhöhlenbrüter. Vom vorherigen Typ unterscheidet er sich durch seine große halbkreisförmige Einflugöffnung. Er wird gern von Bachstelze und Hausrotschwanz angenommen. Manchmal stellen sich aber auch Rotkehlchen und Grauschnäpper ein.
- Niststein für Mauersegler. Dieser Typ ist breitformatig und besitzt eine schlitzförmige Einflugöffnung.

Angeboten werden Niststeine sowohl im Hoch- als auch im Querformat mit variablem Einsatz für das Einflugloch.

Der günstigste Standort für Niststeine ist die sonnige und warme Süd- oder Südostwand des Hauses. Besonders geeignet sind wettergeschützte und störungsfreie Stellen. Die Niststeine sollten in mindestens zwei Metern Höhe angebracht werden, um die Bewohner vor dem Zugriff von Katzen zu schützen. Der Mauersegler liebt es höher, deshalb eignen sich auch Hochhäuser oder Kirchtürme als Standorte. Will man gleich mehrere Niststeine einbauen, sollte ein Mindestabstand von vier Metern eingehalten werden. Nur für den gesellig in Kolonien brütenden Mauersegler darf Niststein an Niststein gesetzt werden. Niststeine lassen sich verputzen wie jeder andere Mauerstein auch, die Einschlupföffnung muß natürlich freigehalten werden.

Wie die frei aufgehängten Nistkästen müssen Niststeine einmal jährlich im Herbst gereinigt werden. Dazu läßt sich der Fluglocheinsatz problemlos herausnehmen. Damit eine spätere Reinigung möglich ist, sollte die Einbaustelle vor allem bei Hochhäusern und Türmen so gewählt werden, daß sie ungefährlich zu erreichen ist.

Niststeine sind Appartementhäuser für Halbhöhlen- und Höhlenbrüter. Bild oben zeigt einen Niststein für Halbhöhlenbrüter. Darunter ist der Stein in eine Mauer eingebracht. Im unteren Bild wurde eine ausgeschlagene Halbhöhle vom Grauschnäpper besiedelt.

Austauschbare Einsätze für Niststeine mit unterschiedlichen Fluglochweiten (oben). Darunter ein Niststein für Höhlenbrüter. Bild unten zeigt einen eingemauerten Niststein, dessen Verschmutzung die intensive Nutzung anzeigt.

Selbstgebautes Fledermausbrett an einer Hauswand. Ein idealer Tagesschlafplatz für die heimischen Nachtjäger.

Fledermäuse: Sommerquartiere an der Hauswand

Im Frühsommer begeben sich die Fledermäuse auf Wohnungssuche. Während Männchen und noch nicht geschlechtsreife Weibchen umherstreifen und sich tagsüber an wechselnden Hangplätzen in Gesellschaft ausruhen, ziehen sich trächtige Weibchen in kleinen Gruppen an warme, dunkle Plätze, sogenannte Wochenstuben, zurück, in denen sie ihre Jungen zur Welt bringen. Neben den Waldfledermäusen, die als Sommerquartiere Höhlen in alten, abgestorbenen Bäumen bevorzugen, gibt es bei uns auch die sogenannten Hausfledermäuse (zum Beispiel Zwergfledermaus, Breitflügelfledermaus, Mausohr), die ihr Domizil gern auf Dachböden, in Mauerfugen oder hinter Fensterläden einrichten. Aber auch einige typische Waldfledermäuse wie der Abendsegler, die immer seltener Unterschlüpfe in alten Bäumen finden, greifen gezwungenermaßen auf Ersatzquartiere im und am Haus zurück. Die erwähnten Fensterläden und auch Rolladenkästen eignen sich allerdings nur „außer Betrieb" als Unterschlupf, da die Tiere äußerst empfindlich auf Belästigungen jeglicher Art reagieren. Werden sie hier jedoch nicht gestört, lohnt es sich, Einschlupflöcher zu schaffen, die zwei bis drei Zentimeter breit sein sollten. Die Erfahrung zeigt, daß solche Refugien selbst an Neubauten angenommen werden.

Ein weiteres günstiges Versteck bieten Verschalungen mit Einflugmöglichkeiten an der Außenwand. Ritzen und Spalten, vor allem im oberen Bereich der Hauswand, sollten nicht verfugt werden. Solche Spaltenverstecke werden von vielen Fledermausarten gern als Tagesunterschlupf genutzt. Zwergfledermäuse und Abendsegler versammeln sich hier sogar gelegentlich, um ihre Jungen aufzuziehen. Einige Fledermausarten beziehen auch leerstehende, für sie geeignete Vogelnistkästen.

Vögel und Fledermäuse können gelegentlich auch in friedlicher Koexistenz leben. So wurden in Nistkästen schon Doppelbelegungen festgestellt: Am Boden des Kastens brüteten Meisen, während oben über dem Einschlupfloch Fledermäuse ihr Sommerquartier bezogen hatten.

Besiedelte Fledermausquartiere sind etwas, worauf Sie stolz sein können – Grund genug, noch einige zusätzlich anzubieten: An jeder einigermaßen sonnenerwärmten Hauswand lassen sich Fledermauskästen oder Fledermausbretter anbringen. Diese speziellen Unterschlüpfe für Fledermäuse werden in verschiedenen Variationen von Firmen angeboten, lassen sich jedoch mit etwas handwerklichem Geschick auch selbst herstellen (s. Kap. Ratgeber, S. 314/315).

Die günstigsten Stellen am Haus sind in etwa vier Meter Höhe, wo Störungen selten und sie außer Reichweite von Katzen sind. Sonnige, nach Süden oder Osten gerichtete Hauswände eignen sich besonders gut, denn junge Fledermäuse sind sehr wärmehungrig. Zuviel Sonne ist allerdings ungünstiger als Halbschatten. Die Kästen sollten in Gruppen von drei bis fünf Stück aufgehängt werden, da Fledermäuse Gesellschaft schätzen und häufig sogar verschiedene Arten gemeinsam siedeln.

Ob Fledermaus-Nisthilfen angenommen wurden, können Sie am besten im Dunkeln, wenn die Untermieter aushäusig sind, durch vorsichtiges Öffnen und mit Hilfe einer Taschenlampe überprüfen. Da Fledermäuse äußerst empfindlich auf Störungen reagieren, sollten Sie im Sommer während der Jungenaufzucht Kontrollen unterlassen. Unproblematisch ist eine Überprüfung auf Kotspuren unter den Nisthilfen. Er ist vergleichbar mit Mäusekot, jedoch weniger fest, läßt sich zwischen den Fingern reiben und enthält die unverdaulichen Reste verspeister Insekten.

Wenn neu aufgehängte Nisthilfen nicht sofort von Fledermäusen bezogen werden, dürfen Sie nicht enttäuscht sein und die Geduld verlieren. Bis zu einer Erstbesiedlung können Jahre vergehen. Fledermausexperten vermuten, daß sich die Tiere ab Ende August auf die Suche nach Winterquartieren begeben. Diese Zeit äußerster Mobilität beginnt mit der Auflösung der Wochenstube und endet mit dem endgültigen Bezug eines frostfreien Winterquartiers. In dieser Suchphase entdecken Fledermäuse neu aufgehängte Kästen, die sie sich merken und dann eventuell im nächsten Jahr als Sommerquartier beziehen.

Fledermauskasten an einem Baum wird gerade von einem Braunen Langohr inspiziert.

Ein winterschlafendes Braunes Langohr im Mauerspaltenversteck eines Kellers.

Altes Fachwerk mit Zwischenfüllung aus Lehm. Unten: Die nachgebaute Lehmwand dient Mauerbienen und Lehmwespen als Nisthilfe.

Insekten:
Mangel an Nistlöchern

Hautflügler, zu ihnen gehören zum Beispiel Bienen, Hummeln und Wespen, sind nach Käfern und Schmetterlingen die drittgrößte Insektengruppe der Welt. Allein in Deutschland sind sie mit über 10 000 Arten vertreten. Allen Vorurteilen zum Trotz sind sie bis auf ganz wenige Ausnahmen nicht nur völlig harmlos, sondern leisten auch wichtige Dienste als Pflanzenbestäuber und Schädlingsvertilger. In den letzten 15 Jahren indessen ist ihre Artenvielfalt alarmierend zurückgegangen. Viele Hummel- und Bienenarten sind im Bestand gefährdet und stehen mittlerweile auf der Roten Liste gefährdeter Tierarten.

Neben Klimaveränderungen und der immer stärkeren chemischen Umweltbelastung (Insektizide, Herbizide) spielt dabei auch der Mangel an geeigneten Nistplätzen eine Rolle. An modernen, glattverputzten Häusern finden Mauerbienen und andere Hautflügler keine Nischen und Fugen mehr für ihre Nester. Eine alte Natursteinmauer mit ihren vielen Rissen und Fugen ist für sie ein idealer Platz, um darin Nestgänge anzulegen.

Weitere Nistplätze für andere Hautflüglerarten, wie Löcher in morschen Baumstämmen, alten Zaunpfählen oder hölzernen Fassaden, sind in unseren städtischen Wohngebieten ebenso selten geworden wie alte, unverputzte Mauern und Wände. Die meisten Arten können diese Nistlöcher jedoch nicht selbst bohren, sondern sind auf bereits vorhandene Bohrgänge, zum Beispiel von Käfern, angewiesen. Wir können die Käfer als „Handwerker" jedoch leicht ersetzen. Als Nisthilfe (s. Kap. Ratgeber, S. 316) braucht man lediglich einen Hartholzklotz (Buche oder Eiche) von der Größe eines Ziegelsteins, in den waagerechte Löcher mit Durchmessern zwischen zwei und zehn Millimetern und einer Tiefe zwischen fünf und zehn Zentimetern gebohrt werden. Aus diesem Löcherangebot können nun viele Hautflüglerarten jeweils ihr Loch in der passenden Größe aussuchen. Die Blöcke müssen immer an sonnigen und windgeschützten Stellen der Fassade (auch Balkone sind geeignet) angebracht werden. Nisthilfen dieser Art werden von Mauerbienen, Löcherbienen, Blattschneiderbienen und Maskenbienen gern besiedelt und sind eine sinnvolle Maßnahme. Aber auch

Hummeln leiden unter Wohnungsnot. Ein selbstgebauter Hummelbrutkasten wird von der Erdhummel gerne bezogen.

Faltenwespen und blattlausjagende Grabwespen nehmen die Bohrblöcke vielfach an.

Gebündelte Halme oder hohle Holunderzweige, die waagerecht an der Fassade angebracht werden, sind ebenfalls eine ausgezeichnete und leicht herzustellende Nisthilfe für verschiedene Hautflügler. Natürlich erfüllen sie nur dann ihren Zweck, wenn in der Umgebung auch genügend Nahrungspflanzen auf Wiesen, im Garten oder am begrünten Haus zur Verfügung stehen.

Selbstgebaute Nisthilfe für Insekten mit markgefüllten Stengeln und hohlen Halmen.

Im Handel erhältlicher Nistkasten für Florfliegen (oben). Mit Stroh ausgestopft (unten) bietet er alle Brutvoraussetzungen für das nützliche Insekt.

Holzscheiben oder Ziegel, in die Löcher mit verschiedenen Durchmessern gebohrt sind, bieten idealen Brutraum für Wildbienen und weitere Insekten.

Mauerbienen legen ihre Eier in die Brutröhren und vermörteln sie anschließend mit einem Sand- oder Lehmpfropf. Wenn das fertige Insekt ausgeschlüpft ist, nagt es sich in die Freiheit.

Sockel und Traufbereich

Wohnungsangebote für seltene Insekten sind selbst am Fassadensockel des Hauses möglich. Sand-, Schotter- oder Kiesoberflächen an der Hauswand unter überhängenden Dachvorsprüngen bieten Nistplätze für erdbewohnende Insektenarten. Es ist ausreichend, wenn an solch trockenen, durch den Dachvorsprung wettergeschützten, jedoch sonnenbestrahlten Flächen der Boden auf etwa einem halben Quadratmeter 20 Zentimeter tief ausgehoben und anschließend mit Lehm bzw. mit lehmhaltiger Erde aufgefüllt wird. Diese Stellen können sehr rasch von vielen erdbewohnenden Arten besiedelt werden, besonders wenn sich im trockenen Lehm Risse bilden. Zu erwarten sind neben Sand- und Furchenbienen die kräftigen, hummelähnlichen Pelzbienen und viele andere Hautflügler, wie Grabwespen, Faltenwespen und Wegwespen. Ameisen, die nebenbei bemerkt wesentlich zur Belüftung und Verbesserung des Bodens beitragen, bauen ebenfalls an solchen Stellen ihre Nester. Und entdeckt man kleine Trichter im Erdreich rund ums Haus, hat sich ein besonders seltener Gast eingefunden: der Ameisenlöwe. Es ist interessant, dieser Larve dabei zuzusehen, wie sie ihre raffinierte Fallgrube anlegt, um darin Ameisen und andere Insekten zu fangen.

Querschnitt Trockenbeet: Es dient der Sockelisolierung und Insekten. Sinnvollerweise kann es mit Kletterpflanzen kombiniert werden.

Die zu den Netzflüglern gehörende Ameisenjungfer kann in sandigen, trockenen Flächen am Haussockel ihre Eier ablegen.

Die Larven, im Volksmund Ameisenlöwen genannt, lauern am Grund selbsterbauter Sandtrichter auf Ameisen- und andere Kleintierbeute.

Sockelbereiche am Hausrand bieten sicher nicht die idealen Bedingungen für eine reichhaltige Pflanzen- und Tierwelt. Doch es geht ja nicht nur um mehr Lebensraum für Tiere in der Stadt, sondern auch um mehr Erlebniswert und Lebensqualität für uns als Bewohner. Und wer wird bestreiten, daß ein paar Blumen und Pflanzen am Hausrand nicht schöner sind als eine kahle Wand?

Sockelbereiche an der Hauswand müssen nicht steril sein …

… sie lassen sich ansprechend begrünen und damit ökologisch aufwerten.

Übersicht: Mögliche Förderungsmaßnahmen für Tiere an der Fassade

Bereich	Maßnahmen	Geförderte Tiere
Hauswand	Begrünung mit ein- und mehrjährigen Kletterpflanzen	Vögel, Eidechsen, Schmetterlinge, Käfer, Bienen, Hummeln, Schwebfliegen
	Obstspaliere anlegen	Vögel, Tagfalter, Käfer, Bienen, Hummeln, Wespen, Schwebfliegen
	Natursteinmauern nicht verputzen	Schmetterlinge, Bienen, Hummeln, Wespen, Hornissen
	Beim Mauern Nischen freilassen	Fledermäuse, Vögel, Eidechsen, Bienen, Hummeln, Wespen
	Nistkästen anbringen	Turmfalke, Dohle, Hausrotschwanz, Mauersegler, Rauch- und Mehlschwalbe und andere Vögel
	Niststeine einmauern	Blau- und Kohlmeise, Garten- und Hausrotschwanz, Bachstelze, Mauersegler und andere Vögel
	Fledermauskästen und -bretter anbringen	Fledermäuse
	Diverse Nisthilfen für Insekten	Bienen, Hummeln, Wespen
	Ungenutzte Rolladenkästen mit Öffnung versehen;	Fledermäuse, Vögel, Hornissen
	Verkleidung und Dämmung mit Einschlupflöchern versehen	Fledermäuse, Vögel, Schmetterlinge, Hummeln
Fenstersims	Pflanzkästen mit Wild- und Insektenblumen anbringen	Schmetterlinge (auch Raupen), Bienen, Hummeln, Käfer, Schwebfliegen
Balkon	Pflanzkästen mit Wild- und Insektenblumen anbringen; Wände begrünen	Schmetterlinge (auch Raupen), Bienen, Hummeln, Wespen, Käfer, Schwebfliegen
	Diverse Nisthilfen für Insekten anbringen	Bienen, Hummeln, Wespen, Schwebfliegen
Sockel	Sand- und Kiesbeete unter dem Dachvorsprung anlegen	Bienen, Ameisenlöwe, Ameisen
	Lehmflächen anlegen	Verschiedene Erdbienen

Keller und Lichtschächte

Höhlen sind wegen ihrer klimatischen Besonderheiten und ihrer Abgeschiedenheit einzigartige Lebensräume. Extrem hohe Luftfeuchtigkeit und ganzjährig fast gleichbleibende Temperaturen kennzeichnen das Klima. Höhlen sind frostfrei und nur schwach oder überhaupt nicht beleuchtet. Pilzflora und eine ganz besondere Fauna sind „höhlentypisch“ und bieten vielen Tierarten Schlafplätze oder sogar Überwinterungsquartiere.

Ungestörte, natürliche Höhlen bieten vielen Arten einen Lebensraum. Da sie immer seltener werden, gehen Fledermäusen wertvollste Winterschlafplätze verloren.

Asseln gehören zu den Kleinkrebsen. Sie sind extrem lichtscheu und leben bevorzugt in Höhlen, dunklen Verstecken und Kellern.

In vielen Kulturlandschaften, vor allem natürlich in der Stadt, fehlt der Biotop Höhle vollständig. Einen guten Ersatz bieten aber Kellerräume unter alten Gebäuden oder alte Wein-, Bier- oder Obstkeller. In diesen vom Menschen geschaffenen Räumlichkeiten herrscht nahezu das gleiche Mikroklima wie in Höhlen. Mit ihren feuchten Lehmböden oder in Sand verlegten Ziegelböden sind sie nicht nur als Vorratskeller besser als moderne Keller, weil gleichmäßig feucht und kühl, sie sind auch Lebensstätten für viele höhlenliebende Tierarten. Etliche der über 500 in Höhlen gefundenen Arten lassen sich auch hier nachweisen. Der aufmerksame Beobachter findet eine vielfältige „Kellerwelt“: Asseln verstecken sich in Mauerspalten, Weberknechte schwanken auf ihren langen dünnen Beinen, und hoch an der Decke lauert eine große Hauswinkelspinne in ihrem Trichternetz auf eine der zahlreichen Taufliegen, die von Obst angelockt werden.

Eine zoologische Besonderheit ist die Kellermotte, die bisher noch nicht außerhalb von Kellern nachgewiesen werden konnte. Vor allem viele Käferarten (ein Drittel aller Tierarten im Keller gehören zur Ordnung der Käfer), wie Moderkäfer, Schimmelkäfer, Kurzflügelkäfer und Laufkäfer, fühlen sich hier wohl. So fand ein Zoologe in einem Keller mitten in der Heidelberger Innenstadt bei einer einzigen Untersuchung nicht weniger als elf verschiedene Käferarten, von denen sechs typische Kellerbewohner waren. Aber auch eher unscheinbare

Lebewesen wie Springschwänze, Tausendfüßer und Steinkriecher sind häufig im Keller anzutreffen. Dunkle Keller bieten nachtaktiven Tieren wie Feuersalamander und Erdkröte tagsüber einen kühlen, feuchten Unterschlupf und können im Winter Quartier für Langohren, die Fransenfledermaus und die sehr seltene Kleine Hufeisennase sein.

Die Pilze und Algen an Decke und Wand ernähren viele Kleinschmetterlingsarten, die im Freien in Baumpilzen oder unter Rinden leben. Es gibt so etwas wie typische „Kellernahrung". Keller mit geweißten Wänden beziehungsweise ohne Pilze haben dagegen Tieren kaum etwas zu bieten.

Besonders genau wurde das lebende Inventar der Weinkeller untersucht. Diese oft sehr tief gelegenen Keller haben mittlere Temperaturen von acht bis elf Grad Celsius, bei einer Schwankung von nur zwei bis drei Grad Celsius über das Jahr. Von den vielen Kellerbewohnern sollen uns zwei besonders interessieren. Ein häufiger und charakteristischer Bewohner der Weinkeller ist die Weinkellermotte. Deren Raupe lebt von Schimmelpilzen an feuchten Wänden, aber leider auch von schimmeligen Korken, in die sie Löcher nagt. Bohrmehl, das zusammengesponnen in Zöpfen von den Korken hängt, oft auch noch mit auströpfelndem Wein vermischt, weist sicher auf Aktivitäten der Weinkellermotte hin.

Finden sich unter Bordeaux und Riesling am Boden oder an den Wänden zarte Schleimspuren, weiß man, daß es für die edlen Tropfen feucht genug ist, denn Kellerschnecken sind zu Gast. Diese ausgezeichneten Feuchtigkeitsanzeiger, Nacktschnecken ohne Gehäuse, verstecken sich bei Licht. Im Dunkeln kommen sie hervor und fressen fast alles, was sie finden – ob Pflanzen oder tote Tiere. Ab und zu kann die Kellerschnecke auch schon mal am Etikett einer Weinflasche nagen und so zumindest äußerlich aus einem guten Jahrgang einen anonymen Allerweltstropfen machen.

Oben: Alter Gewölbekeller mit gestampftem Lehmboden. Mit hoher Luftfeuchtigkeit und niedrigen, gleichbleibenden Temperaturen bietet er die Lebensbedingungen natürlicher Höhlen.

Schnurfüßer (links) und Weberknechte gehören zu den Arten, die häufig in Kellern anzutreffen sind.

Moderne, meist vollständig gegen die Außenwelt abgeschottete Kellergeschosse von Neubauten, bei denen oft Räume als Sauna, Heizungskeller oder Hobbyraum genutzt werden, taugen natürlich nicht als „Ersatzhöhle". Die Temperaturen liegen hier zwischen sechs Grad Celsius im Januar und achtzehn Grad Celsius im August. Die Luftfeuchtigkeit ist ebenfalls zu gering, und wegen häufiger Nutzung sind diese Keller auch nicht störungsfrei. Aber wäre es nicht einmal interessant, bei Neubau, Umbau oder Modernisierung eines Kellergeschosses einen „Naturkeller" einzurichten und so vielleicht schon bald Fledermäuse als Wintergäste aufnehmen zu können?

In einem „Naturkeller" für Fledermäuse könne auch Amphibien wie Molche, Salamander oder Kröten als Wintergäste einziehen. Vorausgesetzt, er bietet geeignete Verstecke an und im Boden den „Fußgängern" Zugang.

Ein Naturkeller bietet nicht nur Tieren einen Lebensraum, er ist auch ideal für viele Lebensmittel, die in modernen Kellern nicht gut zu lagern sind.

Oben: Naturkeller mit Lehmboden – ein idealer Lagerplatz für Lebensmittel und willkommener Lebensraum für höhlenbewohnende Tierarten.

Fledermäuse bevorzugen ungestörte Naturkeller mit Einschlupfmöglichkeiten.

Rechts: Erdkröte, im Keller überwinternd, und am natürlichen Überwinterungsplatz im Wald.

Keller:
Ersatzhöhlen für Fledermäuse

Beim rapiden Bestandsrückgang unserer heimischen Fledermausarten spielt der Verlust geeigneter Winterquartiere eine erhebliche Rolle. Viele der ursprünglichen Naturhöhlen und Stollen wurden in den letzten Jahren aus Sicherheitsgründen spaltenlos zugemauert, zu eng vergittert oder auch zugeschüttet. Höhlen, die für Touristen geöffnet wurden, bieten ebenfalls keine geeigneten ungestörten Überwinterungsorte mehr.

Wir können den Fledermäusen im Haus Ersatz für den Verlust ihrer natürlichen Winterquartiere anbieten. So akzeptieren etliche Fledermausarten Keller als Ersatzquartiere. Sie sollten allerdings folgende Voraussetzungen erfüllen, damit Fledermäuse sie akzeptieren:

- Gute Ein- und Ausflugmöglichkeiten.
- Hohe Luftfeuchtigkeit (85 bis 100 Prozent), weil sonst die empfindlichen Flughäute austrocknen.
- Ganzjähriger Frostschutz. Die Idealtemperatur liegt bei drei bis neun Grad Celsius.
- Keine Zugluft. Fledermäuse können sich rasch tödlich erkälten.
- Möglichst wenig Licht.
- Hangplätze (Vorsprünge und Spalten).
- Keine Störungen durch den Menschen.

Nach diesen Kriterien sind Neubausiedlungen mit modernen Kellern Wüsten für Fledermäuse: zu warm, zu trocken. In Dörfern läßt sich allerdings in den alten, tiefen Kellern mit wenigen und nicht besonders aufwendigen Maßnahmen rasch ein geeignetes Winterquartier einrichten. Einlaß zum Keller gewährt man den Fledermäusen am besten durch kleine Einschlupfschlitze in Türen oder Fenstern. Zu große Öffnungen sind ungünstig; sie gewähren auch Feinden der Fledermäuse Zutritt. Die Einschlupfschlitze sollten, will man Marder und andere Fledermausfeinde fernhalten, circa vier bis acht Zentimeter hoch und 40 bis 50 Zentimeter breit sein und zum Beispiel in holzverschalten Fensteröffnungen, die deutlich über Bodenhöhe liegen, angebracht werden. Wenn bauliche Veränderungen nicht möglich sind, kann es auch genügen, die Fensterluke stets einen Spalt von wenigstens 4 Zentimetern Breite offenzuhalten. Besteht der Kellerboden aus gestampftem Lehm, schafft gelegentliches Abspritzen die richtige Luftfeuchtigkeit. Der Keller darf auf gar keinen Fall geheizt werden und sollte immer dunkel sein.

Decke und Wände eines Fledermausquartiers müssen rauh sein, damit die Tiere Gelegenheit finden, sich in ihrer bevorzugten Schlafstellung kopfüber festzukrallen. Für Hangplätze sorgt man schon, wenn man Wände und Decken nicht verputzt. Bei Betonwänden reicht es oft schon aus, einen

Mausohr-Fledermäuse überwintern an einer Kellerdecke.

Streifen rauh zu verputzen. Komfortablere Schlafgemächer bieten an der Decke befestigte Holzleisten oder Hohlblocksteine. Die Hohlblocksteine sollten mit der Öffnung nach unten (Tiefe zehn Zentimeter, Querschnitt zwei mal zwei Zentimeter) angebracht werden. Weitere Verstecke schafft eine Vormauerung: An der Wand werden Hohlblocksteine auf Lücke gestapelt.

Zur Luxuswohnung wird eine Verschalung mit Dachpfannen. Die Verschalung muß oben geschlossen sein. Eine Höhe von circa 80 Zentimetern ist ausreichend.

Während des Winterschlafes läuft der Lebensmotor der Fledermäuse auf Sparflamme: Die Körpertemperatur sinkt von 38 Grad Celsius auf drei bis fünf Grad Celsius, auch die Atemfrequenz und der Herzschlag werden deutlich herabgesetzt. Das bedeutet einen verlangsamten Stoffwechsel und damit sehr geringen Energieverbrauch. Fledermäuse zehren während des bis zu sechs Monaten dauernden Winterschlafs von ihren im Sommer angefressenen Fettreserven.

Wird es um die Schläfer kälter als null Grad, warnt sie ihr innerer Wecker. Ein „innerer Thermostat" bewahrt sie vor dem Erfrieren und läßt

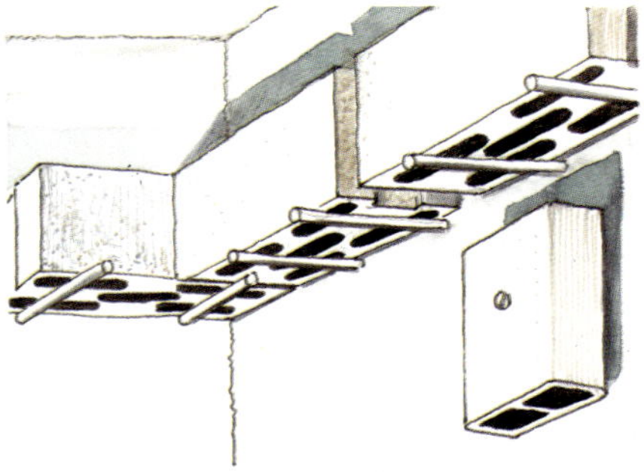

Überwinterungsplätze für Fledermäuse in feuchtkühlen Kellern: Hohlblocksteine an Decken und Wänden.

Dachpfannen auf Holzleisten genagelt.

Nischen in Mauern für Spaltenquartierüberwinterer.

Katzensichere Einflugmöglichkeit für Fledermäuse: versetzte Holzverschalung.

ihre Körpertemperatur langsam auf 38 bis 40 Grad Celsius ansteigen. Die Fledermäuse können sich dann ein wärmeres Plätzchen oder ein anderes Versteck suchen. Bei abrupten Störungen kostet sie aber das Aufwachen innerhalb weniger Minuten ruinös viel Energie. Wird eine Fledermaus zu oft geweckt, kann das für sie tödlich sein. Die Energieverluste summieren sich – die Fledermaus wird zu schwach, um sich im Frühjahr aus eigener Kraft erwärmen zu können. Es ist deshalb sehr wichtig, daß Fledermäuse in Ruhe überwintern können. Unnötige Störungen zwischen Oktober und April sollten auf jeden Fall vermieden werden. Eventuell kann man in „Fledermauskellern“ Trennwände einziehen, um den Tieren die notwendige Abgeschiedenheit zu sichern.

Da viele Arten sehr ortstreu sind, das heißt jahrelang dasselbe Quartier, oft sogar denselben Hangplatz aufsuchen, kann ein gewisser baulicher Aufwand einen Generationenvertrag zwischen Flattertier und Mensch begründen.

Oben: Kellerschächte sind Todesfallen. Durch ein Fluchtbrett können sie entschärft werden.

Kellertreppen sind für manche Tiere unüberwindliche Hindernisse. Ein Rand zum Fahrradschieben ist für sie ein geeigneter Fluchtweg.

Kellertreppe und Lichtschacht: Tödliche Fallen

Wo Mensch und Licht in den Keller gelangen, wird es für viele Kleintiere oft lebensgefährlich. So sind Außentreppen, die zu einem Keller hinabführen, für die meisten Tiere Einbahnstraßen: Hinunter geht es leicht, aber der Wiederaufstieg ist beschwerlich, meist sogar unmöglich. Eine Treppe mit 15 bis 20 Zentimeter hohen Stufen wird zum Hindernis, das bestenfalls ein so exzellenter Hochspringer wie der Grasfrosch überwinden kann. Weniger sportliche Tiere sind gefangen. Schon ein seitlich an der Treppe auf die Stufen gelegtes Brett mit möglichst rauher Oberfläche ermöglicht diesen Tieren die Rückkehr in die Freiheit.

Eine tödliche Falle am Haus sind für viele Kleintiere ungesicherte Lichtschächte vor Kellerfenstern. Sie sind oft gar nicht oder auch nur mit einem weitmaschigen Gitter abgedeckt. Im Herbst sammelt sich hier Fallaub und bietet so zahlreichen Tierarten eine willkommene Unterschlupfmöglichkeit. Aber viele Tiere stürzen oft schon bei der Nahrungssuche ab und haben keine Chance, wieder herauszuklettern, sind doch Lichtschächte in aller Regel glatt und kletterfeindlich.

Von der immensen „Ausbeute“ eines Lichtschachtes kann man sich leicht überzeugen, wenn man seinen Inhalt etwas näher untersucht. Neben Unmengen vertrockneter Insekten, wie Laufkäfer, Heuschrecken und Schmetterlingsraupen, finden sich hier auch zu Grunde gegangene Amphibien, Eidechsen und Spitzmäuse. Völlig offene Lichtschächte können sogar einem Igel zum Verhängnis werden.

Nur wenige gute Kletterer, wie Asseln, Schnecken oder einige Spinnenarten, sind in der Lage, einen Lichtschacht wieder lebend zu verlassen. Aber selbst sie sind chancenlos, wenn der Schacht mit einem Kunststoffeinsatz ausgekleidet ist, dessen spiegelglatte Wände jede Flucht vereiteln. Mit geringem Aufwand läßt sich jedoch die „Todesfalle Lichtschacht“ weitgehend entschärfen: Man kann die gesamte Lichtschachtöffnung mit einem schützenden Rahmen abdekken, der mit Fliegengitter bespannt ist. Dann können allerdings auch erwünschte Kellerbesucher wie Fledermäuse nicht mehr durch das Kellerfenster eindringen. Besser ist es, den gefangenen Tieren durch ein schräg in den Schacht gestelltes Brett einen Fluchtweg zu bieten.

Eine weitere kritische Stelle am Haus wird oft übersehen. Bei vielen Häusern wird das Erdreich, der Isolation wegen, durch senkrecht gestellte Wellplatten oder dergleichen ein wenig von den Hausmauern abgehalten. Dadurch entstehen Hohlräume, aus denen es für viele Kleinsäuger, Amphibien und Insekten kein Entrinnen mehr gibt. Füllt man die Zwischenräume mit Kies oder Blähtonkugeln, bewahrt man viele Tiere vor dem tödlichen Absturz.

In feuchtkühlen Verstecken überwintert der Feuersalamander.

Übersicht: Mögliche Förder- und Sicherheitsmaßnahmen für Tiere im Kellerbereich

Bereich	Maßnahmen	Geförderte Tiere
Allgemein	Nicht heizen; feucht halten; wenig Licht; Störungen vermeiden; eventuell bestimmte Bereiche abtrennen	Fledermäuse, Igel, Spitzmäuse, Erdkröten, Käfer, Spinnen, Asseln, Schnecken
Kelleraußenwand	Hohlräume zwischen Boden und Außenwand mit Kies auffüllen	Igel, Spitzmäuse, Erdkröten, Feuersalamander, Käfer
Kellertreppe	Seitlich schmales Brett als Ausstiegshilfe anbringen	Igel, Spitzmäuse, Erdkröten, Feuersalamander, Insekten
Lichtschacht	Mit Maschendraht abdecken oder Ausstiegsbrett einlegen. Wenn Keller Winterquartier für Fledermäuse: Einflugöffnung vorsehen.	Igel, Spitzmäuse, Erdkröten, Feuersalamander, Insekten Fledermäuse
Kellertür	Oben und unten je 4 Zentimeter hohe und mindestens 40 Zentimeter breite Öffnung zum Ein- und Ausschlupf frei lassen.	Fledermäuse, Spitzmäuse, Erdkröten, Insekten
Kellerfenster	Einflugöffnung in der Holzverschalung (4 x 40 Zentimeter). Fensterluke dauerhaft mindestens 4 Zentimeter weit öffnen.	Fledermäuse, Insekten
Kellerdecke	Nicht überall glatt verputzen, nicht weißen. Holzleisten und Hohlblocksteine (Öffnungen nach unten!) als Hangplätze anbringen.	Fledermäuse
Kellerinnenwand	Rauh verputzen, Hohlziegel oder Hohlblocksteine einsetzen. Fugen und Nischen frei lassen. Unter der Decke wenigstens teilweise mit profilierten Dachpfannen oder Vormauerung oben geschlossene Hangplätze schaffen.	Fledermäuse, Insekten, Spinnen, Asseln
Kellerboden	In Naturkellern Boden aus Stampflehm bzw. Platten auf Sand belassen; gelegentlich befeuchten. In „modernen“ Bauten wenigstens Teilbereich mit Naturboden erhalten oder einrichten.	Fledermäuse, Igel, Spitzmäuse, Erdkröten, Insekten, Spinnen, Asseln, Schnecken

Freibereich ums Haus

Versiegelte Flächen sind lebensfeindliche Bereiche und Gullys Todesfallen für wirbellose Kleintiere, Amphibien, Eidechsen und Mäuse.

Steinwüste, soweit das Auge reicht, keine Versteckmöglichkeiten zum Schutz vor Feinden, mörderische Oberflächentemperaturen von teilweise über 50 Grad, lebensfeindliche Trockenheit, jeder Landregen ein lebensbedrohendes Hochwasser. So würde ein Regenwurm, eine Schnecke oder ein Käfer über eine asphaltierte oder betonierte Garagenzufahrt, einen Weg oder eine Hofeinfahrt urteilen. Solche versiegelten Flächen in Dorf und Stadt sind monotone, für die meisten Tiere und Pflanzen lebensfeindliche Bereiche. Asphalt und Beton bringen das Kleinklima, die Bodenatmung und den Wasserhaushalt gründlich aus dem Gleichgewicht.

Weil Wasser nicht mehr versickern kann, müssen Gullys und unterirdische Kanäle für Abfluß sorgen und verhindern, daß jeder Regenguß zur Sintflut wird. Aber damit fangen die Probleme erst an: Während Wassermassen an regnerischen Tagen die Kläranlagen überfordern, trocknen gleichzeitig die Böden aus, der Grundwasserspiegel sinkt. Hochwasser und Dürre prägen das Stadtklima. Außerdem können Gullys und vergitterte Regenabflußrinnen für viele Tiere (zum Beispiel wirbellose Kleintiere, Amphibien, Eidechsen, Mäuse) zur Todesfalle werden. Einmal hineingefallen, schaffen sie es nicht mehr, an den glatten Wandungen hinaufzuklettern, und verenden schließlich. Bordsteine sind ein tödliches Wegeleitsystem für Kleintiere: Die Tiere laufen und hüpfen auf der Suche nach einem Durchlaß so lange an dem unüberwindlichen Hindernis entlang, bis sie im nächsten Gully enden. Besonders in der Zeit der Amphibienwanderungen sind Gullys Frosch- und Krötenfallen mit verheerenden Wirkungen. Nach Aussagen von Naturschützern konnten in einem Extremfall fast dreihundert Frösche in wenigen Gullys gefunden werden. Dabei wäre es ein Leichtes, Gullys und Regenabflußrinnen mit Steigeinrichtungen für Tiere zu versehen – wenig Aufwand mit großer Wirkung.

Befestigte Flächen:
Von der Steinwüste zum Lebensraum

Auch sonst läßt sich die Herrschaft von Beton und Asphalt ohne allzu große Anstrengungen durchbrechen. Es ist keineswegs teuer oder aufwendig, all die Garagenzufahrten und Hofeinfahrten, die Terrassen und Sitzplätze so zu gestalten, daß sie nicht länger alles Lebendige ausschließen. Zugegeben, öffentliche Straßen und Wege müssen einiges aushalten und brauchen daher einen robusten Unterbau, der anderen Zwecken dienen muß als den Lebensbedürfnissen der Ameisen. Solchen Sachzwängen ist man auf dem eigenen Grundstück zum Glück nicht unterworfen. Der richtige Belag für Gartenwege ist Rindenschrot, Kies, sandgeschlämmter Schotter oder ein Lehmsand-Feinkies-Gemisch, das zusätzlich mit einer trittverträglichen Gräsermischung eingesät werden kann. Welches Material auch immer man wählt: Eine Schicht von fünf Zentimetern Dicke reicht in jedem Fall aus. Muß der Weg stärkere Belastungen aushalten, ist es ratsam, zusätzlich eine zehn bis 15 Zentimeter dicke Schotter- oder Splittschicht unterzulegen.

Für die stärker beanspruchten Garagenzufahrten, Stellplätze, Hofeinfahrten, Hauszugänge und Gehwege, Terrassen und Sitzplätze bietet sich eine breite Palette von Materialien an. Je nach Belastung und persönlichem Geschmack können Erde, Sand, Kies, Splitt, Schotter, Steinplatten oder auch Holzroste, Holzschwellen, Rund- und Kantholzpflaster verwendet werden. Rasengittersteine haben den Vorteil, daß die Auffahrt mit der Zeit fast „unsichtbar" wird, wenn sich die Pflanzen in den Fugen genügend ausgebreitet haben. Für das klassische Rasenpflaster werden die Pflastersteine auf eine 20 Zentimeter mächtige Kiessandschicht gesetzt. Die mindestens zwei Zentimeter breiten Fugen füllt man mit einem Gemisch aus 70 Prozent Sand und 30 Prozent Mutterboden auf und setzt der letzten Schicht eine Mischung aus trittverträglichen Grasarten zu, die im Gartenfachhandel erhältlich ist. Einfahrten lassen sich natürlich auch mit Steinplatten, Ziegelsteinen oder ähnlichem pflastern; wichtig ist allerdings, daß die Steine oder Platten unverfugt verlegt werden, um Regenwasser einsickern zu lassen. Naturstein- und Betonpflaster brauchen stets eine Unterlage von 20 Zentimetern Schotter und etwa fünf Zentimetern Splitt. Auch für sie gilt, daß Fugen von zirka zwei bis drei Zentimetern Breite freibleiben sollten.

Wer Lust hat, kann die verschiedenen Materialien mischen und zum Beispiel aus Rundhölzern und Ziegelsteinen phantasievolle Muster legen. Zufahrten sollte man möglichst nur entsprechend der Spurweite der Fahrzeuge als befestigte Spuren ausbauen. Im Bereich des Motorblocks kann eine angemessen große Plastik- oder Metallwanne am Stellplatz eingegraben werden, um zu verhindern, daß Öl tiefer in den Boden und in das Grundwasser eindringt.

In unseren Innenstädten mit ihrer starken Bodenversiegelung sind Lücken im Belag oft die einzige Möglichkeit, die Bodenatmung und den Wasserhaushalt zu unterstützen. Wenn Sie Flächen mit geeignetem Material „entsiegeln", wird sich in den vorhandenen Ritzen und Fugen recht schnell eine Vielzahl von Pflanzen und Kleintieren ansiedeln. So bieten zum

Gut befahrbar und trotzdem naturfreundlich: befestigte Oberflächen aus Rasenpflaster- oder Rasengittersteinen.

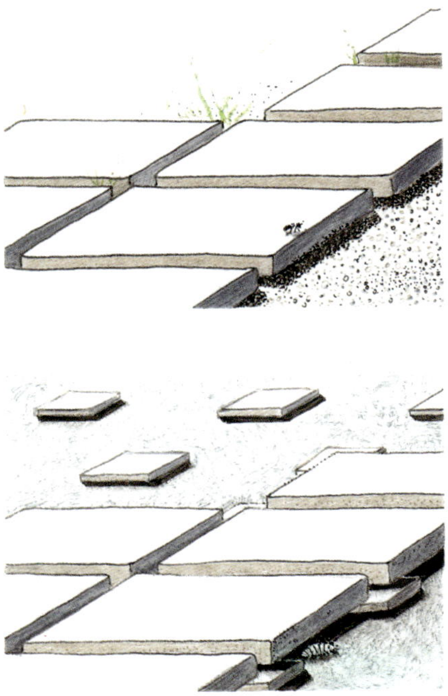

Ameisen, die gerne Hohlräume zwischen Steinplatten aufsuchen, markieren ihre Straßen mit Duftstoffen.

Beim Verlegen von Platten sollten breite Fugen zwischen den Platten oder auch Abstandshalter unter den Platten vorgesehen werden.

Bei Neuanlagen von Zufahrten möglichst nur die Fahrspur ausbauen.

Beispiel entsprechend ausgeführte Steinplattenbeläge in den Fugen trittgeschützte Unterschlupfmöglichkeiten für Regenwürmer, Laufkäfer, Ohrwürmer, Tausendfüßer, Asseln, verschiedene Spinnenarten, Ameisen, Grabwespen, im Erdboden nistende Wildbienen und weitere Insektenarten. Wie bedeutend solche „Ersatzbiotope" sein können, haben Wissenschaftler gezeigt. Sie zählten über 70 verschiedene Arten wirbelloser Tiere unter einer Hausterrasse. Auf betonierten Flächen lassen sich Steinplatten leider nicht im Sandbett verlegen. Aber mit sogenannten Abstandshaltern – auf welche die Platten aufgelegt werden – kann man trotzdem Hohlräume schaffen, die ebenfalls von einem Teil der bereits erwähnten Tierarten besiedelt werden.

Stütz- und Ziermauern: Ersatzfelsen im Kleinen

Felswände und Abbruchkanten in der freien Natur mit ihren Klüften, Spalten, Vorsprüngen, Nischen und Höhlungen bieten einer vielfältigen Tier- und Pflanzenwelt Lebensraum. Je nach Lage und Exposition der Felsbiotope im Gelände findet man eher wärmeliebende, an Trockenheit angepaßte oder mehr den Schatten und/oder die Feuchtigkeit liebende Pflanzen- und Tierarten. Zur ersten Gruppe zählen zum Beispiel Wildbienen, Hummeln, Laufkäferarten, Schmetterlinge, Eidechsen, Schlangen, verschiedene Vogelarten, Pflanzenarten wie Streifenfarn, Mauerraute, Schöllkraut, Schafgarbe, Fetthennengewächse, Habichtskraut, Steinbrechgewächse

Rasengittersteine und Betonpflaster beugen der Bodenversiegelung vor.

Katzenkopfpflaster und Natursteinplatten sind besonders dekorativ.

Rundhölzer und Basaltpflaster werden durch Moospolster noch schöner.

und Leimkraut. Zur zweiten Gruppe können Schnecken, Würmer, Asseln, Laufkäferarten, Kröten sowie Salamander gerechnet werden und an Pflanzen zum Beispiel Algen, Flechten, Waldmoose, Wurmfarn, Sauerklee, Moossteinbrech und Efeu.

Felsenbewohnende Pflanzen und Tiere sind heute auch an ihren natürlichen Standorten durch den Menschen bedroht. Freizeitaktivitäten wie Wandern, Klettern, Drachenfliegen und Naturfotografie wirken störend oder zerstörend; gerade die besonders seltenen Arten werden trotz des Verbots immer noch gesammelt. Zwar haben die wenigsten von uns die Möglichkeit, den Tourismus einzuschränken, größere Schutzgebiete zu schaffen oder strengere Grenzwerte für Schadstoffe durchzusetzen, aber im Kleinen können wir alle am selben Ziel mitarbeiten: Naturnahe Mauern, besonders die sogenannten Trockenmauern, sind Ersatzbiotope für Felswände, Abbruchkanten, Prallufer und Hohlwege. Wenn wir solche naturnahen Mauern erhalten oder an Stelle von sterilen Waschbeton- oder Betonmauern bauen, schaffen wir Wohnraum für eine bemerkenswerte Anzahl von Tieren. Untersuchungen an Garten-, Friedhofs-, Burg-, Schloß- und Stadtmauern im Vergleich zu Mauern in modernen, „betongestützten" Wohnsiedlungen haben es bewiesen: Naturmauern sind im Gegensatz zu Betonmauern voller Leben.

Die Kunst, mit Steinen zu bauen, gelangte mit den Römern vor rund 2000 Jahren zu uns. Seitdem gewannen Mauern im menschlichen Siedlungsbereich immer größere Bedeutung. Auch prägende Elemente aus unserer Kulturlandschaft, wie die Trockenmauern zur Abstützung der Weinberge an Rhein, Mosel oder Neckar, gehen letztlich auf römischen Einfluß zurück. Die Römer wußten, was sie taten. Nicht nur der Stützeffekt war gewünscht, sie bauten die Mauern auch, um ein günstiges Mikroklima zu schaffen, was zugleich der Weinqualität zugute kam. Südexponierte Wände speichern im Frühjahr und im Herbst weit mehr Sonnenwärme als ebene Flächen. Abends und nachts gibt das Gestein die gespeicherte Wärme langsam ab und verhindert so, daß der Boden zu schnell auskühlt – sehr zum Vorteil von wärmeliebenden Kulturpflanzen wie Wein, Mandeln und Pfirsichen. Als Nebeneffekt stellten sich wärmeliebende Wildpflanzen und Tie-

Oben: Eine Sonderform der Trockenmauer ist die Lesesteinmauer. Auch sie dient vielen Tieren als Unterschlupf.

Sandlaufkäfer kommen oft auf besonnten Wegen vor.

Querschnitt durch eine Trockenmauer: Die unverfugten Steinlagen bieten mit ihren Fugen und Höhlungen Wohnraum für viele Tierarten.

Weinberge mit ihren Stütz- und Trockenmauern sind bevorzugte Lebensräume wärmeliebender Tiere, wie auch der Mauereidechse.

re ein, die sich auch gut halten konnten, da die Römer noch keine Pestizide kannten. Der heutige intensive Wein- und Obstbau und die Flurbereinigung haben in den letzten Jahrzehnten viele dieser Trockenmauern zerstört und ihre spezialisierte Tier- und Pflanzenwelt heimatlos gemacht. Trockenmauern am Haus und im Garten könnten einen kleinen Ersatz für die verlorenen Lebensräume bieten.

Welche Möglichkeiten gibt es dafür in der dichtbesiedelten Innenstadt, in einer Neubausiedlung, beim Haus am Stadtrand oder auf dem Lande? Wichtig ist, daß alle alten Natursteinmauern erhalten und gepflegt werden, wo es nur immer geht. Dort, wo aus statischen oder sonstigen Gründen Betonmauern bereits existieren oder erforderlich werden, sollten wenigstens einige Aussparungen in der Betonwand frei bleiben, um Platz für den nachträglichen Einbau von Wabenziegelsteinen als Wohnstätte für Wespen, Wildbienen und Hummeln, Spinnen und Käfer zu lassen. Auch vorgefertigte Halbhöhlensteine für Nischenbrüter wie Hausrotschwanz, Bachstelze, Grauer Fliegenschnäpper, gelegentlich auch Rotkehlchen, kann man an einer dafür ausgesparten Stelle einbauen. Zusätzlich können auch Betonwände mit Natursteinen verblendet werden, die teilweise unverfugt bleiben, um weiteren Lebensraum für wirbellose Kleintiere zu schaffen. Ist das unmöglich, könnten immerhin noch Kletterpflanzen (zum Beispiel Wilder Wein, Efeu, Kletterhortensie, Clematis) die Betonwand aufwerten. Vogelarten wie Amsel, Singdrossel, Zaunkönig und Haussperling legen in solchen Wandbegrünungen gern ihre Nester an; selbst Rotkehlchen, Stieglitz und Zilpzalp brüten hier gelegentlich.

Trockenmauern: Lebensraum für viele Arten

Grundstückseinfriedungen, Hangstützmauern, Mauern zum Wind- und Sichtschutz lassen sich gut aus Natursteinen als Trockenmauern bauen: Dabei werden die Steine ohne Mörtel lose aufeinandergeschichtet. Auch freistehende Mauern können als Trockenmauern angelegt werden. Am besten errichtet man zwei gegenständige Steinwände, deren Inneraum mit Erde und Schutt aufgefüllt wird. Die Fugen zwischen den Steinen einer Trockenmauer füllt man teilweise mit Lehm.

Die Umfassung einer sogenannten Kräuterspirale sollte ebenfalls als Trockenmauer angelegt werden. Mittels einer „Kräuterspirale" ist es möglich, auf engstem Raum feuchte bis trockene Standorte für Kräuter zu schaffen (s. a. S. 161).

Trockenmauern haben reichlich Lücken, und genau das macht sie für Tiere so wertvoll. Insekten, Spinnen, Schnecken, Salamander, Eidechsen, Spitzmäuse und sogar Vögel finden Nahrung und Unterschlupf in den Hohlräumen zwischen den Steinen.

Die lehmgefüllten Fugen werden gern von Wildbienen und Wespen angenommen, die hier ihre Niststätten einrichten. Hummeln legen in den Höhlungen zwischen den Steinen ihre Brutkammern an; sie finden hier Ersatz für die verlorengegangenen Abbruchkanten und Prallhänge der Bachufer. Auch interessante Spinnen besiedeln die Trockenmauer. Für viele Menschen sind Spinnen leider angsterregende „Ekeltiere". Doch die einheimischen Spinnen sind für den Menschen völlig harmlos; die eher scheuen Tiere brauchen unseren Schutz. Gefährlich sind Spinnen nur aus der Sicht von Fliege, Motte und Grashüpfer. Viele Gartenschädlinge (zum Beispiel geflügelte Blattläuse), Fliegen, Mücken, aber auch Motten fallen ihnen zum Opfer. Einige Bewohner der Trockenmauer aus der Klasse der Spinnen seien hier aufgeführt. Die pelzig behaarten und dunkel gefärbten Wolfsspinnen leben in schattigen Fugen und Spalten, die sie nachts verlassen, um auf die Jagd zu gehen. In solchen Unterschlüpfen sitzen auch die Weberknechte, die von hier aus auf Beutefang in nahe gelegenen Blumen- und Gemüsebeeten gehen. Beachtlich, gemessen an ihrer Größe, ist die Sprungkraft der kleinen und gedrungen gebauten Springspinnen. An geeigneter Stelle verharren sie in Lauerstellung mit eng an den Körper gezogenen Beinen, um ihre Opfer mit einem großen Satz zu erbeuten.

Vor Sonne geschützte, kühle und feuchte Spalten und Höhlungen am Fuß der Mauer bieten Schnecken (zum Beispiel Hainschnirkelschnecke, Weg- und Ackerschnecke) und Amphibien (Erd- und Wechselkröte sowie Molchen) Unterschlupf. Besonnte Vorsprünge oder breitere Spalten im Mauerwerk werden mit etwas Glück von Eidechsen als Platz zum Sonnenbaden angenommen.

In den Nischen höherer Mauern nisten auch Vogelarten wie Rotkehlchen, Hausrotschwanz, Bachstelze, Grauer Fliegenschnäpper und Zaunkönig. Kleinere Säuger wie zum Beispiel Spitzmäuse kann man ebenfalls hier antreffen; größere Hohlräume im Innern der Mauern bezieht zuweilen auch das Mauswiesel, das Wühlmäusen im Garten zu Leibe rückt.

Zum Bau von Trockenmauern sollten Sie den Naturstein wählen, der auch in der Umgebung vorkommt und somit in die Gegend paßt. So verwendet man zum Beispiel auf Sandboden den dort vorkommenden Sandstein und nicht etwa kantigen Plattenkalk aus dem Jura.

Da Natursteine heute recht teuer sein können, sollten Sie, um die Kosten gering zu halten, verschiedene Bezugsquellen prüfen.

Recht günstig gibt es das geeignete Material, wenn es im Zuge von Sanierungs- und Abbruchmaßnahmen an Gebäuden anfällt. Auch eine Fahrt zur Bauschuttdeponie kann sich

Holzzaun und Natursteinmauer, ästhetische und natürliche Elemente früherer Dorfgestaltung.

Naturfreundlich und naturfeindlich im Vergleich: Trockenmauer stößt an eine mit Glattstrich verputzte Wand.

lohnen. In Steinbruchunternehmen kann man – meist umsonst – die Abraumhalden nach brauchbarem Material absuchen oder Natursteine zweiter Wahl (mit kleinen Fehlern) mit erheblichem Preisnachlaß kaufen. Vor Baubeginn muß der Untergrund entsprechend vorbereitet werden. Trockenmauern brauchen kein Fundament aus Beton. Je nach Höhe und

Oben: Die Echte Kamille kann im trockenen Bereich der Kräuterspirale angepflanzt werden.

Fugen und Ritzen von Trockenmauern und Kräuterspiralen sind Lebensraum des räuberischen Steinkriechers.

Tiefe der Mauer sowie nach Art des Untergrundes genügt ein mehr oder weniger mächtiges Fundament aus Schotter, auf das einige größere Steine plaziert werden. Das Fundament setzt man am besten auf gewachsenen Boden, also tiefer als die Humusschicht. Etwa 20 bis 40 Zentimeter Tiefe reichen dafür aus.

Wollen Sie die Mauer auf aufgeschüttetem Boden anlegen, dann müssen Sie entsprechend tiefer ausgraben. 50 bis 60 Zentimeter Tiefe oder mehr müssen je nach Höhe der Mauer vorgesehen werden. Der Untergrund sollte außerdem unter Zugabe von Steinbrocken gestampft und verdichtet werden. Auch die Breite des Fundamentes richtet sich nach der Höhe der geplanten Mauer.

Bei Hangmauern kommt es vor allem auf den bergwärts gelegenen Mauerteil an: Er muß das Sickerwasser ableiten, den Druck des Berges abfangen und so die vordere Mauerhälfte schützen. Damit die bergseitigen Steinschichten diese Aufgabe erfüllen können, muß das Fundament bei Hangmauern besonders breit geplant werden. Die größten und stabilsten Steine werden deshalb an der Basis der Mauer verbaut. Falls besonders viel Sickerwasser zu erwarten ist, muß sogar noch eine Dränschicht zwischen Mauer und Berg eingeschoben werden. Die bergseitige Mauer steht stabiler, wenn sie „nach hinten hängt". Wichtig ist aber, daß dennoch Stein auf Stein und nicht Stein auf Erde zu liegen kommt. Vorder- und Hintermauer sollten sich mit jedem Höhenmeter um drei Zentimeter nach hinten neigen.

Ist die Trockenmauer fertig, können Sie die Pflanzen auswählen. Viele Pflanzenarten für den Steingarten kommen in Frage. Diese Arten können an den unterschiedlichsten Stellen der Trockenmauer (Mauerkrone, Mauerseite und -absätze, Mauerfuß) gepflanzt werden. Je nachdem, ob die Mauer sonnenexponiert ist oder im Schatten liegt, bieten sich verschiedene Arten an (s. Übersicht).

Übersicht: Pflanzen für Stütz- und Ziermauern

Sonnige Standorte
Dachwurz *Sempervivum tectorum*
Federnelke *Dianthus plumarium*
Felsennelke *Petrorhagia saxifraga*
Frühlingshungerblümchen *Erophila verna*
Gipskraut *Gypsophila repens*
Hungerblümchen *Draba aizoides*
Karpatenglockenblume *Campanula carpatica*
Katzenminze *Nepeta faassenii*
Katzenpfötchen *Antennaria dioica*
Kleines Habichtskraut *Hieracium pilosella*
Mauerpfeffer-Arten *Sedum sp.*
Mauerraute *Asplenium ruta-muraria*
Polsternelke *Dianthus caesius*
Polsterphlox *Phlox douglasii*
Polsterseifenkraut *Saponaria ocymoides*
Sandveilchen *Viola rupestris*
Schafgarbe *Achillea millefolium*
Schneekissen *Iberis sempervirens*
Silberfingerkraut *Potentilla argentea*
Silberhornkraut *Cerastium tomentosum*
Silberwurz *Dryas sundermanii*
Spinnwebhauswurz *Sempervivum arachnoideum*
Steinbrech-Arten *Saxifraga sp.*
Stengelloses Leimkraut *Silene acaulis*
Zwergglockenblume *Campanula cochlearifolia*

Sonnige bis halbschattige Standorte
Diptam *Dictamnus albus*
Gelber Lerchensporn *Corydalis lutea*
Schöllkraut *Chelidonium majus*
Zimbelkraut *Veronica cumbalaria*

Schattige Standorte
Efeu *Hedera helix*
Fiederpolster *Cotula squalida*
Frauenfarn *Athyrium filix-femina*
Frauenmantel *Alchemilla hoppeana*
Golderdbeere *Waldsteinia ternata*
Goldnessel *Lamium galeobdolon*
Immergrün *Vinca minor*
Kriechender Günsel *Ajuga reptans*
Liegendes Mastkraut *Sagina procumbens*
Moossteinbrech *Saxifraga muscoides*
Porzellanblümchen *Saxifraga umbrosa*
Purpurglöckchen *Heuchera purpurea*
Ruprechtskraut *Geranium robertianum*
Sauerklee *Oxalis acetosella*
Wurmfarne *Dryopteris sp.*

Kräuterspiralen: Vielfalt auf kleinstem Raum

Mit einer Kräuterspirale kann man auf kleinstem Raum unterschiedliche Kleinklimabereiche und damit Standorte für eine Vielzahl von Kräutern schaffen, die als Gewürz- oder Heilpflanzen verwendet werden. Eine Trockenmauer von spiraligem Grundriß steigt zur Mitte hin allmählich an. Da der Platz zwischen den Mauern mit den unterschiedlichsten Böden von nährstoffreich bis mager gefüllt wird, können in einer Kräuterspirale feuchtigkeitsliebende Arten ebenso leben wie solche, die trockene Standorte bevorzugen. Ein Teich am Fuß der Spirale komplettiert das Standortangebot. Richtig angelegt, siedelt sich an einer Kräuterspirale auch bald das „passende“ Tierartenspektrum an, von Wassertieren bis zu sonnenhungrigen Arten, vom Teichmolch bis zur Zauneidechse.

Die Wahl des Standortes der Kräuterspirale muß auf einen sonnigen Platz fallen, wenn Sie das gesteckte Ziel erreichen wollen. Der Weg zur Küche sollte auch nicht weit sein, damit man sich jeweils rasch mit den gewünschten Gewürz- und Heilkräutern versehen kann. Ist der Standort gefunden, pflockt man den Grundriß der Kräuterspirale ab und verbindet die Pflöcke mit Schnüren, um für den Bau eine Orientierungshilfe zu haben. Nachdem man auf der gesamten Fläche die Grasnarbe und den (später noch benötigten) Humus abgehoben hat, tieft man den Teil der Fläche aus, der für den Teich vorgesehen ist. Wie bei einem natürlichen Gewässer sollte darauf geachtet werden, flachere und tiefere Gewässerbereiche einzuplanen. Wenn wasserlebende Tiere – vor allem Fische – frostsicher überwintern sollen, muß der Gewässerbereich größerer Kräuterspiralen an einer Stelle 80 bis 100 Zentimeter tief sein. In einem solchen Teich haben Fische auch dann noch genügend sauerstoffreiches Wasser, wenn der Teich zufriert. In flacheren Gewässern dagegen würden sie den Winter wohl kaum überleben. Zur Abdichtung des Teichbodens kann Teichfolie dienen, oder Sie verwenden Lehm, der gestampft wird. Die letztgenannte Bauweise führt aber häufig dazu, daß das Gewässer wegen des hohen Nährstoffgehaltes von Lehm recht schnell veralgt und keinen schönen Anblick bietet.

Eine Kräuterspirale in Trockenmauer-Bauweise ist bereits im Rohbau ein geeigneter Standort für Gewürz- und Heilkräuter; sie ist aber auch für Tiere interessant.

Sind diese Vorbereitungen getroffen, können die Außenwände in der bereits beschriebenen Trockenmauerbauweise aufgeschichtet werden. Um das Zentrum der Kräuterspirale für wärmeliebende, trockenheitsverträgliche Arten vorzubereiten, wird dieser Bereich mit Schotter, Kieselsteinen oder ähnlichem Material dräniert. Dieser „Unterbau“ wird dann mit sandigem Substrat abgedeckt beziehungsweise je nach Höhe der umgebenden

Die verschiedenen Feuchtigkeitszonen von Kräuterspiralen bieten vielen Pflanzen angemessene Standortbedingungen.

Übersicht: Pflanzen für die Kräuterspirale

Mittelmeerzone	**Ansprüche**
Lavendel *Lavandula angustifolia* Rosmarin *Rosmarinus officinalis* Salbei *Salvia officinalis* Thymian *Thymus vulgaris*	sehr trocken
Basilikum *Ocimum basilicum* Johanniskraut *Hypericum perforatum* Majoran *Origanum majorana* Oregano *Origanum vulgare* Schafgarbe *Achillea millefolium* Ysop *Hyssopus officinalis*	sehr trocken bis trocken
Normalzone	**Ansprüche**
Borretsch *Borago officinalis* Dill *Anethum graveolens* Echte Kamille *Matricaria chamomilla* Fenchel *Foeniculum vulgare* Kapuzinerkresse *Tropaeolum majus* Kümmel *Carum carvi* Liebstöckel *Levisticum officinale* Pimpinelle *Sanguisorba minor* Schnittlauch *Allium schoenoprasum* Zitronenmelisse *Melissa officinalis*	frisch
Frauenmantel *Alchemilla vulgaris* Kerbel *Anthriscus cerefolium* Kresse *Lepidium sativum* Petersilie *Petroselinum crispum*	frisch bis halbschattig
Bohnenkraut *Satureja hortensis* Eberraute *Artemisia abrotanum* Estragon *Artemisia dracunculus* Herzgespann *Leonurus cardiaca* Koriander *Coriandrum sativum* Ringelblume *Calendula officinalis* Sonnenhut *Rudbeckia sp.* Weinraute *Ruta graveolens*	trocken

Feuchtzone	**Ansprüche**
Blutweiderich *Lythrum salicaria* Breitblättriger Rohrkolben *Typha latifolia* Igelkolben *Sparganium erectum* Pfeilkraut *Sagittaria sagittifolia* Schilf *Phragmites communis* Schmalblättriger Rohrkolben *Typha angustifolia* Wasserschwertlilie *Iris pseudacorus*	Sonne
Binsen-Arten *Juncus sp.* Brunnenkresse *Nasturtium officinale* Froschlöffel *Alisma plantago-aquatica* Seggen-Arten *Carex sp.* Sumpfdotterblume *Caltha palustris* Sumpfvergißmeinnicht *Myosotis palustris* Tannwedel *Hippuris vulgaris* Wasserminze *Mentha aquatica*	Sonne bis Halbschatten
Wasserzone	**Ansprüche**
Flachwasserzone	
Quirlblättriges Tausendblatt *Myriophyllum verticillatum* Schwanenblume *Butomus umbellatus* Seekanne *Nymphoides peltata* Teichbinse *Schoenoplectus lacustris* Wasserfeder *Hottonia palustris* Zartes Hornblatt *Ceratophyllum submersum*	Sonne
Flutender Hahnenfuß *Ranunculus fluitans* Flutendes Laichkraut *Potamogeton nodosus* Gemeiner Wasserschlauch *Utricularis vulgaris* Kammlaichkraut *Potamogeton pectinatus* Krauses Laichkraut *Potamogeton crispus* Krebsschere *Stratiodes aloides* Wasserknöterich *Polygonum amphibium*	Sonne bis Halbschatten
Wasserstern *Callitriche palustris*	Halbschatten bis Schatten
Tiefenwasserzone	
Ähriges Tausendblatt *Myriophyllum spicatum* Dichtes Laichkraut *Potamogeton densus* Durchwachsenes Laichkraut *Potamogeton perfoliatus* Froschbiß *Hydrocharis morsus-ranae* Gemeines Hornblatt *Ceratophyllum demersum* Glänzendes Laichkraut *Potamogeton lucens* Wasserhahnenfuß *Ranunculus aquatilis*	Sonne

Trockenmauer aufgefüllt. Für die restlichen Bereiche der Spirale wird der Aushub des Teiches als Untergrund verwendet und mit dem vorher entnommenen Humus überdeckt. Auf diese Weise erhält man verschiedene Zonen, die, ausgehend vom Zentrum der Kräuterspirale, als „Mittelmeerzone“, „Normalzone“, „Feuchtzone“ und „Wasserzone“ bezeichnet werden.

Ist der „Rohbau“ fertiggestellt, können die Pflanzen gesetzt werden – jede in den Bereich der Spirale, der ihr nach Boden und Feuchtigkeit am meisten zusagt. Wüchsige und ausladende Pflanzenarten, wie Königskerze, Beinwell, Meerrettich, Beifuß und Baldrian, aber auch bestimmte Farne, pflanzt man bei kleiner bemessenen Kräuterspiralen eher außerhalb, an eine ihnen genehme Stelle.

Speziell für die Wasser- und Feuchtzone können vor allem bei größeren Kräuterspiralen auch Pflanzenarten eingesetzt werden, die nicht zu den Gewürz- oder Heilkräutern zählen. Würde man sich hier auf Nutzbares beschränken, würden die Teich- und Feuchtzonen doch recht kahl wirken, und viele Tiere könnten sich nicht ansiedeln.

Zäune: Passierbare Grenzen

Zäune haben etwas Trennendes und Ausschließendes; sie sind sichtbares Zeichen für den Besitzanspruch auf die umfriedete Fläche. Ihre ursprüngliche Bedeutung lag darin, Wildtiere am Eindringen in Anbauflächen zu hindern oder Weideflächen abzugrenzen. Zäune hielten das Vieh zusammen und schützten bei entsprechender Bauweise vor Raubtieren.

Heute gibt es Zäune aus den verschiedensten Materialien und in vielfältigen Formen. Zäune aus Tropenholz sollten für den umweltbewußten Grundstückseigner nicht in Frage kommen. Auch tierschädliche Holzschutzfarben sind tabu. Zäune aus Holz sind denen aus Kunststoff vorzuziehen. Holzzäune sehen schöner aus und bestehen aus einem nachwachsenden Rohstoff; dagegen wird bei der Herstellung von Kunststoffzäunen der wertvolle Rohstoff Erdöl verbraucht, von dem hohen Energieverbrauch und den späteren Entsorgungsproblemen ganz zu schweigen. Draht- und Eisenzäune begrünt man am besten; natürlich bietet sich das auch bei Holzzäunen an.

Katzen lassen sich durch Zäune und Mauern nicht eingrenzen. Das ist besonders zur Brutzeit der Vögel problematisch.

Schlichte Holzzäune passen sich immer noch am besten der natürlichen Umgebung an und sind problemlos zu entsorgen.

Oben: Ein Reisighaufen sollte in keinem Garten fehlen. Er ist idealer Unterschlupf für Igel, Eidechsen und Amphibien.

Der Ohrwurm ist ein unermüdlicher Blattlausvertilger. Ein aufgehängter, mit Holzwolle gefüllter Blumentopf dient als wirkungsvolle Nisthilfe.

Holzzäune und niedrige Abgrenzungen aus ungehobelten Brettern, Rund- und Halbhölzern oder Flechtzäune aus Weidenruten und ähnlich biegsamen Zweigen sind relativ leicht zu erstellen und zudem dauerhaft. Hin und wieder kann man das Holz zum Schutz vor der Witterung mit umweltverträglichen Mitteln streichen; vor allem Weichhölzer benötigen diesen Schutz. Auf ein Fundament kann in der Regel verzichtet werden; gut verankerte Stützen genügen. Auf jeden Fall müssen Zäune für Tiere durchlässig bleiben. Bereits ein durchgehend betonierter Sockel mit einer Höhe um zehn bis 15 Zentimeter (für einige Tierarten auch darunter) ohne Durchschlupf kann Amphibien, Spitzmäuse, Igel und andere Tiere am Passieren des Zaunes hindern.

Für einige Insektenarten oder deren Ei- und Larvenstadien können Sie die Rinde an Rundhölzern als Unterschlupf erhalten. Hier findet auch der Ohrwurm Quartier, der sich durch Vertilgen von Blattläusen im Garten nützlich macht. Tagsüber hält er sich unter loser Baumrinde oder in Holzspalten verborgen, nachts begibt er sich auf die Nahrungssuche. Auch für Wildbienen, Grab- und Faltenwespen, die ihre Eier in verlassenen Wohn- und Brutgängen von im Holz lebenden Käferarten ablegen, kann man Bruträume schaffen. Es ist jedoch nicht jedermanns Sache, Zaunpfosten den Insekten zuliebe mit einem Elektrobohrer zu durchlöchern. Stattdessen können Sie auch andere Insektennisthilfen wie Halmdosen, Zweigbündel und Trapnester am Zaun befestigen.

Halmdosen sind gereinigte Konservendosen, die, mit Schilf- und Strohhalmen, hohlen oder weichmarkigen Zweigen von Forsythien, Holunder, Brombeere und Heckenrose bestückt, an besonnter, geschützter Stelle aufgehängt werden. In das weiche Mark von Holunder, Brombeere und Heckenrose beißen sich bestimmte Insekten ihre Wohn- und Brutgänge. Zweigbündel sind von ähnlicher Konstruktion. Hier wird statt einer Konservendose wasserabweisendes Material (zum Beispiel Dachpappe) zum Schutz der Zweige verwendet. Trapnester sind kleinere Holzscheiben oder Holzblöcke, in die Bohrlöcher mit verschiedenem Durchmesser (zwei bis zehn Millimeter) und einer Tiefe von fünf bis 15 Zentimetern gebohrt wurden.

Hecken: Der doppelte Waldrand

Der Begriff „Hecke“ geht auf das Wort „Hag“ zurück, was soviel bedeutet wie „Einzäunung mit Sträuchern“. Hecken sind in der Regel keine natürlichen Elemente der Landschaft, sondern vom Menschen in ihrer Vielfalt und Unterschiedlichkeit geschaffen. Seit der Jungsteinzeit grenzte der Mensch die Äcker von den Weiden durch Einzäunung mit Hecken ab. Daneben dienten die Hecken auch dem Wind-, Sicht- und Erosionsschutz. Jede Landschaft hat ihre typischen Hecken, die sich in Entstehung, Form und verwendeten Holzarten unterscheiden. Beispiele sind die Wallhecken, auch „Knicks“ genannt, im

Norden Deutschlands, die Hausschutzhecken im Monschauer Land oder die Hecken auf Lesesteinwällen in Süddeutschland. Auch auf natürliche Weise können Hecken durch Samenanflug an Wegesrändern, Feldrainen, Böschungen, Lesesteinwällen und Hohlwegen entstehen. Früher nutzte der Mensch die Hecken zusätzlich, um Brennholz zu gewinnen, das Laub wurde als Viehfutter oder Streu verwendet, und verschiedene Beeren wurden als Nahrungsmittel gesammelt. Daneben verwendete man Blüten, Blätter und Früchte von Heckenpflanzen als Naturheilmittel. Heute werden Hecken kaum noch genutzt.

Flurbereinigung, Umwandlung der Feldfluren in maschinengerechte Agrarflächen und mangelndes ökologisches Verständnis für Hecken führten dazu, daß sie in der freien Landschaft immer mehr verschwanden. Erst in den letzten Jahren wurde der Wert der Hecken für Landschaft, Wasser, Boden und Luft sowie für Fauna und Flora neu erkannt. In ihrem stockwerksartigen Aufbau ähneln Hecken strukturreichen, doppelten Waldrändern mit Bäumen, unterschiedlich hohen Straucharten und einer Krautschicht am Boden. In ihrer Mitte sind die Hecken stets am höchsten ausgebildet, dort stehen die Bäume und höheren Sträucher. Zum Rand hin folgen die mittelhohen und niedrigen Büsche. Den Abschluß bilden Kräuter, Gräser und Stauden. Selbst in nur wenige Meter breiten Hecken entsteht in der Regel eine Vielzahl unterschiedlicher Lebensräume und Lebensbedingungen. Licht, Temperatur und Feuchtigkeit ändern sich vom Heckenrand (hell, warm, trocken) zum Heckeninnern (dunkel, kühl, feucht). Hecken haben ein eigenes Kleinklima, das sich stark von dem der umgebenden Landschaft unterscheidet. Sie verringern die Windgeschwindigkeit, mildern Temperaturextreme, erhöhen die Luftfeuchtigkeit, filtern Staubpartikel aus, halten mit ihren Wurzeln den Boden fest und verhindern so, daß Regen und Wind das Erdreich forttragen können. Neben diesen Vorteilen bieten sie im Siedlungsbereich Sicht- und Lärmschutz und können dazu noch als Zaunersatz dienen. Wer eine Hecke anlegt, schafft Lebensraum für eine Vielzahl von Tier- und Pflanzenarten in nächster Umgebung des Menschen.

Hainbuchen lassen sich besonders gut in Form schneiden. Sie sind deshalb als Schutzhecken ideal und dekorativ.

Möchten Sie eine Hecke auf dem eigenen Grundstück pflanzen, so nehmen Sie sich, falls der nötige Platz zur Verfügung steht, Hecken der freien

Steinhaufen sind geeignete Unterschlüpfe für Eidechsen und Totholzstapel willkommene „Fluchtburgen" für Insekten und Amphibien, aber auch für Kleinsäuger.

Landschaft als Vorbild. In kleinparzellierten Grundstücken, vor allem in dichtbesiedelten Stadtgebieten, wird man mit einer einfachen, einreihigen Hecke zufrieden sein müssen, die keineswegs immer eine Schnitthecke, womöglich noch aus einer einzigen Pflanzenart sein muß. Aber selbst solche Hecken, die nur aus Liguster oder Weißbuche bestehen, sind in der Stadt ein Gewinn für die Tierwelt.

Über die möglichen Heckenpflanzenarten und deren Standortansprüche gibt die Tabelle auf S. 167 einen Überblick. Zurückhaltung ist bei der Anpflanzung fremdländischer Gehölze oder spezieller Zuchtformen (zum Beispiel Essigbaum, Lebensbaum, Blaufichte, Blaue Säulenzypresse, Roter Spierstrauch, Kirschlorbeer, Japanischer Feuerahorn) geboten. Diese Arten fallen zwar durch Wuchsform oder Färbung der Blätter besonders auf, sie bedeuten aber für die einheimische Tierwelt nur ein geringes Nahrungsangebot.

Die Baum- und Strauchschicht von großen, mehrreihigen Hecken kann sich aus zahlreichen Arten zusammensetzen. Etwa 44 Baumarten und 100 Straucharten, darunter allein zehn Wildrosenarten, können in Hecken vorkommen. Solche vielschichtigen Hecken wirken wie ein gewaltiger Magnet auf die Tierwelt: Irgend etwas blüht immer, die ganze Hecke ist ein System ineinander verschachtelter Klein- und Kleinstlebensräume, und die wilden Sträucher tragen reichlich Früchte (während viele Ziersträucher wenig zu bieten haben).

Hecken gehöhren zu den tierreichsten Landschaftselementen überhaupt. Bis zu 1.500 Tierarten zählten Wissenschaftler in einer norddeutschen Wallhecke. Hecken erfüllen für Tiere die unterschiedlichsten Funktionen, als Ansitz und Singwarte, Brutraum und Neststandort, Rückzugsraum für Ruhepausen sowie vor Witterung und Feinden, Überwinterungsquartier und Nahrungsquelle. Schon wenige Baum- und Straucharten können für Hunderte von Insektenarten im eigenen Garten Nahrung bieten.

Kleinere Hecken und Schnitthecken sollten Sie während der Brutzeit der Vögel (Anfang März bis Ende August) besser nicht schneiden, auch dürfen Fallaub und Totholz liegenbleiben. Umgraben und ständiges Jäten von „Unkraut" in der Nähe der Hecke ist – außer bei neuangelegten Hecken – nicht nur überflüssig, sondern stört sogar; und chemische Pflanzenschutzmittel verbieten sich von selbst. Wer den ungebremsten Wildwuchs unter der Hecke in Maßen eindämmen will, kann alle drei bis fünf Jahre einmal mähen.

Allgemeiner Grundsatz: Hecken müssen nicht ordentlich aussehen. Reisig-, Holz- und Steinhaufen in Heckennähe bieten Igeln, Eidechsen, Amphibien und einigen Vogelarten

Zwei Welten durch eine Hecke getrennt! Hier wird die unterschiedliche Auffassung von Gartengestaltung besonders deutlich.

weitere Verstecke. Kleinere Brennesselfelder liefern Raupen verschiedener Schmetterlingsarten Nahrung, und Insektennisthilfen oder Hummelnistkästen lassen sich meist auch noch unterbringen.

Damit Hecken nicht überaltern, müssen sie von Zeit zu Zeit (alle acht bis 15 Jahre) auf den Stock gesetzt werden. Dazu schneidet man die Triebe außerhalb der Vegetationszeit ungefähr eine Handbreit über dem Boden ab. Am besten schneidet man jeweils einen anderen Heckenabschnitt zurück, so daß sich die Untermieter aus der Tierwelt auf die nichtbehandelten Abschnitte zurückziehen können.

Mit etwas Phantasie und Einfühlungsvermögen wird jeder Heckenbesitzer noch weitere Möglichkeiten finden, um auf seinem Grundstück Lebensraum für Tiere zu schaffen. Einer der wichtigsten Grundsätze bei diesem „sozialen Wohnungsbau“: Gönnen Sie den Tieren die Ruhe, die sie für ihr Wohlbefinden brauchen. Lassen Sie den Dingen Zeit, sich zu entwickeln. Wer an der neuangelegten Mauer oder Hecke dauernd nachbessert, vertreibt die Neuzuzügler schnell wieder. Ungestörte Heckenbereiche ums Haus bilden interessante Treffpunkte für viele Arten und eignen sich besonders gut zum Beobachten der Natur am Haus.

Schlaraffenland für Schmetterlinge und ihre Raupen. Nektarspendende Blüten als Schmetterlingstankstellen; Brennesseln als beliebtes Raupenfutter.

Übersicht: Strauch- und Baumarten für Hecken

Sträucher	**Standortansprüche**	**Nahrung für Tiere**
Berberitze, Sauerdorn *Berberis vulgaris*	Kalkliebend; mittlere bis geringe Bodenfeuchte	Blätter, Früchte, Nektar, Pollen
Besenginster *Sarothamnus scoparius*	Kalkmeidend; mittlere bis geringe Bodenfeuchte	Blätter, Nektar, Pollen
Bluthartriegel *Cornus sanguinea*	Kalkliebend; mittlere bis geringe Bodenfeuchte	Blätter, Früchte, Nektar, Pollen
Brombeere *Rubus fructicosus*	Kalkmeidend; mittlere bis hohe Bodenfeuchte	Blätter, Früchte, Nektar, Pollen
Eingriffliger Weißdorn *Crataegus monogyna*	Kalkliebend; mittlere bis hohe Bodenfeuchte	Blätter, Früchte, Nektar, Pollen
Faulbaum *Frangula alnus*	Kalkmeidend; hohe Bodenfeuchte	Blätter, Früchte, Nektar, Pollen
Gemeine Felsenbirne *Amelanchier ovalis*	Kalkliebend; geringe bis mittlere Bodenfeuchte	Blätter, Früchte, Nektar, Pollen
Gemeine Heckenkirsche *Lonicera xylosteum*	Kalkliebend; mittlere bis geringe Bodenfeuchte	Blätter, Früchte, Nektar, Pollen
Gemeiner Schneeball *Viburnum opulus*	Kalkliebend; hohe Bodenfeuchte	Blätter, Früchte, Nektar, Pollen
Grauweide *Salix cinerea*	Kalkliebend; hohe Bodenfeuchte	Blätter, Nektar, Pollen
Hasel *Corylus avellana*	Kalkliebend; mittlere bis hohe Bodenfeuchte	Blätter, Früchte, Nektar, Pollen
Himbeere *Rubus idaeus*	Kalkmeidend; mittlere bis hohe Bodenfeuchte	Blätter, Früchte, Nektar, Pollen
Hundsrose *Rosa canina*	Kalkliebend; mittlere bis geringe Bodenfeuchte	Blätter, Früchte, Nektar, Pollen
Kornelkirsche *Cornus mas*	Kalkliebend; mittlere bis hohe Bodenfeuchte	Blätter, Früchte, Nektar, Pollen
Kreuzdorn *Rhamnus cathartica*	Kalkliebend; mittlere bis geringe Bodenfeuchte	Blätter, Früchte, Nektar, Pollen
Liguster *Ligustrum vulgare*	Kalkliebend; mittlere bis geringe Bodenfeuchte	Blätter, Früchte, Nektar, Pollen

Fortsetzung Übersicht: Strauch- und Baumarten für Hecken

Sträucher	Standortansprüche	Nahrung für Tiere
Ohrweide *Salix aurita*	Kalkmeidend; hohe Bodenfeuchte	Blätter, Nektar, Pollen
Pfaffenhütchen *Euonymus europaeus*	Kalkliebend; mittlere bis hohe Bodenfeuchte	Blätter, Früchte, Nektar, Pollen
Purpurweide *Salix purpurea*	Kalkliebend; hohe bis mittlere Bodenfeuchte	Nektar, Pollen
Roter Holunder *Sambucus racemosa*	Kalkmeidend; mittlere bis hohe Bodenfeuchte	Blätter, Früchte, Nektar, Pollen
Salweide *Salix caprea*	Alle Böden; hohe Bodenfeuchte	Blätter, Nektar, Pollen
Sanddorn *Hippophaë rhamnoides*	Kalkliebend; geringe Bodenfeuchte	Früchte, Nektar, Pollen
Schlehe *Prunus spinosa*	Kalkliebend; hohe bis geringe Bodenfeuchte	Blätter, Früchte, Nektar, Pollen
Schwarzer Holunder *Sambucus nigra*	Kalkmeidend; mittlere bis hohe Bodenfeuchte	Blätter, Früchte, Nektar, Pollen
Schwarze Johannisbeere *Ribes nigrum*	Kalkliebend; hohe Bodenfeuchte	Früchte, Nektar, Pollen
Wilde Stachelbeere *Ribes uva-crispa*	Kalkliebend; mittlere bis hohe Bodenfeuchte	Früchte, Nektar, Pollen
Wolliger Schneeball *Viburnum lantana*	Kalkliebend; mittlere bis geringe Bodenfeuchte	Blätter, Früchte, Nektar, Pollen
Zweigriffliger Weißdorn *Crataegus laevigata*	Kalkliebend; mittlere bis hohe Bodenfeuchte	Blätter, Früchte, Nektar, Pollen

Bäume	Standortansprüche	Nahrung für Tiere
Bergahorn *Acer pseudoplatanus*	Kalkliebend; hohe Bodenfeuchte	Blätter, Früchte, Nektar, Pollen
Buche *Fagus sylvatica*	Kalkliebend; mittlere bis hohe Bodenfeuchte	Blätter, Früchte, Nektar, Pollen
Birke *Betula pendula*	Kalkmeidend; geringe Bodenfeuchte	Blätter, Früchte, Nektar, Pollen
Eberesche *Sorbus aucuparia*	Kalkmeidend; mittlere bis geringe Bodenfeuchte	Blätter, Früchte, Nektar, Pollen
Elsbeere *Sorbus torminalis*	Kalkliebend; geringe Bodenfeuchte	Blätter, Früchte, Nektar, Pollen
Esche *Fraxinus excelsior*	Kalkliebend; hohe Bodenfeuchte	Blätter, Nektar, Pollen
Feldahorn *Acer campestre*	Kalkliebend; mittlere bis geringe Bodenfeuchte	Blätter, Früchte, Nektar, Pollen
Grauerle *Alnus incana*	Kalkliebend; hohe Bodenfeuchte	Blätter, Früchte
Hainbuche *Carpinus betulus*	Kalkliebend; mittlere bis hohe Bodenfeuchte	Blätter, Früchte, Nektar, Pollen
Holzapfel *Malus sylvestris*	Kalkliebend; hohe Bodenfeuchte	Blätter, Früchte, Nektar, Pollen
Mehlbeere *Sorbus aria*	Kalkliebend; mittlere Bodenfeuchte	Blätter, Früchte, Nektar, Pollen
Schwarzerle *Alnus glutinosa*	Kalkliebend; hohe Bodenfeuchte	Blätter, Früchte
Sommerlinde *Tilia platyphyllos*	Kalkliebend; mittlere Bodenfeuchte	Blätter, Früchte, Nektar, Pollen
Stieleiche *Quercus robur*	Kalkliebend; mittlere bis hohe Bodenfeuchte	Blätter, Früchte, Nektar, Pollen
Traubeneiche *Quercus petraea*	Kalkliebend; mittlere bis geringe Bodenfeuchte	Blätter, Früchte, Nektar, Pollen
Traubenkirsche *Prunus padus*	Kalkliebend; hohe Bodenfeuchte	Blätter, Früchte, Nektar, Pollen
Vogelkirsche *Prunus avium*	Kalkliebend; mittlere bis geringe Bodenfeuchte	Blätter, Früchte, Nektar, Pollen
Wildbirne *Pyrus achras*	Kalkliebend; mittlere bis hohe Bodenfeuchte	Blätter, Früchte, Nektar, Pollen
Winterlinde *Tilia cordata*	Kalkliebend; geringe bis mittlere Bodenfeuchte	Blätter, Früchte, Nektar, Pollen
Zitterpappel *Populus tremula*	Kalkliebend; mittlere bis geringe Bodenfeuchte	Blätter, Nektar, Pollen

Naturnahe Ziergärten

Monotone Ziergärten am Haus mit kurzgeschorenem Einheitsrasen, spärlich möbliert mit exotischen Pflanzen, wie Koreatanne, japanischer Lärche und blauer Atlaszeder, sind ordentlich, pflegeleicht, ganzjährig grün – und leblos. Schnurgerade abgestochene Rabatten, deren Blumeninventar in immer neuen, knalligen Modefarben jedes Jahr wechselt, repräsentieren das neue Leitbild des Schönen. Aus der Sicht von Grauschnäpper, Mauereidechse und Steinhummel allerdings sind solche Gärten eine biologische Bankrotterklärung. Gefüllte Zuchtblüten bieten zwar Farbe, aber kaum Nektar und Pollen für Insekten. Sauber geharkter Rasen ohne Fallaubschicht mag dem menschlichen Ordnungssinn schmeicheln, Regenwürmern aber ist er ein Greuel. Und was könnten Vögel anziehend finden an einem Garten ohne Insekten und Regenwürmern?

Wer freilebende Tiere um sich haben will, muß ihre Lebensbedürfnisse kennen und akzeptieren. Der Weg vom sterilen Standardgarten zum spannenden Stückchen Leben ist gar nicht so schwierig. Beginnen wir mit dem größten Flächenanteil im Garten: dem Rasen (s. a. S. 74/75).

Wiese statt Rasen: Konkurrenz des grünen Einerleis

Der ideale Rasen sollte möglichst nur aus Gräsern einiger weniger Arten bestehen. Da aber die Gesetze der Natur – genau umgekehrt – eine möglichst hohe Pflanzenvielfalt anstreben, läßt sich die Herrschaft der Gräser nur mit massiver Manipulation aufrecht erhalten. Regelmäßiger Schnitt unterdrückt die Wildkräuter, Gifteinsatz gegen Moos und Löwenzahn räumt Konkurrenten des grünen Einerleis aus dem Weg, reichlich Bewässerung verhindert, daß der ungeschützte Minimalbewuchs austrocknet, und Dünger ersetzt die naturgewollte Schicht aus zerfallender Streu. Um einen einzigen Quadratmeter Rasen über den Sommer zu bringen, werden zwischen 500 und 1000 Liter Wasser versprengt. Und die Bilanz einer Wiese? Da nur ein- bis zweimal im Jahr gemäht wird, können zahlreiche Kräuter blühen und Samen bilden. Untersuchungen haben gezeigt, daß in Wiesen bis zu zehnmal so viele Pflanzenarten wachsen wie in einem Rasen – nämlich

Oben: Schön und ökologisch wertvoll: ein bunter Bauerngarten vor dem Haus.

Artenreiche, bunte Blumenwiese im Vergleich mit monotonem Einheitsrasen. Nicht nur eine Frage des Geschmacks, sondern auch der Förderung von Tierarten.

Oben: Kurzgeschorener Rasen und akkurat gepflegte Blumenbeete bieten kaum Lebensmöglichkeiten und fördern höchstens die Wohnungsnot der Tiere.

Lebensinsel Innenhof. Mit Phantasie lassen sich auch kleinste Räume interessant gestalten.

zwischen 50 und 60. Über 1500 Insektenarten (Bienen, Wildbienen, Hummeln, Schwebfliegen, Käfer, Schmetterlinge) sind auf diese Pflanzen angewiesen, andere Tierarten stellen wiederum den Insekten nach, so daß insgesamt bis zu 3500 Tierarten in einem Stück Wiese (beziehungsweise davon) leben können. Während sich gerade fünf Vogelarten mit Rasen zufrieden geben, lassen sich in Wiesen durchschnittlich 20 bis 25 Vogelarten beobachten. Zudem filtert ein Stück Wiese beachtliche Mengen Staub aus der Luft, mildert die Temperaturextreme, dämpft Lärm – und kommt ohne Bewässerung aus.

Möchten Sie eine Blumenwiese neu anlegen, so können Sie natürlich auf fertige Samenmischungen des Fachhandels zurückgreifen. Mit etwas Geduld können Sie aber auch einen bestehenden Rasen langsam in eine Wiese verwandeln. Die beiden wichtigsten Regeln: Vergessen Sie das gewohnte Düngen (eine Naturwiese wird schließlich auch nicht gedüngt!), und mähen Sie höchstens zwei- bis dreimal im Jahr. Und dann warten Sie einfach ab, was Wind und Tiere „anpflanzen“. Der Nachteil dieser Methode: Sie braucht Zeit. Viele Jahre werden vergehen, bis das Einheitsgrasgemisch allmählich von einheimischen Kräutern durchsetzt ist. – Ein Weg, der schnelleren Erfolg verspricht: Sie sammeln die Samen von Wiesenkräutern und -gräsern und säen Ihre Ernte an Flecken aus, wo Sie zuvor die geschlossene Grasnarbe abgetragen haben. Typische Wiesenpflanzen sind Wiesensalbei, Wiesenschaumkraut, Wiesenstorchschnabel, Kuckuckslichtnelke, Margerite, Akelei, Schafgarbe, Wilde Möhre, Spitzwegerich, Leimkraut, Klappertopf, Scharfer Hahnenfuß, Wiesenglockenblume, Pfennigkraut, Glatthafer und Rotschwingel.

Vor nicht langer Zeit empfahlen manche Gartencenter noch, Beete mit Cotoneaster, Kriechwacholder oder ähnlichen Bodendeckern zu bepflanzen. So erspare sich der Gartenbesitzer das Unkrautzupfen, habe ganzjährige grüne Matten vor Augen, die überdies auch noch „begehbar“ seien. Zugegeben, auch Cotoneaster trägt Blüten. Zugegeben, dem Boden tut es gut, wenn er ganzjährig bewachsen und vor dem Austrocknen geschützt ist. Aber Cotoneaster und Kriechwacholder pur sind eben nichts anderes als eine Monokultur mit all ihren Nachteilen. Eine bunte Mischung aus Stauden, einjährigen und zweijährigen Blumen hat ungleich mehr zu bieten – Menschen wie Tieren. Blumen sind Nektar-Tankstellen, Grünfutter, Wetterschutz und auch noch Vogel-Futterplatz, wenn wir den Winter über die Samenkapseln stehen lassen. Viele der einjährigen Blumen – sie blühen noch im selben Jahr – sind problemlose Pfleglinge, mit denen man auch als Neuling kaum etwas falsch machen kann: Zu den beliebtesten gehören Ringelblume, Bechermalve, Jungfer im Grünen, Cosmea, Sonnenblume und Sonnenhut. Königskerze, Goldlack, Marienglockenblume und Stockrose gehören zu den zweijährigen Blumen. Sie bilden im Jahr der Aussaat nur Blätter und blühen erst im folgenden Jahr. Stauden haben gegenüber den einjährigen und zweijährigen Blumen den Vorteil, daß nach der Pflanzung kaum noch Arbeit anfällt. Wenn sie in fruchtbarem Boden stehen, blühen sie jedes Jahr bereitwillig – vorausgesetzt, es handelt sich nicht um anspruchsvolle Hochzuchtstauden. Von Zeit zu Zeit etwas „Unkraut" jäten und je nach Anspruch etwas Kompost aufbringen – das genügt ihnen schon.

Folgende Arten sollten in keinem Garten fehlen: Akelei, Aster-Arten, Astilbe, Blaukissen, Dachwurz, Glockenblume, Schwertlilie, Lupine, Margerite, Türkischer Riesenmohn, Pfingstrose, Phlox, Primel, Rittersporn, Salbei, Schleierkraut und Sonnenhut. Daneben machen sich gut Zwiebel- und Knollengewächse wie Hyazinthe, Iris, Krokus, Märzbecher, Narzissen, Schneeglöckchen, Blaustern, Tulpe, Dahlie und Gladiole. So schaffen Sie in Ihrem Garten einen stabilen und abwechslungsreichen Lebensraum, der Grundlage für ein reiches Tierleben ist.

Bäume und Sträucher: Große Vielfalt möglich

Die optischen Fixpunkte eines Gartens sind seine Bäume und Sträucher. Bevor Sie sich für bestimmte Baum- und Straucharten entscheiden, müssen Sie sich vor allem über deren Platzbedarf klar werden. Während Kirschbäume wegen ihrer Höhe und ihres Kronendurchmessers für kleine Gärten nicht geeignet sind, begnügen sich andere Obstbäume (Apfel, Birne, Aprikose, Pfirsich) mit wenig Raum.

Von diesen Obstsorten gibt es kleiner bleibende Baumzüchtungen. Grundsätzlich gilt, daß Bäume und Sträucher ideale Voraussetzungen für die Entwicklung einer reichen Tierwelt in Hausnähe sind. Alte Bäume mit Höhlungen bieten höhlenbrütenden Vogelarten Brutmöglichkeiten; selbst Fledermäuse und Bilche finden hier Unterschlupf. Insekten und deren Larven nutzen den Blütenreichtum und zum Teil auch das Laub der Bäume als Nahrungsquelle. Wissenschaftler fanden auf einem Quadratmeter Boden unter einem Apfelbaum rund 8000 Insekten. Verschiedene Käferarten und ihre Larven nutzen die rissige Borke als Lebensraum. Das Fallobst, sofern es der Mensch nicht einsammelt, teilen sich Vögel, Insekten, Schnecken und Kleinsäuger.

Bäume und kräftige Sträucher eignen sich natürlich auch zum Aufhängen von Nisthilfen. Wichtig ist hierbei jedoch, daß Vogelkästen durch einen um den Baumstamm gelegten „Stachelkragen" vor Katzen geschützt werden.

Fallaub, Baum- und Strauchschnittgut sowie Altholz, in einer Ecke des Gartens zu einem Haufen aufgeschichtet, sind ein begehrter Unterschlupf für Igel, Eidechsen, Amphibien und zahlreiche andere Tierarten.

Das Thema naturnaher Ziergarten ist ein umfassendes Gebiet und würde ein eigenes Buch füllen. Aus diesem Grund sind die vorstehenden Vorschläge nur als Anregung gedacht, die jeder Gartenbesitzer je nach Beschaffenheit seines Ziergartens am Haus mehr oder weniger in die Tat umsetzen kann.

Regentonnen helfen sinnvoll Wasser sparen. Sie sind aber auch Lebensraum für Stechmückenlarven. Deshalb mit Gaze oder mit einem Deckel abdecken, um die Schnakenplage zu vermeiden.

Nicht nur attraktive Blütenpflanzen, wie der Schmetterlingsflieder, sondern auch unscheinbare Disteln sind beliebte Nektarquellen für Insekten. Deshalb: auch für diese einen Platz vorsehen.

Feuchtbiotope im Garten

Kleingewässer spielen, je nach Tiergruppe verschieden, eine wichtige Rolle als Rast-, Nahrungs-, Brut- und Laichplatz für Insekten, Fische, Amphibien, Reptilien, Vögel und Säugetiere. Während manche Tierarten ständig im oder am Gewässer leben und sich dort auch fortpflanzen, suchen andere Arten das Wasser nur zur Vermehrung auf und leben die restliche Zeit des Jahres auf dem Trockenen; so etwa einige Insektenarten, vor allem Stechmücken und Amphibienarten wie Springfrosch und Erdkröte. All das macht verständlich, wieso Gewässer nicht nur in ihrer nächsten Umgebung lebendige Vielfalt ermöglichen, sondern weit in die Landschaft hineinwirken. Um so bedauerlicher ist es, daß solche Gewässer in den letzten Jahrzehnten immer seltener geworden sind. Erhebungen in vielen Gebieten ergaben einen Verlust zwischen 70 und 85 Prozent. Folglich zählen diese Gewässerbiotope mit zu den am meisten gefährdeten Elementen unserer Landschaft.

Naturnah angelegte Gartenteiche sind nicht nur besonders reizvoll, sondern bieten auch vielen Tieren Heimat.

Groß- (oben) und Kleinlibellen als Flugkünstler über dem Gartenteich sind besonders interessant zu beobachten.

Die Bedrohung hat viele Ursachen: Tümpel werden trockengelegt, zugeschüttet oder vergiftet. Für seine Bewohner bedeutet das in jedem Fall das Aus. Der Niedergang der Flora und Fauna kann nur dann gestoppt werden, wenn neue Kleingewässer entstehen. Und hier liegt die Chance für qualifizierten Ersatz buchstäblich vor der Tür: Gartenteiche!

Im Siedlungsbereich kann eine Vielzahl kleiner, naturnaher Gewässer als Ersatzbiotop für zerstörte Lebensräume dienen, sofern sie naturnah sind. Andererseits läßt sich Naturnähe auch nicht erzwingen: Ein Teich im schattigen innerstädtischen Hinterhof wäre wirklich ein Schlag ins Wasser, zumal natürliche Zuwanderung fast ausgeschlossen ist. Die Entwicklung der „nassen Ecke“ wäre alles andere als naturgemäß. In solchen Fällen ist Verzicht das Klügste. Wenn wandernde Arten indes genügend „Trittsteine“ haben, um unser Angebot zu erreichen, ist Besiedelung fast garantiert. Wenn Sie Gartenteiche in ländlicher Umgebung anlegen, dürfen Sie am ehesten auf Zuzug hoffen.

Wir verzichten an dieser Stelle darauf, Tips für die Anlage eines Teiches oder Ratschläge zur Auswahl von Pflanzen zu geben. Hier ist fachlicher Rat oder ein Spezialbuch unerläßlich. Wichtig erscheint uns indes ein Hinweis zum Thema: Wie kommt (Tier-) Leben in den Teich? Kann man da nicht etwas nachhelfen? Voraussetzung für Tierleben im Teich ist ein möglichst breites Spektrum an Sumpf-, Schwimm- und Unterwasserpflanzen. Erst ihre erfolgreiche Ansiedelung im und am Wasser garantiert eine reiche Tierwelt.

Stimmt die Pflanzenwelt, dann stimmt auch die Tierwelt. Vor allem Insekten, wie Wasserkäfer, Wasserwanzen, Wasserläufer, Libellenarten und Eintagsfliegen, stellen sich schnell ein. Sie orientieren sich bei ihren Wanderungen an den spiegelnden Wasseroberflächen, die ihnen den nassen Lebensraum signalisieren. Auch mit den eingesetzten Pflanzen werden viele Arten im Eistadium importiert und entwickeln sich im Gartenteich.

Wenn Sie Amphibien im Garten haben möchten, sollten Sie wissen, daß 11 der 19 in Deutschland vorkommenden Arten in ihrer Existenz bedroht oder stark gefährdet sind. Deshalb sind alle einheimischen Amphibienarten geschützt. Ihre Eier und Larven aus der Natur zu entnehmen ist verboten.

Doch wie gesagt: Ein Gartenteich, der richtig angelegt ist und Amphibienlaichplätze in der Umgebung bietet, besiedelt sich von selbst. Während die Rotbauch- und Gelbbauchunke sowie der Wasserfrosch über das ganze Jahr an Wasser gebunden sind, suchen viele Amphibienarten das Wasser nur zur Laichzeit auf und verbringen den Rest der Vegetationsperiode – je nach Art verschieden – in Wäldern, Hecken, Riedflächen, Feuchtwiesen, Feld-, Heide- und Dünenbereichen.

Zu diesen mehr oder weniger weit wandernden Arten zählen Teichmolch, Bergmolch, Feuersalamander, Grasfrosch, Springfrosch, Erdkröte, Kreuzkröte, Wechselkröte und Knoblauchkröte. Die meisten Arten suchen während der heißen Tagesstunden Erdlöcher, Mauer- und Gesteinsspalten, Baumstümpfe, Laub- und Reisighaufen, Holzstöße und ähnliche Verstecke auf, um dann bei Dämmerung auf Nahrungssuche zu gehen. Die Tagesverstecke werden auch gern als Winterquartiere genutzt.

In Ihrem Garten und in der näheren Umgebung des Gartenteiches sollten Sie für entsprechende Unterschlupfmöglichkeiten sorgen. Hecken und Gebüsche, Stein-, Laub- und Reisighaufen sind allemal gute Angebote, aber auch Aststücke und Baumstümpfe werden akzeptiert. Bei Gartenarbeiten sollten diese Versteckplätze als „beruhigte Zonen“ ausgespart werden.

Da Amphibien zur Nahrungssuche die verschiedenen Gartenteile durchstreifen, müssen Sie auf Pflanzenschutz- und Unkrautvernichtungsmittel im Garten verzichten. Vor allem Kröten zeigen sich erkenntlich; sie erbeuten etliche Tierarten, die als Pflanzenschädlinge gelten.

Bei der Planung eines Gartenteiches gibt es sehr viel zu beachten. Deswegen gilt nochmals unser Rat, Fachleute hinzuzuziehen und mit ihnen gemeinsam die Anlage und Pflege zu besprechen.

Wasserläufer stellen sich sehr bald ein. Sie sind Nahrung für insektenjagende Arten.

Wasserfrösche im Gartenteich sind nicht bei allen beliebt. Ihre Froschkonzerte haben schon manchen Nachbarn verärgert.

Hinterhof, Carport und Abstellplatz

Von Grün an Fassaden, auf Dächern und in Zier- und Nutzgärten ist an anderer Stelle ausführlich die Rede. Aber nicht nur für Tiere werden durch Begrünung ehemals unwirtliche Bereiche bewohnbar, auch für den Menschen wird mehr Wohnatmosphäre geschaffen. Oft läßt sich schon mit wenigen Elementen wie einzelnen Bäumen, Sträuchern, Kletterpflanzen, Kübelpflanzen und Blumenkästen viel erreichen. Wie kann das im Einzelfall aussehen?

An einem Extrembeispiel sollen die einzelnen Möglichkeiten gezeigt werden. Man stelle sich einen betonierten, kahlen Hinterhof vor, umgeben von Häusern. Auf der einen Seite eine Box aus Waschbeton für die Mülleimer, daneben ein größerer Müllcontainer, ein Schaltkasten für die elektrische Versorgung, ein rostiger Fahrradständer, eine Teppichstange und abgestellte Fahrzeuge. Ein Bretterzaun oder eine nackte Mauer trennt den Hof von den benachbarten Grundstücken. Kein bißchen Grün belebt dieses öde Bild, kein Insekt ist zu finden, kein Vogel läßt sich hier nieder.

Dabei kann man mit einigen Maßnahmen für Abhilfe sorgen. Müllbox und Müllcontainer versteckt man hinter einer berankten Holz- oder Stahlkonstruktion. Man wählt dafür geeignete Schling- oder Kletterpflanzen aus, die mit dem leben können, was der Standort zu bieten hat (Übersicht s. S. 177). Gut wäre es, die Betondecke an einer Stelle zu entfernen. Erscheint dieser Aufwand zu groß, so lassen sich entsprechende Schling- oder Kletterpflanzen auch in einen größeren Kübel mit Wasserreservoir setzen. Auch Fahrradständer und Schaltkästen der elektrischen Ver-

Hinterhöfe in Städten sehen oft kahl und trostlos aus. Sie sind ökologische Wüsten für Menschen und Tiere.

sorgung können grün eingekleidet werden. Je nachdem, welche Pflanze gewählt wurde, kann man für Bienen, Hummeln, Schmetterlinge und Vögel Nahrungs- oder Nistmöglichkeiten schaffen. Neben einer Fassadenbegrünung hat man auch die Möglichkeit, den Hof mit einem Netz von Drahtverspannungen zu überziehen. An diesen Rankhilfen können sich Kletterpflanzen hochziehen; sie überdecken den Innenhof mit einem grünen Dach. Gerade Weinrebe, Waldrebe oder Waldgeißblatt sind ebenso schön wie ökologisch sinnvoll. Einen anderen Akzent können Sie setzen, wenn Sie als grünen Mittelpunkt des Hofes einen oder mehrere Bäume pflanzen. Darüber hinaus kann die Hoffläche noch zusätzlich strukturiert werden. Mittels begrünter Rankgerüste kön-

Oben: Zwei Müllboxen im Vergleich: Die grüne Haube aus Efeu ist nicht nur schöner, sie ist auch attraktiv für Vögel und Insekten.

Ein kahler Innenhof ohne eine einzige Pflanze wirkt lebensfeindlich. Naturnahe Bepflanzung macht Höfe lebensfreundlicher und schöner.

Der gleiche Hinterhof nach seiner Umgestaltung. Mit gezielten Maßnahmen wie Bodenentsiegelung und Begrünung wurde neuer Lebensraum in der Stadt geschaffen.

nen Sie die Autoabstellplätze von den restlichen Hofbereichen abtrennen, oder Sie erstellen einen überdachten Carport, dessen Seitenwände und Dach von Kletterpflanzen überrankt werden. Die Hofeinfahrt überspannen Sie mit einem torbogenähnlichen Rankgerüst für Kletterrosen oder andere Pflanzen. Mit ein paar Blumenkübeln und Blumenkästen läßt sich auch der restliche Innenhof attraktiv für Insektenarten gestalten. Bei geeigneter Pflanzenwahl stellen sich bald Wildbienen, Hummeln, Schmetterlinge, Käfer und Schwebfliegen ein, um hier Nektar aufzunehmen.

Die hier am Beispiel eines Hinterhofes beschriebenen Möglichkeiten sollen nur als Anregung dienen, Innenhöfe, Hofeinfahrten, Freiflächen am Haus, Parkplätze, Müllcontainer

Oben: Ein attraktiv bepflanzter Carport. Hier wird das Auto zur optischen Nebensache.

Ein gutes und ein schlechtes Beispiel für die Gestaltung von Garagen. Ein grünes „Garagenkleid“ ist immer empfehlenswert und unproblematisch.

und vieles mehr mit Phantasie zu begrünen: für mehr Natur ums Haus und für mehr Lebensqualität der Bewohner. Werden Sie initiativ und gewinnen Sie Ihre Nachbarn für eine Begrünungsaktion an Ihrem Haus, im Hinterhof oder in der gesamten Nachbarschaft. Mehr Natur ums Haus erhöht sichtbar die Lebensqualität für die Anwohner.

Übersicht: Mögliche Maßnahmen für Tiere im Freibereich ums Haus

Bereich	Maßnahmen	Geförderte Tiere
Befestigte Flächen	Entsiegelung vornehmen	Im und am Boden lebende Tiere (u.a. Würmer, Asseln, Spinnen, Insekten)
Wege, Zufahrten, Stell- und Sitzplätze	Wasserdurchlässige Materialien verwenden (Kies, Sand, Splitt, Rindenschrot); nicht verfugen (Rasengittersteine) oder nur Fahrspur befestigen	Im und am Boden lebende Tiere (u.a. Würmer, Asseln, Spinnen, Insekten)
Stütz- und Ziermauern	Trockenmauern aus Naturstein errichten; nicht verfugen; Hohlräume schaffen	Eidechsen, Insekten, Spinnen, Schnecken, Amphibien, Kleinsäuger, Vögel
	Standorttypische Pflanzen wählen	Insekten
	Betonmauern begrünen; Einbau von Niststeinen	Insekten, Spinnen, Vögel
Eidechsenhügel, Kräuterspirale	Natursteine verwenden; typische Pflanzen bevorzugen	Eidechsen, Insekten, Spinnen
Zäune	Vorzugsweise Holz wählen (kein Tropenholz!); nicht mit giftigen Holzschutzmitteln streichen; Begrünung vornehmen	Insekten, Vögel, Amphibien, Eidechsen, Kleinsäuger
	Durchlässe für Tiere vorsehen	Igel, Mäuse, Amphibien, Eidechsen
	Nisthilfen für Insekten aufhängen beziehungsweise anbringen	Insekten
Hecken	Standorttypische, einheimische Pflanzen setzen, die Bedeutung als Nahrungsgrundlage für Tiere haben	Vögel, Insekten, Schnecken, Kleinsäuger
	Fallaub und Totholz liegenlassen; Laub-, Reisighaufen anlegen	Igel, Mäuse, Amphibien, Eidechsen, Insekten (Käfer), Vögel
	Wildkräuter fördern	Insekten (Bienen, Hummeln, Schmetterlinge, Käfer)
Gartenteich	Einheimische Pflanzen einsetzen	Insekten, Fische, Amphibien, Wasserschnecken
	Kein Mineraldünger- und Pestizideinsatz im Garten und in Teichnähe	Fast alle Wassertiere (vor allem Fische, Amphibien)
Zier- und Nutzgärten	Mischkultur; mit Kompost und Pflanzenauszügen arbeiten, auf Mineraldünger- und Pestizideinsatz verzichten	Viele Tierarten (u.a. Insekten, Vögel, Amphibien, Eidechsen, Kleinsäuger)
	Vogel- und Insektennistkästen aufhängen	Vögel, Insekten, Fledermäuse, Bilche (Garten-, Sieben- und Baumschläfer)
	Wildkräuterecke anlegen	Vögel, Insekten (Bienen, Hummeln, Schmetterlinge, Käfer)
Rasen/Wiese	Wiese statt Rasen; Wildkräuter fördern	Vögel, Insekten (Bienen, Hummeln, Schmetterlinge, Käfer)
Blumenbeet	Standorttypische Stauden-, Knollen- und Zwiebelpflanzen setzen	Insekten (Bienen, Hummeln, Schmetterlinge, Käfer), Vögel
Gehölze	Standorttypische, einheimische Pflanzenarten wählen; bei Obstbäumen alte Sorten	Viele Tierarten (u.a. Insekten, Vögel, Kleinsäuger)
	Kompost-, Laub-, Reisig-, Holz- und Steinhaufen anlegen	Kleinsäuger (u.a. Igel, Mauswiesel, Mäuse) Eidechsen, Amphibien, Vögel
Hofeinfahrt, Innenhof, Stellplätze	Müllbox, Fahrradständer, Carport begrünen; Höfe und Einfahrten übergrünen	Insekten, Vögel

Nebengebäude ums Haus

Ordnung muß sein – und die „Ordnungsstrafe" bezahlen jene Tiere mit ihrem Leben, die in alten Gebäuden keine Ritzen mehr finden, denen Stolleneingänge vermauert und alte Bäume gefällt werden. Als Ersatz suchten sich die Tiere bislang gern Ställe, Scheunen, Schuppen, Garagen, Gartenlauben und ähnliche Nebengebäude. Aber auch diese Wohnungen zweiter Wahl sind jetzt zunehmend gefährdet. Überall, wo landwirtschaftliche Gebäude zu Wohnungen ausgebaut werden, quartiert man Tiere aus. Davon betroffen sind Vogelarten wie Rauchschwalben, Schleiereulen und Turmfalken, aber auch Kleinsäuger (Fledermäuse, Mauswiesel, Iltis, Hermelin, Steinmarder, Igel, Garten- und Siebenschläfer).

Speziell die Rauchschwalbe baut Nester in Ställen, Schuppen, Scheunen, überdachten Hofeinfahrten und in Eingängen. Dieser bedrohten Art können Sie helfen: Einflugmöglichkeiten sind meist leicht anzulegen. Gekippten Stall- oder Garagenfenstern sowie Öffnungen in Scheunen- und Schuppenwänden sollte unser Augenmerk gelten, besonders wenn in diesen Gebäuden Vögel brüten. Zusätzliche

Nebengebäude, wie alte Scheunen und Schuppen, bieten ideale Schlupfwinkel für viele Tierarten.

Schleiereulen sind typische „Dorfbewohner" und immer auf der Suche nach Brutplätzen und Mäusen.

Nisthilfe können Sie den Vögeln anbieten, indem Sie Brettkonsolen befestigen (s. S. 140). Für eine andere bei uns vorkommende Schwalbenart, die Mehlschwalbe, können im Handel erhältliche Kunstnester an der Außenwand von Nebengebäuden unter Dachvorsprüngen angebracht werden (s. S. 139).

Auch die stark gefährdete Schleiereule ist weitgehend abhängig von ungestörten Brutplätzen in Kirchtürmen, Schlössern, Burgen, Taubenschlägen und in Dachstühlen von Scheunen. Das natürliche Jagdgebiet der Schleiereule sind freie Wiesen- und Feldflächen. Im Winter machen sie auch im Innern von Scheunen Jagd auf Nagetiere. Schon das macht sie zu gern gesehenen Untermietern. Einfluglöcher (Eulenlöcher) an alten Bauernhäusern belegen das. Mit speziellen Nistkästen (s. Kap. Ratgeber, S. 313), die hinter einer Einflugöffnung an der Giebelwand des Dachbodens angebracht sind, können Sie diesen Tieren helfen.

Weitere Vogelarten (Turmfalke, Singvögel) nehmen Angebote in Nebengebäuden wahr, wenn geeignete Strukturen vorhanden sind, wie zum Beispiel Mauernischen und -vorsprünge oder Fassadenbegrünungen. Auch Fledermäuse und überwinternde Insekten (unter anderem Florfliegen, Schmetterlinge) mieten sich gern für einen Winter im Dachgestühl ein – wenn man sie läßt.

Mauswiesel, Iltis, Hermelin, Steinmarder, Igel, Garten- und Siebenschläfer bevorzugen Unterschlüpfe in Mauernischen, hinter Holzstapeln und Wandverschalungen. Die Tiere

Rauchschwalben finden in Ställen geeignete Brutplätze und reichlich Fliegen.

Früher waren Iltisse häufige Bewohner alter Gebäude. Durch ihre Modernisierung verlieren die Tiere zunehmend ihre Verstecke.

Ein modernes Transformatorenhäuschen: Die Dachhaube bietet Einschlupfmöglichkeiten für Fledermäuse und Insekten.

Auch größere Transformatorenhäuschen lassen sich mit wenig Mühe als Zufluchtsstätte für einige Tierarten herrichten.

Der nachtaktive Gartenschläfer versteckt sich tagsüber in Höhlungen alter Bäume und gelegentlich in Gartenhäuschen und Schuppen.

ernähren sich, je nach Art verschieden, hauptsächlich von Schnecken, Insekten, Insektenlarven und Mäusen. Wer Laub-, Reisig-, Holz- und Steinhaufen im Außenwandbereich aufschichtet, ist, ohne es zu wissen, Quartiermacher für allerlei Getier, zum Beispiel für Eidechsen (Mauer-, Zauneidechse, Blindschleiche) und verschiedene Amphibienarten (Erdkröte, Wechselkröte, Grasfrosch).

Technische Bauwerke, wie zum Beispiel stillgelegte Transformatoren- und Stellwerkhäuschen, können nach einigen kleineren Umbaumaßnahmen ebenfalls Unterschlupf für eine Vielzahl von Tieren bieten.

Natürlich wird nicht jeder eine Zauneidechse bewundern können, der einen vorbildlichen Feldsteinhaufen im Sonneneck seines Gartens drapiert. Nicht alles ist machbar – viele Tierarten ertragen den Menschen nur in geringer „Dosierung". Aber das ist sicher kein Grund, den Bereich am Haus „steril" zu lassen. Im übrigen sei auch noch einmal erwähnt, daß es mit naturnaher Hausgestaltung allein nicht getan ist, sondern daß es darauf ankommt, die Lebensräume an unseren Wohnorten großflächig naturnah zu gestalten.

Bäume mit Höhlen, wie dieser alte Apfelbaum, sind schützenswert. Sie bieten Bilchen, Fledermäusen, höhlenbrütenden Vogelarten und Insekten Unterschlupf.

Links: Siebenschläfer gehören zu den Bewohnern von Gärten. Sie bauen ihre Nester in Baumhöhlen, Fels- oder Mauerspalten sowie Holzstapeln und ähnlichen Verstecken.

Ziegelstapel, Holzstapel und Wandverschalungen an alten Gebäuden bieten vielen Tierarten ideale Nistplätze.

Gewächshaus und Wintergarten: Leben hinter Glas

Der Mensch liebt Pflanzen. Das ist die emotionale Grundlage für einen wahren Bauboom bei Wintergärten und Glasanbauten. Das grüne Wohngefühl stellt sich vor allem bei solchen Wintergärten und Glasbauten ein, die sich optisch in den Garten verlängern lassen. Wie intensiv sich die Unterglaswelt nutzen läßt, hängt von der Bauweise und Leistungsfähigkeit der Heizung ab.

Neben Wintergärten und Glasanbauten sieht man immer häufiger freistehende Gewächshäuser – in der Regel sind es Kleingewächshäuser mit einer Nutzfläche von weniger als 30 Quadratmetern. Aber optimale Temperaturen und gleichbleibende Feuchtigkeit lassen nicht nur die Pflanzen, sondern auch Schädlinge gedeihen. Die Enge fördert die Verbreitung von Krankheiten. Auch peinliche Sauberkeit und gute Pflege können Krankheiten nicht immer verhindern. Allzu oft und viel zu schnell greift dann der Besitzer zu harten chemischen Mitteln, sehr zum Nachteil von Nützlingen. Biologisches Gärtnern, selbst hergestellter Kompost und Pflanzenauszüge

Gewächshäuser sind für manche Arten attraktiv. Sie dürfen jedoch nicht zu Todesfallen werden. Deswegen sind Fluchtwege vorzusehen.

Die Blattlausvertilger Marienkäfer überwintern an geeigneten Standorten in Ansammlungen.

machen jedoch meist den Griff zur Spritze überflüssig.

Damit Wintergärten nicht Todesfallen für Bienen, Florfliegen und Schmetterlinge werden, sollten Sie immer ein paar Fluchtmöglichkeiten offen halten; zeitweise gekippte Fenster können schon Leben retten. Überwinterungsgäste wie Schmetterlinge oder auch Igel sollten Sie nicht stören, sondern sie im nächsten Frühjahr behutsam ins Freie entlassen. Hat ein Gewächshaus Lüftungsschlitze in Bodenhöhe, stellen sich gelegentlich auch Eidechsen und Amphibien ein, die sich durch das Vertilgen von Schädlingen nützlich machen. Darüber hinaus sind die Möglichkeiten begrenzt, Tieren in und an Wintergärten, Glasanbauten und Gewächshäusern Unterschlupf zu gewähren.

Übersicht: Mögliche Maßnahmen für Tiere in und an Nebengebäuden

Bereich	Maßnahmen	Geförderte Tiere
Scheune	Einflugöffnungen schaffen beziehungsweise offenhalten	Schleiereule, Insekten
	Eulennistkasten installieren	Schleiereule
	Bodennahe Einschlupflöcher schaffen	Kleinsäuger (u.a. Igel, Steinmarder, Iltis, Mauswiesel)
Stall	Brettkonsole als Nisthilfe anbringen	Rauchschwalbe
Garage, Schuppen, Laube	Einflugöffnungen schaffen beziehungsweise Fenster offenhalten	Vögel, Insekten
Scheune, Stall, Garage, Schuppen, Laube	Keine giftigen Holzschutzmittel verwenden	alle Tiere, besonders jedoch Fledermäuse
	Insektennisthilfen an den Außenwänden anbringen	Insekten
	Außenwandbegrünung	Vögel, Insekten, Amphibien
	Wildkräuter im Außenwandbereich stehenlassen beziehungsweise anpflanzen	Insekten (Bienen, Hummeln, Käfer, Schmetterlinge)
	Laub-, Reisig-, Holz- und Steinhaufen im Außenwandbereich anlegen	Kleinsäuger, Eidechsen, Amphibien
Trafostationen, Stellwerkhäuschen	Für Tiere bewohnbar machen	Kleinsäuger, Eidechsen, Vögel, Insekten, Amphibien
Gewächshaus, Wintergarten	Ein- und Ausflugspalt belassen	Insekten
	Keine harte Chemie bei Krankheiten oder Schädlingsbefall einsetzen	Insekten (Nützlinge), im Gewächshaus teilweise auch Amphibien, Eidechsen, Kleinsäuger

Stadtlandschaften und Industriegelände

Angesichts der fortgeschrittenen Verstädterung großer Ballungsgebiete – heute leben rund 50 Prozent der Bundesbürger in wenigen Verdichtungsräumen – ist die Frage berechtigt, ob Stadtlandschaften überhaupt noch als Lebensräume im Sinne der Ökologie zu betrachten sind. Durch massive Bebauung, Technik und Verkehr haben wir uns eine Lebenswelt geschaffen, die mit der Natur nur noch wenig gemein zu haben scheint. Tatsache ist, daß Großstadtbewohner ein anderes Bewußtsein von der natürlichen Umwelt haben als Landbewohner. Auch ist mit dem Rückgang der Natur in unseren Wohngebieten ein Verlust an individueller Lebensqualität zu verzeichnen. Und noch schlimmer: Es schwindet auch die Erlebnisfähigkeit und Bereitschaft zur Rücksichtnahme gegenüber unserer Mitwelt. Es darf deswegen nicht verwundern, daß gerade Kinder, die vorwiegend in den Häusermeeren unserer Großstädte aufwachsen und Natur nur noch gelegentlich am Wochenende oder aus dem Fernsehen kennen, zunehmend unter emotionaler Verarmung leiden und wenig Sensibilität unserer Mitwelt gegenüber entwickeln.

Vor diesem Hintergrund, es gäbe noch eine Reihe weiterer Gründe, muß die naturnahe Gestaltung des Wohnumfeldes in unseren Innenstädten und stadtnahen Wohngebieten zu den wichtigsten städtebaulichen Aufgaben unserer Zeit gehören. Es geht nicht nur um die Begrünung von Wohnhäusern, Hinterhöfen, Garagen, Carports und um naturnahe Hausgärten, sondern auch um unsere urbanen Siedlungsflächen. Es geht um begrünte Parkplätze, Grünflächen mit Hecken, Wiesen und Feuchtbiotope, um das Flachdach des Supermarktes in der Nachbarschaft, die Wand der Lagerhalle, die Mauer des Industriegeländes und schließlich auch um die vielen Wohnblocks, Schulen, Verwaltungsgebäude, Geschäftshäuser sowie Hochhäuser in der City von Großstädten.

Sicher können Stadtlandschaften, besonders Industriegebäude und Verwaltungsgebäude in Innenstädten, nicht über Nacht zu paradiesischen Lebensräumen für Pflanzen und Tiere umgestaltet werden. Doch vieles ist möglich, wenn wir uns nur der Notwendigkeit bewußt werden und Phantasie walten lassen, um vorhandene Gebiete oder neue Anlagen und Gebäude von vornherein ökologisch zu gestalten.

Es würde den Rahmen des Buches sprengen, umfassend auf das Thema Stadtökologie und ökologische Architektur einzugehen. Wir möchten lediglich abschließend einige Anregungen geben und auf positive Beispiele hinweisen.

Großflächige Gebäude, wie Supermärkte, haben meist kahle Dachflächen. Viele könnten mit vertretbarem Aufwand im nachhinein begrünt werden.

Bei Neubauten kann eine Dachbegrünung von vornherein eingeplant werden, wie bei diesem Verwaltungsgebäude in Zürich.

Kahle Werksmauern wirken nicht nur abweisend, sondern sind auch Flächen ohne Leben. Brachliegende Industriegelände werden sehr schnell von der Natur zurückerobert und besiedelt.

Oben rechts: Auf alten Friedhöfen finden zahlreiche Vogelarten und Kleinsäuger alles, was sie brauchen.

Stadtplanung: Neue Aufgaben für das Management

Grundsätzlich gelten für die Beurteilung bestehender Geschäfts- und Fabrikgebäude die gleichen Richtlinien wie für Wohnhäuser. Zur Orientierung sind die Fragen zu stellen: Wo steht das Haus, wie ist der Sonnenstand, läßt sich das Dach bepflanzen, die Fassade begrünen, wo sind Nisthilfen möglich? Sicher, an einem Hochhaus mit glatten Flächen sind Kletterpflanzen illusorisch. Aus der Sicht des Turmfalken jedoch ist die Hauswand in einer Straßenschlucht vergleichbar mit einem Felsbiotop. Die Nisthilfe am Dachrand des Hochhauses in der City ist willkommen. Im Geschäftshaus kann eine intensive Dachlandschaft oder auch nur ein spärlicher Magerrasen Schmetterlinge, Schwebfliegen und viele andere Insekten anlocken.

Natürlich werden sich in solch innerstädtischen Strukturen nur in seltenen Fällen vollständige Lebensgemeinschaften ansiedeln können, aber manchmal ganz spektakuläre Arten, wie zum Beispiel die vorher erwähnten Wanderfalken am Kölner Dom.

Ein weiterer bemerkenswerter Fall ist die Haubenlerche, die heute in der freien Landschaft seltener zu sehen ist als in weiträumigen Industrielandschaften. Für den typischen Ödlandbewohner bieten Flächen mit Wildwuchs, Freiräumen, Grünstreifen, aber auch begrünte Dächer ideale Reviere. 40 bis 160 Brutpaare wurden in Industriearealen nachgewiesen.

Die Beispiele sind willkürlich gewählt. Es könnten mit gleicher Berechtigung andere sein: Sumpfrohrsänger, Gartengrasmücke, Rotfuchs oder Dutzende von Schmetterlingsarten, Wildbienen und Hummeln, die ungenutzte Brachflächen in Industrielandschaften nutzen.

Regelrechte Oasen in den Steinwüsten unserer Großstädte sind Parkanlagen und Friedhöfe. Sie bieten ausreichend Nahrung und, wenn es sich um alte Anlagen mit reichhaltigem Baumbestand handelt, ungezählte Nistmöglichkeiten und ökologische Nischen für eine vielfältige Tierwelt.

Allerdings ist anzumerken, daß auch hier vielerorts noch einiges verbessert werden kann. Neben dem

Angebot an Nisthilfen für Vögel, Fledermäuse und Insekten könnten Feuchtbiotope, Heckenstreifen, Wiesen geschaffen und absterbende Bäume stehengelassen werden: Sie sind für viele Arten wahre Appartementhäuser.

Doch zurück zu den Verwaltungs- und Industriegebäuden. Wie trostlos sehen manche Supermärkte, Lagerhallen, Industriebauten und -mauern aus! Hier ließe sich manches mit viel Phantasie und wenig Geld verbessern. Begrünte Wände, Pflanztröge und Blumenkästen auf Dächern und an Fassaden würden Farbe und Leben in das städtische Grau bringen. Auch müßten sicher viele Flächen nicht versiegelt sein und die Grünanlagen vor Industriegebäuden nicht immer aus englischem Rasen bestehen. Vor manch architektonisch interessanten Verwaltungsgebäuden würde sich eine bunte Blumenwiese attraktiv abheben.

Allein diese beiden Maßnahmen wären schon ein sinnvoller Beitrag. Wiesen würden die Artenvielfalt erhöhen und in die unversiegelten Flächen das Regenwasser einsickern lassen.

Glasflächen: Exkurs über Vogelschutz in der Stadt

Nicht ganz zum Thema „Tiere auf Wohnungssuche“, sondern zum Thema „Vogelschutz in der Zivilisationslandschaft“ gehören verglaste Fassaden und neuerdings auch transparente Schallschutzwände an Schnellstraßen. Bekannt sind die selbstklebenden Greifvogelsilhouetten, die in bestimmten Abständen an die Scheiben geklebt werden. Weniger bekannt ist ihre Wirksamkeit. Neueste Untersuchungen an Lärmschutzwänden aus Glas ergaben, daß selbst bei geringerem Klebeabstand der Silhouetten der Erfolg gering war.

Vögel werden von Attrappen offensichtlich nicht abgeschreckt, sondern ausschließlich die Dichte eines Musters läßt sie erkennen, daß die Wand nicht zu durchfliegen ist.

Ein Test mit überraschenden Ergebnissen: An der linken Lärmschutzwand mit durchsichtigem Glas fanden viele Vögel den Tod. Nach Einschliff eines Streifenrasters wurde die Glasfläche erkannt und überflogen.

Der größte Erfolg wurde erzielt, wenn die Glasscheiben mit Sandstrahlgebläse mattiert oder mit einem Raster versehen wurden. Vielleicht ist diese Erkenntnis eine Anregung für Architekten bei der Planung des nächsten Glaspalastes!

Was konventionelle Lärmschutzwände angeht, so ist festzustellen, daß sie zunehmend begrünt und damit attraktiver für den Vorbeifahrenden und die Tierwelt werden. Ein Beispiel dafür, daß selbst an extremen Standorten noch nicht alle Möglichkeiten für mehr Grün in der Stadt ausgereizt wurden.

Bei all diesen Überlegungen geht es primär jedoch um das Ausgleichen von bisher gemachten Fehlern. Mindestens ebenso wichtig wie die Sanierung bestehender Anlagen sind unsere Denkhaltung und die Ideen für die Gestaltung zukünftiger Gebäude in Wohn- und Industriegebieten.

Neue, ökologisch orientierte Architekturkonzepte und machbare Visionen werden dringend benötigt. Bedauerlicherweise gibt es bisher nur wenige wegweisende Beispiele.

So extrem die Standorte auch sind: Lärmschutzwände können durch gestufte Bepflanzung ökologisch wertvoller werden.

Vorbildliches, extensiv und damit pflegeleicht begrüntes Flachdach auf der Lagerhalle des Mineralbrunnens.

Das Bayerische Staatsbad Bad Brückenau, architektonisch reizvoll und ökologisch auf naturnahem Kurs.

Bad Brückenau: Kooperation zwischen Wirtschaft und Kommune

Das Bayerische Staatsbad und die Stadt Bad Brückenau haben gemeinsam mit dem Staatlichen Mineralbrunnen ein ökologisch orientiertes Konzept ausgearbeitet, das schrittweise umgesetzt wird. In den Parkanlagen des Staatsbades werden nur noch mit heimischen Arten Pflanzungen durchgeführt und chemischer Dünger sowie Pflanzenschutzmittel vermieden.

Der Mineralbrunnen-Betrieb: Ein Beispiel für umweltorientierte Architektur von der Dachbegrünung bis zur standortgerechten Bepflanzung des Freigeländes.

Eine neue, umweltfreundliche Beleuchtungsanlage, eine Kompostieranlage sowie ein ökologisch orientiertes Parkhaus sind in Planung.

Pionierprojekt im Staatsbad ist der Neubau des Staatlichen Mineralbrunnens, der 1990 fertiggestellt wurde.

Es handelt sich hierbei um den ersten konsequent ökologisch orientierten Abfüllbetrieb der Welt, der von der umweltfreundlichen Produktausstattung über die Abfülltechnik bis zur Architektur ökologisch optimiert wurde.

Das Betriebsgelände fügt sich harmonisch in das Gesamtbild des Staatsbades ein. Es wurde ausschließlich mit standortgerechten Pflanzen begrünt. Ein Teil des Flachdachs wurde begrünt und mit verschiedenen Vegetationszonen ausgestattet.

Dank Samenflug haben sich in luftiger Höhe bereits viele weitere Pflanzen angesiedelt – und in der Folge zahlreiche Tiere, die dort mit ihnen ungestörte Lebensgemeinschaften bilden können.

Siegsdorfer Petrusquelle:
Ökologie mit Phantasie

Ein weiteres Beispiel ist die im Chiemgau gelegene Siegsdorfer Petrusquelle. Auch dieser Betrieb wurde konsequent ökologisch ausgerichtet, der bestehende Abfüllbetrieb und das Außengelände naturnah gestaltet.

Vorher war das Gebäude eine trostlose Industrieanlage mit versiegelten Bodenflächen, kahlen Wänden und phantasieloser Freiflächengestaltung. In Zusammenarbeit mit Architekten, Ökologen und Landschaftsplanern wurde ein wegweisendes Konzept erarbeitet und realisiert.

Wesentliche Aspekte der Anlage, die – angepaßt an die örtlichen Gegebenheiten – mit Sicherheit auch an vielen anderen Standorten umgesetzt werden können, sind:

- ☐ die Fassadenbegrünung mit Efeu an den Schattenseiten, mit Wildem Wein, Rosen und Kletterhortensien an den wärmebegünstigten Süd- und Westseiten;
- ☐ das Spalierobst mit traditionellen Sorten an der Südseite der Lagerhallen;
- ☐ die extensive Dachbegrünung mit Flußkieseln aus der Umgebung, Baumstrünken und Wildstauden;
- ☐ der Naturteich neben einem vorbeifließenden Mühlbach mit ausgedehntem Flachufer als Laichgewässer für Amphibien;
- ☐ der neu angelegte Schotterrasen mit einer Trockenrasenmischung anstatt der ehemals asphaltierten Fläche;
- ☐ die Trockenmauer aus Kalksteinbruch der Region, 60 Meter lang und 1,5 Meter hoch, ein zukünftiges Kleinod für Pflanze, Tier und Mensch;
- ☐ die standortgerechten Pflanzungen mit heimischen Stauden, Hecken und Bäumen;
- ☐ die Errichtung von Totholzhaufen an verschiedenen Stellen für Igel, Zaunkönig, Heckenbraunelle und viele weitere Arten;

Bei der Renovierung des Betriebsgeländes wurden alle Möglichkeiten naturnaher Gestaltung genutzt. Ein positives Beispiel für die Anlage von Betriebsgeländen.

Eine 60 Meter lange Trockenmauer ist ein willkommener Lebensraum für heimische Arten.

- ☐ die Anbringung von Nisthilfen für Schwalben, Meisen und die auf der Liste der bedrohten Arten stehende Wasseramsel und Fledermäuse.

Mit diesen Maßnahmen und der übergreifenden, ökologisch orientierten Gesamtkonzeption beweist der Mineralbrunnen glaubwürdig die Ernsthaftigkeit seines Anliegens, sich für die Erhaltung der Natur einzusetzen.

Oben: Inmitten der Stadt: Ein grüner „Naturteppich“ zwischen Glas und Beton.

Verwaltungsgebäude müssen nicht steril sein. Sie lassen sich belebend begrünen.

Konrad Lorenz: Ökologie ist intelligente Langzeitökonomie

Leider haben solche Beispiele noch Seltenheitswert. Doch es liegt auf der Hand, daß ökologische Konzepte in Zukunft den Kurs der Wirtschaft bestimmen werden. Zunehmend aufgeklärte Verbraucher werden sich Produkten zuwenden, die nicht gegen die Natur, sondern im Einklang mit ihr hergestellt werden. Zukunftsorientierte Manager sind sich dieser Zusammenhänge bewußt und planen Unternehmenskonzepte entsprechend. Ein erster Prüfstein für umweltbewußte Manager ist die ökologische Konzeption des Firmengeländes und der darauf stehenden Gebäude.

„Ökologie ist intelligente Langzeitökonomie“, dieses Zitat stammt von Konrad Lorenz. Die Richtigkeit seiner These ist inzwischen erwiesen. Erstens werden wir bei weiterem Wirtschaften gegen die Natur mit Sicherheit rote Zahlen schreiben und zweitens die Folgeschäden der naturzerstörenden Wirtschaftsweise nicht mehr bezahlen können. Der sinnvolle Umgang mit natürlichen Ressourcen dagegen schafft stabile ökonomische Grundlagen und eröffnet interessante Märkte. Und schließlich spart mehr Natur an Gebäuden auch Geld:

Dach- und Fassadenbegrünungen mindern Energiekosten, Nutzung von Regenwasser spart Wasserkosten. Eine bunte Wiese statt des Einheitsrasens hilft nicht nur Wasser und Energie sparen, sondern auch Arbeit – und sie erhöht die Artenvielfalt auf dem Firmengelände. Mehr Natur am Gebäude bringt letztendlich auch mehr Lebensqualität und Wohlbefinden für die darin arbeitenden und wohnenden Menschen.

Wer also Tieren auf Wohnungssuche eine Wohnung bietet, ob am Privathaus oder am Firmengebäude, kann zwar dafür keine Miete verlangen, aber dennoch durch Einsparungen und positiv stimmende Lebenseindrücke auf seine Kosten kommen.

So spricht aus ökonomischer Sicht alles dafür, mit mehr Mut und Phantasie Häuser, Gewerbebauten und industrielle Siedlungsflächen zu bepflanzen und damit zu beleben.

Licht und Lampen

Ohne Licht kein Leben. Sonnenlicht ist die Energie für den biologischen Motor, sie läßt Pflanzen wachsen. Licht eicht die „innere Uhr“ und dient als Orientierungshilfe für ziehende Tierarten. Seit wir jedoch die Nacht zum Tag machen, zeigen sich immer mehr auch die Schattenseiten des Lichts auf vielfältige Weise. U.S.-Astronauten, die Pioniere der aufkommenden Lichtkritik, die sich gegen die gedankenlose Verschwendung von Energie und Geld wendet, erhalten inzwischen durch Naturschützer und lichtempfindliche Bürger Rückendeckung.

Licht wird zur Umweltplage. Schon 1981 zeigte eine Studie, daß sich jeder vierzigste Bundesbürger nachts durch Kunstlicht gestört fühlte. Hinsichtlich der Auswirkungen der unnatürlichen Nachthelle auf das Wohlbefinden des Menschen tappt die Wissenschaft noch weitgehend im Dunkeln. Nicht viel besser ist der Wissensstand über die Auswirkungen der Nachbeleuchtung auf die Tierwelt. Das wenige jedoch, das wir heute wissen, sollte für ein Umdenken und Handeln ausreichen.

Licht:
Todesfallen in der Nacht

Bei nächtlich ziehenden Vögeln, dazu gehören Enten und Watvögel, aber auch insektenfressende Kleinvögel, ist die Schädigung durch Licht schon lange bekannt. Besonders gefährlich sind hochragende und starke Lichtquellen wie Fernsehtürme, Leuchttürme und Flutlichtanlagen. So berichtet eine Untersuchung aus den U.S.A., daß am 170 Meter hohen und nachts angestrahlten Washington-Monument in nur eineinhalb Stunden 576 Vögel den Tod fanden.

Extrem durch Licht gefährdet sind neben den nachtziehenden Vögeln auch nachtaktive Insekten. Fledermäusen verhilft zwar das Licht zu einem reich gedeckten Tisch, denn sie jagen die von Straßenlaternen und anderen Lampen angelockten Insekten. Jedoch gibt es noch keine umfassenden Erkenntnisse über mögliche Verletzungen und Schäden.

Bis heute weiß man noch nicht genau, warum viele Insekten auf künstliche Lichter fliegen. Vielleicht verwechseln sie diese mit Mond und/oder Sonne, von denen man weiß, daß sie manchen Tieren zur Orientierung dienen. Dabei werden diese Gestirne meist nicht direkt angeflogen, sondern es wird ein bestimmter Winkel zwischen Him-

Flutlichtanlagen sind unentbehrlich für viele Sportveranstaltungen, können aber für nächtlich ziehende Vögel und Insekten zu Todesfallen werden.

Der Mond ist natürlicher Orientierungspunkt für nachtziehende Vogelarten und Insekten.

Oben: Die Nachtaufnahme von Berlin verdeutlicht: Lichtermeere sind nicht nur Irrlichter für den Insektenflug, sondern stören auch die Nachtruhe der Menschen.

Was für die Werbung wirksam sein mag, verursacht in Sommernächten millionenfachen Tod.

melskörper und Flugkurs eingehalten. Bei den vergleichsweise nahe liegenden künstlichen Lichtquellen führt dieser Kurs schnell in einer „Todesspirale“ in die Lichtquelle.
Auch der vergleichsweise hohe Ultraviolettanteil vieler Kunstlichter spielt sicher eine Rolle für die Lichtanlockung.

Schon lange wissen Zoologen, daß Insekten mit Licht angelockt werden können, und bedienen sich hierbei besonders wirksam der Lichtquellen mit einer hohen Ultraviolett-Strahlung. Da viele Außenlampen einen ähnlich hohen Lichtanteil haben, ziehen sie in den warmen Sommermonaten Zehntausende von Insekten an und damit in den Tod. Dies gilt besonders für Leuchtanlagen in Außenbereichen der Städte wie neuen Wohngebieten, Tankstellen oder Sportanlagen.

Leuchtreklame: Unwiderstehlich für Nachtschwärmer

An neuen, nachts sehr hell erleuchteten Tankstellen wurden in den ersten zwei Jahren des Betriebes wahre Insekteninvasionen registriert; danach war Ruhe – die Umgebung im Umkreis der Lichtquelle „leergeleuchtet“.

Nicht selten sind es auch großflächige und sehr helle Lichtreklamen sowie unnötige private oder öffentliche Fassadenbeleuchtungen, die im Laufe eines Jahres Millionen von Insekten in die tödliche Falle locken.

Insekten sterben, besonders wenn sie groß sind, direkt durch Verletzungen oder indirekt durch Schädigung von Sinnesorganen wie Fühlern oder Augen. Die Tiere verbrennen sich an den heißen Lampenoberflächen, verletzen sich beim Aufprall oder erleiden Abschürfungen. Viele Insekten sterben auch einfach an Erschöpfung, weil sie dauernd um die Lichtquelle kreisen, ohne von ihr loszukommen, um sich zu erholen. Insekten, die sich zahlreich und unentrinnbar in undichten Lampengehäusen verfangen, verbrennen oder sterben an Erschöpfung.

Der milliardenfache Insektentod durch die ungezählten Todesfallen unserer urbanen Siedlungsflächen kann weitreichendere Folgen haben, als wir heute ahnen. Viele Insekten haben zwar ein langes Larvenleben, als entwickeltes Fluginsekt sterben sie jedoch nach wenigen Stunden, sobald sie ihre zentrale Lebensaufgabe, die der Begattung und Eiablage, erfüllt haben. Bei manchen Eintagsfliegen kann die Lebensphase der Flugtiere sogar nur wenige Minuten umfassen.

Wenn folglich frisch geschlüpfte Insekten stundenlang Lampen umrunden oder lichtgefesselt an der Lampenoberfläche sitzen, anstatt für die kommende Generation zu sorgen, dann kann der Insektenbestand eines ganzen Gebietes gefährdet sein.

Wer im Spätsommer einmal aufmerksam Lampengehäuse in Parkanlagen, und besonders entlang eines

Sees, genauer betrachtet, wird entdecken, daß sie teilweise bodenbedeckend mit Tausenden von toten Insekten gefüllt sind. Die pro Lampe bis zu Hunderttausende aus dem Verkehr gezogenen Zuckmücken und andere Kleintiere fallen damit als Nahrung für Kleinvögel aus und reißen ernstzunehmende Lücken in das Nahrungsnetz der Natur.

Nicht nur die Zuckmücken werden von künstlichem Licht angezogen. Sehr anfällig sind auch Nachtschmetterlinge, deren äußerst empfindliche Augen schon auf schwache Lichtreize reagieren, besonders dann, wenn sie UV-Lichtanteile enthalten. Die Hausmutter, ein Nachtschmetterling, kann bei einer Lichtstärke von einem Tausendstel des Mondlichts noch sehen. Diese Fakten erklären, warum viele Nachtfalter durch Licht aus Entfernungen bis zu einem Kilometer angelockt werden.

Doch nicht nur Motten, auch viele Käfer, Hautflügler, Köcherfliegen, Zweiflügler, Wanzen und Eintagsfliegen – um nur die wichtigsten Gruppen zu nennen – werden Opfer der Lichtfallen.

Ein Beispiel für vorbildliches Lichtdesign: Licht wird nach unten auf den Weg abgestrahlt und verhindert somit ein Anfliegen von Insekten.

Lampentypen: Neue Erkenntnisse – neues Licht

Erst neuerdings wurde untersucht, welche Lampentypen für nachtaktive Insekten, Vögel und Fledermäuse am unattraktivsten, und natürlich auch, welche am schädlichsten sind. Sehr gefährlich sind die Quecksilber-Hochdrucklampen, die meist zur Beleuchtung von Außenanlagen, Parkplätzen und Straßen eingesetzt werden. Sie haben einen hohen Strahlungsanteil im Bereich unter 440 Nanometer. Besser, aber längst nicht unbedenklich sind die Kompakt-Leuchtstofflampen, die zwar relativ wenig Energie verbrauchen, aber doch noch einen erhöhten Anteil kurzwelliger UV-Strahlen enthalten. Etwa gleichwertig mit dem letztgenannten Lampentyp sind die Natriumdampf-Hochdruck-

Ein Lampentyp, der gefährlich ist wie ein Leuchtturm. Die Abstrahlung des Lichts nach allen Seiten wirkt magnetisch für alle Insekten der Umgebung.

Nachtbeleuchtung in Hausnähe ist zweifach zu überprüfen. Erstens: muß sie sein und zweitens: sind die Lampentypen insektenfreundlich?

lampen, die ihre Hauptenergie im gelben Bereich abstrahlen, aber immer noch wesentliche kurzwellige Strahlungsanteile haben.

Am günstigsten sind Natriumdampf-Niederdrucklampen, die ihre gesamte Energie im Gelbbereich bei etwa 590 Nanometer ausstrahlen und energiesparend sind. Sie verlocken nur sehr wenige Insekten zum tödlichen Flug.

Neben der geschilderten Lichtqualität spielt auch die Lichtmenge, die Stärke der Lichtquelle, eine wichtige Rolle. Je stärker das Licht, desto verheerender die Wirkung. Auch die Höhe der Lichtquelle über dem Boden ist von Bedeutung: der Einzugsbereich nimmt mit jedem Meter Höhe um etwa 15 Meter zu.

Zusammenfassend sind folgende Punkte zum Thema „Licht im Außenbereich“ zu beachten:

- Licht, vor allem von starken Lichtquellen, muß im Außenbereich auf das absolut notwendige Maß beschränkt werden. In jedem Fall ist zu prüfen, ob nicht statt einer starken Lampe mehrere schwache eingesetzt werden können.
- Als Leuchtkörper sollten nur Natriumdampf-Niederdrucklampen verwendet werden. Andere, umweltschädliche Beleuchtungen sollten möglichst bald umgerüstet werden.
- Wo Licht unbedingt nötig ist, sollte geprüft werden, ob es nicht genügt, daß alle oder wenigstens ein Teil der Lampen nur einige Stunden in der Nacht eingeschaltet werden.
- Weil die „Fängigkeit“ einer Lampe mit ihrer Höhe über dem Boden zunimmt, sollten Beleuchtungsanlagen nicht höher als unbedingt nötig installiert werden.
- Lampenoberflächen dürfen nicht heißer als 60 Grad Celsius werden. Falls Kühlungsschlitze erforderlich sind, müssen sie mit feinmaschigem Gitter insektendicht gemacht werden. Auch Lampengehäuse müssen insektendicht verschlossen sein.
- Lampen dürfen ihr Licht nur dorthin abstrahlen, wo es wirklich benötigt wird – üblicherweise also auf den Boden. Das Licht muß daher gebündelt und gerichtet ausgestrahlt werden.
- Auf dekorative Leuchten, wie sie in Wohnbereichen und in Parkanlagen verwendet werden, sollte ganz verzichtet werden, weil sie meist weder dicht sind noch ihr Lichtziel gerichtet anstrahlen.
- Grelle Fassadenbeleuchtung ist zu vermeiden, besonders, wenn die Wand weiß ist.

Wenn all diese Hinweise und Mahnungen berücksichtigt werden, ist es vielleicht wieder möglich, an warmen Sommerabenden die Glühwürmchen zu beobachten, ohne daß ihr Leuchten vom grellen Kunstlicht überstrahlt wird.

Übersicht: Mögliche Maßnahmen für Tiere in Stadtlandschaften

Für die naturnahe Gestaltung von Verwaltungs- und Industriegebäuden gelten prinzipiell die gleichen Empfehlungen wie für private Wohngebäude und Freiflächen. Die nachstehenden Maßnahmen sind als ergänzende Übersicht und als Anregung zu betrachten.

Bereich	Maßnahmen	Geförderte Tiere
Gebäude	Alle vorgestellten Maßnahmen hinsichtlich Dachbegrünung, Fassadenbegrünung, Nisthilfen usw.	Vögel, Fledermäuse, Insekten, Spinnen
	Regenwasser nicht in die Kanalisation leiten, lieber versickern lassen oder Feuchtbiotope damit speisen.	Alle Arten, das heißt: Säugetiere, Vögel, Reptilien, Amphibien, Insekten, Spinnen, Schnecken
Grünanlagen	Grundsätzlich heimische Pflanzenarten bevorzugen.	Alle Arten, das heißt: Säugetiere, Vögel, Reptilien, Amphibien, Insekten, Spinnen, Schnecken
	Wenig pflegen, natürliche Entwicklungen zulassen.	
	Naturnahe Lebensräume wie Wiesen, Hecken und Feuchtbiotope schaffen.	
	Vorhandene Teiche durch Neuanlagen vernetzen und ergänzen.	
	Ungestörte Bereiche für Artenschutz schaffen, wenig betreten, nicht mähen, nicht jäten, kein Laub rechen.	
	Möglichst keine chemischen Düngemittel, sondern Kompost einsetzen.	
	Verzicht auf chemischen Pflanzenschutz und Insektenbekämpfungsmittel.	
Freiflächen	Asphaltierte oder betonierte Bereiche entsiegeln.	Vor allem Insekten, Vögel; zum Teil Reptilien, Säugetiere
	Neue Flächen möglichst nicht versiegeln, begrenzt pflastern, offene Stellen lassen.	
	Natürlichen Wildwuchs tolerieren, Magerstandorte (Trockenrasen) fördern und anlegen.	
	Geeignete Flächen als Brachland ausweisen und abgrenzen.	
Parkplätze	Bedingt versiegeln, mit Schotter oder Kies bestreuen, Bäume und Hecken anpflanzen.	Vor allem Insekten, Vögel
	Unterirdische Parkräume schaffen, gewonnene Dachflächen begrünen.	
Zufahrten	Fahrspur nur mit Rasengittersteinen (Natursteinen) befestigen.	Vor allem Insekten, Vögel
	Keine Teer- oder Betonstraßen, höchstens wassergebundene Wegdecken.	
	Vegetation an Straßenrändern entwickeln lassen (nur ein- oder zweimal jährlich mähen).	
Beleuchtung	Grundsätzlich weniger Lichtquellen in freier Landschaft einsetzen.	Vor allem Insekten, Vögel
	Bei Lichtbedarf zwischen 23.00 und 6.00 Uhr möglichst jede zweite Lampe abschalten.	
	Nur Leuchten installieren, die ihr Licht gezielt und begrenzt in eine Richtung abstrahlen.	
	Beleuchtungskörper möglichst waagerecht und niedrig anbringen, nach unten strahlen lassen.	
	Auf Quecksilberdampf-Hochdrucklampen verzichten, Natriumdampf-Niederdrucklampen bevorzugen.	
	Für Bau-, Lager- und Abstellplätze nur Planflächenstrahler einsetzen.	
	Gebäudewände nicht oder nur begrenzt und zeitweise anstrahlen.	

Tiere beobachten und bestimmen

Claus-Peter Lieckfeld
Veronika Straaß

Von Goethe stammt das Zitat: „Man sieht nur, was man weiß". Wir sagen: „Man schützt nur, was man sieht". Was tun Sie, wenn Sie in Ihrem Garten überraschend einen Singvogel sehen, ihn aber nicht erkennen? Bis Sie ihn aus den üblichen Bestimmungsbüchern herausgesucht haben, ist der Vogel längst verschwunden.

Wir haben uns deshalb im folgenden Bestimmungsteil auf die Arten konzentriert, die in unseren Breiten um das Haus herum vorkommen. Bestimmungsbücher erklären vieles, was für Wissenschaftler interessant ist – sie stellen aber keine emotionale Verbindung her zwischen Mensch und Kreatur.

Die folgenden Tierportraits weichen deshalb von den üblichen Schilderungen ab: Was ist das Besondere, Verblüffende, Liebenswerte? Antworten auf Fragen wie diese, so meinen wir, helfen uns, in Tieren bemerkenswerte Persönlichkeiten als Nachbarn zu entdecken, Unikate der Evolution.

Als Nachbarn hat man gern Persönlichkeiten

Der Leser will – völlig zu Recht – nicht mit prinzipiellen Überlegungen der Autoren behelligt werden. Der Aufbau eines Buches muß sich selbst erklären. Muß er zusätzlich erklärt werden, ist etwas faul. Dennoch scheint uns an dieser Stelle eine Erläuterung hilfreich.

Tiere werden häufig nach einem etablierten Schema vorgestellt: Beschreibung, Verbreitung, Brutpflege etc. Das dient zwar der Übersichtlichkeit, verdirbt aber unweigerlich den Lesespaß. Uns ging es nicht darum, ein weiteres Nachschlagewerk zu verfassen; wir wollen vielmehr an dieser Stelle „Tiercharaktere" vorstellen, Lebewesen mit Besonderheiten – Persönlichkeiten in einem Wort. Wir wollen anknüpfen an Äußerlichkeiten oder Verhalten, die jedem auffallen (können), wir wollen Hilfestellung zur „Natur-Selbsterfahrung" und zum Staunen geben.

Und noch eine Bemerkung zu den Quellen: Wir haben uns bemüht, aus möglichst sicheren Quellen zu schöpfen, wissenschaftlichen Werken zu allererst; dazu kamen erprobte populärwissenschaftliche Darstellungen. Schließlich eigene Erfahrungen und Beobachtungen. Manchmal, wenn wir einem Autor sehr viele Hinweise, Fakten, Erklärungen verdanken, haben wir das besonders herausgestellt. So etwa im Falle von Frieder Sauers herausragendem Bestimmungsbuch „Raupe und Schmetterling", Fauna-Verlag. Lehrbücher über Tiere, wie das vorliegende, müssen Spaß machen, sonst bleiben Tiere Unbekannte. Für Bekannte dagegen bringt man durchaus Opfer, die läßt man auch mal mitwohnen. Manche Bekanntschaften traut man sich vorher nicht ohne weiteres zu. So standen wir vor einiger Zeit vor der Aufgabe, das Insekten-Facettenauge möglichst umfassend, möglichst wissenschaftlich und möglichst leserfreundlich zu erklären. Da Stubenfliegen so etwas wie die Haustiere der Insektenforscher sind, lasen wir viel über diese Lästlinge, die einem im Sommer das Schlafen bei offenem Fenster verleiden können. Während des Lesens gewann das Tier für uns immer wunderbarere Dimensionen, es wurde ein Kunstwerk, ein Muster an Reaktionsschnelligkeit und Flugpräzision... Wir ertappten uns dabei (für eine gewisse Zeit), Fliegen nicht mehr klatschen zu können. So etwas Filigranes zermatscht man doch nicht einfach!

Diese – nennen wir es ruhig etwas dröhnend – „archaische Tötungshemmung" müßte doch auch greifen, wenn es um vergleichsweise beliebteres Getier geht: Den baufälligen Schuppen stehen lassen, weil ihn die Rotschwänze und die Schleiereulen lieben; den geschleckten Gartenkatalog zur Seite legen und überlegen, welche Blüten Schmetterlingen schmecken; den verblattlausten Busch am Haus, den die Schwebfliegenlarven schätzen, nicht ausreißen, sondern nur stutzen.

Es gibt nämlich nicht nur bösartige, kalkulierte Angriffe auf Flora und Fauna, es gibt – wohl weit mehr – fahrlässige Tötung, Heimatvertreibung aus Unwissen, Roheit en passant.

Säugetiere

Als sich vor etwa 65 Millionen Jahren das Klima drastisch änderte – die Windgeschwindigkeiten nahmen zu, die Sommer wurden heißer, die Winter kälter –, standen die Saurier buchstäblich im zu dünnen Hemd da (eine der vielen Theorien über das Aussterben der Saurier). Ihr Nachwuchs konnte sich nicht mehr entwickeln und die erwachsenen Saurier wurden – wie alle Reptilien bei Kälte – bewegungsunlustig und verhungerten schließlich. Die gerade mäuse- bis hundegroßen Säugetiere aber konnten mit ihrem hocheffizienten Blutkreislauf dem unberechenbaren Klima widerstehen. Bei winterlichen Temperaturen konnten sie genug Stoffwechselwärme erzeugen, um ihre Körpertemperatur konstant zu halten. Allerdings verbrauchten die Säugetiere dafür auch weit mehr Energie als die Saurier. Die Säugetiere waren also gezwungen, Energiespar-Techniken zu entwickeln. Wärmedämmende Pelze bildeten sich, einige Arten verfielen in nahrungsarmen Zeiten in einen energiesparenden Starrezustand. Man entwickelte hochdifferenzierte Gebisse und komplizierte Verdauungsverfahren, um aus der Nahrung ein Höchstmaß an Energie herausholen zu können. Auch in einem anderen Punkt waren die Säugetiere den Sauriern voraus: Während diese Eier legten, die allzuoft Raubsauriern zum Opfer fielen, „brüteten" die Säugetiere ihre Jungen im eigenen Körper aus. Da sie außerdem ihren Nachwuchs weit aufwendiger betreuten als die riesigen Reptilien, konnten die Mütter ihr Wissen an ihre Kinder weitergeben. Lernen lohnte sich, und die Voraussetzung für Lernen war offenbar die weitgehend gleichbleibende Körpertemperatur, denn nur dann laufen die komplizierten chemischen Vorgänge im Gehirn zuverlässig ab.

Igel
Erinaceus europaeus

Einen Igel muß man nicht beschreiben. Dennoch ist sein „Pelz" erklärungsbedürftig. Während Igeljunge nur etwa 3000 Spieße tragen, bringt es ein erwachsenes Tier je nach Größe auf 5000 bis 7500. Seine überhängende Stachelhaut läßt den stöbernden Igel ein wenig aussehen wie ein aufgezogenes Spielzeugtier, das sich auf unsichtbaren Rädern vorwärtsschiebt. Denn die langen Beine sind meist unter dem überlappenden „Rocksaum" versteckt. In diesem Hautsaum verläuft ein dicker Muskelring, mit dessen Hilfe sich die Tiere zu einem stachelstarrenden Beutel „zusammenschnüren" können. So in sich selbst zurückgezogen, kann ein Igel gelassen einige Stunden abwarten. Scheint ihm die Gefahr nicht sonderlich groß, begnügt er sich damit, die Stachelhaut nur ins Gesicht zu ziehen.

Pro Nacht bewältigt ein Igel – wohlgenährte Exemplare werden gut unterarmlang und anderthalb Kilogramm schwer – ohne weiteres zwei Kilometer Fußmarsch auf der Suche nach Schnecken, Regenwürmern, Raupen und Käfern. Dabei ist er ganz Nase und Ohr: Einen Regenwurm wittert er noch drei Zentimeter tief im Erdboden, ein Käfer im Gras verursacht für seine Ohren einen unüberhörbaren Lärm.

Unüberhörbar lärmend sind auch sie selbst: Schnaufend, schmatzend und knuspernd walzen Igel durch die Gärten, und laut fauchend umwerben sie sich im Frühjahr. Stacheln – das was den Igel zum Igel macht – tragen schon die neugeborenen Jungen, allerdings ist diese erste Garnitur während der Geburt noch in der aufgequollenen Haut der Jungen versenkt. Schon nach vier Wochen gehen Jungigel mit der Mutter auf Streifzüge, und nach weiteren ein bis zwei Wochen macht sich der Nachwuchs selbständig.

Aus der Sicht des Igels ist der Mensch wenigstens teilweise ein nützliches Wesen: Er läßt zum Beispiel Futter (eigentlich für Katzen und Hunde gedacht) herumstehen. Aber Menschen haben auch eine schädliche Seite: Sie pflegen die Landschaft mit breiten Asphaltbändern zu zerschneiden, die von todbringenden Blechwesen belebt sind. Allein in Dänemark enden jährlich zwischen 70000 und 100000 Igel im Straßenverkehr. Und schließlich versucht der Mensch gerade jene Raupen, Käfer und Schnecken zu vernichten, von denen ein Igel lebt …

Igel gehören zur Gruppe der Tiere, die sich mit der Zersiedlung der Landschaft im Großen und Ganzen arrangiert haben – vorausgesetzt, Gärten und Parks sind nicht nach dem Ideal der penibel aufgeräumten guten Stube gestaltet und beherbergen noch Freßbares sowie Reisigstapel und Komposthaufen. Denn reichlich Nahrung im Herbst und ein geschützter Unterschlupf im Winter sind für Igel lebensnotwendig: Die kalte Jahreszeit verschlafen die Tiere mit reduzierter Stoffwechselrate und reichlich Fettreserven in frostfreien Winkeln, in Laub- und Reisighaufen, unter Holzstößen und in Schuppen.

Und was ist mit den Jungtieren, die oft noch im November auf Futtersuche umherwandern? Einkellern? Wissenschaftler raten eher zur Zurückhaltung: Wenn „Haus"igel im Mai ausgesetzt werden, sind gute Lebensräume bereits mit drei Tieren je Hektar voll besetzt. Auf der Suche nach zweitklassigen Alternativen begeben sich die „Kellerkinder" unweigerlich in Gefahr. Außerdem sind die wurmfrei gemachten Heimigel dem Ansturm von Schmarotzern im Freiland nicht gewachsen, sie sind nach kurzer Zeit weitaus stärker parasitiert als ihre Artgenossen, die „natürlich" überwintert haben. Fazit: Wer im Spätherbst umherstromernde Jungigel unter 500 Gramm Gewicht findet, tut ihnen den größten Gefallen, wenn er zufüttert, ihnen ein Domizil im Freien bietet und sie ansonsten in Ruhe läßt.

Das Beste, was sich ein Igel wünschen kann, ist ein Garten, der ein paar unaufgeräumte, verwilderte Ecken hat. Genau das aber findet er in unseren Gärten kaum.

Feldspitzmaus
Crocidura leucodon

Ihr Beiname leucodon heißt „die weißzahnige", aber weißere Zähne als Haus- und Gartenspitzmaus (die ebenfalls zur Gruppe der Weißzahnspitzmäuse gehören) hat sie auch nicht. Ein tauglicheres Unterscheidungsmerkmal ist da schon die Fellfarbe: Zwischen dunkel graubrauner Oberseite und heller Unterseite verläuft eine akkurate, scharfe Trennungslinie.

Feldspitzmäuse bevorzugen wie ihre Verwandten das offene Gelände, wagen sich aber selbst noch in deckungslose Wiesen und Äcker vor, wo sie Ritzen, Spalten und Höhlungen samt den oberen Bodenschichten nach Nahrung durchstöbern. Während der Nahrungssuche sind die Augen noch am entbehrlichsten. Um so feiner ausgeprägt sind, wie bei allen Spitzmäusen, Gehör und Tastsinn, vor allem aber der Ferntastsinn in Verbindung mit den Schnurrhaaren; mit seiner Hilfe können Spitzmäuse selbst Luftdruckwellen wahrnehmen.

Ununterbrochenes hohes Fiepen an Frühlingsabenden ist oft nicht das Bettelgeschrei junger Singvögel, sondern der „Gesang" eines brünstigen Feldspitzmausweibchens. Nähert sich auf ihre ausdauernden Werbegesänge endlich ein Männchen, ist erst einmal eine Beißerei im Gange, bei der aber keiner ernsthaft zu Schaden kommt. Bald weichen die schrillen Drohschreie beruhigendem Zwitschern. Das Weibchen präsentiert sich vor dem Männchen in hochbeinigem Stelzgang, und schließlich zeigt ein eigenartiger Rülpslaut an, daß das Männchen ans Ziel seiner Wünsche gelangt ist.

Als eines der Hauptbeutetiere von Schleiereulen sind Feldspitzmäuse ebenso unter „Jagddruck" und daher ebenso fruchtbar wie Garten- und Hausspitzmaus. Auch Feldspitzmäuse siedeln im Winter gern in Ställe und Scheunen um, wo sie vor Kälteeinbrüchen besser geschützt und reichlich von Eßbarem umgeben sind.

Man muß schon ein sehr ausdauernder oder glücklicher Beobachter sein, um eine Feldspitzmausmutter samt Nachwuchs in der Manier einer Kindergartengruppe zu erspähen.

Gartenspitzmaus
Crocidura suaveolens

Spitzmäuse gehören zu den Tieren, deren Namen einen Laien gründlich irreführen können: „Spitz"nasig mögen sie ja noch sein, aber mit Mäusen haben sie so viel oder so wenig zu tun wie Fledermäuse. Anders als die langschwänzigen Samenfresser sind Spitzmäuse ausschließlich Insekten-, Spinnen- und Schneckenjäger. Und so sind es, allen Verleumdungen zum Trotz, auch nicht die Vorratskammern des Menschen, die einzelne Gartenspitzmäuse bisweilen bis in die höheren Stockwerke von alten Mietshäusern gelockt haben; eher schon das Angebot an Schaben, Heimchen und Winkelspinnen. In Gärten suchen Gartenspitzmäuse nach den trockenen, warmen Ecken (ein Grund vielleicht, warum sie im regnerischen Norden Deutschlands fehlen). Eine Steinmauer, die nicht nur Schlupfwinkel, sondern auch lebende Futtervorräte bietet, ist für sie eine besondere Attraktion.

Zwar kapitulieren selbst Gartenspitzmäuse bisweilen vor allzu hart gepanzerten Großkäfern, grundsätzlich aber leisten sie sich keine Extravaganzen in puncto Futter. Wie alle Spitzmäuse müssen sie fressen, was immer sich bietet, denn die Zwerge brauchen – im Verhältnis zu ihrer Größe – ungeheure Nahrungsmengen. Innerhalb von 24 Stunden verspeist eine Gartenspitzmaus annähernd das Äquivalent ihres Körpergewichts. Den Zwang zur Gefräßigkeit teilt sie mit vielen anderen Kleinsäugern: Warmblütig sein und dazu noch von kleiner Statur (eine erwachsene Gartenspitzmaus wiegt selten über sechs Gramm), das kostet gewaltige Energiemengen.

Gartenspitzmäuse haben viele Feinde: Wegen ihres strengen Geruchs verzichten manche Verfolger zwar darauf, die tote Spitzmaus auch zu verspeisen, aber was nutzt das dem Opfer? Gegen Verluste hilft nur Vermehrung: Sechs Würfe in milden Gegenden Englands dürften unbestrittener Rekord sein, und drei Würfe mit jeweils fünf bis sechs Jungen sind guter Durchschnitt. Nach zwei Wochen verläßt der Nachwuchs bereits das Nest, und mit drei Wochen müssen die Jungen für sich selbst aufkommen – während ihre Mutter schon den nächsten Wurf erwartet. Hohe Fruchtbarkeit laugt aus, Leben im Zeitraffertempo ermüdet: Mit anderthalb Jahren ist eine Gartenspitzmaus schon alt. Und Methusalems lebten selbst im Schonraum eines Laborkäfigs nicht länger als zwei Jahre und zwei Monate.

Die Gartenspitzmaus ist genau so wenig eine Maus wie der Seehund ein Hund ist. Die Insektenfresser schützen sich recht und schlecht mit üblem Körpergeruch gegen Verfolgung.

Hausspitzmaus
Crocidura russula

Wie alle kleinen Säuger hat die Hausspitzmaus ein zentrales Problem: Sie braucht im Verhältnis zu ihrer Körpergröße sehr viel Nahrung. Eine längere Jagdpechsträhne wäre höchst gefährlich.

Während des Sommers führen sie, in ihren Tagesnestern unter Holzstößen, Reisighaufen oder Steinmauern, ein unauffälliges Leben. Im Spätherbst aber werden sie wirklich häuslich, die größeren Verwandten der Gartenspitzmaus. In Ställen und an Häusern finden Hausspitzmäuse auch in der kalten Krisenzeit noch genügend Nahrung. An lohnenden Futterquellen wie etwa Komposthaufen versammeln sie sich oft zu mehreren, denn wie alle Spitzmäuse haben sie ein überraschend gutes Ortsgedächtnis, wenn es um Nahrung geht. Ergiebige Stellen klappern die ewig Hungrigen systematisch ab, und Beute wittern sie noch unter einer fünf Zentimeter dicken Erdschicht. Offenbar orientieren sich die Tiere dabei auch mit Hilfe der Duftspuren, die Artgenossen mit ihren Drüsen hinterlassen.

Sollte die Nahrung trotz Kompost und Menschennähe knapp werden, haben Hausspitzmäuse noch eine andere Methode, Energie zu sparen: Sie verfallen in Lethargie. Der Stoffwechsel schaltet auf Sparstufe, und es wird weit weniger Energie verbraucht als zu Aktivzeiten. Mit dieser „Sparstarre" können sich die Tiere auch im Sommer über magere Tage retten.

Auch Hausspitzmäuse gehören zu den Verfolgten, die mit reichlich Nachkommenschaft hohe Verluste kompensieren müssen: In Gefangenschaft warfen Hausspitzmausweibchen bis zu zwölf Würfe in einem Jahr, in Freiheit sind immerhin drei bis vier Würfe normal. Und die Jungen sind ihrerseits bereits im ersten Lebenssommer geschlechtsreif. Sollte indessen der Spitzmausbestand überschwappen oder ungünstiges Klima dem Nachwuchs eine schlechte Zukunft verheißen, kann der Organismus der Weibchen den Babyboom verlangsamen: Über ein Viertel der Embryonen werden gar nicht erst geboren, falls die Vorzeichen ungünstig stehen. Werden Hausspitzmausmütter am Nest beunruhigt, dann brechen sie das Lager ab und tragen ihren Nachwuchs im Maul in ein sicheres Versteck. Dieser komfortable Transport steht der Brut aber nur in den ersten Lebenstagen zu. Eine Woche nach der Geburt schon müssen die Jungen einen Ortswechsel zu Fuß bewältigen, in einer Formation, die als „Karawane" bekannt geworden ist: Ein Junges verbeißt sich in das Fell am Schwanzansatz der Mutter und die weiteren Jungen schließen sich, eines an der Schwanzwurzel des anderen, im Gänsemarsch an.

Fledermäuse
Chiroptera

Ihre Gesichter müssen den Fledermäusen wohl zu ihrem irreführenden Namen verholfen haben, denn mit Mäusen haben die Insektenfresser nicht das Geringste zu tun. Weit treffender ist der wissenschaftliche Name: Chiroptera, die-mit-den-Händen-fliegen. Als lange, dünne Stützstreben durchziehen die verlängerten Fingerknochen die Flughaut. Schwanz und Hinterbeine helfen mit, die Tragflächen aufzuspannen. Nur ein Finger, der Daumen, endet in einer gebogenen Kralle, mit deren Hilfe die Tiere ausgezeichnet klettern und hangeln können. Und an ihren ebenfalls krallenbewehrten Hinterbeinen hängen Fledermäuse, die Flughäute an den Körper gefaltet, zum Ruhen kopfüber an Balken, Felswänden und Rauhputz – wie Kleiderbügel an der Garderobe.

Ihre Vorliebe für Insekten teilen Fledermäuse mit vielen anderen Tieren – ihre Jagdmethoden aber sind in der Tierwelt einzigartig: Fledermäuse jagen mit Echolot. Die Glattnasen-Fledermäuse stoßen pro Sekunde zwei bis drei Rufe im Ultraschallbereich aus, um sich zu orientieren. Könnten wir ihre Laute wahrnehmen, sie würden sich für unsere Ohren wohl wie kurzes Knallen anhören, denn länger als fünf Millisekunden ruft keine Glattnasen-Fledermaus: Sie braucht „Schweigepausen", um das Echo zu interpretieren. Hat sie „per Zuruf" ein Beutetier entdeckt, beschleunigt sich das Stakkato der Schreie schlagartig. Das Echo wird gewissermaßen zum „Leitstrahl", auf dem der Jäger die Beute anfliegt. Artistischer Höhepunkt: Etliche Fledermausarten benutzen ihre Flügel wie einen Tennisschläger und klapsen die Insekten damit zum Maul hin, andere löffeln die Beute mit der kescherartig gewölbten Schwanzflughaut aus der Luft und greifen sie dann unter gewagten Verrenkungen. Aber auch Nachtschmetterlinge sind der fliegenden Sendestation nicht hilflos ausgeliefert. Manche lassen sich mit zusammengefalteten Flügeln einfach fallen, sobald sie die Rufe einer jagenden Fledermaus wahrnehmen. Andere, aus der Familie der Bärenspinner, funken sogar zurück. Mit ebenfalls hochfrequenten Signalen melden sie: Ich schmecke schlecht.

Fledermäuse gehören zu den geselligsten Säugetieren. Zwar beanspruchen geschlechtsreife Männchen bisweilen eine ganze Baumhöhle oder einen Dachboden exklusiv für sich, die Weibchen aber halten zusammen, um in Gesellschaft ihre Jungen zu gebären und aufzuziehen. Ein Dutzend bis über 1000 Tiere können sich in solchen möglichst gleichmäßig warmen „Wochenstuben" versammeln. Fliegen die Mütter auf Jagd aus, drängen sich die Jungen in größeren Gruppen zusammen. Aber selbst aus diesem Getümmel finden Mütter ihre Kinder heraus: Man erkennt sich an der Stimme und am persönlichen Geruch. Die drangvolle Enge in den Wochenstuben hat durchaus ihren Sinn: In Schlechtwetterperioden rücken die Tiere zu dichten Klumpen zusammen und wärmen sich und ihren Nachwuchs. An kühlen Tagen können die Hochleistungsflieger auch in energiesparende Lethargie verfallen. Dann sinkt innerhalb von zwei Stunden die Körpertemperatur um bis zu 20 Grad ab.

Fallen die Temperaturen weiter, kommen die Fledermäuse allmählich in Winterschlafstimmung. Bis zu einem Drittel ihres Körpergewichts legen sie nun in Reservefett an, verfallen zwischendurch immer wieder in schläfrige Apathie und machen sich schließlich auf den Weg in ihr Winterquartier. Solch ein Quartier muß konstant zwischen drei und neun Grad kühl sein und eine Luftfeuchtigkeit zwischen 90 und 100 Prozent haben, da sonst die zarten Flughäute während des Schlafs austrocknen würden. Felshöhlen, dicke Bäume oder verlassene Stollen sind geradezu ideal für Fledermäuse. Der Stoffwechsel der winterschlafenden Tiere läuft nur noch auf Sparflamme. Schlägt das Herz etwa beim wachen Mausohr 400mal in der Minute, so sinkt die Herzschlagrate auf 15 bis 20 im Winterschlaf. Der Atem wird unregelmäßig und kann bis zu 90 Minuten lang völlig aussetzen. Laien halten winterschlafende Fledermäuse oft für tot, aber selbst in diesem Starrezustand genügt eine leichte Störung durch offenes Licht oder Geräusche, um den inneren Motor anzukurbeln und die Fledermaus aufzuwecken. Aufwachen aber kostet Kraft, verbraucht kostbare Energiereserven.

Fledermäuse hatten für den Menschen immer etwas Mystisches an sich. Unsere Vorfahren konnten von Fledermausradar noch nichts wissen, auf sie muß die Flugsicherheit der Flattertiere, selbst noch in finsterer Nacht, wie Hexenkraft gewirkt haben. Und welcher Sorte Tier waren sie zuzuordnen? Maus? Oder Vogel? Oder waren sie eine bizarre Kreuzung aus bei-

Die Zwergfledermaus, der Däumling der Fledertiere, mißt von der Nasenspitze bis zum Hinterteil nur gut vier Zentimeter.

dem? Die Südslawen fürchteten Fledermäuse als Pestboten, die über den Köpfen todgeweihter Menschen flatterten. Die Finnen waren überzeugt, die menschliche Seele verlasse bei Einbruch der Dämmerung den Körper als Fledermaus und kehre erst im Morgengrauen wieder zurück. Und auf mittelalterlichen Kirchengemälden ist der Teufel stets eindeutig an seinen Fledermausflügeln zu erkennen. So ganz sind die Fledermäuse ihren unverdienten schlechten Ruf nie losgeworden: Noch heute fürchten viele Menschen, die rasanten Flieger könnten sich in Haaren verheddern, flögen Ahnungslosen im Dunkeln ins Gesicht oder hätten ähnlich Unangenehmes im Sinne. Sachlich betrachtet müßten Fledermäuse mindestens so beliebt sein wie der Igel, denn schließlich fressen sie wie er Insekten, um deren Bekämpfung sich so mancher Gärtner mit fragwürdigen Mitteln bemüht. Aber Igel sehen eben nett aus, und Fledermäuse erinnern an Graf Dracula. So schlicht sind oft die Regeln, nach denen Überlebens-Chancen verteilt werden.

Auf der Roten Liste stehen die Flatterer ganz oben. Mit Ausnahme der Wasser- und Zwergfledermäuse sind die Bestände aller 22 einheimischen Arten in den letzten Jahrzehnten drastisch zurückgegangen. „Wo auch in guten Sommern keine Insekten fliegen, weil ihre Lebens- und Nahrungsräume durch intensive Landwirtschaft ausgetrocknet und zerstört, durch Beton und Asphalt versiegelt werden und damit unwiederbringlich verlorengehen, haben Fledermäuse im wahrsten Sinne des Wortes nichts mehr zu suchen“, so der Fledermausexperte Armin Maywald.

An unserer Landschaft läßt sich kurzfristig wohl nichts ändern, aber wenigstens in unseren Gärten, Dachböden, Kellern haben wir das Sagen. Wer zwingt uns, Herbizide und Pestizide zu spritzen? Wer besteht darauf, daß wir exotische Pflanzen in den Garten setzen, die (meist) weit weniger Insekten anlocken als einheimische? Wer drängt uns, Dachbalken mit aggressiven Holzschutzmitteln zu streichen, deren Ausdünstungen selbst noch nach 14 Monaten tödlich für Fledermäuse sind? Schon wenige Quadratmeter Verschalung mit unbehandelten Brettern bieten Verstecke für die fliegende Zunft. Wenige Fledermauslüftungsziegel im Dach (s. Kap. Lebensraum) genügen als Einschlupf. Fledermauskästen oder -bretter an der Hauswand, möglichst an der südlichen, werden ebenfalls bezogen. Manche Tiere hausen selbst in Rolladenkästen oder hängen sich hinter Fensterläden. Moderne Fledermäuse beharren nicht auf Quartieren in Wehrtürmen oder feuchtkühlen Gewölben, sie gehen mit der Zeit.

Bartfledermäuse sind in ganz Europa zuhause, aber nirgends häufig. Sie gelten als besonders gewandte Flieger.

Kleine Bartfledermaus
Myotis mystacinus

Mit maximal 4,5 Zentimetern Kopf-Rumpf-Länge ist die Bartfledermaus eine der kleinsten einheimischen Fledermäuse. Zerzaustes graubraunes Rückenfell mit hellen Haarspitzen, schwarze Ohren, Flughäute und Schnauze und besonders die schnurrbartartigen Haarbüschel auf der Oberlippe sind ihre typischen Merkmale. Die Zwerge mit dem Federgewicht (maximal zehn Gramm) können 19 Jahre alt werden. Bartfledermäuse jagen bereits kurz nach Sonnenuntergang in Höhen von zwei bis fünf Metern und greifen im Flug nach kleinen Insekten. Mit Vorliebe ziehen sie sich tagsüber in enge Spalten zurück – gleichgültig, ob sie die in Bäumen, Steinritzen oder unter Verkleidungen von Häusern finden. Oft ziehen über 30 Weibchen gemeinsam ihre Jungen auf.

Schon mancher Gartenfreund war verblüfft, wie schmal eine Spalte sein kann, um einer kleinen Bartfledermaus (keine fünf Zentimeter groß) noch Unterschlupf bieten zu können.

Mausohr

Myotis myotis

Früher nannte man das Mausohr Riesenfledermaus: Mit 40 Zentimetern Flügelspannweite und acht Zentimetern Kopf-Rumpf-Länge ist das Mausohr tatsächlich recht stattlich im Vergleich zu seiner zierlich geratenen Verwandtschaft. Eine scharfe Linie trennt das graubraune Rückenfell vom fast weißen Bauch. Am spärlich behaarten, fleischfarbenen Gesicht fallen die überdimensionalen, ledrig glänzenden Ohren auf. Mausohren meiden die Dämmerstunden. Erst im Dunkeln kommen sie aus ihren Quartieren, um in Höhe der Baumkronen und Hausdächer mit ihrer Suche nach Insekten zu beginnen. Ihrer bevorzugten Beute, Laufkäfern, krabbeln sie oft „zu Fuß“ hinterher.

Vierzig Zentimeter Spannweite, kräftiges Gebiß: Das Mausohr gehört zu den imponierendsten Fledermausgestalten Mitteleuropas.

Zur Geburt sammeln sich die Weibchen in geräumigen Dachböden und hängen sich dort in den wärmsten und dunkelsten Winkel. Ausgewachsene Männchen verteidigen bisweilen einen ganzen Dachstuhl gegen Geschlechtsgenossen. Wochenstuben mit geschätzten 1000 Tieren aber gehören in der Bundesrepublik inzwischen zu den gut gehüteten Geheimnissen.

Im Herbst ziehen Mausohren bis zu 200 Kilometer in ihre Winterquartiere: in verlassene Stollen, Keller und Höhlen, wo sie sich im wärmsten zugfreien Winkel frei an die Decke hängen. Den Sommer über bevorzugen sie, als typische „Hausfledermäuse“, Unterschlüpfe in Gebäuden.

Braunes Langohr

Plecotus auritus

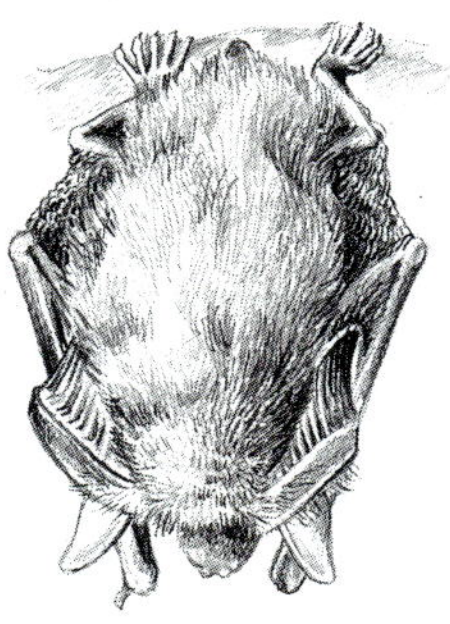

Das Langohr kann seine „Hörtüte“ in Ruhestellung zusammenfalten. Ausgeklappt sind die „Empfangsschüsseln“ Spitzentechnologie der Natur.

Fast ebenso groß wie der knapp daumenlange Körper werden die durchscheinenden Ohren des Langohrs. Im Schlaf klappen die Tiere ihre Ohren ein und legen sie unter die zusammengefalteten Armflughäute: Aufgestellt würden sie über die „Antennenschüsseln“ zu viel kostbare Körperwärme verlieren. Naturbelassene Wälder und Buschlandschaften ebenso wie Parks und Siedlungen sind das richtige Jagdgebiet für Langohren. Langsam flatternd suchen sie die Baumkronen nach Beute ab: Sie können im Rüttelflug in der Luft „stehen“ und dabei Insekten von den Zweigen absammeln. Große Beute wie Nachtschmetterlinge schleppen sie zu einem Freßplatz, wo sie die nahrhaften Teile sorgfältig von den lästigen trennen. Oft ist der Boden unter Langohr-Freßplätzen übersät mit Schmetterlingsflügeln.

Ihr Sommerquartier beziehen Langohren ebenso gerne in Dachböden wie in Baumhöhlen und Nistkästen. Allerdings reagieren die Weibchen während der Geburt und Aufzucht der Jungen besonders empfindlich auf Störungen. Auf dem Weg zu ihrem wenige Kilometer entfernten Winterquartier (Höhlen und feuchte Keller) können Langohren ebenso wie die Zwergfledermäuse mitunter Zwischenstation in Wohnungen an Gardinen und in Lampenschalen machen.

Zwergfledermaus
Pipistrellus pipistrellus

Kaum daumenlang wird die kleinste einheimische Fledermaus. Relativ kleine Ohren ragen aus dem eintönig rost- bis dunkelbraunen Fell. Zwergfledermäuse sind die Hausfledermäuse schlechthin. Ihre Jungen – manchmal sogar Zwillinge – ziehen sie in Spalten und Hohlräumen von Häusern auf, möglichst an der komfortabel warmen Südseite; schon ein Loch von 1,5 Zentimetern genügt ihnen als Einschlupf. Auf Insektenjagd patroullieren die Zwerge am liebsten im Pulk durch Alleen, Gärten und Parks und „unterhalten“ sich dabei mit hellen „Zick“-Rufen. Selbst den Winter verschlafen sie – höchstens zehn bis zwanzig Kilometer vom Sommerquartier entfernt – mit Vorliebe in menschlicher Nähe: hinter Fensterrahmen, Schornsteinverkleidungen oder in Rolladenkästen. Im Spätsommer dringen Zwergfledermäuse bisweilen invasionsartig in Häuser ein, kriechen in Vasen oder hängen sich in die Vorhänge. Wollen sie damit neue Quartiere auf ihre Tauglichkeit prüfen? Man weiß es nicht.

Knapp daumengroß findet die Zwergfledermaus noch am leichtesten bei uns Unterschlupf. Schon Rolládenkästen sind ein gutes Angebot für die Winzlinge.

Breitflügelfledermaus
Eptesicus serotinus

Die Breitflügelfledermaus, kaum kleiner als das Mausohr, macht mit ihren ausladenden Ohren und Flügeln einen eher gedrungenen Eindruck. Der langhaarige dunkelbraune Rückenpelz wirkt wie Plüsch. Kräftige Kiefer und kurze Schnauze verraten, daß die Breitflügelfledermaus auf größere Beute – Käfer mit robusten Chitinpanzern und Nachtschmetterlinge – spezialisiert ist. Bei fortgeschrittener Dämmerung jagen die Tiere in Siedlungen, über Gewässern und über abwechslungsreicher Agrarlandschaft.

Breitflügelfledermäuse gelten als typische Hausfledermäuse. Sie kommen mit der trockenen Luft menschlicher Behausungen bestens zurecht und beziehen oft Sommer- und Winterquartier im selben Haus: sommers im Dachstuhl in der Nähe warmer Schornsteine, winters im frostsicheren Keller in unzugänglichen Winkeln.

Breitflügelfledermäuse haben einen kleinen Heimvorteil gegenüber ihren Verwandten: Sie vertragen die meist trockene Luft unserer Häuser erstaunlich gut und können sich daher sommers und winters einmieten.

Abendsegler
Nyctalus noctula

Die seidig-rostroten Abendsegler sind ausgesprochen schöne Fledermäuse. Kurze Schnauze und kräftige Kiefer verraten den Käferjäger. Aus unzähligen punktförmigen Hautdrüsen an der Schnauze sondern die Tiere ein öliges Sekret ab, mit dem sie die empfindlichen Flughäute geschmeidig halten.

Schon in der Dämmerung verlassen Große Abendsegler ihr Quartier. Im Gegensatz zu ihren Ultraschall-Peillauten sind die schrillen Kontaktrufe der fliegenden Meute auch für menschliche Ohren hörbar. In Gruppen jagen sie mit bis zu 60 Kilometer in der Stunde über die Baumkronen von alten Wäldern, Parks oder auch Grünanlagen, erbeuten in waghalsigen Sturzflügen und Wendemanövern große Käfer und zerbeißen noch im Flug die harten Chitinpanzer mit deutlich hörbarem Knacken. Ein einziger Großer Abendsegler kann in einer Nacht bis zu 30 Maikäfer verspeisen. In welchen Baumhöhlen sie den Tag verbringen, läßt sich leicht am lautstarken Zetern der Bewohner erkennen. Große Abendsegler fliegen nicht nur schnell, sie fliegen auch weit: Einzelne Tiere wanderten 1500 Kilometer weit, um vom Sommerjagdrevier in ihr Winterquartier zu kommen. Abendsegler sind weit unempfindlicher gegen Kälte als andere Fledermausarten und überstehen den Winter in Baumhöhlen. Allerdings sollte der Baum schon reiferen Alters sein, denn nur eine hinreichend dicke Holzschicht schützt die Schläfer vor den niedrigen Außentemperaturen. Bis zu 200 Tiere drängen sich dichtgepackt aneinander, um möglichst wenig Wärme zu verlieren.

Gute Quartiere scheinen sich die Abendsegler regelrecht „weiterzusagen“: Der Baseler Fledermaus-Fachmann Jürgen Gerhard berichtet von einem zahmen, aber freilebenden Abendsegler-Männchen, das seine Artgenossen in sein Quartier rief. Wie so oft im Naturschutz konzentrieren sich die Hilfsmaßnahmen für den Großen Abendsegler darauf, etwas nicht zu tun: keine Pestizide zu spritzen, auf keinen Fall alte Bäume zu fällen, die Wohnraum anzubieten haben, und schließlich, die Tiere nicht durch unzähmbare Neugierde zu vergraulen, wenn sie sich denn – selten genug – in einem Nistkasten eingefunden haben.

Der Abendsegler ist vielleicht die schönste heimische Fledermausart. Wer einen hohlen Apfelbaum hat, sollte ihn für die seidig-rostroten Kunstflieger reservieren.

Gartenschläfer
Eliomys quercinus

Mit seiner schwarzen Gesichtsmaske und der schwarzbehaarten, weiß unterlegten Schwanzquaste wirkt der Gartenschläfer für unser Auge noch „schöner“ als sein etwas größerer Verwandter, der Siebenschläfer. Tiervater Brehm allerdings hatte keine gute Meinung von dem Bilch. Er nannte ihn „stumpfsinnig, nachts tobend, unzähmbar“. Mit dem zweiten Punkt seiner Rüge mag er recht gehabt haben: Gartenschläfer sind nicht weniger stimmfreudig als Siebenschläfer. Sie grunzen, keckern, knarren und pfeifen in allen Tonlagen, vor allem zur Paarungszeit. Und natürlich nachts.

Erst in der Dämmerung verlassen die Tiere ihre Schlupflöcher, um sich ihre tägliche Ration zusammenzusuchen. Die besteht, anders als beim Siebenschläfer, zu vier Fünfteln aus Insekten, Tausendfüßlern, Schnecken, Raupen und sogar Fröschen, Mäusebrut oder Vogelgelegen. Obst und Beeren sind zwar nicht der Hauptgang, werden aber gerne mitgenommen – Gartenschläfer haben in französischen Obstbaugebieten wenig Freunde. Obst kann die Tiere sogar aus ihrem natürlichen Winterschlafrhythmus werfen: Eigentlich müßten sie in unseren Breiten, mit reichlich Vorratsspeck gepolstert, von Ende Oktober bis Ende März in energiesparenden Winterschlaf versinken. Haben sie aber auf einem ihrer Streifzüge eingelagerte Obstvorräte des Menschen entdeckt, dann können sie auch umdisponieren und den ganzen Winter, quasi *in* ihrer Verpflegung wohnend, wach bleiben. Gartenschläfer sind über ganz Mitteleuropa bis nach Nordafrika hin verbreitet. Wer einen verwilderten Garten in nicht allzu ausgeputzter Umgebung besitzt, hat gute Chancen, daß Gartenschläfer zuziehen. Freie Nistkästen sind ihnen weniger wichtig; um so mehr wissen sie Felsspalten oder Schlupflöcher in Steinhaufen zu schätzen, in die sie ihre Nester aus Gras und Moos bauen. Oder sie lassen sich in Schuppen und Dachböden nieder. Übrigens: Gartenschläfer lassen sich nicht fangen, indem man sie am Schwanz festhält. Die Schwanzhaut nämlich hat mehrere Sollbruchstellen, an denen sie bei Belastung reißt – eine Einrichtung, die sicher schon manchem Gartenschläfer das Leben gerettet und mancher Katze die Beute geraubt hat.

Gartenschläfer halten sich zwar normalerweise an Insekten, Schnecken, Frösche und Vogelgelege, aber wenn das Angebot da ist, werden sie zu ausgesprochenen Obstspezialisten.

Siebenschläfer
Glis glis

Endlich ist der Starenkasten besetzt, man hört es drinnen deutlich rumoren. Eigentlich sollte man ja nicht stören ... Aber eines Tages übermannt einen doch die Neugier, man schleicht mit einer Trittleiter bewehrt an den Kasten, öffnet die Rückklappe – und schaut in pechschwarze Knopfaugen, die eindeutig zu keinem Star, sondern zu etwas Mäuseähnlichem in der Größe eines halbwüchsigen Meerschweinchens gehören: ein Siebenschläfer, keine Maus, sondern ein Bilch und heimisch in ganz Europa. Statt in Nistkästen siedeln sich die Nachtschwärmer genauso gern in Gartenschuppen an oder in Zwischendecken von Häusern. Wo auch sonst? Die alten Eichenwälder, ihr angestammter Lebensraum, sind zum größten Teil der modernen Forstwirtschaft zum Opfer gefallen. Baumhöhlen sind selten geworden, seit Bäume bereits im Kindergartenalter gefällt werden. Schlechte Zeiten für viele Tierarten – aber Siebenschläfer können zum Glück improvisieren. Wer seinen Spaß an den graupelzigen Nagern mit dem Eichhörnchenschwanz haben will, darf weder darauf bestehen, den Ertrag seiner Obstbäume bis zur letzten Pflaume selbst in Händen zu halten, noch darf er geräuschempfindlich sein. Denn nachts erwachen „sie“ zu geräuschvollem Tatendrang. Brummend, murrend und schnalzend zieht sich eine normale Unterhaltung unter Partnern hin, ein Summen wie von gereizten Wespen hingegen zeigt an, daß zwei Tiere sich in die Wolle geraten sind und versuchen, sich einzuschüchtern. Zähneratternd drohen sie sich Repressalien an, geschlitzte Ohren und abgebissene Schwänze zeugen von vergangenen Kämpfen. Den Höhepunkt erreicht die Siebenschläferkonversation im Juni in der Ranzzeit, wenn sich die Geschlechter mit gellendem Quieken zusammenrufen. Der Sieger der Konkurrenzkämpfe besiegelt seine Dominanz nach Siebenschläferart: Er preßt seine Afterdrüsen fest auf den Untergrund und trippelt in dieser Stellung einige Schritte vorwärts, einen Duftstreifen über den Boden führend.

Schon wenige Tage nach der Paarung zieht sich das Weibchen zurück, polstert das Nest mit Gras und Laub aus und wirft nach einmonatiger Tragzeit bis zu zehn Junge.

Ein fruchtbares Tierchen, der Siebenschläfer. Und ein schmackhaftes dazu, fanden die alten Römer. In ummauerten Siebenschläfergehegen, sogenannten Gliarien, züchtete man vor der Zeitenwende die Nager für die Tafel vermögender Feinschmecker. Eine Gebrauchsanweisung für die Mast ist uns von Varro (116 – 27 v. Chr.) überliefert: „Gemästet werden die Siebenschläfer in tonnenartigen Töpfen, die aber von den Töpfern ganz anders als sonst hergestellt werden. Sie machen an der Wand kleine Pfade und eine Höhlung, wo die Bilche ihre Nahrung speichern können. Das tonnenähnliche Gefäß wird dunkel gehalten.“ In der Dunkelheit ihrer Gefängnisse mögen die Siebenschläfer wohl in herbstliche Stimmung verfallen sein. Und Herbst ist Fressenszeit, denn Siebenschläfer machen ihrem Namen alle Ehre: Sie verschlafen, zu fettgefressenen Pelzkugeln eingerollt (wie der Name schon sagt) sieben Monate des Jahres in Erdhöhlen oder Baumlöchern. Ihre Körpertemperatur sinkt dabei von üblichen 35 Grad auf fünf Grad ab, die Herzschlagrate sinkt auf ein Zehntel des Wachwertes – alles im Dienste der Energieersparnis. Im Frühjahr haben die Tiere nicht mehr als ein Drittel ihres Körpergewichts „verheizt“.

Politiker reden bisweilen von „fehlbelegten Sozialwohnungen“. Schon mancher Gartenfreund wollte dem Star eine Bleibe bieten und unterstützte den Siebenschläfer.

Brandmaus
Apodemus agrarius

Zu den berüchtigten Mäusejahren, den explosionsartigen Massenvermehrungen der Kleinnager, haben Brandmäuse oft ihren Teil beigetragen. Die hübschen kastanienbraunen Mäuse mit dem dunklen Rückenstrich leben, wachsen und vermehren sich unter günstigen Umständen im Zeitraffertempo. Bei der Geburt gerade zwei Gramm schwer, steigern die Nestlinge ihr Gewicht täglich um ein Viertel (auf den Menschen übertragen hieße das, daß ein neun Pfund schwerer Säugling täglich 2250 Gramm an Gewicht zulegen müßte). Bei solchemWachstumstempo ist die Mäusebrut bereits mit acht Wochen ihrerseits geschlechtsreif – und ihre Mutter hat unterdessen zwei weitere Würfe à sechs bis sieben Junge geboren, denn Brandmauswürfe können im Drei-Wochen-Rhythmus aufeinanderfolgen.

Das Bild aus unseren Kinderbüchern von der körnersammelnden Maus paßt nicht so recht auf die Brandmaus. Zwar frißt sie auch Samen und Früchte, aber wenn sie die Wahl hat, sind ihr reichlich Insekten, Spinnen, Schnecken und Regenwürmer, sogar Frösche und die Jungen anderer Mäuse allemal lieber. Auch ihr Tagesablauf paßt nicht in die Gepflogenheiten ihrer Verwandtschaft: Während die meisten Mäusearten erst nachts ihre Schlupfwinkel verlassen, geht die Brandmaus tagsüber auf Nahrungssuche. Und sie orientiert sich dabei am Stand der Sonne, eine Fähigkeit, die man bislang nur bei Vögeln kannte. Brandmäuse sind schwer einer Umgebung zuzuordnen. Mancherorts scheinen sie feuchte Senken zu bevorzugen, anderswo leben die hervorragenden Kletterer in lichten Wäldern, und nicht das schlechteste Wohngebiet scheinen städtische Parks oder sogar Gärten zu sein. Jedenfalls erreichten die Brandmäuse im Park von Sanssouci ein deutlich höheres Durchschnittsalter als ihre nichturbanen Artgenossen: In Städten bedrohen sie keine Bussarde und nur wenige Wiesel. Auch Brandmäuse entkommen bisweilen ihren Feinden, weil ihre Schwanzhaut mit mehreren Sollbruchstellen versehen ist und bei Belastung reißen kann. Manches hungrige Wiesel mag statt einer Brandmaus zuletzt nur mit einem Stück Schwanzhaut im Maul dagestanden haben.

Der typische lange Schwanz der Brandmaus kann auf ungeahnte Weise nützlich sein: Packt ihn ein Verfolger, reißt er ab, und der Beutemacher hat das schlechtere Ende.

Gelbhalsmaus

Apodemus flavicollis

Eine verirrte Gelbhals(jung)maus gibt per Ultraschallschrei Alarm und läßt sich zurück ins Nest tragen. Samen sind die Basisnahrung der Tiere, aber im Prinzip taugt ihnen alles, was verdaulich ist.

Gelbhalsmäuse halten sich nicht immer an ihren Namen: Bei weitem nicht jede hat den gelben Kehlstreifen. Zuverlässigere Merkmale sind da eher der schier endlos lange Schwanz, den die Tiere gewandt als Kletterhilfe im Gezweig einsetzen, und die überdimensionalen Löffelohren, die ein wenig an Micky-Maus erinnern. Ihre Tütenohren sind lebensnotwendiges Werkzeug, um ihnen trotz einer Übermacht von Eule, Wiesel, Fuchs und Marder Überlebenschancen zu geben. Manchem Feind entgehen sie mit derselben „Masche" wie der Gartenschläfer: Sie lassen ihre leicht reißende Schwanzhaut in seinem Maul zurück und entkommen – fast unverletzt. Gelbhalsmäuse sind keine Rarität. Sie bewohnen alte Laubmischwälder, Parklandschaften, Kahlschläge und Hecken in ganz Mittel- und Osteuropa. Samen von Bäumen, Büschen und Gräsern sind ihre Basisnahrung, aber Raupen und Spinnen, Insekten und Tausendfüßler nehmen sie ebenso gern mit. Am liebsten beziehen die Mäuse Fertigwohnungen – verlassene Baue anderer Nager – unter Baumwurzeln. Dort sind sie einigermaßen sicher vor wühlenden Wildschweinen, die beides zu schätzen wissen: die Mäuse und ihre Samenvorräte, die sie im Versteck für Notzeiten zusammentragen. Ein besonders gut bestückter Gelbhalsmaus-Schlupfwinkel in einem Vogelnistkasten enthielt 123 Eicheln, eine Kastanie und eine Walnuß. Selbst Kiefern erklettern die Tiere, um noch am Baum die Samen aus den Zapfen zu ernten.

Wenn Gelbhalsjunge sich aus dem Nest verirren und ihre Ultraschall-Frequenz ihr Verlassensein hinausrufen, können sie fest auf Hilfe rechnen: Irgendein Weibchen trägt sie ins Nest zurück; bemerkenswerterweise sind fremde Weibchen ebenso einsatzbereit wie die eigene Mutter. So freundlich die Mitglieder einer Gruppe miteinander umgehen – gegenseitige Fellpflege gehört zum Gesellschaftsleben –, so feindselig begegnet man Fremden (s. a. Hausmaus). Insider ist nur, wer den Gruppenduft im Pelz trägt. Der ungemütlichen Jahreszeit können sich Gelbhalsmäuse nicht wie andere Nager im Winterschlaf entziehen. Sie müssen wachbleiben und durchhalten, möglichst in geschützten Unterkünften. Als gute Kletterer steigen sie daher im Herbst gerne auf Dachböden und in Forsthütten; Efeu und Spalierbäume erweisen sich dabei als ausgezeichnete Steighilfen.

Feldmaus
Microtus arvalis

Feldmäuse pflegen unsichtbar zu bleiben, nur ihre Hinterlassenschaften verraten sie: flache Erdhaufen, umrahmt von einem Netz aus Trampelpfaden im Gras. Kleine Ohren und ein auffallend kurzer Schwanz unterscheiden sie eindeutig von den Langschwanzmäusen, zu denen unsere Hausmaus gehört.

Die kleinen graubraunen Tiere von der Größe einer Kinderhand (12,5 Zentimeter) haben sich über weite Bereiche Europas und Asiens ausgebreitet. Ihre Anpassungsfähigkeit war der Schlüssel zum Welterfolg: Zwar sind Trockenrasen, Brachflächen und Heiden ihr angestammter Lebensraum, aber Feldmäuse sind nicht wählerisch. In Lehm- oder Moorboden graben sie ebenso professionell wie in bewachsenen Sanddünen oder sogar in Strohmieten. Raps und Getreide fressen sie ebenso bereitwillig wie Wildgräser und -kräuter.

Feldmäuse haben viele Feinde. Mäusebussarde etwa ernähren sich zu zwei Dritteln von Feldmäusen, und auf der Beuteliste von Waldohreule, Turmfalke, Schleiereule und Waldkauz rangieren sie ebenfalls auf Platz Eins, von all den Wieseln, Füchsen und Katzen ganz zu schweigen.

Ein Tier von der Größe einer Maus kann sich gegen eine solche Übermacht nur mit Wachsamkeit wehren: Die hoch am Kopf liegenden Augen nehmen im Rundumblick noch die geringste Bewegung wahr, die äußerst empfindlichen Ohren melden jedes Knacken und Rascheln, und die Nase ortet sensibel verdächtige Gerüche. Dennoch werden Feldmäuse in Freiheit kaum viereinhalb Monate alt. Diese geringe Lebenserwartung aber machen sie wett mit einer überbordenden Fruchtbarkeit: Unter günstigen Umständen kann ein Weibchen alle drei Wochen maximal 12 Junge werfen. Das verblüffendste aber ist, daß die Jungen selbst bereits am 13. Lebenstag geschlechtsreif sind und befruchtet werden können, zu einem Zeitpunkt also, wo sie kaum die Augen geöffnet haben. Die erwachsenen Jungen pflegen in der Nähe ihres Geburtsnestes ein neues Gangsystem anzulegen. Rekordkolonien in Rußland erstreckten sich über eine Fläche von 580 Quadratmetern!

Die rätselhaften Massenvermehrungen von Feldmäusen, von denen schon die Bibel berichtet, wußten unsere Vorväter als Heimsuchung des Bösen zu erklären. Im Mittelalter versuchte man, sich mit Gebeten und Bußtagen der Mäuse zu erwehren. So wurde in Tirol im Jahre 1519 das geistliche Gericht über Feldmäuse gesprochen, die Wühler wurden des Landes verwiesen, freies Geleit vor Katzen sagte man ihnen zu.

Ratschläge und Mittel gegen Feldmäuse füllen Gartenbücher und -zentren. Ob der Geruch der Kaiserkrone, das Pfeifen des Windes auf eingegrabenen leeren Flaschen oder die stinkenden Fischköpfe in ihren Gängen sie am ehesten vertreiben? Neuerdings versucht man, die Nager mit Ultraschall wegzuekeln.

Schon 13 Tage nach seiner Geburt kann ein weiblicher Feldmausteenager, der noch im gepolsterten Kinderzimmer liegt, schwanger werden. Fruchtbarkeit und Wachsamkeit sind die Überlebensstrategien der Kleinnager.

Hausmaus
Mus musculus

Das konnte nicht mit rechten Dingen zugehen: Wo gestern noch das Getreide wohlbehütet in der Scheune gelegen hatte, war es wenige Wochen später von quietschendem Leben durchsetzt. Da mußte Hexerei im Spiel sein, dessen war man sich im Mittelalter sicher. 1656 standen in Amberg Ursula Zannerin, ihr Mann und ihre drei Kinder vor Gericht. Die Anklage lautete unter anderem auf „Machung der Mäuse."

Was Ursula Zannerin vermutlich das Leben kostete, läßt sich heute mit der Fruchtbarkeit eines Tieres erklären, das die Gefräßigkeit zahlreicher Feinde nur mit ebensoviel Nachwuchs wettmachen kann. Sechsmal pro Jahr wirft ein Mäuseweibchen sechs bis zehn gut ein Gramm schwere Junge, die bereits im Alter von zwei Monaten ihrerseits Junge in die Welt setzen. Sicher, jede erwachsene Maus ißt pro Tag nur lächerliche zehn Gramm Futter, aber allein die Mäuseeltern gemeinsam mit der ersten Generation verspeisen im Laufe eines Jahres schon einen halben Zentner, verschmutztes und verschlepptes Futter nicht mitgerechnet. Viel Phantasie wurde seit der Zeit der alten Ägypter in die Verfolgung der unliebsamen Mitesser investiert: von der Guillotine über den Genickschlag bis zu Giftweizen oder einem Mittel, das die Blutgerinnung verhindert, reicht die Palette der Anti-Mäusewaffen. Vergebliche Mühe: selbst gegen die Langzeitgifte sind einige Stämme bereits immun.

Mit zeitraubender Futtersuche muß sich die moderne Hausmaus längst nicht mehr abgeben. Während ihre wilde Verwandte aus Innerasien in Erdbauen noch Vorratslager für schlechte Zeiten anzulegen pflegt, zieht es „unsere" Hausmaus vor, in bereits vorhandenen Vorratslagern zu leben. Selbst Tiefkühlhäuser bieten ihr noch akzeptable Lebensbedingungen: In einem Hohlraum im Lagerfleisch bei einer Temperatur von zehn Grad unter Null fand man eine Mäusemutter mit ihren Jungen. Ist die Speise erst einmal gefunden, machen sich Mäuse sofort an die Verkehrsplanung. Sie markieren den Weg zu Käse, Brot und Haferflocken mit Urin und wandern von nun an auf Duftstraßen zur Futterquelle. Mit Duft kennzeichnen sie auch die Grenzen ihres Gruppenterritoriums, zu dem nur die Mitglieder der Großfamilie zugelassen sind. Outsider haben mit Repressalien zu rechnen, Insider aber genießen die Sicherheit der Gruppe. Gegenseitige Fellpflege gehört zum täglichen Programm.

Selbst in einer gutbestückten Speisekammer mag eine blühende Mäusesippe irgendwann über mäuseerträgliches Maß hinauswachsen. Was dann? Geburtenregelung. Junge Weibchen bleiben unfruchtbar, bis Katastrophen, Krankheiten oder Feinde die Sippe drastisch reduziert haben und Vermehrung wieder angesagt ist. Erwachsenen, trächtigen Mäuseweibchen aber genügt der Geruch eines fremden Männchens, um die Föten buchstäblich einzuschmelzen: Fremdgeruch signalisiert unruhige Zeiten, also schlechte Chancen für die erwarteten Jungen.

Wohl kein Tier hat der Mensch so angestrengt verfolgt wie die Hausmaus, und keine Verfolgung war – global betrachtet – so erfolglos. Gegen Mäusefruchtbarkeit ist kein Kraut gewachsen.

Hausratte
Rattus rattus

Niemand kann heute noch sagen, wann die fast zierlichen Nager mit dem einfarbig schwarzbraunen Fell jemals ein Leben unabhängig vom Menschen geführt haben. Wie ein ursprüngliches Hausrattenleben einmal ausgesehen haben muß, zeigen heute noch einige Bestände in Mittelmeerländern: Die Tiere hausen dort in Obstplantagen und bauen ihre Nester im Gebüsch und auf Palmen. Klettertüchtige Baumbewohner müssen sie einmal gewesen sein, aber schon während der Eiszeiten folgten die Nager vermutlich den Spuren des Menschen. In Häusern konnten sie später wieder getreu ihren Anlagen leben: Sie folgten auch dort dem Drang nach oben und bezogen die bodenfernen, trockenen Unterschlüpfe auf Dachböden. „Dachratte" nennt sie höchst passend der Volksmund. Klettern aber läßt sich nicht nur in Häusern. Die Holzbalken alter Schiffe taugten mindestens ebenso gut als Rattendomizil. So sind die sprichwörtlichen Ratten, die das sinkende Schiff zu verlassen pflegen, in 90 von 100 Fällen Hausratten gewesen. Per Schiff gingen die Nager auf Weltreise. Vermutlich betrat nur wenige Jahrzehnte nach Kolumbus die erste Hausratte südamerikanischen Boden.

Wo immer Menschen lebten, nahmen sich Hausratten ihren Teil an den Vorräten. Ihr ausgezeichnet funktionierendes Gruppenleben (s. a. Wanderratte) und ihre hohe Fruchtbarkeit haben ihnen ihren Platz am Rande der menschlichen Gesellschaft gesichert. Zwar halten sich die „Mitesser" – anders als die Wanderratten – weitgehend an pflanzliche Nahrung und sind daher für Haustiere keine Gefahr, aber sie verderben weit mehr Nahrung, als sie selbst fressen. Und schließlich können sie als Träger von Krankheitskeimen eine todbringende Rolle spielen: Hausratten leben in engstem Kontakt zum Menschen. Die Pestratten des Mittelalters waren vor allem Hausratten. Weder die Angst des Menschen vor Krankheiten noch sein Haß auf den Nahrungskonkurrenten haben die Hausratte hierzulande in Schwierigkeiten gebracht. Erst als Holz und Stroh aus dem Hausbau verschwanden, wurden auch die Hausratten seltener. Stahl und Beton eignen sich nicht dazu, Schlupflöcher hineinzunagen. Die Plagegeister des Mittelalters sind heute kein Fall mehr für den Kammerjäger, sondern für den Naturschutz: Hausratten stehen auf der Roten Liste.

Einst waren Hausratten als Pestüberträger der Schrecken mittelalterlicher Städte. Heute sind sie – anders als ihre Verwandten, die Wanderratten – so selten, daß sie einen Stammplatz auf der Roten Liste haben.

Wanderratte

Rattus norvegicus

Wanderratten profitieren von den Verwüstungen, die der Mensch weltweit anrichtet. Vergiftete oder naturnahe Gewässer – sie kommen fast überall klar.

Der durchschnittliche Bundesbürger begegnet der durchschnittlichen Wanderratte heute fast nur noch im Schaufenster der Zoohandlungen: Laborratten samt ihrer gescheckten und pastellfarbenen Verwandtschaft sind domestizierte Nachfahren der Wanderratte. Wie auf vielen anderen Tieren klebt auch auf ihnen das Etikett „Nutztier“: Nolens volens haben die rotäugigen Zuchttiere Shampoo, Medikamente und Sprays getestet, und Laborratten waren es auch, die vorführten, zu welch erstaunlichen Intelligenzleistungen eine Ratte fähig ist.

Gerade weil sie ihr Verhalten den Gegebenheiten anzupassen verstehen, haben Wanderratten eine so beispiellose Karriere als Trittbrettfahrer der Zivilisation hinter sich: Die ehemaligen Erdbaubewohner der innerasiatischen Steppen fanden bald Ersatzbaue im Umfeld des Menschen, sie bezogen Kanalisationsröhren, Keller und Müllhalden, sie besiedelten (wie schon die Hausratte vor ihnen) per Schiff zuerst sämtliche Häfen und wanderten anschließend ins Landesinnere.

Erstaunlich erfindungsreich haben sich hiesige Wanderratten neue Nahrungsquellen erschlossen: So wanderte eine Rattensippe jede Nacht drei Kilometer weit hinaus aufs Watt, um dort die Aalnetze leerzufressen; in Ställen nagen Wanderratten gelegentlich Ferkel, Lämmer und Geflügel an, und im Vogelschutzgebiet der Hallig Norderoog spezialisierte sich eine kopfstarke Rattenpopulation darauf, nicht nur Eier oder Jungvögel „abzuernten“ sondern sogar erwachsene Wasservögel zu erbeuten.

Sind Wanderratten also „Raub“tiere? Nein, aber sie lernen sehr schnell, was sich lohnt und was nicht, und sie geben ihr Wissen im Rudel weiter. Der Kern eines solchen Rudels aus oft mehr als 60 Tieren ist meist die Großfamilie. Gemeinsamkeit ist ihr oberstes Gebot, der gemeinsame Geruch unterscheidet Sippenmitglieder von Fremden. Wer immer sich im Gruppenterritorium aufhält und „falsch“ riecht, ist in akuter Lebensgefahr. Wer aber mit dem Gruppenduft behaftet ist, profitiert von der Stärke der Sippe: Weibchen ziehen ihre Jungen oft zusammen in einem großen Wurflager auf. Stirbt eines der Muttertiere, dann kümmert sich eine der Mitbewohnerinnen um den verwaisten Wurf. Selbst die Stimmung im Rudel ist gemeinsame Sache: Putzt sich ein Tier, beginnen bald auch die anderen mit der Körperpflege; untersucht eine Ratte eine potentielle Nahrungsquelle, ist auch der Rest des Rudels bald zur Stelle.

Ratten mögen noch so intelligent und erfindungsreich sein, sie haben wenig Freunde. Zu störend greifen sie in den menschlichen Alltag ein (an Stromkabeln nagenden Ratten gelang es, halb New York zu verdunkeln); zu ähnlich sind ihre Nahrungsvorlieben denen des Menschen (schätzungsweise ein Fünftel der Welternte wird von Ratten und ihrer Verwandtschaft verspeist); zu gefährlich sind die Krankheiten, die sie noch heute über die Menschen bringen. In Mexiko City kommen schätzungsweise fünf Ratten auf einen Einwohner, in Indien sogar sechs, und selbst die Bundesrepublik beherbergt schätzungsweise 60 Millionen Ratten in ihren Grenzen. Wie aber die anpassungsfähigen Untermieter loswerden? Wenn auch nur ein einziges Tier aus dem Rudel einen Giftköder verschmäht und mit Kot und Urin als ungenießbar gekennzeichnet hat, wird der Rest des Rudels ihn ebenfalls meiden. Andererseits läßt sich eine ganze Rattensippe auslöschen, wenn der „Vorkoster“ den Köder für harmlos hält und annagt. Die anderen werden seinem Beispiel folgen. Erfolg und Mißerfolg in der Rattenbekämpfung sind ein Pokerspiel. Aber die Gewinnchancen lassen sich erhöhen, wenn der Tod unbemerkt und verspätet eintritt, wenn die Tiere nicht ahnen können, daß zumindest dieser Genuß nicht ohne Reue ist.

Mauswiesel
Mustela nivalis

Das Mauswiesel, kleinste unter den heimischen Marderarten, führt seine Spezialbegabung im Namen. Kulturhistoriker meinen sogar, daß das ungemein wendige Tier in unseren Breiten der Vorläufer der Katze war – was deren Stellung als unser hauptamtlicher Mäuse-Kammerjäger anbelangt. Man fand Wieselskelette zwischen ausgegrabenem Hausrat aus den ersten Jahrhunderten nach Christi Geburt.

Wiesel sind in der Tat von Kopf bis Fuß auf ihre Hauptnahrung eingestellt. In Mäusejahren explodiert offenbar auch der Mauswiesel-Bestand. Wie unmittelbar die Kopplung ist, fanden Biologen heraus. Weiblicher Mauswiesel-Nachwuchs, der noch an Mutters Zitzen hängt, kann schon wieder befruchtet werden, so daß sich die Generationsfolge aberwitzig verkürzt. Ist schon diese Form der Vergewaltigung im Kinderzimmer verblüffend, so muß ein weiteres Phänomen dem Laien vollends unglaubwürdig erscheinen. Wieselmütter können angesichts eines verlockenden Maus-Überangebotes ihre Tragzeit verkürzen. Dagegen: Im Herbst befruchtete Tiere halten die Eier den Winter über in sogenannter „Keimruhe", um dann, je nach Mäuseangebot, im März, April oder erst im Mai zu werfen. Der variable Geburtstermin der Mauswiesel entscheidet oft über Leben oder (Hunger-) Tod, denn die Bestände der Hauptnahrung Maus haben sich nach harten Wintern oder total verregnetem Vorfrühling häufig erst im Frühsommer wieder einigermaßen erholt.

Mauerlöcher, Steinwälle und möglichst unübersichtliches Gelände sind für Mauswiesel allemal verlockende Angebote. Der „geschleckte" Garten ist nichts für sie. Mauswiesel sind eher Untermieter bei Schluris und Freunden eines verwilderten Gartens. Und sie sind Eurasier; lediglich Irland und Spaniens Südspitze haben sie bisher nicht erobert. Das untere Drittel der Iberischen Halbinsel kann dem Mauswiesel offenbar das noch kleinere Zwergwiesel streitig machen. Weißen Winterpelz trägt „Nivalis" (das „Schneeweiße") nur im Norden und im Hochgebirge.

Der kleinste heimische Marder, das Mauswiesel, führt seine Nahrungsvorliebe im Namen. In Mäusejahren kann es seine Vermehrung unglaublich beschleunigen.

Iltis

Putorius putorius

Was Nordamerika der Skunk (Stinktier), ist uns der Iltis. Der Mäusespezialist kann sich, fühlt er sich selbst bedroht, total einstänkern.

Stinken wie ein Iltis, das gilt so ungefähr als das Schlimmste, was man einer Nase zumuten kann: Die Marder mit der schwarz-weißen Gesichtsmaske stinken wirklich, und zwar bewußt und zielgerichtet: Fühlt sich ein Iltis bedrängt, dann leert er den penetrant duftenden Inhalt seiner Analdrüsen – eine wirksame Abschreckung selbst gegen weit stärkere Feinde. Aber das Drüsensekret ist auch in weniger krisenhaften Situationen nützlich, denn Iltisse pflegen ihre Reviergrenzen mit Drüsenduft zu markieren. Unterhalten sie sich mit Artgenossen, dann klingt das etwa so, als gackere ein Huhn durch die Nase.

Gute Iltisreviere sollten vor allem eines bieten: reichlich Mäuse. Die Nager sind Beutetier Nummer Eins auf einer langen Beuteliste. Iltisse fangen geschwächte Fische, erlegen wehrhafte Ratten, folgen Kaninchen in den Bau und fressen Frösche nach einer Spezialbehandlung: Um die Amphibien von ihrem unangenehmen Hautsekret zu befreien, walken die Marder ihre Beute mit den Vorderpfoten gründlich durch. Hatten sie mehr Jagdglück, als der Magen fassen kann, dann legen sie ihre Beute „auf Halde", sie deponieren sie in Verstecken. Man hat schon Iltisbaue gefunden, in denen bis zu 100 lebende Frösche aufgestapelt lagen. Ein Biß ins Rückgrat hatte die Lurche wohl gelähmt, nicht aber getötet.

Kaninchen- oder Hühnerställe, dazu noch nachlässig verschlossen, sind für Iltisse unwiderstehlich: Sie enthalten reichlich Beute, genug für viele Vorratslager. Sein schlechter Ruf wegen gelegentlicher Übergriffe ist dennoch nicht gerechtfertigt. Die wenigsten Menschen wissen es überhaupt, wenn sich ein Iltis in ihrer Scheune oder unter dem Holzstoß niedergelassen hat. Meist haben ihn nicht die Kaninchen, sondern die Mäuse hergelockt, und die sollte man ihm wahrhaftig gönnen.

Steinmarder

Martes foina

Die drei Namen des Steinmarders charakterisieren ihn eigentlich ganz gut:

1. Weißkehlchen: das äußerlich Besondere an ihm ist die weiße Weste; sein naher Verwandter, der Baum- oder Edelmarder, hat einen gelben Halsausschnitt.
2. Steinmarder: seine angestammten Reviere sind felsig. Schluchten sind ihm besonders genehm.
3. Hausmarder: Der talentierte Mäuse- und Rattenjäger hat sich gut in menschliche Wohnumwelten eingepaßt. Zu gut, meinen viele, die dem Kulturfolger im Prinzip ganz gern das Logis auf dem Dachboden gönnten, in praxi aber doch nicht beliebig lange ihren Nachtschlaf opfern können und wollen. Wer eine Marderfamilie über dem Schlafzimmer hat, der weiß, was ein „nachtaktives Tier" ist.

Aber von solcher Zwangsgemeinschaft (die meist der Mensch beendet) einmal abgesehen: Normalerweise merkt und ahnt niemand, wie groß die „Marderdichte" tatsächlich sein kann: Hinterhöfe, sogar in Ballungsräumen, Schuppen, Lagerhallen, jegliches Dachgestühl – all das ist Steinmarderrevier.

So alt wie des Marders Hang zu Haus und Heim ist der Zwist zwischen ihm und seinem unfreiwilligen Gastgeber. Lange galt der Steinmarder als blutgieriger Hühnerkiller. Richtig ist, daß ein Steinmarder schon mal eine Hühnerschar im Stall zusammenmetzelt. Doch das geschieht nur, wenn die Panik der Gepferchten den Tötereflex des Eindringlings überreizt.

Aber es muß nicht zum Amoklauf unter Legehennen kommen, wenn sich ein Marder Eintritt verschafft. Verbürgt sind Beobachtungen, daß ein Steinmarder neben friedlich schlafenden Hühnern Eier klaut. Und wer es noch idyllischer hören will: Der Biologe Mathias Herrmann bezeugt, daß Steinmarder zur Kirschenzeit ganz auf Vollfrucht umsteigen.

In die Schlagzeilen geriet der Hausfreund wegen einer anderen Vorliebe: Autos. Es begann in der Schweiz, wahrscheinlich in Winterthur, weitete sich auf den süddeutschen Raum aus, macht inzwischen vor Wien und Budapest nicht halt und erreicht auch den Norden Deutschlands: das Phänomen des schläuchebeißenden Automarders. Die geographische Ausbreitung spricht eindeutig dafür, daß Jungmarder das Auto von ihren Eltern „erklärt" bekommen und dann als Erwachsene mit diesem Wissen abwandern, die neue Kunde vom neuen Tummelplatz verbreitete sich also im Sinne eines Lernerfolges.

Aber warum vergreift sich der Steinmarder am Allerheiligsten des Menschen? Schmeckt ihm Bremsflüssigkeit? Wohl kaum. Wahrscheinlich ist, daß er die Wärme abgestellter Autos schätzt (obwohl er auch in kalten Motorblöcken sein Unwesen treibt). Erwiesen ist, daß er nach Marderart seine Umwelt beißend erkundet. Da er bei weitem keinen so ausgeprägten Geruchssinn hat wie Hund und Katze, behilft er sich mit dieser „taktilen Prüfung". Dabei muß so manche Leitung dran glauben. Außerdem bietet das verwinkelte Gewirr von Nischen und Hohlräumen das, was er eigentlich sucht: Verstecke, nicht zuletzt für Beute. Wer sich fragt, wie der angebissene Hamburger an die Nockenwelle kommt, sollte nicht seine Werkstatt verdächtigen. Die Autoindustrie bietet seit einiger Zeit neben übelriechender Paste, die dem Tier den rechten Biß nehmen soll, auch eine elektrische Schutzvorrichtung nach dem Prinzip des Weidezauns an. Der Marder soll bereits beim Einstieg abgeschreckt werden. Man hofft, daß die Lernfähigkeit auch in die umgekehrte Richtung funktioniert.

Steinmarder sind bisweilen problematische Mitbewohner, insbesondere dann, wenn sie unsere Dachböden beziehen und dort nächtliche Umtriebe veranstalten, aber auch, wenn sie die Motorblöcke der Autos erkunden.

Vögel

Wie schaffen Vögel es nur, in der Luft zu bleiben? Die Raffinesse liegt in den Flügeln selbst: Im Querschnitt sind diese umgewandelten Hände in der Regel nicht flach wie ein Brett sondern nach oben gewölbt. Strömt nun Luft von vorne auf diese gewölbte Fläche, so entsteht an der Oberseite ein Sog, an der „hohlen" Unterseite aber Druck. Der Vogel wird also, während er sich vorwärtsbewegt, durch die Kräfte der anströmenden Luft obengehalten.

Wie aber gelingt es ihm, überhaupt erst in Bewegung zu kommen? Ganz sicher nicht, indem er einfach mit den Flügeln auf- und abwedelt. Ein fliegender Vogel bewegt seine Flügel annähernd so wie ein Schwimmer seine Arme im Schmetterlingsschwimmstil. Er rudert sich vorwärts.

Aber rudern strengt an. Viele Vogelarten haben sich darauf verlegt, allenfalls den Anschub aus eigener Muskelkraft zu bewältigen und sich, sind sie erst einmal in Bewegung, soweit wie möglich aufs Gleiten zu verlassen. Abhängig vom Verhältnis der Flügelfläche zum Vogelgewicht reichen solche Gleitflüge unterschiedlich weit: Wenn ein Grünling in 15 Metern Höhe losgleitet, käme er allenfalls 15 Meter weit, seine Gleitzahl beträgt danach 1:1. Hervorragende Gleiter wie die Albatroß-Arten dagegen erreichen Gleitzahlen von 1:20-Werte, die auch von einem Segelflugzeug nicht übertroffen werden.

Turmfalke
Falco tinnunculus

Zugegeben, daß Turmfalken an normalen Häusern siedeln, ist eher ungewöhnlich, es sollten schon Hochhäuser sein. Denn ähnlich wie Mehlschwalbe und Hausrotschwanz sucht der Turmfalke ein optisches Surrogat für schroffe Felsabstürze, ist aber andererseits nicht so festgelegt, daß ihm nicht auch Bäume als Nistplatz taugten. In Bitterfeld erkor ein Paar einen sechzig Meter hohen Schaufelradbagger (trotz laufenden Braunkohle-Abbau-Betriebs) zur Heimstadt für seine Brut. „Industrie- und Stadtfalken" haben zudem einen erheblichen Vorteil: Ihre Hauptfeinde, Habicht, Wanderfalke und Uhu, sind nur sehr bedingt citytauglich und industriefest.

In Münchens Stadtgebiet siedeln einige Dutzend der schmalflügeligen Jäger, die sich darauf spezialisiert haben, im Rüttelflug Mäuse auszuspähen. Allerdings wohl kaum im Stadtgebiet – zur Jagd bevorzugt der Rüttelfalke freies Gelände, Felder und Wiesen in erster Linie. Mit Mäusen, Feldmäusen vor allem, bestreitet der mit Abstand häufigste Falke Mitteleuropas zu 85 Prozent seinen Lebensunterhalt. Wer vom Stubenfenster aus einen Angriff auf große Insekten oder Kleinvögel beobachten konnte, war schon eher Zeuge einer seltenen Vorführung. Aber auch diese Aussage ist relativ. So wie es unter den Katzen „Ratten-, Mäuse- und Singvogelspezialisten" gibt – je nach Angebotslage in ihrem Stammrevier – gibt es auch unter Turmfalken Spezialisten. Der Ornithologe Saemann berichtet von erfolgreichen Türkentauben-Jägern, der Ungar Bozsko hat registriert, daß Turmfalken es in Parks auf einen Singvogelanteil von 57 Prozent brachten.

Tinnunculus tötet nach Falkenart mit dem sogenannten „Falkenzahn"; die Beute wird nicht mit den Krallen „erdolcht" wie von Habicht und Bussard, sondern der Turmfalke tötet mit einem Biß des scharfen Vorsprungs am Oberschnabel.

Turmfalken sind Weltbürger. Er rüttelt in ganz Europa und Asien mit Ausnahme des nördlichen Sibirien, Zentralindiens und der südostasiatischen Inselwelt; in Afrika fehlt er nur in der Sahara und im Kongobecken.

Der „begrenzende Faktor" für Mitteleuropas Turmfalken ist offenbar nicht die Beute (wann gibt es schon mal Mäuseknappheit?), sondern das Nistplatz-Angebot. In Holland hat man ausgezählt, daß Nisthilfen einen Bestand von zwanzig Paaren in kurzer Zeit glatt verfünffachten.

Im südlichen Europa hat der Turmfalke einen „Doppelgänger", den Rötelfalken. Beide Arten brüten häufig in unmittelbarer Nachbarschaft, vermischen sich aber nie. Die Ähnlichkeit (dem Rötelfalken fehlt unterhalb des Auges der schwarze Backenstreifen seines Vetters) hört bei der Stimme auf, hier das hohe, klare Gickern des Turmfalken, dort das heisere, gedämpfte „kechäh" des wärmeliebenden Südländers.

Heute gehört es „Gott sei Dank" wieder zur Pflicht, Kirchtürme für Turmfalken bewohnbar zu machen. In des Herren Haus sind der Wohnungen viele: für Fledermäuse, Eulen und, wie gesagt, Turmfalken.

Weißstorch
Ciconia ciconia

Der kritische Leser, der beim Betrachten dieses Storchenportraits stutzt, tut das zu Recht: Eigentlich hat der Weißstorch unter den 111 Tier-Kurzmonographien dieses Buches nichts zu suchen. Ja, seine Anwesenheit ist sogar irreführend. Dem Mythenvogel des ländlichen Deutschland ist nämlich allein mit naturfreundlicher Bauweise, begrünten Dächern und natürlichen Gärten nicht gedient. Das hat schon mancher Stadtflüchtling erfahren, der sich erwartungsfroh ein altes Wagenrad aufs ausgebaute Bauernhaus montieren ließ. (Wer so etwas vorhat, sollte in jedem Fall Rat einholen, etwa beim Naturschutzbund Deutschland oder beim Landesbund für Vogelschutz in Bayern (s. Adressen: Kap. Ratgeber).

Ginge es nur darum, Häuser storchenfreundlich herzurichten, wäre zumindest die gesamte norddeutsche Tiefebene noch immer das, was sie bis weit ins vorige Jahrhundert war: Storchenland. Das traurige Lied vom Storch ist hinlänglich oft angestimmt worden: Wiesenentwässerung, Flurbereinigung, die Verarmung der einst reich gegliederten, bäuerlichen Kulturlandschaft haben dem allseits beliebten Glücksbringer Unglück gebracht. Ackersteppe allein macht nicht satt, allenfalls in guten Mäusejahren. (Störche sind zum Glück nicht so sehr auf Frösche festgelegt, wie der Volksmund sagt.)

Dazu kommen die Todesfallen in Form verdrahteter Horizonte. Und um die Aufzählung einigermaßen vollständig zu machen: Auf der langen Reise lauern Jäger mit Zielfernrohr und Blasrohr. Experten gehen davon aus, daß eine der beiden Zugrouten (die über die Meerenge von Gibraltar) um die Jahrtausendwende zusammenbrechen wird. Über den Bosporus reisen immerhin noch 400000 Vögel – alle europäischen Weißstörche etwa östlich der Weserlinie und ihrer Verlängerung nach Süden. Natürlich auch hier mit abnehmender Tendenz. Was tun?

Unter Leitung der Vogelwarte Radolfzell am Bodensee wird ein halbes Dutzend Schleswig-Holsteiner Störche mit Sendern ausgerüstet. Erstmals in der Geschichte sollen damit große Vögel via Satellit ein ganzes Jahr auf Sendung sein. Man verspricht sich detaillierte Auskunft über Non-Stop-Flugzeiten und vor allem darüber, welche „Tankstellen" (Feuchtgebiete besonders) unterwegs unverzichtbar sind. Nur so läßt sich vielleicht noch ein globales Schutzprogramm für den Weltreisenden organisieren. Vielleicht! – denn wie schwer selbst weltberühmte Vogelparadiese mit höchstem Schutzstatus de facto zu schützen sind, zeigt sich gerade an Südspaniens Coto Doñana – einem der wichtigsten Feuchtgebiete Europas, das mehr und mehr zur Erdbeerplantage verkommt.

Was wir am und im Haus für den Storch tun können – wenn es, wie gesagt, mit Nisthilfen nicht getan ist? Vielleicht spanische Erdbeeren (bei entsprechender Pressekampagne!) so lange zu boykottieren, bis sich die Spanier zu dem bereitfinden, was sie unterschrieben haben: Schutz eines Welt-Naturerbes, an dem wenige so hohes Interesse haben wie unsere weitgereisten Störche. So gesehen gehört der Storch vielleicht doch in unsere Liste. Schutz am Haus hat auch einen fernen Horizont, der bedeutsam ist: das gemeinsame Haus Europa.

Der Weißstorch ist der „Lieblingspflegefall" von Naturschützern und Ornithologen. Doch verbesserte Wohnangebote allein können den markanten Großvogel nicht retten. Unsere Kulturlandschaft muß wieder wohnlicher werden.

Türkentaube
Streptopelia decaocto

Vor nicht langer Zeit galten Türkentauben als exotische Vögel des fernen Orients. In Indien und der Türkei waren sie streng geschützt und galten sogar als heilig; dem Wachstum der Taubenbestände stand nichts im Wege.

Wenn Tierbestände anwachsen, wenn der Dichtestreß zu- und die Zahl der freien Brutplätze abnimmt, weichen immer einige der drangvollen Enge aus und suchen neuen Siedlungsraum. So etwa könnte es auch bei der Türkentaube gewesen sein: um die Jahrhundertwende hatten die ersten Tauben bereits Teile der Balkanländer besiedelt; in den Jahren nach 1930 folgten rasch aufeinander Ungarn, die Tschechei, Österreich, Rumänien, Polen und 1943 schließlich Deutschland. Mittlerweile haben die exotischen Tauben selbst die englische, schwedische und norwegische Fauna bereichert, und 1971 brütete das erste Türkentaubenpärchen in Island.

Eine orientalische Vogelart in Norwegen und Island? Genauer müßte es heißen: Eine orientalische Vogelart in norwegischen und isländischen Städten, denn nur weil die Türkentaube Städte als Lebensraum entdeckt hat, kann sie unser Klima ertragen. Städte sind von wärmespeichern-den Hauswänden gegliedert, von einer isolierenden Dunstglocke überspannt und von warmen Abgasen geheizt. Dieses Ambiente wirkt auf Tiere und Pflanzen so, als sei eine Insel südlichen Klimas nach Norden verpflanzt worden. Ohne schützenden Stadtmief hätten Türkentauben in der Tat in unseren Breiten keine Chance, die Frostschäden an den Füßen der weniger robusten Exemplare beweisen es (inzwischen scheinen allerdings die „frostfesten" zu dominieren, erfrorene Füße waren an Türkentauben in letzter Zeit kaum noch zu beobachten).

Stadtluft schafft zwar Wohnraum, aber die reine Betonwüste ist nicht Sache der Türkentaube, ebenso wie Waldstücke und große Grünanlagen nicht ideal sind. Die Vögel bevorzugen Wohngebiete mit lockerem Baumbestand, in dem sie ihre etwas nachlässig zusammengeschusterten Nester anlegen können. Dort ziehen sie ihre beiden Jungen nach Taubensitte mit bester Kropfmilch auf (s. a. Haustaube). Wohnraum erster Klasse indessen scheint knapp zu werden, und neuerdings verlegen sich immer mehr Türkentauben auf Provisorien. Schon schlüpfen Junge aus Dachrinnennestern, andere wachsen auf den Dächern von S-Bahnhöfen oder auf Fenstersimsen heran, und den Flexibelsten genügt schon ein erdegefüllter Blumentopf auf einem Hochhausbalkon. Sie brüten, egal wo, und das bis zu fünfmal im Jahr von Ende Februar bis Anfang Oktober. Mögen Nistplätze knapp werden, an Futter jedenfalls mangelt es nicht. An Futterhäuschen verpflegen sich nicht nur Amsel, Drossel und Fink, sondern oft auch Türkentauben. Auf Geflügelhöfen, an Getreideumschlagplätzen und Mühlen finden sie ebenfalls reichlich Nahrung, und zuguterletzt sorgen städtische Taubenfreunde dafür, daß die Versorgung nicht abreißt – und erweisen den Tieren damit einen schlechten Dienst: Wo Nahrungs- und Nistplatzangebot im Mißverhältnis zueinander stehen, haben Parasiten Hochkonjunktur (s. Haustaube).

Aber längst nicht jeder Städter ist entzückt über die hübschen pastellfarbenen Vögel mit dem türkischen Halbmond im Nacken. Besonders in den frühen Morgenstunden sind die Tiere gesprächiger Stimmung und lassen ihr dreisilbiges Gurren in den Straßenschluchten widerhallen. Städtische Beamte müssen sich zunehmend mit Beschwerden „über den ruhestörenden Lärm" auseinandersetzen.

Die Türkentaube, deren angestammte Heimat Indien ist, hat eine jahrzehntelange Westwanderung hinter sich. Heute ist sie in vielen Stadtgebieten Zentraleuropas einer der häufigsten Vögel.

Schleiereule

Tyto alba

Schleiereulen sind Perfektionisten. Wie nur wenige andere Tiere haben sie sich auf die Mäusejagd spezialisiert; ihre Beute besteht zu 90 Prozent aus Mäusen. Das hat Vorteile wie Nachteile: In guten Mäusejahren ist fast jeder Stoß ein Treffer; in schlechten Jahren aber muß man eben Perfektionist sein, um dennoch auf seine Kosten zu kommen.

Die Perfektion beginnt beim Sehen. Die großen, nach vorne gerichteten Nachtaugen erlauben optimales „Stereosehen". Nur so kann die jagende Eule abschätzen, wie weit entfernt ein Beutetier sitzt. Zwar überblicken die Augen nur ein kleines Gesichtsfeld, dafür ist der Hals um so beweglicher. Eine Waldohreule könnte mit linksgewendeten Hals über die rechte Schulter schauen!

Nächte sind dunkel, und bei Neumond sieht selbst die Eule nichts mehr. Aber sie hört. Schleiereulen sind weit sensibler als der Mensch für Geräusche bis 10000 Hertz – genau der Frequenzbereich, in dem Mäuse rascheln und quieken. Beeindruckender noch ist ihr Richtungshören. Selbst im Stockfinstern kann eine Schleiereule allein mit dem Gehör Mäuse orten und fangen. Zwar hat sie keine Ohrmuscheln wie etwa eine Katze, aber der Federkranz um ihr Gesicht wirkt wie eine Parabolantenne, er sammelt Geräusche und lenkt zu den unter Federn versteckten Ohren.

Sensibles Hören hätte indessen wenig Sinn, wenn die Eule sich durch eigene Fluggeräusche beim Lauschen stören würde. Ganz abgesehen davon würde pfeifender Flügelschlag jede Maus beizeiten ins Loch scheuchen. Aber Eulen fliegen fast lautlos. Ihre Federn sind an den Kanten wie ausgefranst und an der Oberfläche wie mit Samt bedeckt. Kein Laut warnt die Maus, wenn die „schallgedämpfte" Schleiereule herangleitet.

Ohne Mäuse kommen Schleiereulen in ernste Bedrängnis. Sie sind zu sehr auf Mäuse angewiesen, um im großen Rahmen auf andere Beute ausweichen zu können. In Wintern mit geschlossener Schneedecke können ganze Schleiereulen-Bestände zusammenbrechen. In guten Jahren aber gleichen sie die Verluste wieder aus und ziehen sogar zwei Bruten hoch, jede mit oft über zehn Eiern.

Von Schleiereulennestern kann man eigentlich nicht gut reden, denn die Vögel brüten auf dem nackten Boden. Später bilden die zerfallenden Gewölle – hochgewürgte Fell-, Knochen- und Federrückstände der Beutetiere – ein wachsendes Polster.

Da die Eltern nach dem ersten Ei sofort zu brüten beginnen, gleichzeitig aber weiter Eier legen, schlüpfen die Jungen gestaffelt. Eine Brut junger Schleiereulen erinnert an eine Reihe Orgelpfeifen. Mit drei Wochen müssen die Jungen bereits ohne Hilfe die Mäusehaufen vertilgen können, welche die Eltern für sie auftürmen. Nach zwei Monaten sind sie selbständig und fliegen ihre eigenen Wege. Sehr weit weg führen diese Wege selten. 66 Prozent der beringten Jungeulen ließen sich nicht einmal 50 Kilometer vom Neststandort entfernt nieder. Sie suchen sich offenes, mäusereiches Gelände und einen Kirchturm, Dachstuhl oder eine Scheune als Basislager, denn Felshöhlen und Klüfte, die Schlupfwinkel ihrer Ahnen, sind rar. Das kann man von Kirchtürmen und Dachstühlen zwar nicht behaupten, dennoch sind Schleiereulen in einer schwierigen Lage: Ihre möglichen Behausungen werden vergittert, vernagelt und versperrt, mal aus Gedankenlosigkeit, mal um nistende Tauben fernzuhalten. Ein Kompromiß könnte beiden Seiten dienen, dem Dachstuhlbesitzer wie der Eule: Eulenkästen (s. Kap. Ratgeber), hinter Einfluglöchern befestigt, verhindern, daß Tauben den ganzen Dachstuhl mit Beschlag belegen. Wenn eines Tages rätselhaftes Schnarchen vom Eulenkasten her tönt, war das Unterfangen erfolgreich: Die Schleiereulen haben das Domizil akzeptiert und „singen" ihre Balzlieder. Über Wohlklang läßt sich streiten.

Wenn es reichlich Mäuse gibt und Einfluglöcher für bewohnbare Dachböden, hat die selten gewordene Schleiereule auch in unserer übernutzten Landschaft noch ganz gute Überlebenschancen.

Waldkauz
Strix aluco

Über den Waldkauz bleibt vieles im Dunkeln – verständlich, denn der Vogel ist in des Wortes tiefstem Sinn nachtaktiv, er meidet nach Möglichkeit sogar das Dämmerlicht, das anderen Eulen dunkel genug ist. Dunkel ist vor allem auch die Geschichte der Verleumdungen und Verfolgungen, denen der Vogel ausgesetzt war: Totenvogel nannte man ihn, sein typisches „Kuwitt" wurde – hörte man es auf Friedhöfen – prompt zum „Komm mit!" Noch in den siebziger Jahren fanden Tierärzte in entlegeneren Winkeln der Lüneburger Heide an Kuhstalltüren genagelte Eulenflügel – Flugsperren gegen Hexen!

Die mittelgroße Eule mit einer Flügelspanne von einem knappen Meter führt ihren Lieblings-Lebensraum im Namen, und Ornithologen deuten die Färbung des Brustgefieders als imitiertes Rindenmuster. Im Vertrauen auf die Qualität dieser Tarntracht verharrt ein Waldkauz regungslos an seinem Tagesruheplatz, was Beobachter früher zu dem Trugschluß verleitete, er sei bei Tag wohl blind und folglich flugunfähig.

Wenn sich der Vogel in Häusernähe nicht durch seinen – in der Tat schauerlichen – Nachtgesang (Kuwick ...Kui ...Hui und langgezogenes Huuuh-Heulen) verrät, entdecken wir ihn am ehesten aufgrund seiner Verdauungsrückstände: Gewölle! Nach Eulenart würgt der Waldkauz die unverdaulichen (oder besser: schwerverdaulichen) Überreste der am Stück verschluckten Beute wieder hervor. Waldkauzgewölle, so ergab wissenschaftliches Auseinanderpulen, besteht zu 43 bis 58 Prozent aus Knochen, zu 42 bis 57 Prozent aus Haaren, Chitin, Fischschuppen, Federn und Getreidekörnern aus Mäusemägen.

A propos Mäuse: Vier Feldmäuse pro Tag (entsprechend 60 bis 70 Gramm Gesamtgewicht) sind etwa die Tagesration. Was nicht heißt, daß er nur Mäuse fängt. Während Waldohreule und Schleiereule als ausgesprochene Mäusespezialisten deutlich über oder knapp unter fünfzig Prozent Feldmausanteil liegen, begnügt sich der Waldkauz mit einem Drittel, aber sein Anteil an Vögeln (100 verschiedene Arten) ist mit 12,4 Prozent recht hoch. Wer es versteht, Klagelaute von Vögeln oder das Fiepen und Zwitschern von Mäusen einigermaßen naturgetreu nachzuahmen, kann einen jagenden Waldkauz zu sich heranlocken.

Wälder sind nicht mehr das, was sie einmal waren, es fehlen die Baumveteranen mit Höhlen. Waldkäuze aber sind flexibel, sie haben sich erfolgreich auf Ersatz-Lebensräume umgestellt. Parks und Friedhöfe mit altem Baumbestand sind vielleicht gar kein so schlechter Ersatz, und selbst Gärten, sogar solche in Städten, taugen noch als Waldkauzlebensraum. Zumal die Vögel nicht bedingungslos auf Baumhöhlen bestehen: Gebäudenischen und Winkel in Stallungen tun es auch (siehe Eulenkästen, Kap. Ratgeber).

Wessen Haus oder Schuppen einmal von einem Waldkauz für gut befunden wurde, der darf sich auf beträchtliche „Heimattreue" einrichten, 15 Bruten des gleichen Weibchens am selben Ort sind verbürgt.

Achtung: Wie alle Eulenjungen verläßt der Waldkauz-Nachwuchs noch flugunfähig das Nest. Scheinbar hilflos herumhockende Jungtiere bedürfen deshalb keineswegs menschlicher Obhut, sie bleiben mit den Eltern in Ruf- und Futterkontakt.

Daß der Waldkauz der Schrecken der Mäuse ist, leuchtet ein; daß er der Schrecken unserer ländlichen Vorfahren war, weniger. Sein „Kuwitt"-Ruf klang schreckhaften Seelen wie „Komm mit" – ins Totenreich.

Mauersegler
Apus apus

Warum ist eine Hauskatze intelligenter als ein Mauersegler? Katzen mußten im Laufe ihrer Entwicklung auf unvorhersehbare Herausforderungen flexibel reagieren, und das können sie nur dank ihrer Lernfähigkeit. Mauersegler dagegen wären schlecht beraten, wenn sie während ihres rasanten Schnellfluges über Federstellung, Luftstrom und Verwirbelungen nachdächten. Sie wären verloren, wenn sie analytisch fliegen würden, sie mußten nicht „Kreativität", sondern „Flugautomatik" perfektionieren, um zu überleben. In sausendem Sichelflug erbeuten Mauersegler selbst fluggewandte Insekten, die starr ausgestreckten Flügel schwirren pausenlos in Hochfrequenz. Aufragende Fassaden in Städten, am liebsten aber altertümliche Gebäude mit reichlich Nischen und Winkeln, werden im Hochsommer von ganzen „Schulen" mit falsettartigem „Sriiii"-Geschrei umrundet.

Mauersegler sollen im Gleitflug schlafen können – dieser Annahme wird in den meisten Fachbüchern nicht mehr widersprochen. Daß der Vollblutflieger indes zum Flugschlaf verurteilt sei, weil seine verkrüppelten Füße sicheres Sitzen nicht erlauben, scheint uns eine merkwürdige Begründung zu sein.

Mit durchschnittlich zwei Eiern pro Saison ist der Stadtstreicher eher sparsam. Dafür wird er mit fünf bis sechs Jahren auch fast dreimal so alt wie mittelgroße Singvögel, darunter auch Schwalben, mit denen der Mauersegler, dem Augenschein zum Trotz, keineswegs eng verwandt ist. Die Ähnlichkeit rührt einfach daher, daß der gleiche Lebensraum (ursprünglich Felsenregionen, akzeptabler Ersatz sind unsere urbanen Steinwüsten) und eine ähnliche Jagdweise auch vergleichbar auf die „Karosserie" eingewirkt haben.

Wie Schwalben können Mauersegler, besonders deren Nestlinge, bei Insektenknappheit in eine energiesparende Starre fallen. Eine Art inneres Verrechnungsprogramm sagt ihnen, wann die Insektendichte so gering ist, daß Jagd mehr Energie fordert, als die Beute nachliefern kann.

Als ursprünglicher Felsbewohner nistet der Mauersegler heute vorwiegend in Städten: Häuserfassaden gelten ihm als steile Felswände. Den Großteil seines Lebens verbringt er in der Luft.

Rauchschwalbe
Hirundo rustica

Die moderne Landwirtschaft mag manche Anhänger haben, Rauchschwalben gehören mit Sicherheit nicht dazu. Die eleganten Flieger mit der rostroten Kehle brauchen zwei Dinge, die in modernen Viehställen rar werden: Balken als Unterlage für ihr Nest und viele Fliegen.

Wie Rauchschwalben gelebt haben, bevor sie die Zivilisation für sich entdeckten, läßt sich heute nur noch vermuten. Irgendwann müssen sie wohl einmal in der Nähe der großen Huftierherden und deren Insektengeschwader gejagt und Nester an Steilufern gebaut haben. Heute findet man sie nur noch dort, wo Menschen mit Vieh leben; die Mörtelnester kleben an den Nomadenzelten im Inneren der Mongolei ebenso wie an oberbayerischen Bauernhöfen oder nordamerikanischen Farmhäusern. Fast die ganze nördliche Hemisphäre ist Brutgebiet der Rauchschwalben, nur den allzu kühlen Norden meiden die wärmeliebenden Vögel.

Hat ein Männchen in einem Gebäude einen passablen Platz gefunden, auf dem sich ein Schwalbennest mörteln ließe – etwa einen Verteilerkasten im Kuhstall oder einen Lampenschirm im Wirtshausflur –, dann muß er seinen Fund publik machen. Ein noch unbeweibtes Rauchschwalbenmännchen zieht deshalb heftig zwitschernd seine Kreise vor dem Haus und wartet, daß Artgenossinnen auf es aufmerksam werden. Folgt ihm nach langen Gesangseinlagen ein Weibchen ins Haus, bekommt sie den Ort seiner Wahl regelrecht vorgeführt. Sollte sie nach diesem Auftritt bei ihm übernachten, ist die Sache klar: Man ist fest verpaart.

Wenn irgend möglich, besetzen Rauchschwalben fertige Nester vom Vorjahr („gute" Nester waren nachgewiesenermaßen zehn Jahre hintereinander in Betrieb). An Kunstnester (s. Kap. Lebensraum) gewöhnen sich die Vögel problemlos, vorausgesetzt, der Nestersatz ist sechs Zentimeter von der Decke entfernt und ein paar Halme im Inneren erwecken den Eindruck, das Bauwerk sei „gebraucht".

Steht keine fertige Nestschale zur Verfügung, dann müssen die Vögel selbst mauern. Feuchter Lehm gemischt mit Halmen ist der gängige Baustoff, aus dem innerhalb einer Woche die charakteristischen Viertelkugeln entstehen.

Während frisch geschlüpfte Schwalbenjunge mit ihren 1,6 Gramm erst halbfertig wirken, haben sie sich nach gut zwei Wochen bereits das 14fache ihres Geburtsgewichts angefressen, sie wiegen jetzt mehr als ihre Eltern. Diesen Reservespeck brauchen sie dringend für die Zeit nach dem Ausfliegen. Während der ersten Zeit des Freiflugs allerdings sorgen noch die Eltern für Verpflegung.

Vor allem in einer Fertigkeit müssen die Jungschwalben Übung gewinnen: im Fliegen. Schwalben jagen, trinken und baden (durch kurze Aufsetzer) im Flug. Selbst ihre Jungen füttern sie oft, während sie wie Kolibris auf der Stelle rütteln. Im Rüttelflug sammeln sie morgenklamme Insekten von der Stalldecke oder haschen im Tiefflug auf der Wasseroberfläche nach schlüpfenden Mücken.

Und fliegend weichen sie auch der unfreundlichen Jahreszeit aus. Bundesdeutsche Schwalben ziehen Ende August, Anfang September nach Westafrika und in den Kongo; „an Mariae Geburt ziehen die Schwalben furt", reimte sehr treffend ein alter Bauernspruch.

Bevor die Wanderer aufbrechen, müssen sie sich offenbar in Stimmung bringen. Sie scheinen anfangs noch unschlüssig und sammeln sich immer wieder palavernd auf Telegraphenleitungen, fein säuberlich eine Schnabelhacklänge voneinander entfernt. Zum Übernachten scharen sich solche Schwärme oft in Schilfgürteln – eine Gepflogenheit, die Aristoteles zu der These verleitete, Schwalben verkröchen sich im Herbst im Schlamm der Seen und kämen erst im Frühjahr wieder heraus.

In manchen Jahren ist das Winterwetter schneller als die Schwalben. Im Herbst 1974 hinderte naßkalte Witterung die zugbereiten Schwärme am Abflug. Privatleute sammelten im 24-Stunden-Einsatz die klammen Vögel auf, Swissair und Lufthansa boten kostenlosen Transport über die Alpen. Der Sinn solcher Aktionen bleibt umstritten. Hilft solche Hilfe? Geschadet hat sie sicher nicht, soviel wissen wir, denn von den wenigen vor dem Transport beringten Vögeln kehrten einige im folgenden Frühjahr zurück.

Das Aus für die mittelständische Landwirtschaft mit ihren offenen Viehställen bringt den Rauchschwalben Wohnungsnot, die sich nicht leicht beheben läßt.

Mehlschwalbe
Delichon urbica

Neben dem Weißstorch ist wahrscheinlich die Mehlschwalbe der volkstümlichste Vogel unter denen, die menschliche Nähe suchen. Unsere „felsenähnlichen" Häuser locken ihn – wie auch den Gartenrotschwanz – in unsere Nachbarschaft. Die viertelkugeligen Lehmnester gehörten früher zum Dorfbild wie Linde und Brunnen. Alle drei sind rar geworden. Von der viel zitierten Schwalbe, die noch keinen Sommer macht (richtig, im April, wenn sich die ersten Frühheimkehrer sehen lassen, kann es noch lausig kalt sein), bis zur Kunst des elfmeterträchtigen Hinsegelns im Strafraum („Schwalbe") ist das Tier sprichwörtlich geworden und geblieben. Typisch für den (von Schnabel bis Schwanzspitze 14 Zentimeter großen) Vogel ist seine Vorliebe für Geselligkeit, und zwar zu den unterschiedlichsten Anlässen: beim Materialsammeln an Lehmpfützen; wenn sie die fast flügge Brut zum Fliegen verlocken; beim Abendflug, während der Jagd in „insektengesättigter" Luft besonders unter Gewitterwolken und, am auffälligsten, im Spätsommer, wenn die Reiseunruhe sie unübersehbar und kaum zählbar auf die Telephondrähte treibt.

Geselligkeit gilt natürlich nur unter Artgenossen: Mehlschwalben sind bekannt für ihr „Hassen", das heißt für ihre aggressiven Scheinangriffe auf andere Vogelarten. Schon früh gerieten sie ins Zentrum menschlichen Forscherfleißes. Rüppell testete 1934 das sogenannte „Heimfindungsvermögen" und fand, daß verfrachtete Exemplare innerhalb von drei bis vier Tagen aus bis zu 550 Kilometern Entfernung punktgenau zurückfinden. Eine andere Flugleistung, die man in Analogie zur Flugtechnik „Autopilot-Flug" nennen könnte, bleibt umstritten: Nicht wenige Wissenschaftler behaupten, Mehlschwalben könnten, ähnlich wie Mauersegler, in großer Höhe im Flug schlafen. Unstrittig dagegen ist ihre Meisterschaft, im rasenden Flug mit weit aufgerissenem Schnabel herumschwirrende Insekten zu verschlingen; diese Art des Fressens (to swallow = verschlucken) gab dem Vogel auch seinen englischen Namen. In einem Mehlschwalbenmagen fanden sich 306 Mücken und Erdschnaken.

Wer Mehlschwalben lehmige Pfützen bieten kann, vorspringende Dachsimse und eine einigermaßen intakte ländliche Umgebung, braucht sich für das Angebot an Kunstnestern (s. Kap. Lebenraum) nicht groß zu interessieren.

Mehlschwalben verrieten der Forschung vieles über das „Heimfindungsvermögen" der Vögel, das lange Anlaß zu wissenschaftlicher Spekulation bot.

Bachstelze
Motacilla alba

Die Bachstelze stelzt nicht so häufig am Bach, daß ihr Name gerechtfertigt wäre. Treffender ist ihr englischer Name „wagtail" (Wippschwanz), der sich auch in alten und mundartlichen deutschen Namen findet: Quickstert, Wipper, Bebenschwanz, Pfannenstielchen.

Der auffällig schwarzweiß gezeichnete, sperlingsgroße Vogel fiel dem Menschen seit jeher besonders ins Auge. In manchen Gegenden Europas galt er gar als heilig und „tabu" – wer sich an ihm vergriff, wurde „zitternd". In Tirol hielt sich lange der Volksglaube, verstorbenes Almvieh kehre in Bachstelzen-Gestalt an den alten Standort zurück; denn dort patrouillierten die Vögel schließlich auffällig genug zwischen den insektenumschwirrten Dunghaufen. Selbst auf Pferderücken, Schweineschwarten und Rinderbuckeln konnte man Bachstelzen auf Insektensuche schon beobachten.

Bachstelzen sind gute Fußgänger. Die kräftig ausgebildeten, krallenbewehrten Hinterzehen erleichtern den typischen, kopfnickenden Stechschritt. Diese Spezialisierung auf den Boden und seine nahrhafte Krabbeltier-Fauna bedeutet nicht, daß die Bachstelze ein schlechter Flieger ist. Eine Stundenleistung von 40 Kilometern im Fernflug ist beachtlich, und Ornithologen berichten von artistischen Ausweichbewegungen bei Greifvogel-Angriffen.

Ihre Flugkünste brauchen sie auch, wenn sie – einzeln oder im Pulk – laut rufend hinter Greifvögeln und Eulen, aber auch Kuckucken und Elstern herfliegen. Nur ein guter Flieger kann es sich leisten, etwa einen Habicht derart nachdrücklich auf sich aufmerksam zu machen, ohne selbst ernsthaft in Gefahr zu kommen.

Bachstelzen brauchen zwar nicht unbedingt Bäche, wohl aber vegetationsarmes, übersichtliches Gelände (unsere Rasenflächen sind für sie so schlecht nicht) mit angrenzenden „hohen Strukturen", die zugleich Reviergrenzen sind. Revierkämpfe zwischen Männchen spielen sich daher im Frühjahr auch häufig auf Dachfirsten ab.

Selbst so fremdartige Einrichtungen wie Gewächshäuser integrieren sie souverän in ihr Revier. Wer ein Gewächshaus hat, sollte einen Einschlupf offen lassen: Männchen übernachten oft gruppenweise im Glaspalast, während die Weibchen die Nacht hindurch brüten.

Als Brutplätze werden Halbhöhlen bevorzugt, wobei Bachstelzen ungemein großzügig in der Definition einer Halbhöhle sind. Stillgelegte Förderbänder, liegengebliebene Schuhe, vorzugsweise aber Nischen in Schuppen und Dachgebälk beziehen sie für ihre durchschnittlich zwei Jahresbruten.

Da Bachstelzen offensichtlich so gut wie nicht lärmempfindlich sind (selbst unentwegtes Motorengedröhne irritiert sie nicht) und menschliche Nähe gut ertragen, haben sie einen Vorteil für den Bruterfolg: Marder, Iltis, Greifvögel, für die besonders die halbflügge Brut verlockend ist, haben nicht die gleiche Sorglosigkeit Menschen gegenüber.

Bisweilen ziehen Bachstelzen nicht die eigene, sondern fremde Brut hoch: Sie sind bevorzugte Pflegeeltern des Kuckucks, dem offenbar die recht solide gearbeiteten Nester zusagen (Bachstelzen restaurieren oft die Nester anderer Singvögel). Aber wehrlos gegen den Brutschmarotzer sind sie nicht: Ein Wissenschaftler zählte aus, daß von vierzehn Kuckuckseiern elf enttarnt und aus dem Nest geworfen wurden.

Bachstelzen sieht man an einsamen Bächen, aber auch in unmittelbarer Nähe tosenden Großstadtlärms. Ihre Fähigkeit, Verkehrslärm zu ertragen, verschafft ihr Konkurrenzvorteile gegenüber sensibleren Arten.

Zaunkönig
Troglodytes troglodytes

Mit der Familie der Zaunkönige ist es wie mit den meisten Königsgeschlechtern: sehr verzweigt! Der in Island ansässige ist verhältnismäßig groß, der norwegische gar sehr groß, die Könige von Zypern, Kreta und Rhodos sind auffällig stark gebändert, während man auf der Krim zur Unterholz-Robe weißen Kehlfleck trägt. Und so weiter, über etliche Seiten Fachbeschreibung!

Dennoch ist der rundliche Vogel mit dem steil aufgerichteten Schwanz und dem etwas angestrengt wirkenden, schnurrenden Geradeausflug kaum zu verwechseln. Und auch seine Vorliebe für Hecken, Zäune und Gebüsch (Schlupfkönig, so ein anderer Name) ist sprichwörtlich geworden. Der ironische royale Name spielt offenbar auf das Mißverhältnis von Körpergröße (der Zaunkönig ist neben dem Goldhähnchen unser kleinster Singvogel) und männlicher Sangeswut an, die der Ornithologe Manfred Dallmann folgendermaßen systematisiert: Einleitung – Schmettertour – zweite Schmettertour – Zwischentöne – Roller. Der Durchschnittswert des Kraftgesanges liegt bei 4000 Hertz, das entspricht dem höchsten Ton eines Klaviers. Bei kaum einem Vogel leuchtet dem Zuhörer so spontan ein, daß Vogelgesang im Grunde Warnung und Kampfansage an männliche Revierkonkurrenten ist: Achtung, hier bin ich … König in diesem Fall.

Am liebsten sind dem Vogel Mischwälder mit gut verfilzten Bachläufen, Wegböschungen, Windbrüche – aber unsere Gärten, sofern sie nicht nach dem Diktat des rechten Winkels geordnet sind, behagen ihm auch. Diese Anpassungsfähigkeit ist ein Grund für seine Verbreitung: In England ist er mit zehn Millionen Brutpaaren der Vogel mit der größten Dichte, in Frankreich reicht es zu einem neunten Platz. Zugute kommt ihm auch, daß er Freiflüge über ungeschütztes Gelände, wenn irgend möglich, vermeidet, denn unter den heimischen Singvögeln zählt er sicherlich zu den schlechtesten Fliegern. Was ihn aber bei seinen Kurzflügen im Unterholz nicht einschränkt. Und Zaunkönigzüge gibt es ausgeprägt nur bergab, aus den gebirgigen Hartwinter-Regionen in die geschützteren Talauen.

Der Zaunkönig verdeutlich, daß Natur ihre Geschöpfe nie „überrüstet": Der kleine Vogel ist ein schlechter Flieger, aber für das Gehusche vom Busch zum Nest reichen seine Fähigkeiten vollauf.

Grauschnäpper
Muscicapa striata

In sieben Unterarten sind Grauschnäpper über ganz Eurasien von Nordwestafrika bis zum westlichen Himalaya verbreitet. Manch einer hat den dezent mausgrauen Vogel als Untermieter am Haus, ohne ihn zu bemerken – zumal Grauschnäpper nicht singen, sondern flüstern: Statt klangvoller Strophen wispern sie nur ein tonloses „Psssst". Am auffälligsten ist noch ihre Art, Insekten zu jagen: Hochaufgerichtet, in Habachtstellung, sitzt der Vogel auf einem exponierten Ast, einem Zaunpfosten oder der Dachtraufe, schwirrt urplötzlich los, hascht nach irgend etwas für unsere Augen Unsichtbarem und kehrt wieder zu seinem Sitzplatz zurück. Grauschnäpper fangen ihre Beute nach perfekten Blitzstarts. Nur wenn sie sehr hungrig sind, suchen sie gelegentlich auf dem Boden nach Regenwürmern oder pflücken ein paar Beeren vom Strauch.

Da die Mausgrauen sich von menschlicher Gesellschaft überhaupt nicht stören lassen und andererseits lockere Laubwälder schätzen, sind Gärten, Parks und Friedhöfe das ideale Wohngebiet für sie. Hier finden sie auch genügend versteckte Nischen, um ihre Nester hineinzubauen: Dachbalken und geschützte Astgabeln in Spalierbäumen oder versteckte Winkel im Efeugewirr an einer Hauswand. Hier fügen die Vögel aus Moos, Gräsern und Tierhaaren mit alten Spinnweben ihr strubbeliges Nest zusammen.

Als Insektenfresser haben Grauschnäpper gar keine andere Wahl, als im Herbst in nahrungsreichere Gebiete abzuwandern. Bereits Ende August, Anfang September ziehen die Vögel nach Arabien oder Südafrika, und erst Anfang Mai kehren sie in ihre Brutgebiete bei uns zurück – kaum mehr als eine Stippvisite.

Falls im nächsten Jahr am selben Haus wieder ein Grauschnäpperpärchen brüten sollte: Es könnten alte Bekannte sein. Denn die Vögel sind Gewohnheitstiere. Wo sie einmal gebrütet haben, dorthin kehren sie gerne wieder zurück.

Der Grauschnäpper ist Ansitzjäger: In Habachtstellung wartet der Vogel auf Fluginsekten.

Rotkehlchen
Erithacus rubecula

Die Fütterleistung der Rotkehlchen-Eltern macht sich bezahlt: Schon nach zwölf Tagen schafft der Nachwuchs flatternd eine Halbmeterstrecke und kann sich schlimmstenfalls schon vor einer Katze in Sicherheit bringen.

Kaum zu glauben, wie unduldsam und kriegerisch dieser so „niedlich" wirkende Vogel in Wirklichkeit ist. Hat ein Rotkehlchen-Mann einen Fleck Erde als Nistort und Wohnplatz auserkoren, dann präsentiert er – laut singend – seine rote Kehle jedem Artgenossen, der ihm seine Rechte streitig machen könnte.

Den meisten Eindringlingen genügt diese Darbietung, und sie verschwinden unauffällig. Läßt sich der Gegner aber nicht beeindrucken, dann wendet der Revierbesitzer härtere Mittel an: Er fliegt Scheinattacken, präsentiert geradezu penetrant seine rote Brust und geht zuletzt zum offenen Kampf über. Aus dem für unsere Ohren so melodischen Gesang wird durchdringendes Kreischen.

Meist siegt nicht der Stärkere, sondern der Vogel mit den älteren Rechten. Rotkehlchen, die darauf verzichten, im Winter in wärmere Gegenden zu ziehen, wären also bei der Reviersuche im Frühjahr klar im Vorteil: einfach deshalb, weil sie zuerst da sind. Andererseits gehen sie ein höheres Risiko ein, denn Nahrungsknappheit und Kälte sind die größten Gefahren in ihrem Leben (in einem normalen Winter sterben 40 bis 50 Prozent der hier überwinternden Rotkehlchen). Fazit: Die Vögel entscheiden die Frage „im Herbst abwandern oder nicht" von Fall zu Fall. Die einen bleiben, die anderen ziehen.

Revierbesitz garantiert noch gar nichts, denn unter Rotkehlchen herrscht Damenwahl. Erst wenn ein Männchen „auserwählt" wurde und auch noch die bis zu drei Wochen lange Verlobungszeit erfolgreich überstanden ist (20 Prozent der Weibchen überlegen es sich in dieser Zeit noch einmal anders), ist das Paar bereit zur Brut.

So auffällig sich das Vogelpaar während der Revierverteidigung verhalten hat, so ausgezeichnet verstehen sie sich jetzt zu tarnen. Das Nest wird in leicht zugänglichen Nischen in Mauern, Baumstümpfen und zwischen Wurzeln angelegt, die Eier liegen also geradezu in Griffweite von Fuchs, Baummarder und Wiesel, selbst Mäuse, Ratten, Igel und Laufkäfer könnten sich problemlos bedienen. Leicht erreichbar mag das Gelege sein, leicht zu finden aber ist es nicht. Das Baumaterial – Laub, Halme und Tierhaare – läßt den Nestnapf mit der Umgebung verschmelzen, eine eigens gebaute Abdeckung macht auch noch den Inhalt unsichtbar. Auch der brütende Vogel wirkt mit seinen olivbraunen Rückenfedern fast wie ein altes Blatt vor einem Hintergrund aus Pflanzenresten. Völlig reglos läßt er selbst Menschen im Vertrauen auf seine perfekte Tarnung bis auf einen halben Meter herankommen, bevor er die Nerven verliert und auffliegt.

Nach dem Schlüpfen der Jungen bleibt Tarnung die oberste Devise: Die verräterisch weißen Eierschalen trägt das Weibchen vom Nest fort, den Kot der Jungen verschluckt sie in den ersten Tagen einfach, später deponieren die Eltern ihn in sicherer Entfernung vom Nest.

Junge aufziehen ist ein Vollberuf. Die kleinen Vögel, die nicht einmal soviel wiegen wie ein Normbrief, müssen ihre Brut in den ersten beiden Tagen im Schnitt alle 9,7 Minuten füttern: mit zarten, leichtverdaulichen Räupchen mit wenig Chitin. Am elften Tag, wenn der Appetit der Jungen erheblich gestiegen ist, wird zeitweise sogar im 1,7-Minuten-Takt serviert. Dafür schafft der Nachwuchs aber auch schon am zwölften Tag flatternd eine Halbmeterstrecke.

Sich selbst verköstigen die Altvögel mit dem, was sie eben finden, vom chitinstarrenden Käfer über Blattläuse, die in mühsamer Kleinarbeit von den Zweigen gesammelt werden, bis zu Schnecken und Regenwürmern. Winters müssen Beeren herhalten, deren Samen die Wanderung durch Magen und Darm übrigens zu 80 Prozent unbeschadet überstehen.

In England ist das Rotkehlchen ein typischer Gartenvogel, bei uns dagegen bleibt es lieber im (Laub-)Wald. Nationale Eigenheit? Nein, Gartenkultur! Engländer pflegen Hecken anzulegen und lassen Büschen ihre Wuchsfreiheit. In englischen Gärten finden Rotkehlchen unter der Laubstreu wimmelndes Leben und im Unterwuchs getarnte Nistplätze. Im besenreinen Garten aber …

Hausrotschwanz
Phoenicurus ochruros

Was haben Hausrotschwanz, Turmfalke und Mauersegler gemeinsam: Für die traditionellen Felsenbewohner passen Häuser und Mauern ungefähr in das „Lebensraum-Suchbild“, das ihnen genetisch eingeprägt ist. Oder anders: Das Prägebild ist unscharf genug, um dem Hausrotschwanz die Besiedelung menschlichen Lebensraumes zu ermöglichen. Makabre Fußnote: die zakkigen Bombenruinen der unmittelbaren Nachkriegszeit kamen offenbar seinem Idealbild am nächsten.

Seine Suche nach Felsspalten findet leicht in gemauerten Hohlräumen Befriedigung, in denen (nur) das Weibchen vier bis sechs reinweiße Eier bebrütet. Der Insektenfresser nutzt im Herbst auch das Beerenangebot der Umgebung; Holunder scheint seine Lieblingsspeise zu sein. Praktisch, denn Holundersträucher sind Kulturfolger wie der bekannte und beliebte Vogel.

Der Ornithologe Heinz Menzel hat nicht weniger als 92 volkstümliche Namen für den Hausrotschwanz zusammengetragen: von A wie Almbrantele bis Z wie Zagelmönch.

Das Auffälligste an dem sperlingsgroßen Vogel ist seine Stimme, die als „rauh, ungeschliffen, naturwüchsig wie das zackige Felsengestein … mühsam gepreßt, stokkend und krächzend“ beschrieben wird. Auch hält sich der Sänger keinesfalls an die üblichen Musizierstunden: Serenaden um Mitternacht sind vielfach verbürgt. Als hohe Warte, die er für seine Darbietungen braucht, genügt ihm meist ein Dachfirst.

Der Saulocker (so ein weiterer seiner 92 Namen) fängt Insekten im Rüttelflug. Auch scheint der wendige Vogel gelernt zu haben, daß Insekten bei Regen unter Dachüberhängen Schutz suchen. Blütenreiche (und mithin insektenreiche) Gärten sind allemal potentielle Hausrotschwanz-Reviere. Hausrotschwänze sind „heimattreu“ wer den Vorjahresnistplatz oder die unmittelbare Nachbarschaft wiederbesiedelt findet, darf mit einiger Berechtigung vermuten, daß er einen Dauermieter hat – vielleicht mit Winterwohnsitz bei Sevilla.

Die eigentliche Heimat des Hausrotschwanzes ist das felsige Hochgebirge. Unsere gemauerten „Kunstwände“ behagen ihm aber mindestens genauso, zumal hier die Versorgungslage entspannter ist als im rauhen Klima.

Amsel
Turdus merula

Amseln kommen auch mit öden Gärten zurecht. Verblüffend, denn noch zur Jahrhundertwende galt der Vogel als scheuer Waldbewohner.

Ihr Fleisch macht schwermütig, ... kein Wunder, ... da die Amsel immer in Trauer ist und die Einsamkeit sucht", so nachzulesen in einem alten Vogelbuch. An diesem Satz ist auf possierliche Weise so ziemlich alles falsch. Drosselvögel werden zumindest in Mitteleuropa kaum noch verzehrt, auch sind nur männliche Tiere schwarz gefiedert, die weiblichen dunkel- bis schwarzbraun, und außerdem suchen Amseln keinesfalls die Einsamkeit, sondern haben unsere Vorgärten samt Rasenflächen mit einer Gründlichkeit erobert wie kein anderer Vogel. Jeder kennt die Amsel, wie sie, den Schnabel vorgereckt, in wirbelnder Schrittfolge über den Rasen trippelt, dann jäh abbremst und dabei den Schwanz wie eine wippende Balancierstange einsetzt.

Im Angelsächsischen ist „blackbird" der sprichwörtliche frühaufgestandene Vogel, der den Wurm erwischt (The early bird catches the worm – Wer zuerst da ist, malt zuerst), und das Regenwürmer-Ziehen gelingt ihr wahrlich beeindruckend: Selbst lange, kräftige Regenwürmer stemmt sie hochaufgerichtet aus dem Erdreich. Zum Mißbehagen des Hobbygärtners halten die Gartenfreunde aber auch viel von Erd- und Himbeeren.

Amseln sind die „Kulturfolger schlechthin" – neben Hausspatz und Haustaube. Dabei ist ihre massenhafte Übersiedlung aus dem Wald in Dörfer und Städte kaum mehr als ein Jahrhundert her. Noch um die Mitte des vorigen Jahrhunderts findet ein Schweizer Ornithologe die Anwesenheit „dieses Waldvogels" in Zürich höchst bemerkenswert.

Der Erfolg der Amsel hat viele Gründe. Sie brütet schon früh und noch spät im Jahr, bringt es also (nicht immer, aber häufig) auf drei Bruten. Auch scheint der sogenannte „innerartliche Dichtestreß" (der um-kämpfte und schließlich er-kämpfte Ausschließlichkeitsanspruch, mit dem Reviervögel ihr Gebiet gegen Artgenossen verteidigen) bei Amseln nicht so ausgeprägt zu sein wie bei anderen Singvögeln: Im Stadtpark von Lausanne zählte man auf 6 Hektar 27 Brutpaare.

Ein weiterer Vorteil ist vielleicht gar keiner: Amseln stellen fast keine Ansprüche in puncto Nest-Standort. Sie nisten häufig verhältnismäßig ungeschützt, ja „dumm", vergleicht man die Wahl ihres Nistplatzes mit der Raffinesse anderer Vögel. Das mag, wie in Oxford ausgezählt wurde, dazu beitragen, daß Amseleltern aus 12 Eiern (drei Bruten) durchschnittlich nur 4,1 Junge hochbringen. Amselnester sind häufig tief angelegt und relativ ungetarnt – Sonderangebote für Katzen (siehe Seite☒), bisweilen gar stöbernde Hunde, Wiesel, Elstern, Eichhörnchen und andere „Räuber". Wie aber bleiben sie bei diesem Aderlaß erfolgreich? Amseln bringen ihre Brut eben in Revieren hoch, die sonst kein Singvogel zu nutzen wagt.

Blaumeise
Parus caeruleus

Blaumeisen am Haus? Im Prinzip ja – immerhin sind die Vögel ebenso weit verbreitet wie die Kohlmeise. Voraussetzung ist allerdings, daß die „richtigen" Bäume ums Haus herum stehen. In der Monotonie eines Koniferengartens tun sich Blaumeisen schwer. Sie brauchen Laubbäume, am liebsten Eichen. In halsbrecherischen Turnereien, kopfüber an bedenklich federnden Zweigen hängend, suchen sie im Blattwerk nach Beute oder reißen die Rinde stückchenweise ab, um an die darunterliegenden Insekteneier zu gelangen.

Blaumeisen in Gefangenschaft behandeln übrigens Tapeten, Buchrücken und Zeitungen genauso, wie sie sonst mit Baumrinde umgehen würden: Sie reißen alles in Fetzen. In Versuchen lernten die Vögel schnell, verschiedene Schubfächer zu öffnen oder Pfropfen herauszuziehen, um an ihr Futter heranzukommen.

Im Laubwald sind Blaumeisen wirklich Meister ihres Fachs. Im Koniferenwald dagegen wären sie den etwas kleineren Tannenmeisen weit unterlegen – das haben Experimente mit beiden Meisenarten gezeigt: Die Beutetiere auf Nadelbäumen sind meist klein und oft ausgezeichnet getarnt, hier kommt es eher auf Scharfblick und Feinarbeit an. Und darin sind wiederum Tannenmeisen ganz groß.

Blaumeisen sind zwar keine Rarität, aber sie werden auch nie so häufig wie Kohlmeisen. Wohl bebrüten die Winzlinge Gelege bis zu 14 Eiern, aber es bleibt meist bei einer Brut im Jahr. Zudem dezimieren harte Winter drastisch die Bestände der kälteempfindlichen Tiere. Wer speziell Blaumeisen mit Nistkästen in den Garten locken will, sollte nach dem Ausschlußprinzip verfahren: Durch ein Schlupfloch von 26 Millimetern Durchmesser paßt so leicht kein anderer Höhlenbrüter.

Blaumeisen droht in harten Wintern der Kältetod. Doch künftige „Nichtwinter" können die Art zum Massenvogel machen.

Kohlmeise
Parus major

Die Wissenschaftler haben sie lapidar auf „größere Meise" getauft, und mit ihren maximal 20 Gramm ist sie unter den Meisen tatsächlich fast ein Goliath. Wo immer Baumbestände mit morschen Baumveteranen Bruthöhlen zum Nisten bieten – von Spanien im Westen bis zu den japanischen Inseln im Osten –, hat sich die Kohlmeise angesiedelt. Laubwälder, besonders Eichenmischwälder sind ihr Ideal. In Rindenritzen und Holzspalten findet sie hier auf ihrer pausenlosen Futtersuche genügend Insekten oder Insektenlarven, Spinnen oder Tausendfüßler. Aber auch Nadelwälder sind Kohlmeisen-Terrain, und in Gärten, Parks und Friedhöfen gehören die Vögel mit der gelben Weste ohnehin zum lebenden Inventar.

Zwar sind in der modernen Forstwirtschaft ebenso wie im Hausgarten morsche Bäume mit Brutlöchern eher eine Ausnahme, aber Kunsthöhlen und Nistkästen sorgen für Ersatz. Zudem sind Kohlmeisen nicht kleinlich, wenn es um Höhlenersatz geht: Briefkästen, liegengebliebene Rohre, eben alles, was nach geschütztem Hohlraum aussieht, ist für sie ein tauglicher Neststandort.

Schon im Herbst beginnen die Meisenmännchen mit Verfolgungsjagden und Imponiergehabe – eine vorläufige „Absprache", wer wo Revieransprüche anzumelden gedenkt. Im März zeigt sich dann endgültig, wem es gelungen ist, gegen die zahlreichen Konkurrenten ein Territorium zu verteidigen. Kohlmeisenmännchen mit Grundbesitz singen sich nicht nur die Kehle aus dem Leibe, sie beherrschen auch noch bis zu acht verschiedene Gesangsstrophen. Der (vermutete) Grund für die Vielfalt: Der vielstrophige Gesang eines Kohlmeisenmannes klingt für seine Gegner so, als residierten hier acht Männchen statt einem. Wo aber – wie die Reviersucher ja glauben müssen – ohnehin schon Gedränge herrscht, sollte man sich eher heraushalten. Denn je näher beieinander die Nester der Meisen liegen, desto leichter werden sie von Raubfeinden gefunden. Ein großes Territorium bedeutet also Sicherheit für den Nachwuchs. Wiesel zum Beispiel suchen gerade dort besonders intensiv nach Nahrung, wo sie schon einmal fündig geworden sind. In guten Sommern kann ein Kohlmeisenweibchen bis zu drei Dutzend Eier legen und bis zu zwei Dutzend Nachkommen aufziehen. Die Meisenschwemme aber bleibt meistens aus: Innerhalb der ersten zehn Monate sterben im Schnitt 85 Prozent der Jungvögel, und den Winter überlebt auch nur etwa die Hälfte der Alttiere. Ein Vogel, der theoretisch elf bis zwölf Jahre alt werden könnte, hat in Freiheit eine Lebenserwartung von gerade anderthalb Jahren.

Folgen aber auf gute Sommer auch noch milde Winter, dann drohen Übervölkerung und Hunger. Besonders die jungen Vögel reagieren auf drangvolle Enge mit Abwandern. Hunderte oder sogar Tausende von Kilometern können die Jungmeisen dann fliegen, meistens Richtung Südwesten. Viele Tiere gehen auf dem Zug zugrunde, aber genügend überleben, um anderswo eine neue Population zu begründen.

Wird eine Kohlmeisenpopulation zu dicht, wandert die Jugend ab – manchmal über etliche hundert Kilometer.

Kleiber

Sitta europaea

Ein Vogel flötet im Eichenbaum, weithin tönt sein lauter Pfiff. Die Menschen drehen die Köpfe nach ihm und suchen den Pfeifer. Sie finden ihn nicht. Da sitzt ein Vögelchen von Spatzengröße, aber das kann er nicht sein. Wer so laut flötet, muß viel größer sein. Er ist es aber doch..." Hermann Löns bringt auf den Punkt, was mancher Gartenfreund gegen Winterende gedacht haben mag. Der Vogel ist in des Wortes Sinn bemerkenswert, zum Beispiel wegen seiner Kopfüber-Baumlauf-Technik, die nur Kleiber beherrschen. Der stämmig gebaute Vogel läßt beim Abwärtslaufen den einen hakenbewehrten Fuß wie eine Bergsteigersicherung stehen, während er den anderen weit vorsetzt. Der Schwanz dient dabei – anders als bei den großen Verwandten, den Spechten – nicht als Stütze. Zwischen den Ritzen und Spalten der Stämme (aber auch zwischen Felsen) sucht und findet der Vogel Insekten und ihre Larven, die er bisweilen auch nach Spechtsmanier regelrecht aus der Borke meißelt. Im Winter stellt sich der Kleiber problemlos auf vegetarische Kost um; ölhaltige Baumsamen, Bucheckern, Lindenfrüchte; Sonnenblumenkerne locken ihn an unsere Futterhäuschen, wo er sich bisweilen ziemlich aggressiv gegen Artgenossen und Futterkonkurrenten gebärdet.

Bliebe die Frage: Was heißt Kleiber? Der höhlenbrütende Kleiber ist der „Kleber"; mit einem Gemisch aus Lehm, Pflanzenresten und Tierkot verkleinert er den Einstieg in Baumhöhlen, um so vor Räubern oder anderen höhlenbrütenden Vögeln sicher zu sein. Einen perfekten Schutz vor dem Baummarder bietet diese Maurerarbeit allerdings nicht, und auch Buntspechte plündern bisweilen Kleibernester. Die eigentlichen Feinde des apart gefärbten Vogels (schieferfarbene Oberseite, schwarzer Augenstrich, rötlicher Bauch) aber sind Sperber und Waldkauz sowie der – allerdings seltene – Sperlingskauz, der selber kaum größer wird als der Kleiber.

Zweierlei fällt am Kleiber auf: seine einzigartige Kopfüber-Klettertechnik und sein kraftvoller Flötenruf, der an einen weit größeren Vogel denken läßt.

Buchfink

Fringilla coelebs

Schon Tiervater Brehm mokierte sich darüber, daß das Studium der „Finkenschläge", also der typischen Kraftgesänge der Männchen," zu einer förmlichen Wissenschaft geworden (ist), die jedoch ihre eigenen Priester verlangt und einem nicht in deren Geheimnisse eingeweihten Menschen immer dunkel bleiben wird".

Gefangene „Hähne", die bestimmte Strophen – etwa den „Lichtausbläser" – besonders rein singen konnten, brachten erstaunliche Liebhaberpreise. In Belgien trifft sich noch immer zu Beginn der wärmeren Jahreszeit eine verschworene, von Tierschützern hart bedrängte Gemeinde von Wettkämpfern: Sie lassen im ersten Morgengrauen gekäfigte Buchfinkenmännchen gegeneinander anbrüllen. Die Vögel singen natürlich nicht dem Menschen zur Freude und schon gar nicht um Sieg und Plätze. Ziel aller akustischen Kraftentfaltung ist es, Revierkonkurrenten buchstäblich abzuschmettern. Die belgischen „Wettkämpfer" schaffen eine unnatürliche Konzentration, erhöhen den Konkurrenzdruck für ihre Gefangenen ins Unerträgliche und kitzeln so Spitzenleistungen heraus. Der mit der größten Ausdauer gewinnt. Auf Feinheiten kommt es den Käfigfreunden nicht an – wohl aber den Buchfinken.

Sie singen nämlich ganz ausgeprägt Dialekt. Das typische Lied eines vorpommerschen Buchfinken etwa klingt – selbst für Laienohren – deutlich anders als zum Beispiel das eines Bodenseeanrainers. Die Jungmänner imitieren Vaters Geschmetter, und sie übernehmen dabei auch ortstypische Ausprägungen.

Diese regionale Varianz gilt nicht nur für Buchfinken, ist bei unserer häufigsten Finkenart aber, so scheint es, besonders ausgeprägt.

Auf eine weitere Eigenart des Vogels macht der lateinische Name aufmerksam. „Coelebs" heißt ehelos. Strohwitwer wäre richtiger. Der berühmteste unter den Systematikern der Tier- und Pflanzenwelt, Carl von Linné, hatte beobachtet, daß in seiner schwedischen Heimat Buchfinkenmännchen im Winter ausharrten, während Weibchen in wärmere Gefilde zogen. In Irland scheint es eher umgekehrt zu sein. Warum? Man weiß es nicht.

Ein sächsischer Buchfink schlägt anders als ein bayerischer. Experten fanden starke Dialektausprägungen.

Grünfink

Carduelis chloris

Für Grünfinken beginnt das Frühjahr manchmal schon im Januar: An milden Tagen plazieren sich vereinzelte Männchen gut sichtbar auf Baumspitzen und singen ihre eigenartig klingelnden Strophen, vermischt mit den imitierten Gesängen anderer Vögel – eine Mitteilung an alle Weibchen, daß sie auf Partnersuche sind. Kälteeinbrüche und Februarschnee vertreiben ihnen die verfrühten Gefühle, aber bis Ende März, Anfang April haben sich die Paare endgültig gefunden.

Grünfinken leben und nisten am liebsten in offenem Gelände mit eingestreuten Hecken und Bäumen. Unsere Garten- und Parklandschaft trifft genau ihren Geschmack. Selbst tosende Großstädte schrecken sie nicht, solange nur Grünflächen mit genügend Bäumen und Büschen eingestreut sind. Nicht selten brüten auf einem Quadratkilometer Parkfläche umgerechnet 100 Grünfinkenpaare, zehnmal mehr als in einem geschlossenen Wald, und an efeubewachsenen Häuserwänden können die Nester alle zwei, drei Meter aufeinander folgen. Sogar geranienbepflanzte Balkonkübel taugen als Domizil. Die Stadt bietet den Anpassungskünstlern eine Menge Vorteile: Unter der wärmenden Dunstglocke sind sie Temperaturextremen weit weniger ausgesetzt als in der offenen Landschaft, und an Bahndämmen, Wegrändern und besonders an gut bestückten Futterhäuschen finden sie allemal ihre Ration an Samen und Früchten. Aber ohne Futterhäuschen geht's auch: Wenn vertrocknete Brombeeren und Hagebutten den Winter über an den Sträuchern bleiben, wenn braungefrorene Sonnenblumen und dürre Distel- und Klettenstengel bis zum Frühjahr stehen dürfen, brauchen Grünlinge kein Futterhaus.

Die olivgrünen Finken zählen über ganz Europa, bis hin zum Ural und nach Nordwestafrika, zu den häufigsten Brutvögeln. Unbeliebt machen sie sich bisweilen in Saatzuchtbetrieben mit ihrer Vorliebe für Sämereien oder in Obstgärten, wenn sie dort die jungen Knospen und Triebe anpicken. Mittlerweile aber ist es gelungen, die ungeladenen Besucher „auf biologisch" hinauszukomplimentieren: Alarmrufe des Grünlings vom Band schlugen die Schwärme erfolgreich in die Flucht.

Wer sich entschließt, seinen Garten mit Gebüschen und Hecken aufzulockern, erweist sich als guter Quartiermacher für den Grünfink.

Haussperling
Passer domesticus

Der Spatz gilt als der Anpasser schlechthin. Tatsächlich hat der Vogel, der sich nirgends so wohlfühlt wie unter seinesgleichen, fast die ganze Welt besiedelt.

Wo lebte der Haussperling, als es noch keine Häuser gab? Aus den Steppen Asiens sollen sie gekommen sein, die Allerweltsvögel, die damals noch keine waren. Erst als sich die Jäger und Sammler der Jungsteinzeit auf ein seßhaftes Leben mit Ackerbau und Viehhaltung verlegten, sorgten sie wider Willen für eine exquisite Verpflegung der Sperlinge. Und im Gefolge des Menschen, der nach und nach immer größere Landstriche rodete und umackerte, breiteten sich auch die kleinen Vögel aus. Sie waren zu Haus-Sperlingen geworden.

Derzeit sind nur Südostasien, Westaustralien, die äquatornahen Kontinentanteile und die polnahen Regionen noch haussperlingsfrei. Noch.

Der Spatzensiegeszug in neuerer Zeit über alle fünf Kontinente war Menschenwerk: Viele Kolonisten im fremden Land hatten das Bedürfnis, sich mit Vertrautem zu umgeben, und siedelten Tiere und Pflanzen aus ihrer Heimat an. Beim Hausspatzen hegten sie wohl auch die Hoffnung, der vermehrungsfreudige Vogel möge ihnen bei der Vernichtung lästiger Insekten helfen – eine Hoffnung, die sich nicht erfüllte. Insekten nämlich fangen Hausspatzen nur, um die Schnäbel ihrer Jungen damit zu stopfen. Für sich selbst bevorzugen sie Vegetarisches.

Haussperlinge gedeihen allenthalben, weil sie sich (fast) jedem Lebensraum anpassen und sich auf (fast) jede Nahrungsquelle einstellen können. Sie nisten in Mauernischen der Hochhäuser und holen Futter von den Tischen der Straßencafés. Sie ziehen ihre Jungen tief unter der Erde in Kohlenbergwerken auf und lassen sich von Bergleuten mit Brotkrumen füttern. Wo ihnen das Landesklima zu heiß wird, brüten sie in den gleichmäßig temperierten Ankunftshallen von Flughäfen. Besonders Nervenstarke bauten ihre Nester auf aktiven Ölpumpen, unbeeindruckt vom ständigen Auf- und Ab ihres Untersatzes. Und überaus beliebt sind die gleichmäßig warmen Nischen an Straßenlampen.

Ein Spatzenleben ist ein Leben in Gemeinschaft. Man brütet am liebsten gesellig in Kolonien von zehn bis zwanzig Paaren. Außerhalb der Brutsaison geben die Vögel ihr Kleingruppenleben auf und schließen sich – flügge Jungvögel gemeinsam mit erwachsenen Tieren – zu großen Schwärmen zusammen. Bevor so ein Schwarm auf Nahrungssuche zieht, sammelt er sich im Gebüsch und stimmt den „sozialen Gesang“ an – das, was wir als Schilpen kennen. Auf ihren anschließenden „Raubzügen“ können solche gefräßigen Heerscharen von manchmal mehreren tausend Vögeln besonders in Weizenanbaugebieten beträchtlichen Schaden anrichten. Auch an den kommunalen Übernachtungsplätzen wird wieder konzertiert, weshalb die Engländer solche Spatzenbäume „Kapellen“ nennen.

Hausspatzen gehören zu den Webervögeln – schwer zu glauben, wenn man nur die struppigen Ansammlungen von Zweigen und Halmen in irgendwelchen Mauernischen kennt. Freie Nester in Astgabeln zeigen oft mehr von der Nestarchitektur: den typischen Webervogel-Nestnapf mit überdachtem Seiteneinschlupf. Zwei Wochen brütet das Paar auf dem Gelege von vier bis sechs Eiern, und gut zwei Wochen nach dem Schlüpfen haben die Jungen schon das Nest verlassen. Während das Männchen noch einige Tage füttert, kann das Weibchen bereits mit dem nächsten Gelege beschäftigt sein. Bei derart rationeller Organisation bringen es die Allerweltsbürger ohne weiteres auf drei, manchmal vier Bruten im Jahr, in günstigen Klimaten womöglich noch mehr.

Je schwieriger für anspruchsvolle Arten die (Über-)Lebensbedingungen in einer menschenbestimmten Welt werden, desto leichter haben es Anpasser wie die Haussperlinge, die verwaisten Lebensräume zu besetzen. Die Konkurrenz zieht sich zurück, die Trittbrettfahrer der menschlichen Zivilisation füllen die Lücken. In den Vereinigten Staaten beginnen sich bereits verschiedene Rassen des Haussperlings zu entwickeln – auch eine Form der Artenvielfalt …

Star
Sturnus vulgaris

Den merkwürdig schnarrenden Sprechgesang des Stars kennen auch Menschen, die sonst Taubengurren und Spatzenschilpen nicht zuordnen könnten. Das liegt nicht zuletzt daran, daß Stare unentwegt schwatzen, bei der geselligen Insektensuche in frischgemähten Wiesen, im Flug, bei der Rast, auf dem Stift vor dem Einflugloch des Kastens, der nach ihnen benannt wurde.

Die Vorliebe des kräftigen Vogels mit dem schwarzglänzenden, perlengespickten Frack für Brutplätze unter unseren Dächern, ferner seine Anspruchslosigkeit in puncto Brutkasten haben ihn zu einem echten „Hausvogel" gemacht. Unbeliebt ist er eigentlich nur in Gegenden, wo im großen Stil Kirschen angebaut werden, zum Beispiel am Bodensee und im Alten Land (Hamburg). Da der Vogel offensichtlich sehr auf Geselligkeit hält, sind Besuche von Kirschplantagen immer gleich Großangriffe.

Galt der Star lange als Zugvogel schlechthin, mehren sich seit etlichen Jahren die Beobachtungen, daß in ganzen Landstrichen, die traditionell winters starenfrei waren, Vögel die kalte Jahreszeit durchstehen. Ornithologen reden von „Teilziehern": ein Teil hält an der saisonalen Kälteflucht in den Süden oder Südwesten fest, ein anderer bleibt. Wird nun die Strategie der Hockenbleiber durch besonderen Bruterfolg belohnt (sie sind früher an den guten Brutplätzen als die Fernreisenden), strukturiert sich eine Starenregion um: Aus Zugvogel- wird Standvogelgebiet.

An Staren konnte die Wissenschaft nachweisen, daß ihnen die Zugrichtung angeboren ist. Man verfrachtete Jungvögel vor ihrem ersten Zug ein Stück weit nach Süden und brachte damit ihre „Reiseplanung" durcheinander. Die Vögel zogen nach dem Transport so weiter, als sei nichts geschehen. Sie waren außerstande, die Nord-Süd-Verschiebung „zu verrechnen". Erwachsene Stare allerdings sind nicht so festgelegt, sie können das Zugprogramm aus Erfahrung abwandeln. Schon früh ließ sich beweisen, daß für ziehende Stare der Stand der Sonne wichtig ist.

„Da sitzt du ja wieder im Garten, Star, pfeifst all deine Lieder wie voriges Jahr." Der Kinderreim stimmt noch. Allerdings überwintern schon etliche Starpopulationen bei uns.

Dohle
Corvus monedula

Der Frühlingssturm singt im Rauchfang, und die alten Fichten vorm Fenster meines Arbeitszimmers winken aufgeregt mit den Armen und rauschen. Und plötzlich schießt von oben her ein Dutzend schwarze tropfen- und stromlinienförmige Projektile in das Stück Wolkenhimmel, das im Rahmen meines Fensters steht." So beginnt eines der schönsten Stücke Tier-Prosa deutscher Sprache: „Die zeitlosen Gesellen", Konrad Lorenz über Dohlen.

Die enorme Lernfähigkeit des Vogels mit der suggestiv-hellen Iris hat sicherlich damit zu tun, daß er, so bedingungslos wie nur ganz wenige Vögel, ein hochentwickeltes Familien- und Gesellschaftsleben pflegt. So haben Jungdohlen offenbar nur ein sehr grobes Bild von dem, was ein gefährliches Tier ist, ein Bild, das die Eltern durch ihr Fluchtverhalten präzisieren müssen.

Vorsicht mit der Zuschreibung von Intelligenz bei Tieren! Aber wenn es eine Intelligenzskala für heimische Vögel gäbe, hätte die Dohle sicherlich einen Spitzenplatz.

Konrad Lorenz fand heraus, daß jedes Wesen, das etwas Dohlengroßes trägt, das dazu noch schwarz ist und sich bewegt (etwa ein Tuch), für Dohlen ein Dohlentöter ist. Mit lautem Schnarren und heftigen Angriffen wird der Feind vor allen Schwarmmitgliedern bloßgestellt. „Löst man zwei-, dreimal hintereinander den Schnarr-Angriff einer noch so zahmen Dohle aus – man hat es sich mit ihr für immer verdorben. Von Stund an schnarrt sie schon, wenn sie dich bloß sieht, man trägt für immer das Kainszeichen. Mehr noch: Es gelingt dieser Dohle ohne weiteres, auch alle anderen von deiner Schlechtigkeit zu überzeugen," das erfuhr Konrad Lorenz am eigenen Leib.

Was ein guter Brutplatz ist, wissen Dohlen instinktiv, ohne es lernen zu müssen: Felsig sollte er sein, und Hausruinen bieten da offenbar hochwillkommenen Ersatz. (S. Nisthilfen, Kap. Ratgeber) Die geräumigen Ex-Wohnungen des Schwarzspechtes sind genehm. Etliche Schwärme spezialisierten sich auf eine Besonderheit, die ihnen einen volkstümlichen Namen eintrug: „Kamindohlen" schaffen den Abstieg auch durch relativ enge ehemalige Rauchabzüge, um im Gebäude geschützt zu brüten. Dort dulden sie andere Mitbewohner, zum Beispiel Schleiereulen und Turmfalken. Der Krähenvogel-Experte Rolf Dwenger fand heraus, daß ein ausgestopfter Sperber heftige Luftattacken auslöste, ein Turmfalke den Schwarm dagegen kalt ließ.

Dohlenmänner untereinander geben sich eher gelassen: Während, so analysierte Lorenz, in einem Hühnerhof ein ranghohes Huhn seine Stellung immer wieder beweisen muß, beschränken sich „angesehene" Dohlen darauf, lediglich diejenigen in die Schranken zu weisen, die kurz unter ihnen rangieren. Sozialer Aufstieg bei Dohlen kann aber auch ganz friedlich verlaufen: Frisch angeheiratete Weibchen erwerben den Rang ihres Gatten, ohne sich kämpfend profilieren zu müssen. Das klingt wie aus einem Familienroman des 19. Jahrhunderts. Doch „Vermenschlichungen" sind allemal fragwürdig: So ist die ranghöchste Dohle kaum je die mutigste und tollkühnste. Das wäre auch wenig zweckmäßig, die Führungskraft sollte vorsichtig sein.

Dohlen sind Allesfresser, wobei es auch durchaus mal ein Hühnerküken sein darf, oder ein Singvogel, sehr gerne alles verfügbare Obst und Gebäck. Nahrung wird hastig heruntergewürgt, und wie bei den Eulen wird Unverdauliches wieder ausgespieen.

Gartenrotschwanz

Phoenicurus phoenicurus

Ordnung muß sein, das ist bei den Ornithologen nicht anders als bei anderen Wissenschaftlern. „Ordnung" heißt allerdings für Vogelsystematiker etwas anderes als im Umgangsdeutsch. Wie man zur Ordnung aufsteigt, soll hier für den Gartenrotschwanz beispielhaft vorgeführt werden.
Art: Gartenrotschwanz
Gattung: Rotschwänze
Unterfamilie: Drosseln
Familie: Sänger
Ordnung: Sperlingsvögel
Für den Laien ist das alles einigermaßen verwirrend, denn der über ganz Europa verbreitete quirlige Vogel mit dem Zitterschwanz, der hellroten Brust (Weibchen tragen schlichtes Graubraun) und den typischen, großen, breitbeinigen Hopsern sieht weder besonders nach Drossel aus, noch hat er erkennbare Ähnlichkeit mit Sperlingen. Und da wir schon von Ähnlichkeiten sprechen: Man muß sich schon etwas auf Vogelgesang verstehen, um seine „klangreinen" Strophen vom Gesang des Fitis unterscheiden zu können.

Doch anders als der Laubwaldspezialist Fitis mag der Gartenrotschwanz besonders die lockeren Kiefernwälder. Es dürfen allerdings auch Laubbäume sein, solange die Bestände nur licht sind. Kein Wunder also, daß Gärten und Parkanlagen in aller Regel ein verlockendes Angebot für den Vogel sind, auch wenn er hier keine Baumhöhlen zum Nisten findet. Gartenrotschwänze sind flexibel, sie brüten auch in Mauerlöchern, Nistkästen oder auf Dachbalken, notfalls sogar in Konservendosen oder Briefkästen. Wo sie einmal waren, dorthin kommen sie auch zurück. Der Nachwuchs bleibt nach Möglichkeit exakt dort, wo er seine Jugend verbrachte mit anderen Worten: Nach der Rückkehr aus dem Überwinterungsgebiet (Spanien und Nordafrika), Mitte April, finden sich die paarungsbereiten Einjährigen ziemlich punktgenau dort ein, wo sie zur großen Kälteflucht aufbrachen, um nun selber eine neue Generation heranzuziehen.

Und dabei geht es nicht nur ums Stopfen, sondern auch um „Entsorgung". Heinz Menzel beschreibt in einem Büchlein der Neuen Brehm-Bücherei die Hausordnung in Sachen Vogeltoilette: „Am häufigsten wird der Kotballen (der praktischerweise in ein dünnes Häutchen „eingeschweißt" ist) unmittelbar nach dem Austreten aus dem After aufgenommen. Dies geschieht in der Regel nach der Fütterung des betreffenden Jungvogels, Männchen und Weibchen warten eine Weile am Nest, sie „lauern" förmlich darauf, bis das Junge seinen Kot abgibt. Man kann dabei beobachten, daß die Nestlinge nach dem Schlüpfen schon vom ersten Tag an den Hinterkörper etwas anheben... Danach fällt der Jungvogel in den ersten Tagen gewöhnlich nach der Seite um."

Das eigene Nest zu beschmutzen wäre eine tödliche Unart – verwesender Kot würde zur explosionsartigen Vermehrung von allerlei Parasiten führen. Ordnung ist das halbe Leben, nicht nur bei Gartenrotschwänzen.

Wenige Vögel sind so penibel standorttreu wie der Gartenrotschwanz. Wer neben einem alten Nest im nächsten Jahr ein neues findet, hat vermutlich einen alten Bekannten bei sich oder dessen Nachwuchs.

Girlitz
Serinus serinus

Noch im Mittelalter gehörte der Girlitz zur Tierwelt des westlichen Mittelmeergebietes. Im 18. Jahrhundert aber begann sein Vorstoß in Richtung Mitteleuropa: Gegen Ende des 18. Jahrhunderts brüteten die ersten Paare in Südwestdeutschland, weitere Zuzügler besiedelten im 19. Jahrhundert ganz Mitteleuropa, und vor etwa 50 Jahren schließlich wurden die ersten Bruten aus Schweden und Dänemark gemeldet. Weiter nach Norden konnten die Tiere sich zwar nicht ausbreiten, des rauhen Klimas wegen, aber ganz Mittel- und Südeuropa ist mittlerweile geschlossenes Verbreitungsgebiet des Girlitz.

Der Girlitz begnügt sich nicht allein mit strophischem Gesang. Er unterbricht sich unvermittelt selbst, um kleine Show-Einlagen zu fliegen.

Daß der kleine Fink mit dem markanten gelben Augenstreif und Bürzel ein naher Verwandter des gesangsbegabten Kanarienvogels ist, würde so leicht niemand vermuten, der eine Strophe des Girlitz mitangehört hat: Was er da auf einer Baumspitze oder einem Leitungsdraht von sich gibt, umschreibt ein Vogelführer als „zischendes Klirren". Fledermausartige Showflüge unterbrechen die scheppernden Gesänge.

Wie viele Finken bewohnt der Girlitz am liebsten offene Landschaften mit Heckenreihen und gelegentlich eingestreuten Bäumen – genau den Landschaftstyp also, dem Parks, Gärten und Friedhöfe nahekommen. Noch eine Attraktion lockt ihn ins menschliche Umfeld: Wie alle Finken fressen Girlitze vor allem Knospen und Samen, eine besondere Vorliebe aber scheinen sie für die immergrünen Gewächse ihrer ursprünglichen Heimat zu haben, und die finden sie bei uns am ehesten in Friedhöfen und Gärten.

In Astgabeln baut der Girlitz aus Wurzelhaaren, Bast, Blättern und Flechten einen kunstvollen Napf, der innen noch mit Federn und der Wolle von Pflanzensamen ausgepolstert wird. Zwei Jahresbruten mit jeweils drei Jungen sind guter Standard unter Girlitzen.

Stieglitz
Carduelis carduelis

Der Zweitname des Stieglitz gibt einen Hinweis auf seine „Spezialbegabung": Nur der Distelfink hat den geeigneten langen, schmalen Schnabel, um die Samen der Kardendisteln zu erreichen, die am Ende langer, trichterförmiger Gebilde liegen. Wer diese unbeliebte „Gartenpflanze" duldet, hat eine veritable Chance, den tropisch bunten Vogel zu beobachten. Wer dazu noch sehr fein beobachtet, wird feststellen, daß sich von den häufig gruppenweise einfallenden Vögeln einige offenbar aus Disteln weniger machen und sich mehr an Kreuzkraut und Kletten halten. Persönliche Vorlieben?

Schon Charles Darwin beschrieb, daß der „kleine Unterschied" zwischen Distelfink und Distelfinkin in der Schnabellänge besteht. Weibliche Tiere haben zu Kardendistel-Samen nur schwer Zugriff.

Der Stieglitz, wegen seiner Vorliebe für Distelsamen auch Distelfink genannt, ist der farbenprächtigste heimische Singvogel.

Der Stieglitz hat es gern warm. In den trockenheißen, karstigen Gebirgsregionen Kretas weht es die fluggewandten Vögel bisweilen wie bunten Blütenregen durch die ausgedehnten Distelfluren. Aber der prächtigste mitteleuropäische Fink übersteht auch Kälteeinbrüche. In warmen, verhältnismäßig trockenen Sommern, so zählten britische Wissenschaftler aus, bringt er in seinen kleinen, festgefügten Nestern deutlich mehr Junge hoch als in „englischen Sommern".

Zugute kommt dem Vogel, der inzwischen Weltbürger ist (erfolgreiche Einbürgerungen in Australien, Neuseeland und auf den Bermudas), daß er menschliche Nähe ganz gut verträgt: Parkanlagen, Gärten, ja selbst Straßenränder sind akzeptable Nistplätze – sofern die Möglichkeit besteht, die Nester hoch in Bäumen anzulegen.

Der Stieglitz ist von altersher ein beliebter Käfigvogel. Für ihn gilt natürlich, wie für alle anderen heimischen Wildvögel, daß Wildfänge strikt verboten sind. Die „Distelfinken", die heute in Zoohandlungen angeboten werden, sind meist „Bastarde" – Tiere, in die das Erbgut anderer Arten – häufig Kanarienvögel – eingekreuzt ist.

Haustaube
Columba livia

Städte mögen von Smog, wachsendem Verkehr und tosendem Lärm geplagt sein, sie mögen geradezu lebensfeindlich wirken, dennoch ziehen einige Tiere das Häusermeer dem ursprünglichen Wohnort vor: verwilderte Haustauben zum Beispiel, die Nachfahren der wilden Felsentaube. Die Brutplätze an Steilufern, in Höhlen, an Felswänden haben Haustauben gegen Simse, Stuckfassaden und Dachrinnen eingetauscht. Statt der öl- und mehlhaltigen Sämereien, mit denen sich noch die Felsentaube den Kropf füllte, picken Straßentauben nach Brotrinden, Mais und sogar Käse- und Wurstresten. Während die Felsentaube dem Wanderfalken in waghalsigen Flugmanövern mit Geschwindigkeiten über 185 Stundenkilometern zu entkommen trachtet – und es oft genug auch schafft –, haben all die weißgescheckten, rostbraunen oder grünschillernden Straßentauben eigentlich nur eines zu fürchten: daß „Tierfreunde" aufhören zu füttern oder die Wegwerfgesellschaft aufhört wegzuwerfen.

Tauben stellen keine großen Ansprüche an den Wohnungsbau. Ein paar Halme und Zweige finden sie überall, um daraus den flachen Haufen aufzuschichten, der in ihren Kreisen das Nest darstellt. Taubeneltern arbeiten im Schichtdienst: Der Tauber wärmt die beiden Eier von frühmorgens bis nachmittags, das Weibchen brütet die übrige Zeit. Nach zweieinhalb Wochen schlüpfen Wesen aus den Eierschalen, die eher an Greise als an Jungvögel erinnern. Junge, noch blinde Tauben mit ihrem schütteren Dunenbesatz könnten ohne die Wärme der Eltern weder ihre Körpertemperatur eigenständig regeln, noch könnten sie Körner und Samen, die typische Taubennahrung, verdauen. Sie werden während der ersten zehn Tage mit einer eigenartigen Kraftnahrung gefüttert, mit Kropfmilch. Das gleiche Hormon, das bei Säugetierweibchen die Milchbildung in Gang setzt, veranlaßt die Schleimhaut des Kropfes, eine käseartige, sehr nahrhafte Masse abzusondern. Dieser Nahrungsbrei wird den Jungen von Schnabel zu Schnabel einverleibt. Erst später füttern die Taubeneltern Vorgeweichtes.

An Nahrung fehlt es nie, seien es nun Pausenbrote, halbleere Chipstüten oder der Morgenimbiß aus der Tüte der „Taubenmütter", der in vielen Großstädten für die Tiere längst mehr geworden ist als nur ein Zubrot. Das Logis allerdings wird knapp. Ideale Brutplätze an den Süd- und Ostseiten der Häuser, zugfrei und trocken, sind Mangelware geworden. Längst brüten Tauben in drittklassigen Quartieren. Nur 45 Prozent der Jungvögel aus Baseler Tauben-Elendsquartieren überlebten, der Rest starb an Unterkühlung, wurde von Parasiten buchstäblich leergesaugt oder von Mäusen gefressen. Vögel aber, die mühsam und geschwächt überleben, fallen in der Sterilität der Städte keinem Wanderfalken oder Habicht mehr zum Opfer; und selbst den Nahrungsengpaß im Winter überbrücken Tierfreunde mit der Futtertüte.

Tauben scheinen zum Überleben verdammt, solange wir Tierliebe mit der Futtertüte praktizieren.

Wer sie liebt, sollte sie nicht füttern. Futterüberangebot führt bei Haustauben zu Überbevölkerung. Zu große Nistplatzdichte bewirkt „Explosion" der Taubenparasiten.

Reptilien

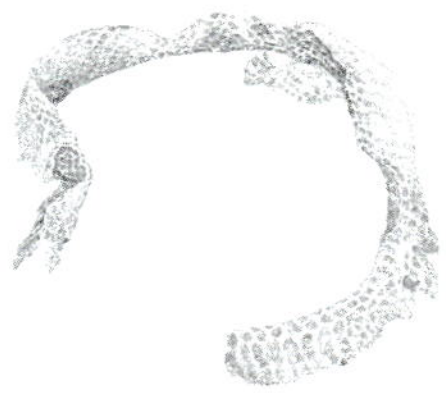

Reptilien sind einigen Sachzwängen unterworfen. Einer davon: Ob sie aktiv oder träge sind, richtet sich nicht nach ihrer Tagesform, sondern nach der Wetterlage, denn Reptilien sind wechselwarm – wie Amphibien übrigens auch: ihre Körpertemperatur richtet sich nach der Temperatur der Umgebung. Zur heißen Tageszeit müssen Schlange, Eidechse oder Schildkröte kühle Unterschlüpfe aufsuchen, um keinen Hitzschlag zu riskieren. An kalten Tagen können sie allenfalls noch nach Nahrung suchen, sie aber wegen ihres „auf Sparflamme“ laufenden Stoffwechsels nicht mehr verdauen, und ein kühler Sommer kann zumindest in unseren Breiten den Nachwuchs einer ganzen Saison gefährden. Nicht überraschend also, daß die meisten Reptilienarten in den Tropen zuhause sind.

Einige Arten haben es dennoch geschafft, nördliche Breiten sogar jenseits des Polarkreises zu besiedeln: Waldeidechse, Kreuzotter und Blindschleiche legen keine Eier, sondern bringen fertig entwickelte Junge zur Welt. Ein trächtiges Weibchen kann den Embryonen in ihrem Leib genug Wärme zuführen, indem sie im Laufe eines Tages von einem „Brut“platz zum anderen wechselt. Und sollte schlechtes Wetter die Entwicklung der Jungen allzusehr verzögern, wird der Geburtstermin auf das nächste Frühjahr verschoben.

Zauneidechse

Lacerta agilis

Zauneidechsen sind gewissermaßen Brief und Siegel für die erfolgreiche Bio-Gärtnerei. Wer allerdings Katzen im Garten hat, wartet vergeblich auf Zuzug.

Es gibt Zeiten im Jahr, da gehen sich Zauneidechsenmänner buchstäblich an die Kehle. Im April/Mai, frischgepellt, in eindrucksvoller Hochzeitshaut mit grünen Flanken, verteidigen sie ihr Revier. Eindringlinge werden breitseits mit aufgeblähter Kehle empfangen. Sollte der Gegner nicht auf der Stelle fliehen, drohen ihm Repressalien – die allerdings gefährlicher aussehen, als sie sind. Ein wohlgepanzerter Eidechsenkopf wird auch von den Kiefern eines wütenden Revierinhabers nicht so leicht verletzt. Sogar paarungsbereite Weibchen bekommen die Zähne zu spüren, wenn auch weit vorsichtiger dosiert. Der Partner packt das Weibchen während der Begattung im Lendenbereich – und Zahnspuren genau dort sind denn auch ein sicheres Zeichen dafür, daß ein Weibchen trächtig ist. In einer selbstgegrabenen Erdgrube versenkt das Weibchen bald darauf bis zu 15 ledrig umhäutete Eier und hat damit seinen Anteil an der Fortpflanzung erledigt. Zwei bis drei Monate später schlüpfen die knapp daumenlangen Eidechsenzwerge und machen sich sofort daran, ein selbständiges Leben zu führen. Wie ihre Eltern, die sie vielleicht nie zu Gesicht bekommen, fressen sie Würmer, Schnecken und Insekten – natürlich vorerst solche in Kleinausgabe.

Zauneidechsen haben ganz Europa von Südschweden bis zu den Pyrenäen, von Schottland bis zum Baikalsee besiedelt. Wo immer es einigermaßen warm und trocken ist und sie ein frostfreies Überwinterungsquartier für die lange Ruhepause zwischen Oktober und März finden, können sich die Tiere ansiedeln, auf Bahndämmen ebenso wie auf Trockenmauern, an Wegrändern oder sogar in sonnigen Parks und Gärten. Wer sich mit der gebotenen Zurückhaltung mit ihnen beschäftigt, kann sie sogar zähmen. Legendäre Zauneidechsenmännchen lernten, zu „verabredeter“ Stunde Fliegen in Empfang zu nehmen. Weibchen sind meistens scheuer.

Eine echte Gefahr für Zauneidechsen sind Hauskatzen, denn so schnell, wie der Beiname „agilis“ vorgibt, sind die Tiere nicht. Zumal dann, wenn ihnen die Sonne noch nicht die Kälte aus dem Leib vertrieben hat. Es soll Katzen geben, die genau wissen, wann man zweckmäßigerweise Zauneidechsen jagt: wenn die Beute noch nachtklamm ist. Eine Katze fällt auch nicht so leicht auf das Ablenkungsmanöver mit dem Schwanz-Notabwurf herein (s. a. Blindschleiche). Nur Pflanzenschutzmittel räumen Eidechsen noch gründlicher ab als eine jagdlustige Katze. Aber ein katzenreiner Biogarten mit Steinmäuerchen, das wär's doch! Eindrahten der „Zauneidechsenburg“ kann allerdings auch schon hilfreich sein.

Blindschleiche
Anguis fragilis

Zerbrechliche Schleiche" hieße, ins Deutsche übersetzt, der wissenschaftliche Name der Blindschleiche: Meint ein Raubfeind, sie schon sicher im Griff zu haben, steht er oft nur mit dem heftig zappelnden Schwanz da, während die Beute im Gebüsch verschwindet.

Blindschleichen können, zwecks Irreführung ihrer Verfolger, ihren Schwanz abwerfen und an seiner Stelle einen – etwas mickrigen – Ersatzstummel nachwachsen lassen. Diese Fähigkeit ist so einzigartig nicht. Alle Eidechsen können „zerbrechen", wenn sie sich bedroht fühlen, und die Blindschleiche gehört zu den Eidechsen. Daß die bis halbmeterlangen Tiere keine Schlangen sind, ließe sich zum einen am Skelett feststellen: Blindschleichen besitzen noch Reste von Schultergürtel und Beckenknochen. Weit einfacher aber erkennt man ihre Eidechsennatur an ihren Augen. Während Schlangen den typisch „starren Blick" haben, können Blindschleichen wie alle Eidechsen ihre Augenlider schließen, sie können „blinzeln". Im übrigen fehlt ihnen die schlangengemäße Beweglichkeit. Die beinlosen Eidechsen kriechen eher steif und unbeholfen durch die Welt.

Zu ihrem deutschen Namen kamen Blindschleichen übrigens nicht, weil man sie irrtümlich für blind hielt. Vielmehr war es ihre glänzende blei-, kupfer- oder bronzefarbene Haut, die den eleganten Kriechern im Althochdeutschen den Namen „Plintslicho" – blendender Schleicher – gab.

Blindschleichen überkriechen so manchen Breitengrad. Sie leben in Algerien und Spanien ebenso wie in Kleinasien und dem Iran. Aber auch in Schottland und nördlich des Finnischen Meerbusens wurden schon einzelne Tiere gefunden. Ihre nördliche Verbreitungsgrenze reicht fast bis an den Polarkreis – erstaunlich eigentlich, da Reptilien ja irgendwie das Problem des Eierausbrütens lösen müssen. Die meisten Schlangen und Eidechsen lassen ihre Gelege von der Sonnenwärme ausbrüten, Blindschleichen aber haben sich von Wetter und Breitengrad weitgehend unabhängig gemacht, sie haben die Lebendgeburt erfunden: Die knapp eine Handbreit langen Jungen werden – meist im August/September – nach einer Tragzeit von etwa drei Monaten in ihren Eihüllen geboren, die bei ihren ersten Bewegungen sofort aufreißen. Zwölf Junge sind guter Blindschleichendurchschnitt, Rekord„würfe" aber brachten es schon auf 26 Junge.

In morschen Baumstümpfen, dort, wo sie nicht nur vor feindlichen Blicken geschützt, sondern auch noch von nahrhaften Kleinlebewesen umgeben sind, verbringen junge Blindschleichen am liebsten ihre ersten Lebenswochen und -monate. Dennoch erreichen wohl wenige das Lebensalter von 35 Jahren: Die Blindschleichen-Jungen fallen sogar Laufkäfern und Kröten zum Opfer, die Erwachsenen werden von Greifvögeln, Mardern, Füchsen, Igeln und Störchen verspeist. Und die Überlebenden haben oft genug das Pech, einem Menschen über den Weg zu laufen, der alles, was lang und dünn ist, für eine todbringende Giftschlange hält und vorbeugend erschlägt. Und selbst wo ihnen weder das eine noch das andere widerfährt, rationalisiert man ihnen die Lebensräume unter den schlanken Leibern weg. Blindschleichen stehen seit langem auf der Roten Liste. Wer ihnen an Haus und Garten eine Chance geben will, muß für Blindschleichen-Komfort sorgen: Die Tiere brauchen Schlupfwinkel unter Holz, Steinen und in Erdlöchern. Als eher langsame Jäger verspeisen sie mit Vorliebe langsame Beute wie Regenwürmer, Nacktschnecken und nachtklamme Insekten, und sie müssen Erdlöcher und Wurzelhöhlen vorfinden, in denen sie im Pulk überwintern können.

Kaum schätzbar, wie viele beinlose Eidechsen (das nämlich ist die Blindschleiche) schon erschlagen wurden, weil der Mensch in seinem Umfeld keine Schlangen dulden mag.

Amphibien

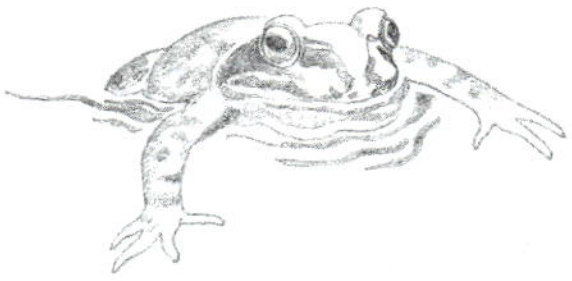

Die ersten Amphibien vor fast 400 Millionen Jahren waren sonderbare Geschöpfe, sie sahen aus, als habe man einen Fisch mit einem Salamander gekreuzt. Aus diesem Ursalamander hat sich im Laufe von Jahrmillionen eine unübersehbare Vielfalt von Formen entwickelt, die sich an alle möglichen Lebensräume angepaßt haben: Winkelzahnmolche laichen mit Vorliebe in Schmelzwasserteichen der Hochgebirge, wo sie ihrem Nachwuchs einer Wassertemperatur von oft weniger als fünf Grad zumuten. Philippinen-Frösche und ihre Larven ertragen selbst den Salzgehalt von Meerwasser. Und andere Lurcharten kommen als Larven gänzlich ohne Wasser aus. So deponiert der Marmor-Pfeifffrosch seine Eier in einem schützenden Schaumnest in der Erde. Die Larven der Antillen-Pfeifffrösche entwickeln sich sogar auf den blanken Boden, ohne den Verdunstungsschutz einer Schaumhülle, und die Jungen unseres Alpensalamanders und einiger Krötenarten bleiben im Körper ihrer Mutter, bis sie als fertige Lurche geboren werden.

Lurche zeigen die ganze Phantasie der Schöpfung, vom anderthalb Zentimeter großen Gardiners Seychellen-Frosch bis zum anderthalb Meter langen Japanischen Riesensalamander, vom zwei Meter weit hüpfenden Springfrosch bis zur beinlosen Blindwühle.

Teichmolch

Triturus vulgaris

Teichmolche begnügen sich bisweilen auch mit sehr kleinen Gewässern. Und da die Tiere nicht auf ihren Geburtsteich eingeschworen sind, hilft die Flexibilität beim Überleben.

Teichmolche sind nicht heikel. Über ganz Mitteleuropa verbreitet, haben sie sich in den kleinsten Tümpeln angesiedelt. Ein kleiner (Garten-)Teich genügt ihnen oft schon, und als ausgesprochen wanderfreudige Tiere haben sie gute Chancen, diese neuartigen Lebensräume auch zu finden. Während der Laichzeit im April/Mai tragen die Männchen von Kopf bis Schwanzspitze einen durchgehenden, gekerbten Hautkamm (zur Unterscheidung: der Kamm des ähnlichen Kamm-Molchs ist deutlich zweigeteilt im Kopf- und Schwanzteil); Bauch und Schwanzunterseite leuchten orange, und das ganze Tier ist auf olivfarbenen Grund mit dunklen Tupfen übersät – ein eindrucksvoller Anblick.

Und genau so will der Molchmann auf das eintönig olivfarbene Weibchen auch wirken. In manchmal stundenlangen Balztänzen im auserwählten Laichtümpel umwirbt er katzbuckelnd das Weibchen, biegt den Schwanz parallel zum Körper und fächelt ihr Duftstoffe zu – bis sie ihm schließlich willig folgt. Pausenlos mit dem Schwanz schlagend, kriecht er vor dem Weibchen her und setzt schließlich nacheinander mehrere gallertige Samenpakete ab. Darüberkriechend nimmt das Weibchen die Samenpäckchen mit der Geschlechtsöffnung auf und speichert das Sperma „auf Abruf" in einer Samentasche. Monatelang bleiben die Samenzellen in ihrem Körper lebensfähig. Teichmolchweibchen laichen weder in Klumpen noch in Schnüren, sie wickeln jedes ihrer 200 bis 300 Eier einzeln in die Blättchen einer Wasserpflanze und heften sie auf Steine oder kleben sie an Treibholz. Zwei bis drei Wochen später schlüpfen die halbzentimetergroßen Larven. Während Kaulquappen mit Vorliebe Algen raspeln, halten sich die Molch-Winzlinge von vornherein an Fleischliches, anfangs Kleinkrebse, später größere Wassertiere. Nach zwei Monaten sind nach den Vorderbeinen auch die Hinterbeine fertig ausgebildet, die Kiemenbüschel sind verschwunden, und aus der durchscheinenden Larve ist ein fertiger Molch geworden. Auf den Teich als Lebensraum ist er vorerst nicht mehr angewiesen und sucht sich, wie die erwachsenen Molche, Schlupfwinkel unter Steinen und Holz.

Erdkröte

Bufo bufo

Erdkrötenweibchen sind echte Walküren, sie werden gut doppelt so groß wie ihre Männer, groß genug, um ihre Partner auf dem Rücken zum Laichtümpel zu tragen. Weder das Wann noch das Wohin dieser Wanderung ist beliebig. Eine geheimnisvolle innere Uhr verrechnet Jahreszeit mit Meereshöhe und Witterung und diktiert den Tieren, wann sie aus dem Winterquartier kommen und sich auf die Wanderung machen müssen. Im schweizerischen Mittelland zum Beispiel gibt der Terminkalender der Erdkröten etwa den 27. März als Reisenacht an.

Oft versuchen die Männchen schon unterwegs, eines der massiven Weibchen zu ergattern – ein schwieriges Unterfangen, denn die Konkurrenz ist groß. Auf sieben Männchen kommt nur ein Weibchen. Bisweilen umarmen zwei Männchen ein Weibchen, oder Irregeleitete umarmen ein Stück Holz oder grapschen nach einem Geschlechtsgenossen. Der wehrt die Annäherungsversuche schnell mit einem Protestruf ab, einem metallisch klingenden „Bellen". Erdkrötenmännchen in Paarungslaune umklammern selbst eine menschliche Hand, wenn man mit den Fingern vorsichtig ihre Brust berührt.

Die wandernden Kröten ziehen nicht zu irgendeinem Weiher, es muß vielmehr genau der sein, in dem die Wanderer selbst aus ihren gallertigen Laichhüllen gekrochen sind. Aus gutem Grund: Jedes neue Gewässer ist ein Risiko, der „alte" Tümpel aber hat seine Tauglichkeit ja bereits vielfach bewiesen. Bis zu drei Kilometer weit wandern Kröten zu ihrem Laichplatz.

Am Weiher angekommen, bleiben die umklammerten Paare zunächst im Schilf, denn erst der Aufenthalt im Wasser macht das Weibchen laichbereit. Nach ein bis zwei Wochen „Einstimmung" sucht sich das Paar Schilfstengel oder ins Wasser ragende Äste als Unterlage. Während die beiden zwei Meter lange Laichschnüre schubweise aus dem Körper des Weibchens treten, werden sie vom Männchen befruchtet. Fünf bis zehn Stunden dauert so eine Erdkröten-„Hochzeit".

Ist der Laich in Schnüren zwischen den Wasserpflanzenstengeln ausgespannt, dann können sich die Tiere auf den Rückweg in ihr Sommerquartier machen. Dort warten sie eingegraben ab, bis die Abendtemperatur – meist erst im Mai – auf elf bis zwölf Grad angestiegen ist. Erst jetzt beginnen sie wieder zu fressen, der normale Krötenalltag beginnt. Ein Jagdrevier von maximal 150 Metern Durchmesser genügt den Tieren, um genügend Ameisen, Regenwürmer, Nacktschnecken, Spinnen, Fliegen und Käfer zu finden.

Manche Erdkröten sind in Freiheit schon elf Jahre alt geworden, die meisten aber sterben weit vor ihrer Zeit. Sie sterben nicht etwa, weil ein Heer von Feinden ihnen nachstellt – dazu sind sie mit ihren giftigen Wangendrüsen und dem Sekret ihrer warzigen Drüsenhaut viel zu gut geschützt. Nein, sie sterben, weil unsere Landschaft mit Straßen wie mit einem Spinnennetz überzogen ist und weil Kröten auf ihren Wanderungen diese Straßen überqueren müssen. Ein laichschweres Erdkrötenweibchen, dazu noch mit einem Männchen auf dem Rücken, braucht gute 20 Minuten, um eine 30 Meter breite Straße zu überqueren. Jedesmal, wenn Scheinwerfer sie blenden, bleibt sie reglos sitzen. Der Autofahrer aber hält die bewegungslosen Tiere für welke Blätter. Auf 100 Metern einer Schweizer Straße wurden bis zu 5000 überfahrene Kröten gezählt.

Daß die Tiere in ihrem Bestand dennoch bisher nicht ernsthaft gefährdet sind, liegt daran, daß sie sich mit dem neuartigen Lebensraum Garten recht gut arrangieren, meist zur Freude des Gartenbesitzers, denn Kröten fressen zum erheblichen Teil genau die Tiere – etwa Schnecken –, die man gern entbehrt. Und sie finden überall dort ihre Schlupfwinkel, wo Gärten nicht allzu ordentlich sind. Das heißt, daß der Komposthaufen, nicht nur für Kröten ein idealer Überwinterungsplatz, erst im späten Frühjahr auf die Beete verteilt werden darf, will man nicht die Winterschläfer unsanft aus ihrer Starre reißen. Mitunter suchen sich Kröten höchst ungeeignete Winterquartiere: Kellerschächte sollten entweder mit Maschendraht abgesichert oder mit einem Ausstieg versehen sein.

Und noch eins nehmen sie so übel wie alle anderen Lurche: Chemie auf ihrer Haut. Moosvertilgungsmittel oder Anti-Löwenzahn-Essenzen verätzen die empfindliche Haut und haben schon so manchem Lurch den Garaus gemacht.

Erdkröten sind auf fatale Weise „heimattreu": Zur Fortpflanzungszeit zieht es sie zu ihrem Geburtsgewässer; der Weg dahin kann zwischenzeitlich unpassierbar geworden sein, das Gewässer verschwunden.

Grasfrosch

Rana temporaria

Die Quappen des Grasfrosches sind – mißt man mit menschlichen Maßstäben – rabiat: Sie dezimieren den Laich anderer Amphibien. Das schafft Konkurrenzvorteile in engen Laichgewässern.

Elf von 19 einheimischen Lurcharten sind im Bestand gefährdet. Der braun in braun gefleckte Grasfrosch aber gehört glücklicherweise nicht dazu, obwohl gerade seine Schenkel in Feinschmeckerkreisen sehr gefragt sind. Längst steht er hierzulande unter Schutz, „unsere“ Frösche haben direkte Übergriffe nicht mehr zu befürchten. Auf Froschschenkel wollen einige unverbesserliche Gourmets dennoch nicht verzichten, man besorgt ihnen den Gaumenkitzel eben aus Ländern, wo man die Dinge etwas lockerer handhabt, etwa aus Ungarn oder Jugoslawien. Vage Hoffnung: Vielleicht schafft gesamteuropäischer Artenschutz Wandel zum Besseren.

Grasfrösche sind die Überlebenskünstler in einer amphibienfeindlichen Welt. Sie kommen in ganz Mitteleuropa und Nordeuropa samt den gemäßigten Zonen Asiens vor (nur in Südeuropa fehlen sie), bewohnen Wälder ebenso wie Kulturlandschaft und Gärten und akzeptieren die wenigen übriggebliebenen Tümpel unserer leergeputzten Landschaft ebenso wie Wassergräben und sogar seerosenbeschattete Gartenteiche (wenn ihnen solche mit mehr Sonne auch lieber wären).

Wichtiger noch als Sonne aber ist die Tiefe der (Garten-)Teiche. Seichte Tümpel, die nicht wenigstens an einer Stelle 50 Zentimeter tief und damit frostsicher sind, werden zur Todesfalle. Die Frösche können sich in der Folienauskleidung nicht, wie im Schlamm natürlicher Tümpel, zur Überwinterung vergraben und erfrieren früher oder später. Auch wer Goldfische im Gartenteich hält, bereitet den Grasfröschen wenig Freude. Zwar sind die Fische für einen ausgewachsenen Frosch keine Gefahr, der kostbare Laich aber (falls die Frösche den neuen Gartenteich als zuverlässigen Laichplatz akzeptieren sollten) endet als leckerer Imbiß in Fischmägen.

Grasfrösche brauchen Teiche nur, um zu überwintern oder ihre auffälligen Laichklumpen zu deponieren. Die meisten Tiere treffen sich nach einer Wanderung von mehreren hundert Metern genau an dem Tümpel wieder, in dem sie selbst einmal von der Kaulquappe zum Frosch herangewachsen sind. Tümpel mit Tradition aber werden rar. In der Schweiz sind, wie der Schweizer Biologe Hans Heusser nachrechnete, in den letzten 150 Jahren die Lebensräume für Lurche zu 90 Prozent wegrationalisiert worden. Schon im Februar/März treffen sich die Grasfrösche im Laichtümpel und knurren und grunzen sich in Stimmung. Haben sie erst einmal ihren Laich abgelegt, sind sie vor der Konkurrenz anderer Frosch- und Krötenarten weitgehend sicher: Grasfrosch-Kaulquappen verspeisen mit Vorliebe den Laich und die frisch geschlüpften Larven ihrer Verwandtschaft. Selbst der Laich artgleicher Nachzügler wird gefressen. Der Vorteil für die Erstgeborenen ist klar: In den oft nährstoffarmen Tümpeln ist jede Kalorie wertvoll. Laich ist nahrhaft, und überhöhte Dichten sind tödlich.

Auch chemisch bremsen Grasfrosch-Kaulquappen ihre jüngeren Artgenossen: In ihrem Kot ist offenbar eine Substanz enthalten, die wachstumshemmend wirkt. Erst wenn „der erste Schub“ Kaulquappen nach zwei bis drei Monaten als fertige Fröschchen den Weiher verlassen hat, können die wachstumsgebremsten Nachzügler aufholen und sich ebenfalls fertig entwickeln.

Die fertigen Fröschchen überschwemmten in der Vergangenheit oft in so ungeheuerlichen Zahlen das Land, daß der Volksmund von „Froschregen“ sprach. Die wenigsten der großen Zahl dürften wohl bis zur Geschlechtsreife, bis zum dritten Lebensjahr durchkommen. Einige Grasfroschgreise aber sind nachweislich acht Jahre alt geworden, älter als wohl jeder freilebende Kleinvogel.

Schmetterlinge

Über den deutschen Namen „Schmetterling" hat es schon viel Kopfschütteln gegeben: Schmettern? Ist nicht der Flug der „Sommervögel" – so der viel schönere dänische Name – die Lautlosigkeit schlechthin? Und klingt nicht die englische butterfly (Butterfliege) mindestens witzig?

Butterfliege und Schmetterling haben sich, so unwahrscheinlich das klingt, aus demselben semantischen Stamm entpuppt. „Schmetten", schreibt der brillante Schmetterlingskenner Frieder Sauer, heißt im Tschechischen, den Rahm zu Butter schlagen; „Schmant" sagt man auch im Plattdeutschen zu Sahne. Der Irrglaube, die Schmetterlinge naschten an Butter und Sahne, blieb an den „fliegenden Blumen" haften.

Schmetterlinge kennt jeder, aber lange nicht jeder weiß, daß sie ein Vorleben haben, das ihrer Vollendung als Admiral oder Schwalbenschwanz so unähnlich ist, als wäre ein Paradiesvogel ursprünglich als Baumschlange aus dem Ei gekrochen. Alle Schmetterlinge legen Eier. Schon an der Art, wie und an welchen Pflanzenteilen sie angekittet werden, kann der Kenner auf das spätere „Erscheinungsbild" schließen. Das zur Eiablage bereite Weibchen folgt einem untrüglichen Suchprogramm in seinem Minigehirn: Nur bestimmte Pflanzenarten oder -gruppen kommen in Frage, nur sie bieten den schlüpfenden Raupen das artgemäße Futter. Welche Pflanze nun die richtige für seine Eier ist, stellt ein Schmetterlingsweibchen am besten fest, wenn es auf Stengeln und Blättern herumläuft, denn die wichtigsten Geschmacksorgane sitzen in den Füßen. Die Raupen, die den Eiern entschlüpfen, haben nur ein Ziel, nämlich in möglichst kurzer Zeit möglichst viel zu fressen, bis sie buchstäblich aus der Haut fahren: Viermal insgesamt häuten sich Schmetterlingsraupen. Die angefressenen Kraftreserven müssen nicht nur für ein Raupenleben, sondern auch für das nächste Lebensstadium als Puppe reichen. Fressen ist zwar der Lebensinhalt der Raupen, aber sie fressen, wie gesagt, beileibe nicht alles. Manche Arten nagen nur an Doldenblütlern, andere bestehen auf Schmetterlingsblütlern, und wieder andere sind sogar auf eine einzige Raupen-Futterpflanze festgelegt. Raupen des Bräunlichen Scheckenfalters zum Beispiel raspeln nur Königskerzen, und die Raupen des Apollo brauchen den Weißen Mauerpfeffer.

Wer Schmetterlinge fördern will, muß Raupen schützen, muß für ein üppiges Futterangebot sorgen (s. a. Kap. Lebensraum). Schmetterlingsschutz ohne Raupenschutz wäre so, als würde man Vogelschutz betreiben und Eiersammeln erlauben. In noch komplizierteren Fällen gilt sogar: ohne Ameisen keine Schmetterlinge. Stürbe die Säbeldornige Knotenameise aus, wäre auch der Schwarzgefleckte Bläuling geliefert. Er kann nur überleben, wenn sich seine Raupen in den unterirdischen Labyrinthen von Ameisenbrut ernähren können. Die Ameisen „tolerieren" das. Das zuckerige Sekret, das die Bläulingsraupen absondern, entschädigt sie für Brutverluste.

Bläulingsraupen sind Sonderlinge. Die meisten Raupen aber treibt es nicht in den Untergrund, sondern ans Licht. Erst wenn sie ihr Höchstgewicht erreicht haben, lassen hormonelle Veränderungen die sprichwörtliche Freßsucht erlöschen. Jetzt suchen die „reifen" Raupen schattigere, meist bodennahe Bereiche auf. Nachtfalterraupen graben sich zur Verpuppung ein, viele Arten finden Ritzen in Baumstämmen und Mauern, andere heften sich an Blätter. Aus Spinnseide, die als schnell erhärtendes Sekret aus den Speicheldrüsen an der Unterlippe tritt, bauen sich manche Raupen kunstvolle Kokons; andere benutzen das Sekret nur, um sich einen „Sicherheitsgürtel" zu spinnen, der sie auf ihrem Blatt festhält; wieder andere kleben ihr Hinterende mittels eines Gespinstpolsters am Blatt fest und hängen frei herunter. Nach einer letzten Häutung tritt nicht eine noch größere, noch dickere Raupe aus der alten Hülle, sondern ein spindelförmiges Gebilde: die Puppe. Sie ist für den nächsten Lebensabschnitt das Gehäuse, in dem sich die noch immer nicht restlos enträtselte Totalumwandlung von der Raupe zum Schmetterling vollzieht. Man weiß immerhin, daß von dem plumpen Vorläufermodell einige Elemente übernommen werden. Frieder Sauer schildert das in Analogie zu einer Großbaustelle: Erhalten bleiben „das Nervenzentrum als ‚Baubüro', der Darm als ‚Schuttabladeplatz', die Keimdrüsen als ‚Archiv'."

Bemerkenswert ist unter anderem, daß der Schmetterling gleich in endgültiger Größe angelegt wird, er wächst nicht mehr. Schmetterlinge decken mit ihren Suchflügen von Blüte zu Blüte nämlich nur noch den geringen Grundumsatz. Ihre Antennen melden ihnen, aus welcher Richtung Duftstoffe herangetragen werden, und ihr fadendünner Saugrüssel – im Ruhezustand zur platzsparenden Spirale eingerollt – verschafft ihnen auch an langen Blütenkelchen Zutritt zum Nektar.

Schmetterlinge wirken zwar anmutig. Rasanten Flug aber oder gar Marathonleistungen traut ihnen der Laie nicht zu. Dennoch gibt es verblüffende Fernflugleistungen, allen voran die des neuweltlichen Monarch, der von den nordamerikanischen Großen Seen bis nach Zentralmexiko in sein Überwinterungsgebiet fliegt.

Kleiner Fuchs

Aglais urticae

Diese wohl bekannteste Schmetterlingsgestalt in unseren Gärten hat viel zur Verbreitung der ökogärtnerischen Binsenwahrheit beigetragen, daß Schmetterlinge Brennesseln brauchen. Der feine Geruchssinn leitet das Schmetterlingsweibchen zu Brennesselstandorten, wo sie die Eier in Gruppen von etwa 200 Stück ablegt. Gesellig schlüpfen die Raupen aus den Eiern, und gesellig fressen sie sich durch ihr Raupenleben. Ihre freizügig versponnenen Gespinstfäden, die wie ein Band die Brennessel überziehen, erleichtern den Raupen das Zusammenfinden. Wer sie durch Erschütterung der Pflanze bei der Freßarbeit stört, kann einen interessanten Schutzmechanismus beobachten: Die Tiere verharren reglos und lassen sich, nimmt die Erschütterung zu, einfach zu Boden fallen. Bei nassem Wetter ziehen sich die Raupen in ein tütenförmig zusammengesponnenes Blatt zurück.

Wer im April etwas Muße bei der Gartenarbeit hat, sollte sich die bemerkenswerten Balzflüge des Kleinen Fuchses nicht entgehen lassen. Das Männchen schwirrt, so als sei es mit einer unsichtbaren, starren Abschleppvorrichtung angekoppelt, dem Weibchen nach. Am Boden wird die Balz mit Flügelzittern und Antennenspielen fortgesetzt.

Einen Teil der Schmetterlinge befällt im Herbst ein ausgeprägter Wandertrieb. Luftströmungen können die Tiere über Entfernungen von mehr als 100 Kilometern verfrachten. Im Spätherbst müsssen sich die Falter geeignete Schlupfwinkel zur Überwinterung suchen – und zugängliche Dachböden sind allemal ein gutes Angebot.

Die Raupen des Kleinen Fuchses haben keine Futterprobleme: An Brennesseln gibt es keinen Mangel.

Tagpfauenauge

Inachis io

Inzwischen ist der Schmetterling mit der unverwechselbaren Augenzeichnung auf den Flügeldecken schon so eine Art Vorzeigetier jedes besseren Naturgartens geworden. Wie der kleine Fuchs profitiert das Tagpfauenauge davon, daß Brennesseln fast allgegenwärtig sind: überdüngte Bäche, wilde Müllkippen, Viehweiden mit zu hoher Tierdichte – all das ist unerfreulich. Nicht aber für das Tagpfauenauge, das in vielerlei Hinsicht vom Menschen profitiert. So ist aus seiner Sicht auch die Möblierung der Gärten mit Gerätehäuschen und Sitznischen eine gute Sache, bieten Holzritzen ihm doch ideale Überwinterungsplätze.

Tagpfauenaugen, schreibt Frieder Sauer, können sich flexibel auf warme und kältere Sommer einstellen. In milden Klimazonen schlüpft eine „Sommergeneration“, deren Nachkommen überwintern, während in rauheren Gegenden sich die Falter erst spät entwickeln und sich dann schnell zur Überwinterung zurückziehen.

Mit ihren Dornen, die auch menschliche Haut durchbohren können, sehen die schwarzen Tagpfauenaugen-Larven recht wehrhaft aus. Und als kollektives Abwehrdrohen muß man wohl werten, wenn Raupen des Tagpfauenauges synchron mit den Körpern schlagen, sobald sie das Summen einer nahenden Schlupfwespe hören (gelingt es der Wespe, ihre Eier in die Raupen zu injizieren, vegetieren diese nur noch als lebende Speisekammer für den Wespennachwuchs.

Zweierlei Abwehr: Das Augenmuster soll Vögel vom Verzehr des Tagpfauenauges abhalten. Die Larven sind stachelbewehrt.

Distelfalter

Cynthia cardui

Wer im April einen etwas bläßlichen Distelfalter mit reichlich ramponierten Flügeln über seinen Frühblühern sieht, sollte sich ein paar Sekunden für bewunderndes Staunen nehmen. Der Vorbote des Sommers hat etliche hundert Flugkilometer und eine Alpenüberquerung hinter sich. Nicht genug damit, vielleicht macht besagtes Tier an unserem Rasenrand nur Kurzrast und hat noch anderthalbtausend Kilometer vor sich, um endlich in Göteborg oder Oslo eine neue Generation zu begründen.

Überwintern kann der Falter nur in sonnigen Gefilden. In unseren Gärten schätzt er vor allem den Nektar von Klee-Arten, Buddleia (Schmetterlingsflieder) und Luzerne. Seine Eier deponiert er mit Vorliebe an Ackerkratzdistel und Gewöhnlicher Kratzdistel – im Süden scheinen ihm auch Malven zu behagen. Hans-Josef Weidemann beschreibt die Eiablage so: „Die Tiere 'hocken' sich in waagrechter Position an die Spitze der Pflanzen und senken den Hinterleib senkrecht auf die Oberseite kleiner Blätter. Die Eier werden einzeln abgesetzt". Sind die Räupchen nach etwa zehn Tagen geschlüpft, beginnen sie, Blattspitzen netzartig zu verweben. In diesen „Wohnnetzen" finden sie offenbar einen gewissen Schutz.

Distelfalter sind auch in hochverdichteten Stadtbezirken keine Seltenheit, etwa als Besucher an Balkonblumenkästen oder auf Rabatten. Möglich auch, daß ihnen das trockenwarme Stadtklima zusagt.

Die Alpenüberquerung des Distelfalters mit mehr als 2000 Kilometern Flugleistung ist verblüffend: Wie halten Schmetterlingsflügel das aus?

Admiral

Vanessa atalanta

Neben dem Distelfalter ist der europäische Admiral *der* Weitwanderer unter unseren heimischen Schmetterlingen. Die Raupen begnügen sich mit den Allerweltspflanzen Brennessel und Distel. Die „Imagines", die fertigen Schmetterlinge mit dem charakteristischen, brennend roten Band auf den Vorderflügeln, sieht man im Spätsommer häufig auf Fallobst sitzen und saugen. Blütenreiche Bauerngärten scheinen besonders ihren Geschmack zu treffen.

Im September ziehen sie einzeln zurück in den Mittelmeerraum, beeindruckend ist ihr geradliniger, rasanter Flug. An bestimmten Alpenpässen finden sie sich zu wahren Ketten aus unzähligen Admiralleibern.

Der Admiral ist ein verhältnismäßig häufiger Gartengast; denn inzwischen toleriert der natursensible Zeitgenosse Brennesseln als gutes Raupenfutter.

Großer Kohlweißling
Pieris brassicae

Den Kohlweißling kennt man als „Kohlschädling". Wer weiß schon, daß dieser Schmetterling ein guter Langstreckenflieger ist?

Der schlichte Schmetterling mit der charakteristischen Schwarzweiß-Färbung ist ein Pan-Europäer, und überall ist er gleich unbeliebt. Wobei sein schlechter Ruf als Kohlabräumer auch seine 15 mitteleuropäischen Weißlingsverwandten trifft, die keinesfalls alle Gemüseschädlinge sind.

Was den Großen Kohlweißling anbelangt, so ist es leider wahr: Die Raupen können ein Grünkohlfeld skelettieren, wobei sie kurz vor Beendigung ihres Kriech-Daseins ihre Freßleistung noch einmal vervielfachen. Was die Raupen so scharf auf Kohl macht, sind die Senföle, die über den Geruchssinn den „Anbeiß-Reflex" auslösen. Die Senföle selbst wären für die Raupenentwicklung völlig entbehrlich, sie sind nur Würze und Lockstoff.

Kohlweißlings-Raupen haben eine Art Abwehrmechanismus entwickelt: Angreifer verblüffen sie, indem sie ihren grünlichen Darminhalt versprühen. Noch eine andere „Spezialbegabung" macht den Kohlweißling bemerkenswert: Der Schmetterling kann – im Gegensatz zu fast allen anderen Insekten – die Farbe Rot sehen.

Auch Kohlweißlinge sind Weitwanderer (bei einem eher mäßigen Tempo von sieben Kilometern in der Stunde), aber nicht, wie bei Admiral und Distelfalter, um sich die Überwinterung im kalten Norden zu ersparen. 1955 rückte ein Kohlweißlings-Geschwader von Österreich nach Bayern und Thüringen vor, der Raupen-Nachwuchs der Wanderer benahm sich wie ein echtes Invasionsheer und räumte die Kohlfelder gründlich ab. Ein Trost bleibt nach solchen Attacken: Nicht nur der Schmetterling hat Hochkonjunktur, auch seine Parasiten. Sie sorgen für den prompten Zusammenbruch der Population im nächsten Jahr.

Zitronenfalter
Gonepteryx rhamni

Wer einen Faulbaum im Garten hat, hat auch Zitronenfalter, dessen Raupen sich an diese Blätter oder an Kreuzdorn halten.

Wer die dekorativen Farbtupfer gern um sich hat, sollte sich einen Faulbaum oder Kreuzdornbusch pflanzen. Die blaßgelben Weibchen (zitronenfarben sind nur die Männchen) kleben ihre Eier um die Zeit des Knospenbrechens an die Zweigspitzen. Fast durchsichtig kriechen die Raupen aus ihren Eiern, später färben sie sich mattgrün.

Die Falter überwintern im Laub oder sogar ungeschützt, an Zweigen festgekrallt. Seine Kälte-Immunität erreicht der Zitronenfalter durch einen chemisch-physikalischen Trick: Er senkt den Gefrierpunkt in seinem Körperinneren. Zuvor aber verändert der Falter seinen Flüssigkeitshaushalt. Mit Kot und Harn wird überflüssiges Wasser ausgeschieden, der Falter „dickt sich ein". Darüber hinaus kann der Zitronenfalter, wie viele andere Insekten auch, sein körpereigenes Frostschutzmittel produzieren. Im Frühjahr „verdünnt" er sich zu neuem Leben.

Tauben-schwänzchen

Macroglossum stellatarum

Das Taubenschwänzchen gehört zur Großfamilie der Schwärmer (800 meist tropische Arten), einer Schmetterlingsfamilie, die vor allem durch Flugartistik beeindruckt. Ornithologen kennen das schon: Wenn eine aufgeregte Stimme am Telefon einen entflogenen Kolibri „direkt im eigenen Garten" vermeldet, dann war es sicher einer der 21 europäischen Schwärmer, die in der Tat im Kolibri-Schwirrflug vor Blüten stehen und mit ihren oft mehr als körperlangen Saugrüsseln Nektar tanken.

Das Taubenschwänzchen ist tagaktiv, schätzt aber besonders die Stunde nach Sonnenuntergang. Dann trifft man den erdgrauen Schnellflieger mit dem vogelartigen Schwanz aus Haarbüscheln oft in großer Stückzahl in Parks und Friedhöfen.

Wie alle Schwärmerraupen ziert den unbehaarten grünen Leib der Stellatarum-Raupe am Hinterteil ein Horn, dessen Funktion oder Nutzen Rätsel aufgibt. Als Waffe dürfte es untauglich sein. Besseren Schutz bietet manchen Schwärmern das Fressen von Giftkräutern, die sie für Vögel ungenießbar machen.

Wenn ein Taubenschwänzchen am Spätnachmittag im Kolibri-Schwirrflug an einer Blüte Nektar tankt, bringt das einen Hauch von Exotik in den Garten.

Hausmutter

Noctua pronuba

Die farbliche Darstellung dieses Nachtfalters ist eine schwierige Sache: hell-sandfarben, sattbraun oder schwarzbraun – alles ist richtig. Und auch die Raupen halten sich an keine verbindliche Farbnorm (hellgrün bis dunkelbraun).

Der stattliche Nachtfalter, Spannweite sechs Zentimeter, verdankt seinen Namen der Vorliebe, den Tag in Fluren oder dunklen Kellern zu verdösen – was bekanntlich keine Hausmutter tut.

Was die Hausmutter und ihre zahlreiche Verwandtschaft (auf eine europäische Tagschmetterlingsart kommen 19 Nachtfalterarten!) zu Nachttieren gemacht haben könnte, läßt sich nicht mit Bestimmtheit feststellen, schließlich sind Schmetterlinge von Natur aus ja eigentlich wärmeliebend. Wahrscheinlich hat die Nachtanpassung mit der relativen Sicherheit vor Freßfeinden zu tun. Im Dunkeln sind nur Spinnennetze und Fledermäuse gefährlich. Aus Spinnennetzen befreien sie sich häufig, weil ihr locker sitzendes Haar haften bleibt, während sich die kräftigen Tiere losreißen können. Die Ultraschallschreie der Fledermäuse können sie hören und ihnen von Fall zu Fall ausweichen.

Hausmutter heißt dieser nachtaktive Schmetterling. Wie andere Nachtfalter auch kann die Hausmutter Fledermaus-Jagdschreie hören.

Bienen

Woran denkt man beim Stichwort Biene? An ein reibungslos funktionierendes Staatengebilde, in dem die Gemeinschaft alles, der Einzelne aber nichts zählt? Auf den Spezialfall Honigbiene mag das zwar zutreffen, aber wer weiß schon, daß die meisten Bienenarten Einzelgänger sind und daß es zwischen den Lebensformen von „Solist“ und Riesenvolk alle nur denkbaren Zwischenstufen gibt? Die Seidenbienen und die meisten Arten der Mauerbienen, Mörtelbienen, Blattschneiderbienen und Pelzbienen leben solitär: Ein einzelnes Weibchen baut das Nest und versorgt allein die Jungen mit Pollen und Nektar. Einige Arten der Furchenbienen bewohnen zwar zu mehreren ein gemeinsames Nest, aber jedes der Weibchen sorgt nur für seinen eigenen Nachwuchs. Wieder andere Arten kümmern sich im Team um Nestbau und Proviant, ohne aber die Komplexität des Honigbienen-Staates erreicht zu haben. Die Kuckucksbienen schließlich, Spezialisten aus verschiedenen Bienengruppen, verzichten gänzlich auf Nestbau und Pollensammeln, sie dringen in die Nester anderer Bienen ein und deponieren ihre Eier in deren Zellen.

Wenigstens eine Gemeinsamkeit verbindet alle Bienen: Sie sind Vegetarier. Die Jagd auf andere Insekten ist Sache der Wespen – sie füttern ihren Nachwuchs mit Frischfleisch –, die „Blumenwespen“, so ein alter Name für Bienen, halten sich dagegen konsequent an Pollen und Nektar.

Honigbiene

Apis mellifica

Was unterscheidet die Honigbiene als Baumeister von menschlichen Baumeistern? Bienen bauen ohne Plan.

Aus der Sicht der Honigbiene ist der Mensch eine einzige Katastrophe: ein unbezwingbarer Futterräuber. Aus der Sicht der Menschen sind Honigbienen ungemein nützlich. Aus dieser Konstellation ergab sich ein Jahrtausende altes Ausbeutungsverhältnis, mit dem bißchen Pflege, das jeder gute Ausbeuter seinen Arbeitern zukommen läßt: etwas sozialer Wohnungsbau, so viel Winterhilfe wie zum Überleben nötig ist.

Winter ist in der Tat das Entscheidende: Der imkernde Mensch macht sich zunutze, daß staatenbildende Bienen eine große Ausnahme unter den Hautflüglern darstellen, denn nicht nur – wie beispielsweise unter Wespen üblich – die befruchteten Geschlechtstiere (Königinnen) überwintern, sondern das ganze Volk. Daher die Wintervorratshaltung, ohne die es keine Honigbrötchen gäbe und keinen Tee, der nach Rapsfeld duftet.

Erst vor wenigen Jahrzehnten kam eine neue Dimension im Biene-Mensch-Verhältnis hinzu: schieres Staunen angesichts all der scheinbaren Intelligenzleistungen, zu denen diese staatenbildenden Insekten fähig sind. Zum Beispiel: Wie schafft es ein Bienenvolk, trotz erheblicher Temperaturschwankungen zwischen Tag und Nacht im Stock konstante 35 Grad zu halten? Die Arbeiterinnen legen viele kleine Wasserpfützen an, deren Verdunstungskühle (s. a. Wespen) flügelwirbelnd durch alle Gänge geföhnt wird. Andererseits: Wird es zu kalt, schalten die Arbeiterinnen auf „Standheizung“: durch intensive „Muskelarbeit“ (Schwirren auf der Stelle) erhöhen sie kurzfristig die eigene Körpertemperatur um mehr als zehn Grad. Ein warmer Luftstrom vertreibt die Kälte, die insbesondere die Larven in den sechseckigen Brutkästen gefährdet. Wir müssen anerkennen, daß die Klimaanlage, die ja auch mit Verdunstungskälte arbeitet, nicht unsere Erfindung ist. Und die Nutzung von Abwärme haben Bienen auch schon seit Jahrmillionen im Programm.

Es gibt noch andere verblüffende Leistungen. Wie finden Bienen Blüten? Besonders scharf sehen Insekten bekanntlich nicht. Die übereinander projizierten Bildchen der einzelnen Facetten-Linsen lassen eher Wischbilder als konturenscharfe Eindrücke entstehen. Also, einzig logische Schlußfolgerung: Orientieren Bienen sich farblich? Man weiß heute (dank inzwischen klassisch gewordener Farb-Dressurversuche), daß Bienen blau sehen können, rot und schwarz aber nicht unterscheiden. Andererseits vermögen sie Farbnuancen zu erkennen, die wir nicht sehen, da Bienen, anders als der Mensch, ultraviolette Lichtstrahlen wahrnehmen.

Was aber geschieht, wenn eine Biene, sagen wir, an einigen engstehenden Kukkucks-Lichtnelken reiche Ernte gehalten hat? Sie fliegt die Beute heim, leert ihre Beintaschen ... und startet erneut? Ja. Aber zuvor gibt es eine Verzögerung, die der Nobelpreisträger und Übersetzer der Bienensprache, Karl von Frisch, so beschreibt: Die Biene „vollführt einen Rundtanz auf der Wabe, indem sie mit raschen, trippelnden Schritten im Kreis herumläuft, einmal rechts herum, einmal links herum in raschem Wechsel. Dann wiederholt sie den Tanz noch an mehreren anderen Stellen der Wabe und stürzt schließlich hastig zum Flugloch, um an den Futterplatz zurückzufliegen". Der Tanz war nichts anderes als eine präzise Angabe von Flugrichtung und geschätzter Ergiebigkeit der Pollenquelle – Informationen, die andere Sammlerinnen aufnehmen, indem sie die Figuren der Kollegin nachtanzen. Also auch die Zeichensprache ist älter, als wir gemeinhin annehmen.

Und noch etwas machen uns die Bienen vor: Genetiker tüfteln (häufig in der Grauzone zwischen Legalität und Illegalität) an den Möglichkeiten, die „Qualität" eines künftigen Menschen pränatal programmieren zu können. Man stelle sich vor, Mütter könnten über die Frage „Durchschnitts- oder Supertochter" durch die Wahl eines „Lutschbonbon danach" entscheiden! Bei Bienen geht das – so ähnlich. Wird Larven das sogenannte Gelée Royale, eine Art Kraftfutter, verabreicht, entwickeln sich Königinnen. Larven, die Normalkost erhielten, werden kurzlebige Arbeiterinnen.

Honigbienen informieren sich gegenseitig über lohnende Ziele; die Botschaft wird getanzt.

Blattschneiderbiene

Megachile centuncularis

Das Tagwerk einer Blattschneiderbiene hat Karl von Frisch sehr plastisch beschrieben: „Die Blattschneiderbiene schafft einen Gang, zum Beispiel in morschem Holz, fliegt dann an die grünen Blätter eines Rosen- oder Fliederstrauches oder an eine Himbeerstaude und dergleichen, schneidet mit der scharfen Schere ihrer Kiefer aus einem Blatt ein länglich-rundes Stück heraus und trägt es zusammengerollt in ihren Holzkanal. So fährt sie fort und dreht aus den Blattstückchen einen Fingerhut als Kinderwiege. In den Blattfingerhut sammelt sie den Honigkuchen und legt ihr Ei darauf, um dann die Öffnung mit weiteren, kreisrunden Blattstückchen zu verschließen."

Aus den Blättern von Rosen und Flieder trennen Blattschneiderbienen fast runde Segmente, die ihnen zur Einrichtung ihrer Kinderzimmer dienen.

Mauerbiene
Osmia rufa

Wer verblühte Stauden stehen läßt, verbessert dadurch womöglich den Bruterfolg der Mauerbienen, die neben Ritzen in Mauerwerk und Holz auch hohle Stengel in Beschlag nehmen.

Sie sucht sich Hohlräume, wobei ihr unter dieser Kategorie so ziemlich alles recht ist: Pflanzenstengel (verblühte Stauden ruhig mal stehenlassen!), Käferfraßgänge, Ritzen im Verputz, nicht exakt eingepaßte Fensterrahmen.

Paul Westrich berichtet von den Besitzern eines schindelverkleideten Hauses, die sich erst nach fachlichem Informationsgespräch mit einer vielhundertköpfigen Untermieter-Partei einverstanden erklärten.

Leere Patronenhülsen, abgelegte Blockflöten und Streichholzschachteln passen offenbar auch ins Suchbild der Biene. Kein Wunder also, daß dieser Art mit künstlichen Nisthilfen (s. Kap. Lebensraum, Ratgeber) am leichtesten zu helfen ist. Zumal sie auch in der Wahl ihrer Futterpflanze nicht festgelegt ist – „Sonderangebote" (also saisonal reichliche Pollenvorräte) werden genutzt.

Von Mauerbienen-Männchen kennt man regelrechte „Kampfhierarchien": Nur die besten Kämpfer haben gute Chancen, sich zur Verpaarung ein Weibchen, im Wortsinne, zu „greifen" – ein Phänomen, das Biologen eher von Säugetieren oder Vögeln vertraut ist.

Seidenbiene
Colletes daviesanus

Eigentlich liebt sie Sandstein, da das poröse Gestein vielerlei Einschlüpfe, Vorsprünge und Überhänge bietet. In Ermangelung dieses angestammten Lebensraumes hat sich die Seidenbiene ganz auf Mörtelfugen eingestellt, was schon zu Gebäudeschäden geführt haben soll – und zwar immer dann, wenn Seidenbienen massenweise angerückt kamen. Aber irgendwie scheint den Stollengräbern die moderne Mörtelzusammensetzung nicht mehr zu behagen, so daß sie an Gebäuden schon lange keine „Dutzendinsekten" mehr sind. Das Tier liebt Wärme; wer seine Einschlüpfe finden will, sollte daher zuerst an älteren Mauer-Südseiten suchen. Und dem Wärmebedürfnis kommt auch die Anlage der Gänge entgegen: Die von den Weibchen mit ihren Mandibeln (Mundwerkzeugen) gegrabenen Nestgänge liegen meist dicht unter der Gesteinsoberfläche.

Das seidig schimmernde Material, das die Innenwände der Gänge auskleidet (die wasserdichte Masse wird aus den sogenannten Mandibulardrüsen abgesondert), gab dem Tier seinen Namen.

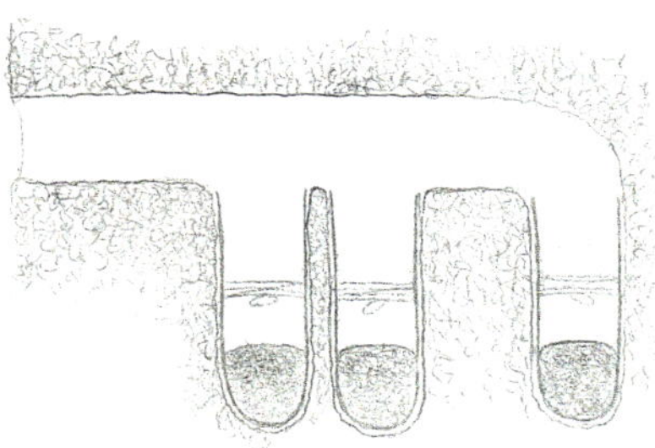

Eine Zeitlang war die Seidenbiene sehr unbeliebt, weil sie ihre Brutkammern in Mörtelfugen trieb. Neuere Mörtelmischungen behagen ihr offenbar nicht mehr.

Ahornpelzbiene
Anthophora acervorum

Sie ist eine Ausnahme (in ihrer Anthophora-Verwandtschaft), und das sichert ihr in der Regel gutes Auskommen: Während die meisten Arten ausgeprägte Blüten-Vorlieben haben – Lippenblütler, Schmetterlingsblütler oder Rauhblattgewächse – ist die Ahornpelzbiene keineswegs wählerisch: Lerchensporn, Immergrün, Veilchen, Kriechender Günsel, verschiedene Taubnesseln, Gundermann, Lungenkraut, Schlüsselblumen, Traubenhyazinthe – alles ist recht.

Die Ahornpelzbiene versteht sich gut auf die Siedlungsgebiete des Menschen, für den es durchaus unterhaltsam sein kann, dem Tier mal auf die Flügel zu schauen. Paul Westrich gibt eine Beschreibung des Suchfluges, der für Pelzbienenmännchen typisch ist: Sie steuern einen bestimmten Punkt an, zum Beispiel „eine Gruppe von Blüten oder Blätter von Gebüschen, und stoßen dann in außerordentlich schnellem Flug von Punkt zu Punkt“. Bemerkenswert dabei ist, daß sie entweder im Uhrzeiger- oder im Gegenuhrzeigersinn ihre Suchbahnen fliegen, wobei ein Individuum seine Drehrichtung über Tage beibehält. Die Bahn, so Westrich weiter, wird individuell mit Duftstoffen markiert.

Die Ahornpelzbiene baut Kinderstuben, die in Einkammergängen hintereinander angeordnet sind.

Maskenbiene
Hylaeus hyalinatus

Ähnlich wie die Erdbiene hat es die Maskenbiene gern trocken und sandig. In Lößbergen und Weinkulturen, Obstwiesen und an Waldrändern finden sich ihre Nistplätze, die meist in Ritzen und Spalten geklemmt werden. Nicht selten profitiert die Art auch von der Vorarbeit anderer: Verlassene Bauten von Mörtelbienen oder alte Grabwespen-Behausungen sind ihr genehm.

Aber auch Hauswände bis 16 Meter über dem Boden akzeptiert das Tier, schreibt Paul Westrich, dessen zweibändiges Werk „Die Wildbienen Baden-Württembergs“, Verlag Eugen Ulmer, völlig zu Recht die moderne Bibel aller Bienenfreunde geworden ist.

Und da die Maskenbiene auch keine ausgefallenen Futtervorlieben hat (Brombeeren und Himbeeren, Wilde Möhren, Gewöhnliche Kratzdisteln gibt es bekanntlich überall), leidet sie auch bisher nicht unter der Uniformierung unserer Kulturlandschaft.

Maskenbienen sind nicht wählerisch. Da sie die Blütenvielfalt eines reichen Gartens nutzen können, haben sie Vorteile gegenüber den Nektarspezialisten.

Erdbiene

Andrena barbilabris

Die Gesamteuropäerin sollte besser Sandbiene heißen, denn Erde allein behagt ihr nicht, es muß schon offenliegender Sand sein. Als es in ganz Europa noch reichlich Binnendünen gab, muß die Erdbiene ein häufiges Insekt gewesen sein. Heute behilft sie sich mit Kieskuhlen, Bahn- und Hochwasserdämmen, um ihre Nester optimal einbetten zu können. Verschiedentlich gelang ihr eine Annäherung an das Technikzeitalter: man fand die Erdbiene schon auf industriellen Flotationssanden.

Sandige Flecken unter vorspringenden Dächern sind allemal gute Angebote für Erdbienen. Wenn dann noch ein Bergahorn im Garten steht, wenn man Hecken-Kälberkopf, Wiesen-Pippau, Süßkirsche, Heckenrose und/oder Gamander-Ehrenpreis bieten kann, hat man sich um die gefährdete Art verdient gemacht.

In lockeren Sandböden legen Erdbienen ihre Brutkammer-Gangsysteme an. Ihre klassische Heimat, die Binnenland-Sanddünen, gibt es nicht mehr. Ein Grund mehr, sie im Garten zu dulden.

Steinhummel

Bombus lapidarius

Bei wenigen Insekten läßt sich das Alter so gut taxieren wie bei Hummeln. Bei den Senioren verblassen die leuchtenden Farben, das „Fell" wird schütter und die Chitinhülle glänzt als „Spiegelglatze" durch die verbleibenden Haare. Die Chefin eines Steinhummel-Volkes erkennt der Fachmann einmal an ihrer stattlichen Größe – sie wird mit gut zwei Zentimetern Körperlänge fast doppelt so groß wie ihre Arbeiterinnen –, zum anderen an ihrer Stimme: Sie brummt, wie alle Hummelköniginnen, deutlich tiefer als die Arbeiterinnen.

Steinhummeln schätzen offenes, abwechslungsreiches Gelände, sie bauen ihre Nester in Feldgehölzen, an Wegrändern und nicht zuletzt in Parks und Gärten. Haben die Königinnen nach der langen Winterruhe genügend Energie getankt, machen sie sich Anfang April bis Ende Mai auf die Suche nach einem trockenen Nestplatz, zum Beispiel in einem verlassenen Vogelnest, einem leeren Mäusegang, in einer Mauer- oder Felsspalte. Hauptsache, der Unterschlupf ist geschützt und trocken. Aus Tierhaaren, Moos oder Laub flechten die Königinnen ein vorläufiges Nest, bauen aus Wachs eine Art Näpfchen und legen etwa ein Dutzend Eier nebst Pollenproviant hinein. Sodann „bebrüten" sie ihr erstes Gelege bei einer konstanten Temperatur von 36 Grad: Hummeln können nämlich – anders als die meisten Insekten – ihre Körpertemperatur (fast) unabhängig von der Außentemperatur regeln. Sie schaffen es, sich durch Vibrieren der Flugmuskeln innerhalb kürzester Zeit aufzuheizen.

Sobald etwa vier Wochen nach der Eiablage die erste Generation Arbeiterinnen selbständig geworden ist, beschränkt sich die Königin aufs Eierlegen. Jetzt sammeln allein die Arbeiterinnen Nektar und Pollen, bauen aus Wachs Honigtönnchen und Brutzellen und pflegen die Larven. Ein starkes Steinhummelvolk kann bis zu 300 Köpfe zählen.

Pro Tag besucht eine Hummel dreimal soviele Blüten wie eine Honigbiene – 450 Blüten benötigt sie allein schon, um ihren täglichen Energiebedarf zu decken. Wenn man bedenkt, daß 70 wirtschaftlich genutzte Pflanzen in Deutschland auf die Bestäubung von Insekten angewiesen sind und allein 21 von der Steinhummel beflogen werden, hätte man wohl allen Grund, freundlich über die Brummer zu denken. Dennoch werden immer wieder Hummelnester mit denen von Wespen verwechselt und vernichtet. Oder die pelzigen Flieger müssen vor der modernen Landwirtschaft kapitulieren: Drei bis vier Kilometer Flugstrecke bis zur nächsten ergiebigen Nektarquelle sind in der ausgeräumten Agrarsteppe keine Seltenheit. Kein Wunder, daß etliche Hummelarten bei uns trotz strenger Schutzbestimmungen vom Aussterben bedroht sind, glücklicherweise steht die Steinhummel noch nicht auf dieser Liste.

Steinhummeln betrachten Nistkästen durchaus nicht nur als Notbehelf – zumal dann nicht, wenn das Innere, mit Erde und etwas Polsterwolle ausgestattet, dem gewohnten Mauseloch ähnelt. Am besten lassen sie sich mit ihren Lieblingspflanzen anlocken: mit Wiesensalbei, Ackerbohnen, Rotklee und Disteln.

Wer Steinhummeln vorm Haus hat, darf sich das als Auszeichnung anrechnen. Die pelzigen Langsamflieger schätzen blüten- und abwechslungsreiche Gärten.

Gartenhummel
Megabombus hortorum

Gartenhummeln sind etwa so groß wie Steinhummeln, aber weit bunter: „Kragen“ und Taille sind leuchtend goldgelb, das Hinterteil weißpelzig. Eigentlich ist Gartenhummeln jedes Gelände recht: Meeresküsten ebenso wie Hochgebirge bis 2100 Meter, Wiesen ebenso wie Waldränder, Böschungen ebenso wie Parks und Gärten. Im April/Mai suchen die jungen Königinnen jede für sich einen trockenen, geschützten Winkel für ihr Nest, ziehen die erste Generation Arbeiterinnen auf und überlassen ihnen dann die weitere Pflege heranwachsender Larven (s.a. Steinhummel).

Jungköniginnen der Gartenhummel beginnen bisweilen noch im selben Jahr, ihren eigenen Staat zu gründen.

Lange, enge Blütenröhren wie die des Rotklees scheinen geradezu für Gartenhummeln prädestiniert: Ihr Rüssel erreicht eine Rekordlänge von bis zu zwei Zentimetern. In der Tschechoslowakei stellte man Hummelnistkästen am Rande von Kleefeldern auf und konnte so den Samenertrag um 25 Prozent steigern.

Auch Gartenhummeln lassen sich ausgezeichnet in Nistkästen ansiedeln. Gute Lockpflanzen sind Rittersporn, Rotklee, Springkraut und verschiedene Distelarten. Vorsicht vor Silber- und Krimlinden! Ihr Nektar ist für Hummeln und Bienen tödlich giftig.

Der Gartenhummel-Nachwuchs entschlüpft kleinen „Tönnchen“ – Singvogelnistkästen werden gern als schützende Ummantelung bezogen.

Wespen

Sie tanzen nur einen Sommer. Aber ein Sommer genügt einem einzigen Weibchen, um einen Staat zu gründen. Noch im Herbst werden die geschlechtsreifen Weibchen von Wespendrohnen begattet und mit einem Vorrat an Sperma versorgt, der für ihr ganzes kurzes Leben reicht.

In einem geschützten Schlupfwinkel überleben die befruchteten Weibchen die Wintermonate in einer kräftesparenden Starre. Erst im April/Mai verlassen sie ihr Versteck, tanken einige Tage lang Blütennektar und suchen schließlich einen Standort, der sich für einen künftigen Wespenstaat eignet. Für die einen ist das ein verlassenes Mauseloch, andere bevorzugen einen dämmrigen Dachboden, und wieder andere halten einen Zweig in dichtem Gebüsch für ideal. Wo auch immer das Nest entstehen soll, auf die Staatengründerin wartet eine wahre Herkulesarbeit. Sie fliegt zu verwitterten Schuppen oder morschen Baumstämmen, raspelt mit den kräftigen Kieferzangen winzige Holzfasern herunter und vermengt sie mit ihrem leimartigen Speichel. Dieses Holzmaché verbaut sie am Ort ihrer Wahl zu dem, was später einmal das Wespennest werden soll.

Aller Anfang ist ein nageldicker Holzmaché-Zapfen, der Aufhänger des künftigen Nestes. An den Zapfen geklebt entsteht langsam ein Teller aus Brutzellen, an deren Wand die Königin je ein Ei klebt. Die ersten Larven schlüpfen und wollen gefüttert sein, und zwar mit Kraftnahrung, mit Insektenfleisch. Gleichzeitig muß die noch staatenlose Königin weitere Etagen aus Holzteig formen und die isolierende mehrschichtige Hülle aufbauen, die jedes Wespennest vor Temperaturextremen schützt. Immer wieder unterbricht sie ihre Bauarbeit, wenn die hungrigen Larven mit ihren Kiefern fordernd an ihren Zellwänden kratzen. Nach drei Wochen bester Fütterung sind die ersten ausgereift und spinnen sich einen dichten Kokon, in dessen Schutz sie rund drei Wochen lang als unbewegliche Puppe verharren. Im Inneren des mumienhaften Puppengebildes spielt sich Umwälzendes ab: die vollkommene Verwandlung von der Larve zum fertigen Insekt – zu einem Insektenweibchen, dessen verkümmerte Eierstöcke es zur Arbeiterin vorbestimmen. Wenn die ersten Arbeiterinnen geschlüpft sind, kann sich die Königin ganz aufs Eierlegen konzentrieren. Nun ist es an den Arbeiterinnen, das Nest zu erweitern, die Hülle zu vervollständigen und auf Insektenjagd zu gehen. In einer einzigen Stunde schaffte eine Gruppe von 60 Wespen-Arbeiterinnen 227 Insekten heim, hauptsächlich Fliegen. Auf ihren Jagdausflügen beweisen die Schwarz-gelben einen erstaunlichen Ortssinn. Müssen sie größere Beute wie Schmetterlingsraupen in mehreren Flügen stückweise nach Hause transportieren, so finden sie zuverlässig zu ihrer Beute zurück, selbst wenn die in einem für unser Auge gleichförmigen Grasdschungel liegen sollte.

Fleisch ist wichtig – aber nur für Larven. Die erwachsenen Tiere bevorzugen Süßes. Sie lecken Nektar an Blüten, sie nagen Früchte an, speisen Harz von blutenden Bäumen und schätzen den süßen Honigtau der Blattläuse.

Wenn eine Wespe mit gefülltem Kropf in ihr Nest zurückgekehrt ist, wird sie von den Zuhausegebliebenen mit Fühlertrillern angebettelt, worauf sie einen Tropfen des süßen Kropfinhalts „rückwärtsschluckt" und an die Bettlerin weitergibt. Aber auch die muß das Erbettelte an hungrige Nestgenossinnen weitergeben, bis schließlich ein Kropfinhalt gleichmäßig auf die Insassen eines Wespennestes verteilt ist.

Wie gut die empfindlichen Larven gedeihen, hängt nicht zuletzt von der Temperatur im Nest ab. Die vielschichtige „Papier"-Hülle um den Bau dämpft wie ein Daunenanorak die Schwankungen der Außentemperatur, die Feinarbeit der Wärmeregulierung aber erledigen die Arbeiterinnen: Droht Überhitzung, speien sie Wasser auf die allzu warmen Zellen und sorgen mit Flügelfächeln für Verdunstungskühle (s.a. Honigbiene). Droht die Brut aber zu unterkühlen, heizen sie mit schwirrenden Flügeln ihre Körper auf und sorgen so für die nötige Wärme. Ein Wespennest voller Larven zieht Feinde an. Manchen Eindringling mag der Wespenstachel abschrecken, manche mögen schon vor der schwarz-gelben Warntracht zurückweichen, Wespenbussard und Dachs aber lassen sich weder vom einen noch vom anderen beeindrucken.

Und gegen einige Feinde ist der Stachel (alle Wespen der Gattungen Dolichovespula und Paravespula können stechen) ohnehin die falsche Waffe: Aphomia-Mottenraupen haben sich darauf spezialisiert, in Wespennester einzudringen. Mit einem Vorhang aus feingesponnenen Schnüren teilen sie ein Stockwerk ab, um so – vor den Ammen-Wespen geschützt – die Brut zu verzehren. Die Arbeiterinnen reagieren ihrerseits prompt: Sie ziehen Trennwände gegen die Fremdwesen ein, so daß sich das „Aphomia-Geschwür" nicht auf die gesunden (Kinderstuben-)Zellen ausdehnen kann.

Erst im Spätsommer werden größere Zellen für die Geschlechtstiere gebaut. Aus ihnen schlüpfen fruchtbare Weibchen und – aus unbefruchteten Eiern – die Männchen. Während die Arbeiterinnen und die Königin mit den sinkenden Temperaturen absterben, überleben die befruchteten Weibchen den Winter, um im folgenden Frühjahr einen neuen Staat zu gründen.

Hornisse
Vespa crabro

Die Hornisse ist ein Rekordtier: Nein, nicht wegen ihrer Größe! Sie wirkt immerhin knapp doppelt so groß wie ihre Verwandte, die Gemeine Wespe. Kein einheimisches Insekt wird zu Unrecht so gefürchtet wie die Hornisse. Da wäre vor allem die Sache mit den sieben Hornissen, die ein Pferd totstechen – entsprechend zwei oder drei sollen einem Menschen den Garaus machen, so plappert der Volksmund.

Um diesen für die Großwespe mörderischen Unsinn auszurotten, ein paar Informationen aus der Hornissen-Broschüre der Akademie für Natur- und Umweltschutz Baden-Württemberg (Band 7): Dr. Helmar Kulike von der Freien Universität Berlin mutete 1986 einer Testratte 60 Hornissenstiche zu. Das knapp erwachsene Tier überlebte ohne bleibende Schäden. Kulike meint, das Gift aus tausend Hornissenstichen auf einen Schlag sei nötig, um einen 70 Kilogramm schweren Menschen ernsthaft in Gefahr zu bringen. Sicher – es soll nicht verschwiegen werden –, die Stiche sind in der Regel schmerzhaft und für Menschen, die von Insektenstich-Allergien geplagt werden, kann bekanntlich schon ein Bienenstich bedrohlich werden.

Aber generell bleibt richtig: Hornissen sind nicht gefährlich, sondern gefährdet. Seit 1984 haben sie ihren Stammplatz auf der Roten Liste, seit 1987 genießen sie laut Bundes-Naturschutz-Verordnung eine „Bestandsgarantie". Die hilfreiche Feuerwehrtruppe, die, mal eben so, die Grillecke am Gartenschuppen von einer latenten Bedrohung befreit, macht sich strafbar, wie auch der Schuppeneigentümer selbst. Angegriffene Hornissen werden in der Tat rabiat. Wer allerdings einen Abstand von drei bis vier Metern zum Nest einhält, das im Spätsommer bis zu 600 Tiere beherbergen kann, hat absolut nichts zu befürchten. Ein starkes Hornissenvolk verfüttert pro Tag bis zu einem Pfund Insekten an seine Brut. Das ist die Tagesration von fünf Meisenfamilien. Unter den erbeuteten Tieren sind solche besonders häufig, die dem Menschen am unangenehmsten sind: Forstschädlinge wie Eichenwickler-Raupen und die Kiefernbusch-Hornblattwespe.

Hornissen suchen Hohlräume, sie beziehen verlassene Spechtlöcher, leere Bienenkörbe, aber auch Rolladenkästen, Nischen in Dachböden und Schuppen.

Das Hornissennest – nach Wespenart aus fein zerkautem Holz gefertigt – verlassen ab Spätsommer nur junge Königinnen und die stachellosen Männchen, Tiere also, die für den Fortbestand der Art im nächsten Sommer sorgen können. Das Heer der Arbeiterinnen aber stirbt mit sinkenden Nachttemperaturen langsam ab. (Schutzmaßnahmen für und vor Hornissen s. Kap. Lebensraum, Ratgeber)

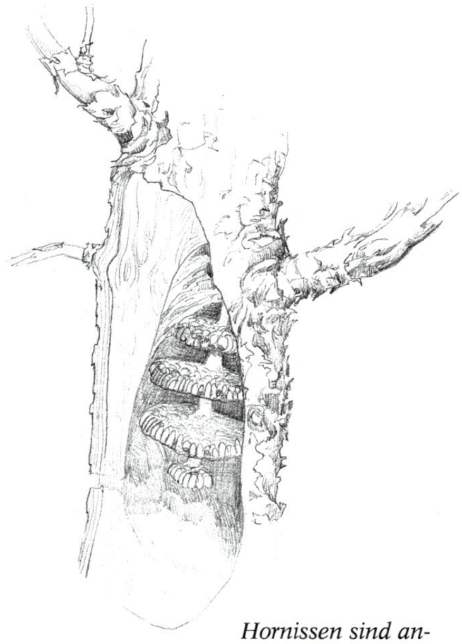

Hornissen sind angeblich eine Bedrohung für den Menschen – ein vielfach widerlegtes Vorurteil. Hornissenstiche sind zwar schmerzhaft, jedoch harmlos, sofern der Gestochene keine Insektengiftallergie hat.

Mittlere Wespe

Dolichovespula media

Die Mittlere Wespe scheint weder Regendach noch Sonnenschutz zu brauchen. Ihre birnenförmigen Nester hängen im dichten Gebüsch oder sogar frei an Baumzweigen in Obstgärten oder Parks. Dafür ist die Nesthülle auch besonders dicht und widerstandsfähig; bis zu 15 Hüllschichten lagern übereinander, dachziegelartige Schuppen überdecken das Ganze.

Selten werden die elastischen Bauwerke größer als 20 Zentimeter im Durchmesser; nur sieben Stockwerke aus Brutzellen hängen übereinander, und 200 „Staatsangehörige" sind schon ein Rekordwert. Als Baumaterial bevorzugt die Mittlere Wespe faseriges Totholz. Telegraphenmasten, Zaunlatten und Scheunenwände betrachtet sie als ideale Rohstoffquelle.

Die Mittlere Wespe scheint sehr wetterhart zu sein; ihre luftig aufgehängten Nesthüllen sieht man ungeschützt im Freien.

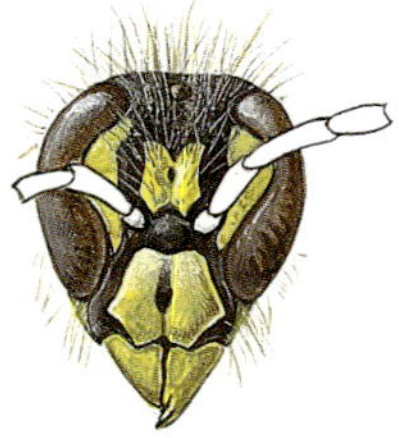

Norwegische Wespe

Dolichovespula norvegica

Ähnlich wie die Sächsische Wespe schätzt auch die Norwegische Wespe dämmrige Winkel für ihre Nester. Oft nutzen die Tiere flache Mulden in der Erde, ohne indessen selbst im größeren Rahmen weiterzugraben. In der Regel bauen sie ihr Nest in Gebüsche, während Häuser und Schuppen nur ausnahmsweise bezogen werden. Die helle Holzfarbe des Papierballons sticht auffällig vom üblichen Grauton anderer Wespennester ab.

Wird das Nest der Norwegischen Wespe durch Unwetter oder Hagel zerstört, so muß das nicht das Ende des Wespenvolkes sein. Selbst wenn nur die Königin und eine Handvoll Arbeiterinnen überlebt haben, macht sich dieses Häufchen daran, ein neues Nest, meist unmittelbar neben dem alten Standort, zu bauen.

„Norwegische" Nester sind etwa so groß wie die der Sächsischen und der Mittleren Wespe, aber Rekordbauten aus England enthielten auch schon 4078 Zellen!

Auch bei Wespen gibt es Rekordbaumeister: Wer in einem geschützten Gebüsch ein überdimensioniertes Wespennest findet, hat ein Bauwerk der Norwegischen Wespe vor sich.

Sächsische Wespe
Dolichovespula saxonica

Sächsische Wespen sind nicht so wetterfest wie Mittlere Wespen. Ihre Nester von zehn bis fünfzehn Zentimetern Durchmesser brauchen Schutz vor Regen und vor allzuviel Sonne, andererseits ist die Brut sehr wärmebedürftig. Gelegentlich bauen die Tiere im Freien, an der regengeschützten Unterseite von Laubbaumästen. Der ideale Brutplatz aber, der alle Wespenwünsche erfüllt, ist das Halbdunkel geschützter Dachböden und Schuppen, wo sie ihre Papierkugel gern an Dachsparren aufhängen. Wespennester am Haus wurden fast immer von der Sächsischen Wespe gebaut.

Ein Wespennest am Haus? Einen Sommer lang hing ein solcher Papierballon zwei Meter über unserem überdachten Frühstücksplatz. Die Wespen gewöhnten sich bald an unsere Anwesenheit und wir uns umgekehrt an ihre. Nicht einer wurde gestochen.

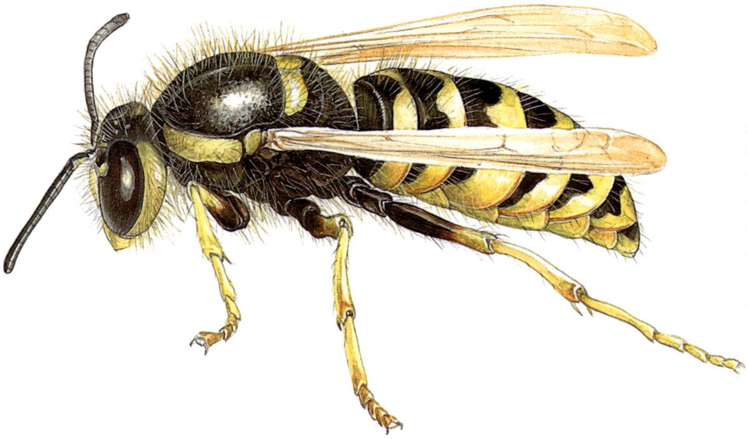

Wohl die „häuslichste“ unter ihresgleichen ist die Sächsische Wespe, die vor allem trokkene Dachböden schätzt, um ihre kugeligen Nester unter Dach und Fach zu bekommen.

Deutsche Wespe
Paravespula germanica

Deutsche Wespen beziehen oft verlassene Mauselöcher, erweitern sie etwa einen Meter vom Eingang entfernt zu einer unterirdischen Höhlung und bauen dort ihr Nest hinein. Bröckchen für Bröckchen wuchten die Arbeiterinnen den Bauaushub mit den Kiefern aus der Röhre und tragen ihn fliegend einige Meter vom Nest fort.

Auch Deutsche Wespen haben sich auf das Wohnungsangebot des Menschen eingestellt. Sie nehmen statt Mauselöchern gern bequeme „Kunsthöhlen“ an, soweit es nur dunkel genug darin ist. So beziehen sie bereitwillig leere flache Kisten, in die sie dann kein rundes, sondern ein Ufoförmiges Nest bauen.

Deutsche Wespen sind für ihren Hang zu gigantischen Bauten bekannt. Ein Nest von 20 mal 30 Zentimetern wäre noch guter Durchschnitt; bei Budapest indessen wurde ein Ballon gefunden, der 51x69x91 Zentimeter maß, elf Waben-Stockwerke enthielt und im September schätzungsweise 60000 Wespen beherbergte.

Man muß schon ein wenig Experte sein, um Wespen sicher zu bestimmen: Die Deutsche Wespe trägt eine stilisierte Dreizackkrone über den Fühleransätzen.

Gewöhnliche Wespe

Paravespula vulgaris

Die Gewöhnliche Wespe bezieht gern verlassene Maulwurfs- oder Mäusegänge. Unterirdische Siedlungen sind meist gut gegen Temperaturschwankungen isoliert.

Auch die Gewöhnliche Wespe erweitert verlassene Maulwurfs- oder Mäusegänge für ihre großen Nester. In dem Maße, wie das Nest wächst, erweitern die Arbeiterinnen auch den unterirdischen Hohlraum. 20x30 Zentimeter mißt das fertige Bauwerk im Schnitt, und 2000 Wespen stark kann ein Staat werden.

In verschiedenen Brauntönen schattiert, weicht der Bau der Gewöhnlichen Wespe von dem Grau der meisten anderen Wespennester ab. Die Farbe entsteht, weil diese Art nicht die grauen Fasern verwitterter Bretter zerkaut, sondern sich an morsches Holz als Baustoff hält. Holzmulm enthält keine langen, elastischen Fasern, so daß die Nester der Gewöhnlichen Wespe weit brüchiger sind als etwa die der Dolichovespula-Verwandten.

Ein gut isoliertes Nest der Gewöhnlichen Wespe hält eine mittlere Temperatur von 30 Grad und weicht um nicht mehr als 2,5 Grad von diesem Normwert ab.

Lehmwespe

Odynerus spinipes

Schon mancher Gartenfreund mit Blick fürs Detail mag sich über eine Art Mini-Ufo (unidentifiziertes Flugobjekt) gewundert haben: etwas Wespiges mit großem Unterbau. Vermutlich war es ein Hautflügler der Familie Eumenidae, eine Lehmwespe, die ein per Stich gelähmtes Insekt in ihren Bau trug. Bioniker – das sind Wissenschaftler, die aus den Baumustern der Natur technische Konstruktionen ableiten wollen – versuchen diese Tragleistung zu kopieren; doch den Hubschrauber, der weit mehr als sein Eigengewicht schleppt, gibt es noch nicht.

Die Lehmwespe vollbringt noch andere bemerkenswerte Leistungen. Die betäubte Beute, vorzugsweise „handliche" Schmetterlingsraupen, zerrt sie durch ein selbstgebautes Lehmröhrchen (abwärts geneigt, damit es nicht hineinregnet) in das kleine Labyrinth ihrer Brutkammern, das vorzugsweise in Lehmwänden angelegt wird.

In jeder Brutkammer, die sich tropfenförmig erweitert, hat sie ein Ei mit einem Faden an der Decke befestigt. Schlüpfen die Lehmwespenlarven, finden sie reichlich Frischfleisch vor, das (da die erbeuteten Raupen ja nicht tot, sondern nur gelähmt sind) auch bei etwas längerer Lagerung nicht verwest. Einige Arten verschließen den Ausgang der Brutkammer, wenn sie die Nachkommenschaft gut versorgt wissen. Warum sie das tun, ist unklar; man könnte vermuten, daß dank dieser Technik Parasiten ausgesperrt werden.

Hut ab vor der Transportkapazität der Lehmwespe, die ihre betäubte Beute auch weite Strecken durch die Luft trägt, um sie dann in ihre Brutkammer zu zerren.

Grabwespe
Oxybelus uniglumis

Den Sammelnamen Grabwespen finden Jacobs/Renner („Biologie und Ökologie der Insekten") wenig passend, denn lange nicht alle der bekannten 260 mitteleuropäischen Grabwespen graben. Doch alle pflegen sie die Vollwert-Ernährung ihres Nachwuchses (s. a. Lehmwespe), wobei Grabwespen ein schier unglaubliches Beutespektrum haben. Hier eine Auswahl: Heuschrecken, Schaben,Wanzen, Zikaden, Maulwurfsgrillen, Blattläuse, Blattwespenlarven, diverse Käfer und Bienen, Mücken und Fliegen. (Übrigens: Die verwandten Wegwespen haben sich ganz auf Spinnen kapriziert).

Der Fliegenspießwespe gab ihre eigenartige Fangtechnik den Namen. Die Beute wird am Hüftansatz gestochen. Das allein ist noch nicht verwunderlich, sticht man doch zweckmäßigerweise da, wo die Chitinhaut etwas faltig ist und gutes Durchkommen erleichtert.

Doch diese Wespe läßt – anders als andere – den Stachel stecken und transportiert das Opfer aufgespießt im Flug oder zu Fuß in die Brut- beziehungsweise Speisekammer. Manche Arten entfernen vorher noch sperrige und ungenießbare Teile wie Flügel oder Beine. Im Vorwärtsgang wird das Opfer ins Nest bugsiert (nahe Verwandte benutzen den Rückwärtsgang).

Die Grabwespe heißt mit Zweitnamen Fliegenspießwespe: Die betäubte Beute wird aufgespießt und abtransportiert.

Sandknotenwespe
Cerceris arenaria

Mit bis zu 17 Millimetern gehört die Sandknotenwespe zu den größeren der mitteleuropäischen Cerceris-Arten. Gerade ihr kann es verhältnismäßig leicht passieren, mit den bisweilen lästigen Besuchern von sommerlichen Kaffee- und Kuchentafeln verwechselt zu werden.

Der deutsche Name des Tieres ist recht informativ: Zum einen baut die Sandknotenwespe tatsächlich im lockeren Sand, wobei das Material mit dem Hinterleib aus dem Bau geschoben wird. Und zum anderen ist „Knoten" eine recht treffende Beschreibung der Hinterleibsegmente, die leichte Einschnürung erkennen lassen – fast wie die Außenwände alter Klinker-Bootsrümpfe. Während sich die meisten der zehn mitteleuropäischen Cerceris-Arten sehr gut auf den Fang von Solitärbienen verstehen, hat sich die Sandknotenwespe auf Rüsselkäfer verlegt. Das macht Diese Wespe sicherlich auch jenen sympathisch, die zur Tierliebe immer einen guten Grund brauchen: Jeder Apfelblütenstecher (Anthonomus pomorum), der keine Apfelblüten sticht, sondern selbst gestochen wird, ist eine kleine Gratifikation an die Freunde der im eigenen Garten gereiften Äpfel.

Der kundige Besitzer von Apfelbäumen schätzt die Sandknotenwespe, denn zu deren Beutespektrum gehört die Larve des Apfelblütenstechers.

Blattlaus-schlupfwespe

Aphidius spec.

Meistens tun einem die Pflanzen leid, die von Blattläusen heimgesucht werden, manchmal kann einem aber auch eine Blattlaus leid tun. Sieht man ein Exemplar, das „starr und wie kugelig aufgeblasen“ (Franz Bachmaier in Grzimeks Tierleben) dahockt, darf man sicher sein, daß es von einer Schlupfwespe angestochen wurde. Im Leib des unfreiwilligen Wirtes wächst, wohlgenährt durch die Blattlaus-Innereien, eine Aphidius-Larve heran.

Damit aber diese „Implantation“ gelingen kann, muß die Laus zuvor perfekt „geimpft“ worden sein. Die Blattlausschlupfwespen haben zwei sogenannte „Haltegabeln“, die den Legestachel beidseits überragen. Mit Hilfe dieser Fixiervorrichtung gelingt es der Wespe, die ideale Einstichstelle zu treffen: den Punkt, wo ein Blattlausbein per Gelenk an den Körper ansetzt.

Der Trick bei der Sache: die infizierte Blattlaus muß lange genug leben, damit der Wespennachwuchs sich entwickeln kann. Die fertige Larve nagt sich einen Ausgang aus der zur Mumie erstarrten Blattlaushaut und verpuppt sich im Freien. Manche Arten fesseln dabei mit ihren Kokon-Gespinstfäden ihre Ex-Wirte an die Unterlage und verpuppen sich unter deren nun leeren Hüllen.

Ein Wettlauf um Leben und Tod: Die Blattlaus, die – von der Blattlausschlupfwespe „geimpft“ – der Wirt der Wespenlarve ist, muß so lange überleben, bis die heranwachsende Wespe fertig entwickelt ist.

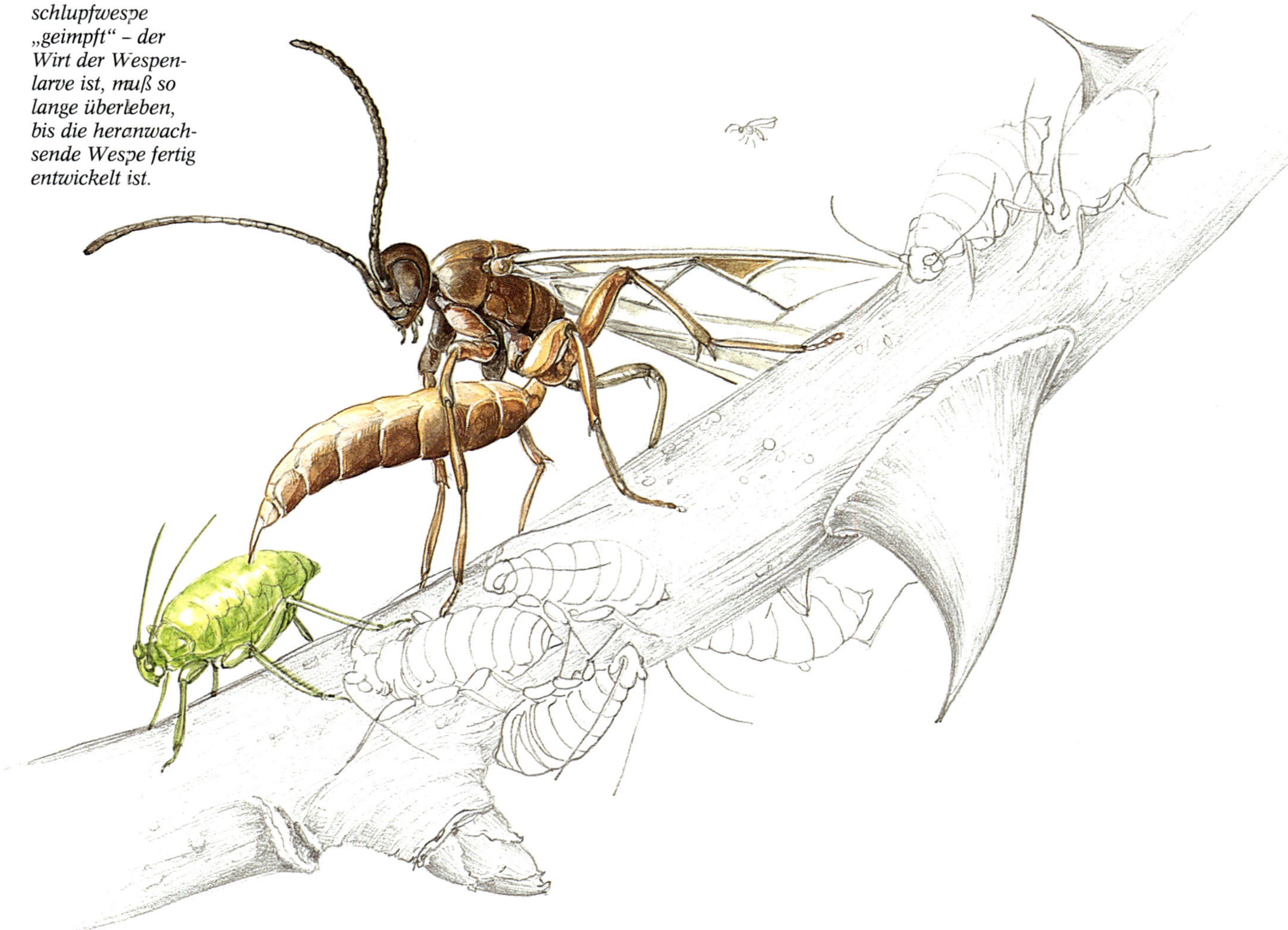

Weißlingsschlupfwespe
Apanteles glomeratus

Wer über seinem Sommerbeet Insekten im Schwarm auf- und abtanzen sieht, kann schon leicht irritiert sein: Ist das nicht das Verhalten von Mückenmännchen? Aber andererseits sind die Tänzer zu klobig, haben nichts von dem feinen Auf- und Abgewebe der Mücken!

Merke: auch Brackwespen (zu deren Familie die Weißlingsschlupfwespen gehören) pflegen den Männertanz.

Weißlingsschlupfwespen haben gegenüber ihrer weitläufigen Schlupfwespenverwandtschaft einen erheblichen Vorteil: Die Tiere sind nicht auf wenige oder gar nur einen Wirt für ihren Nachwuchs festgelegt; die Larven der Weißlingsschlupfwespe ernähren sich keineswegs nur in den Raupen von Weißlingen, man fand sie in rund 50 verschiedenen Schmetterlingsarten. Die geschlüpften Larven verpuppen sich meist in gelblichen Kokons auf der leergefressenen Raupenhülle. Sehr zur Freude des Nutzgärtners, für den nur ein toter Kohlweißling ein guter Kohlweißling ist.

Ihre Beutevorliebe führt sie im Namen; die Larven der Weißlingsschlupfwespe dezimieren die Raupen des Kohlweißlings.

Holzschlupfwespe
Rhyssa persuasoria

Sie ist schon ein Lehrbeispiel für werkzeugkunde: Wie kann man in absoluter Leichtbauweise einen Bohrer für höchste Ansprüche herstellen? Der Legebohrer der Holzschlupfwespe ist so ein Baumuster der Natur, das genaueres Hinsehen verdient, muß er doch einige Zentimeter Holz durchdringen, um die versteckten Larven von Holzwespen oder Bockkäfern zu erreichen. Das allein würde natürlich nicht genügen, denn der Bohrer ist ja zugleich die Kanüle, durch die ein Wespenei in den Körper einer Holzwespenlarve gesenkt wird.

Also, um das Problem zu vermenschlichen: Man stelle sich einen Stahlbohrer vor, der zugleich Hohlnadel ist – wie soll das funktionieren, ohne daß sich der Hohlraum bei der Arbeit mit Bohrsubstanz füllt? Das Wespenweibchen bohrt die längste Zeit (der etwa dreißigminütigen Operation) mit umhülltem Legestachel.

Ein anderes Problem und seine Lösung: Das Instrument muß lang und dennoch leicht zu transportieren sein. Der mehr als körperlange Legestachel der Holzschlupfwespe ist ein ausklappbares Instrument, ideal für die Wespe aus der mit 3000 mitteleuropäischen Arten sehr weitläufigen Ichneumonidae-Familie. Bliebe die Frage: Woher weiß das legebereite Weibchen, wo man bohren muß? Ein duftender Pilz, der sich im Fraßmehl der Holzwespenlarve ansiedelt, verrät der Wespe durch seinen Geruch den unfreiwilligen Wirt.

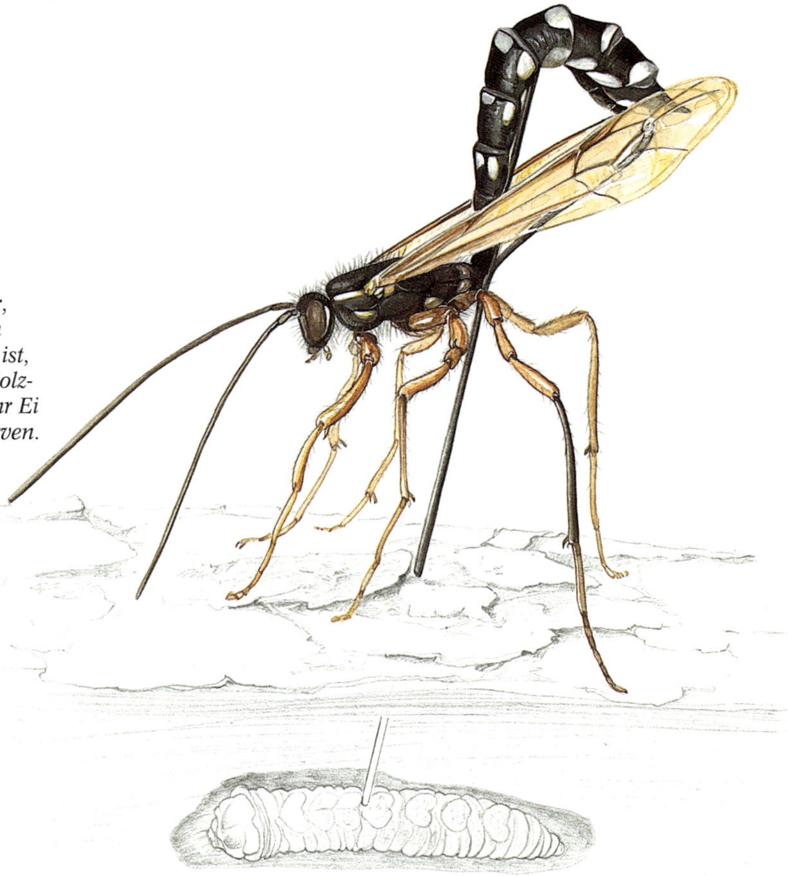

Mit dem Bohrer, der zugleich ein Eierlegestachel ist, deponiert die Holzschlupfwespe ihr Ei in Bockkäferlarven.

Ameisen

Im Bernstein-Nationalmuseum in Litauen hat die Führerin auf die Standardfrage, was denn das kostbarste Stück der Sammlung sei, eine kluge Antwort: „Eine langweilige Frage, fragen Sie lieber nach dem wunderbarsten Stück." In einem honigfarbenen Tropfen schwebt eine Ameise – seit etwa 120 Millionen Jahren, 118 Millionen Jahre länger, als es Menschen gibt. Das Tier ist keineswegs ein primitives Vorläufermodell; allenfalls Experten können erkennen, daß das Naturpräparat keiner der (weltweit) knapp zehntausend Arten absolut ähnlich ist. Ihr erdgeschichtliches Alter ist eine Bedingung dafür, daß Ameisen so vielfältige und subtile Verhaltensmuster entwickeln konnten. Da wäre die höchst bemerkenswerte Brutpflege: Die Larven werden umgebettet und saubergeleckt, Pilze oder Bakterien haben keine Angriffspunkte. Hygiene gehört zur Brutpflege, und mit 50 Prozent Erfolg (also jede zweite Larve wächst zur Ameise heran) übertreffen die Insekten fast alle Säugetiere.

Nicht minder verblüffend ist ihre Lebenserwartung: Ameisen können durchaus etliche Jahre alt werden. Der Fall einer Ameisenkönigin, die in Gefangenschaft fast 29 Jahre alt wurde, ist verbürgt. Warum dieses im Weltreich der Insekten höchst bemerkenswerte Alter? Setzen staatenbildende Insekten nicht eigentlich auf schiere Masse? Es gibt bisher keine befriedigende Antwort. Eine eher tastende Erklärung: Ameisen sind durchaus lernfähig, so daß es sich für die Arterhaltung günstig auswirken kann, wenn der Zeitraum, in dem bestimmte „Erfahrungen" weitergegeben werden können, lang ist.

Das eigentliche Erfolgsrezept der fleißigen Tiere („Gehe hin zur Ameise, du Fauler", Sprüche Salomons) heißt: ausgepichte Arbeitsteilung. Die Experten sprechen von „Kasten". Da gibt es die Geschlechtstiere, die kurzlebigen Männchen und die Weibchen, denen ein einmaliger Spermaschub für ein langes Ameisenleben reicht. Und die große Zahl der Neutra, die Arbeiterinnen und Soldatinnen ... Halt, schon wird es ungenau: Fällt nämlich die Königin aus, können plötzlich auch Arbeiterinnen Eier legen, aus denen geflügelte Geschlechtstiere (über das Larven- und Puppenstadium) heranwachsen. Und bei etlichen Arten nimmt die Königin durchaus an „banaler Arbeit" teil. Die Kasten, so der Name für die einzelnen „Berufsgruppen", sind klar definiert, von Fall zu Fall aber verschiebbar. Bei manchen Arten sind die Männchen, bei anderen die Weibchen, bei vielen beide flugfähig. In keinem Fall aber kommt eine Art ganz ohne mobile Geschlechtstiere aus.

Als „flexibel" erweisen sich die Ameisen auch im Umgang mit anderen Tieren. Es gibt keinesfalls nur Beute und Feinde. Etliche Arten gehen Symbiosen mit Schmetterlingsarten ein, deren Raupen sie abmelken, und die Blattlaushaltung im Ameisenstaat ist den meisten Menschen vom Hörensagen bekannt.

Neuere Forschung stellt nicht selten auch das Einleuchtende in Frage. So war man sich lange sicher, daß sich die Ameisen beim sogenannten „Betrillern" Informationen zumorsen. Neuerdings neigt die Wissenschaft dazu, auch den Pheromonen, komplizierten Botenstoffen, eine Schlüsselrolle in der „Ameisensprache" zuzuschreiben. Gesichert ist aber wohl, daß Ameisen keineswegs auf ein „Suchsystem" angewiesen sind; außerhalb des Nestes können sie sich nachweislich an Gegenständen, Lichtquellen, der Schwerkraft oder Duftspuren orientieren.

Gelbe Wiesenameise
Lasius flavus

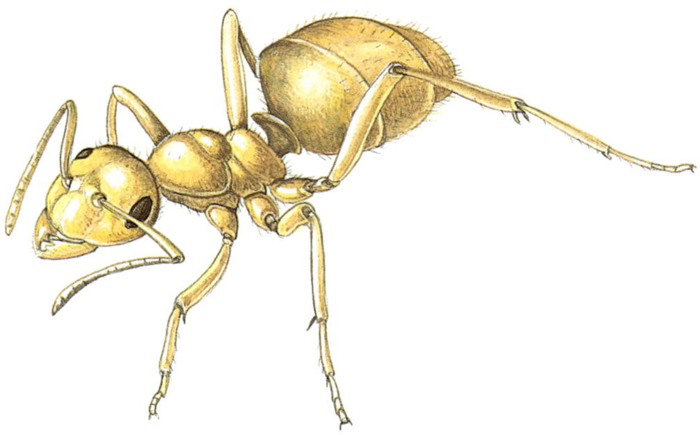

Nutztierhaltung unter der Grasnarbe: Die Gelbe Wiesenameise hält sich Wurzelläuse, die ihr Honigtau liefern.

Die blaßgelben, 2 bis 4,5 Millimeter großen Tiere fühlen sich im Wurzelwerk unserer meist trockenen Rasen recht wohl, obwohl auch feuchte Standorte sie keineswegs abschrecken.

In verzweigten Erdnestern bauen sie Staaten mit bis zu 20000 Individuen auf, wobei sich mehrere Nester zu einer Kolonie verbinden.

Ihre Standardnahrung ist der Honigtau von Wurzelläusen.

Für deren Nachwuchs übernimmt die Gelbe Wiesenameise sogar Ammendienste. Wurzellaus-Eier werden abgesammelt und in den relativ warmen Ameisen-Nestern überwintert. Im Frühjahr werden die geschlüpften Läuse wieder an die Wurzeln gesetzt, damit sie „Ameisenmilch" geben.

Schwarze Wegameise
Lasius niger

Die Art hat sich zu einem „Gartenliebhaber" entwickelt; ihre Lieblingsspeise ist der süße Kot der Schwarzen Bohnenblattlaus, den sie durch Fühlertrillern den Produzenten abverlangen. Manche Kolonien sind sogar zur Haustierhaltung übergegangen: In ihren Nestern – meist unter Steinen und Wegplatten – halten sie Blattläuse, die sich von Wurzelsaft ernähren.

Von Schwarzen Wegameisen ist ein bemerkenswertes Phänomen der „Thron-Erschleichung" bekannt. Eine fremde Lasius umbratus-Königin dringt in eine Kolonie von Lasius niger ein. Normalerweise müßte so etwas mit dem Tode bestraft werden. Aber Umbratus streichelt die prüfenden Arbeiterinnen mit ihren Antennen. Nach und nach, so scheint es, nehmen immer mehr Schwarze Wegameisen den Fremd-Duft an. Oder ist es umgekehrt? – Die fremde Königin legt sich den neuen Stockgeruch zu?

Jedenfalls wird die angestammte Königin vernachlässigt und schließlich getötet, nachdem sich die Kolonie langsam von einer Art zur anderen hinüberentwickelt hat.

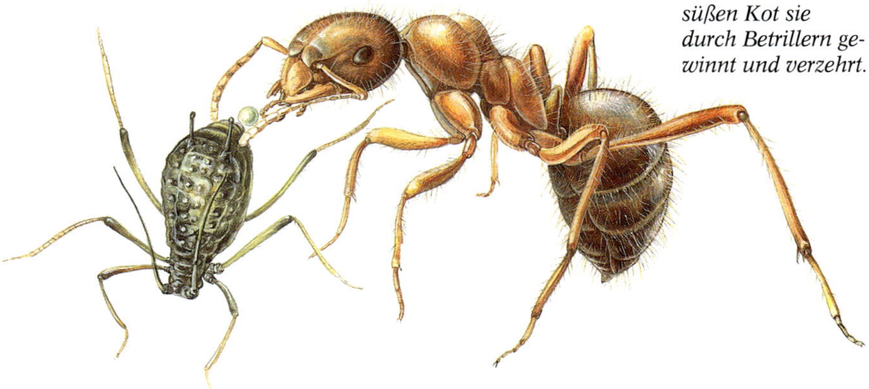

Die Schwarze Wegameise greift sich gern Exemplare der Schwarzen Bohnenblattlaus, deren süßen Kot sie durch Betrillern gewinnt und verzehrt.

Holzameise
Lasius fuliginosus

Die glänzend schwarze Holzameise baut aus zerkautem Holz Kartonnester, die von feinen Galerien durchzogen sind. Sie scheint „sprachbegabter" zu sein als die meisten ihrer Verwandten: „Sie versteht" einige Duftstoffe anderer Arten, ohne daß andererseits ihre Duft-Nachrichten von denen entschlüsselt werden könnten. Holzameisen haben der Forschung ein gutes Stück vorangeholfen.

Mittels sensibler Technik fand der Ameisenexperte Klaus Dumpert heraus, daß eine bestimmte Alarmsubstanz (namens Undecan) von den Sinneszellen an den Fühlern schon in einer aberwitzig geringen Konzentration wahrgenommen wird. Dagegen: Auf eng verwandte Alarmstoffe reagierten die Testtiere erst bei sehr hohen Konzentrationen.

Es zeigte sich also, daß bestimmte systematische Gruppen in der Ameisen-Großfamilie eine jeweils typische Empfänglichkeit für ganz bestimmte Botenstoffe entwickelt haben.

An Holzameisen erforschten Experten die unvorstellbar hohe Sensibilität, die bestimmte Arten für ihre Duftsprache entwickelt haben.

Käfer

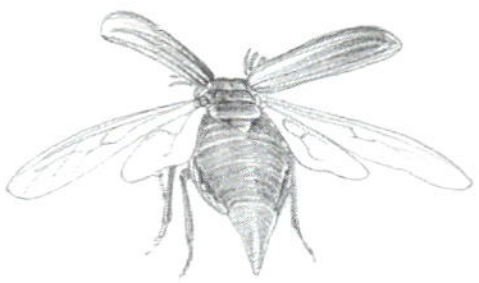

Käferforscher haben noch viel vor sich: Allein in Mitteleuropa sind 5600 Käferarten bekannt, 350 000 Arten sind es weltweit – aber das ist nur eine Momentaufnahme, denn ständig werden neue, bislang unbekannte Arten beschrieben.

Wenn Kinder Käfer zeichnen, kommt meistens ein Tier heraus, das in etwa einem Maikäfer ähnelt: längliche Form, kurze Fühler und robuste Flügeldecken, der Normkäfer sozusagen. Aber Käfer sind nicht nur artenreich, sie haben im Laufe der Evolution auch eine verwirrende Formenvielfalt entwickelt. Laufende Kugeln finden sich ebenso wie stabförmige Geschöpfe, halbkugelig gewölbte ebenso wie blattartige oder walzenförmige. Die Beine können spinnenartig langgestreckt, mit sonderbaren Auswüchsen bestückt oder mit kammartigen Gebilden besetzt sein. Die Fühler sind bei manchen Arten ausladend wie Bockshörner, bei anderen ähneln sie kleinen Keulen. Manche sehen aus wie Ameisen, andere wie borstige Nadelkissen oder einfach wie ein Stück Flechte.

Käfer sind die artenreichste Gruppe des Tierreichs. Ihr Geheimnis: Vom unspezialisierten „Normkäfer" ausgehend standen ihnen alle Wege offen. Und die haben sie eingeschlagen.

Marienkäfer

Coccinella septempunctata

Es steht inzwischen in jedem Gartenbuch: Marienkäfer (70 Arten allein in unseren Breiten!) und ihre Larven sind ein verträgliches „Gegenmittel" für Blattläuse.

Weltweit sind bisher etwa 4250 Marienkäferarten bekannt, und laufend werden neue entdeckt. Allein auf dem Gebiet der alten Bundesrepublik finden sich 70 verschiedene Arten mit wechselnder „Punktzahl" auf den gelben, roten oder schwarzen Flügeldecken. Der Marienkäfer schlechthin aber, der Prototyp, ist der Siebenpunkt, auch liebevoll Herrgottskuh, Jungfrauenvogel oder Sonnenkälbchen genannt. Kapitale Exemplare werden fast einen Zentimeter groß. Weißliche Marienkäfer sind übrigens keine besonders seltene Art, sondern frisch geschlüpfte Jungtiere. Zwei bis drei Tage dauert es, bis sich die typisch leuchtendrote Färbung ausgeprägt hat. Und Tiere mit nur zwei Punkten sind nicht etwa zwei Jahre alt, sondern gehören zu einer völlig anderen Art.

Biologen sagen, der Siebenpunkt bevorzuge die Krautschicht der Felder als Lebensraum, aber aus der Sicht der Käfer taugt offenbar auch eine Blumenrabatte oder sogar ein Pflanzenkübel als Wohnort. Wichtig ist vor allem der Vorrat an Blattläusen, denn ein erwachsener Marienkäfer verspeist täglich rund 100 Läuse. Auf der Suche nach Blattlauskolonien müssen die Tiere buchstäblich mit Gefühl vorgehen: Erst wenn sie eine Blattlaus berühren, erkennen sie diese als Beute. Beim ersten „Treffer" suchen sie in der näheren Umgebung nach weiterem Futter und ernten so im Idealfall die ganze Läusekolonie ab.

Da auch die Käferlarven „mit Gefühl" nach Blattläusen jagen, legen die Käferweibchen ihre Gelege mitten in Läusekolonien ab. Drei Wochen und 420 Blattläuse braucht jede der graublauen Larven im Schnitt, bis sie reif für die Verpuppung ist.

Kürzere Tage (weniger als 12 Stunden Tageslicht) und sinkende Temperaturen machen den Siebenpunkt unruhig: Er läßt sich fliegend vom Feld in busch- und baumbestandenes Gelände verdriften und sucht dann unter Moos, Rinde oder Steinen nach einem Überwinterungsquartier: An bewährten Plätzen, wo es schon „nach Marienkäfer" riecht, treffen sich die Käfer mit Hilfe ihres Geruchssinnes in Scharen zum Überwintern. Bis zur Hälfte ihres Körpergewichts bestehen die Tiere jetzt aus Fett, ihrer einzigen Energiequelle bis zum Frühjahr.

Marienkäfer sind beliebt, weil sie hübsch aussehen. Im Grunde aber sind die roten Flügeldecken nicht Schmuck, sondern Warnfarbe gegen Feinde: Vorsicht, ich schmecke schlecht! Zur Bekräftigung sondern die verschreckten Tiere eine gelbliche Flüssigkeit ab, die viele Angreifer auf Distanz hält.

Geradezu berühmt wurden der Siebenpunkt und seine Verwandten als Pioniere der biologischen Schädlingsbekämpfung: Allein die Nachkommen eines einzigen Siebenpunkt-Weibchens fressen im Laufe eines Sommers an die 130000 Blattläuse. In Kasachstan befreite dieser Käfer bereits Obstgärten von Blattlausplagen. Kreuzungsversuche mit Siebenpunkten schienen sogar eine neue Käferrasse mit Riesenhunger und gewaltiger Vermehrungskraft zu schaffen, aber die hochwillkommenen neuen Eigenschaften erwiesen sich als instabil.

Rosenkäfer

Phylloperta horticola

Der Käfer, der bei flüchtiger Betrachtung ein wenig wie ein zu klein geratener Maikäfer aussieht, schätzt Rosenblüten. Erklärlich, denn Rosen sind, zum Kummer ihrer Liebhaber unter den Menschen, bei vielen Insekten begehrt. Des Käfers Rundflüge um Heuhaufen werden in der Fachliteratur dagegen nicht erklärt.

Auffällig tieffliegende Rosenkäfer sind Männchen auf Brautsuche, denn die Weibchen werden von den Männchen schon unmittelbar nach dem Ausschlüpfen aus dem Boden besucht. Eine flüchtige Begegnung, und schon zieht sich die Rosenkäferin zur Eiablage wieder ins Erdreich zurück. Die Engerlinge, die den Eiern entschlüpfen, fressen Wurzeln – leider auch die von Getreide und Klee.

Seine Vorliebe für Rosen hat der Rosenkäfer mit vielen Menschen gemein; leider auch den Appetit auf Getreide, deren Wurzeln seine Engerlinge anknabbern.

Gartenlaufkäfer

Carabus hortensis

Schon wegen seiner Beutevorliebe sollte man ihn schätzen: Der Gartenlaufkäfer läßt sich durch Schneckenschleim nicht abschrecken.

Für den Gartenlaufkäfer gilt: Was man nicht in den Flügeln hat, das hat man in den Beinen. Fliegen ist für seinesgleichen offenbar überflüssig geworden, denn tagsüber versteckt er sich unter Steinen oder Rinde, und nachts jagt er mit großem Appetit nach Regenwürmern und Schnecken, Insektenlarven und Raupen – natürlich zu Fuß. Ein Gartenlaufkäfer verspeist pro Tag mindestens das Doppelte seines Körpergewichts. Daß Regenwürmer ebenso wie Nacktschnecken beachtliche Mengen Schleim zu ihrer Verteidigung absondern, schreckt den räuberischen Käfer nicht. Er muß zwar gelegentlich eine Kampfpause einlegen, um die verklebten Kiefer zu reinigen. Aber oft besiegt er selbst Beutetiere, die weit größer sind als er.

Laufkäfer haben nämlich eine Geheimwaffe: Sie fangen schon während des Kampfes mit der Verdauung an. In die winzigen Bißwunden speien sie Verdauungssekret, das nach und nach die Beute lähmt und schließlich innerlich auflöst. Wie die Spinnen können auch der Gartenlaufkäfer und seine Verwandten nicht kauen, sondern nur Flüssignahrung schlürfen. Auch ihre Larven machen wie die erwachsenen Tiere Jagd auf die Kleinlebewelt in Bodennähe und spucken Verdauungssaft auf ihre Opfer.

Mit ihren drei kräftigen Beinpaaren graben sich die Larven bei Gefahr schnellstens in den Boden. Sind sie nach zwei Häutungen endlich verpuppungsreif, dann buddeln sie sich eine Handbreit tief unter der Erdoberfläche eine Kammer und entwickeln sich dort zum fertigen Käfer.

Eine Geheimwaffe setzen die schnellen Käfer auch gegen ihre Raubfeinde ein: Am Hinterleibende münden Stinkdrüsen, deren verspritztes Sekret Igel, Kröte und Spitzmaus den Appetit verderben soll. Eine hungrige Spitzmaus aber frißt wohl auch einen stinkenden Laufkäfer – die Chitinüberreste im Kot beweisen es. Gartenlaufkäfer sind über ganz Mittel-, Nord- und Osteuropa verbreitet und gehören glücklicherweise noch nicht zu den Aussterbekandidaten. Unsere Hausgärten sind durchaus kein Quartier zweiter Wahl für sie. Die Tiere brauchen reichlich zu fressen – im giftfreien Garten sollte das kein Problem sein. Und sie brauchen Tagesunterschlüpfe – die finden sie im Naturgarten unter jeder Königskerze.

Junikäfer

Amphimallon solstitiale

Wer den Junikäfer zur Jahresmitte sehen will, muß sich beeilen: Das Leben der fertigen Käfer ist kurz.

Zur Zeit der Sonnenwende graben sich die Junikäfer aus der Erde und schwirren bisweilen in unglaublicher Zahl umher. Ebenso plötzlich sind sie auch wieder verschwunden: Nach wenigen Tagen haben sie ihren „Auftrag" – Paarung und Eiablage – erfüllt und sterben. Die erwachsenen, gut anderthalb Zentimeter großen Käfer nagen während ihrer kurzen Lebensspanne an Kiefernnadeln und den jungen Trieben von Laubbäumen.

Die Engerlinge hingegen – sie schlüpfen im Boden nach etwa vier Wochen aus den Eiern – halten sich an Pflanzenwurzeln.

In Aufforstungsgebieten können die hungrigen Käferlarven zum Problem werden: Zwei bis drei Jahre lang fressen sie hier Jungbaumwurzeln vom Feinsten, bis sie sich zum fertigen Käfer entwickelt haben.

Zwar leben die Engerlinge im Schutz der Erde, aber gegen die Weibchen von Dolch- und Rollwespe hilft ihnen das wenig. Die nämlich graben sich zielsicher zu ihrer Beute vor, lähmen sie mit Hilfe ihres Giftstachels und kleben ihre Eier an der Engerlingshaut fest.

Die ausschlüpfende Wespenlarve findet reichlich Frischfleisch vor.

Sonstige Insekten

Nicht alles, was krabbelt, ist ein Insekt. Die kleinen Sechsbeiner besitzen, so verschieden sie sonst sind, ein gemeinsames Merkmal: Ihr Körper zeigt zwischen Kopf, Brust und Hinterleib jeweils ein deutliches „insectum“, einen Einschnitt. Und Spinnen? Keine Insekten! Sie haben zwar eine beeindruckende Taille, aber der Hals fehlt. Tausendfüßler? Gehören auch nicht zu den Insekten. Sie besitzen zwar einen deutlich sichtbaren Hals, aber der Rest des Körpers ähnelt einer (taillenlosen) Wurst.

Etwa 1,2 Millionen Tierarten gibt es auf der Erde, rund 900 000 davon sind Insekten. Als der Mensch vor etwa einer Million Jahren auftrat, bevölkerten die Insekten schon seit 350 Millionen Jahren die Erde.

Lange bevor der Mensch sich Kleidung aus Pflanzenfasern fertigen konnte, hatten Schmetterlingsraupen die Seidenherstellung erfunden. Insekten entwickelten die Injektionsspritze, beherrschen eine perfekte Bohrtechnik, konservieren ihre Vorräte, ohne sie mit problematischen Rückständen zu belasten, verarbeiten den umweltschonendsten Mörtel und stellen kunstvolle Burgen aus Naturmaterialien her. Von Insekten läßt sich lernen. Der Forschungszweig der Bionik (ein Zwitterwort aus Biologie und Technik) trägt dem Rechnung: Vorbild für so manche technische Neuheit ist heute das Know-how der Natur.

Florfliege

Crysopa perla

Der Name Florfliege bezeugt, daß nicht selten Menschen mit guter Beobachtungsgabe und Sprachwitz am Werk waren, wenn es darum ging, allerlei Getier „einzudeutschen“: Wie ein feingesponnener Flor wirkt das Äderwerk der durchscheinenden Flügel, deren dünne Chitinblättchen das Licht in alle Regenbogenfarben zerlegen.

Ehe der Goldene Herbst in den Grauen übergeht, verkriechen sich die Goldaugen (ein nicht minder zutreffender Name) hinter Türritzen, Schränken und an sonstigen geschützten Orten. Während die Elterngeneration dieser Netzflügler nur einen guten Sommermonat lebte, können es die Überwinterer durchaus auf ein knappes Dreivierteljahr bringen, sofern sie ein gutes Winterquartier gefunden haben – weder zu kalt noch zu warm. Das Angebot an Winterquartieren für das Insekt läßt sich verhältnismäßig leicht verbessern.

Die Mühe ist nicht ganz selbstlos: Die Larven – und auch die fertigen Perla-Fliegen – sind leistungsfähige Blattlausjäger, wie der französische Name Lion des pucerons (Blattlauslöwe) treffend bemerkt. Rolf Keilbach schildert das, als sei er Teilnehmer einer Expedition in den Blätter-Dschungel. „Bereits das eben geschlüpfte und ausgefärbte Lärvchen betätigt sich sogleich als Raubtier, indem es lebhaft umherläuft und nach Blattläusen sucht. Sobald es eine solche zu packen bekommt, schlägt es seine spitzen Kiefer in den Leib des Beutetieres und saugt es aus, so daß nur noch die leere Haut zurückbleibt. Es bewältigt auch Läuse, die größer als sein eigener Körper sind. Ein einmal ergriffenes Tier wird nicht mehr freigelassen … Hungrige Tiere versuchen sogar, auf die Haut gesetzt, ihre Saugzangen in die Haut des Menschen zu schlagen.“

Finden sich nicht ausreichend und schnell genug Blattläuse, behelfen sich die Larven des Goldauges kannibalisch, denn gefressen muß werden – schnell und reichlich. 450 Blattläuse soll die Larve in ihrer dreiwöchigen Entwicklungsphase vertilgen und/oder 12000 Milbeneier. Trotz dieser Freßleistung scheiden die Blattlauslöwen keinen Kot aus, er bleibt komprimiert im Körper und wird verwertet, wenn das Tier seinen Kokon spinnt.

Einige Florfliegenarten haben an der Basis ihrer Vorderflügel eine Art Fledermaus-Erkennungssystem, ein akustisches Organ, das die Ortungsschreie der Nachtjäger aufnimmt. Ist Gefahr im Verzug, versucht die Fliege im Sturzflug zu entkommen. Außerdem haben sie für akute Notfälle eine Art Geheimwaffe – eine Stinkdrüse an der Vorderbrust, die sich entleert, sobald Gefahr im Verzug ist. Diese Fähigkeit trug ihnen ihren dritten Namen, „Stinkfliege“, ein.

Der französische Name der Florfliege lautet Blattlauslöwe, womit ihre vom Gärtner sehr geschätzte Beutevorliebe treffend benannt ist. Auch die Florfliegenlarve ist auf Blattlausjagd spezialisiert.

Ohrwurm
Forficula auricularia

Ohrwürmer sind weder Würmer, noch zeigen sie eine Vorliebe für menschliche Ohren. Dafür können sie einiges, was ihnen kaum jemand zutraut. Fliegen zum Beispiel. Zwar sehen die lächerlich winzigen Flügeldecken so aus, als seien sie ein paar Nummern zu klein geraten. Darunter aber verbergen sich, kompliziert in Fächerform zusammengefaltet, große durchsichtige Flügel. Erst mit Hilfe der eigenartigen Zangenfortsätze am Hinterleibesende kann der Ohrwurm seine Tragflächen entfalten. Viel Umstand für wenig Nutzen? Der Ohrwurm fliegt so selten, daß der Vorteil des platzsparenden Faltpatents wohl schwerer wiegt als das umständliche Auspacken.

Die längste Zeit seines anderthalbjährigen Lebens verbringt ein Ohrwurm unter Steinen, Rinde oder Blättern, überall dort, wo allseitiger Körperkontakt mit „Höhlenwänden" ihm Sicherheit suggeriert. In guten Quartieren finden sich oft kopfstarke Schlafgesellschaften zusammen. Die bekannten „Ohrwurmhäuschen" – umgedrehte Blumentöpfe, mit Heu oder Holzwolle gefüllt – werden von Ohrwürmern durchweg mit „gut" bewertet. Von solchen Stützpunkten aus beginnen sie ihre nächtlichen Streifzüge. Während Forficula auricularia sich fatalerweise eher über Grünzeug hermacht, was ihm nicht eben die Sympathie der Gärtner einträgt, halten sich verwandte Arten an Insekten. Ein einziger Ohrwurm der räuberischen Arten soll in einer Nacht bis zu 100 Blattläuse vertilgen. Größere Beute nehmen die nächtlichen Jäger „in die Zange", packen sie mit dem eigenartigen Fortsatz am Hinterleib. Diese Zange ist nicht nur praktisch, sie ist – ohne Übertreibung – lebensnotwendig für die Tiere: Ohrwürmer könnten sich ohne die markante Gabel überhaupt nicht paaren. Das Männchen muß seine Partnerin mit diesem Werkzeug in Position halten, und das oft über mehrere Stunden.

Junge Ohrwürmer verleben eine außergewöhnlich behütete Kindheit. Bevor das Weibchen Eier legt, vertreibt es energisch alle Artgenossen, gräbt dann eine Grube und legt etwa 50 Eier hinein. Ständig kümmert sich die Mutter nun um das Gelege, wendet die Eier, sortiert verpilzte und verletzte aus und trägt das Gelege sogar Stück für Stück in einen besseren Schlupfwinkel, wenn das ausgewählte Versteck zu trocken zu werden droht. Ohne die intensive Pflege der Ohrwurm-Mutter – das haben Versuche eindeutig erwiesen – würden die Eier in kürzester Zeit verpilzen.

Ohrwurmlarven sehen aus wie ihre Eltern en miniature, haben allerdings noch nicht deren dunkelbraune Farbe. Um die Larven kümmert sich die Mutter ebenso sorgfältig wie zuvor um das Gelege, sie holt Junge zurück, die sich zu weit vom „Nest" entfernt haben, und verteidigt ihre Brut gegen Feinde.

Erst im Herbst ihres Geburtsjahres, nach drei Häutungen, sind die Jungtiere erwachsen, schließen sich den großen Schlafgemeinschaften an und graben sich für die kalten Monate ein Winterlager.

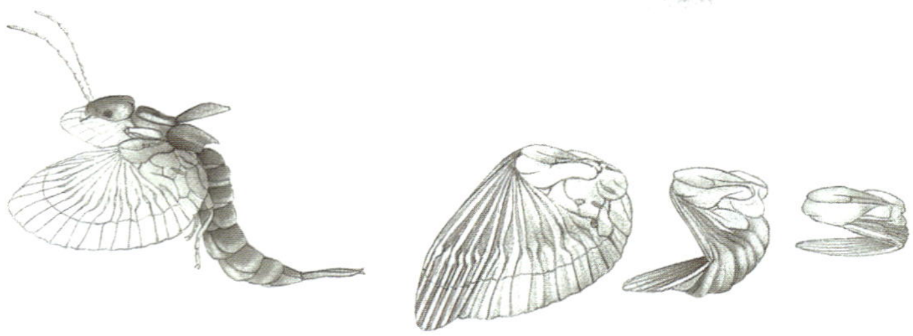

Bioniker, also Wissenschaftler, die sich bemühen, die Baumuster der Natur für die Technik zu nutzen, sind fasziniert von der Patentfaltung der Ohrwurmflügel.

Springschwanz

Tomocerus flavescens

Je länger man forscht, desto mehr Collembolenarten entdeckt man, derzeit steht die Zahl irgendwo weit jenseits der 4000. Die flügellosen Urinsekten sind wahrhaft Massentiere; ein Quadratmeter Boden ist bis in eine Tiefe von 30 Zentimetern mit zehn Gramm Springschwänzen bevölkert, entsprechend 400000 Individuen. Dennoch fielen sie dem forschenden Menschen erst relativ spät auf. Im Jahr 1673 fand sich in einer zu Wittenberg und Frankfurt am Main veröffentlichten Arbeit der Hinweis auf Insekten, die „mit dem Schnee herunterfallen". Diese Erklärung schien einzuleuchten, denn in Arbeiten, die wenig später veröffentlicht wurden, war von „Schneewürmern" die Rede – ein Name, den man im übrigen auch den Larven einiger Weichkäfer anhängte.

Schnee von gestern; aber auch heute findet man (verglichen mit der Präzision, mit der beispielsweise Schmetterlinge oder Wespen wissenschaftlich beschrieben wurden) verhältnismäßig viel Vages, wenn man sich in Springschwanz-Literatur vertieft. So ist die Formenfülle der Springschwänze offenbar atemberaubend, jeder Versuch einer auch nur groben Übersicht (in der hier gebotenen Kürze) wäre Anmaßung.

Springschwänze hüpfen überall: auf Bodenstrukturen aller Art, Bäumen, sehr gern in Vogelnestern, ferner auf Wasseroberflächen, ja sogar auf Gletschern. Flavescens, fünf Millimeter klein und grau, lebt in den oberen Bodenschichten und unter Fallaub, das ihm zugleich als Nahrung dient. Blätter mag er aber nicht am Stück, er sucht sich die zarten Gewebeteile heraus und hinterläßt nur die Adern und verhärtete Teile: Was bleibt, ist ein Spitzendeckchen in Blattform. Gärtner, die auf gute Bodenqualität Wert legen, können von den „Humusbildnern" nicht genug bekommen.

Bei Springschwänzen gibt es Zwerge und Riesen: zwischen 0,2 und 6 Millimeter können sie messen. Das heißt, das Verhältnis zwischen riesenwüchsigen Springschwanz-Arten und zwergigen entspricht etwa dem zwischen Mensch und Zauneidechse.

Was das Tasten und Riechen anbelangt, sind diese Urinsekten alles andere als primitiv. In Finsternis oder Dämmerlicht (etliche Arten leben, wie gesagt, auch streng oberirdisch) reichen diese beiden Sinneswahrnehmungen, um sich zurechtzufinden. Die Augen sind bei den Unterirdischen meist schwach entwickelt oder fehlen ganz.

Unter allen Absonderlichkeiten die vielleicht unterhaltsamsten: Einige Collembolenarten setzen ihre Samenkapseln in die Landschaft und jagen die geschlechtssensiblen Weibchen über dieses samenverminte Feld. Andere Arten vollführen, wenn sie sich in der arttypischen Weise mit der Springgabel hochschnellen, einen Salto. (Die guten Springer sind logischerweise oberirdische Arten, unter Tage kann man keine großen Hopser machen.)

All das ist vielleicht nicht so wichtig wie der Nutzeffekt. Viele Springschwänze sind nachgerade der Beweis für hohe Bodenqualität: Die Summe macht's.

Die überaus arten- und individuenreichen Springschwänze darf man getrost zu den „Nutztieren" zählen; sie haben wichtige Schlüsselpositionen bei der „Herstellung" hochwertigen Bodens.

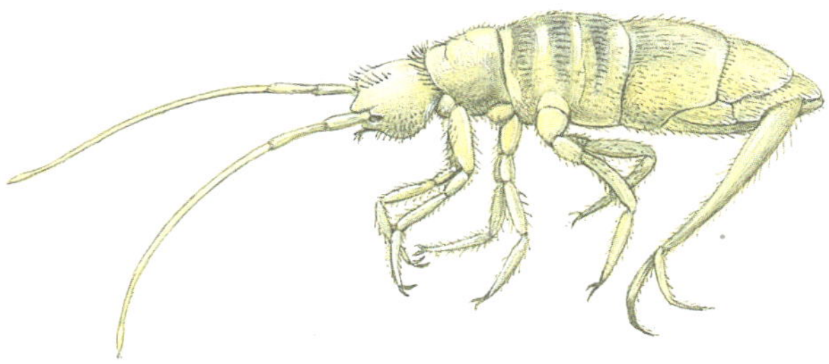

Blattlaus-schwebfliege

Syrphus ribesii

Schwebfliegen sind Darsteller: Es gibt Arten, die mit ihrem Äußeren Honigbienen oder Hummeln täuschend echt imitieren. Die Blattlausschwebfliege, etwa so groß wie eine zartgliedrige Fliege und mit dem typischen schwarz-gelbgestreiften Hinterleib der Wespen, kann von einem flüchtigen Beobachter leicht für eine Vertreterin der wehrhaften Hautflügler gehalten werden. „Mimikry" ist der Fachausdruck für diese Maskerade: Harmlose Arten verkleiden sich quasi als giftige, wehrhafte oder ungenießbare Arten und profitieren so vom Schutzstatus der Vorbilder. Für die Blattlausschwebfliege ist die Wespe der Schutzpatron.

Artenreiche Blütenflora am Haus ist für sie eine sichere Lebensgrundlage, wobei eine auffällige Vorliebe ihr auch den Zunamen „Johannisbeerschwebfliege" eingetragen hat. Blattlausschwebfliegen verraten dem informierten Beobachter, was sie vorhaben. Fliegen sie – häufig unterbrochen vom typischen Schwirrflug auf der Stelle – unmittelbar über den Blütenhorizont hinweg, sind sie fraglos auf Nahrungssuche. Gelbe Blüten üben offenbar besondere Anziehungskraft aus. Tiere dagegen, die Stengel und die unteren Blattregionen umschwirren, suchen Eiablageplätze – geben sich also als weibliche Tiere zu erkennen.

Für männliche Fliegen ist der sogenannte „Lauerflug" in einiger Höhe über der Futterpflanze typisch. Schwebfliegen-Experte Olaf Bastian beschreibt diesen Warte- und Blitzstart-Flug so: „Sie schweben minutenlang in der Luft, ohne den Platz zu ändern. Im blitzschnellen Fluge jagen sie allen größeren fliegenden Insekten nach, folgen ihnen eine kurze Strecke und kehren mit großer Präzision wieder an die alte Stelle zurück, sofern sie nicht zufälligerweise einmal auf ein Weibchen der gleichen Art gestoßen sind ..." Einige Schwebfliegenarten lassen sich sogar durch kleine geworfene Steinchen aus der Reserve locken.

Wer so gekonnt fliegt, ist nicht darauf angewiesen, die kalten Monate auszusitzen. Viele Schwebfliegenarten gehen im Herbst regelrecht auf Wanderung in wärmere Gebiete. Ein Kenner der Materie berichtet, daß an einem Augusttag innerhalb einer Stunde 10000 Schwebfliegen über den Krinnenpaß in den Schweizer Alpen gezogen seien – wie auch immer er das ausgezählt haben mag. An markierten Tieren zeigte sich, daß die Langstreckenflieger pro Tag zwischen 50 und 100 Kilometer bewältigt hatten.

Die Mehrzahl der Schwebfliegen-Arten aber überwintert als Larve und verpuppt sich im Frühjahr. Die Überwinterungsorte sind noch nicht systematisch erforscht. Mauerspalten und Fensterritzen dürfen aber als genehme Winterquartiere gelten. Larven der Blattlausschwebfliege, die im Herbst mit den Blättern von den Bäumen fallen, überstehen die kalte Jahreszeit offenbar gut in Laubhaufen. Wer also im Spätherbst nicht jedes herabgefallene Blatt seines Gartens verweist, tut indirekt etwas gegen zu viele Blattläuse im kommenden Sommer.

Schwebfliegen haben eine Schlüsselrolle im Stoffkreislauf der Natur: Als Pollenüberträgern bei Obstbäumen, Beerensträuchern, Gemüse, Feldfrüchten, Blumen sichert ihnen allein schon ihre Häufigkeit so etwas wie „wirtschaftliche Bedeutung" für den Menschen. Aber das ist nicht ihr einziger Pluspunkt.

Im Larvenstadium erweist sich diese Schwebfliege als effektvoller Blattlausjäger. Mit preiswürdigem Forscherfleiß wurde 1966 ausgezählt, daß der Larvennachwuchs eines einzigen Ribesii-Weibchen 2162576 Blattläuse vertilgte (zum Vergleich: der Nachwuchs einer Marienkäferin brachte es auf 129780).

Der Erfolg der schnellen Fliege hat eine Erklärung: Die Weibchen deponieren ihre Eier optimal in den Kolonien der Saftzapfer. Die augenlosen Larven müssen sich ihre Beute ertasten, die Opfer werden auf die Mundhaken gespießt und ausgesaugt. Manche Larven sind über und über behängt mit den leeren Körperhüllen von Blattläusen.

Im Frühjahr können die Schwebfliegen ihren Heißhunger auf Pollennahrung (das Kraftfutter ist für sie unerläßlich, um zur Geschlechtsreife zu kommen) noch nicht in den Feldern decken, dann sind die Frühblüher ums Haus ein optimales Angebot.

Die Blattlausschwebfliege ist ganz auf Verwechselung angelegt: Sie profitiert davon, daß sie von potentiellen Feinden mit den wehrhaften Wespen verwechselt wird.

Graue Kohlschnake

Tipula oleracea

Die langen, dünnen Beine der Kohlschnaken haben mehrere Sollbruchstellen, an denen sie abbrechen, falls ein Feind eine der Gliedmaßen zu fassen bekommt. Dank ihrer langen Stelzen sind Schnaken selbst im windbewegten Gräserwald recht fußfertig: die Beine balancieren, der Körper bleibt fast unbewegt.

Wir bekommen Kohlschnaken meist zu Gesicht, wenn sie sich, vom Licht verlockt, abends in ein beleuchtetes Zimmer verirrt haben. Oder wir sehen sie im unsicheren Torkelflug über den Gräserwald taumeln. Diese Taumler sind fast immer Weibchen auf der Suche nach einem geeigneten Platz für die Eiablage. Sind sie fündig geworden, stechen sie den Legebohrer ein und deponieren ihre Eier im lockeren Erdreich. Im Laufe eines Sommers bringen sie es so auf bis zu 1000 Eier.

Die erwachsenen Tiere haben trotz des irreführenden Namens nichts mit den lästigen Blutsaugern zu tun, die im Schwäbischen Schnake heißen. Ihre Mägen sind auf Blutnahrung gar nicht eingerichtet, ihre Rüssel können nicht einmal stechen, sondern nur Wasser und Nektar auflecken.

Die Larven dagegen besitzen kräftige Kiefer und verspeisen totes Pflanzenmaterial und Wurzeln. In Grzimeks Tierleben findet sich eine etwas zweifelhafte Anleitung zur Insektenbeobachtung: „Fassen wir eine Riesenschnakenlarve am Vorderende zwischen drei Fingerspitzen und lassen wir das Hinterende unter gelindem Druck prall werden, so starrt uns eine köstliche Teufelsfratze entgegen, die aus einem mittelalterlichen Puppenspiel stammen könnte." Schnakenlarven sind in ganz Europa ein wichtiger Teil des Bodenlebens: Ihre Gefräßigkeit hilft, Fallaub und welkes Gras in Humus umzusetzen. In guten Jahres allerdings können sich die Tiere derart vermehren, daß sich auf einem Quadratmeter bis zu 400 Larven drängen und an den Pflanzenwurzeln ernste Schäden anrichten.

Welchen Nutzen haben die überlangen Beine der Grauen Kohlschnake? Auf schwankendem Untergrund können die langen Hebel den Körper im Gleichgewicht halten.

Ameisenjungfer

Myrmeleon formicarius

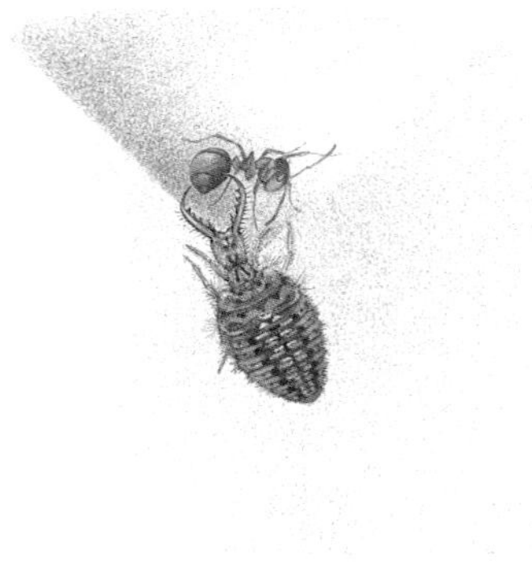

Libellen haben ein Vorleben, das mit der Erscheinung der Prachtflieger wenig gemein hat. Aus den plumpen Ameisenlöwen werden schöne libellenartige Flieger.

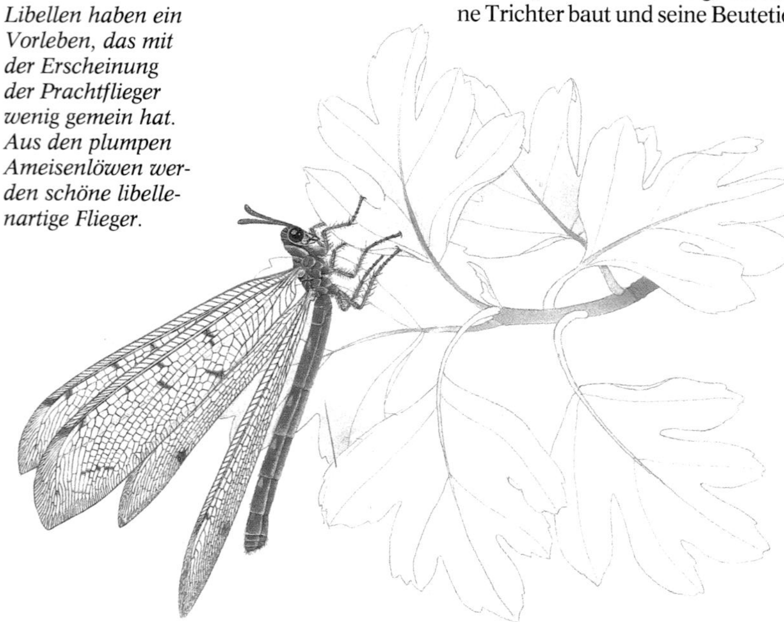

Auf den ersten Blick würde niemand vermuten, daß Ameisenlöwe und Ameisenjungfer ein und dasselbe Tier sind, nämlich Larve und fertiges Insekt. Ihr Aussehen könnte verschiedener nicht sein. Während die grazile Ameisenjungfer fast wie eine Libelle aussieht, ähnelt die dickleibige Larve einem borstigen Sack, der an einem Ende Zangen trägt. Dieses seltsame Wesen, das in selbstgebauten Sandtrichtern auf Beute lauert und sie mit geschleuderten Sandkörnchen ins Rutschen bringt, hat schon früh die Aufmerksamkeit von Naturkundlern erregt. A.J. Rösel von Rosenhof veröffentlichte 1755 in seiner „Insektenbelustigung" erstaunlich exakte Zeichnungen darüber, wie „der listige und geschickte Ameisrauber ..." nebst seinen „wunderbaren Eigenschaften" seine Trichter baut und seine Beutetiere fängt.

Bei weitem nicht jede der weltweit über 2000 Arten beherrscht als Larve die Technik des Fallgrubenbaus. Die meisten begnügen sich damit, im Sand verborgen auf Beute zu lauern. Die Trichterbauer aber wühlen sich auf Spiralkurs im Rückwärtsgang ins lockere Erdreich. Von der Bodenbeschaffenheit hängt ab, wie tief sich die Trichter in die Erde graben und wie steil ihre Wände verlaufen.

Ist die Falle fertig und der Baumeister am tiefsten Punkt fast unsichtbar eingegraben, heißt es warten. Sobald ein Insekt in den Bereich des Trichters gerät und herunterrieselnde Sandkörner es verraten, wird der versteckte Ameisenlöwe aktiv: Er schleudert Sandkörner auf das Opfer, das nun unweigerlich auf den Trichtergrund zurutscht, direkt in die gespreizten Kieferzangen der Larve. Ameisenlöwen können auch Beute bewältigen, die weit größer ist als sie: Sie lähmen ihre Opfer, indem sie Gift durch ihre hohlen Kieferzangen in deren Körper spritzen. Auf demselben Weg – durch die Kieferklauen – saugt der Ameisenlöwe seine Beute aus. Die leere Hülle wirft er zielsicher über den Trichterrand. Die Verwandlung von der Larve ins Fluginsekt ist – einerlei ob bei Schmetterling, Biene oder Libelle – immer wunderbar. Aber der Wandel von der kompakten, etwas martialisch wirkenden Sandlarve zum grazilen, bis zu 16 Zentimeter spannenden Netzflügler ist womöglich noch verblüffender.

Wer sandige, trockene Plätze in seinem Garten sandig und trocken läßt, hat gute Chancen, den Hungerkünstler (acht Monate Nulldiät überlebt die Larve unbeschadet) bei der Arbeit zu beobachten.

Großes grünes Heupferd

Tettigonia viridissima

Groß ist es mit seinen bis zu 6,5 Zentimetern wirklich, und daß es das „grünste" (viridissima) ist, stimmt ebenfalls. Die Laubheuschrecke ist selbst in großstädtischen Parks und urbanen Gärten heimisch geworden.

Die Flügel, die hochgefaltet an den Körper gelegt das Hinterteil weit überragen, machen die stattliche Schrecke zwar flugmobil, aber im Zweifelsfall verläßt sie sich lieber auf ihre Beine. Besonders spezialisiert sind die Vorderbeine; eng bedornt, eignen sie sich hervorragend, um Beuteinsekten festzuhalten.

Schreckenspezialist Max Beier gibt eine plastische Beschreibung: „Das Erhaschen der Beute erfolgt entweder im Sprung ... oder, nach regelrechtem, vorsichtigen Beschleichen bis auf bequeme Reichweite (ein bis zwei Zentimeter), durch blitzschnelles Zuschlagen der Vorderbeine von oben und der Seite her. Die Beute gerät hierbei zwischen die Dornen der Schienen und Schenkel und wird von ihnen wie in einem Käfig festgehalten ..."

Das Heupferd ist allerdings nicht auf fleischliche Kost festgelegt, zarte Blätter sind ebenfalls genehm. Wem es gelingt, ein Großes Grünes Heupferd aus allernächster Nähe zu beobachten, wird möglicherweise eine bemerkenswerte Entdeckung machen: Die leuchtend grüne Chitinhaut ist von feinsten Tröpfchen übersprüht. Man nimmt an, daß das Tier sich damit einen körpereigenen Überhitzungsschutz zugelegt hat: Die Verdunstungskälte hilft, sehr heiße Augustnachmittage gut zu überstehen.

Aber eher noch als der Hitze weichen die Tiere der Bodenkühle aus: Gegen Spätnachmittag zieht es sie in die Baumkronen, von wo aus sie ihren charakteristischen Schmettergesang (reine Männersache!) ertönen lassen. Laubheuschrecken geigen mit einer Raffelleiste des linken Flügels über eine aufgebogene Kante des rechten. Eine Art Trommelfell in beiden Flügeln arbeitet wie ein Tonverstärker und sorgt dafür, daß die Damenwelt auch noch im weiteren Umkreis „die Knie spitzt" – denn Heupferdohren sitzen im Knie. Experten fanden heraus, daß sich der Lockgesang im Laufe des Jahres verändert. Mit abnehmenden Temperaturen – manche Solisten geigen bis weit in den Oktober – scheint den Männchen die Luft auszugehen: Die Stoßfolge der Verse verlangsamt sich, der Einzelvers allerdings wird länger.

Das ist das Wenige, was wir hören: Das Große Heupferd kann Schwingungen bis zu 90000 Hertz erzeugen, die Leistungsgrenze unserer Ohren liegt bei maximal 20000 Hertz. Mit anderen Worten: Bei einem Heupferdkonzert hören wir nur Tuba und Kontrabaß, nicht aber Geigen und Piccoloflöten.

Was bringt das Große grüne Heupferd auf die Palme – beziehungsweise den Baum? Gegen Abend kann das wärmeliebende Tier hier noch sonnenbaden, wenn die Bodenregionen schon im Schatten liegen.

Gemeiner Grashüpfer

Chorthippus biguttulus

Biguttulus hat nicht nur einen Doppelgänger. Brunneus und mollis, die beiden anderen heimischen Chorthippus-Arten, kreuzen sich ausnahmsweise auch schon mal mit biguttulus. Wenn sich die drei überkreuz paaren, schlüpfen sogar fruchtbare Bastarde aus den Eiern. Solche Mißgriffe bleiben dennoch seltene Ausnahmen, denn jede Art hat ihren spezifischen, unverwechselbaren Gesang.

Der Gemeine Grashüpfer leistet sich kein Extra-Musikinstrument wie das Große Grüne Heupferd. Er musiziert mit eng an den Körper gezogenen Hinterbeinen, die an der Schenkelinnenseite von winzigen Riffeln übersät sind. Die greifen in die hervorstehenden Faserrippen der Flügel. Man ist versucht, den Vergleich mit einer Skiffelband zu wagen, dem rhythmischen Geschrammel auf einem Waschbrett. Übrigens „stridulieren" (so nennt der Insektenkundler die musikalische Darbietung der Schrecken) beim Gemeinen Grashüpfer beide Geschlechter.

Der Gemeine Grashüpfer hat es gern trocken; begrünte Flachdächer, besonders solche, die der Sonne ausgesetzt sind, findet er allemal attraktiv.

In unserem eigenen Garten waren die Gesamteuropäer aus einem Grund willkommen, der sensiblen Menschen etwas abgefeimt erscheinen mag: Ernährten sie doch einige Exemplare der seltenen heimischen Zebraspinne.

Der Gemeine Grashüpfer „striduliert" (musiziert) mit hoch an den Leib gezogenen Hinterbeinen, die über den gerippten Leib gerubbelt werden.

Spinnen

Ob es wohl als Kompliment aufgenommen würde, wenn man einer Frau sagte, sie habe eine Spinnentaille? Und warum gelten Spinnenbeine nicht als Synonym für Beweglichkeit und schlanke Form? Spinnen haben wenig Freunde, Spinnen erregen kaum jemals Bewunderung – obwohl es gute Gründe dafür gäbe.

Injektionsnadeln zum Beispiel waren unter ihresgleichen lange in Gebrauch, bevor die moderne Medizin sie anwandte. Spinnen-Kieferklauen sind nichts anderes als hohle Kanülen, mit deren Hilfe die Spinne lähmendes Gift in ihre Beute schicken kann. Über das bewegungsunfähige Opfer erbricht sie etwas Verdauungssaft und saugt das aufgelöste Körpergewebe auf. Vielen Menschen sind Spinnen nicht zuletzt wegen ihrer Eßsitten unsympathisch: Warum kauen sie nicht „anständig" wie andere Lebewesen? Weil selbst feinst zerkaute Bröckchen für einen Mund zu groß wären, „der absurd klein ist, ein Mündchen, das nur Flüssiges passieren läßt", so Horst Stern und Ernst Kullmann in ihrem Buch „Leben am seidenen Faden".

Wird die Giftspritze nicht gebraucht, so ist sie wie die Klinge eines Taschenmessers an das darunterliegende Trägerglied geklappt. Und wie bekommen die Jägerinnen die Beute vor ihre patenten Kieferklauen? Hinterherrennen und einfangen? Manche Arten machen das. Andere aber gehen kräftesparender vor: Sie legen Fußangeln, basteln Leimruten oder ziehen Stolperdrähte und warten dann einfach, bis ein Beutetier des Weges kommt.

Das Material für ihr Fallenrepertoire produzieren sie selbst, denn Spinnen sind Spinner. Vier bis acht warzenartige Gebilde am Hinterleibende sind mit etlichen tausend Spinndrüsen besetzt, aus denen Sekrete austreten, die – man weiß bis heute nicht genau, wie – zur bekannten Spinnseide werden. Jeder Drüsentyp (die einheimische Kreuzspinne besitzt bis zu acht verschiedene Drüsentypen) produziert eine andere Art Seide: glatte Fäden, klebrige Fäden, Fäden zum Umspinnen des Eikokons, Sicherheitsfäden, zählflüssiges Sekret zum Kitten der „Knotenpunkte" im Netz ...

Der Netzfaden einer Kreuzspinne ist nur 0,00015 Millimeter dünn, und doch können die Spinnen an diesem Hauch von einem Faden in die Höhe klettern. Der Trick: Die Spinne klemmt den Seidenfaden zwischen den Klauen fest, die – meist paarweise – an der Spitze jedes Spinnenbeins sitzen.

Ein Kreuzspinnenfaden ist etwa so fest wie ein vergleichbar dünner Nylonfaden, aber doppelt so dehnbar. Und er wirft, im Gegensatz zu industriellen Kunstprodukten, keine Entsorgungsprobleme auf. Naheliegend also, daß man wiederholt versuchte, Spinnenseide industriell zu nutzen. Die tropische Seidenspinne Nephila mußte als Lieferantin herhalten: Man klemmte die Tiere in Spezialvorrichtungen und spulte den Faden einfach ab.

Den Spinnen aber fehlen zwei Eigenschaften, die bei einem Nutztier mit Intensivhaltung unverzichtbar sind: Sie lassen sich nicht massenhaft halten (fast alle Spinnen zeigen kannibalische Neigungen), und sie weigern sich, billiges Fertigfutter zu fressen.

Nein, Spinnen brauchen schon lebende Beute. Deren Gegenwart verraten ihnen schon geringste Luftwellen. Spezialhaare besonders an den acht Beinen (deshalb also die sprichwörtlich haarigen Spinnenbeine) melden bereits minimale Luftschwingungen, die ein Insekt beim Fliegen erzeugt. Selbst eine Spinne mit verdeckten Augen kann ein heranschwirrendes Insekt noch genau orten. Sinnesorgane in den Beingelenken registrieren außerdem geringste Erschütterungen des Untergrundes – zum Beispiel, wenn eine Mücke an den Fangfäden des Netzes hängengeblieben ist.

Aber selbst Spinnen lassen sich täuschen: Eine Stimmgabel scheint mit ähnlicher Frequenz zu schwingen wie ein schwirrendes Insekt und lockt, ans Netz gehalten, eine Kreuzspinne sofort aus der Reserve.

So sensibel Spinnen auf Erschütterungen reagieren, so schlecht sehen die meisten trotz ihrer sechs bis acht Augen.

Auch die Extravaganz, daß Spinnen mit den Füßen schmecken – oder vielmehr mit Geschmackshaaren an den Füßen –, erweist sich bei näherer Betrachtung als höchst sinnvoll. Männchen werden von Duftstoffen eines geschlechtsreifen Weibchens magisch angezogen; aber erst, wenn sie mit den Beinen die Spinnfäden der Dame berühren, „wissen" sie, ob sie an der richtigen Adresse gelandet sind. Die Fäden nämlich schmecken nach Weibchen. Scheinbar am Ziel, fangen die Schwierigkeiten erst an. Das Männchen ist gerade so groß wie ein fettes Beutetier und wird vom Weibchen auch als solches betrachtet, falls es ihm nicht gelingt, sich zu erkennen zu geben. Die Wege dahin sind so vielfältig, wie die Verwandtschaft der Spinnen groß ist: Da werden dem Weibchen Beschwichtigungsgeschenke geboten, Tremoli auf den Netzfäden getrommelt, Zirpfolgen gegeigt (!) oder ausgeklügelte Rhythmen an Signalfäden gezupft. Das Ziel ist immer das gleiche: Der Spinnenmann muß es schaffen, seine Spermapakete mit Hilfe der Kiefertaster in die Geschlechtsöffnung des Weibchens zu praktizieren, bevor oder besser ohne daß er selbst in den Giftklauen des Weibchens endet.

Hauswinkelspinne

Tegenaria derhami

Hauswinkelspinnen haben sich mit dem Ersatzlebensraum Haus derart angefreundet, daß sie den Beinamen „die Häusliche“ früher im wissenschaftlichen Namen führten. Die beeindruckend großen Tiere (Weibchen werden fast zwei Zentimeter lang, die Beine von Prachtexemplaren spannen acht Zentimeter) weben mit Vorliebe in Zimmerecken ihre hängemattenartigen Netze. Winkelspinnen verlassen sich nicht auf Klebfäden, um ihre Beute festzuhalten, sie spannen Stolperfäden. Außerdem ist der „Luftraum“ über der Hängematte mit einem Dschungel von Fäden überspannt, in dem selbst solche Insekten hängenbleiben, die der flach gewebten Matte entkommen würden. In einer senkrechten Gespinströhre am Ende des Netzes lauert gut versteckt die Spinne.

Hat die Winkelspinne ein Opfer in den Klauen, beginnt sie, die erbrochenen Verdauungssäfte regelrecht in das Opfer hineinzumassieren. Die Wirkung ist beachtlich: Während Spinnen, die ihr Opfer nur von einer der winzigen Bißwunden her aussaugen, mehrere Stunden für ihre Mahlzeit brauchen, hat die Winkelspinne nach vorbereitender „Massage“ in wenigen Augenblicken ihre Beute verspeist. Vor Einbruch des Winters speichern Winkelspinnen Fett und Kohlenhydrate – Vorräte für magere Zeiten; da der Stoffwechsel jetzt nur noch auf Sparflamme läuft, können sie beutelose Monate problemlos aussitzen.

Mitunter schleichen sich winzige Diebsspinnen ins Netz der Winkelspinne, indem sie geschickt unter den Stolperfäden der Netzbesitzerin durchkriechen. Diese gerade einen Millimeter großen Winzlinge – die so diebisch nicht sind – erbeuten Milben und Staubläuse, die sich oft in großer Zahl auf den Chitinpanzern der Beutereste ansiedeln.

Mit bis zu acht Zentimetern Beinspannweite und erstaunlicher Geschwindigkeit vermag die Hauswinkelspinne auch Menschen zu erschrecken, die sich nicht besonders vor Spinnen ekeln.

Fettspinne

Steatoda bipunctata

Die Spinnen mit gelblichen Muster auf dem fettig glänzenden Hinterleib bedienen sich einer genialen Methode des Beutefangs: Von ihrem waagerecht angelegten Gespinst (das eher einer luftigen Matratze ähnelt als einem Netz) führen zahlreiche Fäden zum Erdboden. Knapp über dem Boden haften Leimtröpfchen an jedem der Fäden. Läuft nun ein Käfer oder eine Ameise durch das Fadengewirr und bleibt an einer der Leimruten hängen, so reißt der zugehörige Faden und zerrt wie ein zusammenschnurrendes Gummiband das daranhängende Tier nach oben. Die zappelnde Beute berührt bei ihren Befreiungsversuchen weitere Leimfäden und verstrickt sich immer hoffnungsloser. Sicherheitshalber bewirft auch noch die Spinne ihr Opfer mit klebriger Seide, bis es, bewegungslos in die Fäden verstrickt, eingeholt werden kann.

Die Männchen der Fettspinne beherrschen ausgefallene Werbemethoden. Sie zirpen. In Balzstimmung wippen sie mit ihrem Hinterteil rasch auf und ab und lassen dabei kräftige Dorne am Hinterleib über Chitingrate am Vorderkörper kratzen. Das Ganze hört sich etwa so an, als kratze jemand mit dem Fingernagel über einen Kamm. Das Weibchen jedenfalls zeigt sich von dem „Balzgesang“ beeindruckt. Sie zupft am Netz, zittert am ganzen Körper und beginnt suchend auf- und abzulaufen.

Fettspinnen siedeln sich gerne in Häusern an, die Kunstfertigkeit ihrer Leimfallen hinter dunklen Schränken aber entzieht sich leider unseren Blicken.

Die Männchen der Fettspinne gebärden sich „musikalisch“: In Balzstimmung erzeugen sie zirpende Geräusche, die offenbar bei den paarungsbereiten Weibchen gut ankommen.

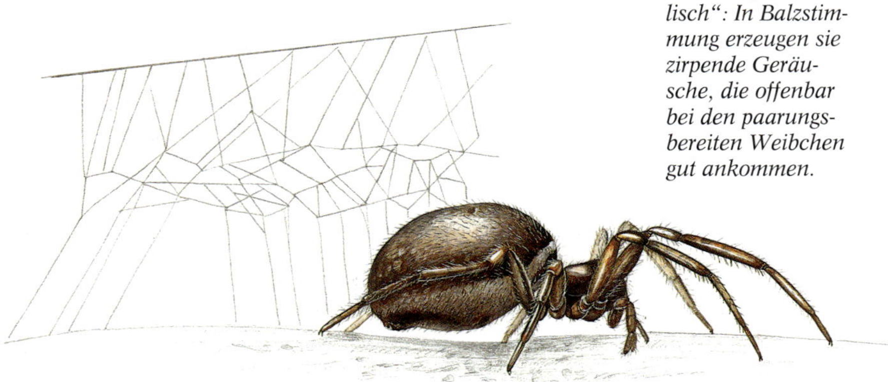

Kellerspinne
Amaurobius ferox

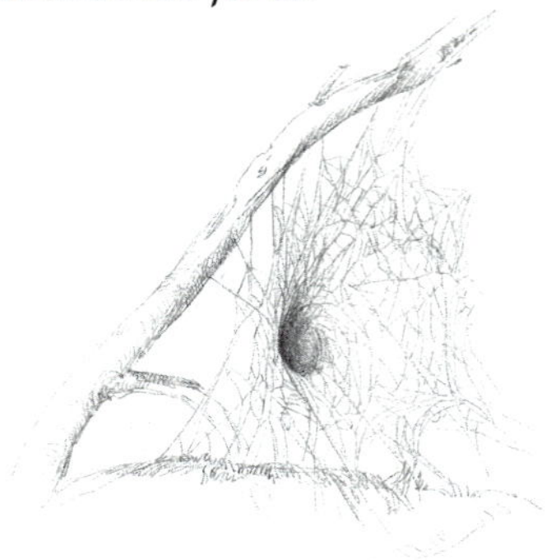

Kellerspinnen-Männchen morsen Weibchen an – durch dezente Schläge auf das trichterförmige Netz. Ein Männchen, das sich der Auserwählten unangemeldet nähert, würde unweigerlich als Beute verspeist.

Ihr Name verrät es bereits: Die schwarzbraune Spinne mit der imposanten Körperlänge von bis zu 16 Millimetern hat sich souverän in das menschliche Wohnumfeld eingepaßt. Besonders an feuchten Orten wie Kellern und Schuppen siedelt sie sich an. Ihre offene Gespinströhre mündet in ein lockeres Netz aus Fäden, die mit feinster Fangwolle umsponnen sind. Asseln, Heimchen oder Ameisen, die über die „Auslegware" laufen, bleiben nicht etwa kleben – denn Kellerspinnen verwenden keinen Leim. Aber sie verheddern sich gründlich im Fadenwirrwarr aus Fangwolle und alarmieren durch die Erschütterung des Netzes die wartende Spinne. Auch im Netz der Kellerspinne leben bisweilen Diebsspinnen (s. Hauswinkelspinne), die nach Nahrungsresten oder Milben und Staubläusen suchen.

Balzende Männchen alarmieren ebenfalls die Spinnendame, indem sie das Netz in leises Vibrato versetzen. Sie trommeln mit Hinterleib, Vorderbeinen und Kiefertastern einen komplizierten Morsecode, der dem Weibchen wie eine Visitenkarte Auskunft über den Eindringling gibt. Nur auf die Morsesignale ihrer eigenen Art wird sie artgerecht reagieren. Sind die Jungspinnen aus dem Seidenkokon geschlüpft, genießen sie beste Versorgung. Kellerspinnen füttern ihre Jungen nachweislich von Mund zu Mund, mit einem Sekret, das von den Darmwänden nur zu diesem Zweck abgesondert wird.

Haussektorspinne
Zygiella x-notata

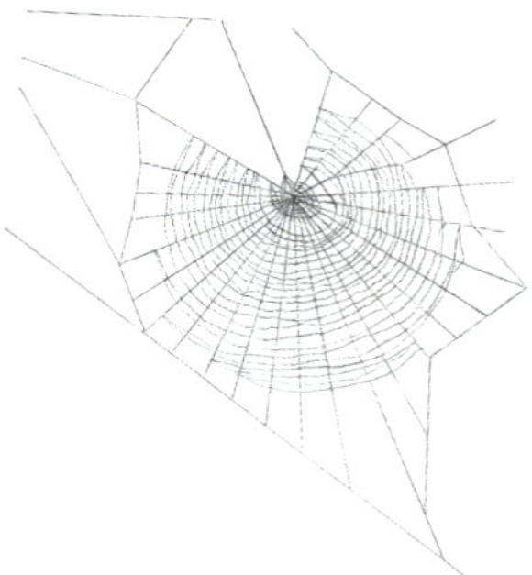

Finden wir im Haus ein besonders schön gebautes Netz, gehört es wahrscheinlich einer Haussektorspinne, die das System des Alarmfadens perfektioniert hat.

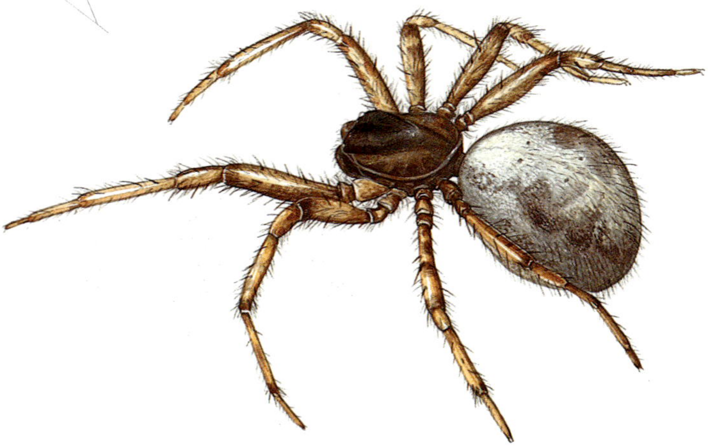

Radnetzspinnen gehen ein beträchtliches Risiko ein: Wenn sie, um das Zappeln von Beutetieren am besten wahrnehmen zu können, mitten im Netz sitzen, sind sie unfreiwillige Zielscheibe für Wespen und Vögel. Verstecken sie sich aber unter Blättern am Netzrand, dringen die Signale gefangener Opfer weit schwächer bis zu ihnen durch. Die Haussektorspinne hat das Problem ebenso einfach wie wirksam gelöst: Sie verbindet nicht alle Speichenfäden mit einer umlaufenden Fadenspirale, sondern läßt zwei Sektoren aus – daher der Name. Der freie Speichenfaden zwischen den unverwebten Sektoren verbindet wie ein sensibler Fühler die Netznabe mit dem Schlupfwinkel der Spinne. In sicherer Entfernung von der exponierten Netzmitte wartet sie, meist unter einem Blatt versteckt, bis ihre Vorderbeine am Signalfaden ein leises Zittern registrieren, das Signal für ein gefangenes Beutetier. Erst jetzt gibt sie für wenige Augenblicke die schützende Deckung auf, um ihr Opfer „zu versorgen". Haussektorspinnen bauen ihre Netze oft in Fensterrahmen, besonders in fliegenreichen Viehställen.

Springspinne

Salticus scenicus

Springspinnen stellen das herkömmliche Bild von Spinnen auf den Kopf: Sie scheuen den Tag nicht, sehen ausgezeichnet und warten keineswegs auf ihre Beute, sondern jagen ihr aktiv nach – im Sprung.

Die auffallend großen Hauptaugen im „Gesicht" der schwarz-weißgestreiften Zebraspringspinne erinnern an ein Paar Scheinwerfer. Zusammen mit den Nebenaugen verschaffen sie der Spinne fast komplette Rundumsicht; sie kann ein Gesichtsfeld von 300 Grad überblicken! Dressurversuche haben übrigens gezeigt, daß die Tiere nicht nur gut sehen, sondern auch Farben erkennen können. Besonders die Männchen der tropischen Springspinnen-Arten sind oft außerordentlich bunt – ein optisches Signal an den Geschlechtspartner. Mit einem von Art zu Art verschiedenen Code von Winkbewegungen der beiden vorderen Beinpaare gibt sich der Spinnenmann als artgleicher Bewerber zu erkennen. Konfrontiert man ihn mit seinem Spiegelbild, so beginnt er, den vermeintlichen Gegner heftig zu bekämpfen.

Springspinnen verlassen sich – im Gegensatz zu ihrer weitläufigen Verwandtschaft – vor allem auf ihre Augen, ob bei der Werbung oder bei der Jagd. Ihre Jagdmethoden erinnern an die von Katzen, nur sind sie noch weit effektiver: Regt sich etwas in einem Umkreis von 30 bis 40 Zentimetern, dann fixieren die großen Augen das Gegenüber und finden heraus, ob es sich um Artgenossen, Feind oder Beute handelt. Selbst Insekten in der Größe der Spinne fallen ihr noch zum Opfer. Unauffällig schleicht sich die Jägerin bis auf wenige Zentimeter heran und springt dann mit unglaublicher Präzision auf ihr Opfer – nicht ohne zuvor einen Sicherheitsfaden auf die Unterlage geheftet zu haben. Sollte doch einmal ein Sprung danebengehen, was kaum jemals der Fall ist, hängt das Tier immer noch am seidenen Faden. Rekordsätze von Springspinnen erreichen Weiten bis zum 25fachen ihrer eigenen Körperlänge.

Bei solchen Leistungen sollte man eigentlich weit längere Sprungbeine und weit dickere Muskelpakete an den Beinen erwarten. Aber Springspinnen schnellen sich nicht mit Muskelkraft vom Boden ab. Sie haben ein hydraulisches System entwickelt: Die Tiere können den Blutdruck im Vorderkörper erheblich steigern und diesen Überdruck über „Ventile" am Ansatz der hinteren beiden Beinpaare blitzschnell in die Gliedmaßen weiterleiten. Die Beine strecken sich schlagartig, die Spinne hebt ab. Innerhalb von 0,018 Sekunden ist sie „auf dem Sprung".

An nassen, kühlen Tagen zieht sich die Zebraspringspinne in ein sackartiges Wohngespinst zurück, in dem sie sich auch während der Häutung und der Eiablage versteckt. Zebraspringspinnen gehen sogar an Hochhauswänden auf die Jagd, und sie gehören zur gängigsten Besetzung am Blumenfenster, einem Platz, den man ihnen gönnen sollte. Selbst erklärte Spinnenfeinde können oft eine gewisse Sympathie für die lebhaften Hüpfer nicht leugnen.

Springspinnen zeigen, wie variabel das Grundmuster Spinne sein kann: Sie machen vieles anders; das fängt schon damit an, daß sie ihrer Beute nicht auflauern, sondern sie erjagen.

Wandkanker

Opilio parietinus

Eigentlich ist es dem Wandkanker bei uns zu kalt, aber dank Zentralheizung hält er es ganz gut aus; selbst in nördlichen Städten hat man ihn schon gefunden.

Die Ahnen unserer Wandkanker sollen noch durch die unberührten Laubwälder des vorderasiatischen Elburs-Gebirge gestakst sein und sich auf den spärlich bewachsenen Berghängen Georgiens gesonnt haben. Der moderne Wandkanker aber ist, wie einige andere der rund 3200 Weberknechtarten, zum Städter geworden. Anders hätte er gerade die rauheren Klimazonen gar nicht besiedeln können, denn nur in Städten findet er die trockene Wärme, die er schätzt und braucht.

Als blinder Passagier kam der Wandkanker nicht nur in ganz Mitteleuropa herum (Spinnenkundige stießen in Städten von Frankreich bis Lettland, von Mittelitalien bis Finnland auf das Langbein), auch Tasmanien, Kanada und Nordamerika hat mittlerweile seine Wandkanker. Wer übrigens sicher sein will, welche Weberknechtart er nun vor sich hat, darf sich nicht damit begnügen, den Tieren auf den eiförmigen Leib zu schauen – grau-braun-gelblich marmoriert sind die meisten. Wer's wirklich wissen will, muß sich schon mit einer guten Lupe rüsten. Unterscheidungsmerkmale sind nämlich die zangenförmigen Kieferklauen, die Anordnung der Dornen auf Kiefertastern und Beinen, die Begattungsorgane der Männchen und die Anzahl der Dornen auf dem Augenhöcker. Weberknechtforschung ist etwas für Gründliche.

Weberknecht

Phalangium opilio

Genau genommen ist ein Weberknecht – wiewohl achtbeinig – keine Spinne. Mit Netzbau gibt er sich nicht ab, Feinde „verstänkert“ er.

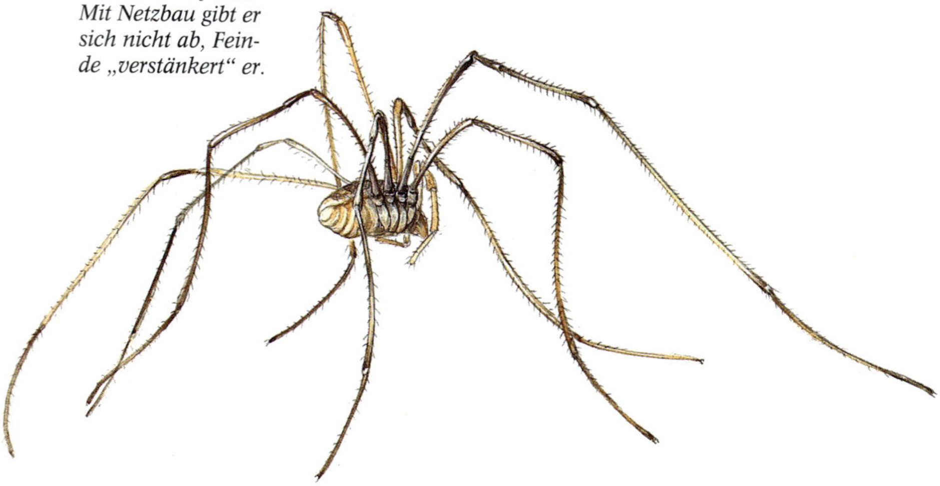

An warmen Tagen sieht man bisweilen sonderbare Gestalten an Hauswänden und Gartenmauern in der Sonne sitzen: eiförmige Kügelchen, umgeben von einem Gewirr langer Beine – ein Weberknecht beim Sonnenbad. Weberknechte sind keine Echten Spinnen, sie haben so ihre Besonderheiten. Weder können sie Netzfäden fabrizieren, noch besitzen sie Giftdrüsen, sie müssen sich mit nur zwei Augen zurechtfinden, und als Nahrung begnügen sie sich mit faulendem Obst und toten Insekten, die sie mit den Kiefern zerzupfen, ergänzt durch ein paar langsame Milben oder Blattläuse, die selbst ihnen nicht entkommen.

Oft scheinen die langbeinigen Wesen etwas unbeholfen durchs Leben zu wippen; der kleine Körper pendelt bei jedem Schritt der überlangen Beine. Bisweilen mögen die fadendünnen Glieder wohl mühsame Anhängsel sein, etwa wenn die Tiere jedes einzeln zum Putzen durch die Mundwerkzeuge ziehen müssen. Oder wenn sie während einer Häutung die alte Hülle in langwieriger Prozedur von ihren acht Gliedmaßen ziehen. Andererseits können sie die vielfach gegliederten Füße einsetzen wie ein Opossum den Wickelschwanz. Wie Greifhände biegen sich die Füße um Grashalme und machen den so ungeschickt erscheinenden Weberknecht erstaunlich geländegängig.

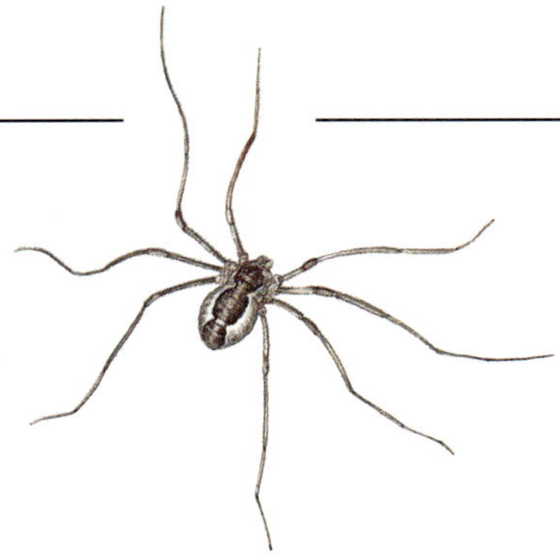

Und schließlich überlebte so mancher Weberknecht dank seiner Beine. Feinde erwischen weit leichter eines der langen Fadenglieder als seinen Körper. An Sollbruchstellen fällt das Bein im Notfall ab wie der Schwanz einer Eidechse. Das eigentlich tote Bein zappelt weiter (akribische Forscher zählten mit: Bis zu 78 Zuckungen in einer Minute vollführt das abgefallene Bein eines Weberknechts) und lenkt den Feind von der eigentlichen Beute ab. Anders als die Eidechsen aber ist ein erwachsener Weberknecht nicht imstande, das verlorene Glied nachzubilden; er muß künftig auf sieben Beinen durchs Leben wippen. Nur Jungtiere ergänzen im Laufe einiger Häutungen das Verlorene wieder, wenn auch nicht in alter Länge.

Die Paarung unter Weberknechten ist nicht mit Lebensgefahr für die Beteiligten verbunden wie bei den Echten Spinnen. Statt dem Weibchen nach Spinnenart ein Samenpaket in die bauchseits gelegene Geschlechtsöffnung zu schieben, erledigt das Männchen die Befruchtung auf direktem Wege, per Penis. – Die Eier deponiert das Weberknechtweibchen in Hohlräumen im Boden mittels einer Legeröhre, die in Form und Beweglichkeit noch am ehesten mit einem Elefantenrüssel vergleichbar ist.

Zitterspinne
Pholcus phalangioides

Beim flüchtigen Hinsehen könnte man die Zitterspinne mit dem Beinamen „die Weberknechtähnliche“ tatsächlich leicht mit einem Weberknecht verwechseln. Auf langen, dünnen Beinen schwankt ein schlanker Körper. Diese so verletzlich wirkenden Beine aber geben der Zitterspinne Gewalt über viel stärkere Gegner. Wenn sie nachts aus ihrem Netz steigt und auf Erkundung geht, stößt sie hin und wieder auf die Netze der viel stärkeren Winkelspinnen. Mit ihren langen Beinen kann sie die Gegnerin aus sicherer Entfernung mit Fadenschlingen bewerfen und bewegungsunfähig machen, noch bevor sie eine Chance hat, ihre Giftkiefer einzusetzen. Goliath erliegt David.

Mit der gleichen Taktik erbeuten die Zitterspinnen auch Insekten: Hat sich ein Opfer in dem großen, unregelmäßigen Netz verfangen, schüttelt die Spinne zunächst Netz samt Inhalt kräftig durch und wirft dann mit den langen Hinterbeinen aus sicherem Abstand Fadenschlingen über ihre Beute, bis sie bewegungsunfähig ist. Zitterspinnen verzichten übrigens darauf, das Verdauungssekret nach Art der Winkelspinnen in ihre Beute zu massieren. Von den winzigen Bißstellen her saugen sie den verflüssigten Körperinhalt auf. Dabei entwickeln diese so mager wirkenden Spinnen genügend Saugkraft, um eine Mücke von einer Fußspitze her auszusaugen – eine Leistung, die allerdings einen halben Tag beansprucht.

Zitterspinnen leben fast ausschließlich im Umfeld des Menschen. Kein Haus ohne Zitterspinne. Kein Raum ohne ihre unregelmäßigen Netze. Fühlen sie sich beunruhigt, dann versetzen sie ihr Netz derart in Schwingungen, daß ihre Körperumrisse verschwimmen. Sie verschwinden quasi vor den Augen ihrer Feinde.

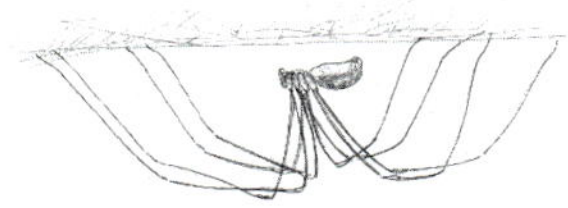

Fühlt sich die Zitterspinne in ihrem Nest bedroht, versetzt sie ihren dünnen Leib in Schwingungen, so daß sich alle Konturen auflösen.

Sonstige Gliedertiere

Endlich einmal ein zoologischer Begriff ohne Schnörkel und Mißverständnisse: Gliederfüßer sind all jene Krabbelwesen, deren Beine deutlich in Glieder unterteilt sind – unter anderem also sämtliche Krebse, Spinnentiere, Tausendfüßer und Insekten. Aber die Beine sind nur Detail einer revolutionären Neuheit in der Erdgeschichte: Die Gliederfüßer besitzen ein Außenskelett. Während Fische, Amphibien und Reptilien, Vögel und Säugetiere ihre Haltung dank eingezogener Stützstreben (Knochen oder Gräten) bewahren, haben Gliederfüßer ihr Skelett in der Außenhülle angelegt. Die Oberhaut aus Arthropodin und Chitin ist dabei je nach Bedarf weich und elastisch oder durch Zusatz von Phenolen verhärtet. Wo von den ringförmigen Körpersegmenten Stabilität verlangt wird, ist die Außenhaut zu einer biegsamen, festen Schale umgewandelt, wo Gelenkhäute die Körperringe beweglich verbinden müssen, bleibt die Oberhaut elastisch und dehnbar.

Gliederfüßer sind dank ihrer tragbaren Rüstung relativ gut gegen Angriffe geschützt. Der Nachteil: Die Rüstung wächst nicht mit. Die Tiere müssen sich daher im Laufe ihres Lebens regelmäßig häuten – eine mißliche Situation, denn die neue Haut braucht Zeit um auszuhärten. Aber die Vorteile im Baumuster der Gliederfüßer überwiegen: Rund drei Viertel aller Tierarten gehören zu diesem Tierstamm.

Gewöhnlicher Erdläufer

Geophilus longicornis

Der Gewöhnliche Erdläufer kann abrupt vom Vorwärts- in den Rückwärtsgang schalten. Das schlanke Gliedertier ist sehr wehrhaft.

Der Name verspricht etwas zu viel, denn der Erdläufer läuft nicht besonders gut, er bewegt seinen langgestreckten Körper eher lässig, wobei er bei Bedarf unmittelbar in den Rückwärtsgang umschalten kann. Die siebengliedrigen Laufbeine – im Schnitt 55 Paare – enden in einer Kralle, die von Art zu Art sehr unterschiedlich ausgebildet ist – ein gutes Kriterium für die Artbestimmung.

Das hinterste Beinpaar nennen die Hundertfüßer-Spezialisten „Schleppfüße“, es wird mitgeschleppt und ist beim Gewöhnlichen Erdläufer zu einem Tastorgan umgebildet, bei verwandten Arten zu einer Greifzange. Bisweilen erbeuten Erdläufer sogar Tiere, die deutlich größer und schwerer sind als sie selbst, aber ohne die nahrhaften Jungwurzeln besonders von Kartoffeln wären sie sicherlich mangelernährt.

Der Gewöhnliche Erdläufer ist augenlos, dafür ist sein vierzehngliedriges Fühlerpaar mit Tastborsten übersät, und an den äußersten Tastsegmenten hängen winzige Läppchen, die ebenfalls der Orientierung dienen.

Der lateinische Name (geophilus) weist den Hundertfüßler als „erdliebend“ aus; das mag im großen und ganzen stimmen, aber einige verwandte Arten, die Meeresstrände besiedeln, vertragen sogar längere Überflutung.

Gewöhnliche Kugelassel

Armadillidium vulgare

Wer immer der Kugelassel ihren wissenschaftlichen Namen gab, muß sich an ein Gürteltier erinnert gefühlt haben (Armadillo = Gürteltier), und tatsächlich sieht der Körper einer Kugelassel wie der Teil eines Kettenhemdes aus – eine ausgezeichnete Verteidigung: Kugelasseln müssen ihren Feinden nicht durch Flucht entkommen, sie rollen sich, Fühler und Beine nach innen, einfach zu einer fugendichten Kugel zusammen. In ihrer Kugelform sind sie außerdem ausgezeichnet getarnt, denn bei flüchtigem Hinsehen könnte man die bewegungslosen Tiere mit Steinchen verwechseln.

Kugelasseln sind eigentlich Südländer, die aber erfolgreich in den kälteren Norden vorgedrungen sind.

Dieselbe Schutzstrategie – einrollen und abwarten – wenden die Asseln auch an, um sich gegen Austrocknung zu wehren. Bei trockenem Wetter bleiben die Tiere oft träge zusammengerollt in ihren Verstecken unter Steinen, Laub und im Mulm liegen. Als Krebse (alle Asseln sind urtümliche Krebse!) sind sie auf Wasser angewiesen. Zwar haben sich Kugelasseln mit lungenähnlichen Organen von ihrem ursprünglichen Element weitgehend unabhängig gemacht, aber für die Larven bleibt Trockenheit die größte Bedrohung. Oft überstehen 50 Prozent der Brut die erste Lebenswoche nicht, und nur 19 Prozent erreichen ein Alter von sechs Monaten. Nach dieser kritischen Phase allerdings können Kugelasseln für ihre Verhältnisse steinalt werden: Vier Jahre sind verbürgt – damit leben sie länger als jede Maus.

Das Verteidigungsprinzip Kettenhemd scheint eine bewährte Strategie zu sein, denn von ihrer ursprünglichen Heimat, den östlichen Mittelmeerländern, breitete sich die Kugelassel schnell nach Norden und Osten aus und findet sich heute von den britischen Inseln bis Kleinasien, von Nordafrika bis nach Südskandinavien.

Als Begleitfracht sind die Tiere mittlerweile über die ganze Welt von Australien bis Südamerika verschleppt worden. Versorgungsprobleme haben sie fast nirgendwo, denn welkendes Grünzeug fällt überall an.

Glanzschnurfüßer
Cylindroiulus nitidus

Der Traum jedes alten Mannes (auch wenn er es nicht zugibt!) ist es wohl, noch einmal Jüngling zu sein – mit allem, was dazugehört. Für Schnurfüßer ist das normaler Lebenslauf. Eigentlich müßte ein „niederes Tier"-Männchen nach Erfüllung seiner „ehelichen Pflicht" absterben. Ganz anders der Schnurfüßer. Das Männchen legt sich eine neue, junge Haut zu, die Begattungsorgane bilden sich knospenartig zurück. Eine weitere Häutung läßt erneut ein begattungsfähiges Männchen entstehen. Was sich die Natur bei diesem Männer-Recycling gedacht haben mag, ist unklar.

Die glänzend graubraunen Tiere fühlen sich überall dort heimisch, wo es hinreichend Laubstreu gibt. Schon ein Gartengebüsch, unter dem nicht akribisch Laub geharkt wird, ist für die schnell- und vielfüßigen Tiere ein annehmbares Angebot. Mit rund 8000 Arten (und in Größen zwischen zwei Millimetern und 30 Zentimetern) sind Schnurfüßer über alle Kontinente verbreitet.

Unser Glanzschnurfüßer frißt pflanzliche Abfallstoffe, selbst ganze Blätter kann er perfekt skelettieren. Das Gift, das er produziert, ist offenbar Waffe und Abschreckung. Der „Kampfstoff" soll ätzend schmecken – wer auch immer sich für diesen Test hergegeben haben mag.

Glanzschnurfüßer sind mit achttausend Arten eine globale Erfolgskonstruktion.

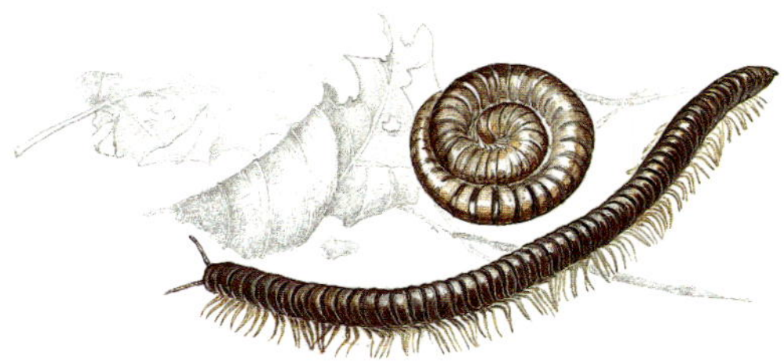

Brauner Steinläufer
Lithobius forficatus

Im Volksmund heißt er Tausendfüßer, Wissenschaftler zählen ihn zu den Hundertfüßern, und tatsächlich läuft er nur auf 30 Füßen, mit diesen 30 aber weit schneller als seine mehrfüßige Verwandtschaft. Die letzten beiden Beinpaare beteiligen sich allerdings nicht an seinen Spurts, sie schleifen als sogenannte „Schleppfüße" nur hinterher und spielen dafür eine wichtige Rolle als Greiforgane.

Der Steinläufer, eine der häufigsten mitteleuropäischen Hundertfußarten, verirrt sich nur ausnahmsweise in Wohnungen. Sein Medium ist die feuchte Dunkelheit unter Steinen, Holz und Rinde, in Kellern ebenso wie im Garten. Nur wenn die Nahrung knapp wird, gehen die Tiere aktiv auf die Jagd; viel lieber warten sie in ihren Verstecken einfach ab, bis ein Insekt oder ein Regenwurm, eine Assel oder Schnecke in ihre Nähe kommt. Die sensiblen Sinneszellen in den Fühlern melden den Geruch der Beute, die Fühler ertasten ihr Opfer. Notfalls könnten Steinläufer auf ihre Augen verzichten, ohne Fühler aber wären sie völlig hilflos und würden verhungern.

Beutetiere des Steinkriechers sterben einen schnellen Tod. Ein Paar kräftiger Kieferdolche packen zu und injizieren Gift in das Opfer. Für Menschen ist das Gift des Steinläufers nicht gefährlich – schon deshalb nicht, weil ein Steinläufer selbst in Notwehr Schwierigkeiten hat, die relativ dicke menschliche Haut zu durchdringen. Sollte es ihm wider Erwarten doch gelingen, ist das Ergebnis nicht schmerzhafter als ein Bienenstich.

Der Tausendfüßer, so sein volkstümlicher Name, gehört zur Familie der Hundertfüßer und hat nur 15 Beinpaare.

Schnecken

Wer einen Garten besitzt, für den sind Schnecken vor allem eines: Inbegriff der Gefräßigkeit. Wer käme angesichts zugrunde genagter Salatpflänzchen oder geköpfter Sonnenblumen schon auf die Idee, daß auch Schnecken Schutzbefohlene des Artenschutzes sein könnten? Tatsächlich sind einige der gefährdetsten Tierarten der Erde Schnecken: Die Gruppe der kleinen Achatschnecken, von denen 41 Arten auf den Inseln von Hawaii gezählt wurden, werden über kurz oder lang Opfer menschlicher Sammelwut, ihrer farbenprächtigen Gehäuse wegen. Einige fanatische Schneckensammler trugen über 100 000 Exemplare der kleinen Achatschnecke zusammen.

Auch die Baumschnecken in Französisch-Polynesien sind vom Aussterben bedroht. Sie werden drastisch von einer Raubschnecke dezimiert, die der Mensch aus anderen Gründen ins Land geholt hatte: Die Raubschnecke sollte eigentlich die über 30 Zentimeter große Riesenschnecke bekämpfen, die aus den afrikanischen Regenwäldern nach Polynesien eingeführt worden ist und nun erheblichen Schaden in den Pflanzungen anrichtet. Man hat, wie so oft, den Teufel mit dem Beelzebub ausgetrieben.

Rote Wegschnecke

Arion rufus

Der Feind des Gärtners hat einen Namen: Arion rufus. Eine ausgewachsene Rote Wegschnecke verspeist in 24 Stunden zwei Gramm Kopfsalat oder vier Gramm Tomate oder vier bis fünf Gramm Gurke oder sechs Gramm Kürbis, alles in allem zwischen einem Drittel und der Hälfte ihres Körpergewichts.

Wegschnecken scheinen unersättlich und bisweilen auch unbesiegbar. Aber selbst sie haben ihre Schwachstellen: Wie alle Schnecken brauchen sie Feuchtigkeit, denn über ihre Haut verdunsten sie ständig Wasser (ohne Schleimschicht allerdings wäre der Wasserverlust noch erheblich größer). Eine Rote Wegschnecke besteht zu 84,5 Prozent aus Wasser, sie stirbt, wenn sie ein Fünftel davon verliert. Auch höhere Temperaturen als 20 Grad machen ihr zu schaffen. Aber Schnecken sind findig, wenn es darum geht, der Austrocknung und dem Wärmetod zu entgehen. Sie ziehen sich während der Tagesstunden unter Bretter, Steine, in Mulchschichten zurück und warten auf ihre Zeit. Wer indessen ihre Gewohnheiten kennt, kann sie in ihren Schlupfwinkeln aufstöbern oder – besser noch – Bretter oder Rhabarberblätter auslegen und diese künstlichen Unterschlüpfe regelmäßig absammeln. Eine wirksame Schneckenbarriere um gefährdete Beete sind etwa fünf Zentimeter breite Streifen aus Sägemehl oder Holzasche: Wegschnecken schätzen es nicht, von einer Panierschicht aus Sägemehl ausgetrocknet zu werden.

Ob ein Schneckenjahr droht oder nicht, ist nicht zuletzt eine Frage des Wetters. Zu viel Wärme oder zu wenig Regen in den Eiablagemonaten August und September verhindert, daß die Roten Wegschnecken überhaupt in Fortpflanzungsstimmung kommen. Trockene Böden im Herbst sind tödlich für die Schneckenbrut, denn nur 60 bis 85 Prozent Bodenfeuchtigkeit garantieren eine normale Entwicklung der kalkigweißen Eier. Kalte Winter bedrohen die im Spätherbst geschlüpften Jungschnecken.

Im übrigen haben Schnecken viele Feinde. Einige mögen sich von dem zähen Schleim der Nacktschnecken abschrecken lassen, doch genügend bleiben übrig, die sie dennoch fressen. Diese Feinde aber – Weberknechte, Ameisen und Glühwürmchen, Laufkäfer, Spitzmäuse und Igel – brauchen Lebensqualität. Nur Gartenvielfalt zieht eine vielfältige Tierwelt an.

Wühlmaus, Maulwurf, Holzbock ... kein Tier in unserer Nähe wird so inbrünstig gehaßt wie die salatfressende Rote Wegschnecke. Daß auch sie nur satt werden will, ist meist ein schwacher Trost.

Gartenschnirkelschnecke

Cepaea hortensis

Jedes Kind sammelt wohl irgendwann einmal Schneckenhäuser, je bunter desto schöner. Ihre Beute ist fast immer die Gartenschnirkelschnecke, und über die gelben, braunen und rötlichen Bänder auf den Kalkgehäusen haben sich schon viele Genetiker den Kopf zerbrochen: Wie kommt es, daß Tiere derselben Art so verschieden aussehen? Und wozu ist das bunte Kostüm gut?

Schnirkelschnecken haben ihre eigene Methode, trockene Sommer zu überleben: Wie viele Gehäuseschnecken ziehen sie sich in ihr Kalkhaus zurück, verschließen die Öffnung mit einer Serie von Schleimdeckeln, die an der Luft schnell zu silbrigen Häutchen erhärten, und warten ab. Oft findet man die eingedeckelten Tiere in Meterhöhe im Gezweig von Bäumen oder Sträuchern. Atmung und Stoffwechsel laufen jetzt nur noch „auf Sparflamme", und der Wassergehalt des Schneckenkörpers sinkt beträchtlich. Regen oder feuchte Luft weicht irgendwann die eingetrockneten Schleimdeckel wieder auf, ersetzt die Wasserverluste des Tieres und beendet die Ruhepause. Im Spätherbst, wenn die Schnecken sich ein frostfreies Winterquartier gesucht haben, verschließen sie ihre Gehäuseöffnung gründlicher: mit Kalk.

Kalk ist eine lebenswichtige Substanz für eine Gehäuseschnecke. Den größten Teil ihres Bedarfs können die Tiere über ihre Nahrung decken (10 bis 30 Milligramm Kalksalze sind in einem Kilogramm getrockneter Pflanzensubstanz enthalten). Brauchen sie mehr von dem wertvollen Baumaterial, als ihnen die Nahrung liefern kann – zum Beispiel, weil die Schale reparaturbedürftig ist – , können sich Gehäuseschnecken auch direkt versorgen: Ein saures Sekret, das von der Kriechsohle abgesondert wird, löst Kalk aus dem Boden – ein wichtiger Grund, warum Schneckenland in der Regel kalkreich ist.

Im Gemüsegarten richten Schnirkelschnecken weit weniger Unheil an als ihre gehäuselosen Verwandten. Gegen ihre zahlreichen Feinde hilft der Gartenschnirkelschnecke ihr Haus wenig. Weberknechte pflücken sie mit ihren Zangen aus dem Gehäuse, Drosseln zertrümmern die Kalkhülle, und Igel fressen Gehäuse samt Inhalt.

Bei lang andauernder Hitze schützt die Schnirkelschnecke sich im Haus gegen Austrocknung.

Weinbergschnecke

Helix pomatia

Erstaunlich, wie viele Trugschlüsse über dieses Tier (das übrigens streng geschützt ist) im Umlauf sind. Hier eine kleine Aufzählung der geläufigsten.

1. Warum ist die Schnecke schleimig? Weil sie dann besser rutscht? Falsch! – beziehungsweise zweitrangig. der hohe Wassergehalt ihrer Schutzhülle verhindert, daß der ungeschützte Leib austrocknet.
2. Welche Böden sind Weinbergschnecken am liebsten? Lehmige – wegen der Feuchtigkeit. Falsch! Kalkhaltige, denn ihr Bedarf an Kalk (den ihre Futterpflanzen aus dem Boden aufnehmen) ist groß – wie sonst könnte die Weinbergschnecke ihr beachtliches Haus aufbauen?
3. Warum heißt die größte heimische Schnecke Weinbergschnecke? Weil sie dort lebt. Falsch! Moderne Dünge- und Schädlingsbekämpfungsmittel haben die Weinbergschnecke aus dem Lebensraum vertrieben, der ihr den Namen gab. Wir finden sie in Gärten, Parks oder noch leidlich natürlichen Flußauen und Grabenrändern. Wer ihnen Gutes tun will, verschaffe ihnen schattige, feuchte Rückzugswinkel – etwa im Überlaufbereich der Regenwassertonne.
4. Eine Weinbergschnecke gleitet, weil sie so glatt ist? Falsch! Muskelwellen schieben die Sohle in koordinierter Bewegung auf dem eigenen Schleimband vorwärts.
5. Weinbergschnecken bevorzugen abgestorbene Pflanzenteile als Nahrung. Leider auch falsch! Weinbergschnecken sind keineswegs wählerisch, was das frische Gartenangebot anbelangt. Da sie aber fast nie so epidemisch auftreten wie die gefürchteten Nacktschnecken, dürfen sie getrost als „harmlos" gelten.
6. Weinbergschnecken sind blind, sie tasten nur. Falsch! An den Endknöpfen der beiden großen Tentakelenden haben sie Augen mit Linse und Netzhaut.

In Weinbergen, die intensiv gespritzt werden, geht es der Weinbergschnecke schlecht. Giftfreie Gärten bieten Ersatzlebensräume.

Lästlinge

Wie „Un“ ist das „-geziefer“?

Das Wort Ungeziefer ist tabu unter uns aufgeklärten Zeitgenossen. Schließlich haben wir die Appelle aus diversen Zeitschriften und aus den Mündern berufener Naturschützer verinnerlicht: Kein Tier ist „un“!!

Aber es bleibt die Tatsache, daß uns etliche Tiere nicht so gelegen kommen – um es mal vorsichtig auszudrücken. Tiere auf Wohnungssuche? Einigen werden wir weiterhin nach Kräften das Wohnrecht bei uns verwehren, daran kann und will auch dieses Buch nichts ändern. Auch die Nachricht, daß die Bettwanze ausstürbe, würde uns kaum dazu bewegen können, ihr einen frischbezogenen Biotop zu überlassen. Und sollte, was nicht zu erwarten steht, den Küchenschaben der Lebensraum knapp werden, wird uns das nicht duldsamer machen gegenüber den nachtaktiven Ausputzern in Speisekammern und Zwischendecken.

Stuben-, Schmeiß-, Stall- und Taufliege schaden eigentlich nicht, aber ein Heuchler, der leugnen wollte, daß sie lästig werden können – was von Stechmücken und Menschenflöhen noch in verschärfter Weise gilt. Auch will und kann keiner der Hausfrau ausreden, Kleidermotten abzuschrecken oder Hund und Katze zu entflöhen (obwohl sich deren Untermieter höchstens sehr kurzfristig auf Menschen verirren). Auf Staubmilben reagieren zunehmend mehr Menschen allergisch, und allergische Reaktionen – im übertragenen Sinne – gibt es auch auf Staubwanzen, Silberfischchen (sie mögen gestärkte Wäsche) und diverse Käfer, die sich auf Lebensmittel (Speck- und Mehlkäfer) oder gar wissenschaftliche Nahrung (Museumskäfer schätzen Vogelpräparate) spezialisiert haben. Bücherskorpione bräuchten, bei etwas Toleranz, nicht zur Gruppe der Lästlinge zu gehören, jagen sie doch Staubläuse zwischen der Deutschen Klassik und der Konfirmationsbibel.

Heimchen, die sich vorzugsweise in Heizungskellerräumen ansiedeln, können allenfalls durch ihr nervtötend-eintöniges Zirpen lästig werden. Und Kellerasseln werden nur dann zum Problem, wenn sie im Gemüsekeller in Scharen auftreten. Weniger duldsam kann man, mit Blick auf das eingelagerte Gemüse, gegen Kellerschnecken sein (ein Tier legt bis zu 800 Eier

Stubenfliege

Kleidermotte

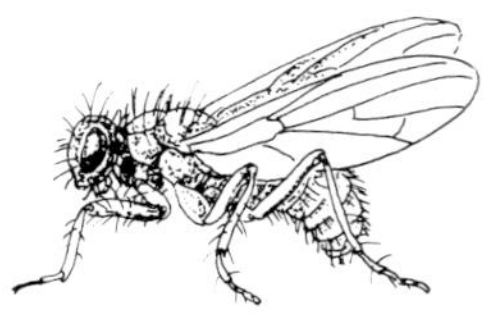
Stallfliege

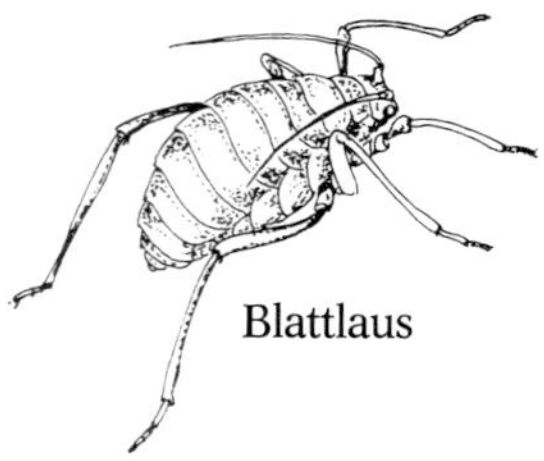
Blattlaus

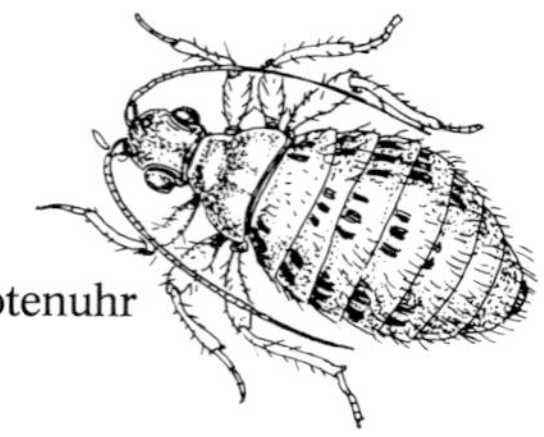
Totenuhr

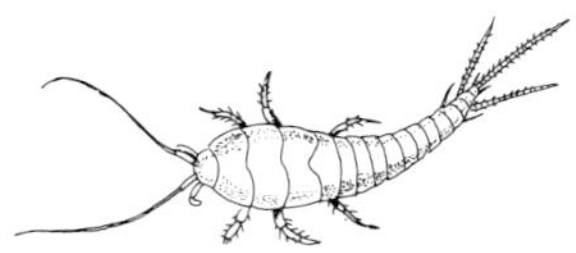
Silberfischchen

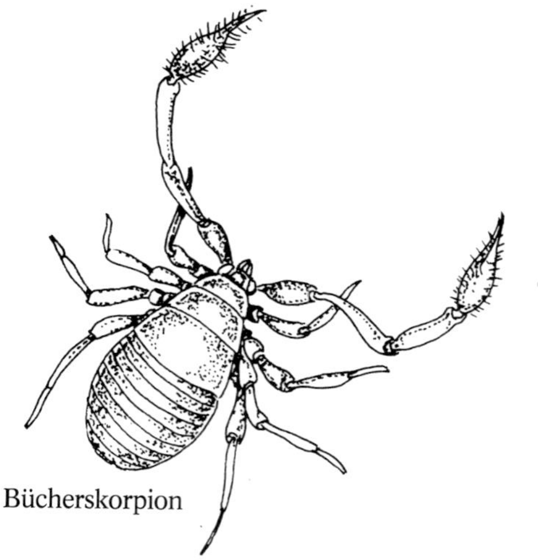
Bücherskorpion

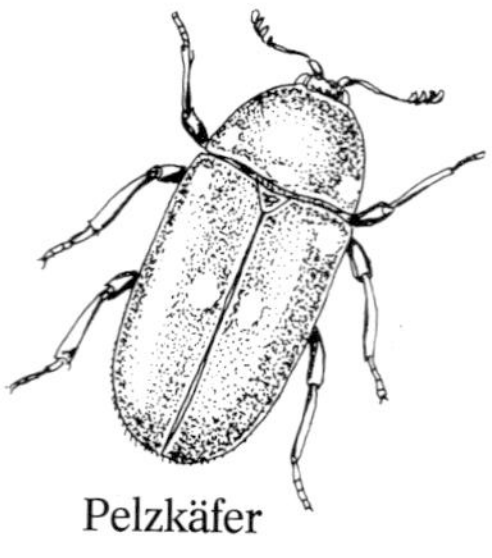
Pelzkäfer

Mehlkäfer

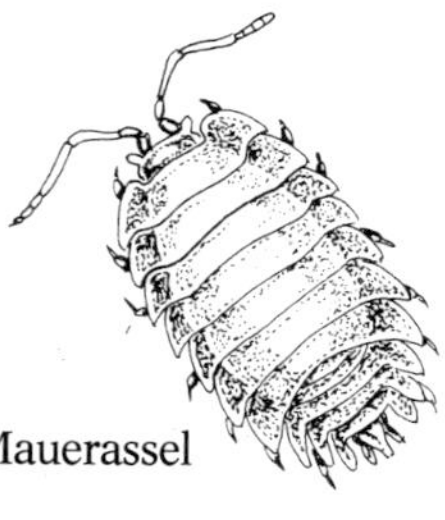
Mauerassel

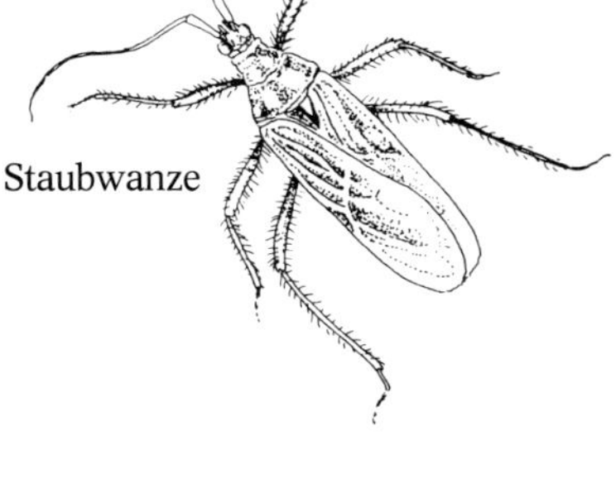
Staubwanze

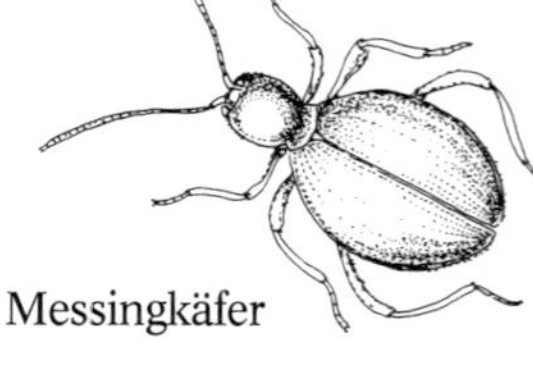
Messingkäfer

Kellerschnecke

pro Sommer). Messingkäfer sollen Textilien benagen und können nach Altbau-Renovierungen epidemisch auftreten (warum gerade dann, ist unklar), während die Larve des Hausbocks (vier- bis zehnjähriges Larvenstadium!) mit Recht gefürchtet ist, denn sie hat schon so manches Dachgestühl mürbe genagt. Auch die Larven der Totenuhr (Klopfkäfer) fressen sich durch Holz.

Ähnlich unbeliebt sind die Larven des Pelzkäfers, die sich – der Name sagt es – gern mal einen Nerzmantel oder gutes Tuch vornehmen. Über Mauerasseln schließlich ist nichts Nachteiliges bekannt, es sei denn, daß sie für feinfühlige Naturen das Fluidum von Kerker und Verfall verbreiten.

Wie tolerant wir uns all diesen Lebewesen gegenüber verhalten sollen, läßt sich schwer allgemeinverbindlich festschreiben. Schließlich sind wir – bei aller Liebe – nicht so konsequent wie buddhistische Mönche, von denen es heißt, daß sie vor ihren Füßen kehren, um kein Insekt zu zertreten.

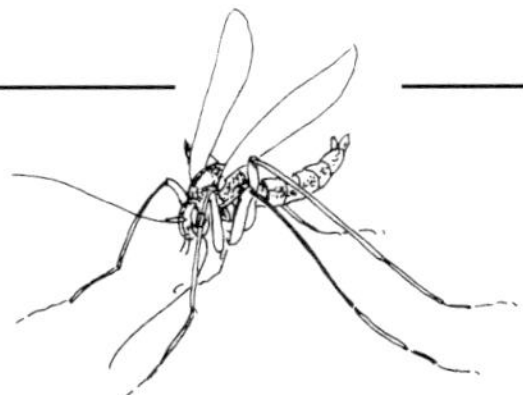
Stechmücke

Taufliege

Blasenfuß
Thryphsanoptera spec.

Blattlaus
Aphidina spec.

Bücherskorpion
Chelifer cancroides

Dörrobstmotte
Plodia interpunctella

Hausbock
Hylotrupes bajulus

Heimchen
Acheta domesticus

Hundefloh
Ctenocephalides canis

Katzenfloh
Ctenocephalides felis

Kellerassel
Porcellio scaber

Kellerschnecke
Limax flavus

Kleidermotte
Tineola biselliella

Küchenschabe
Blatta germanica

Mauerassel
Cniscus asellus

Mehlkäfer
Tenebrio molitor

Messingkäfer
Niptus hololeucus

Museumskäfer
Anthrenus museorum

Pelzkäfer
Attagenus pellio

Schmeißfliege
Calliphora vomitoria

Silberfischchen
Lepisma saccharina

Speckkäfer
Dermestes lardarius

Stallfliege
Musca autumnalis

Staubwanze
Reduvius personatus

Stechmücke
Culex pipiens

Stubenfliege
Musca domestica

Taufliege
Drosophilla spec.

Totenuhr
Anobium punctatum

Dörrobstmotte

Schmeißfliege

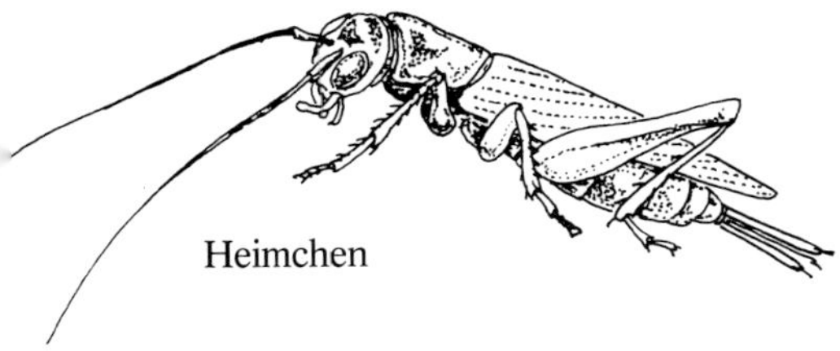
Heimchen

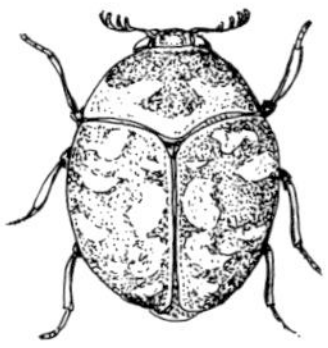
Museumskäfer

Hausbock

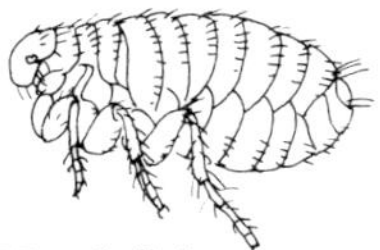
Hundefloh

Speckkäfer

Katzenfloh

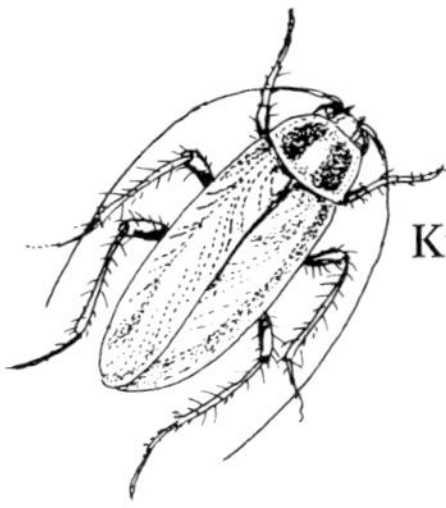
Küchenschabe

Blasenfuß

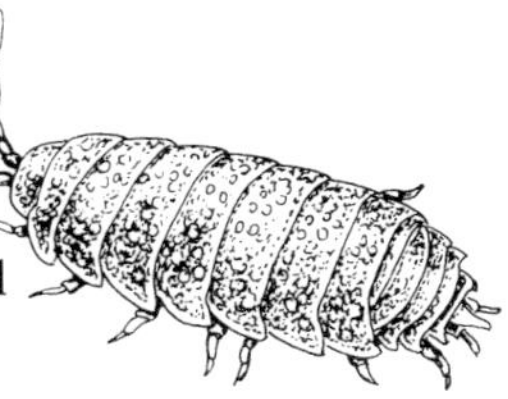
Kellerassel

Ratgeber, Anleitungen und Adressen

Dr. Frank Wittchow

An dieser Stelle enden die meisten Bücher über Naturschutz mit einigen Adressen und vielleicht dem Hinweis auf vertiefende Literatur. Warum fangen wir noch ein neues Kapitel an, nachdem das Wesentliche bereits beschrieben und das Anliegen des Buches vermittelt wurde? Der Grund hierfür ist einfach. Er liegt in einem weit verbreiteten Leseverhalten. Viele Leser verschieben die gründliche Lektüre eines Buches auf „irgendwann“ und suchen, ihren speziellen Interessen folgend, zuerst einmal die für sie relevanten Informationen.

Um diesen Anspruch zu erfüllen und der Umsetzung von mehr Natur ums Haus dienen zu können, bündelt das letzte Kapitel wichtige Fakten, stellt sie auf einen Blick dar, nennt Adressen, erweitert und ergänzt Ihr Wissen für die praktische Arbeit.

Nutzen Sie diesen Ratgeber und haben Sie bitte als aufmerksamer Leser Verständnis dafür, daß das eine oder andere wichtige Thema noch einmal angesprochen wird.

Erste Hilfe: Ratschläge für dringende Fälle

Ein Tier liegt verletzt am Haus; ein Vogel ist gegen eine Scheibe geflogen; ein Wespenstich muß behandelt werden; ein Jungvogel hockt scheinbar verlassen unter einem Busch; Ameisen oder Asseln, Silberfische oder Spinnen tauchen im Hause auf: Beim Zusammenleben von Menschen und Tieren treten immer wieder Situationen auf, die überlegtes und manchmal auch rasches Handeln erfordern. Wir haben für Sie viele Ratschläge für solche Fälle zusammengetragen.

Säugetiere, Vögel, Amphibien, Reptilien und Insekten: in dieser Reihenfolge sind die Tiergruppen geordnet. Auch die sogenannten „Lästlinge" und „Schädlinge" fehlen nicht, mit denen jeder von uns schon seine Erfahrungen gemacht hat.

Igel: Bitte nicht einkellern!

Igel brauchen kein Mitleid und nur in Ausnahmefällen eine Überwinterungshilfe. Weit besser als mit geheiztem Winterlogis können Sie Igeln helfen, wenn Sie auf Chemikalien im Garten und am Haus verzichten, wenn Sie eine artenreiche Blumenwiese anlegen, die weit mehr Insekten und Würmer bietet als der übliche Normrasen, und wenn Ihr Garten natürliche Unterschlüpfe hat, in Hecken und Gebüschen, in Stein- oder Reisighaufen, in Kompostmieten oder Holzstößen.

Schlupflöcher im Gartenzaun erleichtern es dem Stacheltier, von einem Garten in den nächsten zu gelangen. Das ist wichtig, weil Igel große Reviere brauchen.

Mit einer Wassertränke können Sie versuchen, Igel an Ihren Garten zu binden. Aber Vorsicht: niemals Milch anbieten! Sie führt bei Igeln zu Durchfall, und der endet oft tödlich.

Denken Sie an Unfallmöglichkeiten: Kellerschächte sollten mit einem Gitter oder einem Netz aus Fliegendraht geschützt sein. Wasserbecken oder Swimmingpools mit Steilufern sind tödliche Igelfallen. Ein ins Wasser ragendes Brett oder ein Geflecht aus Maschendraht, an dem der Igel aus dem Wasser klettern kann, schaffen Abhilfe. Am besten aber ist es, die Ufer „nachzubehandeln" und flacher verlaufen zu lassen.

Auf Netze zum Schutz von Erbsen oder Erdbeeren gegen Vögel sollten Sie verzichten; schon mancher Igel hat sich in den Maschen verfangen. Die Winterschlafplätze von Igeln liegen oft dort, wo sich Menschen im Spätherbst oder im Frühjahr zu schaffen machen: in Kompostmieten oder Reisighaufen. Komposthaufen bitte erst im April/Mai umsetzen und zusammengeharkte Laubberge oder Reisighaufen nicht unbesehen verbrennen!

Verletzte Tiere und verwaiste Jungigel sind Notfälle. Haben Sie einen verletzten Igel gefunden, sollten Sie sich an einen Tierarzt oder an ein Tierheim wenden. Bei allein aufgefundenen Jungigeln müssen Sie als erstes sicherstellen, daß sie wirklich verwaist sind. Beobachten Sie die Tiere einige Stunden lang. Oft kommt die Mutter doch noch zu dem vermeintlich verlassenen Jungigel.

Finden Sie im Spätherbst oder Winter einen Igel, sollten Sie folgendes beachten, bevor Sie ihn ins Haus holen: Igel sollten nicht vor dem 1. November aufgenommen werden, da sie sich in den Herbstmonaten noch reichlich Reservespeck anfressen. Tiere, die schwerer als 600 Gramm sind, überstehen den Winter aus eigener Kraft und brauchen keine Hilfe. Überlegen Sie, ob Sie einen als Winterquartier geeigneten Raum haben. Igel wollen im Winterschlaf nicht gestört werden, auch nicht von neugierigen Besuchern (s. a. S. 197).

Für eine tiergerechte Pflege holen Sie am besten den Rat von Fachleuten (Igelpfleger, Tierarzt, Naturschützer) ein.

Der Igel ist übrigens ein gesetzlich geschütztes Tier; Sie müssen ihn, wenn Sie ihn in Pflege genommen haben, so bald wie möglich wieder in die Freiheit entlassen – in der Regel nach den letzten Frosttagen Mitte Mai.

Fledermäuse: Ein Fall für Experten

Fledermäuse brauchen vor allem zweierlei: ungestörte Sommer- und Winterquartiere und ergiebige Jagdgebiete. Wenn Sie in einer Gegend wohnen, die Lebensraum für Fledermäuse ist oder sein könnte, können Sie ihnen Nisthilfen anbieten. Fragen Sie dazu am besten Fachleute (siehe Verbände und Experten).

Die sogenannten „Hausfledermäuse" brauchen warme, ungestörte Dachstühle oder spaltenartige Hohlräume an und in Gebäuden als Kinderstube. Wenn Sie noch Platz unterm Dach haben, sind Einflugöffnungen wichtig. Das können zum Beispiel spezielle Lüftungsziegel sein (siehe Firmenliste) oder Öffnungen am Giebel. Neue Einschlüpfe und Verstecke lassen sich am besten schaffen, wenn ohnehin Renovierungsarbeiten anfallen: Entfernen Sie einfach den Siebeinsatz bei einem Lüftungsziegel.

Wenn Sie neu bauen, denken Sie bitte auch an die Fledermäuse: Lindanhaltige Holzschutzmittel im Dachstuhl wirken auf Fledermäuse tödlich.

Sollten sich einmal Schädlinge eingenistet haben, läßt sich das befallene Holz auch mit „fledermausverträglichen" Mitteln, am besten mit Heißdampf, behandeln. Wer solche Mittel herstellt oder wer

Heißluft-Behandlungen durchführt, erfahren Sie aus der Firmenliste. Fledermäuse, die im Spätsommer oder Frühherbst auftauchen, machen wahrscheinlich Rast auf dem Weg vom Sommerzum Winterquartier. Sie hängen dann zum Beispiel in einer Gardine oder hinter einem Bild. Stören Sie die Tiere nicht, lassen Sie Fenster oder Türen nach außen offen, und informieren Sie eventuell Fachleute oder die untere Naturschutzbehörde, die alle Daten über die Lebensgewohnheiten der gefährdeten Fledermäuse auswerten.

Haben Sie ein krankes oder erschöpftes Tier gefunden, sollten Sie ihm als erstes in einem flachen Gefäß Wasser anbieten. Dann können Sie das Flattertier in einem Karton nach Hause bringen. Achtung: Große Fledermausarten können kräftig beißen! Deshalb sollten Sie sie nur mit einem Tuch oder mit Lederhandschuhen anfassen. So sind Sie auch davor geschützt, per Biß (eventuell in seltenen Ausnahmefällen) mit Krankheiten infiziert zu werden.

Wenn Sie eine erschöpfte oder kranke Fledermaus gefunden haben, benachrichtigen Sie einen Fachmann, zum Beispiel von der unteren Naturschutzbehörde oder von einem Naturschutzverband.

Wenn Sie ein Tier für kurze Zeit in Ihre Obhut nehmen müssen, füttern Sie es mit Insekten oder Mehlkäferlarven (Mehlwürmer), die es in jeder Tierhandlung zu kaufen gibt.

Bilche: Schlafen lassen

Bitte stören Sie die Tiere nicht, auch dann nicht, wenn sie eine Ihrer Nisthilfen für Vögel in Beschlag genommen haben. Ansonsten sollten Sie versuchen, die Lebensmöglichkeiten für Sieben- und Gartenschläfer zu verbessern. Alte Obstbäume erhalten und den Garten naturnah gestalten sind zwei wichtige Maßnahmen, um den Bilchen zu helfen.

Steinmarder: Ruhe nur durch Aussperren

Wenn Steinmarder auf Ihrem Dachboden auftauchen, sollten Sie versuchen, mit den possierlichen Räubern zu leben. Sie halten Haus und Hof von Ratten und Mäusen frei. Die Schäden, die sie anrichten, sind meist gering: Dachisolierung und Kabel werden angeknabbert, etwas Kot abgesetzt. Schwieriger ist es meist, den Lärm der kleinen Poltergeister zu tolerieren.

Wenn Sie die Marder unbedingt vertreiben wollen, hilft nur eins: aussperren. Denn die vielen Geheimtips, wie Dauerbeleuchtung auf dem Dachboden, in Dieselöl getränkte Lappen, Knoblauchzehen, benutzte Babywindeln, Hundepfeifen, mit Parfüm getränkte Watte, laufende Radios, Rasierapparate und ähnliches, wirken auf Dauer nicht. Mit Ultraschallgeräten können Sie vielleicht mehr Erfolg haben, doch sicher ist das nicht.

Bleibt also nur, den Einschlupf der Tiere ausfindig zu machen und mit Holzbrettern oder punktverschweißtem Stahlgitterdraht (Kasanettgewebe) zu verschließen. In der folgenden Nacht lassen Sie dann eine Dachluke als Ausstieg für den Marder offen. Autos sind in den letzten Jahrzehnten zu beliebten Aufenthaltsorten für Marder geworden. Auch hier sind die Schäden meist gering: Kratzspuren im Motorraum und Bißspuren an weicheren Teilen. Doch auch defekte Zündkabel, Achsmanschetten oder Kühlerschläuche gehen auf das Konto von Steinmardern.

Versuchen Sie es mit einer Mardersicherungsanlage, die ähnlich wie elektrische Weidezäune arbeitet. Sie versetzt dem Tier einen leichten Stromschlag, wenn es in den Motorraum eindringen will. Diese Methode ist nicht ganz billig, aber langfristig wirksam. Die Abschreckung durch Gerüche oder Ultraschall ist dagegen auf Dauer meist erfolglos.

Maulwurf: Gesetzlich geschützt

Maulwurfshügel sind Zeichen für ein gesundes Bodenleben. Sie können natürlich den Erdhügel beseitigen, wenn er Sie stört. Den unterirdischen Insekten- und Würmerjäger selbst sollten Sie in Ruhe lassen. Übrigens: Auch der Maulwurf steht unter gesetzlichem Schutz. Das heißt, fangen, verletzen oder gar töten ist verboten.

Spitzmäuse: Garten ohne Gift

Die bei uns heimischen Spitzmausarten sind allesamt geschützt. Sie helfen den kleinen Säugern, wenn Sie auf Gift verzichten und wenn Sie Ihren Garten möglichst naturnah und abwechslungsreich gestalten. Kompostmieten, Reisigstapel und Steinhaufen sind Lebensraum und Jagdrevier für Haus- und Gartenspitzmaus.

Vögel: Hilfen und helfen

Nistmöglichkeiten zu schaffen oder zu verbessern ist eine der wichtigsten Maßnahmen, um Vögeln zu helfen. Wichtiger noch, als Nisthilfen anzubieten, ist es allerdings, die Lebensmöglichkeiten für Vögel insgesamt zu verbessern, vor allem durch mehr Wildwuchs ums Haus. Verblühte, verdorrte Stauden im winterlichen Garten mögen den Ordnungssinn des Menschen beleidigen, für Vögel aber sind die Samenstände das wichtigste Winterfutter.

Auch wenn Sie einheimische Sträucher und Bäume pflanzen, helfen Sie den Vögeln. Denn die bei uns heimischen Gehölze ernähren mit ihren Samen weit mehr Vogelarten als exotische Ziergewächse.

Winterfütterung: Ja oder nein?

Bei der Winterfütterung müssen Sie sorgfältig abwägen. Einerseits wird viel zu viel gefüttert. In Großstädten können die Vögel oft unter zahlreichen Futterplätzen auswählen, wo einer ausreichen würde. Zudem hilft die Fütterung, wenn überhaupt, vor allem den nicht bedrohten Arten. Außerdem stellt sie einen Eingriff in das natürliche Gefüge dar und kostet Geld, das für andere Zwecke sinnvoller eingesetzt werden könnte. Aus der Sicht des Artenschutzes ist die Winterfütterung der Vögel also überflüssig, ja eher schädlich. Andererseits stellt aber für viele Menschen die Vogelbeobachtung am Futterhäuschen eine der ganz wenigen Möglichkeiten dar, Wildtiere aus der Nähe zu sehen.

Wenn Sie sich zum Füttern entschließen, dann bitte nur bei geschlossener Schneedecke und bei längerem Frost. Bei Kälteeinbrüchen im Spätwinter oder Frühjahr ist es oft sinnvoller, ein kleines Stück Rasenfläche schneefrei zu schaufeln oder zu fegen.

Futterhaus als Infektionsherd

Die gängige Fütterung im Vogelhäuschen ist nicht ganz unproblematisch: Ist das Häuschen nicht geschützt aufgestellt, kann das Futter (besonders die gebräuchlichen, aber ungeeigneten Brotreste!) naß werden, gefrieren und schließlich den Vögeln mehr schaden als nützen. Zudem gerät im Futterhäuschen zwangsläufig der Vogelkot zwischen die Futterkörner und kann gefährliche Krankheiten wie die Salmonellose verbreiten – und das um so leichter, je größer die Anlagen und je zahlreicher die Besucher sind. Also lieber mehrere kleine Futterstellen als eine große.

Tote Vögel bedeuten Alarm

Wenn Sie trotz aller Sorgfalt einen toten Vogel an der Futterstelle finden, besteht Verdacht auf Salmonellose. Jedes weitere Füttern würde die Ausbreitung der Krankheit fördern. Also bitte sofort mit dem Füttern aufhören und die Futterstelle gründlich reinigen und desinfizieren! Wenn Sie den toten Vogel beiseite schaffen, fassen Sie ihn nur mit Handschuhen an, besonders dann, wenn das Tier schleimigen Ausfluß an Kloake und Schnabel hat.

Silofuttergeräte sind eine brauchbare Alternative zum Vogelhaus: In ihnen sind Körner vor Feuchtigkeit und Verschmutzung geschützt. Für den Artenschutz weit sinnvoller als die Allroundfütterung im Vogelhaus ist übrigens eine gezielte Fütterung: Talggefüllte Holzstücke (Meisenhölzer) oder ein Stück Talg, das an einen Baumstamm gebunden wird, begünstigen Spechte, Kleiber und Baumläufer, während das Vogelhaus vor allem den Allerweltsarten hilft.

Im Frühjahr müssen Sie unbedingt mit der Fütterung aufhören. Denn Füttern während der Brutzeit hat zur Folge, daß die Altvögel die leicht erreichbaren Körner des Winterfutters an ihre Jungen verfüttern. Für junge Meisen zum Beispiel, die Körner noch gar nicht verdauen können, bedeutet das den sicheren Tod.

Verwaiste Jungvögel

Es kommt oft vor, daß scheinbar verwaiste Jungvögel unter einem Busch oder im Gras sitzen. Doch meist sind die Tiere gar nicht verlassen. Beobachten Sie das Vogeljunge zwei, drei Stunden lang. Wenn der Altvogel kommt, ist alles in Ordnung. Sitzt ein Jungvogel allerdings allein an einer gefährlichen Stelle, bringen Sie ihn besser an einen geschützten Ort in der Nähe. Keine Angst vor dem Anfassen von Jungvögeln: Sie werden entgegen alter Lehrmeinung auch nach Berührung durch den Menschen (bitte vorsichtig sein!) von den Eltern weiter betreut.

Gegen die Scheibe geflogen

Ist ein Vogel gegen eine Fensterscheibe geflogen und sitzt benommen auf dem Boden, bringen Sie ihn an eine geschützte Stelle. Erholt er sich nach einiger Zeit nicht oder ist er verletzt, können Sie versuchen, ihn zu pflegen. Doch die meisten Versuche, Vögel gesundzupflegen, scheitern, weil das notwendige Wissen und das richtige Futter fehlen. Besser ist es daher, einen erfahrenen Vogelschützer zu Rate zu ziehen.

Große, für Vögel gefährliche Fensterscheiben können Sie ohne viel Aufwand „entschärfen“, wenn Sie Silhouetten fliegender Greifvögel draufkleben. Besser noch sind Gardinen. Vögel können dann erkennen, daß sie auf ein Hindernis zufliegen, und den Aufprall auf die Scheibe vermeiden.

Vogelpflege ist Expertensache

Kranke oder wirklich verwaiste Kleinvögel sollten Sie in einem Käfig unterbringen und sich erst einmal erholen lassen. Zur Beruhigung der Tiere decken Sie den Käfig mit einem hellen Tuch ab, das genügend Licht durchläßt, aber nicht durchsichtig ist, denn der Vogel sollte möglichst selten Menschen zu Gesicht bekommen. Zur Fütterung fragen Sie am besten einen Experten (S. 336/337). Bei kranken Großvögeln ist Vorsicht geboten, wenn Sie sich ihnen nähern. Greifvögel und Eulen haben sehr scharfe Krallen, vor denen dicke Lederhandschuhe und entsprechende Kleidung schützen.

Reptilien und Amphibien: Lebensraum und Überlebenshilfen

Wenn Sie diesen Tieren helfen wollen, können Sie zum Beispiel einen Gartenteich für Frösche, eine Trockenmauer für Eidechsen oder einen Winterunterschlupf für Teichmolch und Erdkröte anlegen; dafür reicht schon ein Laubhaufen im Garten aus.

„Tierfallen“ lassen sich einfach entschärfen. Ein Brett, in den Kellerschacht gestellt, dient als lebensrettende Ausstiegshilfe für Frösche und Kröten, aber auch für Kleinsäuger. Besser noch, Sie decken den Kellerschacht mit Fliegendraht ab. Dann können auch größere Insekten wie die flugunfähigen Laufkäfer nicht mehr hineinfallen. Eine oft übersehene Falle ist auch der Zwischenraum zwischen der Kellerwand und der gewellten Wand, die den Keller vor Feuchtigkeit schützt. Wenn Sie diesen Zwischenraum mit groben Kieseln oder Blähton auffüllen, ist die tödliche Gefahr für Kröten und Frösche beseitigt, der Feuchtigkeitsschutz aber bleibt erhalten.

Den meisten unserer gefährdeten Reptilien und Lurche kann man durch mehr Natur am Haus allerdings nur wenig helfen, weil ihre Lebensräume viel größer und andersartiger sind als der nähere Bereich ums Haus. Hier zeigen sich die begrenzten Möglichkeiten, die der Naturschutz in der Umgebung des Hauses bietet. Trotzdem lohnen sich Hilfsmaßnahmen, von denen vor allem Zauneidechsen und Blindschleichen profitieren.

Schmetterlinge: Kein Gift – mehr Vielfalt

Auch Schmetterlinge sind in unserer Kulturlandschaft häufig „Heimatvertriebene“. Sie können ihnen schon helfen, wenn Sie einiges unterlassen: wenn Sie zum Beispiel keine Gifte im Garten versprühen, wenn Sie nicht auf dem eintönigen Zierrasen bestehen, sondern statt dessen ein Stück Blumenwiese wachsen lassen, und wenn Sie die wichtigsten Futterpflanzen, wie Brennessel, Distel und Doldengewächse, nicht aus jeder Ecke des Gartens verbannen. Nicht zu vergessen: Einheimische Sträucher und Bäume, aber auch die aus China stammende Buddleia (Sommerflieder, „Schmetterlingsstrauch“), sind für viele Falter oder ihre Raupen wichtige Nektarspender und Futterpflanzen. Als Wasserquelle können Sie eine größere, flache Feuchtzone im Gartenteich anbieten. So tragen Sie dazu bei, daß wenigstens manche Arten der bunten „Sommervögel“ wieder häufiger bei uns zu sehen sind.

Fliegen Tiere ins Haus, sollten Sie einfach warten, bis sie wieder hinausgeflogen sind, oder sie ganz behutsam mit einem Netz oder einem darübergestülpten Glas einfangen und hinaussetzen. Im Spätherbst suchen einige Falterarten auch schon ein Winterquartier und verkriechen sich gerne auf Dachböden, vorausgesetzt, sie finden Einschlupflöcher.

Bienen, Hummeln, Wespen, Hornissen: Nisthilfen und Nahrung

Mit Nisthilfen können Sie den geschützten Bienen und Hummeln helfen. Außerdem unterstützen Sie diese Insekten, wenn Sie auf Gift im Garten verzichten und Nahrungspflanzen für die Tiere anbieten.

Wespennester sollten Sie nur entfernen, wenn eine Gefahr von ihnen ausgeht, zum Beispiel, wenn sie direkt über der Terrasse, an einem Weg oder in der Nähe eines Kinderspielplatzes hängen. Am besten die Feuerwehr rufen.

Hornissen: Nicht aggressiv

Hornissen sind weit harmloser, als die meisten Menschen denken. Für einen effektiven Schutz der großen Faltenwespen ist Ihre Toleranz und Duldsamkeit gefragt. Überlegen Sie genau, ob von einem Hornissennest wirklich eine Gefahr ausgeht. Bei ein wenig Verständnis können Menschen und Hornissen fast immer gut miteinander auskommen.

Weil Hornissen gesetzlich geschützt sind, dürfen Sie ein Hornissennest nur nach Absprache mit der Naturschutzbehörde entfernen oder entfernen lassen. Häufig findet sich doch noch eine Möglichkeit, das Nest zu erhalten, zum Beispiel durch eine Abschirmung aus Fliegendraht oder ähnliches. Wenn es gar nicht anders geht, können Hornissennester auch umgesetzt werden. Hier sind Spezialisten bei der Feuerwehr, speziell ausgebildete Imker oder hauptamtliche Naturschützer fachkundige Helfer.

Hornissen sind außerhalb des unmittelbaren Nestbereichs nicht aggressiv. Sie stechen nur, wenn sie sich oder ihr Nest bedroht fühlen. Das gilt auch für die meisten Wildbienen und Wespen.

Wespen: Was tun nach einem Stich?

Wenn Sie doch einmal von Biene, Hummel, Wespe oder Hornisse gestochen werden, versuchen Sie als erste Maßnahme, sofort den Stachel (bei Bienen- und Hummelstichen) aus der Wunde zu ziehen – das geht am besten mit einer Pinzette. Dabei müssen Sie darauf achten, daß der Giftbeutel am Ende des Stachels nicht gedrückt und damit in die Stichwunde entleert wird. Dann das Gift aus der Stichwunde pressen, schließlich Meerrettich- oder Zwiebelsaft auf die Einstichstelle reiben. Der Pflanzensaft wirkt desinfizierend, schmerzstillend und entzündungshemmend. Ebenfalls entzündungshemmend wirken Alkohol, Kölnisch Wasser oder Salmiakgeist.

Die Stiche von Bienen, Hummeln und Wespen sind zwar schmerzhaft und unangenehm, aber nicht gefährlich. Auch Hornissenstiche werden meist weit überschätzt. Die Giftwirkung ist kaum stärker als die von Wespenstichen.

Wirkliche Gefahr droht nur von Stichen im Rachen- und Mundbereich. Die Schwellung des Gewebes kann zum Ersticken führen. Deshalb sofort Eisstücke lutschen oder eiskalte Flüssigkeit trinken, um die Schwellung zu stoppen. Dann sollten Sie schnellstens den nächsten Arzt oder ein Krankenhaus aufsuchen.

Ebenfalls gefährlich, bis hin zum lebensbedrohenden Schock, kann ein Stich in dem äußerst seltenen Fall sein, daß Sie auf das Insektengift allergisch reagieren. Dann heißt es, sofort einen Arzt aufsuchen oder sich selbst das entsprechende Antigift zu spritzen. Allergiker tragen das Gegenmittel im Sommer meist bei sich.

Vorbeugend können Sie sich auch desensibilisieren lassen, so daß Sie auf einen Stich nicht so stark reagieren. Gute Allergologen kennen die Probleme von Insektengift-Allergikern und können helfen.

Insekten: Zu viel Licht vermeiden

Eine abends oder die ganze Nacht über eingeschaltete Außenbeleuchtung auf der Terrasse, im Garten oder an der Haustür lockt zahlreiche fliegende Insekten an und fordert viele Opfer unter ihnen. Deshalb sollten Sie abends auf eine intensive Beleuchtung verzichten (s. a. Kap. Lebensraum, S. 189).

Lästlinge: Über den Umgang mit ungebetenen Gästen

Es gibt mehrere Gründe, weshalb „hausfremde" Tiere unsere Gebäude mitbewohnen wollen: Sie tun es entweder, weil ihnen das Klima in unserer Wohnung zusagt und/oder weil sie hier Nahrung suchen und finden. Deshalb ist es nicht verwunderlich, wenn es sich oft um solche Tiere handelt, die aus wärmeren und trockeneren Klimazonen stammen – dies gilt zum Beispiel für Schaben und Heimchen. Sie waren wahrscheinlich ursprünglich in tropischen und subtropischen Gebieten Afrikas oder Asiens beheimatet. Die nahrungssuchenden Tiere wollen zum einen die Speisen und Vorräte des Menschen mitnutzen. Beispiele dafür sind Ameisen, Mehlkäfer, Dörrobstmotten sowie Schmeißfliegen und Hausmäuse. Zum anderen sind es Tiere, denen leider ganz andere Dinge wie Teppichböden, Kleidung und sogar Möbel schmecken. Dazu gehören Kleidermotten und holzzerstörende Käfer wie „Totenuhr" und Holzwurm.

Es gibt aber auch Tiere im Haus, deren einziges „Vergehen" es ist, unseren ausgeprägten Ordnungs- und Sauberkeitsdrang zu stören. So nutzen viele Tiere, wie zum Beispiel Spinnen, Gebäude als günstige Jagdgebiete; andere, wie Schmetterlinge oder Florfliegen, finden hier Überwinterungsquartiere, die in der Natur immer seltener werden, weil Reisighaufen verschwinden, Steinbrüche mit ihren Felsritzen als Deponien verfüllt und Höhlen zugemauert werden. Manche Begegnungen im Hause sind auch eher zufällig: Ein Nachtfalter wird vom Licht angelockt, oder eine Schmeißfliege findet den Weg durchs Fenster herein und brummt nervtötend beim Versuch, wieder hinauszukommen. Niemand sollte in Panik geraten, wenn er in der Wohnung einige wenige Schädlinge oder Lästlinge findet. Erst wenn sie wiederholt und in größerer Zahl auftreten, müssen, das ist unbestritten, wirksame, gleichzeitig aber auch möglichst umweltverträgliche Gegenmaßnahmen ergriffen werden.

Dabei ist in fast allen Fällen der Einsatz von chemischen Schädlingsbekämpfungsmitteln weder erforderlich noch sinnvoll. Gegen einen Pestizideinsatz im Haus sprechen folgende Gründe:

- Bei der Bekämpfung können auch harmlose oder sogar nützliche Tiere den meist unspezifisch wirkenden Mitteln zum Opfer fallen.
- Auch für Mensch und Haustier besteht die Gefahr einer akuten oder chronischen Vergiftung. Deshalb ist der Einsatz von Pestiziden in Küche und Speisekammer untersagt.
- Fast immer werden mit der Spraydose nur einzelne Individuen erreicht, nicht aber die Brutstätten der Schädlinge.
- Zudem ist es erwiesen, daß Insekten resistent gegen Gift werden, das 20 bis 25 Generationen lang noch leidlich gewirkt hat; es entstehen mit menschlicher Hilfe „giftharte“ Schädlinge, gegen die dann noch aggressivere Mittel eingesetzt werden.

Sollten Schädlinge trotz Ihrer Vorsichtsmaßnahmen einmal Ihre Wohnung erobern, so ist es zunächst wichtig zu wissen, um welche Tiere es sich handelt. Nur wer die Lebensweise der „Missetäter“ kennt, kann sie erfolgreich und umweltschonend bekämpfen.

Die folgenden Tierarten werden oft ungenau und allgemein als „Schädlinge“ bezeichnet. Man muß dabei aber unterscheiden zwischen Tieren, die nur lästig sind – sogenannten Lästlingen wie Silberfischen, Ameisen oder Mücken –, Tieren, die Nahrungsmittel vernichten – sogenannten Vorratsschädlingen –, solchen, die Krankheiten übertragen können und schließlich Tieren, die Holz befallen und so einem Haus gefährlich werden können.

Kennzeichnung der Nützlinge, Lästlinge und Schädlinge:

H = Holzschädling
N = Nützling
K = Krankheitserreger
L = Lästling
V = Vorratsschädling

Ameisen: Geduld ist angesagt

L

Eine Ameisenstraße im Wohnzimmer oder in der Küche ist nicht gerade das, was man sich wünscht. Versperren Sie den Tieren den Weg ins Haus! Schauen Sie nach, woher die Ameisen kommen, und verstopfen Sie die Ritzen oder Fugen. Zusätzlich können Sie, wo das möglich ist, stark riechende Jauchen aus Brennessel, Wermut oder Rainfarn auf den Anfang der Ameisenstraße schmieren. Auch Tomatenblätter, Lavendel oder Majoran vertreiben Ameisen. Wichtig ist, daß Sie Geduld haben und nicht gleich aufgeben, wenn die Tiere am nächsten Tag noch nicht verschwunden sind. Machen Sie geduldig weiter, und verzichten Sie auf schnellwirkende chemische Mittel, die meist auch für Menschen giftig sind. In besonders hartnäckigen Fällen können Sie sich an Fachleute wenden (siehe Ameisenschutzwarten).

Asseln: Erfolgreiche Fangmethoden

L

Asseln sind wie viele andere Besucher im Haus völlig harmlos. Treten sie in Massen auf, können sie allerdings lästig werden. Für manche Menschen sind sie auch Ekeltiere. Wollen Sie die Asseln loswerden, können Sie die Tiere mit ganz einfachen Mitteln fangen, zum Beispiel mit halbierten Kartoffeln oder Rüben, die etwas angefault sein sollten. Die Tiere sammeln sich in diesem Köder und können dann weggetragen werden. Auch ein Blumentopf, mit feuchtem Moos, feuchter Holzwolle und Resten gekochter Kartoffeln gefüllt, eignet sich als Asselfalle. Die gefangenen Tiere setzen Sie irgendwo ins Freie.

Bettwanzen: Ein seltener Fall

L K

Wenn Wanzen in der Wohnung auftauchen, verraten sie sich sofort durch ihren unangenehmen Geruch. Wanzen übertragen zwar nur selten Krankheiten, aber ihr Stich, der zunächst keine Schmerzen verursacht, führt bald zu starkem Juckreiz und zu Entzündungen. Ritzen, die Verstecke für Wanzen sein können, sollten möglichst verschlossen werden. Auch leere Vogelnester in unmittelbarer Fensternähe können Ursachen für einen Wanzenbefall sein. Wenn Sie in befallenen Räumen schlafen müssen, sollten Sie nachts ein Repellent auftragen, das die Tiere fernhält.

Bücherskorpion: Nützlich, aber unerwünscht

L

Der harmlose Mini-Skorpion ist ein eher nützlicher Gast im Haus, weil er in Büchern, Zeitungsstapeln und anderen Papierprodukten Jagd auf Milben, Staubläuse, Springschwänze und andere Insekten macht. Er kann weder beißen noch stechen und überträgt auch keine Krankheiten. Allerdings kann er mit seinem Kot Bücher verschmutzen. Saubere, trockene Bücherregale aber sind nicht nach seinem Geschmack. Hier findet er keine Nahrung und weicht bald auf Papier- oder Zeitungsstapel aus.

Flöhe: Mit allen Mitteln bekämpfen

K L

Menschenflöhe sind bei uns zum Glück selten geworden. Sie können mit ihrem Stich eine Reihe von Krankheiten übertragen und sollten deshalb, wenn sie einmal auftauchen, wirkungsvoll bekämpft werden. Zur Vorbeugung empfiehlt es sich, Ritzen zu verstopfen, die als Brutstätten für Flöhe in Frage kommen.

Anders als Menschenflöhe sind die Flöhe von Hunden und Katzen keineswegs selten und stechen „notfalls“ auch Menschen. Wer Hund oder Katze hat, wird es wohl früher oder später mit den lästigen Blutsaugern zu tun bekommen. Aber wenn Sie die Lager von Hund und Katze regelmäßig gründlich säubern und bei dem geringsten Verdacht auf Flöhe Ihre Haustiere mit dem Flohkamm durchsuchen, können sich Flöhe nicht lange halten. Flöhe lassen sich aus Teppichen, Matratzen und Polstermöbeln vertreiben, wenn Sie diese gründlich ausklopfen, in die Sonne stellen und später absaugen. Auch von alten Vogelnestern in Fensternähe können Flohinvasionen ausgehen. Und da auch Vogelflöhe Menschenblut saugen, ist es besser, solche Nester nach der Brutzeit zu entfernen.

Florfliegen: Harmlos und nützlich

N

Die zarten grünen Insekten sind völlig harmlos. Vom Biogärtner sind sie als fleißige Helfer im Garten gern gesehen, weil sie pro Saison Tausende von Blattläusen fressen. Die Eier der Florfliegen sind an hauchdünnen, langen „Stengeln“ aufgestielt. Zerstören Sie solche Gelege, die sich auch an Fensterrahmen und Zäunen finden, bitte nicht, auch nicht beim Frühjahrsputz. Im Herbst kommen Florfliegen oft ins Haus, um auf Dachböden oder in Rolladenkästen zu überwintern. Bitte nicht stören und auch nicht in wärmere Räume bringen.

Hausbock: Holzschutz ist Expertensache

H

Der Hausbock und seine Larven sind Holzschädlinge, die einem Dachstuhl oder auch einem ganzen Haus durchaus gefährlich werden können. Vorbeugend können Sie Holz mit Borsalz behandeln (siehe Firmenadressen). Die ovalen Ausfluglöcher der fertig entwickelten Käfer allerdings zeigen deutlich, daß es für Vorbeugung zu spät ist und härtere Maßnahmen angezeigt sind. Am besten besprechen Sie Gegenmaßnahmen mit Spezialfirmen (siehe Firmenliste) und unabhängigen Beratern. Aber bestehen Sie darauf, daß das befallene Holz mit Heißluft statt mit chemischen Holzschutzmitteln behandelt wird. (Wer möchte schon gern in Giftnebeln wohnen?) Übrigens ist die Heißluftbehandlung mittlerweile amtlich als wirksam anerkannt und in die DIN-Norm für Holzschutz aufgenommen worden.

Heimchen (Grille): Im Notfall arrangieren

L

Raubt das Gezirpe eines Grillenmännchens Ihnen den Schlaf, dann hilft nur eines: Sie müssen den unermüdlichen Minnesänger fangen und in größerer Entfernung vom Haus wieder aussetzen. Wenn das nicht gelingt, sollten Sie besser mit dem Gezirpe leben, als das vermeintliche Versteck des Heimchens mit Insektengift auszusprühen.

Kellerschnecke: Keine Chance durch trockene Luft

L

Die Schnecken fressen in feuchten Kellern gerne Kartoffeln und Gemüse an. In gut gelüfteten, trockenen Kellern aber haben die harmlosen Tiere keine Chance. Zur Vorbeugung empfiehlt es sich auch, Kartoffeln vor dem Einlagern abzuwaschen und so Schneckeneier zu entfernen.

Kleidermotten: Natürliche Abschreckmittel

V

Wo immer Wollenes oder ausgestopfte Tiere längere Zeit unbeachtet herumstehen, finden Motten eine Unterkunft erster Güte. Von hier aus können die ausgeschlüpften Tiere immer wieder auf Textilien in der Nähe ihre Eier ablegen, durch die sich dann bald die bekannten Fraßgänge ziehen. Die Auswahl an Chemikalien gegen Motten ist groß, aber es geht auch anders: Nicht gebrauchte Kleidung ist in verschlossenen Beuteln, kühl gelagert, gut gegen Mottenbefall geschützt. Außerdem soll der Geruch von Lavendel und Steinklee, von Kampfer und Zedernholz die kleinen gelbweißen Schmetterlinge in die Flucht schlagen. Einige Versandfirmen bieten Beutel mit diesen Antimotten-Mitteln an. Die vermeintlichen Motten aber, die Ihnen oft in Ihrer Wohnung über den Weg fliegen, sind fast immer harmlose Nachtschmetterlinge, die sich nur verflogen haben und keineswegs auf der Suche nach Pullovern und Pelzen sind.

Küchenschabe: Sorgfältig auf den Grund gehen

V K L

Die extrem flachen Insekten finden selbst in Spalten von einem Millimeter Höhe noch Unterschlupf und sind deswegen schwierig zu bekämpfen. Schaben gelten nicht nur als Ekeltiere, sie sind auch Fraßschädlinge und Krankheitsüberträger.

Schaben vermehren sich so rasant, daß Sie sofort mit Gegenmaßnahmen beginnen sollten, wenn Sie auch nur einige Tiere gesehen haben. Wenn Sie Schaben tagsüber herumhuschen sehen, muß der Befall schon ziemlich hoch sein, denn normalerweise sind die Tiere nur nachts unterwegs. Der wichtigste Punkt der Antischaben-Strategie ist, nichts Eßbares herumliegen zu lassen, denn jeder vergessene Brotkrümel ist Nahrung für diese Insekten. Weiter müssen alle möglichen Verstecke und Ritzen mit Lehm, Gips oder einer anderen Füllmasse abgedichtet werden. Wer Schaben loswerden will, muß wenigstens für eine gewisse Zeit zum Putzteufel werden. Mit feingepulverter Angelikawurzel, vermischt mit Eukalyptusöl, können Sie den Tieren außerdem ihre Verstecke verleiden. Darüber hinaus können ausgeklügelte Schabenköder die lästigen Untermieter in die Falle locken: Backpulver und Zucker (oder Borax und Zucker), im Verhältnis 1:1 gemischt, tötet die Tiere.

Als Schabenfalle haben sich Konservendosen oder Steinguttöpfe, mit etwas Sirup, Rüböl oder Bananenschalen gefüllt, bewährt. Kleine Brettchen oder Papierstreifen an den Gefäßen locken die Schaben leichter in die Falle. Wenn Sie der Tiere trotz allem nicht Herr werden, sollten Sie einen kompetenten Schädlingsbekämpfer beauftragen, die Schaben zu vertreiben. Wenn eine gründliche Bekämpfung nötig ist, sollten Sie darauf bestehen, daß ein Pyrethroid ohne Piperonylbutoxid eingesetzt wird. Auch sollten nur die Schabenverstecke eingesprüht werden, nicht die ganze Wohnung oder das Haus.

Die Fallen sollten unbedingt längere Zeit stehenbleiben, auch wenn sich keine Schabe mehr zeigt, denn Schabenlarven schlüpfen oft erst nach drei Monaten aus den Eipaketen.

Mehlkäfer: Sauberkeit ist die beste Waffe

V

Die Tiere und ihre Larven, die „Mehlwürmer“, fressen alle Getreideprodukte und Lebensmittelabfälle. Sauberkeit macht ihnen das Leben schwer, und ein wenig Salz, unters Mehl gemischt, verdirbt ihnen den Appetit. Wenn Vorräte in dicht schließenden Gläsern aufbewahrt werden, haben Mehlkäfer ohnehin keine Chance. Haben sie sich aber bereits eingenistet, muß der befallene Ort gründlich mit dem Staubsauger gereinigt werden. Doch erst die Nachkontrolle nach sechs Wochen zeigt, ob die Behandlung erfolgreich war.

Messingkäfer: Verstecke herausfinden

V

Die braunen, runden, fünf Millimeter langen Käfer haben feine Härchen, die im Licht wie Messing schimmern. Die Insekten zernagen Stoffe wie Seide und Wolle, aber auch Kunstfasern. Ritzen, die als Verstecke dienen könnten, sollten verschlossen werden. Die Gegenmaßnahmen sind die gleichen wie beim Speckkäfer.

Museumskäfer: Kontrollieren und vorbeugen

L

Unter diesem Namen werden etliche Arten zusammengefaßt, die sich in Aussehen und Lebensweise sehr ähnlich sind. Die Käfer sind rundoval, zwei bis drei Millimeter lang und bunt gefleckt. Sie sind gute Flieger und leben oft im Freien, wo sie sich von Pollen und Nektar ernähren. Zur Eiablage kommen sie im Herbst in die Häuser. Die vier bis fünf Millimeter langen Larven sind sehr lichtscheu und fressen tierisches Material wie Wolle, andere Tierhaare und Hornsubstanzen. Besonders gefährdet sind tote Insekten, nicht nur die auf dem Fensterbrett, sondern auch die in Insektensammlungen – daher der Name! Auch bei dieser Art besteht die Bekämpfung in der Beseitigung alles befallenen Materials.

Pelzkäfer: Der Sache auf den Grund gehen

V

Die schwarzen, etwa einen Zentimeter langen Käfer übertragen keine Krankheiten. Allerdings können die Haare der Larve Allergien auslösen. Die Larven fressen, ähnlich wie Mottenlarven, an Textilien. Sie befallen außer Wolle auch Baumwolle und Kunstfasern; Pelze und Teppiche sind ebenfalls durch sie gefährdet. Um die Käfer zu vertreiben, sollte man so wie bei Motten verfahren. Treten die Käfer massenhaft auf, müssen Sie herausfinden, woher sie kommen. Alle Vogelnester am Haus, Isolierschichten oder Zwischenböden aus organischem Material können die Quellen des Befalls sein. Sie sollten alle Ritzen verschließen, in denen die Tiere leben könnten, und regelmäßig mögliche Lebensräume der Larven absaugen oder ausfegen.

Schmeißfliege: Bekämpfen wie die Stubenfliege

[L] [K]

Die bei uns häufigsten Arten von Schmeißfliegen sind die graugestreifte Fleischfliege, der blauschwarz glänzende Brummer und die metallisch goldgrün schimmernde Goldfliege. Alle drei Arten übertragen Erreger von Darmkrankheiten auf Lebensmittel. Wenn sich die Fliegen auf offene Wunden setzen, kann es zur Blutvergiftung kommen. Gegen Schmeißfliegen wehren Sie sich mit den gleichen Mitteln wie gegen die Stubenfliege.

Schnecken: Kummertiere für den Gärtner

[V] [L]

Schnecken sind zwar harmlos, aber gefräßig. So mancher Gartenfreund versucht, sich in seiner Wut mit Giftkörnern gegen die allnächtlichen Beutezüge zu wehren, und der Erfolg scheint ihm zunächst auch recht zu geben: Die Schnecken sterben scharenweise. Was der Schneckenjäger allerdings nicht sieht: Sein Giftfeldzug tötet auch die Feinde der Kriecher – Singvögel, Igel, Spitzmäuse und Kröten. Langfristig weit erfolgreicher ist es, wenn man abends und bei feuchtem Wetter regelmäßig auf Sammeltour zieht. Noch leichter können Sie Schnecken erbeuten, wenn Sie Bretter auslegen, unter denen sich die Tiere tags gern verstecken, oder wenn Sie welke Salatköpfe oder Kohlblätter als Köder auslegen. Besonders gefährdete Kulturen lassen sich wirksam schützen, wenn man sie mit einem der Schneckenzäune aus dem Fachhandel umgibt, über deren doppelt gefalzte Profilkante am oberen Rand selbst die sportlichste Schnecke nicht hinwegkriechen kann.

Silberfischchen: Sie verschwinden auch ohne Gift

[L] [V]

Die harmlosen, lichtscheuen Insekten übertragen zwar keine Krankheiten, aber sie können Vorräte befallen und Textilien, Gewebe, Leder oder Papier anknabbern. Silberfischchen lieben es feucht, aber nicht zu warm. Wenn Sie Ihr Bad ein paarmal stark aufheizen, sind Sie die ungebetenen Gäste oft schon los. Eine andere Möglichkeit: Versperren Sie ihnen den Weg, indem Sie die Abflußöffnungen von Waschbecken und Badewanne nachts verschließen und Fugen und Ritzen in feuchten Räumen gut abdichten. Wenn Sie ein feuchtes, weißes Tuch mit Gips bestreuen und über Nacht auslegen, können Sie die Tiere darin fangen. Das Tuch schütteln Sie dann im Freien aus. Es gibt auch eine rabiate Methode: eine Mischung aus Zucker und Borax im Verhältnis 1:1 ausstreuen. Die Silberfischchen gehen an diesem Gemisch zugrunde.

Speckkäfer: Hygiene in der Speisekammer

[L]

Den sieben bis neun Millimeter langen, länglich-ovalen Speckkäfer erkennt man leicht an der hellbraun-grauen Querbinde in der Mitte des sonst schwarzen Körpers. Die zwölf bis fünfzehn Millimeter lange Larve ist stark behaart und ernährt sich, wie der Käfer, vorwiegend von tierischen Substanzen wie Speck, Wurstwaren und Rauchschinken. Weil diese Nahrungsmittel heutzutage meist im Kühlschrank aufbewahrt werden, spielt der Speckkäfer im Haushalt nur noch eine geringe Rolle. Gelegentlich kann er sich aber im Trockenfutter für Hunde und Katzen sehr stark vermehren. Befallenes Futter muß vollständig vernichtet werden.

Spinnen: Kein Grund zur Angst

[N]

Die Furcht vor Spinnen ist – jeder weiß es – völlig unbegründet. Die meisten Arten sind überhaupt nicht imstande, mit ihren Kieferklauen die menschliche Haut zu durchdringen. Und schaffen sie es doch, dann sind die Folgen nicht schwerer als nach einem Insektenstich. Nur der Biß der Dornfingerspinne kann einige Tage lang Unannehmlichkeiten bereiten, aber diese Art ist bei uns selten und kommt nur in besonders warmen Gegenden wie am Kaiserstuhl vor. Falls Sie die lebenden Fliegenfänger dennoch lieber auf Distanz halten möchten: Spinnen lassen sich auf Dauer vertreiben, wenn man ihre Netze immer wieder abfegt – eine giftlose Methode.

Stallfliege: Verbannen und bekämpfen

L K

Die Stallfliege legt ihre Eier in strohhaltigen Dung, der den Larven später als Nahrung dient. Deshalb bevorzugt sie die Nähe von Stallungen. Sie findet aber auch oft den Weg in Häuser. Mit ihrem schmerzhaften Stich kann die Stallfliege zahlreiche Krankheiten übertragen, darunter auch zahlreiche gefährliche, wie Anämie und Milzbrand. Für sie sind dieselben Abwehrmaßnahmen geeignet wie für die Stubenfliege.

Staubwanzen: Aus dem Heim verbannen

L

Staubwanzen leben als Räuber von anderen Insekten. Anders als Bettwanzen befallen sie den Menschen nicht. Werden sie aber versehentlich berührt, können sie sehr schmerzhaft stechen. Ihr Stich kann zu einer Blutvergiftung führen, die unbedingt der Arzt behandeln muß. Zur Vorbeugung sollten Sie Haus und Hof sauberhalten, vor allem Ecken und Winkel, die Staubwanzen als Verstecke dienen könnten, und die Umgebung von Latrinen.

Stechmücken: Hausverbot durch Fliegengitter

L

In unseren Breiten sind Stechmücken nur selten Überträger von Krankheiten. Sie sind aber wegen der unangenehm juckenden Stiche sehr lästig.

So können Sie sich gegen Stechmücken wehren: Fliegengaze vor den Fenstern hält die Quälgeister fern. Nachts schützt ein Moskitonetz wirkungsvoll, wenn doch zu viele Mücken im Haus sind. Stehende Klein- und Kleinstgewässer in Hausnähe wie eine Regentonne oder wassergefüllte Eimer sollten Sie entfernen oder abdecken. Gartenteiche hingegen sind meist unproblematisch, da hier die Mückenlarven genügend Feinde haben. Der Geruch von Essig, Zitronen- oder Lavendelessenz soll die Tiere vertreiben, während Schälchen mit Anisöl oder Freiöl Stechmücken anlocken: Die Tiere verkleben sich beim Aufsaugen der Flüssigkeit den Rüssel und können dann nicht mehr stechen. Dagegen wirkt die Einnahme von Vitamin B 1 leider nicht, wie vielfach behauptet wird, gegen stechbereite Mücken.

Auch Geräte, die den sirrenden Flügelschlag von Mücken imitieren, sogenannte Mückenpiepser, sind keine wirksame Abschreckung. Mit Ultraviolett-Fallen ist Mücken gleichfalls kaum beizukommen. Dafür töten die Lichtfallen zahlreiche andere Insekten, die nachts umherfliegen.

Wirksam sind chemische Abwehrstoffe, sogenannte Repellents, die auf die Haut aufgetragen werden. Vorsicht ist allerdings bei Mitteln geboten, die DET enthalten, wie das bekannte Autan. Sie sollten bei Kindern gar nicht angewandt werden, bei Erwachsenen nur im Ausnahmefall und dann äußerst sparsam.

Stubenfliege: Harmlos, aber lästig

L K

Fliegen sind vor allem lästig. Sie können aber auch Krankheitserreger und Fäulniskeime auf Lebensmittel übertragen.

Ein althergebrachter Fliegenfänger oder die gute alte Fliegenklatsche helfen, den Brummern den Garaus zu machen. Vorräte und Vorratsräume lassen sich mit Fliegengittern schützen. Außerdem sollen bestimmte Gerüche Fliegen abhalten, zum Beispiel Lorbeeröl oder ein im Raum aufgehängtes Bündel getrockneter Fliederblüten. Auch mit Nelken gespickte Zitronen sollen gegen die lästigen Zweiflügler helfen. Ebenso abgestandenes Bier in Schalen, das natürlich nicht gerade angenehm riecht.

Taufliege: Unwillkommene Obstfresser

V

Die madenartigen Larven der winzigen Fliegen können Obst und Kartoffeln befallen. Die Fliegen übertragen Pilze und Bakterien, die wiederum Obst, Gemüse und Säfte vernichten können. Taufliegen kann man mit den gleichen Maßnahmen wie Stubenfliegen zu Leibe rücken.

Totenuhr: Bekämpfung ohne Insektizide

H

Die Larven dieses Käfers, die wohlbekannten „Holzwürmer“, fressen sich vor allem durch Laubholz und zerstören dabei oft Gebäudeteile und wertvolle Möbel. Während der Paarungszeit pochen die erwachsenen Käfer mit ihrem Kopfteil auf die Unterlagen, eine Eigenart, die der ganzen Gruppe den Namen Poch- oder Klopfkäfer eingebracht hat. Dieses Klopfen ist auch das beste Indiz dafür, daß Holz von den Käfern befallen ist. Mit einem Stethoskop oder einem speziellen elektronischen Abhörgerät läßt sich Holz regelrecht „abhören“, aber auch die typischen Holzmehlhäufchen unter den Fraßlöchern der Larven verraten die Käfer. Die Totenuhr und ihre Larven lassen sich mit denselben Mitteln wie der Hausbock abwehren und mit Heißluft abtöten.

Streitpunkte: Rechtliches von A–Z

Bevor Sie mit konkreten Hilfsmaßnahmen für Tiere auf Wohnungssuche beginnen, sollten Sie überlegen, ob dabei rechtliche Probleme auftreten können. Hier hilft Ihnen unser kleines Rechtswörterbuch. Von A wie Artenschutz bis Z wie Zweige, die auf Nachbars Grundstück hinüberreichen, erläutert es, welche Paragraphen Stolpersteine oder Rettungsringe sein können. Oft sind es „Kleinigkeiten", die große emotionale Schubkraft entwickeln: das brisante Thema von Nachbars Katze und den Vögeln in Ihrem Garten; der klassische Streit um den herbstlichen Laubfall; Frösche, die im Gartenteich quaken dürfen oder nicht.

Artenschutz: Ihr Partner – die untere Naturschutzbehörde

Nach Paragraph 20 des Bundesnaturschutzgesetzes sind viele bei uns heimische, wildlebende Tier- und Pflanzenarten besonders geschützt. Für diese Arten gilt, daß man ihnen nicht nachstellen, sie weder fangen, verletzen noch töten darf. Auch ihre Entwicklungsformen, Nist-, Brut-, Wohn- oder Zufluchtsstätten dürfen der Natur nicht entnommen, beschädigt oder zerstört werden. Ausnahmen gelten, wenn Sie ein krankes oder verletztes Tier gesundpflegen wollen. Gehört es zu den vom Aussterben bedrohten Arten – dazu zählen zum Beispiel alle Fledermausarten –, müssen Sie bei längerer Pflege Ihre Absicht der zuständigen Behörde, meist der unteren Naturschutzbehörde, melden. Die entscheidet dann, ob Sie das Tier in Ihrer Obhut behalten dürfen. Für kurze Zeit dürfen Sie pflege- oder hilfsbedürftige Tiere auch ohne Genehmigung gesundpflegen.

In Anlage 1 der Bundesartenschutzverordnung sind die besonders geschützten Arten aufgeführt. Dazu gehören bis auf ganz wenige Ausnahmen alle heimischen Säugetiere. Schermaus, Rötelmaus, Erdmaus, Feldmaus, Hausmaus, Nutria, Marderhund, Bisam, Waschbär und Wanderratte sind nicht geschützt. Besonders geschützt sind alle unsere Wildvogelarten, alle Kriechtiere und Lurche, alle Libellen, viele Käferarten, Wildbienen, Hummeln und Hornissen sowie fast alle Schmetterlingsarten.

Baum: Baumschutzverordnung

Das Bundesnaturschutzgesetz bietet die Möglichkeit, in bestimmten Gebieten alle Bäume, Hecken oder auch besondere Landschaftsbestandteile unter Schutz zu stellen. So haben zum Beispiel die Stadtstaaten Bremen, Berlin und Hamburg für ihr gesamtes Gebiet Baumschutzverordnungen erlassen. In vielen Gemeinden und Landkreisen gibt es solche Verordnungen aber leider noch nicht. Fragen Sie bei der unteren Naturschutzbehörde nach, was für Ihren Wohnort gilt. Vielleicht gibt es auch einen Bebauungsplan, durch den die Bäume in Ihrem Wohngebiet unter Schutz gestellt sind. Die bisher erlassenen Baumschutzverordnungen sind nicht einheitlich, sie haben aber einige wichtige Gemeinsamkeiten: So sind meist Bäume geschützt, Hecken aber nicht. Der Schutz gilt für Laub- und Nadelbäume, während Obstbäume und Bäume in Baumschulen von den Schutzbestimmungen ausgenommen sind. Ferner sind nur Bäume ab einem bestimmten Stammumfang geschützt (meist ab einem Meter Umfang, gemessen in 80 Zentimeter Höhe). Solche geschützten Bäume dürfen weder gefällt noch beschädigt werden. Wer diese Schutzbestimmung ignoriert, begeht eine Ordnungswidrigkeit und muß mit einer Geldbuße rechnen.

Auch für den Nachbarn hat eine Baumschutzverordnung Auswirkungen. Er kann zum Beispiel die Wurzeln eines geschützten Baumes nur mit behördlicher Erlaubnis kappen lassen, auch wenn die Nutzung seines Grundstücks durch die Wurzeln beeinträchtigt wird.

Efeuranken: Ein Grenzfall

Ihr Nachbar hat einen Rechtsanspruch darauf, in sein Grundstück hineinragende Efeu- oder Weinranken entfernen zu lassen. Rechtlich umstritten ist allerdings, ob er die Ranken selbst abschneiden darf. Auch wenn Efeu- oder Weinwurzeln in das Fundament des Nachbarhauses eindringen oder die Asphaltdecke auf dem Nachbargrundstück beschädigen, kann der Nachbar die Wurzeln entfernen lassen.

Eindringen von Tieren: Das Recht auf Ihrer Seite

Dringen Wildtiere von Ihrem Grundstück in das des Nachbarn ein, wird es rechtlich kompliziert. In den meisten Fällen wird Ihr Nachbar nichts dagegen unternehmen können. Wenn Sie die Tiere jedoch zum Beispiel durch Füttern angelockt haben, könnte Sie ein Gericht (nach Paragraph 1004 BGB) als Störer ansehen. Weiter kommt es darauf an, ob die Störung unwesentlich ist oder nicht (Paragraph 906 BGB).

Frösche: Manchmal ein Streitfall

Froschgequake im Gartenteich ist nach Auffassung der Gerichte für Nachbarn zwar eine „wesentliche Beeinträchtigung“, aber zumindest in einer ländlichen Umgebung ortsüblich. Der Nachbar muß dort mit dem Froschquaken leben. In städtischer Umgebung gilt das allerdings nicht.

Wichtig bei der Rechtsprechung ist außerdem, daß nach der Artenschutzverordnung alle Frösche besonders geschützt sind. Das Oberlandesgericht von Schleswig-Holstein kam 1986 bei einem Rechtsstreit um Frösche in Nachbars Gartenteich zu dem Schluß, der Gesichtspunkt des Naturschutzes sei bei besonders geschützten Tierarten wie Fröschen entscheidend, jedenfalls wichtiger als des Nachbarn Anspruch auf Ruhe.

Das Oberlandesgericht München entschied in einem Streitfall aus Ingolstadt, der Teich dürfe zwar bleiben, dem Nachbarn sei aber ein jährlicher „Lärmausgleich“ von 3000 Mark zu zahlen. Wer aber kann das schon?

Garten, verwildert: Mehr Freiheit für die Natur

Wenn es um das Problem Samenflug von einem Garten hinüber in den des Nachbarn ging, haben die Gerichte in letzter Zeit meist zugunsten des naturnahen Gartens entschieden. Im allgemeinen wird der Nachbar mit einer Klage gegen Samenflug, der vom „Unkraut“ in Ihrem Garten ausgeht, keinen Erfolg haben. Nur in einem Extremfall, wo ein Garten sich alljährlich in ein Brennesselmeer verwandelt, das sich auch auf den benachbarten Garten ausdehnte, entschied ein Gericht, den Brennesseln müsse Einhalt geboten werden. Auch die Gesetzgeber der Länder haben sich dem Trend zu mehr Naturwuchs im Garten angepaßt: Schon vor Jahren haben sie die Verordnungen zur Bekämpfung von Unkräutern ersatzlos gestrichen.

Grenzabstand Bäume: Auskunft durch Naturschutzbehörde

Der Abstand von Bäumen und Sträuchern von der Grundstücksgrenze ist nicht bundeseinheitlich festgelegt. Statt dessen gelten in den meisten Ländern Regelungen nach dem Nachbarrecht. Diese Regeln sind sehr uneinheitlich und teilweise sogar unübersichtlich. Deshalb sollten Sie, bevor Sie einen Baum, einen Strauch oder eine Hecke pflanzen, bei der unteren Naturschutzbehörde nachfragen oder im entsprechenden Gesetz oder in einem Buch über Nachbarrecht (siehe Literaturverzeichnis) nachlesen, welche Grenzabstände in Ihrem Bundesland zu beachten sind. Achten Sie darauf, daß in manchen Bundesländern für verschiedene Baumarten unterschiedliche Grenzabstände gelten.

Katzen: Ratlose Rechtsprechung

Beim Thema „Katzen in Nachbars Garten“ ist die Rechtsprechung sehr uneinheitlich, weil klare und allgemein anerkannte gesetzliche Regelungen fehlen.

Bei den bisherigen Urteilen spielte die Gefährdung der Vögel, Lurche, Reptilien und Insekten – zum Beispiel der geschützten Libellen, die eine begehrte Beute für Katzen sind – kaum eine Rolle. Gerichte beschäftigen sich eher mit der Frage, ob das Laufenlassen von Katzen verboten werden kann, weil sie in Nachbars Garten eindringen und in den Garten oder gar in die Wohnung urinieren oder koten. Wie viele Katzen ein Katzenhalter in einem Wohngebiet frei herumlaufen lassen darf, ist strittig. Ein Gericht entschied, keine einzige Katze dürfe frei umherstreifen, ein anderes befand, eine dürfe es schon sein, und ein drittes meinte, auch zwei Katzen seien nicht zu viel. Die Jagd einer Katze nach den Vögeln an Nachbars Vogeltränke wurde in einer Gerichtsentscheidung als Besitzstörung angesehen und der Katzenhalter verurteilt, sein Tier im Haus zu halten. Die nächsthöhere Instanz aber hob das Urteil wieder auf. Die Vögel seien nicht Bestandteil des Grundstücks und würden es auch dann nicht, wenn sie eine Vogeltränke aufsuchen. Eine Besitzstörung sei also nicht gegeben. Der Gesichtspunkt des Vogelschutzes hingegen spielte bei der Urteilsfindung keine Rolle.

Wegen Katzen hat es schon sehr häufig Streit unter Nachbarn gegeben. Versuchen Sie am besten, auftretende Probleme mit Ihren Nachbarn friedlich zu regeln.

Noch ein Hinweis: Wenn Sie Jungvögel beobachten, die gerade flügge werden, halten Sie Ihre Katze am besten im Haus.

Kleingärten: Eigenes Nachbarrecht

Für die Kleingärten im Eigentum von Gemeinden, Bundesbahn oder Kirchen gilt ein eigenes Nachbarrecht, und mit dem Pachtvertrag erkennt der Kleingärtner auch die jeweilige Gartenordnung an.

Wie diese Gartenordnung aussieht, hängt entscheidend vom Bewußtsein in den Verbänden ab.

In Kleingärten lassen sich viele Maßnahmen verwirklichen, um Tieren Lebensräume und Unterschlupf zu schaffen. Viele Kleingärtner haben diese Chance erkannt und sind zu einer naturnahen Bewirtschaftung ihres Gartens übergegangen. Einige Kleingartenverbände geben sogar Empfehlungen zur naturnahen Gartengestaltung, wobei neue Lebensräume für Tiere und Pflanzen einen hohen Stellenwert besitzen.

Komposthaufen: Kein Anlaß zur Klage

Wegen eines gut gepflegten Komposthaufens dürfte es unter Nachbarn keine rechtlichen Schwierigkeiten geben. Denn der – manchen vielleicht störende – Anblick eines Komposthaufens ist noch kein Anlaß, ihn beseitigen zu lassen. Soweit sind sich die Gerichte einig. Schwierig ist es, wenn Geruchsbelästigungen von dem Komposthaufen ausgehen. Denn in den meisten Ländern ist das Kompostieren von Küchen- und Gartenabfällen zwar ausdrücklich zulässig, in allen Verordnungen ist aber die Formulierung zu finden, daß dadurch „keine Geruchsbelästigungen" der Nachbarn auftreten dürfen. Es gilt also, den Komposthaufen zu pflegen. Er sollte Bodenkontakt haben, damit Kleinlebewesen und Regenwürmer aus dem Boden einwandern können, um den organischen Abfall in Komposterde zu verwandeln. Außerdem kann so überschüssiges Wasser besser ablaufen. Und er sollte schattig stehen, am besten unter einem Baum, damit er nicht austrocknet. Wichtig ist auch, daß er richtig in Schichten aufgesetzt und gut durchlüftet ist. Wenn Sie Ihren Komposthaufen zudem nicht gerade vor Nachbars Grillplatz setzen, sondern etwas abseits, dürfte er keinen Anlaß zur Klage bieten.

Laub: Ein ungeregelter Fall

Das Problem des Laubfalls auf des Nachbarn Grundstück ist im Bürgerlichen Gesetzbuch und auch in den Nachbarschaftsgesetzen der Länder nicht geregelt. Deshalb sind die Gerichte zu dieser Streitfrage schon häufig bemüht worden. Die Richter sehen Laubfall meist als unwesentliche Beeinträchtigung an, der Nachbar muß also mit dem Laub von Ihrem Baum oder Strauch leben. Und selbst wenn die Gerichte im Laub eine „wesentliche Beeinträchtigung" erkennen, wird sie meist als ortsüblich angesehen. Der betroffene Nachbar hat dann allerdings nach Meinung der meisten Gerichte einen Anspruch auf Geldausgleich für einen Teil der Kosten, die ihm für die Reinigung von Terrasse, Vorplatz, Dach oder Dachrinne entstehen.

Aus der Sicht vieler Gartenbesitzer ist es bedauerlich, daß die meisten Gerichte immer noch davon ausgehen, daß Laub eine „rechtswidrige Immission" ist. Denn Laub ist ja nicht nur eine Last, sondern vor allem wichtige Nährstoffquelle und wärmende Decke für den Boden und für Gartenbeete, wichtige Beigabe zum Kompost und Nahrung für ein Heer von Lebewesen, die daraus duftenden Humus machen.

Mietrechtliches: Erst verhandeln, dann handeln

Die meisten Maßnahmen zur naturnahen Gestaltung Ihres Wohnumfeldes können Sie als Mieter durchführen, ohne Ihren Vermieter zu fragen. Sie fallen unter die übliche Nutzung einer Wohnung oder eines gemieteten Hauses. Besser im Interesse des Wohnfriedens ist es natürlich, wenn Sie vorher mit dem Vermieter darüber sprechen und sich einig werden.

Sie können zum Beispiel Ihren Garten naturnah gestalten, wenn im Mietvertrag nicht ausdrücklich etwas anderes bestimmt ist. Ob allerdings ein größerer Gartenteich nicht doch vom Vermieter genehmigt werden muß, ist rechtlich strittig.

Wenn Sie Nisthilfen für Vögel oder Insekten anbringen, kann und wird Ihr Vermieter nichts dagegen einwenden. Wollen Sie Nisthilfen auf fremden Grund anbringen, müssen Sie natürlich den Eigentümer um Erlaubnis fragen. Schwierig wird es, wenn Sie als Mieter Veränderungen am Haus vornehmen wollen. Nach einer neueren Gerichtsentscheidung brauchen Sie bereits die Genehmigung des Vermieters, wenn Sie eine Hauswand mit einjährigen Pflanzen wie Feuerbohne oder Trichterwinde begrünen wollen. Es ist klar, daß dies dann um so mehr für ein grünes Kleid aus Wildem Wein oder Efeu gilt. Für ein grünes Dach gilt natürlich das gleiche. Bei einer so weitreichenden Maßnahme wie einer Dachbegrünung wird aber ohnehin jeder vorher mit dem Vermieter sprechen. Für Dachbegrünungen gibt es außerdem noch baurechtliche Bestimmungen, an die Sie sich halten müssen.

Ortsüblich: Von Fall zu Fall verschieden

Dieser Begriff spielt bei Rechtsstreitigkeiten zwischen Nachbarn oft eine wichtige Rolle. Nach Paragraph 906, Absatz 2 des Bürgerlichen Gesetzbuches (BGB) müssen auch wesentliche Beeinträchtigungen eines anderen Grundstücks hingenommen werden, wenn das Grundstück, von dem die Beeinträchtigung ausgeht, ortsüblich genutzt wird. Was im Einzelfall „ortsüblich" ist, hängt weniger von der Wohnsituation der Streitenden ab als davon, ob eine Gegend als Wohn-, Gewerbe- oder Industriegebiet ausgewiesen ist und ob sie als ländlich oder städtisch gilt. Der dehnbare Begriff „ortsüblich" ist inzwischen durch zahlreiche Urteile genauer gefaßt worden. So gelten heute zum Beispiel als ortsüblich: Fluglärm von 6 bis 22 Uhr, Gartenfeste bis 22 Uhr, Tiergeruch und Geruch landwirtschaftlicher Betriebe, Läuten von Kirchenglocken ab 6 Uhr im Sommer und 7 Uhr im Winter, Verkehrslärm und Hausmusik.

Schädlingsbekämpfungsmittel: Gesetzlich verboten

Unkrautbekämpfungsmittel dürfen in Gärten generell nicht mehr eingesetzt werden. Das gilt auch für Düngemittel, die mit Rasenherbiziden kombiniert sind – so regelt es zum Beispiel in Baden-Württemberg das Gesetz über die Einschränkung von Pflanzenschutzmitteln. Da heißt es in § 1 dieses „Gesetzes über die Einschränkung der Anwendung von Pflanzenschutzmitteln" vom 17.12.1990: „... dürfen Pflanzenschutzmittel im Freien außerhalb landwirtschaftlich, forstwirtschaftlich oder erwerbsgärtnerisch genutzter Flächen nicht angewandt werden. Dies gilt insbesondere für ... Hausgärten, Kleingärten und sonstige Gärten." Aber kein Paragraph ohne Ausnahme: In § 2 wird „das Ministerium ... ermächtigt, Ausnahmen zuzulassen, soweit überwiegende öffentliche Interessen, insbesondere des Schutzes von Tier- und Pflanzenarten, nicht entgegenstehen". Immerhin handelt „ordnungswidrig ..., wer vorsätzlich oder fahrlässig entgegen § 1 ein Pflanzenschutzmittel anwendet. Die Ordnungswidrigkeit kann mit einer Geldbuße bis zu 50000 Deutsche Mark geahndet werden."

Ein allgemeines Verbot für die Verwendung von sogenannten „Pflanzenschutzmitteln" in Gärten gibt es allerdings nicht.

Stauden: Wachstum ohne Grenzen

Stauden sind Pflanzen, deren Stengel und Blätter im Herbst zwar absterben, im Frühjahr aber aus Wurzelballen und Knollen wieder austreiben. Wenn Sie Stauden pflanzen wollen, müssen Sie – anders als bei Bäumen und Sträuchern – keine bestimmten Abstände zur Grundstücksgrenze einhalten. Himbeeren und Brombeeren dagegen sind keine Stauden, sondern Halbsträucher, die rechtlich – was den Grenzabstand betrifft – den Sträuchern gleichgestellt sind.

Wurzeln und Zweige: Das Recht auf Nachbars Seite

Wurzeln und Zweige, die von Ihrem eigenen ins Nachbargrundstück hinüberwachsen, kann der Nachbar entfernen, so bestimmt es Paragraph 910 des Bürgerlichen Gesetzbuches. Voraussetzung dafür ist, daß die Wurzeln oder Zweige die Nutzung des Nachbargrundstücks beeinträchtigen. Als Beeinträchtigung zählt noch nicht, wenn die Wurzeln dem Nachbargrundstück nur Wasser oder Nährstoffe entziehen, wenn die Zweige dem Nachbarn Licht wegnehmen oder Laub, Zapfen oder Blütenstaub von den Zweigen auf sein Grundstück fallen. Anders sieht es aus, wenn der Nachbar bauen will und die Wurzeln oder Zweige Ihres Baumes dem Hausbau im Wege sind, wenn die Wurzeln in sein Gemüsebeet hineinragen oder hinderlich sind, wenn der Nachbar Grünland in Ackerland verwandeln will. Dann darf er zur Säge greifen, bei Wurzeln sofort, bei Zweigen nach einer dem Grundstückseigentümer gegenüber zu setzenden, angemessenen Frist. In Baden-Württemberg, das sei noch angemerkt, gelten für Wurzeln und Zweige andere Bestimmungen.

Checklisten: Wesentliches auf einen Blick

Der folgende Teil unseres Ratgebers gibt Ihnen in Form von Tabellen und Grafiken einen schnellen und umfassenden Überblick über Tiere am Haus und was Sie für sie tun können. Hilfsbereitschaft braucht etwas vorausschauende Übersicht. Verständlicherweise können die Tabellen nicht auf alle Einzelheiten eingehen, aber sie helfen Ihnen, Ihren persönlichen Naturschutzplan für Tiere auf Wohnungssuche zu erstellen. Die folgenden Seiten können Sie sozusagen mit dem Bleistift in der Hand lesen und ankreuzen, was auf Ihre Situation zutrifft.

Die **Checkliste „Standortbestimmung“** verdeutlicht die tatsächlichen Bedingungen an Ihrem Haus, im Nahbereich des Hauses und in der weiteren Umgebung. Sie zeigt auf, welche Maßnahmen möglich und sinnvoll sind. Da die meisten Tierarten auf mehrere Lebensräume angewiesen sind, also nicht nur am Haus leben, bedeutet viel Natur ums Haus auch größere Chancen für Tiere am Haus.

Siedlungsstrukturen mit Häusern, Gärten, Wegen, Gebäuden bieten Tieren ebenso wie Felder, Wiesen und Wälder immer weniger Lebensraum. Doch Sie können helfen, die Not zu lindern. Wir zeigen Ihnen wie.

Die **Checkliste „Pflanzen am Haus“** zeigt Ihnen, welche Pflanzen wo am und ums Haus welche Standortbedingungen benötigen und für heimische Tierarten geeignet sind. Das ist wesentlich, denn Tiere können ohne die Pflanzen, an die sie angepaßt sind, nicht leben. Sie bieten ihnen Nahrung, Wohnung, Deckung, Ruheplatz, Kinderstube und vieles mehr. Die Beispiele, die wir geben, sollen Entscheidungshilfen oder Anregungen für den Pflanzenkauf sein.

Die **Checkliste „Tiere am Haus“** schließt unmittelbar an; sie ist eine Übersicht über die von Tieren bevorzugten Lebensräume am Haus – vom Dach bis zum Gartenteich.

Die **Checkliste „Lebensraum-Maßnahmen“** zeigt auf, welchen Tieren Sie gezielt helfen können.

Die **Checkliste „Pflegemaßnahmen“** informiert über die Naturschutzarbeit am Haus und den richtigen Zeitpunkt für ihre Durchführung. Letzteres ist besonders wichtig, da gut gemeinte Hilfe zum falschen Zeitpunkt das Gegenteil bewirken kann. So sind Pflegemaßnahmen oder Störungen an Nistkästen oder Nestern in der Hausbegrünung oder in der Hecke während der Brutzeit auf jeden Fall zu unterlassen.

Für die Erarbeitung Ihres individuellen Maßnahmenplanes empfehlen wir Ihnen die Durchsicht aller Checklisten und die Aufstellung Ihres persönlichen „Hauspflegekalenders“. Er hilft Ihnen, Wohnraum für Tiere am Haus zu schaffen und die Natur im Jahresablauf bewußter zu erleben.

Wenn Sie Rat einholen möchten oder Hilfe benötigen, wenden Sie sich an Fachleute in Ihrer Nähe, an die Ortsgruppen eines Naturschutzvereins oder an die zuständige Stelle Ihrer Gemeinde.

Eine Zusammenarbeit mit den verantwortlichen Naturschutzbeauftragten vor Ort ist auf jeden Fall empfehlenswert. Erkundigen Sie sich über Möglichkeiten der finanziellen Förderung Ihrer geplanten Maßnahmen.

Vielerorts werden Hausbegrünungen finanziell unterstützt, oder es sind Naturschutzmaßnahmen in Ihrer Wohngegend vorgesehen, die Einfluß auf Ihre Planung haben. Viele Kommunen geben auch Broschüren und Merkblätter mit lokalen Adressen heraus, die Ihnen helfen, Ihre Maßnahmen am Haus zu realisieren.

Naturschutz im Kleinen braucht, so individuell ein jeder auch an seinem Haus aktiv werden kann, die Zusammenarbeit im Großen. Je mehr Naturschutzengagierte sich zu gemeinsamer Arbeit finden und abstimmen, desto intensiver kann dies die Vernetzung vieler kleiner Lebensräume fördern – als Beitrag für mehr Natur und damit größere Überlebenschancen für Tiere auf Wohnungssuche in unseren Wohngebieten und Städten.

Checkliste Standortbestimmung

In welcher Umgebung wohnen Sie? In der City einer Großstadt oder am Rande eines Dorfes? In einem Einzelhaus oder in einer Wohnung? Diese Liste soll Ihnen helfen, das Richtige zu tun und Enttäuschungen zu vermeiden. Entscheidend sind Ihre Wohngegend und die Lebensräume der Umgebung. Sind Wiesen, Felder, Wald, Gärten, ein Gewässer oder ein Park in der Nähe? Sie bieten die Lebensgrundlagen für dort vorkommende Tierarten und bestimmen damit wesentlich auch darüber, welche Tiere in Ihrem Wohnumfeld leben und welche Schutzmaßnahmen am Haus sinnvoll sind.

Wenn Fledermäuse keine Insekten am Waldrand und Schleiereulen keine Mäuse in ländlicher Gegend jagen können, dann sind Nisthilfen für diese Tierarten an Ihrem Haus zwecklos. Es ist deshalb eine Voraussetzung, daß Sie sich über die Lage Ihrer Wohnung klar werden und dementsprechend die Hilfsmöglichkeiten feststellen.

Entscheidend sind auch die Gegebenheiten am Haus. Der Haustyp, die Art der Fassade, die Dachform und Balkone lassen manche Maßnahmen sinnvoll erscheinen, andere nicht.
Im Nahbereich sind Terrasse, Hecken, Nebengebäude und Garten als klassischer „Wohnsitz“ zahlreicher Arten wertvolle Lebensräume für den Naturschutz im Kleinen.

Wichtig ist auch noch die Himmelsrichtung. Sie ist bestimmend für die Auswahl und den Standort der Pflanzen sowie die Plazierung von Nisthilfen. Die meisten Pflanzen brauchen Sonne, einige lieben es schattig. Stellen Sie Ihre Bedingungen fest und erarbeiten Sie Ihr Programm! Diese Checkliste hilft Ihnen dabei.

Siedlungsstruktur

- ☐ Großstadt
- ☐ Mittelstadt
- ☐ Kleinstadt
- ☐ Innenstadt
- ☐ Übergangsbereich
- ☐ Stadtrand
- ☐ Reihenhaussiedlung
- ☐ Einzelhausbebauung
- ☐ Dorf
- ☐ Freie Landschaft

Haustyp

- ☐ Hochhaus
- ☐ Mehrfamilienhaus
- ☐ Penthouse
- ☐ Doppelhaus
- ☐ Terrassenhaus
- ☐ Reihenhaus
- ☐ Einzelhaus
- ☐ Villa
- ☐ Bauernhof

Dach

- ☐ Flachdach
- ☐ Schrägdach
- ☐ Ziegeldach
- ☐ Schindeldach
- ☐ Reetdach
- ☐ Dachboden
- ☐ Dachstuhl
- ☐ Dachöffnungen
- ☐ Dachterrasse
- ☐ Dachüberstand
- ☐ Dachbegrünung

Fassade

- ☐ Fachwerk
- ☐ Ziegel
- ☐ Klinker
- ☐ Beton
- ☐ Platten
- ☐ Schiefer
- ☐ Putz
- ☐ Holz

Fassadengestaltung

- ☐ Balkon
- ☐ Nischen
- ☐ Fenstersims
- ☐ Erker
- ☐ Verkleidung (Holz, Ziegel, Klinker)
- ☐ Begrünung
- ☐ Sockel
- ☐ Keller (Zugang von außen)

Freibereich ums Haus

- ☐ Garten
- ☐ Vorgarten
- ☐ Ziergarten
- ☐ Nutzgarten
- ☐ Naturnaher Garten
- ☐ Terrasse
- ☐ Rasen oder Wiese
- ☐ Teich
- ☐ Mauer
- ☐ Zaun
- ☐ Stellplatz (Carport)
- ☐ Hof: Hinter-/Innenhof
- ☐ Innenhof

Nebengebäude

- ☐ Garage mit Flachdach
- ☐ Garage mit Schrägdach
- ☐ Gartenhaus
- ☐ Schuppen
- ☐ Stall
- ☐ Scheune
- ☐ Gewächshaus
- ☐ Werkstatt
- ☐ Lagerhalle

Auffallende Gebäude in der Nähe

- ☐ Turm
- ☐ Kirchturm
- ☐ Hochhaus
- ☐ Hohes Haus
- ☐ Schloß
- ☐ Burg
- ☐ Ruine
- ☐ Stadtmauer
- ☐ Bauernhof mit Nebengebäude
- ☐ Silo
- ☐ Trafohaus
- ☐ Stollen
- ☐ Schacht
- ☐ Alte Fabrik
- ☐ Hoher Schornstein

Umgebung / Nachbarschaft

- ☐ Park
- ☐ Kleingärten
- ☐ Felder
- ☐ Wiesen
- ☐ Waldrand
- ☐ Wälder
- ☐ Brachland
- ☐ Hecken
- ☐ Feuchtgebiete
- ☐ Gewässer (Tümpel, Teich, See, Bach, Fluß)
- ☐ Magere und trockene Biotope
- ☐ Bahndamm
- ☐ Steinbruch

Checkliste Pflanzen am Haus

Pflanzen am Haus bieten für Tiere vielfältige Lebensmöglichkeiten. Doch Grün ist nicht gleich Grün.

Wir zeigen Ihnen auf einen Blick, welche Pflanzen wo am besten gedeihen.

Die richtigen Pflanzen am und um das Haus, am richtigen Standort gepflanzt, sind die halbe Miete für Tiere auf Wohnungssuche. Die Grafik und die tabellarische Auflistung der geeigneten Pflanzen und ihrer Standorte sowie die Seitenverweise auf die ausführlich behandelten Lebensräume sollen Ihnen bei der Orientierung helfen.

Entscheidend ist, daß Sie auf den Sonnenstand achten. Die meisten Pflanzen benötigen sonnige Standorte auf der Südseite, einige jedoch, wie zum Beispiel Knöterich und Efeu, gedeihen gut an schattigen Plätzen.

Achten Sie bei der Bepflanzung auch auf die Schatteneinwirkung von Bäumen und Hecken. Neben Licht und Schatten ist natürlich auch das Angebot an Wasser und Nährstoffen für gutes Gedeihen ausschlaggebend. Wichtig ist, daß Sie diese Standortfaktoren bei der Wahl der Pflanzen berücksichtigen. Unerfahrenen Gärtnern empfehlen wir, den Rat eines Fachmanns einzuholen.

Dach begrünt ①	S. 97–111
Gräser Hauswurz Mauerpfeffer Steinbrech	

Wand Süden ②	S. 119–128
Blauregen Echter Wein Klettertrompete Wilder Wein	

Wand Westen ③	S. 119–128
Anemonenwaldrebe Hopfen Knöterich Waldgeißblatt	

Wand Norden ④	S. 119–128
Efeu Gemeine Waldrebe Pfeifenwinde Rote Heckenkirsche Roter Hartriegel	

Wand Osten ⑤	S. 119–128
Pfeifenwinde Hopfen Knöterich Waldgeißblatt	

Balkon ⑥	S. 129–134
Glockenblume Habichtskraut Hopfen Prunkwinde Zierliche Kapuzinerkresse	

Gartenhaus/Schuppen ⑦	S. 178–182
Schwarzer Holunder Waldrebe	

Hecke sonnig ⑧	S. 164–168
Berberitze Gemeine Felsenbirne Kreuzdorn Kornelkirsche Pfaffenhütchen Roter Holunder Steinweichsel Vogelbeere Weißdorn	

Hecke schattig ⑨	S. 164–168
Blaue Heckenkirsche Haselnuß Hundsrose Liguster Wasserschneeball Vogelkirsche	

Wiese ⑩	S. 74–75 S. 169–171
Magerrasen Trockenwiese	

Trockenmauer ⑪	S. 156–160
Habichtskraut Steinbrech	

Trockenbeet ⑫	S. 146–147
Bunte Kronwinde Hauswurz Königskerze Nachtkerze Natternkopf	

Gartenteich ⑬	S. 172–173
Froschlöffel Igelkolben Pfeilkraut Rohrkolben Sumpfdotterblume Sumpfschwertlilie	

Checkliste Tiere am Haus

Welche Tiere nutzen welche Lebensräume am Haus? Die Tabelle gibt einen groben Überblick. Die meisten Tierarten bevorzugen sonnige Standorte. Eidechsen sind extrem sonnenorientiert, und auch die Mehrzahl der Insektenarten zieht es an die Südseite des Hauses. Nistkästen sollten vorwiegend mit dem Eingangsloch im Windschatten auf der Südostseite aufgehängt werden. Amphibien und manche Insektenarten lieben es schattig und feucht. Bedenken Sie aber auch, daß nur wenige Tierarten sich ausschließlich in einem räumlich begrenzten Lebensraum aufhalten. Die meisten Arten nutzen mehrere Lebensräume am Haus und in der Umgebung.

In Ihrer Umgebung finden Sie häufig ein Mosaik kleinräumiger vernetzter Strukturen. Auch Ihr Haus und Garten bilden Bausteine in diesem Mosaik.

Dach begrünt ①	Seiten
Asseln	280
Grabwespen	259
Käfer	264–266
Schmetterlinge	243–247
Schwebfliegen	270
Spinnen	274–279
Springschwänze	269
Weberknechte	278
Wildbienen	248–253
Vögel	216–237

Wand Süden ②	Seiten
Eidechsen	238
Fledermäuse	200–204
Nachtfalter	189–192
Vögel	216–237

Wand Westen ③	Seiten
Nachtfalter	189–192
Spinnen	274–279
Vögel	216–237

Wand Norden ④	Seiten
Fledermäuse (gelegentlich)	200–204
Vögel	216–237

Wand Osten ⑤	Seiten
Insekten	267–273
Fledermäuse	200–204
Spinnen	274–279
Vögel	216–237

Balkon ⑥	Seiten
Grabwespen	259
Netzspinnen	274–279
Schmetterlinge	243–247
Wildbienen	248–253

Gartenhaus/Schuppen ⑦	Seiten
Fledermäuse	200–204
Florfliegen	267
Gartenschläfer	205
Hornissen	255
Käfer	264–266
Schwebfliegen	270
Siebenschläfer	206
Steinmarder	214
Vögel	216–237

Hecke sonnig ⑧	Seiten
Gartenschläfer	205
Igel	197
Schlupfwespen	260–261
Spinnen	274–279
Vögel	216–237
Wiesel	213

Hecke schattig ⑨	Seiten
Erdkröte	241
Igel	197
Spinnen	274–279
Vögel	216
Wiesel	213

Wiese ⑩	Seiten
Ameisen	262–263
Heuschrecken	272–273
Hummeln	252–253
Laufkäfer	266
Nachtfalter	189–192
Tagesschmetterlinge	243–247
Schwebfliegen u.a. Zweiflügler	267–273

Trockenmauer ⑪	Seiten
Blindschleichen	239
Eidechsen	238
Grabwespen	259
Springspinnen	277
Wiesel	213
Wildbienen	248–253

Trockenbeet ⑫	Seiten
Ameisenlöwen	146
Grabwespen	259
Wildbienen	248–253

Gartenteich ⑬	Seiten
Amphibien	240–242
Fische	
Libellen u.a. Wasserinsekten	172–173

Dachboden ⑭	Seiten
Eulen	219–220
Fledermäuse	200–204
Florfliegen	267
Hornissen	255
Käfer	264–266
Schmetterlinge	243–247
Siebenschläfer	206
Steinmarder	214
Wespen	254–261

Keller ⑮	Seiten
Asseln	280
Erdkröten	241
Feuersalamander	149
Fledermäuse	200–204
Käfer	264–266
Kellerschnecken	149
Spinnen	274–279

Steinhaufen ⑯	Seiten
Eidechsen	238
Laufkäfer	266
Spitzmäuse	198–199
Steinhummeln	255
Teichmolch	240

Checkliste Lebensraummaßnahmen

Welche Maßnahmen sind wo möglich? Welche Tierarten werden dadurch gefördert? Diese Tabelle faßt, nach Lebensräumen gegliedert, alle Hilfsmaßnahmen am Haus und im Garten auf einen Blick zusammen. Sie zeigt Ihnen auch, welchen Tierarten Sie damit helfen können. Auf einen Blick erkennen Sie, daß häufig mehrere Tierarten einen Lebensraum nutzen, den Sie mit Ihrer Hilfsmaßnahme erschließen beziehungsweise schaffen. Eine bunte Blumenwiese etwa lockt zahlreiche Insektenarten an, aber auch Vögel und Fledermäuse, die wiederum von Insekten leben. Ein anderes Beispiel: Eine begrünte Hauswand ist Lebensraum für verschiedene Tiergruppen wie Insekten, Spinnen, Kriechtiere und Vögel.

Die Tabelle macht aber auch deutlich, daß selbst kleinere Einzelmaßnahmen zu besseren Lebensbedingungen vieler Tierarten und zu mehr natürlicher Vielfalt rund um das Haus beitragen.

Lebensraum	Mögliche Maßnahmen	Geförderte Tierarten (Beispiele)
Kirchturm	Nisthilfen, Einfluglöcher	Wanderfalke, Turmfalke, Schleiereule, Dohle, Fledermäuse
Hochhaus Flachdach	Nisthilfen, Dachbegrünung mit Trockenwiese	Dohle, Turmfalke, Wildbienen, Hummeln, Schmetterlinge
Dachgiebel	Einfluglöcher, Nisthilfen für Eulen	Eulen, Fledermäuse, Schmetterlinge, Hornissen, Wespen
Dachboden	Einfluglöcher, ruhige Bereiche abtrennen, Nisthilfen für Eulen	Eulen, Fledermäuse, Schmetterlinge, Hornissen, Wespen, Florfliegen
Fassade	Fassadenbegrünung, Nisthilfen, Schlupflöcher in der Verkleidung, Fledermauskasten	Fledermäuse, Vögel, Bienen, Hummeln, Eidechsen, Schmetterlinge
Balkon	Balkon begrünen, Nisthilfen	Schmetterlinge, Wildbienen, Schwebfliegen
Sockel	Spalt zwischen Kellerwand und Schutzwand mit Blähton oder Kies zuschütten	Lurche, Insekten, Spitzmäuse
Keller (feucht)	Mardersicheres Einflugloch, Fledermausziegel, Einschlupf, Ausstiegshilfe am Lichtschacht	Fledermäuse, Lurche, Asseln, Spinnen
Blumenwiese	Wiese einsäen und ein- bis zweimal im Jahr mähen	Schmetterlinge, Käfer, Heuschrecken, Bienen, Vögel, Fledermäuse, Florfliegen, Schwebfliegen
Trockenmauer	Eventuell Fugen schaffen oder erweitern	Eidechsen, Mauerbienen, Grabwespen, Käfer
Steinhaufen	An geeigneter, ruhiger Stelle anlegen	Mauswiesel, Käfer, Spitzmaus, Teichmolch, Eidechsen
Sträucherhaufen	An geeigneter, ruhiger Stelle anlegen	Vögel, Käfer, Mäuse, Amphibien, Blindschleiche, Spinnen
Wildsträucher	Wildsträucher pflanzen, Nistquirl als Nisthilfe	Erdkröte, Igel, Blindschleiche, Vögel
Wildstauden	Stauden im Winter stehen lassen	Schwebfliegen, Bienen, Schmetterlinge
Bäume	Alte, anbrüchige Bäume erhalten; gegebenenfalls sichern	Vögel, Hummeln, Bienen, Schmetterlinge, Fledermäuse
Alte Obstbäume	Alte Obstbäume erhalten	Vögel, Siebenschläfer, Igel, Fledermäuse, Käfer, Ameisen
Teich	Teich anlegen, Ausstiegshilfen schaffen	Libellen und andere Wasserinsekten, Amphibien, Vögel, Fische
Nebengebäude	Nisthilfen, Einschlupfmöglichkeiten	Vögel, Eidechsen, Insekten, Fledermäuse

Checkliste Pflegemaßnahmen

Neben der Auswahl der geeigneten Maßnahmen am Haus, der Bestimmung der Pflanzen und ihres Standortes ist der Zeitpunkt der notwendigen Pflegearbeiten zu berücksichtigen. Die Lebensräume am Haus sind in den Jahresrhythmus der Natur eingebunden. Bitte vermeiden Sie deshalb alle Störungen an den entsprechenden Örtlichkeiten während der Brutzeit der Vögel (März bis Juli) und während der Überwinterungszeit anderer Arten (Oktober bis April).

Die Tabelle bietet einen Überblick und die Möglichkeit, Ihren persönlichen Hauspflegekalender zu entwickeln.

Lebensraum	**Pflegemaßnahmen**	**Geeigneter Zeitraum**
Dach	Staudenpflanzen	April bis September
	Aussaat von Pflanzensamen	Frühjahr bis Spätsommer
	Einsaat von Dachpflanzen	April bis Juli
	Stauden zurückschneiden	Februar bis März
	Jäten	April bis September
Dachstuhl	Ausbauen	Oktober bis März
	Holzschutz	November bis Februar
	Brut- und Nisthöhlen reinigen	Oktober bis Februar
Fassade	Nistkästen anbringen	Oktober bis Februar
	Nistkästen reinigen	ab Ende der Brutzeit
	Nisthilfen für Insekten anbringen	ab April bis ca. Juni
	Mehrjährige Kletterpflanzen pflanzen	November und März/April
	Einjährige Kletterpflanzen pflanzen	ab Mai
	Kletterpflanzen düngen	nach Bedarf in der Wachstumsperiode
	Gerüst kontrollieren	Dezember bis Februar
	Spalierobst zurückschneiden	Oktober bis Februar
Keller	Winterquartier für Fledermäuse, Lurche und Insekten bauen	April bis September
Garten	Magerwiese und Trockenrasen mähen	1 x jährlich: Juni bis Juli/Aug. bis Sept.
	Wiese einsäen	Mai bis August
	Wildstauden pflanzen	Mai bis Oktober
	Gehölze pflanzen (und schneiden)	November/Dezember und März
	Laub aus dem Teich entfernen	März/April und Oktober/November
	Nistkästen anbringen	Oktober bis Februar
	Nistkästen reinigen	ab Ende der Brutzeit bis zum Herbst
	Nistquirle in Büsche und Bäume binden	November bis Februar
	Nisthilfen für Insekten anbringen	ab April bis Juni
	In Reisighaufen Winterquartier für Igel einrichten	Mai bis September
	Hummelnistkasten einbauen	September bis Februar
	Laubhaufen (zum Überwintern für Molche und Kröten) anlegen	Oktober bis November
	Sumpfgraben anlegen	März bis Oktober
	Naturteich anlegen	März bis Oktober
	Lehmwand für Insekten bauen	Oktober bis März
	Trockenmauer bauen	April bis Oktober

Nisthilfen: Anleitungen zum Basteln

Der Bau von Nisthilfen erfordert kein allzu großes handwerkliches Geschick. Es reicht schon, wenn Sie gut mit Hammer und Säge umgehen können, gerne mit Holz arbeiten und wenn der Geruch von Leim für Sie eher zu den angenehmen Dingen gehört. Wir haben detaillierte Bauanleitungen für die unterschiedlichsten Tierwohnungen ausgearbeitet: von der ganz einfachen Nisthilfe für Insekten, deren Bau auch Kinder nicht überfordert, bis hin zum fast zentnerschweren Schleiereulenkasten, den nur mehrere Leute gemeinsam in eine Scheune oder einen Kirchturm einbauen können. Die meisten Tiere nehmen solche Behelfswohnungen bereitwillig an – vorausgesetzt, sie sind richtig gebaut und am richtigen Ort angebracht.

Welches Werkzeug brauchen Sie?
Für den Bau von Nisthilfen benötigen Sie nur einfaches Werkzeug, wie es in den meisten Haushalten ohnehin vorhanden ist: Bohrmaschine, Hammer, Zange, Säge, Raspel, Schraubenzieher, ein Metermaß, einen Winkel; das reicht schon aus. Ein nicht zu kleiner Schraubstock, der an einem Tisch befestigt werden kann, leistet zusätzlich gute Dienste, wenn Sie Bretter sägen oder zusammenschrauben. Für das Aussägen der Fluglöcher empfiehlt sich eine Lochsäge, am besten eine Laubsäge mit grobem Sägeblatt.

Einfacher als mit einer Handsäge lassen sich die Bretter natürlich mit einer elektrischen Säge zuschneiden. Aber notwendig ist sie nicht.

Welches Material ist geeignet?
Die Holzbretter für die Nistkästen sollten mindestens 20 Millimeter stark sein, für große Kästen wie den Schleiereulenkasten empfehlen sich eher 25 Millimeter. Als Holzarten sind etwas härtere Hölzer wie Tanne, Kiefer und Fichte geeignet. Auch Eiche, Weißbuche und Erle haben sich beim Nistkastenbau bewährt. Nicht zu empfehlen sind weiche Holzarten wie Weide oder Pappel oder gar das Holz von Obstkisten. Sie halten nicht lange.

Die Bretter für die Nistkästen sollten wenigstens auf der Innenseite nicht gehobelt sein, weil die Jungvögel an der rauhen Oberfläche leichter zum Flugloch klettern können. Besonders wichtig ist, daß die Bretter nicht mit Pestiziden behandelt sind. Schließlich leben die Vögel in engstem Kontakt mit dem Holz!

Gibt es in der Nähe eine Tischlerei oder Holzhandlung, können Sie vielleicht Holzreste erhalten, die für den Nistkastenbau groß genug sind. Es lohnt sich, dort einmal nachzufragen.

Zum Zusammenbauen der Nistkästen eignen sich nur verzinkte Nägel oder Schrauben, die nicht rosten. Wenn irgend möglich, sollten Sie die Bretter lieber zusammenschrauben als -nageln, da Geschraubtes weit stabiler ist und länger hält.

Sind alle Teile zusammengefügt, werden die Fugen und Ritzen mit wasserfestem Leim oder Holzkitt abgedichtet. Damit das keine Schwierigkeiten macht, sollten die Fugen nicht zu groß sein. Sie müssen also beim Zusägen und beim Zusammenbau der Bretter möglichst genau arbeiten, denn ein Nistkasten mit offenen Ritzen gefährdet die Brut, weil Regen und Wind eindringen können.

Eine Umkleidung aus Teerpappe kann zwar die Lebensdauer des Nistkastens erhöhen, doch ist Teerpappe ein problematisches Material wegen der Rohstoffe, die zu seiner Herstellung benötigt werden. Meist reicht ein Außenanstrich mit einer haltbaren, umweltfreundlichen Farbe als Wetterschutz völlig aus. Grün- und Brauntöne sind für Vogelnistkästen am besten geeignet.

Zu unserer Materialliste gehören noch Metallösen zum Aufhängen der Kästen oder drei bis vier Millimeter starker Zinkdraht, wenn der Kasten mit einem Drahtbügel befestigt werden soll.

Schließlich benötigen Sie zum Sichern von Teilen, die zur Kontrolle der Kästen aufgeklappt werden können, noch einen Verschluß.

Als Sicherung für solche Klappen eignet sich am besten der sogenannte „Wiener Reiber“, ein Metallhebel, der mit einem Gewinde ins Holz gedreht wird (Beispiel s. Meisenkasten, S. 309). Auch ein Sturmhaken kann als Sicherung dienen.

Meisenkasten

Der Meisenkasten ist die klassische Nisthilfe für Vögel, einfach zu bauen und millionenfach bewährt. Wählen Sie für das Flugloch einen Durchmesser von 26 bis 28 Millimetern, dann eignet sich der Kasten für die kleinen Meisenarten, also Blaumeisen, Tannenmeisen, Haubenmeisen und Sumpfmeisen. Manchmal nistet auch ein Zaunkönig darin.

Bei 32 Millimetern Fluglochdurchmesser ist der Kasten nicht nur für die Kleinmeisenarten geeignet, sondern auch für die größeren Blaumeisen, für Kleiber, Halsband- und Trauerschnäpper sowie für Haus- und Feldsperling. Auch Gartenrotschwanz, Wendehals und einige Fledermausarten nehmen den Kasten manchmal an.

Bauanleitung
Zuerst zeichnen Sie die Einzelteile mit dem Bleistift auf das Holz, und zwar so, daß möglichst wenig Material benötigt wird. Dann sägen Sie die Teile aus. Das Bodenbrett erhält zwei Löcher von fünf Millimetern Durchmesser, durch die Wasser abfließen kann. In die Vorderwand sägen Sie in 70 Millimeter Abstand zur Oberkante das Flugloch mit einem Durchmesser von 28 Millimetern.
Nun können Sie die Teile zusammenbauen. Zunächst schrauben Sie die Rückwand an den beiden Seitenwänden fest. Dann schrauben Sie das Bodenbrett an die Rückwand und die beiden Seitenwände.

Bleibt noch die Vorderwand. Sie soll nach vorne zu klappen sein, damit Sie den Kasten kontrollieren und reinigen können. Dazu nageln Sie die Vorderwand mit zwei Nägeln, die sich in genau gleicher Höhe befinden, an den beiden Seitenwänden fest, und zwar so, daß die Vorderwand beweglich bleibt. Die Nägel bilden eine Art Scharnier, mit dem die Vorderwand nach vorn geklappt werden kann. Die Lücke zwischen Vorderwand und Dach verschließen Sie mit einer 15 mm breiten Leiste.

Schließlich befestigen Sie noch das Dach auf dem Nistkasten. Es schließt mit der Rückwand ab und steht auf beiden Seiten gleichmäßig über.

Ein Wiener Reiber, den Sie in die Vorderkante einer der beiden Seitenwände einschrauben, sichert die aufklappbare Vorderwand. Eine Alternative zum Wiener Reiber ist ein Sturmhaken oder ein Draht, der mit zwei Nägeln an den Seitenwänden befestigt wird.

An der Innenseite der Vorderwand unter dem Flugloch können Sie als Marderschutz noch ein 35 Millimeter tiefes und 60 Millimeter breites Holzbrettchen anbringen.

Wo wird der Kasten aufgehängt?
Zu allererst gilt, daß Sie beim Aufhängen von Nistkästen auf Ihre Sicherheit achten. Wenn Sie eine Leiter brauchen, sichern Sie sie auf jeden Fall. Und arbeiten Sie immer zu zweit.

Wollen Sie den Kasten an einem Baumstamm oder Mast aufhängen, dann schrauben Sie an die Rückwand noch die Aufhängleiste. Sie hat oben und unten je ein Loch zum Annageln oder Anschrauben.

Sie können den Kasten aber auch mit einem Drahtbügel, der zur Sturmsicherung eine kleine Öse hat, an einem Nagel aufhängen, den Sie vorher in den Baumstamm oder Mast geschlagen haben. Soll der Kasten an der Hauswand hängen, muß er natürlich angedübelt werden.

Nägel aus Aluminium sind zum Aufhängen besser geeignet als Stahlnägel, weil sie nicht rosten und außerdem so weich sind, daß sie keine Säge zerstören können, wenn später das Holz einmal gesägt werden sollte.

Eine weitere Möglichkeit: Sie hängen den Kasten mit einem starken Draht oder einer haltbaren Kunststoffschnur katzensicher an einem Zweig oder Ast auf. Draht oder Schnur befestigen Sie mit einer Metallöse oder einem Schraubenhaken am Dach des Nistkastens.

Alle Nistkästen werden möglichst so aufgehängt, daß das Flugloch nach Südosten weist, in Richtung der wärmenden Morgensonne. Auch Süden oder Osten sind geeignet. Auf keinen Fall aber darf das Flugloch auf der Wetterseite liegen.

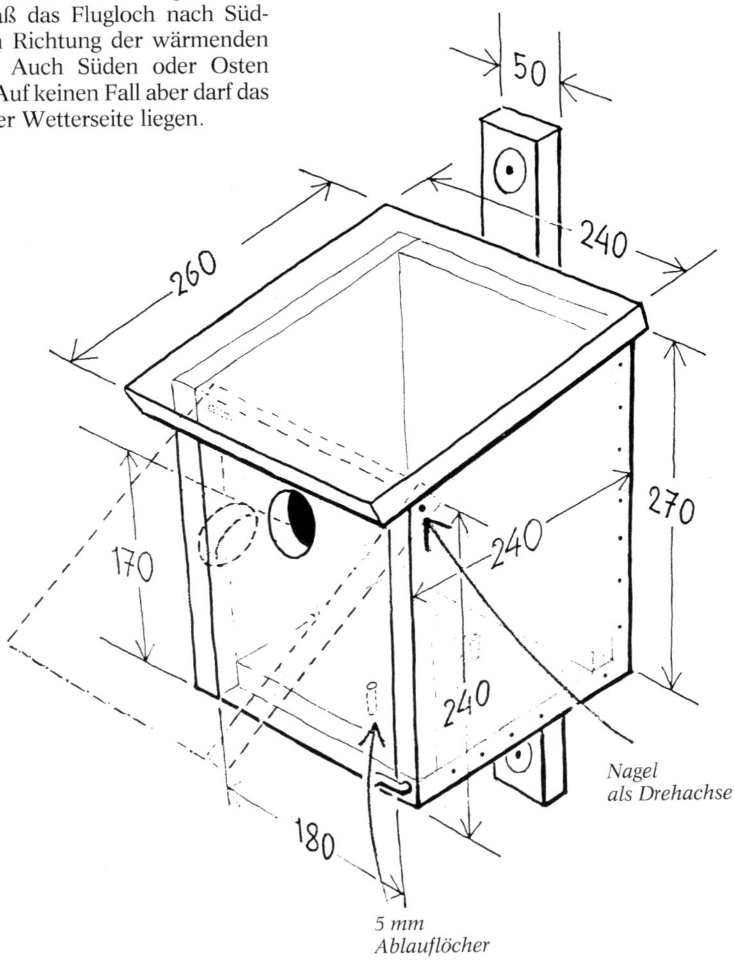

Mardersicherer Nistkasten

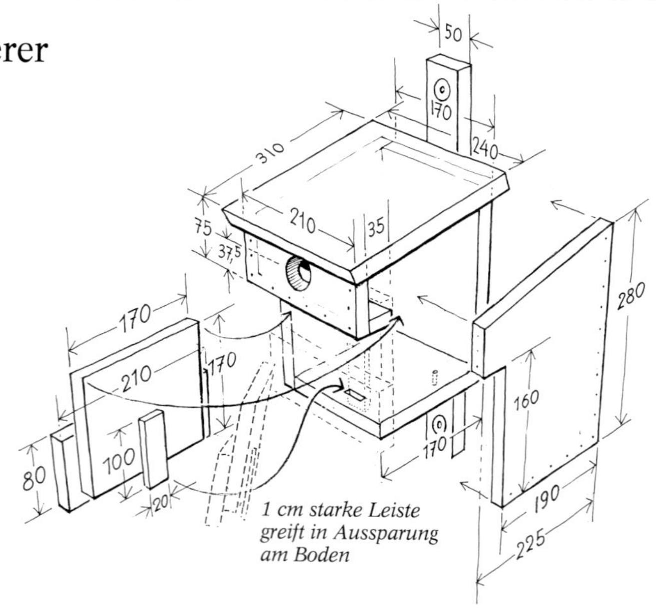

Dieser Nistkasten ist dem Meisenkasten ähnlich, allerdings ein wenig schwieriger zu bauen. Er ist für dieselben Vogelarten geeignet wie der Meisenkasten: mit 26 bis 28 Millimetern Fluglochdurchmesser für die Kleinmeisen, mit 32 Millimetern Durchmesser außerdem für Kohlmeisen, Schnäpper, Sperlinge und Kleiber. Der Nistkasten hat einen Vorbau, der zwei Funktionen erfüllt: Zum einen verhindert er, daß Marder an das Nest herankommen können. Zum anderen können die Altvögel die Jungen von diesem Vorbau aus füttern. Das ist besonders vorteilhaft, wenn die Vögel bei Regen auf Futtersuche gehen. Sie müssen dann bei der Rückkehr nicht mit ihrem nassen Gefieder auf die Jungen im Nest herabhüpfen.

Bauanleitung
Zunächst werden wieder die Einzelteile ausgesägt, dann je zwei fünf Millimeter große Abflußlöcher in den Vorderboden und das Bodenbrett gebohrt und das Flugloch in der Vorderwand ausgesägt. Dann werden die Teile zusammengeschraubt: Zuerst wird das Bodenbrett an der Rückwand befestigt, dann die Seitenwände mit dem Boden und der Rückwand verbunden, schließlich die Vorderwand samt Vorderboden mit den Seitenwänden. Dann wird die hintere Vorderwand zusammengebaut. Die Leiste an ihrer Rückseite muß in den Schlitz im Bodenbrett passen. Diese Wand ist herausnehmbar, um den Kasten kontrollieren und säubern zu können. Zum Schluß wird das Dach aufgenagelt. Es schließt mit der Rückwand bündig ab und steht auf beiden Seiten gleichmäßig über.

Wo wird der mardersichere Nistkasten aufgehängt?
Schrauben Sie die Aufhängleiste an die Rückwand, wenn Sie den Kasten an einem Baumstamm, Mast oder Pfahl aufhängen oder an der Hauswand andübeln wollen. Für das Aufhängen gilt dasselbe wie für den einfachen Meisenkasten.

Halbhöhle

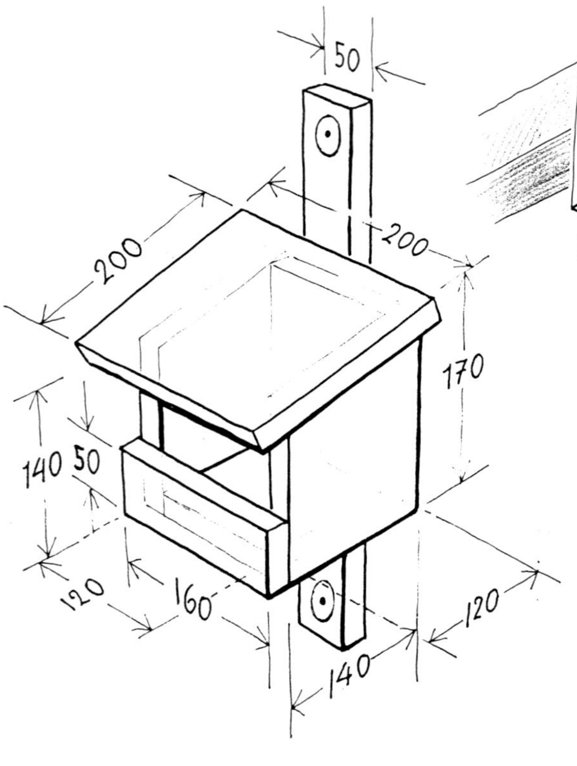

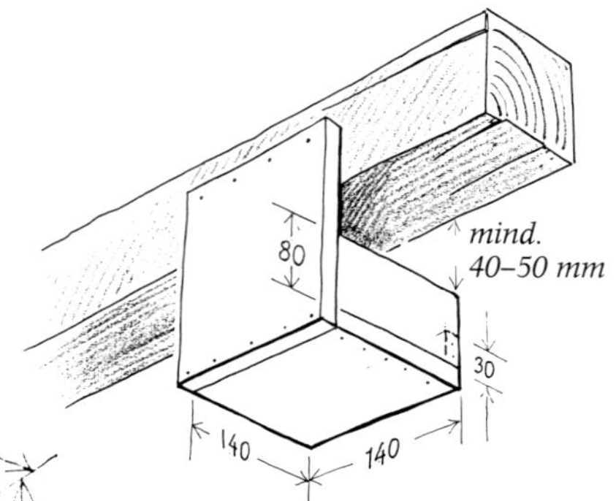

Die Halbhöhle ist geeignet für Bachstelze, Grauschnäpper, die beiden Rotschwanzarten und gelegentlich auch für Rotkehlchen und Zaunkönig.

Bauanleitung
Nach dem Aussägen der Teile bohren Sie in das Bodenbrett zwei 5-Millimeter-Löcher, damit Wasser ablaufen kann. Als erstes schrauben Sie Bodenbrett und Rückwand zusammen, dann die Seitenwände auf die Seitenkanten von Bodenbrett und Rückwand, schließlich die Vorderwand von vorn auf die Kanten der Seitenwände und des Bodenbretts. Die Vorderwand muß unten mit dem Bodenbrett abschließen. Zum Schluß schrauben Sie das Dach obenauf, so daß es mit der Rückwand abschließt.

Wo wird die Halbhöhle aufgehängt?
Wollen Sie die Halbhöhle am Haus anbringen, wählen Sie dafür eine möglichst geschützte Stelle, zum Beispiel unter einem Balkon, Dachvorsprung, Fenstersims oder ähnlichem. Der Halbhöhlen-Kasten darf jedenfalls nicht an der kahlen Wand aufgehängt werden.

Mit der Aufhängleiste, die Sie auf die Rückwand schrauben, können Sie den Halbhöhlen-Kasten an einem Baum oder Mast befestigen. Die beste Höhe zum Aufhängen liegt zwischen drei und fünf Metern.

Noch einfacher wird die Konstruktion, wenn Sie die Halbhöhle an einem Balken anbringen können, weil dann kein Dach nötig ist. Mit zwei Winkeleisen befestigen Sie den Kasten am Balken.

Wenn der Halbhöhlen-Nistkasten an einem Baum oder Mast aufgehängt wird, können Sie Katzen, Eichhörnchen und Marder durch einen Katzenabwehrgürtel fernhalten, den Sie bei Herstellern von Vogelschutzgeräten kaufen können (siehe Firmenliste). Den gleichen Zweck wie der Gürtel erfüllt ein 50 Zentimeter breiter Blech- oder Kunststoffstreifen, der unterhalb des Kastens an den Baum oder Mast genagelt wird. Auch Stacheldraht und dornige Zweige, um den Baum gewunden, halten Räuber fern.

Können Katzen und andere Vogeljäger sich über Nachbarbäume von oben nähern, müssen Sie den Kasten auch von oben sichern.

Dohlenkasten

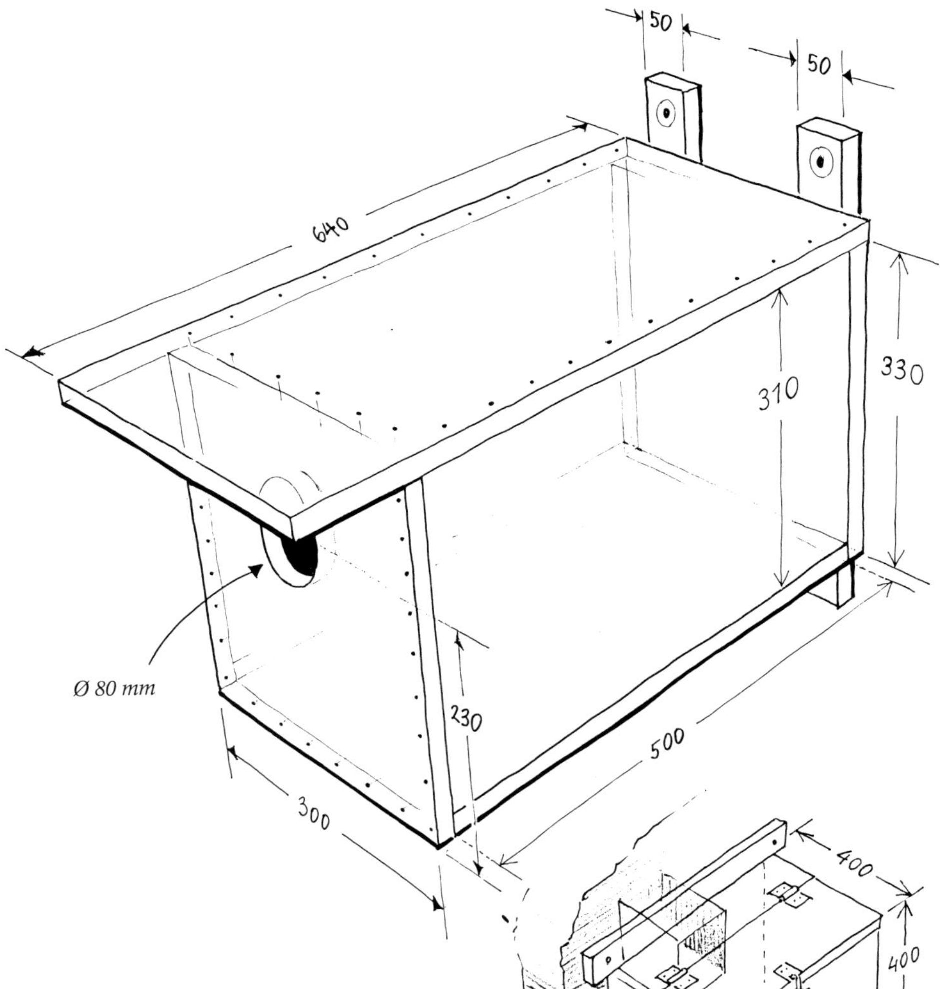

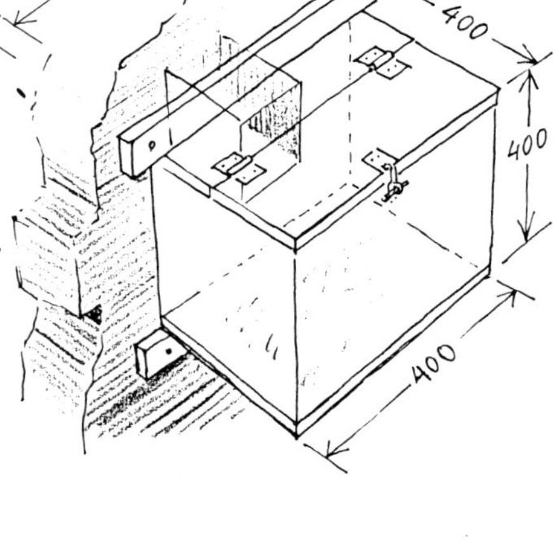

Bevor Sie diese Nisthilfe für Dohlen bauen, sollten Sie auf jeden Fall mit Vogelschützern in Ihrer Nähe sprechen. Sie wissen, ob und wo das Anbringen eines Dohlenkastens sinnvoll ist.

Bauanleitung

Auch der Dohlenkasten ist sehr einfach zu bauen. Nach dem Aussägen der Bauteile schrauben Sie die Seitenwände so an das Bodenbrett, daß sie 20 Millimeter überstehen. Als nächstes befestigen Sie die Rückwand an den Seitenwänden und dem Bodenbrett. Dann befestigen Sie die Vorderwand wie beim einfachen Meisenkasten mit zwei Nägeln als Scharnieren an den Seitenwänden.

Die Lücke zwischen Vorderwand und Dach verschließen Sie – ebenfalls wie beim Meisenkasten – mit einer 15 Millimeter breiten Leiste.

Abschließend verbinden Sie das Dach mit einem Klavierband oder zwei Scharnieren mit der Rückwand. So kann es leicht nach hinten aufgeklappt werden.

Wo wird der Dohlenkasten aufgehängt?

Der Dohlenkasten wird an der Wand eines Turmes oder eines hohen Gebäudes angebracht. Am besten, Sie hängen mehrere Kästen nebeneinander, weil Dohlen gesellige Vögel sind. Achten Sie beim Aufhängen auf Ihre Sicherheit!

Besser noch als das Aufhängen draußen an der Wand ist es, wenn Sie den Kasten hinter einer Einflugöffnung im vor Wind und Wetter geschützten Inneren eines Turmes oder Gebäudes anbringen. Dafür wird ein Brett an der Wand befestigt und der Kasten mit zwei Winkeleisen an das Brett geschraubt.

Das Dach wird für diese Anbringung etwas abgeändert. Es wird zuerst in zwei Teile zersägt. Der hintere Teil wird dann an Seitenwänden und Rückwand festgeschraubt. Der vordere Teil wird mit zwei Scharnieren am hinteren Teil befestigt. So kann er leicht aufgeklappt werden.

Mauerseglerkasten

Mauersegler brüten in Kolonien, deshalb bringen Sie am besten gleich mehrere dieser einfachen Nisthilfen nebeneinander an der Hauswand an.

Verschluß-möglichkeit

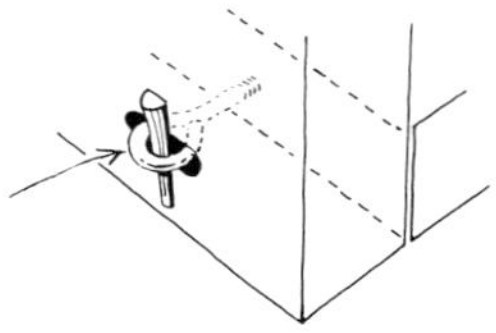

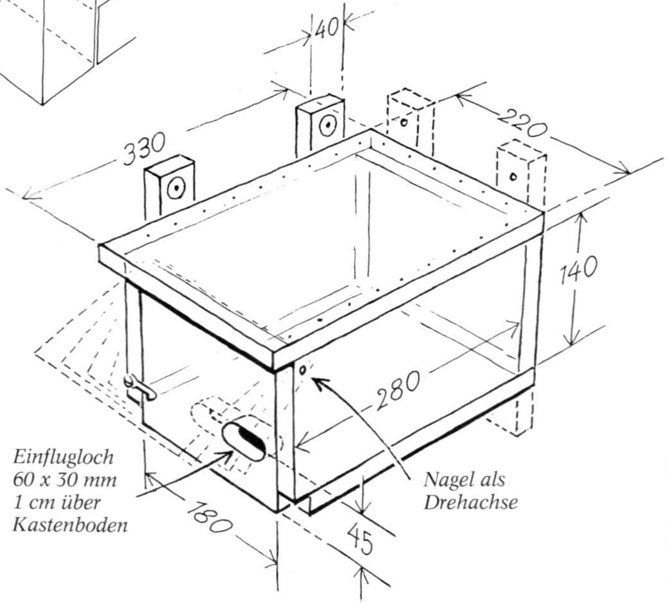

Einflugloch 60 x 30 mm 1 cm über Kastenboden

Nagel als Drehachse

Bauanleitung
Der Mauerseglerkasten gleicht in seinem Aufbau weitgehend dem einfachen Meisenkasten. Auch hier kann die Vorderwand zur Kontrolle des Kastens nach vorn geklappt werden. Die Vorderwand wird ebenfalls mit einem „Wiener Reiber" oder Sturmhaken gesichert. Das ovale Einflugloch in der Mitte der Vorderwand sollte 65 Millimeter breit und 32 Millimeter hoch sein.

Wo wird der Mauerseglerkasten aufgehängt?
Den Mauerseglerkasten hängen Sie hoch an der Hauswand auf, möglichst geschützt unter einem Dachvorsprung. Dabei müssen Sie natürlich besonders auf Ihre eigene Sicherheit achten.

Zum Aufhängen dienen zwei an die Rückwand geschraubte Aufhängeleisten, die an die Hauswand gedübelt werden. Sie können den Kasten auch mit der breiten Seite an der Hauswand aufhängen, so daß die Einflugöffnung seitlich liegt. Ob das Einflugloch vorn oder an der Seite liegt, ist dem Mauersegler egal. Wichtig ist nur, daß die Vögel den Kasten frei anfliegen können.

Turmfalkenkasten

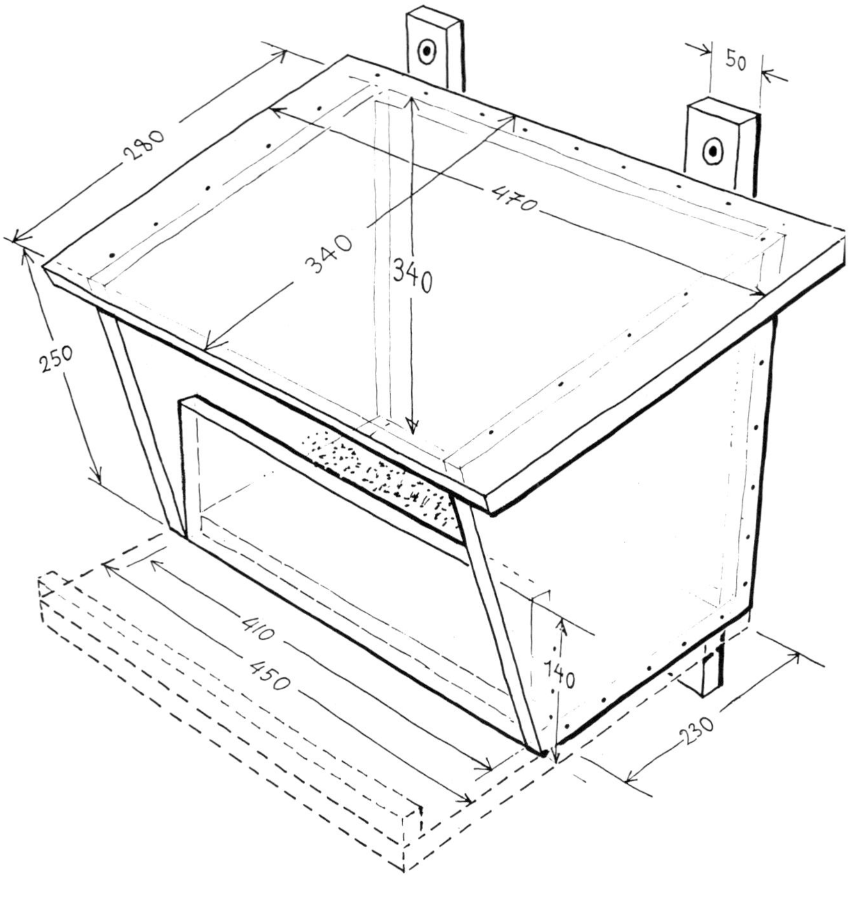

Obwohl der kleine Greifvogel nicht sehr wählerisch ist, findet er heute nur noch selten einen natürlichen Brutplatz. Ein Turmfalkenkasten kann ihm aus der Not helfen.

Bauanleitung
Dieser Kasten ist wie die Halbhöhle sehr einfach zu bauen: die Teile aussägen, Wasserabzugslöcher in das Bodenbrett bohren und dann die Teile zusammenschrauben – fertig.

Wo wird der Turmfalkenkasten aufgehängt?
Den Kasten hängen Sie am besten im Inneren eines hohen Gebäudes hinter einem Einflugloch auf. Sie können ihn aber auch im Freien anbringen, müssen aber darauf achten, daß die Öffnung nicht zur Wetterseite weist.

Zum Aufhängen geeignet sind hohe Hauswände, Scheunen, Dächer von Hochhäusern, hohe Bäume oder Masten. Der Kasten kann mit einer 3 bis 4 Zentimeter dicken Schicht aus Sägespänen ausgelegt werden, die alle zwei Jahre erneuert werden muß.

Schleiereulenkasten

Einen Schleiereulenkasten können Sie nicht allein anbringen, weil er viel zu schwer ist. Doch auch aus anderen Gründen empfiehlt es sich, Schleiereulenschutz nicht auf eigene Faust zu betreiben. Vogelschützer wissen, wo die Eule mit dem auffallenden Gesicht vorkommt und ob sie in Ihrer Gegend Nisthilfen braucht. Deshalb sollten Sie zu einem Naturschutzverband Kontakt aufnehmen, bevor Sie mit der Arbeit beginnen.

Bauanleitung
Eine Nisthilfe für Schleiereulen ist nicht ganz einfach zu bauen. Die Schleiereule hat es nämlich gern möglichst dunkel in ihrem Heim. Das bedeutet, daß zwischen dem eigentlichen Nistkasten und dem Einflugloch ein geschlossener Gang eingebaut werden muß, der Lichteinfall verhindert.

Der Bau des Kastens selbst ist allerdings einfach: Teile aussägen und dann zusammenschrauben. In die Rückwand setzen Sie eine kleine Tür mit zwei Scharnieren und einem Schloß ein.

Das Einflugloch muß mindestens 12 Zentimeter breit und 15 Zentimeter hoch sein.

Wo wird der Schleiereulenkasten aufgehängt?
Als Aufhängung des Kastens haben sich Lochbänder bewährt. Sie werden an die Seitenwände des Kastens genagelt und an starken Nägeln aufgehängt, die in Balken des Dachstuhls geschlagen werden.

Vorsicht bei der schweren Arbeit mit dem Kasten in Kirchturm, Scheune oder Dachstuhl! Die Nisthilfe läßt sich auch an der Wand aufhängen. Das ist allerdings Schwerarbeit und kann nur von mehreren Leuten gemeinsam ausgeführt werden.

Geeignete Standorte für den Schleiereulenkasten sind Scheunen, Kirchtürme, Getreidesilos oder Dachböden von anderen hohen Gebäuden.

Ist ein Kirchturm mit Maschendraht oder Netzen bespannt, um Tauben fernzuhalten, können Sie vielleicht erreichen, daß an einer Stelle ein Einflugloch für Schleiereulen geöffnet wird. Der Kasten wird dann unmittelbar hinter das Loch gesetzt, so daß keine Tauben in das Gebäude gelangen können.

Auch Landwirte sind oft bereit, in ihrer Scheune ein Schleiereulenquartier einrichten zu lassen. Dabei ist es natürlich hilfreich, wenn Sie sich verpflichten, den Kasten zu pflegen und zu betreuen.

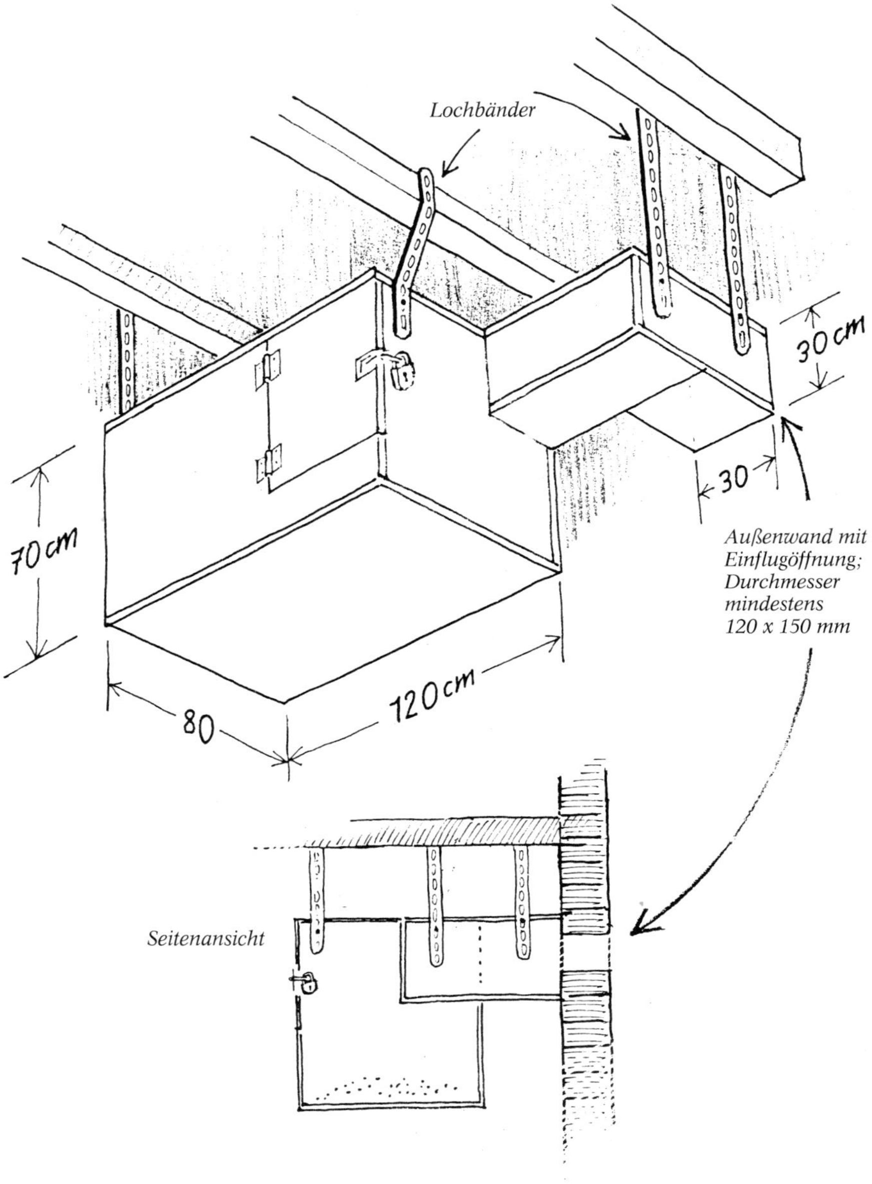

Fledermauskasten

Auch für Fledermauskästen gilt, daß Sie mit Experten reden sollten, bevor Sie mit dem Bau beginnen. Denn Fledermausschutz ist eine schwierige Sache. Die Nisthilfen allerdings sind denkbar einfach zu bauen. Sie müssen nur möglichst genau arbeiten, damit keine Fugen entstehen, denn Fledermäuse sind äußerst empfindlich gegen Zugluft. Noch ein Hinweis: Verwenden Sie rauhes, ungehobeltes Holz. Es erleichtert den Fledermäusen das Klettern.

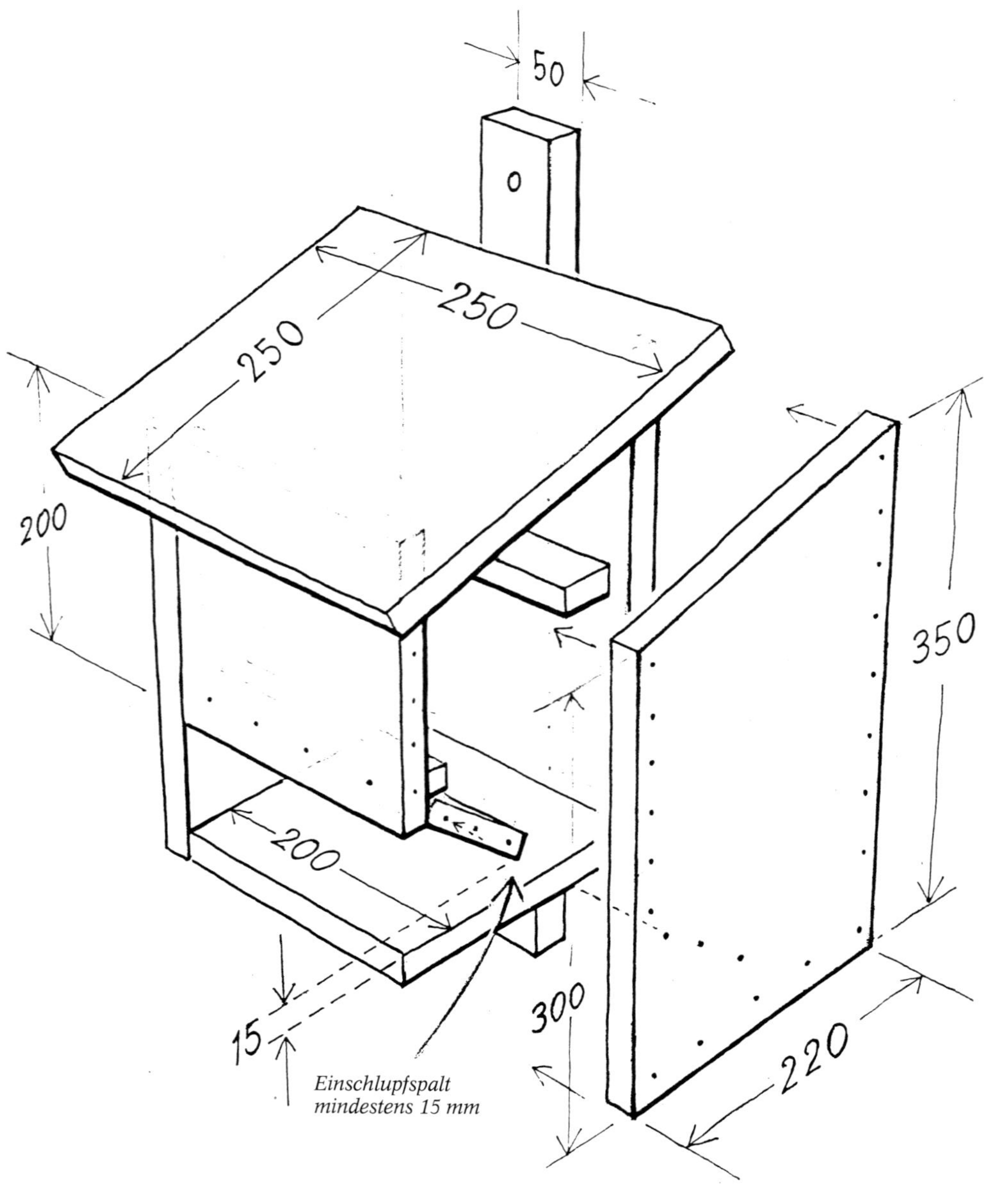

Bauanleitung

Nach dem Aussägen der Teile werden die Innenseiten von Dach, Seiten-, Vorder- und Rückwänden mit einem Stecheisen aufgerauht, damit die Fledermäuse guten Halt für ihre Krallen finden. Dazu schlagen Sie das Eisen in das Holz und drücken es dann etwas hoch, so als ob Sie einen Span anheben wollten.

Sind die Bretter aufgerauht, schrauben Sie die Rückwand an das Bodenbrett, die Seitenwände an Rückwand und Bodenbrett und schließlich die Vorderwand zwischen die Seitenwände. Die Vorderwand hat einen schräg angenagelten unteren Teil, dessen Kante mit der Rückwand den Einflugspalt bildet. Zum Schluß dichten Sie alle Ritzen oder Fugen mit Holzkitt oder Tischlerleim sorgfältig ab, damit es im Fledermauskasten nicht zieht und auch kein Wasser eindringen kann.

Vorsicht: Imprägniertes Holz ist für Fledermäuse nicht geeignet. Auch die fertigen Kästen dürfen nicht imprägniert werden. Als Witterungsschutz können Sie alle Außenwände bis auf das Anflugbrett mit Leinöl streichen.

Dachpappe ist ebenfalls als Witterungsschutz geeignet. Die Pappstücke müssen dachziegelartig übereinanderliegen, so daß zwischen die einzelnen Lagen kein Regenwasser eindringen kann.

Wo wird der Fledermauskasten aufgehängt?

Der Kasten wird in mindestens fünf Metern Höhe aufgehängt. Er darf allerdings nicht frei hängen, sondern muß fest an einen Stamm genagelt oder an die Hauswand gedübelt werden, weil Fledermäuse im Gegensatz zu vielen Vogelarten schwankende Behausungen ablehnen. Deswegen ist auch die Aufhängleiste an der Rückwand sehr wichtig.

Sie sollten wenn möglich mehrere Kästen zusammen aufhängen, weil Fledermäuse lieber in Gesellschaft sind. Wichtig ist auch, daß die Insektenjäger freien Anflug haben.

Fledermausbrett
Fledermausflachkasten

Wegen fehlender Baumhöhlen und zunehmendem Mangel an Gebäudeunterschlüpfen sind Fledermausbretter beziehungsweise -flachkästen ein wichtiger Wohnraumersatz für Fledermäuse.

Bauanleitung
Nach dem Aussägen der einzelnen Bauteile fräsen Sie zuerst zwei Millimeter tiefe und zehn Millimeter breite Rillen in die Innenseite der Rückwand, die den Fledermäusen später als Halt zum Aufhängen dienen. Die Rillen sollten waagerecht verlaufen und etwa 20 Millimeter Abstand voneinander haben.

Wenn Sie keine Fräse zur Verfügung haben, verzichten Sie auf die Rillen und rauhen statt dessen die Rückwand mit einem Stecheisen auf.

Anschließend rauhen Sie auch die Innenseiten der Seitenwände und der Vorderwand auf. Auch beim Fledermausbrett sind Schrauben besser als Nägel zum Verbinden der Teile geeignet. Sie schrauben also zuerst die Seitenwände an die Rückwand, dann die Vorderwand an die Seitenwände. Die Vorderwand steht oben etwas über. Dieser Überstand wird anschließend so abgeraspelt, daß Sie das Dach dichtschließend aufschrauben können. Wie beim Fledermauskasten ist auch hier an das untere Ende der Vorderwand eine schräg nach innen stehende Leiste angeschraubt, die mit der Rückwand den Einflugspalt bildet. Zum Schluß schrauben Sie die Aufhängeleiste auf die Rückwand. Zum Schutz gegen Zugluft und Wasser dichten Sie wieder alle Ritzen sorgfältig mit Leim oder Holzkitt ab.

Das Fledermausbrett muß nicht gewartet werden, weil der Kot der Tiere einfach unten herausfällt. Zur Kontrolle können Sie – nicht zu oft! – mit der Taschenlampe von unten hineinleuchten.

Ein weiterer Vorteil: Weil sich der Innenraum nach oben verjüngt, können verschieden große Fledermausarten Unterschlupf finden.

Wo wird das Fledermausbrett beziehungsweise der Fledermausflachkasten aufgehängt?
Eine geschützte Stelle an einer Hauswand ist ein guter Ort für ein Fledermausbrett. Wenn die Wand hinreichend rauh ist (zum Beispiel Rauhputz, Holz oder Ziegel), können Sie die Rückwand des Fledermausbretts weglassen. Die Breite des Brettes können Sie beliebig wählen. Je breiter, desto mehr Tieren gewährt es Unterschlupf. Flachkästen, an Bäumen angebracht (s. a. Hinweise zum Fledermauskasten), bieten baumhöhlenbewohnenden Arten zusätzlichen Wohnraum.

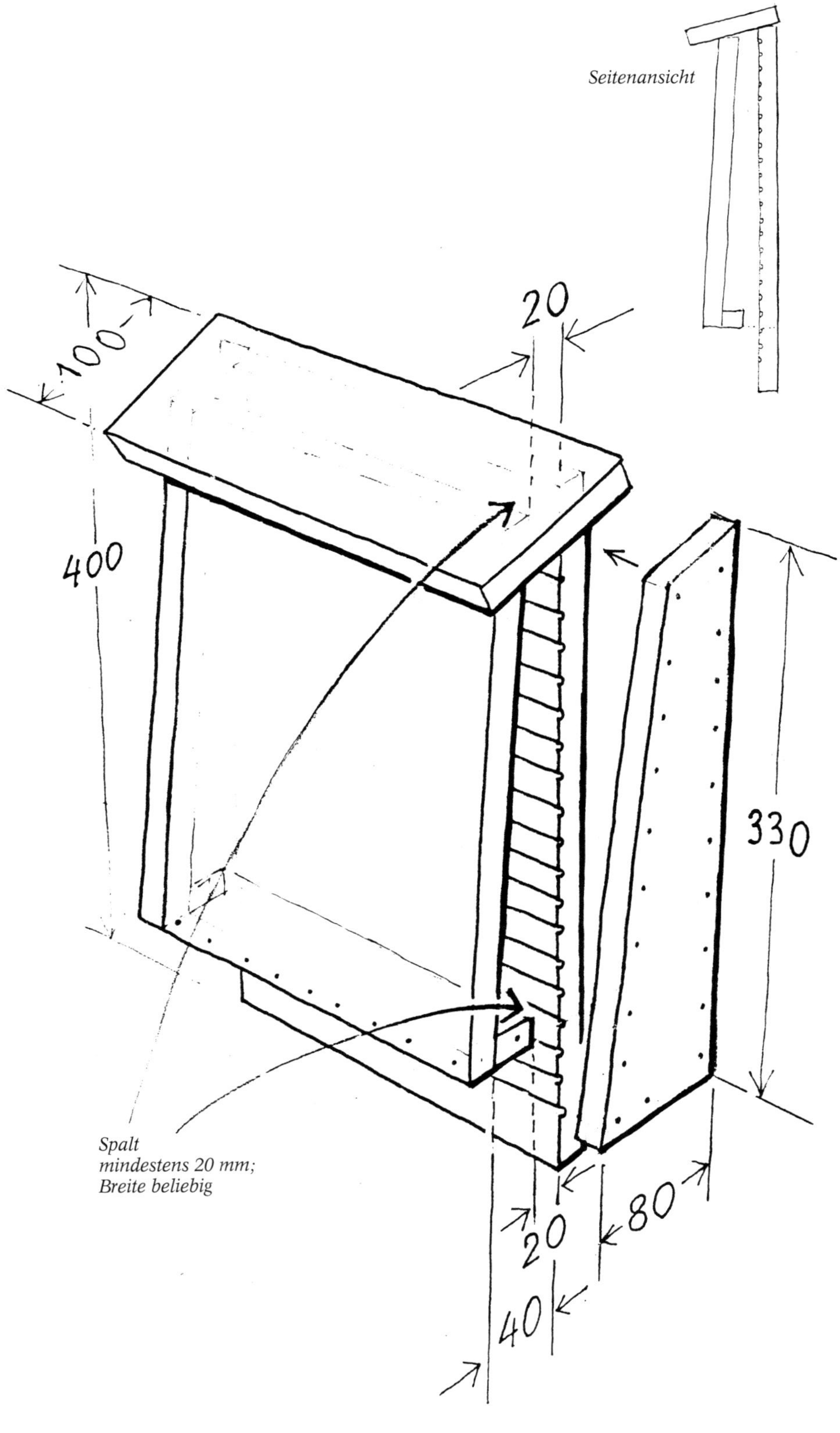

Nisthilfe für Hautflügler

Die meisten Hautflügler bohren ihre Nistgänge nicht selbst ins Holz, sondern benutzen bereits vorhandene Löcher, etwa Bohrgänge von Käfern. Wo solche Nistmöglichkeiten fehlen, können Sie diese sehr einfache Nisthilfe bauen:

Bauanleitung
Die Bretter werden einfach zu einem Dreieck zusammengenagelt, das Sie mit Stroh- oder Schilfhalmen dicht füllen.

Wichtig ist, daß sie trocken und geschützt aufgehängt wird. Dann stellt sich der Erfolg bald ein. Statt der Dreieckskonstruktion aus Holz können Sie auch eine an beiden Seiten offene Konservendose mit Halmen füllen.

Ebenso einfach ist es, in einen größeren Block aus hartem Holz, zum Beispiel Buche oder Eiche, verschieden tiefe Löcher mit unterschiedlichem Durchmesser zu bohren. Auch so erhalten Sie eine attraktive Nisthilfe für Hautflügler.

Wo wird die Nisthilfe für Hautflügler aufgehängt?
Sie können die Nisthilfen an der Hauswand, an Nebengebäuden, an Bäumen, an Zäunen und Hecken aufhängen.

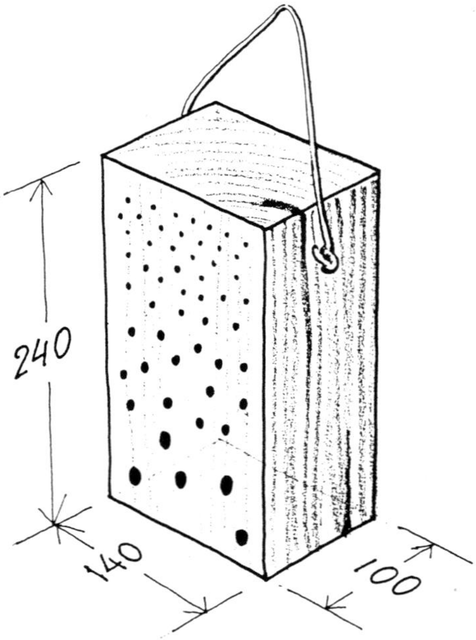

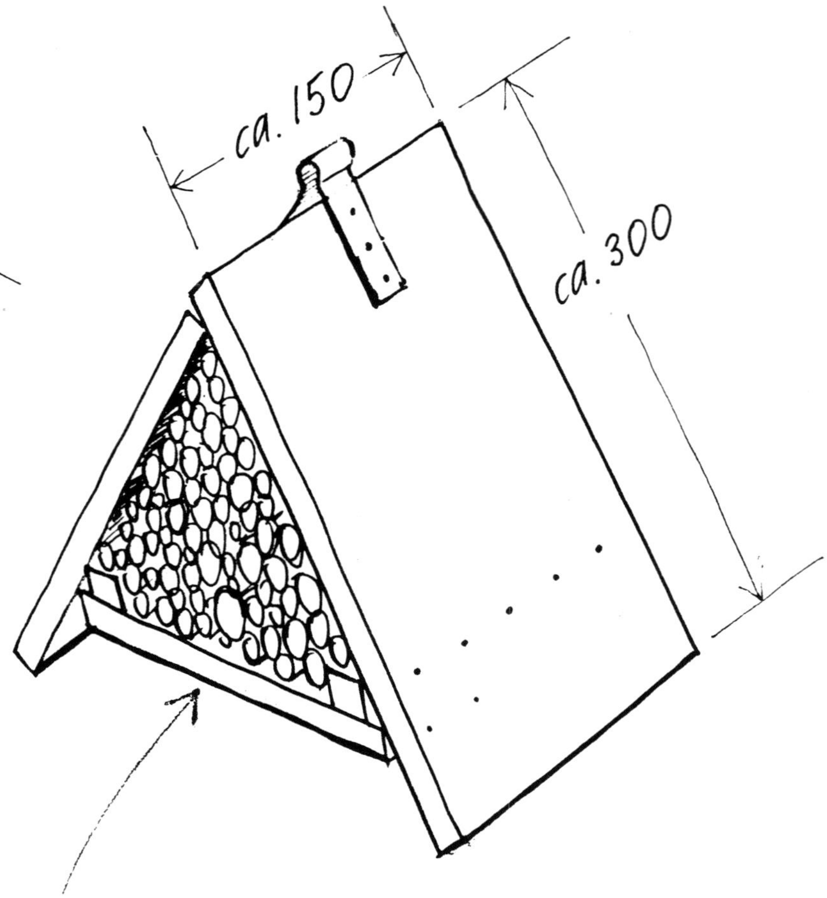

Stroh oder Schilf

Hornissenkasten

Die meisten Vogelnistkästen sind für die großen Wabenbauten der Hornissen zu klein. Doch mit einem speziellen Nistkasten können Sie den gefährdeten Hautflüglern helfen. Als Material dafür eignen sich am besten Bretter aus ungehobeltem, rauhem Fichtenholz. Außerdem benötigen Sie ebenfalls rauhe Kanthölzer für den Nestansatz und ein dünnes Blech, um das Einflugloch vor Spechtschnäbeln zu schützen.

Bauanleitung
Nach dem Aussägen der Teile versehen Sie die Vorderwand mit einem 15 Millimeter breiten und 120 Millimeter hohen Einflugschlitz. Dazu bohren Sie mit einem 15-Millimeter-Bohrer acht Löcher im Abstand von 15 Millimetern genau übereinander. Die Löcher überlappen sich zum Teil. Der Rand des Einflugloches wird mit der Raspel geglättet, so daß es eine länglich-ovale Form erhält. In die Unterkante der Vorderwand raspeln oder bohren Sie in der Mitte einen etwa 15 Millimeter tiefen und 10 Millimeter breiten Schlitz.

Dann folgt das Zusammenbauen: Zuerst schrauben Sie die Nesthalteleisten an die Seitenwände. Dabei müssen vorne und hinten je 25 Millimeter für die Kanten von Vorder- und Rückwand freibleiben. Dann schrauben Sie die Seitenwände an die Rückwand. Den Überstand der Seitenwände raspeln Sie ab. Als Spechtschutz nageln Sie um das Einflugloch herum einen dünnen Blechstreifen. Die Nägel dafür dürfen natürlich nicht länger als 20 Millimeter sein, weil sie sonst in den Kasten hineinragen würden. Die Form des Flugschlitzes können Sie mit einer Laubsäge aus dem Blech aussägen. Die Blechkanten entgraten Sie mit einer Feile, damit sich die Hornissen an ihnen nicht verletzen können. Dann sägen Sie die Vorderwand 30 Millimeter vom oberen Rand entfernt waagerecht durch und verbinden die beiden so entstehenden Teile mit zwei Scharnieren oder einem Klavierband. Das obere kurze Teil schrauben Sie zwischen den Seitenwänden fest, und zwar so, daß die Teile oben miteinander abschließen. Dann bringen Sie die dritte Leiste für den Nestansatz zwischen Rückwand und oberem Teil der Vorderwand an und schrauben das Dach auf. Anschließend legen Sie das hintere Bodenteil ein. Es schließt mit der Rückwand ab und sollte, damit es genau sitzt, etwas abgeraspelt werden.

Zum Schluß legen Sie das vordere Bodenbrett ein. Es muß mit dem hinteren Bodenbrett einen Spalt von mindestens 15 Millimetern Breite bilden, der zum Belüften, zum Ableiten von Wasser und als Notausgang für die Hornissen dient. Wenn die Bodenteile richtig sitzen, schrauben Sie sie an den Seitenwänden fest.

Zum Sichern der Vorderwand schrauben Sie schließlich in die Mitte der Vorderkante des Bodenbretts einen „Wiener Reiber“.

Wo wird der Hornissenkasten aufgehängt?
Aufhängen sollten Sie den Kasten an Baumstämmen in zirka vier Metern Höhe, etwa an besonnten Rändern von Lichtungen oder anderen Plätzen, die für Hornissen geeignet sind. Wichtig ist der freie Anflug für die Insekten; Äste oder Zweige im Luftraum vor dem Kasten stören sie und müssen entfernt werden.

Wollen Sie mehrere Kästen aufhängen, müssen Sie auf jeden Fall einen größeren Abstand einhalten. Bei offenem Gelände sollten es wenigstens 100 Meter sein, bei genügend Deckung nicht weniger als 30 Meter, sonst kommt es zu tödlichen Revierkämpfen zwischen den benachbarten Völkern! Die alten Nester müssen Sie jedes Jahr entfernen, am besten Anfang Mai, sonst werden die Kästen nicht wieder besetzt.

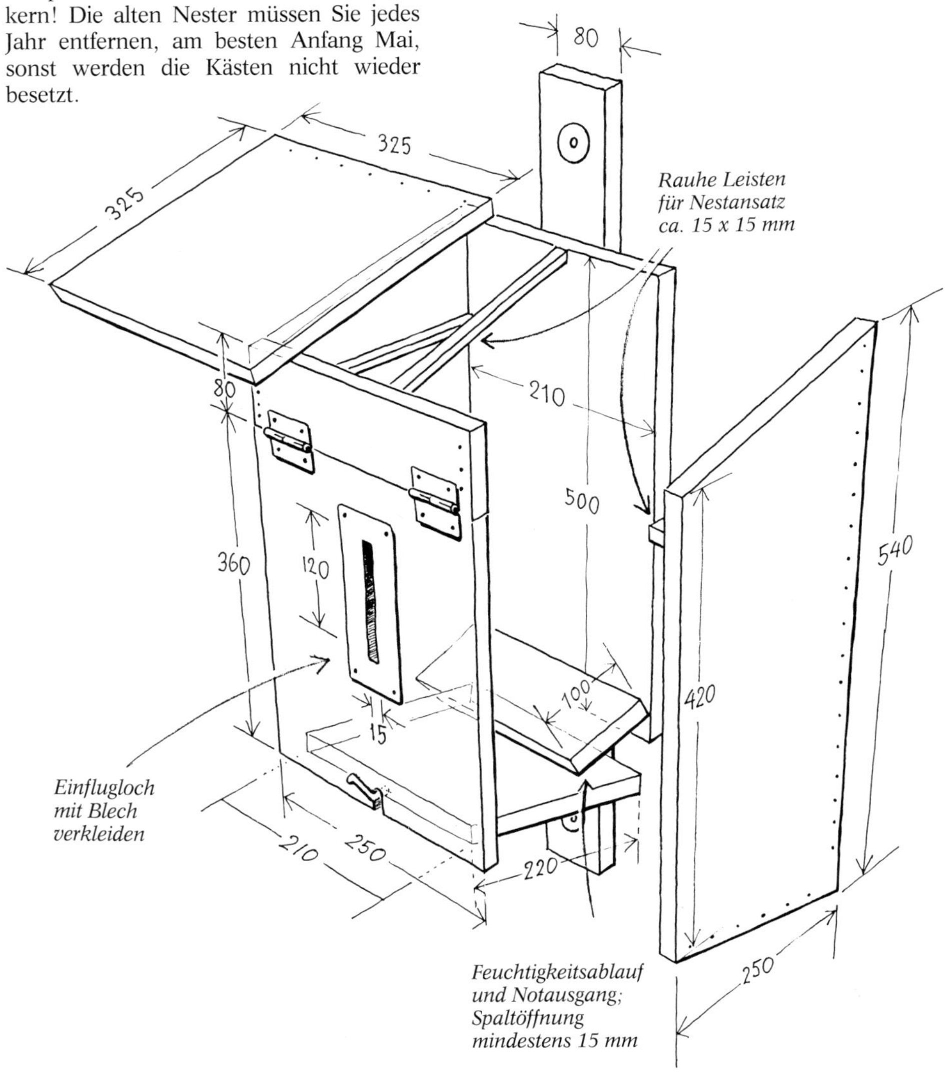

Behörden: Adressen und Bürgerservice

In den Naturschutzbehörden finden Sie wichtige Gesprächspartner für viele Fragen: Auskunft bei Naturschutz- und Rechtsproblemen, wenn es um die Baumschutzverordnung in Ihrer Gemeinde oder um nachbarschaftsrechtliche oder baurechtliche Dinge geht. Auch wenn Sie wissen wollen, ob das Grün auf Ihrem Dach von Gemeinde, Kreis oder Land finanziell unterstützt wird, erfahren Sie das bei den beamteten Naturschützern.

In den meisten Bundesländern ist der Naturschutz dreistufig aufgebaut: Es gibt obere, mittlere und untere Naturschutzbehörden. Wir haben die Adressen aller Naturschutzbehörden in allen Bundesländern zusammengestellt. Damit die Ämtervielfalt Sie nicht erschreckt, sollten Sie wissen, daß der wichtigste Ansprechpartner für Sie in allen Bundesländern die untere Naturschutzbehörde ist. Außerdem die Gemeinde- und Kreisverwaltungen sowie die staatlichen Fachbehörden, zum Beispiel Forstämter, Landwirtschaftsämter, Wasserwirtschafts- und Bodenschützer, Gewerbeaufsichtsämter und Chemische Landesuntersuchungsanstalten.

In Baden-Württemberg gibt es noch die Besonderheit der Naturschutzbeauftragten für die Stadt- und Landkreise und auf der Ebene der Regierungspräsidien die Bezirksstellen für Naturschutz und Landschaftspflege. Die höheren Verwaltungsbehörden, die Regierungspräsidien und die oberste Landesbehörde, das Umweltministerium, sind im wesentlichen für Rechts- und Verfahrensfragen und für Lenkungsaufgaben zuständig.

Bund

Bund
Ministerium für Umwelt, Naturschutz und Reaktorsicherheit
Kennedyallee 5
5300 Bonn 1
Tel. 0228/3050

Fachbehörde:
Bundesforschungsanstalt für Naturschutz und Landschaftsökologie (BFANL)
Konstantinstr. 110
5300 Bonn 2
Tel. 0228/34910

Baden-Württemberg

Oberste Naturschutzbehörde:
Ministerium für Umwelt
Kernerplatz 9
7000 Stuttgart 1
Tel. 0711/126-0

Mittlere Naturschutzbehörden:
Regierungspräsidien in Freiburg, Karlsruhe, Stuttgart und Tübingen, genauer: die Naturschutzreferate bei den Regierungspräsidien

Untere Natuschutzbehörden:
Kreis- und Stadtverwaltungen, also die Landratsämter beziehungsweise Bürgermeisterämter der kreisfreien Städte

Fachbehörde:
Landesanstalt für Umweltschutz Baden-Württemberg
Griesbachstr. 3
7500 Karlsruhe
Tel. 0721/8401-1

Eine weitere staatliche Institution:
Akademie für Natur- und Umweltschutz beim Ministerium für Umweltschutz
Kernerplatz 9
7000 Stuttgart 1
Tel. 0711/1262033

Bayern

Oberste Naturschutzbehörde:
Staatsministerium für Landesentwicklung und Umweltfragen
Rosenkavaliersplatz 1
8000 München 81
Tel. 089/9214-0

Höhere Naturschutzbehörden:
Die Bezirksregierungen

Untere Naturschutzbehörden:
Die Kreisverwaltungen

Fachbehörde:
Bayerisches Landesamt für Umweltschutz
Rosenkavaliersplatz 3
8000 München 81
Tel. 089/9214-1

Eine weitere staatliche Institution:
Bayerische Akademie für Naturschutz und Landschaftspflege (ANL)
Seethaler Str. 6
8229 Laufen
Tel. 08682/7097

Berlin

Oberste Behörde für Naturschutz:
Senator für Stadtentwicklung
und Umweltschutz
Lindenstr. 20–25
1000 Berlin 61
Tel. 030/2586-0

Untere Naturschutzbehörden:
Bezirksämter, genauer: die Naturschutz- und Grünflächenämter der Bezirke

Brandenburg

Oberste Naturschutzbehörde:
Ministerium für Umwelt, Naturschutz
und Raumordnung
Albert-Einstein-Str. 42–46
O-1561 Potsdam
Tel. 0331/3160

Untere Naturschutzbehörden:
Die Verwaltungen der Kreise und kreisfreien Städte, genauer: die Dezernate für Umweltschutz und Naturschutz

Bremen

Oberste Naturschutzbehörde:
Senator für Umweltschutz
und Stadtentwicklung
Am Wall 177
2800 Bremen 1
Tel. 0421/361-0

Untere Naturschutzbehörden:
Für die Stadtgemeinde Bremen der Senator für Umweltschutz und Stadtentwicklung, für die Stadtgemeinde Bremerhaven der Magistrat der Stadt Bremerhaven

Hamburg

Oberste Naturschutzbehörde:
Umweltbehörde der Freien und Hansestadt
Hamburg
Steindamm 22
2000 Hamburg 1
Tel. 040/24863293

Untere Naturschutzbehörden:
Die sieben Bezirksämter, genauer:
die Naturschutzreferate bei
den Bezirksämtern

Hessen

Oberste Naturschutzbehörde:
Hessisches Ministerium für Landesentwicklung, Wohnen, Landwirtschaft, Forsten und Naturschutz
Hölderlinstr. 1–3
6200 Wiesbaden
Tel. 0611/817-1

Obere Naturschutzbehörden:
Regierungspräsidien in Darmstadt,
Gießen und Kassel

Untere Naturschutzbehörden:
Verwaltungen der Land- und Stadtkreise, genauer: die Kreisausschüsse der Landkreise und die Magistrate der Städte

Mecklenburg-Vorpommern

Oberste Naturschutzbehörde:
Umweltministerium des Landes
Mecklenburg-Vorpommern
Abteilung Naturschutz
Schloßstr. 6–8
O-2750 Schwerin
Tel. 0385/5780

Obere Naturschutzbehörden:
Landesamt für Umwelt und Natur
Abteilung Naturschutz
Wempener Str.
O-2201 Naumkirchen
Tel. 03834/3233 und

Nationalparkamt
Specker Schloß
O-2061 Speck
Tel. 03991/5027

Untere Naturschutzbehörden:
Staatliche Ämter für Umwelt
und Verwaltungen der Kreise
(also die Landratsämter)
und der kreisfreien Städte

Niedersachsen

Oberste Naturschutzbehörde:
Niedersächsisches Umweltministerium
Archivstr. 2
3000 Hannover
Tel. 0511/104-0

Obere Naturschutzbehörden:
Bezirksregierungen in Hannover, Braunschweig, Lüneburg und Oldenburg (Weser-Ems)

Untere Naturschutzbehörden:
Verwaltungen der Kreise und kreisfreien Städte

Fachbehörde:
Niedersächsisches Landesverwaltungsamt
Fachbehörde für Naturschutz
Scharnhorststr. 1
3000 Hannover 1
Tel. 0511/326961

Nordrhein-Westfalen

Oberste Landschaftsbehörde:
Ministerium für Umwelt, Raumordnung
und Landwirtschaft des Landes
Nordrhein-Westfalen
Schwarmstr. 3
4000 Düsseldorf 30
Tel. 0211/4566-1

Höhere Landschaftsbehörden:
Regierungspräsidien in Arnsberg,
Detmold, Düsseldorf, Köln und Münster

Untere Landschaftsbehörden:
Verwaltungen der Kreise und kreisfreien Städte

Fachbehörde:
Landesanstalt für Ökologie, Landschafts-
entwicklung und Forstplanung (LÖLF)
Leibnizstr. 10
4350 Recklinghausen
Tel. 02361/305-1

Eine weitere staatliche Einrichtung:
Naturschutzzentrum
Nordrhein-Westfalen bei der LÖLF
Leibnizstr. 10
4350 Recklinghausen
Tel. 02361/305-1

Rheinland-Pfalz

Oberste Landespflegebehörde:
Ministerium für Umwelt Rheinland-Pfalz
Kaiser-Friedrich-Str. 7
6500 Mainz
Tel. 06131/160

Obere Landespflegebehörden:
Bezirksregierungen in Koblenz, Trier und Neu-
stadt an der Weinstraße (Rheinhessen-Pfalz)

Untere Landespflegebehörden:
Verwaltungen der Kreise und kreisfreien Städte

Fachbehörde:
Landesamt für Umweltschutz
und Gewerbeaufsicht
Amtsgerichtsplatz 1
6504 Oppenheim
Tel. 06133/2012

Saarland

Oberste Naturschutzbehörde:
Ministerium für Umwelt
Hardenbergstr. 8
6600 Saarbrücken
Tel. 0681/501-1

Untere Naturschutzbehörden:
Verwaltungen der Landkreise
und der Stadtverband Saarbrücken

Fachbehörde:
Landesamt für Umweltschutz
Don-Bosco-Str. 1
6600 Saarbrücken 6
Tel. 0681/85000

Sachsen

Oberste Naturschutzbehörde:
Sächsisches Staatsministerium für Umwelt
und Landesentwicklung
Abteilung Naturschutz und Landschaftspflege
Ostra-Allee 23
O-8810 Dresden
Tel. 0351/48620

Obere Naturschutzbehörden:
Regierungspräsidien in Chemnitz,
Dresden und Leipzig

Untere Naturschutzbehörden:
Ämter für Naturschutz bei den Landratsämtern
und die Ämter für Naturschutz, Umwelt und
Landschaftspflege bei den Stadtverwaltungen
der kreisfreien Städte

Fachbehörden:
Landesamt für Umwelt und Geologie
Wasastr. 50
O-8122 Radebeul
Tel. 0351/4727772
und die
Staatlichen Umweltfachämter in Bautzen,
Chemnitz, Radebeul, Plauen und Leipzig

Sachsen-Anhalt

Oberste Naturschutzbehörde:
Ministerium für Umwelt und Naturschutz
Pfälzer Straße
O-3024 Magdeburg
Tel. 0931/56704

Mittlere Naturschutzbehörden:
Bezirksregierungen in Magdeburg,
Halle und Dessau

Untere Naturschutzbehörden:
Landratsämter beziehungsweise
Landkreisverwaltungen und die
Magistrate der kreisfreien Städte

Fachbehörde:
Landesamt für Umweltschutz
Reideberger Str. 47–49
O-4020 Halle
Tel. 0345/2050

Schleswig-Holstein

Oberste Landschaftspflegebehörde:
Ministerium für Natur, Umwelt
und Landesentwicklung
Grenzstr. 1–5
2300 Kiel 14
Tel. 0431/2190

Untere Landschaftspflegebehörden:
Landräte sowie die Oberbürgermeister
und Bürgermeister der kreisfreien Städte

Obere Landschaftspflegebehörde:
Landesamt für Naturschutz
und Landschaftspflege
Hansaring 1
2300 Kiel 14
Tel. 0431/711069

Thüringen

Oberste Naturschutzbehörde:
Thüringer Umweltministerium
Richard-Breslau-Str. 11 a
O-5010 Erfurt
Tel. 0361/65750

Obere Naturschutzbehörde:
Landesverwaltungsamt Thüringen
Abteilung Umwelt
Bereich Naturschutz und Landschaftspflege
Gustav-Adolf-Str. 10
O-5010 Erfurt
Tel. 0361/67300

Untere Naturschutzbehörden:
Verwaltungen der Kreise (Landratsämter)
und kreisfreien Städte

Fachbehörde:
Thüringer Landesamt für Umwelt
Prüssingstr. 25
O-6900 Jena
Tel. 03641/31349

Naturschutzverbände: Adressen und Aktivitäten

Die Naturschutzverbände in Deutschland setzen sich schon seit vielen Jahren dafür ein, daß unsere allernächste Umgebung nicht noch weiter verarmt, daß in Städten und Dörfern, in Haus und Garten, auf öffentlichen Flächen und auf privatem Grund Tiere und Pflanzen wieder mehr Platz zum Leben erhalten. Sie sind deshalb erfahrene Bündnispartner für alle, die Tieren auf Wohnungssuche helfen wollen. Wir stellen die Naturschutzverbände in kurzen Porträts vor: zunächst die großen, vor allem bundesweit arbeitenden Verbände wie BUND, Naturschutzbund Deutschland und WWF, dann die Verbände, die auf Landesebene oder regional aktiv sind, und schließlich die Landesnaturschutzverbände.

Das Netz der Verbandsstrukturen ist dicht geknüpft. Sie können davon ausgehen, daß die nächste Orts- oder Kreisgruppe eines Naturschutzverbandes nicht weit entfernt ist und Ihnen mit Rat und Tat zur Seite stehen wird.

Deutscher Naturschutzring (DNR)
Kalkuhlstraße 24
5300 Bonn 3
Tel. 0228/359005

Der Deutsche Naturschutzring (DNR) ist Dachorganisation für fast 100 Naturschutzverbände in Deutschland. Er koordiniert die Arbeit der einzelnen Mitgliederverbände, vom BUND mit 200 000 Mitgliedern bis zur lokalen Naturschutzgruppe mit gerade 100 Mitstreitern. Dem DNR geht es um die Erhaltung und Verbesserung unserer natürlichen Umwelt.

Bund für Umwelt und Naturschutz Deutschland (BUND)
Im Rheingarten 7
5300 Bonn 3
Tel. 0228/40097-0

Der Bund für Umwelt und Naturschutz Deutschland (BUND) wurde 1975 von einigen Landesverbänden als bundesweite Organisation gegründet.

Mit 200000 Mitgliedern ist der BUND die größte deutsche Naturschutzorganisation. Seine Basis bilden die vielen hundert Orts- und Kreisgruppen. Der Verband versteht sich als Lobby der Natur. Er arbeitet aktiv an Gesetzen, Verordnungen und Planungsvorhaben mit und unterhält Kontakte zu Abgeordneten, Ministerien und Behörden. Bei allen umweltpolitischen Vorhaben ist der BUND beteiligt. Er ist seit 1979 nach dem Naturschutzgesetz anerkannter Naturschutzverband. Durch bundesweite Kampagnen wie „Naturschutz in der Gemeinde", „Rettet die Vögel", „Rettet die Frösche", „Naturschutz beginnt im Garten", „Aktion Garten ohne Gift", „Aktion Europa ohne Gift" und die „Aktion Schmetterling" macht der BUND die Bevölkerung auf die Bedrohung der Natur aufmerksam und zeigt gleichzeitig auf, was man zu ihrem Schutz tun kann. Im Rahmen dieser Kampagnen sind mehrere hundert Gruppen und örtliche Arbeitskreise des BUND aktiv.

In den 23 Arbeitskreisen des BUND arbeiten Fachleute an Programmen, neuen Wegen aus der Misere der Umwelt, Vorschlägen zu Gesetzentwürfen und Gesetzesänderungen. Die Arbeit in den Arbeitskreisen ist wichtige Grundlage für alle Aktivitäten des BUND. Sie hilft wesentlich mit, politische Entscheidungen in Gang zu setzen, zu beschleunigen oder ihre Richtung zu ändern.

Der BUND sieht seine Ziele darin,

- ☐ den sorgfältigen Umgang mit Rohstoffen zu unterstützen und gegen die Verpackungsflut vorzugehen,
- ☐ das Artensterben zu bekämpfen,
- ☐ aktiv zu werden, wenn wertvolle Lebensräume in Gefahr sind,
- ☐ natürliche Lebensräume zu sichern oder wiederherzustellen,
- ☐ sich für saubere Atemluft und sauberes Wasser zu engagieren,
- ☐ sich dafür einzusetzen, daß Agrargifte verboten werden.

Der BUND gibt viermal im Jahr für seine Mitglieder die Zeitschrift „Natur und Umwelt" heraus. Dazu kommen noch drei Schriftenreihen: die BUNDpositionen, die BUNDfakten und die BUNDargumente.

Der Verband finanziert seine Arbeit hauptsächlich aus Mitgliedsbeiträgen, Spenden und Nachlässen.

BUNDjugend im Bund für Umwelt und Naturschutz Deutschland
Bundesgeschäftsstelle
Friedrich-Breuer-Str. 86
5300 Bonn 3
Tel. 0228/467005

Die BUNDjugend ist die eigenverantwortlich arbeitende Jugendorganisation des BUND. Ihr gehören 25000 Jugendliche an, die in 700 Kinder- und Jugendgruppen organisiert sind. Die jungen Naturschützer setzen sich kreativ, spontan und selbstbestimmt für den Umweltschutz ein. Sie legen zum Beispiel Biotope an, begrünen Wände oder Fassaden, bauen Nisthilfen für Vögel und Insekten und helfen beim Schutz der bedrohten Kröten mit. Parallel zu dieser praktischen Arbeit gibt es auch politische Protestaktionen, Straßentheater, Musik und Kunst. Die meisten Gruppen besitzen keinen Vorstand, viele machen alles gemeinsam: von der Säuberung verschmutzter Bäche bis zum Flugblatt gegen Fastfood. Zum Miteinander gehören auch gemeinsame Fahrten, Radtouren und Camps im In- und Ausland. Weitere Aktionen sind die Wanderausstellung KunterBUND, die Kindern spielerisch die Zusammenhänge in der Natur erklärt, und der Bundesjugendkongreß, Aktionstage und -wochen, Info-Stände, Seminare, Diskussionen und Pressekonferenzen.

Der „Jugendpressedienst Umwelt" ist vor allem als Informationsquelle für die Redaktionen von Schüler- und Jugendzeitschriften gedacht. Koordiniert wird die Arbeit der BUNDjugend von der Bundesjugendleitung.

Bund Naturschutz in Bayern
Kirchenstr. 88/IV
8000 München 80
Tel. 089/459918-0

Bund Naturschutz in Bayern e.V.

Jugendorganisation Bund Naturschutz
Kreittmayrstraße 32
8000 München 2
Tel. 089/188074

Jugendorganisation Bund Naturschutz

Bayerische Schwesternorganisation und Landesverband des BUND ist der Bund Naturschutz in Bayern (BN). Er ist der älteste und weitaus größte bayerische Naturschutzverband. Der Bund Naturschutz wurde 1913 gegründet und zählt heute rund 100000 Mitglieder, die in 77 Kreisgruppen und über 650 Ortsgruppen organisiert sind. Die Arbeit des Bundes Naturschutz hat folgende Schwerpunkte: Der Verband

- ☐ wirkt auf Landes- und Kommunalpolitiker mit dem Ziel ein, daß bei Entscheidungen und Planungen der Natur- und Umweltschutz stärker berücksichtigt wird,
- ☐ wirkt bei allen Raumordnungs-, Planfeststellungs-, Flächennutzungsplan- und Flurbereinigungsvorhaben mit, bei denen Belange von Natur- und Umweltschutz berührt sind,
- ☐ erhält naturnahe, schutzwürdige Flächen durch Ankauf, Pacht, Pflege und Unterschutzstellung; bis Ende 1990 hatte der Bund Naturschutz rund 1000 Hektar wertvolle Flächen gekauft und 600 Hektar gepachtet,
- ☐ rettet bedrohte Pflanzen- und Tiergesellschaften durch Artenschutzmaßnahmen,
- ☐ setzt sich für die Wiedereinbürgerung von Biber, Luchs und Wildkatze ein,
- ☐ sichert naturnahe Erholungslandschaften, vor allem in der Nähe von Ballungsräumen,
- ☐ setzt sich für die Erhaltung gewachsener bäuerlicher Kulturlandschaften ein,
- ☐ kämpft für eine Agrarpolitik zur Rettung bäuerlicher Familienbetriebe,
- ☐ unterstützt den ökologischen Land- und Gartenbau,
- ☐ setzt sich dafür ein, daß in der Energiepolitik dezentrale Energieversorgung propagiert und der Ausstieg aus der Atomkraft vorangetrieben wird, und engagiert sich für eine Verkehrspolitik, in der Schiene und Fahrrad gefördert werden,
- ☐ kämpft für saubere Luft und sauberes Wasser,
- ☐ fördert Abfallvermeidung und Recycling.

Das Bildungswerk des Bundes Naturschutz in Wiesenfelden und die Kreis- und Ortsgruppen führen zu allen wichtigen Themen aus dem Bereich Umwelt- und Naturschutz Seminare, Veranstaltungen und naturkundliche Exkursionen durch.

Auch beim Bund Naturschutz gibt es wie beim BUND eine Jugendorganisation. Sie umfaßt rund 20000 Mitglieder. Ihre 150 Jugend- und Kindergruppen sind in fast allen Landkreisen Bayerns vertreten.

Der Naturschutzbund Deutschland ist aus dem Deutschen Bund für Vogelschutz hervorgegangen, der 1899 gegründet wurde. Der Naturschutzbund zählt heute 100 000 Mitglieder in über 1 500 örtlichen Naturschutzgruppen und ist damit nach dem BUND die größte Naturschutzorganisation in Deutschland.

Der DBV ist in allen Bundesländern (außer Bayern, siehe Landesbund für Vogelschutz) vertreten. Er betreut mehr als 5 000 großflächige Naturschutzprojekte und über 50 Naturschutzzentren. In Sunder bei Celle unterhält der DBV seit 1980 ein Naturschutzseminar.

Dieser Naturschutzverband hat sich ebenfalls zum Ziel gesetzt, für die Belange des Umweltschutzes einzutreten und Naturschutz, Landschaftspflege und Artenschutz zu fördern, wobei die freilebende Vogelwelt an erster Stelle steht.

Der DBV verfolgt seine Ziele, indem er

- ☐ Lebensgrundlagen für eine artenreiche Tier- und Pflanzenwelt erhält, schafft und verbessert,
- ☐ Artenschutzmaßnahmen für gefährdete Tier- und Pflanzenarten durchführt,
- ☐ die Grundlagen des Natur- und Umweltschutzes erforscht,
- ☐ die Ziele des Naturschutz- und Umweltschutzgedankens öffentlich verbreitet,
- ☐ bei Planungen mitwirkt, die für den Schutz der Natur bedeutsam sind,
- ☐ auf Gesetzgebung und Verwaltungen entsprechend diesen Zielen einwirkt und für den Vollzug der einschlägigen Rechtsvorschriften eintritt,
- ☐ den Natur- und Umweltschutzgedanken unter der Jugend und im Bildungsbereich fördert.

Der Verband finanziert sich aus Mitgliedsbeiträgen und Spenden. Der DBV gibt sechsmal im Jahr die Zeitschrift „Naturschutz heute“ heraus.

Beim DBV-Versandservice kann man Nistgeräte für Vögel und Insekten und Futtergeräte für die Winterfütterung bestellen (s. a. Firmen).

Naturschutzbund Deutschland (DBV)
Am Michaelshof 8–10
5300 Bonn 2
Tel. 0228/35 80 31-35

Die „naturschutzjugend“ ist der weitgehend eigenständige Jugendverband des DBV. Sie hat sich 1982 aus den bestehenden Landesjugendverbänden als bundesweite Organisation gegründet. Der „naturschutzjugend“ gehören 40 000 Jugendliche im Alter bis zu 25 Jahren an.

Die Jugendlichen arbeiten für den Biotopschutz im In- und Ausland, schaffen Öffentlichkeit für Umweltprobleme und Umwelterziehung und veranstalten regelmäßig Seminare, Freizeiten und den Kinderwettbewerb „Erlebter Frühling“.

naturschutzjugend
im Naturschutzbund Deutschland
Bundesgeschäftsstelle
Königsträßle 74
7000 Stuttgart 70
Tel. 07 11/7 65 66 12

Der Landesbund für Vogelschutz ist mit über 35.000 Mitgliedern der größte Artenschutzverband und der zweitgrößte Naturschutzverband in Bayern. Der LBV ist untergliedert in 350 Kreis-, Orts- und Jugendgruppen. Ziel des Verbandes ist es, alle heimischen Tier- und Pflanzenarten in ihren natürlichen Lebensräumen zu erhalten. Wichtigster Programmpunkt ist daher, die bestehenden Biotope zu erhalten, möglichst weitere neu zu schaffen und die Öffentlichkeit über die Bedeutung dieser Aufgabe zu informieren.

Der LBV ist umfassend aktiv. Er

- ☐ rettet wertvolle Biotope durch Ankauf oder Pacht. Bisher hat der LBV 500 Hektar wertvolle Flächen erworben und 300 Hektar gepachtet;
- ☐ erstellt Gutachten bei geplanten Eingriffen,
- ☐ führt Anpflanzungen durch, legt Feuchtflächen und Tümpel an, mäht Wiesen,
- ☐ führt Bestandserhebungen von Tier- und Pflanzenarten durch,
- ☐ bewacht die Horste bedrohter Vogelarten,
- ☐ führt darüber hinaus Großprojekte zum Schutz des Weißstorchs und zur Renaturierung einer Talaue durch.

Ein weiterer Schwerpunkt der Arbeit des LBV ist die Naturschutzpolitik. Der LBV erarbeitet Stellungnahmen zu Gesetzesvorhaben, spricht Politiker aller Parteien an und informiert die Bürger über Presse, Rundfunk und Fernsehen sowie mit Broschüren, Merkblättern und Wanderausstellungen.

Im Bereich Fortbildung veranstaltet der LBV Seminare, bietet ein Umwelterziehungsprogramm für Kinder und Jugendliche an und führt ein umfangreiches Programm von Veranstaltungen durch.

Landesweite Aktionen des LBV sind zum Beispiel der jährliche „Tag der Naturbegegnung“ und der „Tag des Zugvogels“, die Schulaktion „Erlebter Frühling“, an der über 100 000 Schüler teilnehmen, und das Schülertheaterfestival „Grüne Bühne“.

Die Jugendorganisation des LBV, die „Naturschutzjugend im LBV“, hat rund 5 000 Mitglieder. Die Schwerpunkte ihrer Arbeit sind praktischer Natur- und Umweltschutz, Öffentlichkeitsarbeit und ein Fortbildungs- und Fahrtenprogramm; außerdem Aktionen wie „Erlebter Frühling“ und die „Grüne Bühne“.

Landesbund für Vogelschutz in Bayern (LBV)
Kirchenstr. 8
8543 Hilpoltstein
Tel. 0 91 74/90 85

WWF
Hedderichstr. 110
6000 Frankfurt/M. 70
Tel. 069/60 50 03-0

WWF

Die Umweltstiftung WWF-Deutschland ist die deutsche Sektion des World Wide Fund for Nature (WWF), der größten privaten Naturschutzorganisation der Welt. Der WWF wurde 1961 gegründet und hat über 5.000 Projekte in vielen Ländern der Welt durchgeführt. Hauptziel seiner Arbeit ist die Erhaltung der natürlichen Umwelt. Der WWF ist stärker zentralisiert als BUND und DBV, er besitzt keine Organisationsstruktur mit Landesverbänden, Kreis- und Ortsgruppen. Die Arbeit des WWF konzentriert sich überwiegend auf große Naturschutzvorhaben. Zur Zeit betreibt und fördert der WWF-Deutschland folgende Projekte:

- Wattenmeer- und Nordseeschutz, mit zwei Wattenmeerstellen in Niedersachsen und Schleswig-Holstein,
- Auenschutz, mit dem WWF-Aueninstitut in Rastatt am Rhein; internationales Projekt zur Erhaltung der Flußauen,
- Feuchtgebietsschutz in Norddeutschland mit drei Projekten: Seeadler- und Kranichschutz in Schleswig-Holstein und Mecklenburg-Vorpommern, Schutz der Wümmewiesen bei Bremen und Naturschutz am Unteren Niederrhein,
- Hilfe bei der Errichtung von Nationalparks in Mittel- und Ostdeutschland,
- Betrieb der WWF-Naturschutzstellen,
- Artenschutzzentrale TRAFFIC zur Beobachtung und Kontrolle des Handels mit gefährdeten Tier- und Pflanzenarten,
- Projekt Umwelterziehung, ein bundesweites Programm für ökologische Bildung,
- WWF-Aktion „Jugend schützt Natur",
- Unterstützung regionaler Artenschutzprojekte wie Fischotter-, Fledermaus-, Wanderfalken- und Wildgänseschutz.

Weitere Aufgaben des Verbandes sind die Zusammenarbeit mit Behörden, Banken, Organisationen und Agenturen in der Entwicklungszusammenarbeit (Entwicklungshilfe) und die Kommunikation und Öffentlichkeitsarbeit.

Der WWF finanziert sich aus Beiträgen und Spenden. Die Jugendorganisation des WWF ist der Deutsche Panda Club.

Deutscher Panda Club e.V.
Nordendstr. 64
8000 München 40
Tel. 089/2 72 70-352

Deutsche Umwelthilfe (DUH)
Güttinger Str. 19
7760 Radolfzell
Tel. 0 77 32/30 28

Deutsche Umwelthilfe

Die Deutsche Umwelthilfe hat keine breite Basis wie die großen Naturschutzverbände. Sie ist ein Umwelt-Zweckverband, der seine Hilfe allen Naturschutzverbänden anbietet. Neben der Bundesgeschäftsstelle in Radolfzell unterhält die DUH weitere Geschäftsstellen in neun Bundesländern. Die Deutsche Umwelthilfe konzentriert sich auf die finanzielle Förderung sinnvoller Natur- und Umweltschutzprojekte, die Verstärkung des Umweltbewußtseins durch eine fundierte Öffentlichkeitsarbeit und die Erarbeitung neuer Möglichkeiten für eine ökologieverträgliche Wirtschaftspolitik. Zu ihren Aktivitäten gehören Schüler- und Kommunalwettbewerbe, Naturschutzmodellprojekte und Öffentlichkeitsarbeit. Die Deutsche Umwelthilfe finanziert sich aus den Beiträgen von Fördermitgliedern und durch eine jährliche Haus- und Straßensammlung.

Naturschutz-Zentrum Hessen (NZH)
Friedenstr. 38
6330 Wetzlar
Tel. 0 64 41/2 40 25

Das Naturschutz-Zentrum Hessen ist ein Zusammenschluß von über 30 Naturschutzorganisationen und dem Land Hessen. Schwerpunktaufgaben des NZH sind Fortbildung, Umwelterziehung und Öffentlichkeitsarbeit sowie konkrete Naturschutzprojekte. Ausstellungen, zum Beispiel zur Aktion „Rettet die Obstwiesen" oder „Quelle – Jeder Tropfen zählt", können beim NZH ausgeliehen werden. Das Bildungsprogramm und eine Materialliste gibt es kostenlos.

Aktion Fischotterschutz
Otter-Zentrum
W-3122 Hankensbüttel
Tel. 0 58 32/60 55

Aktion Fischotterschutz

Die „Aktion Fischotterschutz" wurde 1979 zum Schutz des vom Aussterben bedrohten Fischotters gegründet. Seither hat sie sich zu einer bundesweit tätigen Organisation mit über 2 500 Mitgliedern entwickelt, die Naturschutzaufgaben in den Bereichen Forschung, Biotopschutz und Umweltbildung wahrnimmt. Dazu unterhält der Verein, der heute rund 70 Mitarbeiter und Mitarbeiterinnen beschäftigt, z.B. Forschungsstationen in Niedersachsen und Mecklenburg-Vorpommern. Zur Erhaltung und Weiterentwicklung von Lebensräumen werden in langfristig und großflächig angelegten Projekten neue Verfahren erprobt.

1988 errichtete die „Aktion Fischotterschutz" im niedersächsischen Hankensbüttel das in Europa einzigartige OTTER-ZENTRUM, in dem jährlich über 100 000 Menschen mit ungewöhnlichen Methoden an den Naturschutz herangeführt werden. Im Verlag der dem Verein zugehörigen Gruppe Naturschutz GmbH erscheint viermal jährlich das Naturschutzmagazin FAUNA.

Die „Aktion Ameise“ ist kein Verband im eigentlichen Sinne, sondern eine Gemeinschaft von Gleichgesinnten, vor allem Kindern und Jugendlichen. Die „Aktion Ameise“ wurde 1985 von dem Allgäuer Naturschützer Gunter Steinbach gegründet. Sie verfolgt keine wirtschaftlichen Ziele und ist nicht an eine Konfession oder Ideologie gebunden. Sie setzt sich für die Belange der Natur ein, in der sie den Menschen als wesentlichen Teil anerkennt.

Die „Aktion Ameise“ ist eine beitragsfreie Gemeinschaft und wird organisatorisch und finanziell vom „Förderkreis Aktion Ameise“ unterstützt.

Die Zugehörigkeit ist an die Einhaltung von 10 Grundsätzen für die Naturschutzarbeit gebunden:

- Wir schützen Leben, wo immer uns das möglich ist.
- Wir sprechen allen Lebewesenarten das Recht auf Dasein und artgemäße Entfaltung zu.
- Wir bemühen uns, Natur zu beobachten, ohne störend einzugreifen.
- Wir helfen, Lebensräume naturnah zu bewahren, neue zu schaffen und zu gestalten.
- Wir achten die Gesinnung, die Arbeit und den Besitz aller Mitmenschen.
- Wir achten die Gesetze und verabscheuen jede Gewaltanwendung gegen Menschen, deren Einrichtungen und Sachen.
- Wir lassen uns von Sachkundigen beraten.
- Wir wollen niemandem unsere Meinung aufdrängen.
- Wir helfen uns gegenseitig.
- Wir wollen durch Toleranz, Geduld, Kenntnis und gute Beispiele wirken.

Aktion Ameise
c/o Gunter Steinbach
Irsengrund
8999 Oberreute
Tel. 08387/2537

Naturschutzverbände Österreich/Schweiz

Österreich

Österreichischer Naturschutzbund (ÖNB)

Arenbergstr. 10
A-5020 Salzburg
Tel. Salzburg 642909

Der ÖNB arbeitet mit neun autonomen Landesgruppen und zahlreichen Bezirks- und Ortsgruppen, wodurch er bundesweit effizient und wirksam Natur- und Umweltschutzangelegenheiten betreiben kann. Seine Hauptanliegen sind:

- Umfassender Umweltschutz. Einsatz gegen die Zerstörung unserer Lebensgrundlagen Luft, Wasser, Boden,
- Schutz von Naturlandschaften,
- Erhaltung der Artenvielfalt im Pflanzen- und Tierreich,
- Schutz wertvoller Lebensräume wie Trockenwiesen, Flachmoore, Auwälder etc.,
- Mobilisierung vieler Menschen zu aktivem Schutz der Natur,
- positive Zusammenarbeit mit Entscheidungsträgern aus Wirtschaft, Wissenschaft und Politik.

Österreichische Gesellschaft für Vogelkunde (ÖGV)

Burgring 7
A-1014 Wien
Tel. Wien 934651

Die ÖGV umfaßt gegenwärtig rund 1300 Mitglieder. Ihre Hauptziele sind Förderung von Vogelkunde und Vogelschutz in Österreich. Sie bietet ihren Mitgliedern ein breites Spektrum an Veranstaltungen von Vorträgen und Kurzausflügen bis hin zu mehrtägigen Auslandsexkursionen. Daneben werden verschiedene wissenschaftliche Projekte durchgeführt, wie Kartierung der heimischen Brutvögel oder Wasservogelzählungen.

Schweiz

Schweizerischer Bund für Naturschutz (SBN)

Postfach 4020
Wartenbergstraße 22
Ch-4052 Basel
Tel. Basel 3127442

Der SBN wurde 1909 zur Finanzierung des Nationalparks im Engadin gegründet. Heute setzt er sich für einen umfassenden Naturschutz mit Schwerpunkt Land- und Waldwirtschaft ein. Er ist an über 500 Schutzgebieten beteiligt, zählt ca. 102000 Mitglieder und gliedert sich in 22 Kantonalsektionen mit größtenteils eigenen Geschäftsstellen, aber auch mit viel ehrenamtlicher Mitarbeit.

Der SBN gibt die Zeitschrift „Schweizer Naturschutz“, zahlreiche Fachpublikationen und audiovisuelle Informationsmittel heraus.

Schweizer Vogelschutz (SVS)

Zurlindenstraße 55
Postfach 332
CH-8036 Zürich
Tel. Zürich 4637271

Der Schweizer Vogelschutz (SVS) ist der Verband der 60000 Vogelschützerinnen und Vogelschützer in der Schweiz. Er setzt sich für einen umfassenden Natur- und Umweltschutz ein, insbesondere mit seinen Kampagnen zur Förderung der Hecken, Obstgärten, vernetzten Lebensräume, Altholzflächen und Waldränder. Der SVS vertritt den Internationalen Rat für Vogelschutz (ICBP) in der Schweiz und unterstützt internationale Schutzprojekte, speziell zum Schutze der Zugvögel. Er gibt die Zeitschrift ORNIS heraus. Als einzige der großen Naturschutzorganisationen in der Schweiz ist der SVS mit seinen 500 lokalen Natur- und Vogelschutzvereinen bis auf Gemeindeebene organisiert.

Firmen: Adressen und Angebote

Gärtnereien, Baumschulen und Baufachhandel sind die traditionellen Lieferanten von Sämereien, Jungpflanzen und Materialien für Haus und Garten. Sie bieten eine breite Palette von Produkten, Samen und Pflanzen, beraten Sie fachlich und führen Ihre Aufträge durch. Naturschutzmaßnahmen am Haus erschließen aber neue Bereiche, auf die die traditionellen Firmen kaum eingestellt sind. Wir nennen Ihnen Firmen, die sich auf bestimmte Bereiche spezialisiert haben: Hersteller von Nisthilfen, Anbieter von Wildpflanzen und Wildpflanzensamen, ökologisch orientierte Baumschulen oder Spezialisten für grüne Wände und Dächer. Umweltschonender Holzschutz und Schädlingsbekämpfung runden die Firmenliste ab.

Die Firmen sind nach Postleitzahlen gegliedert. Für den Fall, daß Sie für Ihren Wohnort keine Adresse finden, haben wir die jeweils zuständigen Berufsverbände aufgeführt, über die Sie weitere Adressen erfahren können.

Dachbegrünung

Verbände:

Zentralverband Gartenbau
Godesberger Allee 142–148
5300 Bonn 2
Tel. 0228/810020

Bund Deutscher
Landschaftsarchitekten
Colmantstr. 32
5300 Bonn 1
Tel. 0228/655488

Bundesverband
Gesundes Bauen
und Wohnen
Postfach 1820
3300 Braunschweig
Tel. 0531/352851

Bund Architektur
und Umwelt
Königstr. 29
5200 Aachen
Tel. 0241/27408

Arbeitsgemeinschaft
Ziegeldach
Schaumburg-Lippe-Str. 4
5300 Bonn 1
Tel. 0228/9149323

Firmen:

Antec GmbH
Binger Str. 25 a
1000 Berlin 33
Tel. 030/8231079

Willi Fester GmbH & Co.
Cordesstr. 9
1000 Berlin 19
Tel. 030/8913018

Max de Bour
Gustav-Adolf-Str. 36
2000 Hamburg 70
Tel. 040/65690702

Peter Butzko
Lornsenstr. 34
2000 Hamburg 53
Tel. 040/3894684

Eggers GmbH
Andreas-Meyer-Str. 9
2000 Hamburg 74
Tel. 040/782355

Leca Deutschland GmbH
Nienhöfener Str. 29–37
2080 Pinneberg-Walden
Tel. 04101/699900

renatur GmbH
Postfach 60
2355 Ruhwinkel-
Wankendorf
Tel. 04323/6001
Anzeige s. S. 327

Ökobau J. Nolte GmbH
An den Höchens
2733 Westertimke
Tel. 04289/789

Niedersächsische
Rasenkulturen
Strodthoff & Behrens
Annen 2
2831 Groß-Ippener
Tel. 04224/396

Grünzeugs Garten-
und Landschaftsbau
Küstenkanal 64
2905 Husbäke
Tel. 04405/6246

Heinz Ewald GmbH
Im Lämpchen 19
3000 Hannover 91
Tel. 0511/1421652

Xeroflor
Begrünungs GmbH
Ludwig-Raabe-Str. 16–18
3501 Niestetal
Tel. 0561/524046

Grünes Dach
Dachbegrünung
und Teichbau GmbH
Metallstr. 2
4060 Viersen 11
Tel. 02162/51433

Das Grüne Haus GmbH
Gelsenkirchener Str. 37
4270 Dorsten
Tel. 02362/43311

Wildstauden
Gärtnerei Frömmel
Auerstr. 14
4330 Mühlheim/Ruhr
Tel. 0208/479000

Natur & Garten
Riesenbecker Str. 63–65
4350 Ibbenbühren-
Dörenthe
Tel. 05451/17122

Naturgarten GmbH
Auf dem Draun 21
4400 Münster
Tel. 0251/88989

Reinhard Fitzner
Robert-Koch-Str. 68
4600 Dortmund 1
Tel. 0231/516397

Perlite-Dämmstoff
GmbH & Co.
Kipperstr. 19
4600 Dortmund 1
Tel. 0231/998002

Naturwuchs
August-Bebel-Str. 16–18
4800 Bielefeld 1
Tel. 0521/64023

W. Richard
Im Langen Siek 17 b
4800 Bielefeld 15
Tel. 05206/3733

Öko-Plan-Bau
H.W. Hinsenhofen
Am Königsbach 1 a
4933 Blomberg-Höntrup
Tel. 05235/5717

Architekturbüro Strauß
Wittekindstr. 34
5000 Köln 41
Tel. 0221/419434

Ökobau
Niehler Str. 252
5000 Köln 60
Tel. 0221/769680

Hans Schuy
Baustoff-Ges.m.b.H.
Rolshover Str. 233
5000 Köln 91
Tel. 0221/833004

Landschaftsbau
Knebel GmbH
Wittestr. 17
5300 Bonn 3
Tel. 0228/70051

Technoflor
Dachbegrünungen
Richard Ludowigs
Wilhelmstr. 96
5603 Wülfrath 1
Tel. 02058/4055

Vulkatec
Gewerbegebiet 1
5471 Kretz
Tel. 02632/5031

Naturbau Guth
Heidestr. 159
5620 Velbert 1
Tel. 02051/608135

J. Rohr
Friedrichstr. 37
6228 Eltville
Tel. 06123/908070

Ökobau GmbH –
Einfach Grün
Georg-Büchner-Str. 5
6236 Eschborn 2
Tel. 06173/67500

Lavahum Dachsubstrate
Justus-Liebig-Str. 1
6500 Mainz 42
Tel. 06131/592021

Greizer GmbH & Co. KG
Thomas-Müntzer-Str. 6 a
O-6601 Greiz-Schönfeld
Tel. 03661/3138

Konrad Wissel GmbH
Dürkheimer Str. 230
6700 Ludwigshafen
Tel. 0621/674067

Ökoland in Holstein

Heutige Technologie ökologisch einbinden, das ist, auf eine kurze Formel gebracht, das Anliegen der re natur GmbH. Um interessierten Leuten einen Einblick in die vielfältige Anwendungspalette dieses Mottos zu geben, entstand Anfang der achtziger Jahre das „Ökoland“ in Ruhwinkel. Ein in seiner Größe und Vielfalt wohl einmaliges Umweltzentrum auf privater Basis.

Waren es vor 10 Jahren Tümpel und Weiher, die jeden ganz persönlich in seinem Garten die Vielfalt der Natur erleben ließen, so ist bis heute eine Fülle von Anwendungsbeispielen dazugekommen.

Schon der Fahrradständer – ein eingekerbter Baumstamm – zeigt, daß es anders gehen kann: Schrebergärtner finden eine „Ökolaube“, einen ökologisch orientierten Kleingarten; Bürgermeister und Stadtvertreter ein „Kommunal-Biotop“. Es zeigt die Möglichkeiten des Arten- und Naturschutzes auf gemeindeeigenen Flächen auf. Diese Bereiche sind Lernstätten für Ökologie und – da mit einem vorsichtigen Wegenetz erschlossen – Naherholungsgebiete noch dazu.

An vielen verschiedenen Beispielen werden die ökologisch-energetischen Leistungen bewachsener Dächer aufgezeigt. Dabei finden sich Dachneigungen von 0 bis 50°, Gewichtsmengen von 30 bis 300 kg/qm. Sumpfbeet-Klärstufen für den privaten, Klärteiche für den kommunalen Bereich zeigen Möglichkeiten naturnaher Abwasser-Reinigung.

Gärtner erklären im biologischen Gartenbau den Nutzen von Kompost, Steinmehl und Pflanzenjauchen. Sie weisen auf die Erfahrungen der Altvorderen im Bauerngarten hin, zeigen die heutigen Möglichkeiten der Regenwassernutzung. Aus Holzhäcksel ist der Gehbelag der Wege, und ein Weidenwall stellt einen lebendigen Lärmschutzwall dar.

Die „Sommerschule“ ist eine Einrichtung, bei der an Hand praktischer Arbeit in Seminaren, in Vorträgen und Gesprächen Umweltthemen erörtert werden.

Der Umweltpark liegt eingebettet in die holsteinische Hügel- und Seenlandschaft und ist Untersuchungsraum für wissenschaftliche Ökosystemforschung verschiedener Hochschulen.

Das Gelände ist immer geöffnet. Führungen finden nach Vereinbarung statt. Wer sich vorab informieren möchte, kann eine sehr informative Broschüre anfordern bei re natur, Postfach 60, 2355 Ruhwinkel.

re natur GmbH
Postfach 60
24601 Ruhwinkel

Telefon: 04323/6001

Beispiel für ökologisches Bauen: Schon der Fahrradständer gibt einen Anstoß zum Nachdenken.

Tümpel und Teiche sind der Lebensraum für Frosch und Unke, Libelle und Taumelkäfer.

Ohne Teich und Weiher gibt es für den Frosch und seine Artgenossen kein Überleben.

DBV-Versandservice
Postfach 1367
7014 Kornwestheim
Tel. 07154/131820

Hans Schmid
St.-Martin-Str. 14
7143 Vaihingen-Einz
Tel. 07042/23622

Michael Kluttig
Wiesenstr. 1
7151 Großerlach-Grab
Tel. 07192/4927

ProNatur Ökologischer
Garten- und
Landschaftsbau GmbH
Wilhelmstr. 12
7430 Metzingen
Tel. 07123/41415

Seltra GmbH
7440 Nürtingen
Tel. 07022/61429

ZinCo-
Dachsysteme GmbH
Grabenstr. 33
7441 Unterensing
Tel. 07022/60030

Optima Zentrale
Harzmann GmbH
Krauchenwies 3
7482 Göggingen
Tel. 07576/7710

Aquaplan Held GmbH
7519 Gemmingen
Tel. 07267/366

Butterer Natur + Garten
Bruchsaler Str. 4
7520 Bruchsal 4
Tel. 07257/4647

Natur Konkret
Ruth + Guido Leutenegger
Buchnerstr. 5
7750 Konstanz
Tel. 07531/50169

P. Jaeck
Falkenberger Str. 33
7800 Freiburg
Tel. 0761/891210

Öko-Anlagen Fred Pohle
Dorfstr. 84
O-7961 Schlabendorf
Tel. 035439/256

Alfred Guggenberger
Landsberger Str. 96
8000 München 2
Tel. 089/504095

Urbanes Wohnen e.V.
Bauerstr. 19
8000 München 40
Tel. 089/2710010

Dipl. Ing. R. Waas
Ebersberger Str. 12
8011 Kirchseeon
Tel. 08091/1448

Schmidt & Hauck GmbH
Freisinger Str. 65
8045 Ismaning
Tel. 089/96204

Klinkenberg & Kruse
Angerbrunnenstr. 10
8050 Freising
Tel. 08161/82228

Kellermann
Zucheringer Str. 10
8070 Ingolstadt
Tel. 08450/514

Plantener
Ausstattungssysteme
Am Tonwerk 1
8080 Fürstenfeldbruck
Tel. 08141/44978

Haderstorfer Garten-
und Landschaftsbau
Albing 2
8300 Landshut-Ergold
Tel. 0871/72081

Gartengestaltung Ralph Eid
Gerbersdorf 25
8349 Johanneskirchen
Tel. 08564/5332

Knorr & Lorenz
Biologisches Bauhandwerk
Mühlschlag 2
8411 Kallmünz
Tel. 09473/5718285

Kob GmbH & Co. KG
Chamer Str. 27
8500 Nürnberg
Tel. 0911/407081

Karl Gaisch
Hofwiesenweg 2
8504 Stein/b. Nürnberg
Tel. 0911/676016

Günter Frischholz
Sandstr. 10
8505 Röthenbach
Tel. 0911/577156

John Randolf
Michelinstr. 164
8605 Hallstadt
Tel. 0951/74780

Bio-Fachgeschäft Busch
Bürgermeister-Otto-Str. 8
8700 Würzburg
Tel. 0931/65432

H. Fleischhacker
Am Sonnfeld 1
8700 Würzburg 25
Tel. 0931/27655

Gründach-Vertriebs GmbH
An der Mehle 11
8702 Waldbrunn
Tel. 09306/1092

M.R. Radtke
Seinsheimstr. 34
8707 Veitshöchheim
Tel. 0931/97316

Fränkische
Rohrwerke GmbH
Postfach 40
8729 Königsberg
Tel. 09525/880

Norbert Mannes
Nußbühl 8
8851 Fünfstetten
Tel. 09091/2330

Schellheimer GmbH
Günzacher Str. 17
8961 Wilpoldsried
Tel. 08304/5033

Fassadenbegrünung, Kletterhilfen

Verbände:

Zentralverband Gartenbau
Godesberger Allee 142–148
5300 Bonn 2
Tel. 0228/810020

Bund Deutscher
Landschaftsarchitekten
Colmantstr. 32
5300 Bonn 1
Tel. 0228/655488

Bundesverband Gesundes
Bauen und Wohnen
Postfach 1820
3300 Braunschweig
Tel. 0531/352851

Bund Architektur
und Umwelt
Königstr. 29
5100 Aachen
Tel. 0241/27408

Firmen:

H. Fehr GmbH
Stahlbau
In der Bau 15
3526 Trendelburg-
Eberschütz
Tel. 05671/781

P. Wolff GmbH & Co. KG
Monschauer Str. 22
4050 Mönchengladbach 1
Tel. 02161/9303

Legi GmbH
Im Meerfeld 83–89
4130 Moers 3
Tel. 02841/7890

Ossenberg
GmbH & Co. KG
Postfach 1468
4240 Emmerich/Rhein
Tel. 02822/5564

E. Becker & Co. GmbH
Postfach 24542
4620 Castrop-Rauxel
Tel. 02305/72031

Wego System AG
Johann-Meinecke-Str. 6–10
4796 Salzkotten 1
Tel. 05258/50070

Naturgarten e.V.
Postfach 102023
4800 Bielefeld
Tel. 0521/86905
Anzeige s. S. 330

J. Meyer GmbH
Richard-Byrd-Str. 20
5000 Köln 30
Tel. 0221/593004

Arte Giardino
Kölner Str. 37
5020 Frechen
Tel. 02234/17240

Adronit-Werk GmbH
Oberwengener Str. 204
5802 Wetter/Ruhr
Tel. 02335/97850

Josef Amberg
Lohrhaupter Straße 42
6481 Jossgrund-
Pfaffenhausen
Tel. 06059/237

Draht-Christ-GmbH & Co.
Postfach 410110
6800 Mannheim 31
Tel. 0621/72541

Endress
Begrünungssysteme
Neckartenzl. Straße 39
7445 Bempflingen
Tel. 07123/38020

System „Systec“
Thomas Brandmeier
Postfach 2008
7858 Weil/Rhein
Tel. 07621/48424

HPW Handels-
gesellschaft mbH
Köferinger Str. 6
8000 München 60

Josef Schwaigers Wwe.
Tauwerk München
GmbH & Co. KG
Daglfinger Str. 67–69
8000 München 81
Tel. 089/933011

Holzschutz

Schädlingsbekämpfung im natürlichen, umweltfreundlichen Heißluftverfahren

Verband:

Arbeitskreis Bauten- und Holzschutz
Holzfeld 10
4807 Borgholzhausen
Tel. 05425/365

Firmen:

Heißluftbetriebsgesellschaft Bast KG
Langengehnstr. 15–17
2000 Hamburg
Tel. 040/894125

R. Mlotek
Ringstr. 28
5501 Leiwen
Tel. 06507/4216

Lothar Raspe
7107 Neckarsulm
Tel. 032/320

Walter Koppert
Erlacher Str. 16
7602 Oberkirch 4
Tel. 07802/7795

BHS W. Bauer
Hennenberg 5
8434 Berching/Obpf.
Tel. 08460/206

Binker Materialschutz GmbH
Am Vogelherd 6
8501 Behringersdorf
Tel. 0911/5075011

Schneider Holzschädlingsbekämpfung
Reuth 7
8566 Leinburg
Tel. 09120/6560

Biologische Schädlingsbekämpfung

Verbände:

Deutscher Schädlingsbekämpfer-Verband (Kammerjäger)
Hansastr. 74
4750 Unna
Tel. 003/1770

Bundesverband Gesundes Bauen und Wohnen
Postfach 1820
3300 Braunschweig
Tel. 0531/352851

Arbeitskreis Bauten- und Holzschutz
Holzfeld 10
4807 Borgholzhausen
Tel. 05425/365

Arbeitsgemeinschaft Naturfarben (AGN)
Im Asemwald 12
7000 Stuttgart 70
Tel. 0711/727951

Firmen:

Biocon Schädlingsbekämpfung GmbH
Babelsberger Str. 5
1000 Berlin 31
Tel. 030/876700

Lömpel Bautenschutz GmbH & Co. KG
Pätzer Str. 15
1000 Berlin 47
Tel. 030/79396

Ökohaus Am Neuen Weg
Wilfried Bobles
Neuer Weg 21
2050 Hamburg 80
Tel. 040/7211251

Bio Pin GmbH
Kanalweg 14
2940 Wilhelmshaven
Tel. 04421/202067

Funke & Co. GmbH
Burgwedeler Str. 131 c
3004 Isernhagen
Tel. 0511/735500

Livos Pflanzenchemie
Postfach
3111 Wieren
Tel. 05825/880

AURO Pflanzenchemie
Postfach 1238
3300 Braunschweig
Tel. 0531/895086

Hebau Bautenschutz GmbH
Unter der Burg 6
4807 Borgholzhausen
Tel. 05425/365

Holzweg Naturfarben
Altenaer Str. 23
5880 Lüdenscheid
Tel. 02351/26122

Konrad Ahrens GmbH
An der Kirche 1
6368 Bad Vilbel 3
Tel. 06101/4621

Lömpel Bautenschutz GmbH
Hauptstr. 97
6982 Freudenberg
Tel. 09375/274

Beeck'sche Farbwerke (Aglaia)
Postfach 8101224
7000 Stuttgart 80
Tel. 0711/7261003

Baustoff-Recycling/Bio Bau-Fachdienst
Spaichinger Str. 17
7210 Rottweil-Neufra
Tel. 0741/22826

Holz- und Bautenschutz Joachim Fröschke
Dorfstr. 33
O-7981 Münchhausen
Tel. 035320/212

Holz- und Bautenschutz
Obere-Breitenstein-Str. 11 a
8208 Kolbermoor
Tel. 08031/94634

Wolfgang Jarecki Holzschutz
Wiesenstr. 47
8261 Ampfing
Tel. 08636/5715

Lömpel Bautenschutz GmbH & Co. KG
Wernstr. 10–12
8725 Arnstein
Tel. 09363/90600

Baumschulen, Staudengärtnereien

Verbände:

Bund Deutscher Baumschulen
Bismarckstr. 49
2080 Pinneberg
Tel. 04101/20590

Zentralverband Gartenbau
Godesberger Allee 142–148
5300 Bonn 2
Tel. 0228/810020

Firmen:

Versandbaumschule
Postfach 1503
2080 Pinneberg
Tel. 04101/31085

Brüntjen
Eschborn 1
2905 Edewecht-Portslo
Tel. 04405/5457

Hesse
2952 Weener/Leer
Tel. 04951/2024

H. Wassermann
Hauptstr. 3
3003 Ronnenburg-Weetz
Tel. 05109/2455

Staudenkulturen Hagemann
Walsroder Str. 324
3012 Langenhagen 6
Tel. 0511/737644

Hinrichs
3110 Uelzen 1
Tel. 0581/2910

Heinrich Niggemeyer
Escheberger Str. 15
3549 Breune
Tel. 05693/7827

Angermunder Staudenkulturen
Kalkweg 55–59
4000 Düsseldorf 31
Tel. 0203/746436

Alfons Funk
Schwarze Furth 2
4242 Rees
Tel. 02851/8015

Aloys Köster
Herzogstr. 27
4250 Bottrop
Tel. 02041/93932

Wolfgang Stade
Beckenstrang 24
4280 Borken-Marbek
Tel. 02861/2604

Karl-Heinz Schuster
Am Korstick 19
4300 Essen 16
Tel. 0201/404992

Baumschule Aloys Pöhler
Betherfeld
4395 Höltinghausen
Tel. 04473/1335

Eschweiler Baumschulen
Westfalenstr. 130
4400 Münster
Tel. 02501/2011

Schulze-Bischoff-Baumschulen
Am Handörfer Bahnhof 2
4400 Münster-Handorf
Tel. 0251/32013

Grünwerkstätten e.G.
Waltrup 3 a
4417 Altenberge
Tel. 02505/538

Natur und Garten
Riesenbecker Str. 63–65
4530 Ibbenbühren
Tel. 05451/17122

Naturgarten e.V.
Postfach 102023
4800 Bielefeld
Tel. 0521/86905
Anzeige s. S. 330

Naturwuchs
August-Bebel-Str. 16–18
4800 Bielefeld
Tel. 0521/64023

E. & M. Niederstadt
Riedweg 15
4902 Bad Salzuflen
Tel. 05222/50372

Jürgl KG
Sürther Str. 300
5000 Köln 50
Tel. 02236/64770

Naturgarten e.V.
Postfach 10 20 23
33520 Bielefeld

Tel. 05 21/6 89 05

Unser Thema

Naturgarten, der *Verein für naturnahe Garten- und Landschaftsgestaltung*, ist Spezialist für naturnahe Gartengestaltung. Wir kümmern uns um die Verbreitung der Naturgarten-Idee, um die Planung, Anlage und Pflege von Gärten unter Berücksichtigung eines modernen, umfassenden Natur- und Umweltschutzes. Wir sorgen für die Anzucht und Verbreitung von seltenen Wildpflanzen. Mit unserem Versandservice machen wir das Unmögliche wahr und beschaffen Wildpflanzen, die sonst nur gelegentlich oder gar nicht zu bekommen wären. Damit vergrößert jeder die Lebensmöglichkeiten für Flora und Fauna rund ums Haus. Naturgärten bilden lebendige Alternativen zum sterilen Ziergarten. Mit heimischen Wildsträuchern in der Hecke, Wildstauden im Blumenbeet, der Blumenwiese im Garten und dem Trockenrasen auf Mauern und Dächern sorgen Naturgärtner für Artenvielfalt. Naturgärten bilden den Lebensräume für Mensch, Pflanze und Tier, einen lebenswichtigen Beitrag zum Artenschutz. Sie sind der irdische Garten Eden – für jeden. Werden Sie Mitglied oder bestellen Sie bei uns – bevor es andere tun!

Unsere Arbeit

Naturgarten e.V.

- ist eine ehrenamtliche Privatinitiative von Experten, die sich mit dem naturnahen Garten beschäftigen,
- besteht aus aktiven Biologen, Ökologen, Gartenplanern und Architekten,
- vermehrt und verbreitet Wildpflanzen garantiert heimischer Herkunft auf Selbstkostenbasis,
- ist kompetenter Ansprechpartner für naturnahes Grün,
- stellt die Fachorganisation für Insider dar,
- engagiert sich bundesweit,
- hat europaweit Kontakte,
- vernetzt Praktiker, Planer und Produzenten untereinander und mit der Kundschaft,
- betreibt einen Adressenservice von und für ökologische Fachbetriebe und Hobbygärtner,
- unterhält einen Lehrstellen-Pool,
- liefert Ideen, Informationen und Aktionen für naturgetreue Gartengestaltung,
- organisiert Ausbildung, Fortbildung und Führungen rund um heimische Flora und Fauna,
- erstellt Richtlinien zur Definition, Planung, Gestaltung und Pflege von Naturgärten,
- gibt Listen empfehlenswerter Produkte heraus,
- verleiht ein Gütesiegel für naturnahen Gartenbau,

Unser Versandangebot

Naturgarten versendet auf Selbstkostenbasis bundesweit Wildpflanzensortimente frei Haus: Samen, Stauden, Sträucher. Darunter viele Raritäten: Filzrose, Zimtrose, Gemeine Felsenbirne, Purpurginster, Prachtnelke, Sonnenröschen, Färberkamille, Violette Königskerze etc.

Einen ausführlichen Versandkatalog und Informationsmaterial schicken wir Ihnen gern gegen DM 5,— in Briefmarken.

Moschusmalve aus dem Wildblumensortiment „Mauern und Dächer“

Weinrose aus dem Sträucherpaket „Wildrosenhecke“

Gemeine Berberitze aus dem Sträucherpaket „Wildfruchthecke“

Wiesensalbei aus dem Wildblumensortiment „Blumenwiese“

Reinhard Behrens
Soerser Weg 27
5100 Aachen
Tel. 0241/153048

Baumschule Morjan
Rheinweg 30
5140 Erkelenz
Tel. 02431/2286

Baumschule Herr
Bonner Str. 26–32
5309 Meckenheim/Bonn
Tel. 02225/4058

Die andere Gärtnerei
Wolf-Dieter Thomaß
In der Grube 20
5338 Bad Münstereifel
Tel. 02557/7800

Kneussle Baumschule KG
5427 Bad Ems
Tel. 02003/13005

Grünservice Krauthäuser
Vonkeln 4 a
5600 Wuppertal 12
Tel. 0202/470821

Georg Arends
Monschaustr. 76
5600 Wuppertal 21
Tel. 0202/464610

Erich Storsberg
Löhdorfer Str. 61
5650 Solingen 11
Tel. 0212/6860

Stefan Schnell
Leifringhauser Str. 60
5880 Lüdenscheid
Tel. 02351/40640

Conrad Appel KG
Bismarckstr. 59
6100 Darmstadt
Tel. 06155/4081

Odenwälder
Pflanzenkulturen
Kayer & Seibert
Postfach 28
6101 Roßdorf 1
Tel. 06154/9068

Geisenheimer Baumschule
Nothgottesstr. 4
6222 Geisenheim
Tel. 06722/8220

Taunus-Baumschule
Ahornstr. 1 a
6272 Niedernhausen
Tel. 06127/2346

Baumschulen Stelzl
Gr.-Busecker-Str. 35
6300 Gießen-Rödgen
Tel. 0641/47175

Heinrich Müller
Gewerbegebiet Süd
6480 Gelnhausen
Tel. 06051/71015

Baumschule Titthaler
Schützengasse 12
6791 Hütschenhausen
Tel. 06372/5880

Schneck & Söhne
7012 Fellbach
Tel. 0711/511015

Hohenloher Baumschulen
Pfedelbacher Str. 55
7110 Öhringen
Tel. 07941/609940

Geigle
Herrenbergstr. 54
7270 Nagold
Tel. 07452/60090

Renz
Oberjettinger Str. 28
7270 Nagold
Tel. 07452/1802

Florahof
Obere Grabenstr. 46
7315 Weilheim
Tel. 07023/6783

Baumschule Eberts
Saarstr. 3–5
7570 Baden-Baden
Tel. 07221/61923

Baumschule Mellmann
Winkelhof Untersiggingen
7774 Deggenhausertal
Tel. 07555/297

Staudengärtnerei
Gräfin v. Zeppeliri
7811 Sulzberg-Laufen
Tel. 07634/716

Karl Schlegel
Göffinger Str. 40
7940 Altheim
Tel. 07371/8445

Staudengärtnerei
Rolf Peine
Mariabrunner Str. 71
8000 München 60
Tel. 089/878088

Naturwuchs GmbH
Kleinhaderner Weg 1
8032 Gräfelfing
Tel. 089/8545355

Stauden-Kraus
Karl-Robiczek-Str. 2
8080 Fürstenfeldbruck
Tel. 08141/44525

Wilhelm Demmel
8124 Seeshaupt
Tel. 08801/1055

Baumschule Brenninger
Hofstarring 57
8251 Steinkirchen
Tel. 08084/667

Erhard Oldehoff
Sieglmühle 2
8395 Hauzenberg/Krinning
Tel. 08586/1693

D. Guttenberger
Perschen 23
8470 Nabburg
Tel. 09433/6876

Werner Oppel
Dillenbergstr. 13
8506 Langenzenn
Tel. 09101/2862

Wilhelm Ensslin
Wendlinger Str. 35–37
8860 Nördlingen
Tel. 09081/22005

Pflanzen Kutter GmbH
Buxacher Str. 105
8940 Memmingen
Tel. 08331/73051

Wildpflanzen

Verband:

Zentralverband Gartenbau
Godesberger Allee 142–148
5300 Bonn 2
Tel. 0228/810020

Firmen:

W. Tangermann
Staudenkulturen
3204 Nordstemmen 1
Tel. 05069/576

Natur & Garten
Riesenbecker Str. 63–65
4530 Ibbenbüren
Tel. 05451/17122

Naturgarten e.V.
Postfach 102023
4800 Bielefeld
Tel. 0521/86905
Anzeige s. S. 330

Kayser & Seibert
Wilhelm-Leuschner-Str. 85
6101 Roßdorf 1
Tel. 06154/9068

DBV Versandservice
Postfach 1367
7014 Kornwestheim
Tel. 07154/131820

B. Dittrich
Postfach 1203
7701 Gottmadingen
Tel. 07734/1459
Anzeige s. S. 333

U. Trommsdorf
Zur Schanz 9
7760 Radolfzell 14
Tel. 07738/1067

Hof Berggarten
Wolfhart Lau
Scheffelstr. 16
7887 Laufenburg
Tel. 07763/20025

Simon
Staudenweg
8772 Marktheidenfeld
Tel. 09391/3516

Saatgut und Sämereien von Wildpflanzen

Verbände:

Bundesverband
Deutscher Samenkaufleute
und Pflanzenzüchter
Rheinallee 4 A
5300 Bonn 2
Tel. 0228/364423

Zentralverband Gartenbau
Godesberger Allee 142–148
5300 Bonn 2
Tel. 0228/810020

Firmen:

Carl Sperling & Co.
Postfach 2640
2120 Lüneburg
Tel. 04131/30170

Topinambur-Saatzucht
3105 Müden
Tel. 05053/350

Henning Sandvoß
Mittelstr. 19
3201 Holle 3/Heersum
Tel. 05062/417

Carl Metz Nachf.
Coppenbrügger Landstr. 58
3255 Lauenau
Tel. 05043/1075

H.G. Geyer Postfach 3
3424 St. Andreasberg
Tel. 05582/516

Klasmann-Deilmann
Vertriebsgesellschaft Deutschland GmbH
Mühlweg 1
82054 Sauerlach

Telefon 08104/9026

Georg-Klasmann-Straße 2–10
49744 Geeste 4 (Groß Hesepe)

Telefon 05937/1211

Florabella®

Die Qualitätsmarke aus dem Hause Klasmann-Deilmann exklusiv für Hobbygärtner

Typisch Florabella: Kompostprodukte für alle Anwendungsbereiche

Auszeichnung für das Werk Schwegermoor der Klasmann-Deilmann-Gruppe: Das RAL-Gütezeichen

Immer mehr Hobbygärtner legen besonderen Wert auf naturnahes Gärtnern und setzen verstärkt Kompost ein – zur Bodenverbesserung und zum Mulchen.

Um die Bodenaktivität zu erhalten oder wiederherzustellen, ist Kompost ideal. Kompost enthält die notwendigen Mikroorganismen und verbessert den Gehalt an organischer Substanz nachhaltig.

Wer selbst nicht den Platz oder die Zeit für das Anlegen eines Komposthaufens hat, kann auf ein komplettes Sortiment gebrauchsfertiger Florabella Kompost-Produkte zurückgreifen.

Diese Produkte bestehen zu einem großen Teil aus kompostierten Grünreststoffen – also Gartenabfällen. Der Kompost wird bei Florabella Komposterde mit thermisch-physikalisch aufbereiteten Holzfasern und Dauerhumus vermischt und dem Einsatzzweck entsprechend aufgedüngt. Damit erfüllen Florabella Kompostprodukte die höchsten Qualitätsanforderungen und sind optimal auf die Ansprüche der Pflanzen zugeschnitten.

Florabella Gartenkompost – ein hochwertiger Nähr- und Dauerhumus zur biologischen Bodenverbesserung und zum Mulchen. Er aktiviert das Bodenleben, reguliert den Wärme-, Wasser- und Nährstoffhaushalt im Boden, dient als Düngerquelle und schafft beste Krümelstruktur.

Florabella Komposterde – eine gebrauchsfertige Pflanz- und Blumenerde für Haus und Garten. Die Erde enthält organisch gebundene Nährstoffe als Langzeitdünger, ist strukturstabil, vergießfest und biologisch aktiv.

Florabella Kompostdünger – ein Mischdünger mit spezieller Nährstoffkombination. Dieser Dünger eignet sich für alle Bodenarten, für die Neuanlage wie für die Regeneration. Dauerhumus reguliert den Wärme- und Wasserhaushalt. Nährhumus aktiviert das Bodenleben, organisch gebundene Nährstoffe sorgen für gesunde Pflanzen, üppiges Wachstum und hohe Erträge.

Seit nunmehr 80 Jahren ist Klasmann-Deilmann in der Torf- und Humuswirtschaft erfolgreich. Mit der Kompostierungsanlage Schwegermoor führt Klasmann-Deilmann ein richtungsweisendes Gemeinschaftsprojekt mit norddeutschen Kommunen durch. Dort entsteht auf der Basis von Grünabfällen Kompost als reines Naturprodukt in gleichbleibend hoher Qualität. Der Beweis: die Auszeichnung mit dem RAL-Gütezeichen der Bundesgütegemeinschaft Kompost.

Klasmann Deilmann

SCHWEGLER stellt seit 45 Jahren Vogel- und Naturschutzprodukte her.

Heute hängen über 8 Millionen SCHWEGLER-Holzbeton-Nisthöhlen in Wäldern, Gärten und Obstgütern. Nicht allein in Deutschland, auch auf dem gesamten europäischen Kontinent sowie in Kanada und in den USA.

Da die natürlichen Brut- und Nistmöglichkeiten in den ausgeräumten Städten und Landschaften immer seltener werden, bietet SCHWEGLER eine breite Produktpalette von naturnahen Nisthöhlen unterschiedlicher Größe und Aufhängungsart an: für Singvögel, Greifvögel, Fledermäuse, Insekten wie Hummeln, Hornissen etc., aber auch für Igel.

Das Material der SCHWEGLER-Holzbeton-Nistkästen besteht aus 75% Holz und atmungsaktiven Zuschlägen. Es ist voll atmungsaktiv und wetterbeständig. Es verhindert Schwitzwasser und isoliert. Staatliche Vogelschutzwarten haben festgestellt, daß bisher die größte Siedlungsdichte der Vögel mit den SCHWEGLER-Holzbeton-nisthöhlen erreicht wurde. Solch eine Höhle ist sehr haltbar und kann 25–30 Jahre alt werden.

Alle SCHWEGLER-Produkte werden von vier europäischen Naturschutzverbänden und einer Bundesanstalt empfohlen:

- Naturschutzbund Deutschland, vormals Deutscher Bund für Vogelschutz (DBV),
- Landesbund für Vogelschutz in Bayern (LBV),
- Österreichischer Naturschutzbund
- Ligue Française pour la Protection des Oiseaux.
- Biologische Bundesanstalt für Land- und Forstwirtschaft.

Die Abbildungen zeigen einige der gängigsten Naturschutzartikel aus dem SCHWEGLER-Programm.

Nisthöhle 2M FG
3,7 kg
Holzbeton
Die Höhle wird freischwebend um einen Ast gehängt.
Erhältliche Fluglochweiten: für alle Meisenarten, wie Kohl-, Blau-, Sumpf- und Tannenmeise; Halsbandschnäpper, Kleiber; Gartenrotschwanz, Wendehals, Fledermäuse u.a.m.

SCHWEGLER
Vogel- & Naturschutzprodukte GmbH
Heinkelstraße 35
73614 Schorndorf

Telefon 0 71 81–50 37
Telefax 0 71 81–50 39

Halbhöhle 2H
Holzbeton
2,5 kg
An Wänden von Gebäuden mit dem Eingang seitlich anbringen.
Bewohner: Hausrotschwanz, Bachstelze, Grauschnäpper, Rotkehlchen und Zaunkönig

Mehlschwalbennest
Holzbeton
2,4 kg
Aufhängung unter Dachvorsprüngen an der Außenwand von Gebäuden. Eine schnellere Besiedlung findet bei weißen Fassaden statt.
Mindesthöhe 2 Meter

SCHWEGLER

Wildblumensaatgut

Die Firma Blumenwiesen ist ein spezialisierter Anbieter von Saatgut für einheimische Wildblumen und standortgerechte Blumenwiesenmischungen. Sie garantiert autochthones Saatgut aus dem Nachbau einheimischer, von Wildstandorten stammender Arten. Das Angebot an Wildblumensaatgut umfaßt alle wichtigen Wiesenarten.

Saatgut für Blumenwiesen wird in sieben verschiedenen Mischungen für unterschiedliche Standorte angeboten: für Feuchtwiesen, Fettwiesen, Trockenrasen, Säume, Ackerbegleitflora und eine Mischung speziell für Hausgärten. Auf Anfrage verschicken wir einen ausführlichen Produkt- und Bestellkatalog.

Blumenwiesen
B. Dittrich Dipl. Biol.
Postfach T 1203
78241 Gottmadingen

Telefon 0 77 39/14 52
Telefax 0 77 39/67 77

Nektarsaugender Kaisermantel auf dem Wasserdost

Blumenwiesen

Flora et labora
Philosophenweg 54
3500 Kassel
Tel. 0561/26536

Feldsaaten Freudenberger
GmbH & Co. KG
Magdeburger Str. 2
4150 Krefeld 11
Tel. 02151/44170

Biol. Saatgut
Reinhard Schuba AG
Hinterstr. 10
4420 Coesfeld
Tel. 02541/83856

Wißmann-Spezialsämereien
Arndtstr. 26
4500 Osnabrück
Tel. 0541/42683

Arbeitsgemeinschaft für
biologisches Saatgut
c/o W. Kreimer
Föckinghauser Weg 9
4520 Melle 1
Tel. 05422/8994

Natur & Garten
Riesenbecker Str. 63–65
4530 Ibbenbüren
Tel. 05451/17122

GGG Düsing Rasen
Braukämperstr. 95
4650 Gelsenkirchen-Buer
Tel. 0209/580010

Naturgarten e.V.
Postfach 102023
4800 Bielefeld
Tel. 0521/86905
Anzeige s. S. 330

Naturwuchs
August-Bebel-Str. 16–18
4800 Bielefeld 1
Tel. 0521/64023

I. u. M. Schumacher
Roschelshof
5232 Gierhausen
Tel. 02685/1266

Anton Inhoffen
Rheinische Saatgut GmbH
Wilhelmstr. 14
5350 Euskirchen
Tel. 02251/5028

Conrad Appel GmbH
Bismarckstr. 59
6100 Darmstadt
Tel. 06151/852200

J. &. B. Herzig oHG
Luisenplatz 5
6100 Darmstadt
Tel. 06151/293496

L.C. Nungesser KG
Postfach 110845
6100 Darmstadt
Tel. 06151/86148

Initiativkreis für
Gemüsesaatgut aus biol.-
dyn. Anbaugemeinschaft
6363 Echzell 2
Tel. 06035/81143

Scherneck-Heilpflanzen
Lanzenhainer Str. 5
6425 Lautertal
Tel. 06643/8505

Justus Wagner GmbH
Eppelheimer Str. 18–20
6900 Heidelberg
Tel. 06221/53040

Süddeutsche Saatzucht und
Saatbau-Genossenschaft
e.G.
6935 Waldbrunn
Tel. 06274/215

Wilhelm Schoell GmbH
Postfach 720320
7000 Stuttgart 70
Tel. 0711/454045

WLZ-Raiffeisen e.G.
Johannesstr. 86
7000 Stuttgart 1
Tel. 0711/204701

Hild-Samen GmbH
Postfach 1161
7142 Marbach
Tel. 07144/7052

Bernd Dittrich
Postfach 1203
7702 Gottmadingen 1
Tel. 07734/1459
Anzeige s. S. 333

Biologischer Fachversand
Am Reibschenberg 19
7743 Furtwangen
Tel. 07723/4268

Keller GmbH & Co. KG
Biogarten und Gesundheit
Konradstr. 17
7800 Freiburg
Tel. 0761/706313

BayWa AG München
Postfach 810108
8000 München 81
Tel. 089/92220

Dieter Köhler
Rainerstr. 4
8201 Tuntenhausen
Tel. 08067/1609

Saaten Scheurich
8760 Miltenberg
Tel. 09371/2508

Nisthilfen

Gerhard Strobel
Tulpenstr. 10
7039 Weil im Schönbuch
Tel. 07031/52312

DBV-Versand-Service
Postfach 1367
7014 Kornwestheim
Tel. 07154/131820

Schwegler
Vogelschutzgeräte
Heinkelstr. 35
7056 Schorndorf
Tel. 07181/5037
Anzeige s. S. 333

Natur & Garten
Riesenbecker Straße 63–65
4530 Ibbenbüren-Dörenthe
Tel. 05451/17122

Karl Grund
8425 Neustadt/Donau
Tel. 09445/310

Experten: Adressen und Auskünfte

In staatlichen Einrichtungen, in Instituten, Museen und Sammlungen oder Schutzstationen, aber auch im privaten Bereich gibt es eine Reihe von Experten für bestimmte Tier- und Pflanzenarten, die bereit sind, Ihnen mit ihrem fundierten Wissen zu helfen. Wir nennen Ihnen solche Spezialisten in diesem Kapitel. Dazu eine Bitte: Die meisten dieser Fachleute sind vielgefragte Gesprächspartner und sollten nur in dringenden Fällen zu Rate gezogen werden.

Säugetiere

Museum für Naturkunde der Humboldt-Universität zu Berlin
Invalidenstr. 43
1000 Berlin
Tel. 030/28970

Zoologisches Forschungsinstitut und Museum Alexander Koenig
Adenauerallee 150–164
5300 Bonn 1
Tel. 0228/211026

Naturmuseum und Forschungsinstitut Senckenberg
Senckenberganlage 25
6000 Frankfurt/M. 1
Tel. 069/7542-0

Staatliches Museum für Naturkunde Schloß Rosenstein
Rosenstein 1
7000 Stuttgart 1
Tel. 0711/89360

Staatliches Museum für Naturkunde
Erbprinzenstr. 13
7500 Karlsruhe 1
Tel. 0721/1750

Zoologische Staatssammlung
Münchhausenstr. 21
8000 München 60
Tel. 089/81070

Experten für Säugetiere in der Schweiz und Österreich

Naturhistorisches Museum Basel
Augustinergasse 2
CH-4001 Basel
Tel. Basel 2665500

Naturhistorisches Museum Wien
Postfach 417
A-1014 Wien
Tel. Wien 521770

Fledermäuse

Senator für Stadtentwicklung und Umweltschutz
Lindenstr. 20–25
1000 Berlin 61
Tel. 030/25860

Jürgen Klawitter
Marschnerstr. 22
1000 Berlin 45

Umweltbehörde Hamburg
Steindamm 22
2000 Hamburg 1
Tel. 040/24861

Rainald Hoffmann
DBV-Geschäftsstelle
Habichtstr. 125
2000 Hamburg 60
Tel. 040/616664

Landesamt für Naturschutz und Landschaftspflege Schleswig-Holstein
Hansaring 1
2300 Kiel 14
Tel. 0431/711069

Dr. Ulrich Jüdes
Dorfstr. 15 a
2419 Kulpin
Tel. 04541/3781

Der Senator für Umwelt und Gesundheit
Birkenweg 34
2800 Bremen
Tel. 0421/3611

Niedersächsisches Landesverwaltungsamt
Fachbehörde für Naturschutz
Scharnhorststr. 1
3000 Hannover 1
Tel. 0511/326961

Alfred Benk
Peperfeld 10
3000 Hannover 9

Friedel Knolle
Thilingstr. 38
3380 Goslar

AK Fledertierschutz
c/o Matthias Vetten
Schloßstr. 78
4000 Düsseldorf
Tel. 0211/487334

Landesanstalt für Ökologie, Landschaftsentwicklung und Forstplanung (LÖLF)
Leibnizstr. 10
4350 Recklinghausen
Tel. 02361/3051

Dr. Henning Vierhaus
Teichstr. 13
4772 Bad Sassendorf-Lohne

Manfred Weishaar
Im Hainbruch 3
5501 Gusterath

Staatliche Vogelschutzwarte für Hessen, Rheinland-Pfalz und Saarland
Institut für angewandte Vogelkunde
Dr. Klaus Richarz
Steinauer Str. 44
6000 Frankfurt/Main 60
Tel. 069/411532

Universität Mainz
Institut für Zoologie
Michael Veith
Saarstr. 21
6500 Mainz
Tel. 06131/392718

Landesamt für Umweltschutz Rheinland-Pfalz
Amtsgerichtsplatz 1
6504 Oppenheim
Tel. 06133/2012

Landesamt für Umweltschutz
Don-Bosco-Str. 1
6600 Saarbrücken
Tel. 0681/85000

Christine Harbusch
Am Schwalbacher Berg
6631 Ensdorf

Landesanstalt für Umweltschutz (LFU)
Institut für Ökologie und Naturschutz
Bannwaldallee 32
7500 Karlsruhe
Tel. 0721/84061

Staatl. Museum für Naturkunde
Koordinationsstelle für Fledermausschutz Nordbaden
Monika Braun
Erbprinzenstr. 13
7500 Karlsruhe 1
Tel. 0721/175165

Arbeitsgemeinschaft Fledermausschutz Südbaden
Institut für Biologie I
Universität Freiburg
Albertstr. 21 a
7800 Freiburg
Tel. 0761/700508

Bayerisches Landesamt für Umweltschutz
Rosenkavalierplatz 3
8000 München 81
Tel. 089/92140

Fledermauskoordinationsstelle Südbayern
Regierung von Oberbayern
Alois Liegl, Alfred Schumm
Maximilianstr. 39
8000 München 22
Tel. 089/2176302

Universität Erlangen
Zoologisches Institut II
Feldermauskoordinationsstelle Nordbayern
Prof. Dr. Otto von Helversen
Staudtstr. 5
8520 Erlangen
Tel. 09131/858051

Die Anschriften der in den neuen Bundesländern zuständigen Ansprechpartner können erfragt werden bei:

Naturschutzbund Deutschland e.V.
Außenstelle Berlin
Eichwalder Str. 100
O-1251 Gosen
Tel. 030/5543 5174

Experten für Fledermäuse Schweiz/Österreich

Naturhistorisches Museum
Augustinergasse 2
Jürgen Gebhard
CH-4001 Basel
Tel. Basel 2665500

Dr. Marianne Haffner, Dr. Hans-Peter Stutz
Benedikt-Fontana-Weg 15
CH-8049 Zürich

Naturhistorisches Museum
Säugetiersammlung
Dr. Kurt Bauer
Dr. Frederike Spitzenberger
Postfach 417
A-1014 Wien
Tel. Wien 521770

Igel

Arbeitskreis Igelschutz e.V.
Berliner Str. 79 a
1000 Berlin 28
Tel. 030/404909

Igelfreunde Sachsen-Anhalt
Erich-Mühsam-Str. 7
O-4600 Wittenberg

Rheinisch-Westfälische Igelfreunde
Verein für Tier-, Arten- und Biotopschutz e.V.
Im Siebenborn 12
5272 Wipperfürth
Tel. 02267/1890

Verein der Igelfreunde Stuttgart e.V.
Mäulenstr. 27
7000 Stuttgart 60
Tel. 0711/330594

Arbeitsgemeinschaft Igel e.V.
Gärtnerstr. 32
8038 Gröbenzell
Tel. 08142/6999

Monika Neumeier
Lindenhofweg 50
8990 Lindau

Experten für Igel Schweiz/Österreich

Verein Pro Igel
Postfach 200
CH-8910 Affoltern

Tier- und Naturschutzverein Lustenau
Hochsteigstraße
A-6890 Lustenau

Vögel

Senatsverwaltung für
Stadtentwicklung und Umweltschutz
Lindenstr. 20–25
1000 Berlin 61
Tel. 030/25860

Freie und Hansestadt Hamburg
Umweltbehörde, Naturschutzamt
Staatliche Vogelschutzwarte
Steindamm 22
2000 Hamburg 1
Tel. 040/24860

Staatliche Vogelschutzwarte
Schleswig-Holstein
Olshausenstr. 40–60
2300 Kiel
Tel. 0431/88000

Umweltministerium
des Landes Mecklenburg-Vorpommern
Abteilung Naturschutz
Schloßstr. 6–8
O-2750 Schwerin
Tel. 0385/5780

Senator für Umweltschutz
und Stadtentwicklung
Am Wall 177
2800 Bremen 1
Tel. 0421/361-0

Niedersächsisches Landesverwaltungsamt
Fachbehörde für Naturschutz
Staatliche Vogelschutzwarte
Postfach 107
3000 Hannover 1
Tel. 0511/1081

Vogelschutzwarte
des Landes Nordrhein-Westfalen
Leibnizstr. 10
4360 Recklinghausen
Tel. 02361/3051

The Stork Foundation
Postfach 1565
4802 Halle
Tel. 05201/12630

Naturschutzbund Deutschland (DBV)
Am Michaelshof 8
5300 Bonn 2
Tel. 0228/358031

- **Geschäftsstelle Baden-Württemberg**
  Max-Planck-Str. 10
  7014 Kornwestheim
  Tel. 07154/131840

- **Geschäftsstelle Berlin**
  Goltzstr. 5
  1000 Berlin 30
  Tel. 030/2166707

- **Geschäftsstelle Brandenburg**
  Heinrich-Mann-Allee 93 A
  O-1580 Potsdam
  Tel. 0331/878031

- **Geschäftsstelle Hamburg**
  Habichtstr. 125
  2000 Hamburg 60
  Tel. 040/616664

- **Geschäftsstelle Hessen**
  Friedenstr. 25
  6330 Wetzlar
  Tel. 06441/25880

- **Geschäftsstelle Mecklenburg-Vorpommern**
  August-Bebel-Str. 2
  O-2500 Rostock
  Tel. 0381/23990

- **Geschäftsstelle Niedersachsen**
  Calenberger Str. 24
  3000 Hannover 1
  Tel. 0511/911050

- **Geschäftsstelle Nordrhein-Westfalen**
  Am Lippeglacis 10
  4230 Wesel
  Tel. 0281/29897 + 29890

- **Geschäftsstelle Rheinland-Pfalz**
  Parcusstr. 12
  6500 Mainz 1
  Tel. 06131/235147

- **Geschäftsstelle Saarland**
  Grabenstr. 22
  6690 St. Wendel
  Tel. 06851/4797

- **Geschäftsstelle Sachsen**
  Eisenbahnstr. 118
  O-7050 Leipzig
  Tel. 0341/6880242

- **Geschäftsstelle Sachsen-Anhalt**
  Steubenallee 2
  O-3010 Magdeburg
  Tel. 0391/31195

- **Geschäftsstelle Schleswig-Holstein**
  Forsthof Friedrichsholz
  2210 Oelixdorf
  Tel. 04821/93444

- **Geschäftsstelle Thüringen**
  Thomas-Mann-Str. 33
  O-6900 Jena

Staatliche Vogelschutzwarte Thüringen
Lindenhof 3
O-5701 Seebach
Tel. 036022/671

Staatliche Vogelschutzwarte für Hessen, Rheinland-Pfalz und Saarland
Dr. Klaus Richarz
Steinauer Str. 44
6000 Frankfurt/Main 60
Tel. 069/411532

Staatliche Vogelschutzwarte Baden-Württemberg
Hermann-Schneider-Allee 47
7500 Karlsruhe 21
Tel. 0721/578787

Bayerisches Landesamt für Umweltschutz Vogelschutzwarte
Rosenkavalierplatz 3
8000 München 81
Tel. 089/92140

Landesanstalt für Umwelt und Naturschutz des Landes Sachsen
Herr Dr. R. Steffens
Stübelallee 2
O-8019 Dresden
Tel. 0351/4593257

Landesbund für Vogelschutz in Bayern
Kirchenstr. 8
8543 Hilpoltstein
Tel. 09174/9085

Vogelschutzwarten Schweiz/Österreich

Schweizerische Vogelschutzwarte Sempach
CH-6204 Sempach-Stadt
Tel. Sempach 990022

Österreichische Gesellschaft für Vogelkunde
Dr. Kurt Bauer
Burgring 417
A-1014 Wien 1
Tel. Wien 934541

Reptilien, Amphibien

Amphibien-Reptilien-Biotopschutz
Leitung: Herr. K. Fritz
Tennenbach 6
7838 Freiamt
Tel. 07641/53154

Landesverband für Amphibien- und Reptilienschutz in Bayern e.V.
Maria-Ward-Str. 1 b
8000 München

Schmetterlinge

Arbeitsgemeinschaft Schmetterlinge
Staatliches Museum für Naturkunde

Herr G. Ebert
Erbprinzenstr. 13
7500 Karlsruhe
Tel. 0721/175157

Bienen

Staatliches Museum für Naturkunde
Paul Westrich
Erbprinzenstr. 13
7500 Karlsruhe
Tel. 0721/175173

Institut für Biologie II/III
Dr. A. Kratochwil
Lehrstuhl für Geobotanik
Schänzlestr. 1
7800 Freiburg
Tel. 0761/2033150

Wespen, Hornissen, Hummeln

Hans-Heinrich von Hagen
Am Feuerwehrplatz 3
3413 Moringen-Lutterbeck

Zoologisches Institut der Universität
Prof. Dr. K. Schmidt
Kornblumenstr. 13
7500 Karlsruhe
Tel. 0721/698254

Ameisen

Deutsche Ameisenschutzwarte
Vereinigung der Landesverbände
der Deutschen Ameisenschutzwarte e.V.

Biberweg 17
4800 Bielefeld 11
Tel. 05205/70448

Schnecken

Deutsche Malakozoologische Gesellschaft
(Weichtiere)
c/o Senckenberg-Museum
Senckenberganlage 25
6000 Frankfurt/Main
Tel. 069/7542-0

Club Conchylia e.V.
(Weichtiere)
Carl-Maria-von-Weber-Str. 26
7140 Ludwigsburg

Friedrich-Held-Gesellschaft zur Förderung
der wissenschaftlichen Weichtierkunde e.V.
c/o Bayerische Staatssammlung
für Paläontologie
Richard-Wagner-Str. 10/III
8000 München 2
Tel. 089/5203-361

Literatur: Wichtige Bücher zum Thema

Wir haben bewußt darauf verzichtet, unter unsere Lesetips die wissenschaftlichen Publikationen aufzunehmen, aus denen wir für dieses Buch Informationen geschöpft haben. Auch die teilweise sehr lesenswerten Broschüren, die Umweltministerien oder andere Behörden zum Thema dieses Buches herausgegeben haben, blieben unberücksichtigt. Wir nennen im folgenden ausschließlich allgemeinverständliche Bücher über Naturschutz, Tiere, Pflanzen, Gärten, Grün am Haus und Naturschutzrecht, die Sie in jeder Buchhandlung kaufen können.

Naturschutz allgemein

W.-E. Barth: Praktischer Umwelt- und Naturschutz. Paul Parey, Hamburg u. Berlin 1987.

J. Bergstedt: Werkbuch Biotopschutz. G. Steinbach (Hrsg.). Franckh-Kosmos. Stuttgart 1990.

J. Blab: Grundlagen des Biotopschutzes für Tiere. Kilda-Verlag, Greven, 1992.

M. Chinery, W.G. Teagle: Was wächst und lebt in Dorf und Stadt? Franckh-Kosmos, Stuttgart 1986.

F.J. Dingethal u.a.: Kiesgrube und Landschaft. Paul Parey, Hamburg u. Berlin 1985.

S. Freund, A. Schanowski: Überbelichtet. Naturschutzbund Deutschland, Landesverband Baden-Württemberg, Kornwestheim 1990.

C.-P. Hutter u.a.: Naturschutz in der Gemeinde. Thienemanś Verlag, Stuttgart 1988.

E. u. L. Jedicke: Farbatlas Landschaften und Biotope Deutschlands. Ulmer Verlag, Stuttgart 1992.

E. Jedicke: Biotopverbund. Ulmer Verlag, Stuttgart 1990.

G. Kaule: Arten- und Biotopschutz. Ulmer Verlag, München 1986.

M. Lohmann: Naturinseln in Dorf und Stadt. BLV Verlag, München 1986.

H.W. Ludwig: Tiere unserer Gewässer. BLV Verlag, München 1991.

H.W. Ludwig, N. Becker u.a.: Tiere im Gartenteich. BLV Verlag, München 1991.

H.W. Ludwig, N. Becker u.a.: Erlebnis Gartenteich. BLV Verlag, Müchen 1992.

J. Reichholf: Siedlungsraum. Steinbachs Naturführer. Mosaik Verlag, München 1989.

K. Richarz: Wir tun was für mehr Natur in Dorf und Stadt. G. Steinbach (Hrsg.). Aktion Ameise. Franckh-Kosmos, Stuttgart 1991.

M. Rösler, S. Rösler: Aktionsbuch Naturschutz. Franckh-Kosmos, Stuttgart 1989.

G. Steinbach (Hrsg.): Werkbuch Naturschutz. Franckh-Kosmos, Stuttgart 1988.

G. Steinbach (Hrsg.): Werkbuch Naturbeobachtung. Franckh-Kosmos, Stuttgart 1991.

C. Wagner: Tierleben in unseren Gärten – Lebensraum schaffen für heimische Tiere. BLV Verlag, München 1989.

A. Winkler, C. Grzimek: Tierschutz in Haus und Garten. Otto Maier Verlag, Ravensburg 1990.

Pflanzen

D. Aichele: Was blüht denn da? Franckh-Kosmos, Stuttgart 1986.

D. Aichele, W. Schwegler: Unsere Moos- und Farnpflanzen. Franckh-Kosmos, Stuttgart 1974.

D. Aichele, W. Schwegler: Der Kosmos-Pflanzenführer. Franckh-Kosmos, Stuttgart.

D. Aichele/W. Schwegler: Unsere Gräser. Franckh-Kosmos, Stuttgart 1991.

G. Amann: Bäume und Sträucher des Waldes. Neumann-Neudamm, Melsungen 1972.

E. Deiser: Balkonpflanzen. Franckh-Kosmos, Stuttgart 1993.

B. Gibbons, P. Brough: Kosmos-Atlas Blütenpflanzen. Franckh-Kosmos. Stuttgart 1993.

O. Hahn: Ziergehölze. BLV Verlag, München 1985.

U. Hecker: Laubgehölze. BLV Verlag, München 1985.

U. Hecker: Nadelgehölze. BLV Verlag, München 1985.

C.E. Hubbard: Gräser. Ulmer Verlag, Stuttgart 1973.

Humphries/Press: Der Kosmos-Baumführer. Franckh-Kosmos, Stuttgart 1990.

H.M. Jahns: Farne, Moose, Flechten. BLV Verlag, München 1987.

B.P. Kremer: Bäume. Franckh-Kosmos, Stuttgart 1992.

M.L. Kreuter: Kräuter und Gewürze. BLV Verlag, München 1992.

M.L. Kreuter: Pflanzenschutz im Biogarten. BLV Verlag, München 1990.

G. Krüssmann: Die Bäume Europas. Verlag Paul Parey, Berlin/Hamburg 1968.

M. Lohmann: Blumen. BLV Verlag, München 1992.

A. Mitchell: Die Wald- und Parkbäume Mitteleuropas. Verlag Paul Parey, Berlin/Hamburg 1975.

H. Mühlberg: Das große Buch der Wasserpflanzen. W. Dausien, Hanau 1980.

R. Phillips: Kosmos-Atlas Bäume. Franckh-Kosmos, Stuttgart 1992.

T. Schauer, C. Caspari: Der große BLV Pflanzenführer. BLV Verlag, München 1989.

O. Schmeil, J. Fitschen: Flora von Deutschland. Quelle & Meyer, Heidelberg 1976.

P. u. I. Schönfelder: Der Kosmos-Heilpflanzenführer. Franckh-Kosmos, Stuttgart 1992.

O. Sebald, S. Seybold, G. Philippi: Die Farn- und Blütenpflanzen Baden-Württembergs, Band 1 und 2. Ulmer Verlag, Stuttgart 1990.

M. Stangl: Stauden im Garten. BLV Verlag, München 1990.

R. Witt: Wildsträucher in Natur und Garten. Franckh-Kosmos, Stuttgart 1985.

P. Wolff: Rasen, Wiese, Bodendecker. BLV Verlag, München 1984.

G. Zinkernagel: Gartenblumen. BLV Verlag, München 1991.

Garten

D. Aichele/W. Schwegler: Wiesenblumen. Franckh-Kosmos, Stuttgart 1992.

H. Brieml: Naturnahe Gärten. BLV Verlag, München 1985.

M. Chinery: Naturschutz beginnt im Garten. Otto Maier Verlag, Ravensburg 1986.

J. Dahl: Wildpflanzen im Garten. Franckh-Kosmos, Stuttgart 1985.

J. Dahl: Nachrichten aus dem Garten. Klett-Cotta im dtv, Stuttgart 1989.

C. und R. Fischer: Das große Biogarten-Handbuch. Südwest Verlag, München 1989.

G. Hahn, R. Göhmisch: Biogarten. Martin Greil Verlag, München 1989.

E. Hoplitschek: Aktion Garten ohne Gift. Falken-Verlag, Niedernhausen 1989.

C.-P. Hutter, G. Thielcke u.a.: Naturschutz in der Gemeinde. Thienemanns Verlag, Stuttgart 1985.

B. Klotz: Das Öko-Gartenbuch. Rowohlt, Hamburg 1987.

M.-L. Kreuter: Der Biogarten. BLV Verlag, München 1990.

M. Lohmann: Wir tun was für mehr Natur im Garten. G. Steinbach (Hrsg.). Aktion Ameise. Franckh-Kosmos, Stuttgart 1991.

A. Niemeyer-Lüllwitz: Arbeitsbuch Naturgarten. Otto Maier Verlag, Ravensburg 1989.

A. Oberholzer, L. Lässer: Gärten für Kinder. Ulmer Verlag, Stuttgart 1991.

G. Steinbach (Hrsg.): Werkbuch Naturgarten. Franckh-Kosmos, Stuttgart 1992.

C. Widmayr: Bauerngärten neu entdeckt. BLV Verlag, München 1990.

A. Winkler: Das Naturgartenbuch für Praktiker. AT-Verlag, Aarau 1989.

P. Wirth: Hausgärten planen. Ulmer Verlag, Stuttgart 1984.

R. Witt: Wildsträucher in Natur und Garten. Franckh-Kosmos, Stuttgart 1989.

R. Witt: Naturoase Wildgarten. Überlebensraum für unsere Pflanzen und Tiere. BLV Verlag, München 1992.

Begrünung

R. Guttmann: Grün zwischen Steinen. Franckh-Kosmos, Stuttgart 1988.

R. Baumann: Begrünte Architektur. Callwey-Verlag, München 1985.

W. Kolb, T. Schwarz: Grün auf kleinen Dächern. BLV Verlag, München 1987.

C. Krinner: Begrünen von Haus und Balkon. Gräfe und Unzer, München 1989.

B.W. Krupka: Dachbegrünungen. Verlagsgesellschaft Rudolf Müller, Köln 1988.

K. Ludwig: Kletterpflanzen. BLV Verlag, München 1985.

U. Mehl, K. Werk: Häuser in lebendigem Grün. Falken-Verlag, Niedernhausen 1987.

R. Stifter: Dachgärten. Grüne Inseln in der Stadt. Ulmer Verlag, Stuttgart 1988.

Recht

H. Alheit, H. Heiß: Nachbarrecht von A–Z. Beck im dtv, München 1989.

R. Kaub: Der liebe Nachbar. BLV Verlag, München 1990.

Naturschutzrecht. Beck im dtv, München 1988 (Texte von Gesetzen und Verordnungen).

E. Vetter, R. Karremann: Das Nachbarschaftsrecht in Baden-Württemberg. Kohlhammer-Verlag, Stuttgart 1989.

Säugetiere

C. Bestajovsky: Igel in Haus und Garten. Franckh-Kosmos, Stuttgart 1988.

G. Corbet, D. Ovenden: Pareys Buch der Säugetiere. Verlag Paul Parey, Berlin 1982.

A. Maywald, B. Pott: Fledermäuse – Leben, Gefährdung, Schutz. Ravensburger Buchverlag, Ravensburg 1988.

K. Richarz, A. Limbrunner: Fledermäuse. Franckh-Kosmos, Stuttgart 1992.

W. Schober, E. Grimmberger: Die Fledermäuse Europas. Franckh-Kosmos, Stuttgart 1987.

M. Neumeier: Wir tun was für die Igel. G. Steinbach (Hrsg.). Aktion Ameise. Franckh-Kosmos, Stuttgart 1990.

J.H. Reichholf: Wir tun was für kleine Säugetiere. G. Steinbach (Hrsg.). Aktion Ameise. Franckh-Kosmos, Stuttgart 1990.

K. Richarz: Wir tun was für Fledermäuse. G. Steinbach (Hrsg.). Aktion Ameise. Franckh-Kosmos, Stuttgart 1991.

J.H. Reichholf: Naturführer Säugetiere. G. Steinbach (Hrsg.). Mosaik Verlag, München 1991.

Vögel

E. Bezzel: Vögel beobachten. BLV, München 1989.

B. Bruhn, H. Delin u.a.: Der Kosmos-Vogelführer. Franckh-Kosmos, Stuttgart 1990.

W. Cerny: Welcher Vogel ist das? Franckh-Kosmos, Stuttgart 1992.

H. Frieling: Was fliegt denn da? Franckh-Kosmos, Stuttgart 1993.

Harris/Tucker u.a.: Vogelbestimmung für Fortgeschrittene. Franckh-Kosmos, Stuttgart 1991.

T. Mebs: Eulen und Käuze. Franckh-Kosmos, Stuttgart 1987.

J. Nicolai: Singvögel. Gräfe & Unzer, München 1991.

D. Singer: Greifvögel und Eulen. Franckh-Kosmos, Stuttgart 1992.

D. Singer: Singvögel. Franckh-Kosmos, Stuttgart 1987.

D. Singer: Die Vögel Mitteleuropas. Franckh-Kosmos, Stuttgart 1989.

R. Specht: Singvögel. Franckh-Kosmos, Suttgart 1992.

G. Steinbach (Hrsg.): Wir tun was für unsere Singvögel. Franckh-Kosmos, Stuttgart 1990.

A. Schulze: Vogeltips für jedermann. Ehrenwirth Verlag, München 1980.

G. Steinbach (Hrsg.): Wir tun was für unsere Greifvögel und Eulen. Franckh-Kosmos, Stuttgart 1990.

Amphibien und Reptilien

E.N. Arnold, J.N. Burton: Pareys Amphibien- und Reptilienführer. Verlag Paul Parey, Berlin 1979.

G. Diesener, J. Reichholf: Lurche und Kriechtiere. Steinbachs Naturführer. Mosaik Verlag, München 1985.

U. Gruber: Die Schlangen Europas. Franckh-Kosmos, Stuttgart 1989.

A. u. C. Nöllert: Die Amphibien Europas. Franckh-Kosmos, Stuttgart 1992.

R. Podloucky: Wir tun was für Frösche und Kröten. G. Steinbach (Hrsg.). Aktion Ameise. Franckh-Kosmos, Stuttgart 1991.

J.H. Reichholf: Wir tun was für Eidechsen und Schlangen. G. Steinbach (Hrsg.). Aktion Ameise. Franckh-Kosmos, Stuttgart 1992.

Schmetterlinge

W. Dierl: Schmetterlinge. BLV Verlag, München 1991.

R. Gerstmaier: Welcher Schmetterling ist das? Franckh-Kosmos, Stuttgart 1990.

R. Gerstmeier, Zepf: Schmetterlinge. Franckh-Kosmos, Stuttgart 1992.

T. Marktanner: Welcher Nachtfalter ist das? Franckh-Kosmos, Stuttgart 1992.

R. Phillips/D. Carter: Kosmos-Atlas Schmetterlinge. Franckh-Kosmos, Stuttgart 1991.

Novak, Severa: Der Kosmos-Schmetterlingsführer. Franckh-Kosmos, Stuttgart 1992.

Sauers Naturführer: Raupe und Schmetterling. Fauna Verlag, Karlsfeld 1988.

P. Smart: Kosmos-Enzyklopädie der Schmetterlinge. Franckh-Kosmos, Stuttgart 1987.

J.H. Reichholf: Wir tun was für Schmetterlinge. G. Steinbach (Hrsg.). Aktion Ameise. Franckh-Kosmos, Stuttgart 1991.

H. Reichholf-Riehm: Naturführer Schmetterlinge. Steinbachs Naturführer. Mosaik Verlag, München 1991.

Bienen/Wespen

Die Biene. Ein Pop-up-Buch. Stedtfeld Verlag, Rastatt 1991. Kinderbuch.

F. Geiser: Wildbienen – Wehrhafte Blumenkinder. Landbuch Naturbücherei, Hannover 1988.

E. von Hagen: Naturführer Hummeln. Neumann-Neudamm Verlag, Melsungen 1986.

M.A. Julivert: Das faszinierende Leben der Bienen. ars edition, München 1992.

P. Westrich: Die Bienen Baden-Württembergs. Ulmer Verlag, Stuttgart 1990.

J. Zahradnik: Bienen, Wespen, Ameisen. Franckh-Kosmos, Stuttgart 1985.

Ameisen

M.A. Julivert: Das faszinierende Leben der Ameisen. ars edition, München 1992.

J. Zahradnik: Bienen, Wespen, Ameisen. Franck-Kosmos, Stuttgart 1985.

Käfer

W. Dierl: Welcher Käfer ist das? Franckh-Kosmos, Stuttgart 1987.

R. Gerstmeier: Käfer. Franckh-Kosmos, Stuttgart 1992.

K.W. Harde, F. Severa: Der Kosmos-Käferführer. Franckh-Kosmos, Stuttgart 1988.

Insekten

W. Dierl, W. Ring: Insekten. BLV Verlag, München 1991.

J.-H. Fabre: Wunder des Lebendigen. Artemis, Zürich und München 1989.

J.-H. Fabre: Das offenbare Geheimnis. Artemis, Zürich und München 1987.

M. Imamori: Das Leben der Insekten. Ravensburger Buchverlag, Ravensburg 1992.

W. Jacobs, M. Renner: Biologie und Ökologie der Insekten. G. Fischer Verlag, Stuttgart 1988.

U. Sedlag (Hrsg.): Insekten Mitteleuropas. dtv, Stuttgart 1986.

H. Reichholf-Riem: Insekten. Steinbachs Naturführer. Mosaik Verlag, München 1991.

J.H. Reichholf: Wir tun was für Insekten. G. Steinbach (Hrsg.). Aktion Ameise. Franckh-Kosmos, Stuttgart 1992.

J. Zahradnik: Der Kosmos-Insektenführer. Franckh-Kosmos, Stuttgart 1989.

Spinnen

B. u. M. Baehr: Welche Spinne ist das? Franckh-Kosmos, Stuttgart 1987.

D. Jones: Der Kosmos-Spinnenführer. Franckh-Kosmos, Stuttgart 1985.

H. Bellmann: Spinnen, Krebse, Tausendfüler. Steinbachs Naturführer. Mosaik Verlag, München 1991.

H. Stern: Leben am seidenen Faden. Kindler Verlag, München 1987.

Schnecken

M.P. Kerney, R.A.D. Cameron u.a.: Die Landschnecken Nord- und Mitteleuropas. Verlag Paul Parey, Hamburg und Berlin 1983.

R. Fechtner, G. Falkner: Weichtiere. Steinbachs Naturführer. Mosaik Verlag, München 1991.

Index

Die kursiv gesetzten Seitenzahlen verweisen auf Abbildungen.

A

B

C

D

E

F

G

I

J

K

L

M

N

O

P

T

U

V

W

Z

Glossar

A

Amphibien oder Lurche
Wechselwarme Wirbeltiere, die ihr Larvenstadium im Wasser verbringen. Sie sind deutlich an ihrer drüsenreichen, feuchten Haut zu erkennen. Frösche, Molche, Salamander und Blindwühlen sind Amphibien.
Artenschutz
Schutz von seltenen und/oder in ihrem Bestand gefährdeten Arten.
Atmosphäre
Lufthülle der Erde; enthält etwa 4/5 Stickstoff und 1/5 Sauerstoff sowie geringe Mengen Kohlendioxid, Wasserstoff, Ozon und Edelgase.

B

Bilche
Überwiegend nachtaktive Nagetiere, halten Winterschlaf. Heimische Arten: Siebenschläfer, Gartenschläfer, Haselmaus; in Österreich gebietsweise auch Baumschläfer.
Bioindikatoren
Pflanzen- oder Tierarten, deren Vorkommen und Häufigkeit auf einen bestimmten ökologischen Zustand eines Lebensraumes hinweisen (Zeigerarten).
Biomasse
Frisch- oder Trockengewicht von Lebewesen, die sich in einem bestimmten Lebensraum aufhalten.
Bionik
Wissenschaftszweig, der Bau- und Funktionsmuster der Natur technisch umzusetzen versucht.
Biosphäre
Der von lebenden Organismen besiedelte Teil der Erde.
Biotop
Lebensraum von Tier- und Pflanzengesellschaften in relativ einheitlichem, abgegrenztem Gebiet.
Bodenatmung
Verbrauch von Sauerstoff und Abgabe von Kohlendioxid durch den Stoffwechsel aller im Boden vorkommenden Organismen.
Bodenversiegelung
Mehr oder weniger lückenloses Abdecken des Bodens mit Materialien (Asphalt, Pflaster, Steinplatten etc.), die den Zutritt von Wasser, Luft und Licht stark einschränken oder ganz unterbinden.
Brutpflege
Alle Vorkehrungen und Verhaltensweisen von Tieren, die dazu dienen, die Überlebenschancen ihrer Jungen zu steigern.

C

Chitin
Wichtigste Gerüstsubstanz des Panzers von Insekten und anderen Gliederfüßern; ähnlich aufgebaut wie die Zellulose der Pflanzen (sogen. Gerüstpolysaccharid, ein Kohlenhydrat).

D

Dichtestreß
Entsteht immer dann, wenn Tiere enger – dichter – zusammenleben müssen, als es ihrer Natur entspricht. Dichtestreß führt zu Krankheiten und Aggression.
Dränage
Künstliche Entwässerung von Bodenschichten durch Röhrensysteme oder grobkörniges Material (Kies, Blähton).

F

Facettenaugen
Die aus vielen Einzelaugen (bei manchen Insekten mehr als 10.000) zusammengesetzten Augen von Insekten, Tausendfüßern und Krebsen.
Falkenzahn
Falken besitzen am Oberschnabel nahe der Schnabelspitze eine scharfen Vorsprung – den Falkenzahn –, den sie beim Töten ihrer Beute einsetzen.
Fluorchlorkohlenwasserstoff (FCKW)
Kohlenwasserstoffverbindungen, deren Wasserstoffatome vollständig oder teilweise durch Fluor- und Chlorverbindungen ersetzt sind. Aus den von Kühlgeräten, aufgeschäumten Kunststoffen und Computern aufsteigenden FCKW-Molekülen wird durch UV-Licht das Chlor abgespalten. Es zerstört die Ozonschicht, welche die Erde schützend umgibt (Ozonloch).

G

Gaia
Griechische Göttin der Erde. Die „Gaia“-Hypothese des britischen Biologen James Lovelock besagt: Alle Lebewesen und die Umweltbedingungen beeinflussen sich wechselseitig.
Gewölle
Unverdauliche Nahrungsreste wie Haare, Federn und Knochen, die Tiere als Ballen ausspucken. Eulen, aber auch Eisvögel und sogar Krokodile setzen Gewölle ab.
Gleitzahl
Maß für den Höhenverlust beim Gleitflug von Vögeln. Ein Adler, der bei einer Gleitstrecke von 15 Metern nur einen Meter absinkt, hätte dann eine Gleitzahl von 1:15. Die besten Gleiter (Albatrosse) erreichen Gleitzahlen von 1:20, etwa soviel wie ein gutes Segelflugzeug.

H

„Hassen“
Besondere Haßlaute und Scheinangriffe, mit denen Singvögel einzeln oder im Schwarm Feinde, wie Katzen, Füchse, Greifvögel und Eulen, bedrängen und in die Flucht schlagen.
Hautflügler
Ordnung der Insekten mit weltweit über 100 000, in Mitteleuropa rund 1 000 Arten. Zu den Hautflüglern gehören alle Bienen-, Wespen- und Ameisenarten.
Herbizide
„Unkrautvernichtungsmittel“. Chemische Gifte, die eingesetzt werden, um unliebsame Wildkräuter auf Äckern und in Gärten zu vernichten.

I

Insektizide
Insektenvernichtende chemische Mittel.

K

Keimruhe
Ruhen der Entwicklung befruchteter Eier im Körper mancher Tierarten, um die Geburt auf einen günstigeren Zeitpunkt zu verschieben.
Kohlendioxid oder CO_2
Farb- und geruchloses Gas, das bei der Atmung und durch Verbrennen fossiler Brennstoffe (z.B. Heizöl, Kohle) entsteht. Der CO_2-Gehalt der Luft beträgt durchschnittlich 0,03 Volumenprozent.
Kulturfolger
Tier- und Pflanzenarten, die ihren Lebensraum im Bereich von menschlichen Siedlungen finden. Beispiele: Hausmaus, Wanderratte, Haussperling, Heimchen.

L

Lebendgebärende
Außer Säugetieren legen auch manche Krötenarten, Schlangen und Eidechsen, einige Fische, Insekten und sogar Schnecken keine Eier, sondern gebären fertig entwickelte Junge.
Lethargie
Energiesparender Dämmerzustand, in dem Tiere ungünstige Zeiten überleben können (Winterschlaf). Im Zustand der Lethargie ist die Körpertemperatur erniedrigt, die Herzschlagfrequenz verlangsamt, der Energieverbrauch stark reduziert.

M

Markieren
Abgrenzen eines Reviers, Kennzeichnen von Wegen, Nahrung, Gruppenmitgliedern oder Geschlechtspartnern: optisch durch Zur-Schau-Stellung, akustisch durch Gesang und andere Laute, außerdem durch Duftstoffe.
Mimikry
Schutzanpassung im Tier- und Pflanzenreich, bei der Form, Färbung oder Verhalten anderer Arten nachgeahmt werden, um einem Freßfeind zu entkommen.

N

Nahrungsspezialisten
Jedes halbwegs lernfähige Tier kann sich bei der Nahrungssuche spezialisieren: Ein

Habicht, der mehrmals erfolgreich Kaninchen gejagt hat, wird bei künftigen Jagdflügen diese Beute bevorzugen und dabei zunehmend geschickter und findiger.

Nektar
Von Pflanzen an bestimmten Stellen, meist in den Blüten, abgeschiedene zuckerhaltige Flüssigkeit. Im Magen der Honigbiene wird Nektar zu Honig umgewandelt.

O

Ökologie
Wissenschaft von den Wechselbeziehungen der Organismen untereinander und mit ihrer Umwelt.

Ökologische Nische
Position bzw. Lebensbereich einer Tier- oder Pflanzenart innerhalb eines Ökosystems.

Ökosystem
Wirkungsgefüge zwischen zusammenlebenden Organismen und ihrer anorganischen Umwelt.

Ornithologie
Wissenschaftlicher Name für Vogelkunde.

Ozon
Würzig riechender, dreiatomiger Sauerstoff (O_3), der durch starke UV-Strahlung aus gewöhnlichem Sauerstoff (O_2) entsteht. Ozon bildet in 30 bis 50 km Höhe rund um die Erde einen Schutzschirm gegen gefährliche Bestandteile der ultravioletten Sonnenstrahlung.

P

Pestizide
Sammelbezeichnung für chemische Gifte zur Vernichtung von Tieren und Pflanzen, die der Mensch als Schädlinge betrachtet.

Photosynthese
Assimilation von Kohlendioxid in grünen Pflanzen mit Hilfe des Sonnenlichts. Dabei entstehen Zucker und Sauerstoff. Die Photosynthese ist die Grundlage für alles Leben auf der Erde.

pH-Wert
Wasserstoffionen-Konzentration einer Lösung; zeigt die sauere, neutrale oder alkalische Reaktion einer Lösung an. Bereich von pH 1 (stark sauer) über pH 7 (neutral) bis pH 14 (stark alkalisch).

Plankton
Lebensgemeinschaft im freien Wasser schwebender Organismen mit fehlender oder geringer Eigenbewegung. Man unterscheidet Phytoplankton (pflanzlich) und Zooplankton (tierisch).

Pollen
Blütenstaub, das in den Staubbeuteln der Blüten gebildete „Sperma" der Pflanzen. Pollen ist ferner Nahrung für viele Insekten. Beim Blütenbesuch bleibt Pollen an den Insektenkörpern hängen, wird zur nächsten Blüte getragen und dort am Stempel, der „Pflanzenvagina", abgestreift (Bestäubung).

Population
Gesamtheit der Individuen einer Pflanzen- oder Tierart, die zur gleichen Zeit in einem bestimmten Gebiet vorkommen.

Prallufer, Prallhang
Außenkurve eines Flußufers, die dem flachen Gleitufer bzw. Gleithang gegenüberliegt. Am Prallufer unterhöhlt die Hauptströmung das Ufer und verursacht Uferabbrüche. Am Gleitufer werden die vom Fluß mitgeführten Sedimente abgelagert.

Pyrethroide
Gruppe synthetischer Insektizide mit ähnlicher Struktur wie die aus Chrysanthemum-Arten gewonnenen natürlichen Gifte (Pyrethrum), aber viel länger haltbar. Allethrin, Permethrin, Resmethrin und Tetramethrin sind Pyrethroide.

R

Renaturierung
Wiederherstellung naturnaher Verhältnisse, um die Artenvielfalt zu fördern, z.B. bei der Gestaltung von Fließgewässern.

Rote Listen
Auflistungen regional oder überregional gefährdeter oder vom Aussterben bedrohter Pflanzen- und Tierarten.

Radiotelemetrie
Methode der Freilandbiologie, mit der das Leben von Tieren erforscht wird, die sich schwer direkt beobachten lassen (z.B. Füchse, Wölfe, Greifvögel). An den Tieren befestigte Kleinstsender geben ein pulsierendes Signal, das der Biologe mit Richtantenne empfängt und auswertet.

Reptilien oder Kriechtiere
Gruppe von Wirbeltieren, deren Körper mit einem trockenen, unelastischen Schuppenkleid bedeckt ist und die sich deshalb im Laufe ihres Wachstums regelmäßig häuten müssen.

Rüttelflug
Viele Vögel und Insekten können ihren Flügelschlag so ändern, daß sie wie ein Hubschrauber in der Luft stehenbleiben – sie rütteln.

S

Smog
Prägnantes Kunstwort aus dem Englischen: Smoke (= Rauch) + Fog (= Nebel). Stark belastende Luftverschmutzung, die bei austauscharmer Witterung (Windstille, stabile Luftschichtung) über Ballungsgebieten auftritt.

Sommerstaat
Nur während des Sommers bestehende Insektenstaaten von Wespen, Hornissen und Hummeln.

Stadtklima
Stadtluft unterscheidet sich deutlich vom Klima der Umgebung. Stadtklima ist trockener und wärmer, der Himmel ist öfter bewölkt, und Regentage sind häufiger als im Umland.

Standvögel
Vogelarten, die ganzjährig mehr oder weniger in derselben Gegend bleiben. Nur ein Drittel aller Vogelarten in Deutschland sind Standvögel.

Substrat
Bodenmischung der Vegetationsschicht.

Sukzession
Ablösung einer Organisationsgemeinschaft durch eine andere; durch Klima, Boden oder Lebenstätigkeit der Organismen selbst verursacht.

Symbiose
Enges Zusammenleben verschiedenartiger Lebewesen zum beiderseitigen Nutzen.

T

Treibhauseffekt
Durch Wasserstoff und verschiedene Spurengase wie Kohlendioxid herbeigeführte Erwärmung der bodennahen Luftschicht. Zunahme des Kohlendioxidanteils in der Atmosphäre steigert den Treibhauseffekt.

U

Ultraschall
Schallwellen mit Frequenzen oberhalb der menschlichen Hörgrenzen. Ultralschall-Echoortung ist die Orientierung im Raum mit Hilfe dieser Schallwellen (Fledermaus).

V

Vegetation
Pflanzendecke über einer bestimmten Bodenoberfläche. Sie wird nach Pflanzengesellschaften unterschieden, die dort aufgrund der natürlichen Standortbedingungen in typischer Zusammensetzung vorkommen.

W

Wanderinsekten
Über große Entfernungen wandernde Insekten, z.B. Wanderheuschrecken, Distelfalter, Admiral und Schwebfliegen.

Weichhölzer
Im Sinne der Holznutzung alle Nadelhölzer, ferner Weide, Pappel, Linde, Espe und Erle. Im waldbaulichen Sinn nur die genannten Laubhölzer und die Birke.

Wechselwarm oder poikilotherm
sind Tiere, deren Körpertemperatur sich infolge mangelnder Wärmeregulation ihres Organismus der Temperatur ihrer Umgebung anpaßt. Alle Tiere außer Säugetieren und Vögeln sind wechselwarm.

Z

Zugvögel
Vogelarten, die der Kälte und dem Nahrungsmangel der Wintermonate in wärmere, nahrungsreichere Gebiete ausweichen.

Autoren

Rudolf L. Schreiber, Herausgeber
Geb. 1940. Unternehmensberater für ökologisch orientiertes Marketing und Publizist. Gründer von PRO NATUR. Herausgeber der Bestseller *Rettet die Vögel, Rettet die Wildtiere* u.a. Initiator und Konzeptionist der Weltaktion *Save the Birds* und dieses Buches.

Jürgen Dahl
Geb. 1929. Selbständiger Buchhändler bis 1964. Seither freier Schriftsteller. Rundfunksendungen, Zeitschriftenartikel und Bücher über Ökologie, Garten und Wissenschaftskritik. Bruno-H.-Schubert-Preis für Naturschutz 1987.

Dr. Harald Gebhardt
Geb. 1952. Studium der Biologie und Geographie in Heidelberg von 1974–1984. Promotion in Biologie. 1984–1990 bei der Landesanstalt für Umweltschutz Baden-Württemberg tätig. Ab 1990 beim Umweltministerium Baden-Württemberg.

Prof. Dr. Willfried Janßen
Geb. 1935. Promotion in Zoologie/Ökologie. Professor für Didaktik der Biologie an der Pädagogischen Hochschule und Leiter des Naturwissenschaftlichen Museums in Flensburg. Mitherausgeber der Zeitschrift *Unterricht Biologie*. Erster Vorsitzender der ‚Aktion Fischotterschutz e.V.'

Claus-Peter Lieckfeld
Geb. 1948. Redakteur bei der Zeitschrift *Natur* von 1981–1988. Verfasser zahlreicher Natur-, Umwelt- und Öko-Artikel, des Umwelt-Science-Fiction-Romans *427 – Im Land der grünen Inseln* (1986) sowie eines Bandes mit Öko-Kurzgeschichten *Esel und Co.* (1988).

Prof. Dr. Herbert W. Ludwig
Geb. 1924. Arbeitsgebiete: Agrarökologie, Limnologie, Vektorökologie, Parasitologie. Bis 1990 am Zoologischen Institut Universität Heidelberg. Forschungsaufenthalte in Italien, USA, Nigeria, China und Indonesien. Mitglied im Landesbeirat für Naturschutz Baden-Württemberg.

Dr. Mario Ludwig
Geb. 1957. Studium der Biologie. Danach wissenschaftlicher Mitarbeiter am Zoologischen Institut Heidelberg. Zur Zeit wissenschaftlicher Berater bei der biologischen Stechmückenbekämpfung. Zahlreiche Publikationen über Ultrastrukturforschung, Ökotoxikologie und Ökologie.

Veronika Straaß
Geb. 1957. Arbeitete nach Abschluß ihres Biologiestudiums in den 80er Jahren an bundesdeutschen und internationalen ‚Wildlife'-Projekten, häufig im Auftrag der ‚Wildbiologischen Gesellschaft München'. Verfasserin von Natur- und Umweltschutzartikeln sowie -büchern.

Dr. Frank Wittchow
Geb. 1942. Wissenschaftsjournalist. Seit 1982 Redakteur der Zeitschrift *Natur*. Co-Autor mehrerer Bücher über Umwelt- und Naturschutz (*427*, Roman, 1986; *Lebenselemente, 1990; Naturerbe Europa*, 1991; Bionik, 1991).

Dr. Klaus Richarz
Geb. 1948. Biologe, Sachbuchautor, Leiter der Vogelschutzwarte für Hessen, Rheinland-Pfalz und Saarland in Frankfurt/M., wissenschaftlicher Beirat des Landesbundes für Vogelschutz in Bayern. Für das vorliegende Werk war er Berater und helfende Hand bei allen Fragen und Problemen. Nicht zuletzt seinem Beitrag verdankt dieses Buch die hohe fachliche Kompetenz.

Bildnachweis

Fotografen
Die Auflistung der Fotografen erfolgt in der Reihenfolge der Abbildungen im Buch, nach Seiten geordnet.

Titel B. Wagner/Okapia **2–3** W. Buchhorn **4–5** J. Hawkins/FLPA **6–7** S. Dalton/NHPA **8** J. de Cuveland, D. Nill **9** A. Limbrunner **10** U. Groß **11** H. Brehm **12** I. Ohlbaum **13** J. v. Arkel/NATURA **14** WALLIS **15** E. Rem **16–17** J. de Cuveland **18** Umweltbild, D. Bühler **19** R. Schreiber, R. Schreiber, A. Albinger **20** K. Schubert **21** W. Buchhorn **22** B. Eckert **23** M. Pforr **24** R. Höfels, F. Lane **25** S. Rösler **26** H. Reinhard **27** E. Lindenburger **28** S. Bergmann/OSTKREUZ **29** A. Riedmiller **30** E. Lindenburger **31** N. Rosing, H. Partsch **32–33** D. Nill **34** DLR-DFD **35** A. Albinger, A. Albinger **36** Stuttg. Luftbild **37** S. Kerscher, N. Dahl, W. Geiersperger, U. Jacob, N. Pelka **38** D. Bühler, M. Danegger, A.N.T. **39** D. Nill, S. Meyers, F. Lane, H. Partsch, R. Bruckner, F. Sauer/FAUNA, J. de Cuveland **40** M. Danegger, R. Höfels **41** F. Skibbe, H. Brehm, F. Skibbe, S. Dalton/NHPA, M. Danegger **42** F. Marquez, H. Pfletschinger/ANGERMAYER **43** H. Partsch, B. Gebhard, S. Dalton/NHPA, H. Pfletschinger/ANGERMAYER, C. Chini, M. Danegger **44** A. Riedmiller, A. Riedmiller, S. Bergmann/OSTKREUZ, D. Bühler **45** W. Redeleit **46** B. Brosette, R. Kemmether **48** H. Heitmann, G. Kriso **49** A. Prenzel **50** A. Maywald, J. Hawkins/FLPA **51** W. Rohdich, A. Maywald, F. Skibbe **52** A. Albinger, R. Cramm **54** R. Höfels, G. Palinkas, H. Pfletschinger/ANGERMAYER **56** S. Meyers **57** R. Holtappel/BAVARIA, F. Labhardt **58** D. Nill, B. Eckert, K. Wothe **59** W. Sender, K. Wothe **60** K. Wothe, M. Pforr **62** D. Singer **63** D. Hosking, F. Lane, H. Arndt, H. Pletschinger/ANGERMAYER, H. Heine, W. Redeleit, Silvestris, F. Hanneforth, W. Irsch, H. Brehm, K. Wothe, E. Thielscher **64** S. Meyers, Klammert & Aberl **65** H. Brehm, T. Angermayer **66** W. Bajohr, J. Holzhausen **68** K. Bogon, F. Hanneforth, S. Dalton **69** H. Brehm **69** V. Brockhaus, V. Brockhaus **70** S. Bittermann, H. Reinhard **72** U. Groß, T. Brockmann/AV **78** Umweltbild, H. Schweinsberg **79** J. Pfeiffer, H. Reinhard, B.-C. Möller/FOCUS **80** M. Danegger, W. Redeleit **81** R. Schmidt, re natur, T. Angermayer **82–83** A. Limbrunner **84** BAVARIA, C. Doering **85** A. Tardt, A. Tardt, K. Schubert, K. Schubert, K. Schubert, W. Schneider, W. Schneider **86** T. McHugh/OKAPIA, F. Lane **87** Kappelmeyer/BAVARIA **88** R. Schreiber **89** U. Jacob, U. Jacob, K. Richarz, K. Richarz **90** S. Dalton/NHPA **91** H. Reinhard, E. Lindenburger, W. Willner **92** A. Riedmiller/BIO-INFO **93** R. Schreiber, R. Schreiber, K. Schubert **94** S. Rösler, R. Schreiber **95** R. König **96** W. Bajohr, D. Wieland **97** A. Riedmiller, re natur **98** Hämmerle, DG-Bank **99** A. Riedmiller, U. Groß **100** W. Redeleit, H. Pfletschinger/ANGERMAYER **101** ZinCo, S. Natterer, re natur **102** re natur, re natur **103** OPTIMA/Ciba-Geigy **104** BIO-INFO **106** D. Bühler, V. Brockhaus **107** D. Bühler, G. Moosrainer, D. Bühler **108** W. Redeleit **109** F. Sauer, M. Wendler **110** B. Eckert **111** W. Struck **112** R. Schreiber, E. & D. Hosking **113** H. Partsch, H. Partsch, A. Limbrunner **114** R. Schreiber **115** W. Buchhorn, S. Rösler, Fischer-Nagel, H. Gebhardt, H. Pfletschinger **116** F. Lane, R. Cramm, G. Steinbach, AG Ziegeldach, AG Ziegeldach **117** W. Buchhorn, K. Kahl **118** D. Nill **119** R. Höfels, W. Willner **120** Umweltbild, C. Profanter **121** A. Riedmiller, W. Redeleit **122** R. Scholz, W. Irsch, W. Redeleit **123** Füllenbach/BAVARIA, H. Reinhard, A. Riedmiller **124** R. Schreiber, H. Reinhard **125** R. Schreiber **126** A. Fischer-Nagel **127** A. Albinger, H. Gebhardt, R. Schreiber, R. Witt **129** C. Becker, R. Höfels **130** H. Reinhard, W. Redeleit, H. Reinhard **131** E. Lindenburger, J. Pfeiffer, A. Riedmiller, H. Reinhard **132** W. Redeleit **133** A. Berger, F. Skibbe, H.R. Heppner **134** FLORASTAR, H. Reinhard **135** K. Richarz **136** H.-D. Brandl, S. Natterer **137** R. Schreiber **138** K. Wothe, R. Groß, S. Natterer **139** H.-D. Brandl, R. Schreiber, H. Gebhardt **140** H. Reinhard, H.-D. Brandl **141** U. Jacob, R. Schreiber, F. Lane, U. Jacob, U. Jacob, U. Jacob **142** W. Irsch **143** A. Limbrunner, A. Limbrunner **144** K. Schubert **145** W. Redeleit, S. Natterer, W. Redeleit, D. Bühler, W. Redeleit, D. Bühler, S. Natterer **146** G. Roland, H. Pfletschinger/ANGERMAYER, H. Pfletschinger/ANGERMAYER **147** R. Schreiber, R. Schreiber **148** F. Marquez, U. Groß **149** K. Richarz, R. Ulrich, H. Pfletschinger/ANGERMAYER **150** G. Steinbach, G. Kozeny, G. Steinbach, R. Witt **151** A. Limbrunner **152** R. Schreiber **153** R. Cramm **154** R. Schreiber, H. Gebhardt **155** R. Schreiber, V. Brockhaus **156** A. Riedmiller, H. Gebhardt, A. Riedmiller, H. Gebhardt, A. Riedmiller, A. Riedmiller, A. Riedmiller **157** W. Redeleit, K. Wothe **158** W. Rauch, U. Groß **159** S. Natterer, S. Natterer **160** E. Kuch, H. Reinhard **161** W. Redeleit **163** R. Schreiber, A. Riedmiller **164** H. Reinhard, R. Bruckner, H. Reinhard **165** B. Gebhard **166** W. Redeleit, H. Reinhard, M. Pforr **167** A. Riedmiller, U. Walz **169** E. Lindenburger, H. Reinhard, U. Jacob **170** H. Reinhard, U. Jacob **171** W. Willner, W. Redeleit, D. Bühler, S. Dalton/NHPA **172** E. Pott, L. Lenz **173** C. Profanter, V. Brockhaus **174** M. Quint **175** M. Quint, R. Schreiber, K. Schubert, B. Geiges/BAVARIA, A. Riedmiller **176** BIO-INFO, R. Schreiber, re natur **178** R. Schreiber, D. Nill **179** H.-D. Brandl, H. Partsch **180** R. Schreiber, R. Schreiber, F. Marquez, H. Gebhardt **181** W. Bajohr, W. Redeleit, E. Lindenburger **182** H. Partsch **183** B. Edmaier, Comet-Photo **184** U. Jacob, A. Riedmiller, W. Thielke **185** W. Bajohr, W. Bajohr, H. Reinhard **186** K. Schubert, K. Schubert, K. Schubert **187** K. Schubert, K. Schubert **188** ZinCo, W. Redeleit **189** H. Gebhardt, F. Lane **190** H. Heine, H. Heine **191** U. Jacob, U. Jacob **192** O. Stadler **194–195** U. Groß **286–287** H. Brehm

Illustratoren

Erhard Poßin
Kapitel „Netzwerk des Lebens“, „Lebensraum Haus“ und „Ratgeber“.

Marianne Golte-Bechtle
Säugetiere

Anina Westphalen
Vögel, Schmetterlinge, Bienen, Käfer, Sonstige Insekten (Florfliege, Ohrwurm, Springschwanz, Blattlausschwebfliege, Graue Kohlschnake, Ameisenjungfer).

Reinhild Hofmann
Reptilien, Amphibien, Wespen, Ameisen, Sonstige Insekten (Großes grünes Heupferd, Gemeiner Grashüpfer), Spinnen, Sonstige Gliedertiere, Schnecken, Lästlinge.

Dank

Es ist nicht das erste Naturschutzbuch, das ich im Team mit Autoren, Wissenschaftlern, Illustratoren, Fotografen, Bildagenturen, Grafikern, Lektoren, Produktionern und Freunden entwickelt habe. Diesmal war es besonders schwer. Deshalb möchte ich mich bei allen bedanken, die immer wieder ihr Bestes gegeben haben.

An erster Stelle danke ich den Initiatoren und Förderern, Herrn Horst Bülow von der Stiftung „Tiere in Not" und Herrn Leitenden Ministerialrat Gerhard Weygandt sowie seinen Mitarbeitern vom Umweltministerium Baden-Württemberg für die fachliche Begleitung und für ihr Verständnis.

Weiter danke ich meinen unbeirrbaren und geduldigen Beratern Willfried Janßen, Klaus Richarz, Klaus-Georg Schulze vom Landesbund für Vogelschutz Bayern, Reinhard Witt und Herrn Roland Tischbier von der Stork Foundation für seinen Beitrag zum Thema Störche.

Besonders herzlich schließe ich in meinen Dank alle Autoren und Illustratoren ein, an hervorragender Stelle Claus-Peter Lieckfeld und Veronika Straaß. Und natürlich meine Mitarbeiter, die wieder einmal eine außergewöhnliche Leistung erbracht haben. Ebenso Herrn Norbert Jennen für seine unverzichtbare verlegerische Unterstützung sowie Patrick McLaughlin für die geduldige und gute Produktionsüberwachung.

Mein Dank geht auch an Frau Regina Eberl, Frau Silvia Strangmüller, Herrn Christian Strangmüller und alle weiteren engagierten Mitarbeiter des Deutschen Landwirtschaftsverlages.

Es gäbe noch viele aufzuzählen, die dazu beigetragen haben, das Buch fertigzustellen. Ihnen danke ich sehr herzlich und hoffe, daß dieser Ratgeber viel Nutzen und Freude bereiten möge.

Rudolf L. Schreiber
Herausgeber

Ein Wort in eigener Sache

Die Erhaltung der Natur ist unser Unternehmensziel. PRO NATUR ist eine Gesellschaft für Umweltkommunikation und ökologisch orientierte Unternehmensberatung. Das Aufgabengebiet umfaßt im wesentlichen drei Bereiche:

- **Ökologisch orientierte Beratung**
  für Unternehmen, Verbände und Behörden. Einige Beispiele: Wella, Neumarkter Lammsbräu, Bioland – Verband für organisch-biologischen Landbau, Biosphärenreservat Rhön, Föderation der Nationalparke Europas – Sektion Deutschland, Nationalpark Bayerischer Wald, Bayerisches Staatsministerium für Landesentwicklung und Umweltfragen, Umweltministerium Baden-Württemberg, Zweckverband Abfallwirtschaft Donau-Wald, Staatliche Kurverwaltung Bad Brückenau.
- **Ökologisch orientierte Unternehmenskonzeptionen**
  einschließlich Produktentwicklungen und Architekturkonzepte für Bau- und Planungsmaßnahmen. Beispiele: Siegsdorfer Petrusquelle, Staatlicher Mineralbrunnen Bad Brückenau, Stadt- und Staatsbad Bad Brückenau, Molkerei Rhöngold.
- **Umweltkommunikation und Publizistik**
  durch Herausgabe von aufklärenden Naturschutzbüchern und der Realisierung von Naturschutzkampagnen. Beispiele: die populären Naturschutzbücher und gleichnamigen Aktionen „Rettet die Vögel", „Rettet den Wald", „Rettet die Wildtiere", „Rettet die Frösche".

Wir sind davon überzeugt, daß nur ökologisch orientierte Konzepte und Strategien eine Zukunft haben und sehen unsere Aufgabe darin, dies immer stärker in das Bewußtsein der Öffentlichkeit und der Entscheidungsträger in Wirtschaft und Politik zu bringen.

Mit dem Buch *„Tiere auf Wohnungssuche"* und der gleichnamigen Kampagne haben wir einen weiteren Schritt auf diesem Weg getan.

Das traditionsreiche Verlagsprogramm des Deutschen Landwirtschaftsverlags wurde, nach dessen Einbindung in die Mediengruppe Neue Presse Verlags-GmbH, gestrafft und über bereits vorhandene Produkte hinaus ergänzt. Neben einer starken Gewichtung des Bereiches Agrar-Fachzeitschriften legt der Verlag vor allem Wert auf seine umfangreiche Agrarliteratur. Zunehmend finden in diesem Bereich ökologische Gesichtspunkte ihren Eingang, was sich durch das überdurchschnittliche Wachstum der Sparte Naturschutz zeigt. Die Resonanz zu Umweltthemen bestärkt uns in unserem Engagement, mehr für die Natur zu tun.

Mit unseren kompetenten Partnern von PRO NATUR werden wir diese Linie fortsetzen, wobei noch folgende Titel aus unserem Literaturprogramm erhältlich sind:

Cremer u.a.
Acker- und Gartenwildkräuter
1991, 288 S., 242 Abb., DM 59,–

Kaltofen/Schrader
Gräser
1991, 420 S., 154 Abb., DM 25,–

Robiller
Papageien – Band 1
1992, 480 S., 320 Abb., DM 158,–

Robiller
Papageien – Band 3
1991, 504 S., 585 Abb., DM 158,–

Robiller
Vogelkäfige und Volieren in Haus und Garten
1991, 264 S., 183 Abb., DM 48,–

Rutschke
Die Wildschwäne Europas
1992, 324 S., 85 Abb., DM 49,–

Schlosser/Reichhoff/Hahnelt
Wildpflanzen Mitteleuropas
1991, 552 S., 133 Abb., DM 39,50

Spillner
Feldornithologie
1990, 328 S., 378 Abb., DM 39,–

Vogel
Tauben
1992, 540 S., 486 Abb., DM 68,–

Gerne senden wir Ihnen kostenfrei unseren Verlagsprospekt zu.

pro natur
Geleitsstraße 14
60599 Frankfurt/M.

Deutscher Landwirtschaftsverlag
Thulestr. 7, 13189 Berlin

Gedruckt auf 100% chlorfreiem Papier